化学工业出版社“十四五”普通高等教育规划教材

三维造型实践教程

NX SANWEI ZAOXING
SHIJIAN
JIAOCHENG

吴晨刚　丁时锋　谭丽琴　主　编◉
慕　灿　易荣喜　周慧兰　副主编◉

化学工业出版社
·北京·

内容简介

本书针对 SIEMENS 公司新推出的 NX 2312 软件，以实例教学的方式，详细介绍了 NX 软件在计算机辅助设计方面的应用。全书共分为五章，第一章草图设计，精选了 6 个草图设计实例；第二章非曲面实体设计，通过 7 个实例，全面介绍了非曲面实体设计；第三章曲面设计，包括 4 个曲面设计实例；第四章装配设计，通过 2 个实例，介绍了 NX 在装配设计方面的应用；第五章工程图设计，精选了 4 个工程图设计实例。本书各章实例采用由浅入深的渐进方式编写，知识体系完整，操作步骤详细，既有利于教师的教学指导，也符合学生的认知规律。另外，本书提供设计模型资源，读者可扫描书中二维码下载使用。

本书可作为各类院校机械制造及自动化、机械电子、机械工程、材料成型及控制工程、模具设计与制造、机电一体化等相关专业 CAD/CAE/CAM 课程教材，也适用于 NX 软件的初、中级用户培训和自学，还可作为从事产品设计、CAD 应用的工程技术人员的参考用书。

图书在版编目（CIP）数据

NX 三维造型实践教程 / 吴晨刚，丁时锋，谭丽琴主编. -- 北京 : 化学工业出版社，2025. 3. -- （化学工业出版社“十四五”普通高等教育规划教材）. -- ISBN 978-7-122-47272-4

Ⅰ. TH122

中国国家版本馆 CIP 数据核字第 2025FZ0182 号

责任编辑：杨　琪　葛瑞祎　　　　文字编辑：宋　旋
责任校对：杜杏然　　　　装帧设计：刘丽华

出版发行：化学工业出版社（北京市东城区青年湖南街 13 号　邮政编码 100011）
印　　装：北京云浩印刷有限责任公司
787mm×1092mm　1/16　印张 17½　字数 470 千字　　2025 年 3 月北京第 1 版第 1 次印刷

购书咨询：010-64518888　　　　售后服务：010-64518899
网　　址：http://www.cip.com.cn
凡购买本书，如有缺损质量问题，本社销售中心负责调换。

定　　价：49.80 元

前言

本书依托 NX 2312 软件（中英文版兼容），聚焦产品造型设计领域，紧密围绕 NX 软件三维实体造型的核心理念，通过精心挑选的实例与由浅入深的专项训练，深入剖析并实践 NX 的各项命令，同时穿插典型机械零件或部件、日常生活用品的综合造型讲解，确保学生能够全面掌握并灵活运用所学知识。

内容结构上，本书采取“实例引导，知识穿插”的独特编排方式，针对广泛应用的机械产品、日常用品，强化实际应用能力。在讲解过程中，编者不仅细致展示操作步骤，更重视传授解决问题的逻辑思维与高效操作技巧，旨在激发学生的自主学习潜能。引导学生深入挖掘软件功能，培养他们触类旁通、独立创新的能力，为未来职业生涯中深入学习及应用奠定坚实基础。

本书共分为五章，全面覆盖草图设计、非曲面实体设计、曲面设计、装配设计及工程图设计等核心模块，构建起完整而系统的知识体系。每一章节均配备了精选实例及拓展练习，每个实例均精心设计学习任务、融入课程思政元素、明确学习目标，并详细阐述操作步骤，同时穿插操作技巧与注意事项，确保学生学习过程既充实又高效，有利于培养学生严谨、务实、求真、创新的工匠精神。另外，本书提供设计模型资源，读者可扫描书中二维码下载使用。

本书广泛适用于各类院校的机械设计制造及其自动化、材料成型及控制工程、智能制造工程、机械电子工程、模具设计与制造、数控技术与应用、机电一体化等相关专业的三维造型设计教学与培训，同时也可作为软件开发与产品设计领域专业人士的参考读物，是提升技能、深化理解的理想之选。

本书在多所院校教师和企业技术人员的大力合作下，根据编者多年教学和实践经验编写而成。江西理工大学吴晨刚老师、九江学院丁时锋老师、江西机电职业技术学院谭丽琴老师担任主编，安徽省阜阳卫生学校慕灿老师、井冈山大学易荣喜老师、华东交通大学周慧兰老师担任副主编，参加本书编写的人员还有广东科技学院张河利老师、江西理工大学刘赟老师、江西理工大学张勇佳老师、江西理工大学艾海平老师、江西天纵科技有限公司田志勇、广州福羊科技有限公司赖春明等，全书由吴晨刚老师统稿。

由于编者水平所限，书中疏漏、欠妥之处在所难免，欢迎大家批评指正（可发送邮件至82418799@qq.com 与编者联系）。

编者

目录

第一章　草图设计

第二章　非曲面实体设计

第三章　曲面设计

第四章　装配设计

第五章　工程图设计

参考文献

第一章　草图设计

【草图基础知识】

NX 草图是建模过程中极其重要的一个环节，功能实用，使用方便。其绘制出的二维轮廓曲线可以通过拉伸、旋转等操作转化为三维实体，是构建复杂三维模型不可或缺的一步。通过草图，设计师可以快速地将设计意图转化为具体的图形表达，为后续的模型构建奠定坚实的基础。草图主要包括草图绘制、草图编辑、草图约束等功能。其中草图约束分为尺寸约束和几何约束两种。

实例一　拨叉设计

实例一　拨叉设计资源

【学习任务】

根据如图 1-1-1 所示图形绘制拨叉草图。

【课程思政】

在拨叉草图的绘制过程中，强调严谨、细致的工作态度，培养学生的工匠精神。通过案例分析，让学生认识到在工作中任何细微的差错都可能导致严重的后果，从而树立高度的责任心和敬业精神。引导学生树立正确的职业观念，明确作为工程师或技术人员的职责和使命，为国家和社会的发展贡献自己的力量。

鼓励学生追求卓越，不断提升自己的专业技能和水平。在绘制拨叉草图时，要求学生认真学习，追求完美，培养他们对工作的热爱和专注。同时强调团队合作和集体荣誉。通过小组讨论、合作绘制草图等方式，培养学生的团队精神和协作能力。

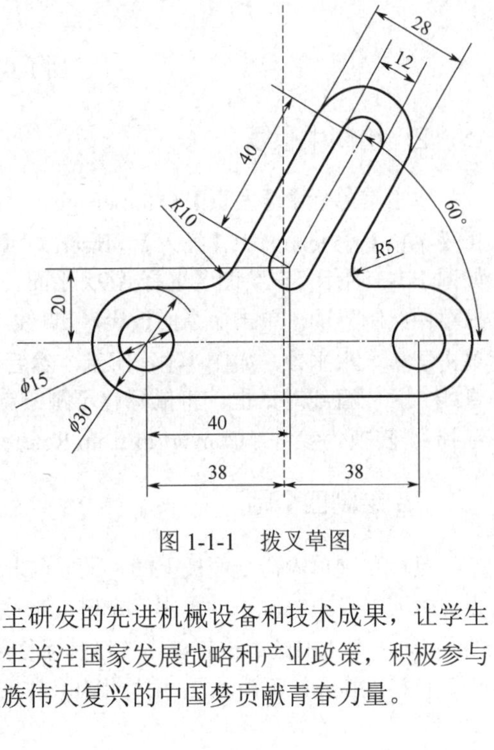

图 1-1-1　拨叉草图

结合我国机械制造业的发展历程和成就，激发学生的民族自豪感和爱国情怀。通过介绍我国自主研发的先进机械设备和技术成果，让学生感受到国家实力的提升和科技进步的力量。鼓励学生关注国家发展战略和产业政策，积极参与国家重大工程项目和科技创新活动，为实现中华民族伟大复兴的中国梦贡献青春力量。

【学习目标】

能够熟练使用草图（Sketch）工具中的直线（Line）、圆（Circle）、相切（Tangent）、尺寸标注（Dimensioning）、槽（Groove）、快速修剪（Trim）、延伸曲线（Extend）、圆角（Rounded）等各类命令。

【操作步骤】

1．新建文件

选择菜单栏中的【文件】（File）|【新建】（New）命令，或同时按住 Ctrl+N（创建一个新的文件），系统出现新建对话框，如图 1-1-2 所示，在【名称】栏中输入“拨叉草图”，在【单位】下拉框中选择“毫米”，单击< 确定 >按钮，创建一个文件名为“拨叉草图.prt”、单位为毫米的文件，并自动（默认）启动【建模】应用程序。

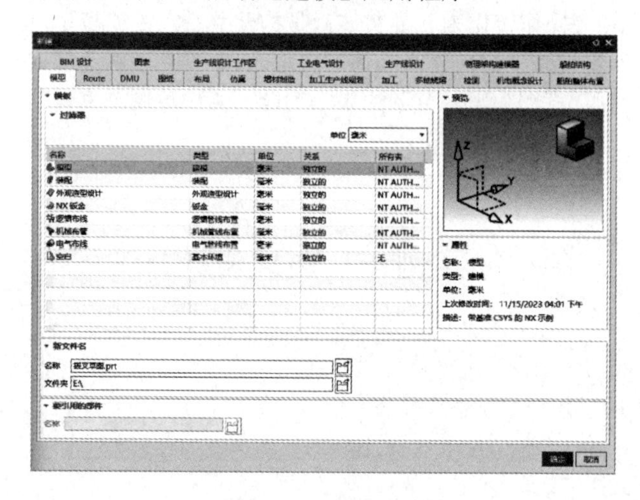

图 1-1-2 新建对话框

2．绘制中心线

单击菜单栏中【主页】（Homepage），在对应命令面板上，单击草图（Sketch），或选择【菜单】（Menu）中【插入】（Insert）|【草图】（Sketch）命令，系统弹出创建草图对话框，如图 1-1-3 所示。在绘图区选择 *XOY* 平面，如图 1-1-4 所示。单击对话框上的< 确定 >按钮，进入草图绘制界面。单击命令面板上直线（Line）命令，弹出直线对话框，如图 1-1-5 所示。单击屏幕上水平轴，如图 1-1-6 所示，然后在该轴上另一侧单击，即绘制出一条与 *X* 轴重合的直线。关闭直线对话框。将鼠标移至刚绘制的直线上，单击鼠标左键，弹出图标，选择转换为参考（Convert to/from Reference），如图 1-1-7 所示。

3．绘制四个圆

鼠标左键单击命令面板上的圆（Circle）命令，在水平中心线上左侧任意位置，单击一点，输入直径ϕ15mm，并单击回车键，形成圆 1；同样操作，在水平中心线上右侧绘制ϕ15mm 的圆 3。在圆 1 的圆心位置单击（将鼠标移至圆心附近，出现捕捉圆心提示，单击选择圆心），输入直径ϕ30mm，形成圆 2；同样操作，在圆 3 的圆心位置单击，形成右边直径ϕ30mm 的圆 4。

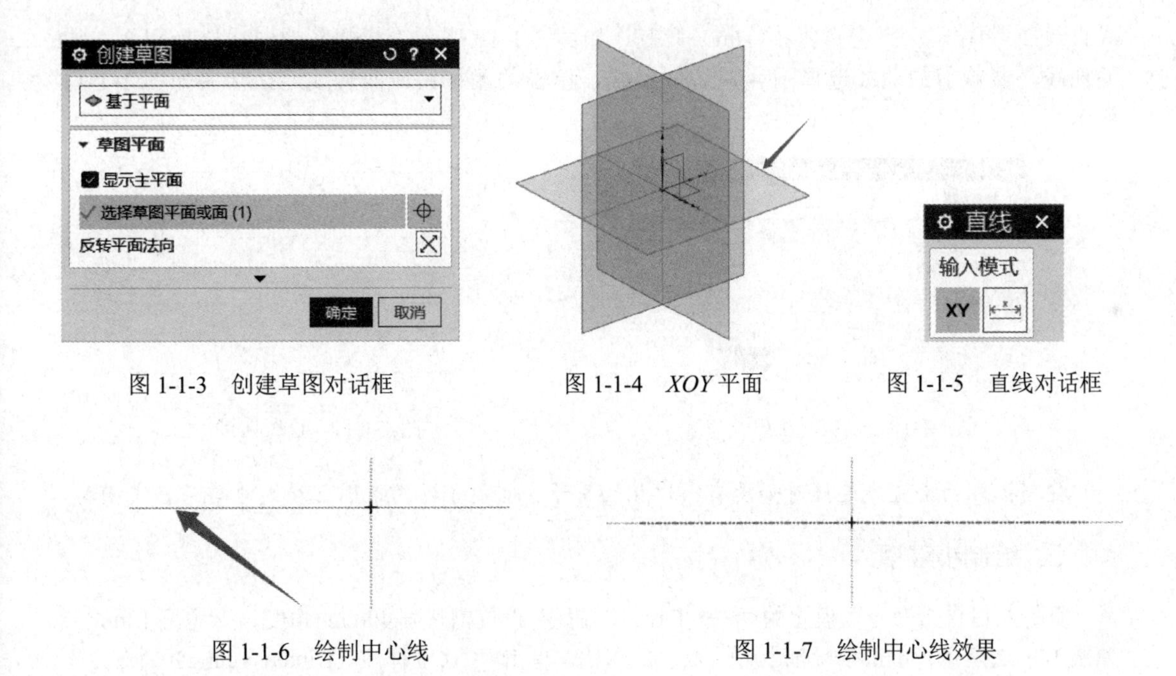

图 1-1-3　创建草图对话框　　图 1-1-4　*XOY* 平面　　图 1-1-5　直线对话框

图 1-1-6　绘制中心线　　图 1-1-7　绘制中心线效果

单击尺寸标注（Dimensioning）命令，对话框如图 1-1-8 所示，单击圆 1 圆心和 *Y* 轴，出现尺寸标注，双击该标注，在弹出的距离文本框中输入 38mm；同样操作，单击圆 3 圆心和 *Y* 轴，标注 38mm 的长度。结果如图 1-1-9 所示。

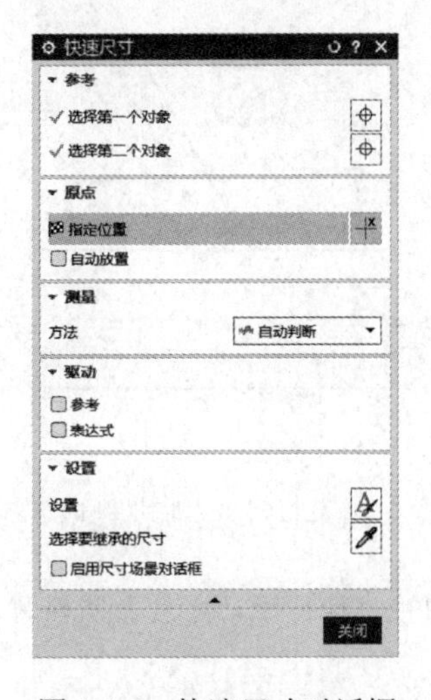

图 1-1-8　快速尺寸对话框

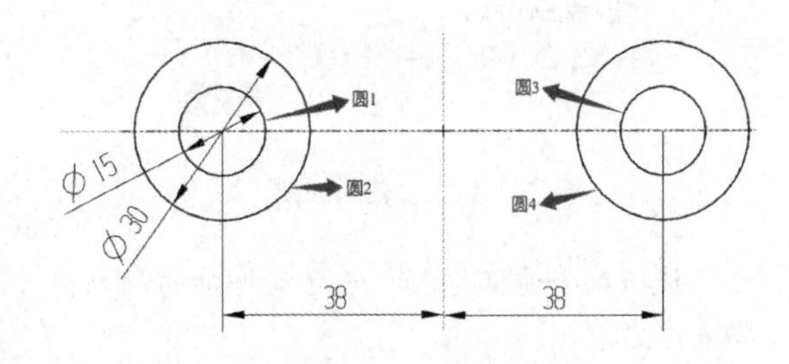

图 1-1-9　绘制四个圆

技巧：在绘制圆 3 和圆 4 时，除了采用直接绘制圆的方式，也可以在圆 1 和圆 2 绘制好后，采用关于 *Y* 轴镜像的方式，镜像圆 3 和圆 4。

4. 直线连接

鼠标左键单击命令面板上的直线（Line）命令，在圆 2 上面和圆 4 上面各单击一点，出现两切点符号，形成直线 1。在圆 2 下面和圆 4 下面各单击一点，出现两切点符号，形成直线 2。单击 修剪 快速修剪（Trim）命令，如图 1-1-10 所示，要修剪的曲线选择圆 2 右边的曲线，要修剪的曲线选择圆 4 左边的曲线，单击关闭按钮。两直线连接结果如图 1-1-11 所示。

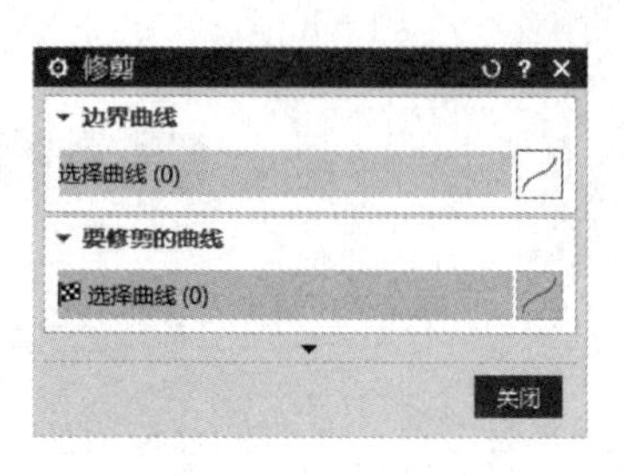

图 1-1-10 修剪对话框

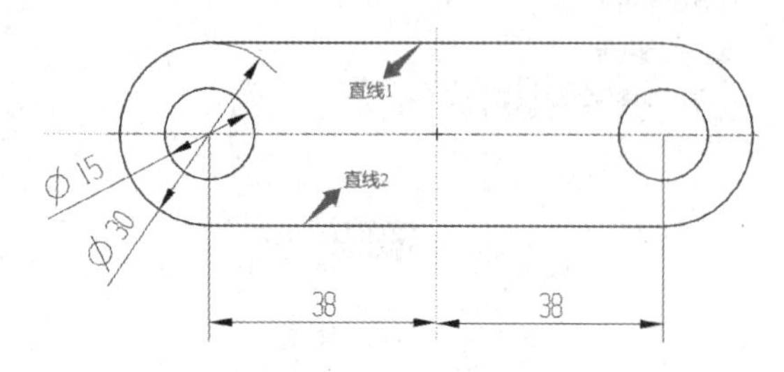

图 1-1-11 直线连接

技巧：在两条直线连接时如没有出现相切符号，需要手动约束圆 2 和圆 4 与两直线相切。

5. 绘制小键槽

鼠标左键单击命令面板上的 槽(Groove)命令，设置槽长度 40mm，角度 60°，宽度 12mm，如图 1-1-12 所示，单击坐标轴上方一点，放置槽。单击 快速尺寸 尺寸标注（Dimensioning）命令，单击槽下方圆心和圆 1 圆心，标注 40mm 的长度，单击槽下方圆心和 *X* 轴，标注 20mm 的高度。绘制小键槽的结果如图 1-1-13 所示。

图 1-1-12 槽对话框

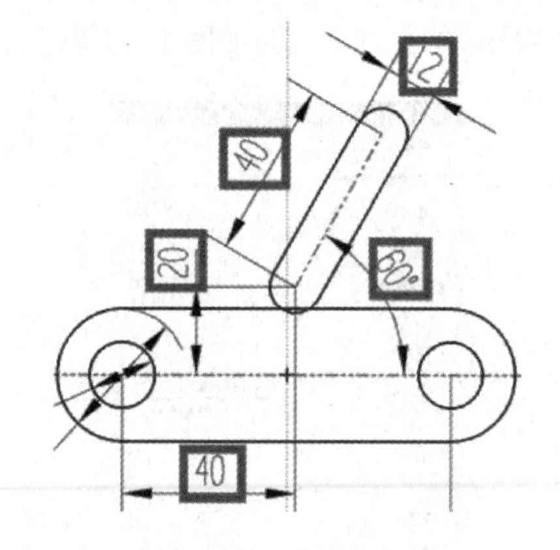

图 1-1-13 绘制小键槽

技巧：小键槽是 NX 2312 新增加的命令，用小键槽相对快捷，除此之外，用轮廓也可以将槽表达出来。

6. 绘制大键槽

鼠标左键单击 槽（Groove）命令，设置槽长度 40 mm，角度 60°，宽度 28mm，如图 1-1-14 所示，单击坐标轴上方一点，放置槽。单击 设为重合（Coincide）命令，单击小键槽下方圆心和大键槽下方圆心，约束两圆心重合，如图 1-1-15 所示。绘制大键槽的结果如图 1-1-16 所示。

技巧：约束两键槽重合，除了约束圆心重合之外，也可以考虑约束两键槽中心线重合。

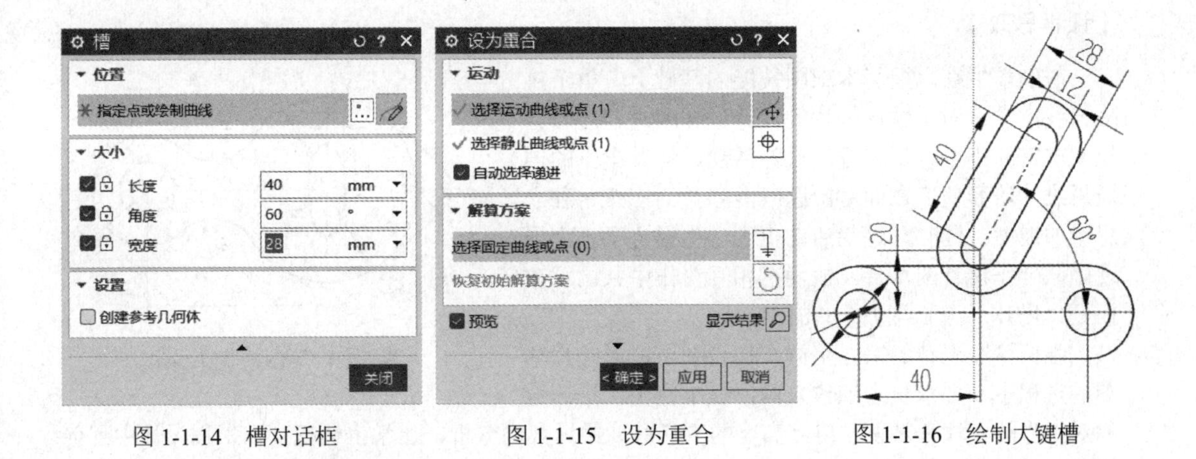

图 1-1-14 槽对话框　　图 1-1-15 设为重合　　图 1-1-16 绘制大键槽

7. 绘制拨叉草图

鼠标左键单击 延伸曲线（Extend）命令，如图 1-1-17 所示，要延伸的曲线选择直线 3，向下延伸到直线 1。鼠标左键单击 圆角（Rounded）命令，选择取消修剪的第二个命令，如图 1-1-18 所示，倒左边圆弧 1，倒右边圆弧 2。单击 尺寸标注（Dimensioning）命令，标注圆弧 1 半径 *R*10，标注圆弧 2 半径 *R*5。单击 快速修剪（Trim）命令，修剪直线 3 下边线条，修剪直线 1 中间线条，修剪大键槽下面线条。绘制拨叉草图结果如图 1-1-19 所示。单击左上角 完成草图（Finish）按钮，退出当前草图。

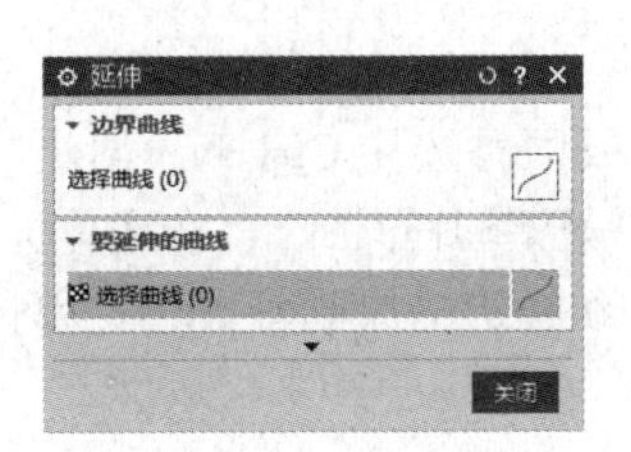

图 1-1-17 延伸对话框

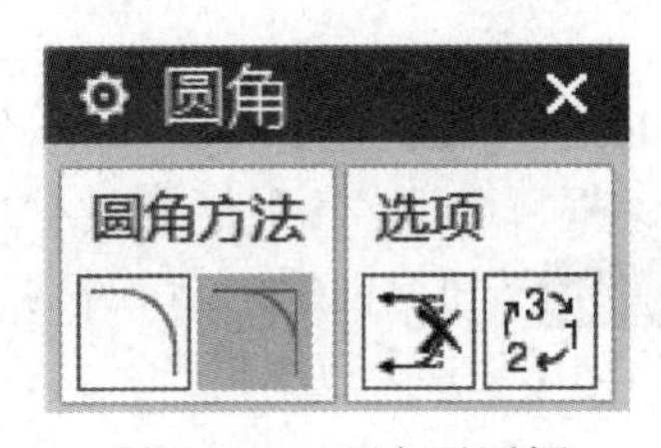

图 1-1-18 圆角对话框

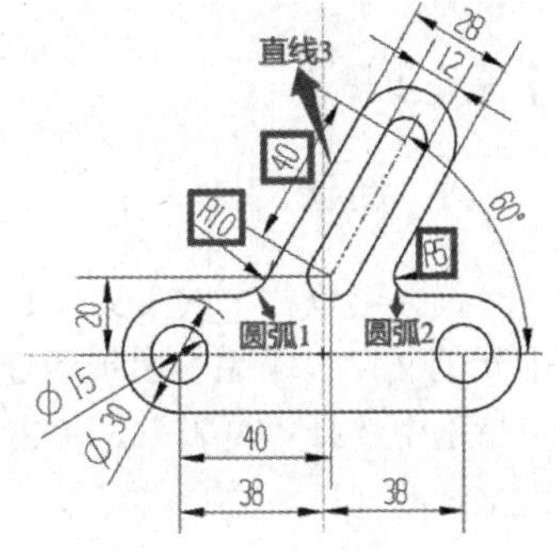

图 1-1-19 绘制拨叉草图

技巧：在延伸和修剪曲线之前，要将键槽自动生成的尺寸 40mm、60°、12mm 和 28mm 删除，用快速尺寸命令重新标注，否则会出现尺寸待约束的状态。

8. 保存文件

单击软件界面左上角的 （保存）按钮。

实例二　纺锤形垫片设计

实例二　纺锤形垫片设计资源

【学习任务】

根据如图 1-2-1 所示图形尺寸绘制纺锤形垫片草图。

【课程思政】

鼓励学生在掌握基本制图技能的基础上，勇于挑战自我，尝试对纺锤形垫片的设计进行改进和创新。组织丰富的小组讨论和方案设计活动，激发学生的创新思维，培养他们在面对问题时能够灵活应变、独立思考的能力。同时，这些活动也为学生提供了一个展现团队合作精神的舞台，他们在相互协作中共同解决问题，提升了沟通与协作的能力。

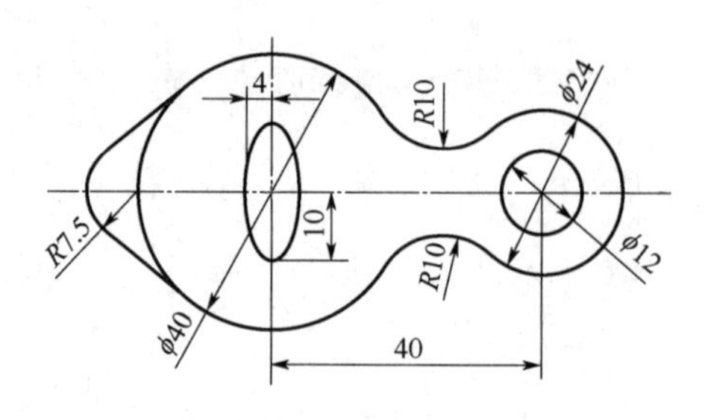

图 1-2-1　纺锤形垫片草图

强调精益求精的工匠精神。在绘制纺锤形垫片草图的过程中，要求学生细致入微，追求完美，培养他们对工作的专注和热爱，树立高度的责任心。通过案例分析，让学生认识到在工程设计中任何细微的差错都可能导致严重的后果，从而培养他们的责任心和敬业精神。

结合我国制造业的发展成就，通过生动的事例和数据，讲述工程师们引领技术创新与产业升级的壮丽航程，为国家的繁荣昌盛铺就了坚实的基石。他们的智慧与汗水，汇聚成一幅幅波澜壮阔的发展画卷，使得我国从制造大国迈向制造强国。激发学生的爱国热情和社会责任感，鼓励他们为国家的繁荣富强贡献自己的力量，勇担时代使命。

【学习目标】

能够熟练使用草图(Sketch)工具中的直线(Line)、圆(Circle)、相切(Tangent)、尺寸标注(Dimensioning)、快速修剪(Trim)、圆角(Rounded)、椭圆(Elliptic)等各类命令。

【操作步骤】

1. 新建文件

选择菜单栏中的【文件】(File) | 【新建】(New) 命令，或同时按住 Ctrl+N（创建一个新的文件），系统出现新建对话框，在【名称】栏中输入“纺锤形垫片草图”，在【单位】下拉框中选择“毫米”，单击< 确定 >按钮，创建一个文件名为“纺锤形垫片草图.prt”、单位为毫米的文件，并自动（默认）启动【建模】应用程序。

2. 绘制中心线

单击菜单栏中【主页】(Homepage)，在对应命令面板上，单击草图（Sketch），或选择【菜单】(Menu) 中【插入】(Insert) |【草图】(Sketch) 命令，系统弹出创建草图对话框，如图 1-2-2 所示。在绘图区选择 *XOY* 平面，如图 1-2-3 所示。单击对话框上的< 确定 >按钮，进入草图绘制界面。单击直线（Line）命令，从坐标原点出发，绘制与 *X* 轴重合的直线。单击尺寸标注 (Dimensioning) 命令，标注长度 40mm，单击直线，选择转换为参考，如图 1-2-4 所示。

3. 绘制两个圆

鼠标左键单击圆（Circle）命令，选择第一个圆心和直径定圆方式，如图 1-2-5 所示。鼠标左键单击坐标原点，绘制圆 1，在中心线右边单击一点为圆心，绘制圆 2。单击尺寸标注（Dimensioning）命令，如图 1-2-6 所示，测量方法选择自动判断，标注圆 1 的直径

ϕ40mm，标注圆 2 的直径ϕ24mm，标注圆 1 圆心和圆 2 圆心的距离为 40mm。结果如图 1-2-7 所示。

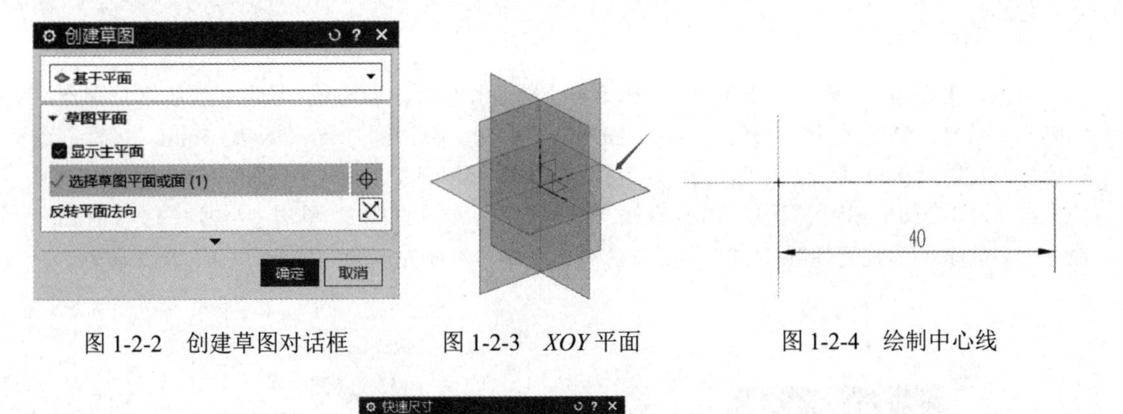

图 1-2-2　创建草图对话框　　图 1-2-3　*XOY* 平面　　图 1-2-4　绘制中心线

图 1-2-5　圆对话框　　图 1-2-6　快速尺寸对话框

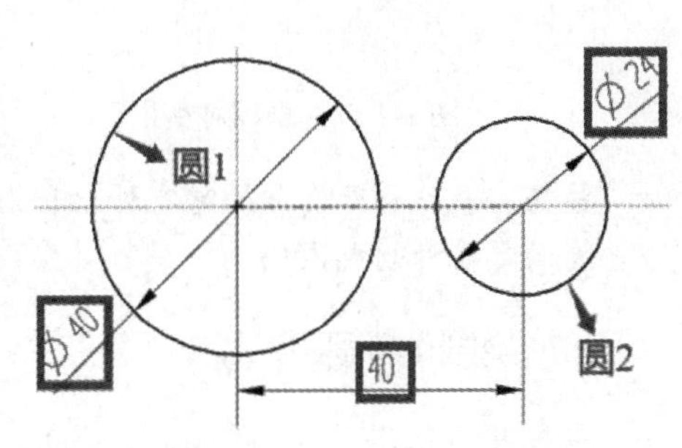

图 1-2-7　绘制两个圆

技巧：在绘制圆 1 和圆 2 时，可以在绘制圆后用标注尺寸标注圆，也可以在绘制圆时就输入直径值。

4. 圆角连接

绘制圆角连接两圆。鼠标左键单击圆角（Rounded）命令，如图 1-2-8 所示，选择圆 1 和圆 2 上半部分，输入半径 10 mm。选择圆 1 和圆 2 下半部分，输入半径 10mm。单击快速修剪（Trim）命令，如图 1-2-9 所示，修剪圆 1 的右半部分，修剪圆 2 的左半部分，圆角连接结果如图 1-2-10 所示。

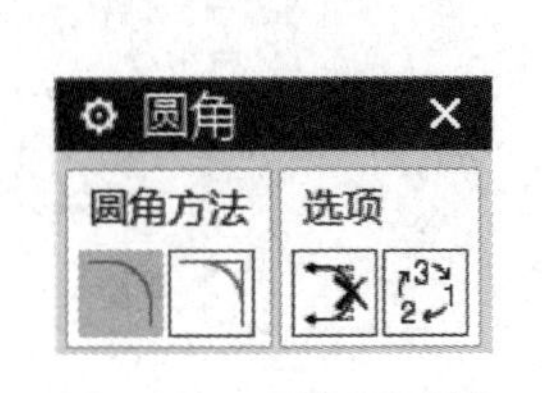

图 1-2-8　圆角对话框

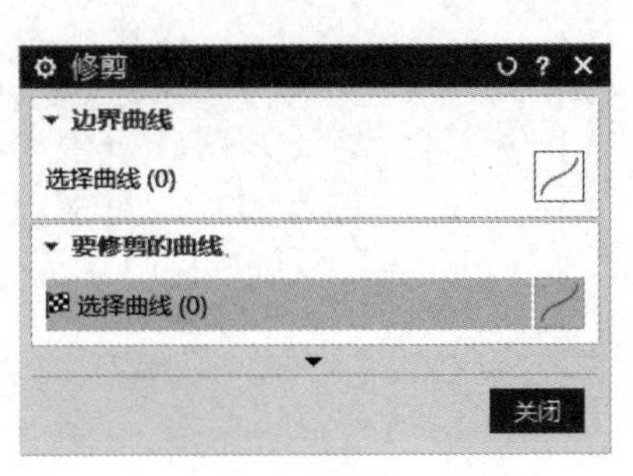

图 1-2-9　修剪对话框

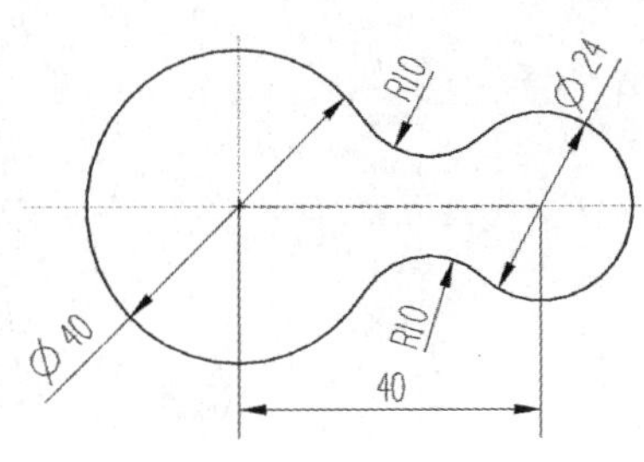

图 1-2-10　圆角连接

技巧：圆 1 和圆 2 除了用圆角连接之外，还可以采用圆弧命令将两圆进行连接，再用相切命令约束相切。

5. 绘制左圆角

鼠标左键单击 圆（Circle）命令，选第一个圆心和直径定圆方式，圆心单击ϕ40 左端点，绘制一个圆 3。单击 尺寸标注（Dimensioning）命令，标注圆 3 半径为 R7.5mm。鼠标左键单击 直线（Line）命令，如图 1-2-11 所示，单击圆 1 和圆 3 上方，看到直线与两圆切点，形成直线 1。单击圆 1 和圆 3 下方，看到直线与两圆切点，形成直线 2。单击 快速修剪（Trim）命令，要修剪的曲线选择圆 3 的右半部分，单击关闭。绘制左圆角的结果如图 1-2-12 所示。

图 1-2-11 直线对话框

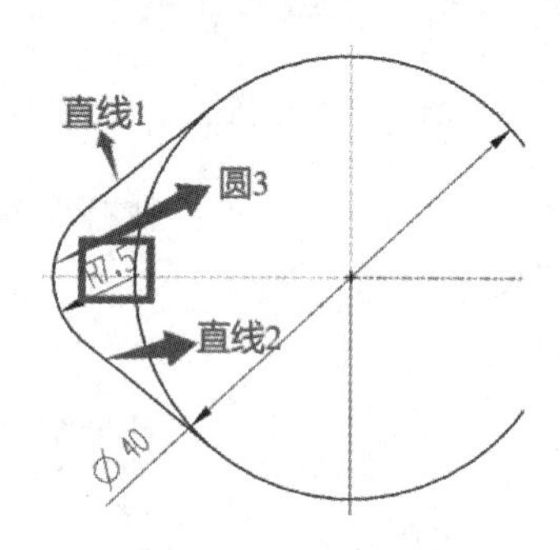

图 1-2-12 绘制左圆角

技巧：直线和两圆相切时有外切和内切两种，精准单击对应曲线的位置，一般设置尺寸合理会自动定位外切或内切。

6. 绘制内部圆

鼠标左键单击 圆（Circle）命令，选第一个圆心和直径定圆方式，圆心单击右边ϕ24mm 圆的圆心，绘制圆 4。单击 尺寸标注（Dimensioning）命令，标注圆 4 直径为ϕ12mm。单击 椭圆（Elliptic）命令，中心单击圆 1 的圆心，大半径设置为 4mm，小半径设置为 10mm，角度默认为 0°，如图 1-2-13 所示。单击尺寸标注，标注椭圆大半径 4mm，小半径 10mm，绘制内部圆结果如图 1-2-14 所示。单击左上角 完成草图（Finish）按钮，退出当前草图。

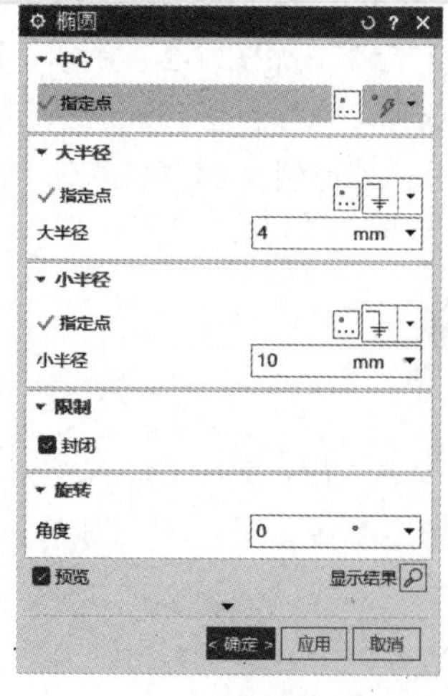

图 1-2-13 椭圆对话框

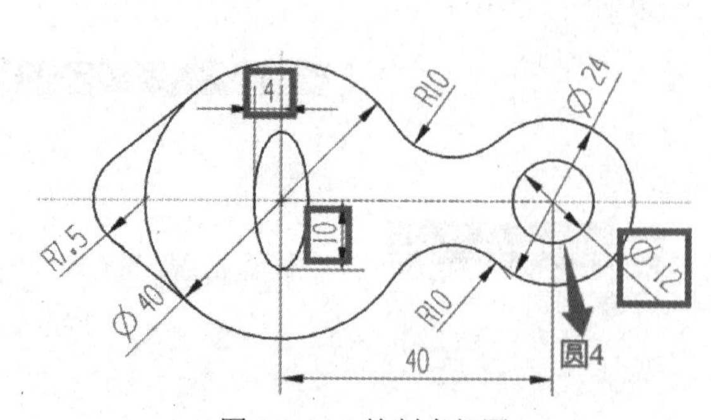

图 1-2-14 绘制内部圆

技巧：椭圆和圆 4 可以直接将圆心绘制在ϕ40mm 圆 1 和ϕ24mm 圆 2 的圆心位置，也可以先绘制在外部，再将圆心约束为重合。

7. 保存文件

单击软件界面左上角的 ![]（保存）按钮。

实例三　垫片设计资源

实例三　垫片设计

【学习任务】

根据如图 1-3-1 所示图形尺寸绘制垫片草图。

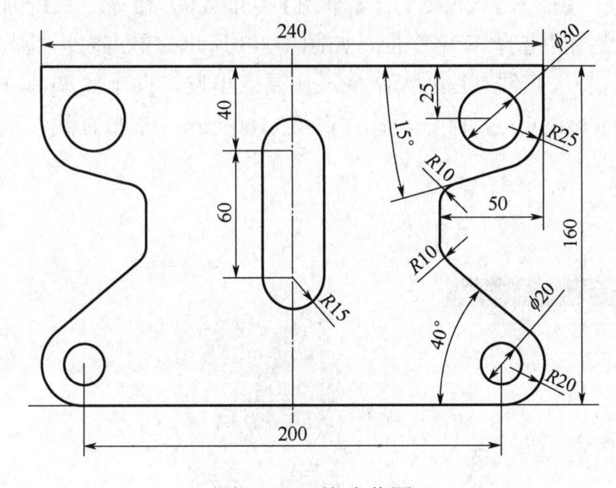

图 1-3-1　垫片草图

【课程思政】

在讲解垫片草图绘制的过程中，强调精细操作的重要性，如精确测量、细致打磨等，引导学生理解工匠精神中的“精于工、匠于心、品于行”，培养他们在专业学习中追求卓越的态度。引入一些工匠大师通过不懈努力提升技艺的案例，激励学生向他们学习。

在团队项目中，让学生分组完成垫片草图的绘制任务，通过团队合作解决问题，培养学生的沟通能力和团队协作精神。组织小组讨论、团队汇报等活动，让学生在实践中学习如何与他人有效协作。

鼓励学生在掌握基本绘制技巧的基础上，尝试创新设计，如改变垫片某些尺寸，培养学生的创新思维和实践能力。教师可以通过设置开放式问题、引导学生思考等方式，激发学生的创新潜能。在课程中融入环保理念，如介绍使用环保材料制作垫片的重要性，引导学生关注可持续发展问题。分享一些企业在生产过程中采用环保措施减少污染的案例，让学生认识到自己的专业知识和技能可以为社会做出贡献。

【学习目标】

能够熟练使用草图（Sketch）工具中的轮廓（Outline）、直线（Line）、圆（Circle）、相切（Tangent）、尺寸标注（Dimensioning）、槽（Groove）、快速

修剪（Trim）、圆角（Rounded）、镜像（Mirror）等各类命令。

【操作步骤】

1. 新建文件

选择菜单栏中的【文件】(File) |【新建】(New) 命令，或同时按住 Ctrl+N（创建一个新的文件），系统出现新建对话框，在【名称】栏中输入“垫片草图”，在【单位】下拉框中选择“毫米”，单击< 确定 >按钮，创建一个文件名为“垫片草图.prt”、单位为毫米的文件，并自动（默认）启动【建模】应用程序。

2. 绘制中心线

单击菜单栏中【主页】(Homepage)，在对应命令面板上，单击草图（Sketch），或选择【菜单】(Menu) 中【插入】(Insert) |【草图】(Sketch) 命令，系统弹出创建草图对话框，如图 1-3-2 所示。在绘图区选择 *XOY* 平面，如图 1-3-3 所示。单击对话框上的< 确定 >按钮，进入草图绘制界面。单击直线（Line）命令，从原点出发，向上绘制与 *Y* 轴重合的直线。单击尺寸标注（Dimensioning）命令，标注高度 160 mm，左击直线，选择转换为参考，如图 1-3-4 所示。

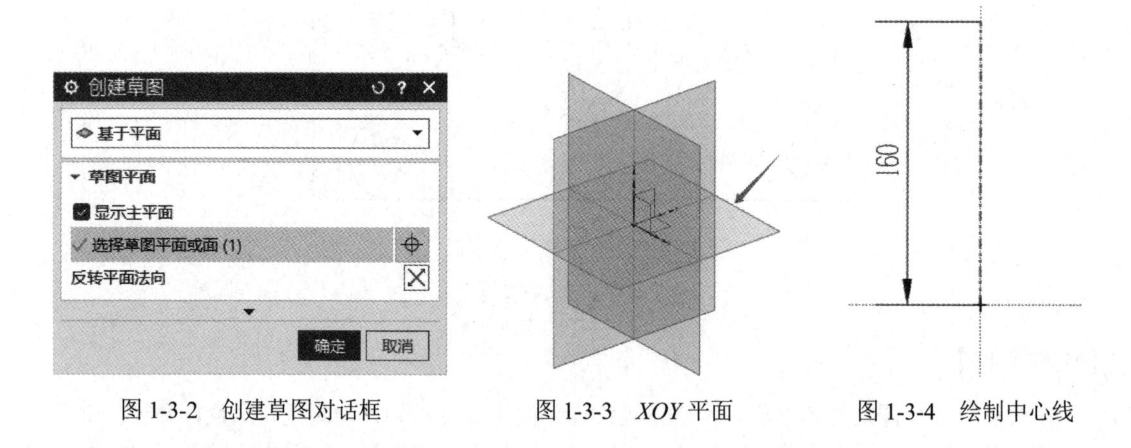

图 1-3-2　创建草图对话框　　图 1-3-3　*XOY* 平面　　图 1-3-4　绘制中心线

3. 绘制外轮廓

鼠标左键单击轮廓（Outline）命令，如图 1-3-5 所示，选择直线按钮，从坐标原点开始，绘制大致的外形轮廓，以中心线的上端点为结束点。结果如图 1-3-6 所示。

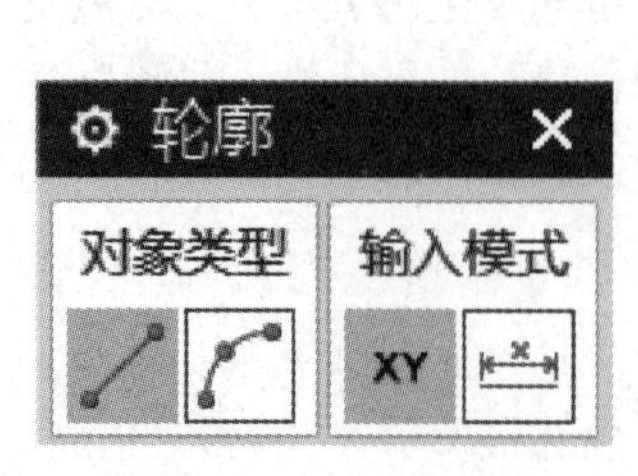

图 1-3-5　轮廓对话框

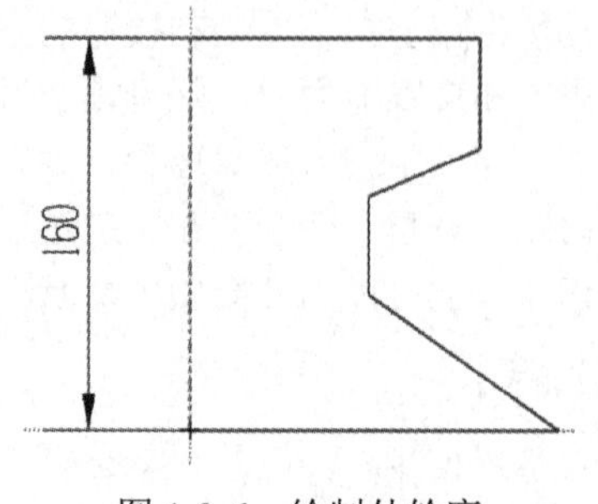

图 1-3-6　绘制外轮廓

技巧：在绘制外轮廓时，除了从圆心开始画轮廓，到中心线上端点结束，也可以从中心线上端点开始，到圆心结束。

4. 尺寸标注

鼠标左键单击尺寸标注（Dimensioning）命令，如图 1-3-7 所示，测量方法选择自动判断，标注直线 1 距离 Y 轴的长度为 120mm，直线 5 和最上面直线的高度为 160mm，直线 1 和直线 3 的长度为 50mm。测量方法选择斜向，标注直线 2 和最上面直线的角度为 15°，标注直线 4 和直线 5 的角度为 40°。尺寸标注结果如图 1-3-8 所示。

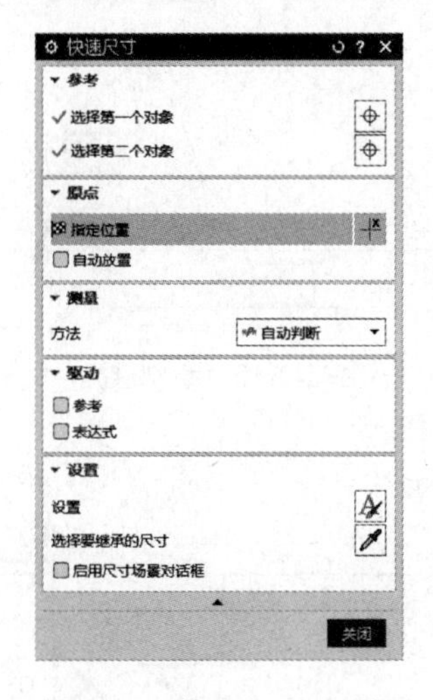

图 1-3-7　快速尺寸对话框

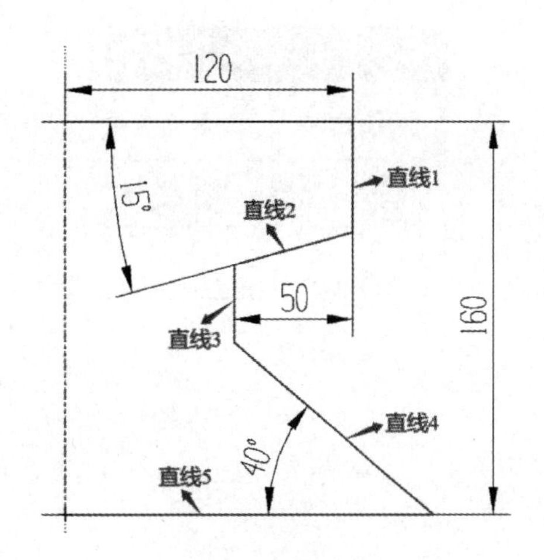

图 1-3-8　尺寸标注

5. 绘制圆角

鼠标左键单击圆角（Rounded）命令，如图 1-3-9 所示，选择第一个修剪按钮，单击直线 1 和直线 2，标注圆弧 1 的半径为 R25 mm。单击直线 2 和直线 3，标注圆弧 2 的半径为 R10mm。单击直线 3 和直线 4，标注圆弧 3 的半径为 R10mm。单击直线 4 和直线 5，标注圆弧 4 的半径为 R20mm。单击尺寸标注（Dimensioning）命令，标注圆弧 1 圆心距离上面直线的高度为 25mm，标注圆弧 4 圆心距离 Y 轴的长度为 100mm。绘制圆角结果如图 1-3-10 所示。

技巧：四个圆角除了可以用圆角命令绘制，也可以用圆弧命令绘制，再用相切命令约束。

6. 绘制内部圆

鼠标左键单击圆（Circle）命令，如图 1-3-11 所示，选第一个圆心和直径定圆方式，圆心单击圆弧 1 的圆心，绘制圆 1。单击尺寸标注（Dimensioning）命令，标注圆 1 直径为 ϕ30mm。圆心单击圆弧 4 的圆心，绘制圆 2。单击尺寸标注（Dimensioning）命令，标注圆 2 直径为 ϕ20mm。绘制内部圆的结果如图 1-3-12 所示。

技巧：两个内部圆也可以在外部绘制，再约束圆心和圆弧圆心重合。

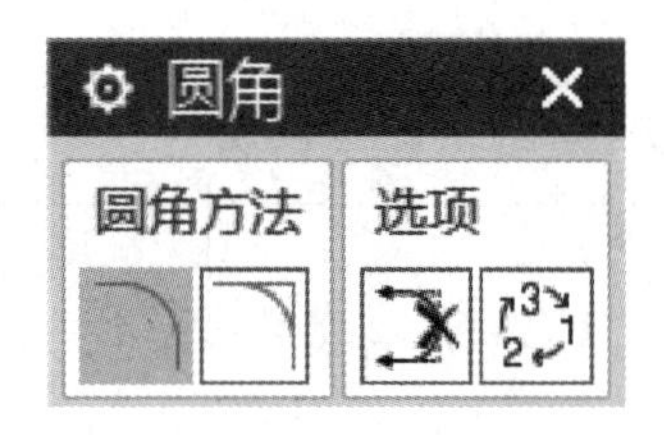

图 1-3-9 圆角对话框

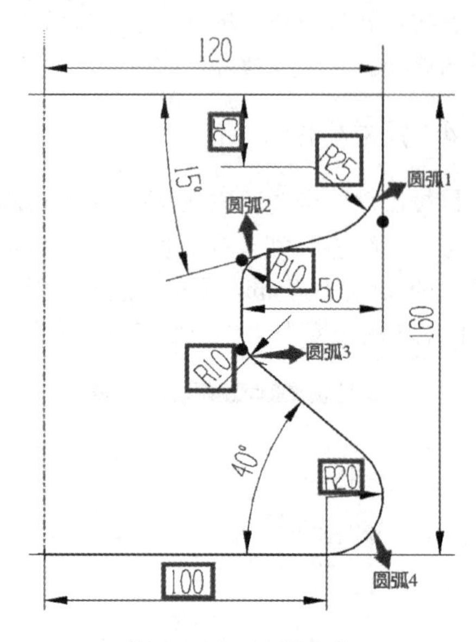

图 1-3-10 绘制圆角

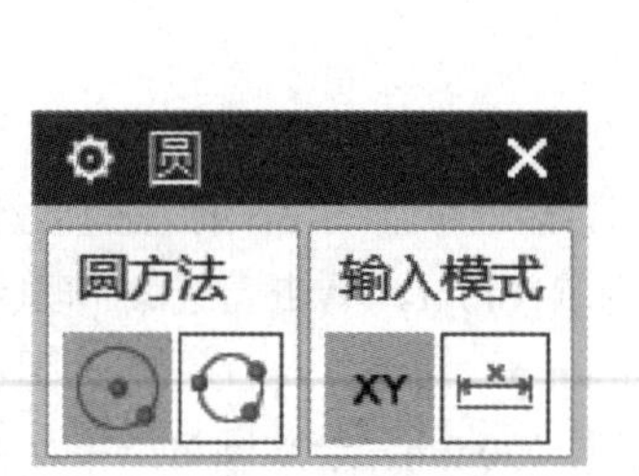

图 1-3-11 圆对话框

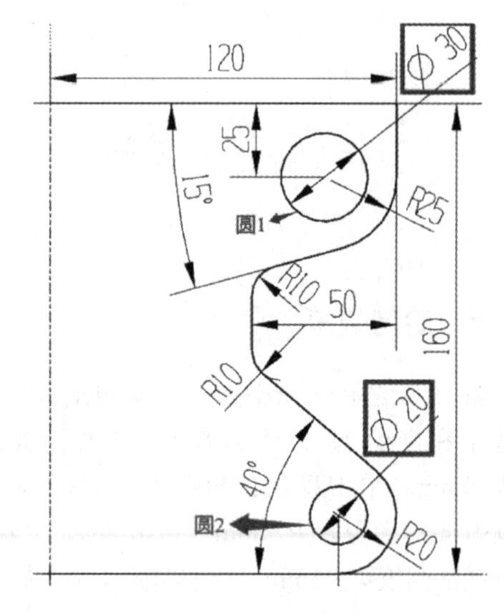

图 1-3-12 绘制内部圆

7. 镜像草图

鼠标左键单击镜像（Mirror）命令，如图 1-3-13 所示，要镜像的曲线选 *Y* 轴右边的 12 条曲线，中心线单击 *Y* 轴，单击“镜像”对话框的< 确定 >按钮。结果如图 1-3-14 所示。

技巧：镜像曲线除了先选择镜像命令，再选择曲线之外，也可以先框选需要镜像的曲线，再单击镜像命令。

8. 绘制内部键槽

鼠标左键单击槽（Groove）命令，如图 1-3-15 所示，设置槽长度 60mm，角度 90°，宽度 30mm，单击 Y 轴任意一点。单击 尺寸标注（Dimensioning）命令，标注槽上方圆心距上面直线的高度 40mm，键槽长度 60mm，键槽下方圆弧的半径 R15mm。绘制内部键槽结果如图 1-3-16 所示。单击左上角 完成草图（Finish）按钮，退出当前草图。

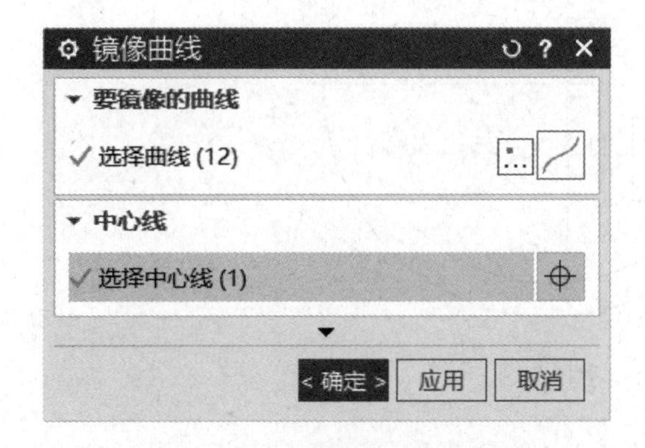

图 1-3-13　镜像曲线对话框

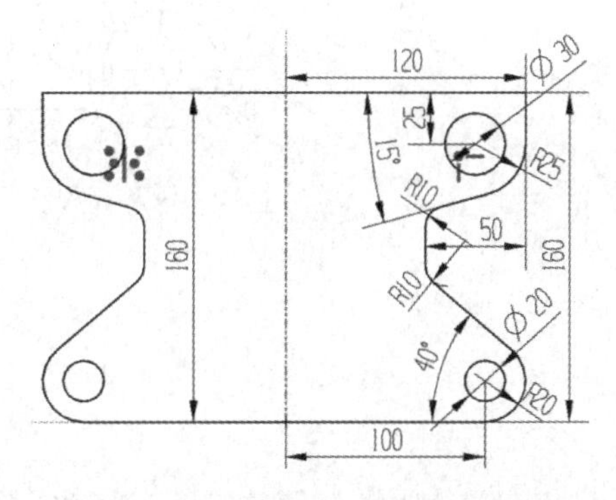

图 1-3-14　镜像草图

图 1-3-15　槽对话框

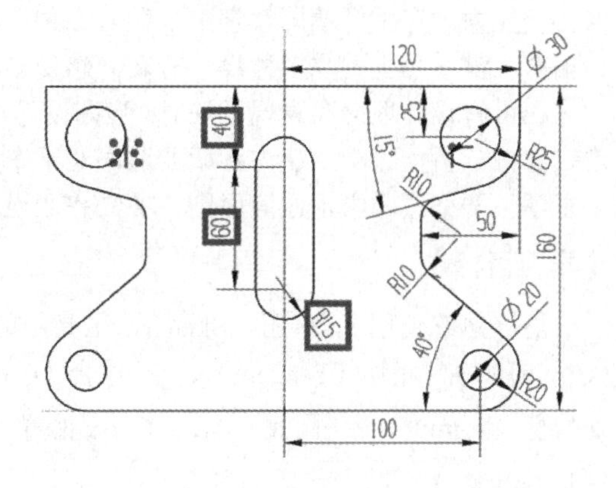

图 1-3-16　绘制内部键槽

技巧：键槽除了可以采用槽的命令进行绘制之外，也可以采用轮廓命令绘制，约束相切和标注尺寸。

9. 保存文件

单击软件界面左上角的 （保存）按钮。

实例四　手杆设计资源

实例四　手杆设计

【学习任务】

根据如图 1-4-1 所示图形尺寸绘制手杆草图。

【课程思政】

在讲解手杆草图的绘制技巧时，强调对细节的关注和精益求精的态度。通过草图绘制，让学生感受到每一个步骤。组织学生进行精细绘制练习，让学生在实践中体会工匠精神的重要性。

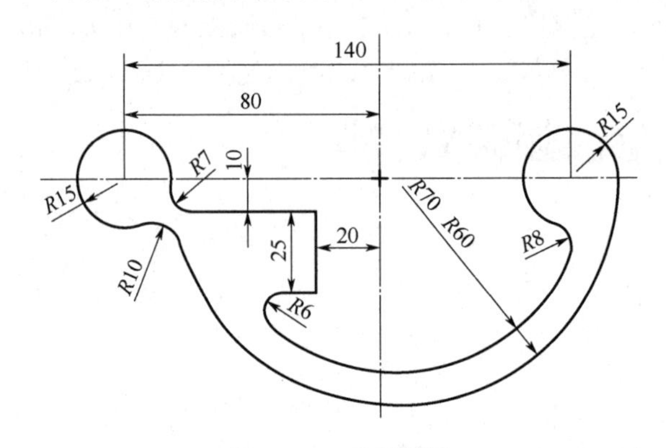

图 1-4-1　手杆草图

鼓励学生不拘泥于传统，勇于尝试新的设计理念和表现手法。通过案例分析，展示创新设计如何改变生活、推动社会进步。让学生学会运用所学知识解决实际问题，培养创新思维和团队协作能力。在手杆草图教学中，融入多种绘制思路，让学生在学习中感受设计的魅力，增强自信心。鼓励学生关注多种设计方案，感受多种设计的独特魅力。

在讲解设计理念和表现手法时，强调设计师应具备的职业道德，如尊重原创、诚信合作等。通过案例分析，让学生认识到职业道德对于个人发展和行业健康的重要性。在作业和项目中，要求学生严格遵守学术诚信原则，独立完成设计任务，不抄袭、不剽窃他人成果。

【学习目标】

能够熟练使用草图（Sketch）工具中的轮廓（Outline）、直线（Line）、圆（Circle）、相切（Tangent）、重合（Coincide）、尺寸标注（Dimensioning）、快速修剪（Trim）、圆弧（Arc）、偏置（Offset）等各类命令。

【操作步骤】

1. 新建文件

选择菜单栏中的【文件】（File）|【新建】（New）命令，或同时按住 Ctrl+N（创建一个新的文件），系统出现新建对话框，在【名称】栏中输入“手杆草图”，在【单位】下拉框中选择“毫米”，单击< 确定 >按钮，创建一个文件名为“手杆草图.prt”、单位为毫米的文件，并自动（默认）启动【建模】应用程序。

2. 绘制两圆

单击菜单栏中【主页】（Homepage），在对应命令面板上，单击草图（Sketch），或选择【菜单】（Menu）中【插入】（Insert）|【草图】（Sketch）命令，系统弹出创建草图对话框，如图 1-4-2 所示。在绘图区选择 *XOY* 平面，如图 1-4-3 所示。单击“创建草图”对话框上的< 确定 >按钮，进入草图绘制界面。单击圆（Circle）命令，选择圆心和直径定圆，在 *X* 轴左半轴单击一点作为圆心，绘制一圆，在 *X* 轴右半轴单击一点作为圆心，绘制另一圆，如图 1-4-4 所示。

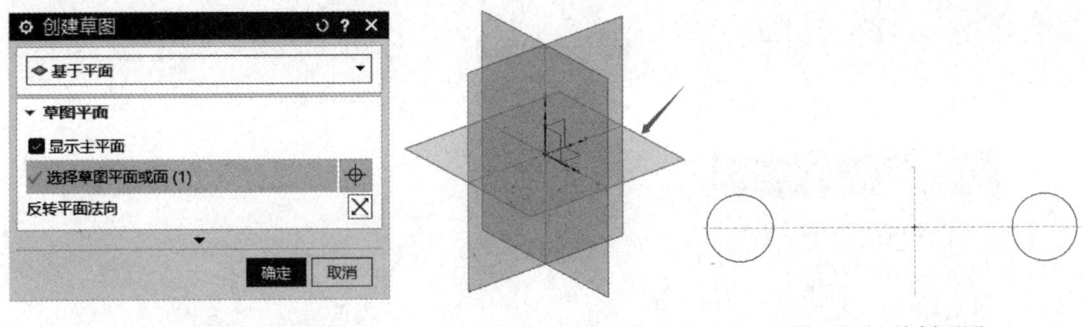

图 1-4-2　创建草图对话框　　图 1-4-3　*XOY* 平面　　图 1-4-4　绘制两圆

3. 标注两圆

鼠标左键单击快速尺寸尺寸标注（Dimensioning）命令，如图 1-4-5 所示，测量方法选择自动判断，单击圆 1 圆心，圆 2 圆心，标注两圆圆心距 140mm。标注圆 1 的圆心与 *Y* 轴的长度为 80mm。测量方法选择径向，标注圆 1 的半径为 *R*15mm，标注圆 2 半径为 *R*15mm，单击关闭。标注两圆的结果如图 1-4-6 所示。

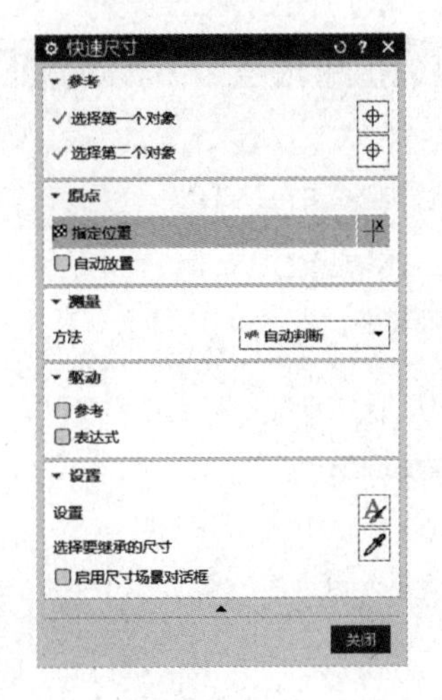

图 1-4-5　快速尺寸对话框

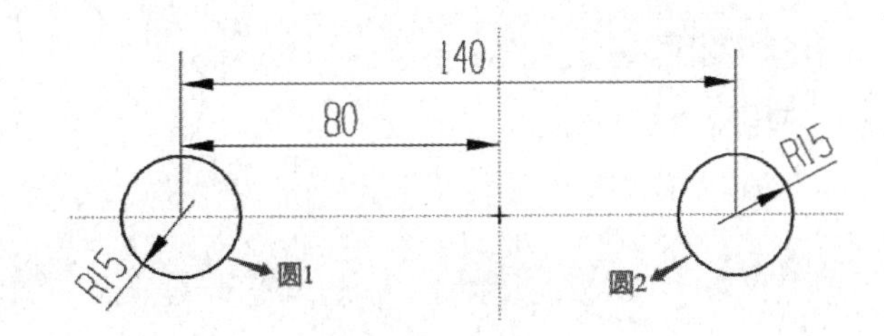

图 1-4-6　标注两圆

技巧：标注两圆尺寸时，除了在绘制后采用快速尺寸标注的方法，也可以在绘制圆时就设置直径。

4. 绘制下边轮廓

鼠标左键单击轮廓轮廓（Outline）命令，如图 1-4-7 所示，选择圆弧选项，在圆 1 右下方单击一点为起点，任意位置为终点，中间单击一点，形成圆弧 1。选择圆弧选项，单击圆弧 1 右端点为起点，圆 2 右边一点为终点，中间单击一点，形成圆弧 2。绘制下边轮廓的结果如图 1-4-8 所示。

技巧：绘制下边轮廓，除了用轮廓命令，也可以采用圆弧命令将两圆弧绘制出来。

5. 标注下边轮廓

鼠标左键单击相切（Tangent）命令，如图 1-4-9 所示，选择圆 1 和圆弧 1，单击设为相切

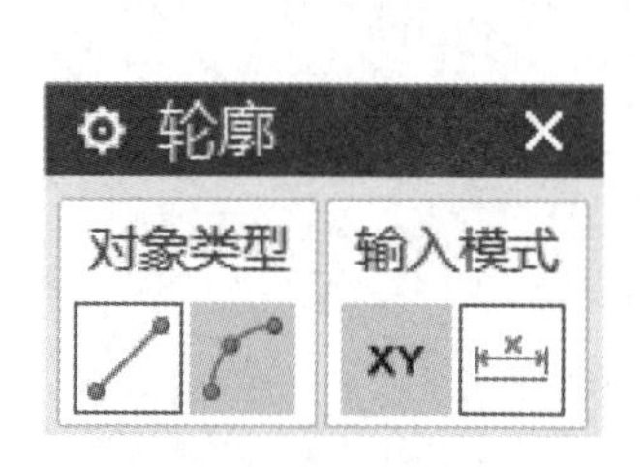

图 1-4-7　轮廓对话框

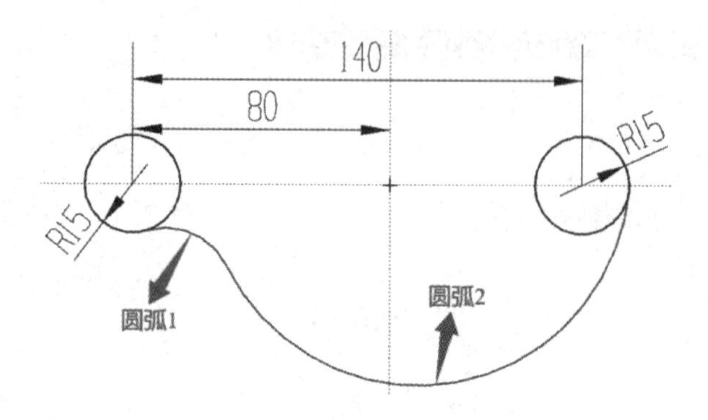

图 1-4-8　绘制下边轮廓

对话框上的【应用】按钮。选择圆弧 1 和圆弧 2，单击设为相切对话框上的【应用】按钮。选择圆 2 和圆弧 2，单击设为相切对话框上的< 确定 >按钮。单击重合（Coincide）命令，如图 1-4-10 所示，运动点选择圆弧 2 的圆心，静止曲线选择 X 轴，单击设为重合对话框上的< 确定 >按钮。单击快速尺寸尺寸标注（Dimensioning）命令，测量方法选择径向，标注圆弧 1 半径为 R10mm，标注圆弧 2 半径为 R70mm。标注下边轮廓结果如图 1-4-11 所示。

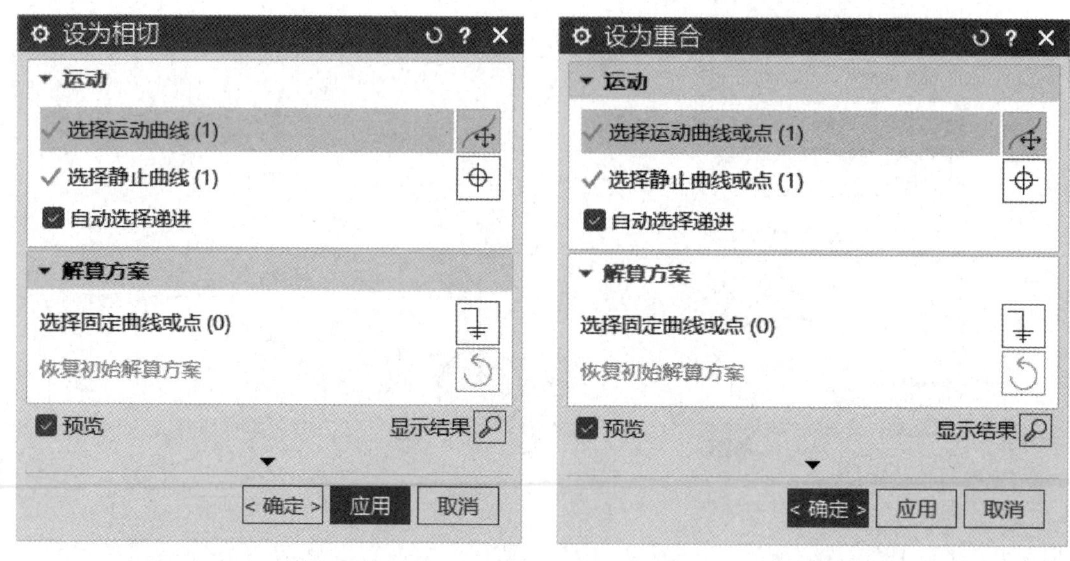

图 1-4-9　设为相切对话框

图 1-4-10　设为重合对话框

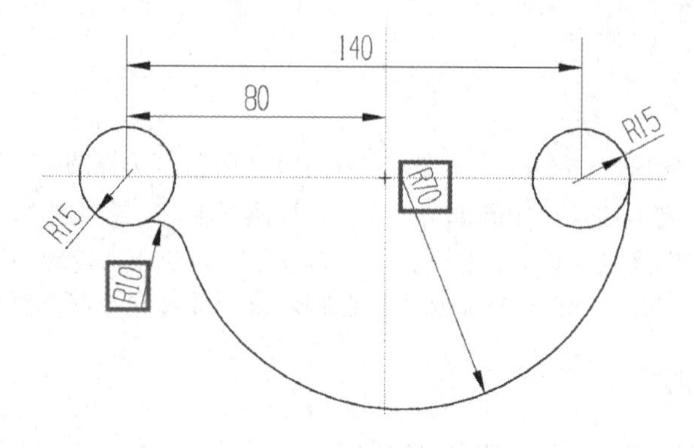

图 1-4-11　标注下边轮廓

技巧：下边轮廓约束和标注尺寸后，要看到软件最下面出现草图已完全定义的字体，才算完全约束。

6. 偏置曲线

鼠标左键单击偏置（Offset）命令，如图1-4-12所示，上方单击单条曲线，选择曲线为圆弧2，距离设置为10mm，方向向上，单击偏置曲线对话框上的< 确定 >按钮。单击尺寸标注（Dimensioning）命令，测量方法选择径向，标注圆弧3半径为R60mm。偏置曲线结果如图1-4-13所示。

图1-4-12　偏置曲线对话框

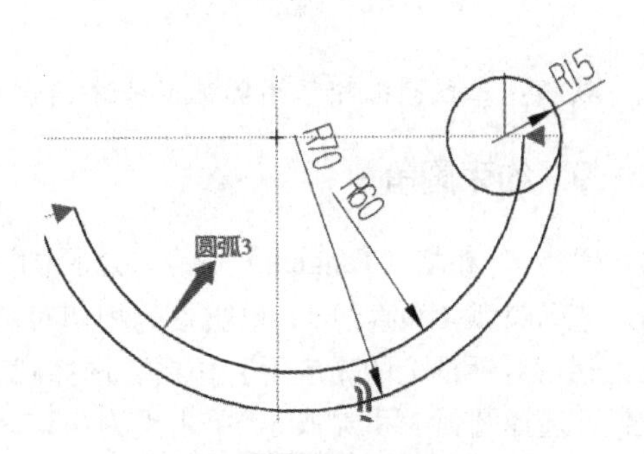

图1-4-13　偏置曲线

技巧：圆弧3除了可以用偏置曲线绘制，也可以采用圆弧或者圆绘制。

7. 绘制直线

鼠标左键单击直线（Line）命令，如图1-4-14所示，以圆1右边一点为直线起点，水平向右至任意一点为终点，形成直线1。以直线1右端点为起点，竖直向下至任意一点为终点，形成直线2。以直线2下端点为起点，水平向左至任意一点为终点，形成直线3。单击尺寸标注（Dimensioning）命令，标注直线1与X轴的距离为10mm，标注直线2与Y轴的距离为20mm，标注直线1与直线2的距离为25mm，单击【关闭】按钮。结果如图1-4-15所示。

技巧：绘制三条直线除了可以用直线之外，也可以采用轮廓命令绘制。

图1-4-14　直线对话框

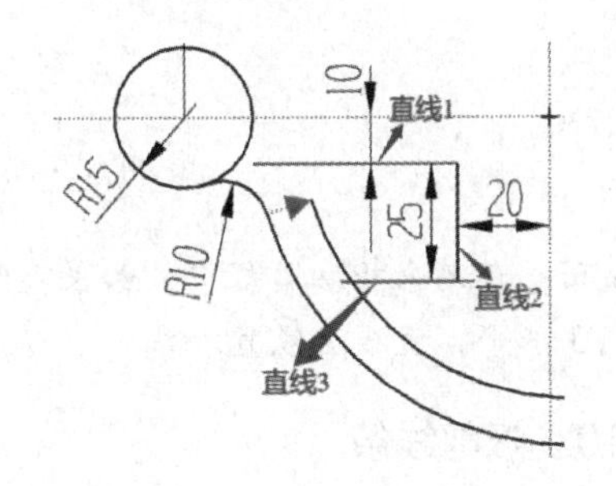

图1-4-15　绘制直线

8. 绘制圆角

单击圆弧（Arc）命令，如图1-4-16所示，选择三点定圆弧，在圆1右边线上单击一点为起点，直线1左边一点为终点，中间单击一点，形成圆弧4。在直线3左边单击一点为起点，圆弧3上一点为终点，中间单击一点，形成圆弧5。在圆弧3右边单击一点为起点，圆2上一点为终点，中间单击一点，形成圆弧6。绘制圆角结果如图1-4-17所示。

图1-4-16 圆弧对话框

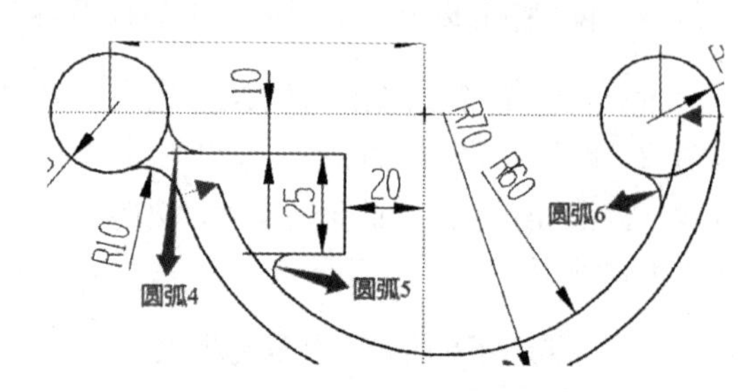

图1-4-17 绘制圆角

技巧：三段圆弧除了用圆弧的命令绘制之外，也可以采用圆角命令绘制。

9. 约束圆角

单击相切（Tangent）命令，选择圆1和圆弧4，单击设为相切对话框上的【应用】按钮。选择圆弧4和直线1，单击设为相切对话框上的【应用】按钮。选择圆弧5和直线3，单击设为相切对话框上的【应用】按钮。选择圆弧5和圆弧3，单击设为相切对话框上的【应用】按钮。选择圆弧3和圆弧6，单击设为相切对话框上的【应用】按钮。选择圆2和圆弧6，单击设为相切对话框上的 < 确定 > 按钮。单击尺寸标注（Dimensioning）命令，测量方法选择径向，标注圆弧4半径为*R*7mm，标注圆弧5半径为*R*6mm，标注圆弧6半径为*R*8 mm。约束圆角结果如图1-4-18所示。

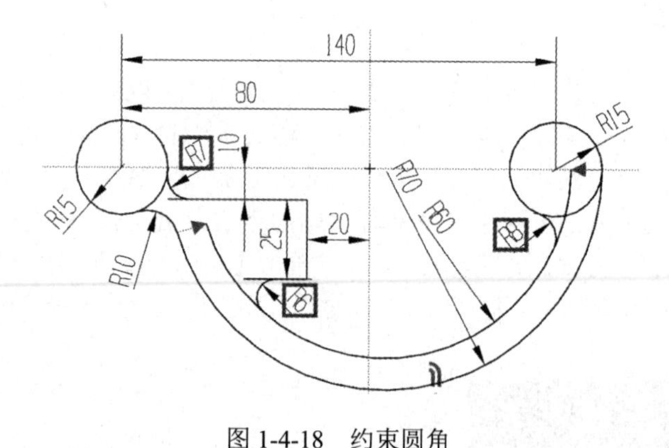

图1-4-18 约束圆角

技巧：在约束相切过程中，如果直线1、直线2、直线3出现倾斜情况，需要约束直线1和直线3水平，直线2竖直。

10. 修剪线条

单击快速修剪（Trim）命令，如图1-4-19所示，选择要修剪的曲线，单击直线1左边多出的线条，单击直线3左边多出的线条，单击曲线3左右两边多出的线条，单击圆1右边多出的线条，单击圆2下边多出的线条。修剪线条结果如图1-4-20所示。单击左上角完成草图（Finish）按钮，退出当前草图。

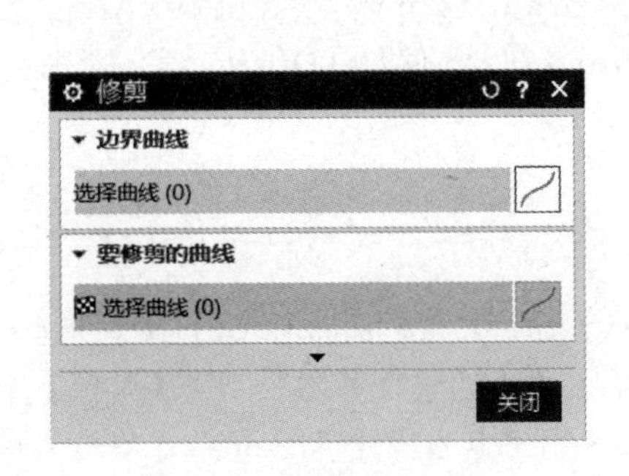

图 1-4-19　修剪对话框

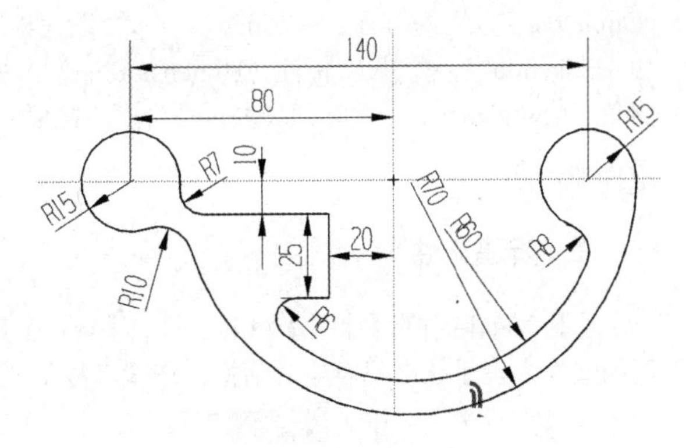

图 1-4-20　修剪线条

技巧：修剪线条后查看软件界面最下方，看到草图已完全定义字样，才表示所有线条已经被完全约束。

11. 保存文件

单击软件界面左上角的 （保存）按钮。

实例五　卡通垫片设计资源

实例五　卡通垫片设计

【学习任务】

根据如图 1-5-1 所示图形尺寸绘制卡通垫片草图。

【课程思政】

在讲解卡通垫片草图的绘制技巧时，强调对细节的关注和精益求精的态度。通过草图绘制，让学生感受到每一个步骤。组织学生进行精细绘制练习，让学生在实践中体会工匠精神的重要性。

鼓励学生不拘泥于传统，勇于尝试新的设计理念和表现手法，设计出具有创新性的卡通垫片草图。通过案例分析，展示创新设计如何改变生活、推动社会进步。让学生学会运用所学知识解决实际问题，培养创新思维和团队协作能力。在卡通垫片草图教学中，融入多种绘制思路，让学生在学习中感受设计的魅力，增强自信心。鼓励学生关注多种设计方案，感受多种设计的独特魅力。

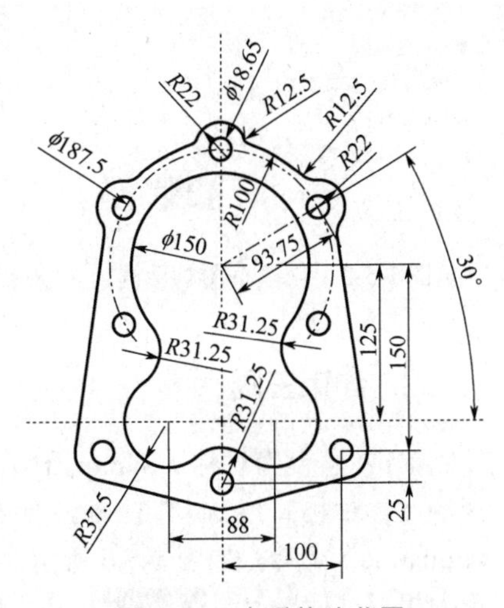

图 1-5-1　卡通垫片草图

在讲解设计理念和表现手法时，强调设计师应具备的职业道德，如尊重原创、诚信合作等。通过案例分析，让学生认识到职业道德对于个人发展和行业健康的重要性。在作业和项目中，要求学生严格遵守学术诚信原则，独立完成设计任务，不抄袭、不剽窃他人成果。

【学习目标】

能够熟练使用 草图（Sketch）工具中的 轮廓（Outline）、 直线（Line）、 圆

（Circle）、设为对称（Symmetry）、设为相等（Equation）、相切（Tangent）、重合（Coincide）、尺寸标注（Dimensioning）、快速修剪（Trim）、圆弧（Arc）、圆角（Rounded）、阵列（Array）、镜像（Mirror）、偏置（Offset）等各类命令。

【操作步骤】

1. 新建文件

选择菜单栏中的【文件】（File）|【新建】（New）命令，或同时按住Ctrl+N（创建一个新的文件），系统出现新建对话框，在【名称】栏中输入“卡通垫片草图”，在【单位】下拉框中选择“毫米”，单击< 确定 >按钮，创建一个文件名为“卡通垫片草图.prt”、单位为毫米的文件，并自动（默认）启动【建模】应用程序。

2. 绘制三圆

单击菜单栏中【主页】（Homepage），在对应命令面板上，单击草图（Sketch），或选择【菜单】（Menu）中【插入】（Insert）|【草图】（Sketch）命令，系统弹出创建草图对话框，如图1-5-2所示。在绘图区选择*XOY*平面，如图1-5-3所示。单击对话框上的< 确定 >按钮，进入草图绘制界面。单击圆（Circle）命令，选择圆心和直径定圆，在*X*轴左半轴单击一点作为圆心，绘制一圆，在*X*轴右半轴单击一点作为圆心，绘制第二个圆，在*Y*轴上半轴单击一点作为圆心，绘制第三个圆。结果如图1-5-4所示。

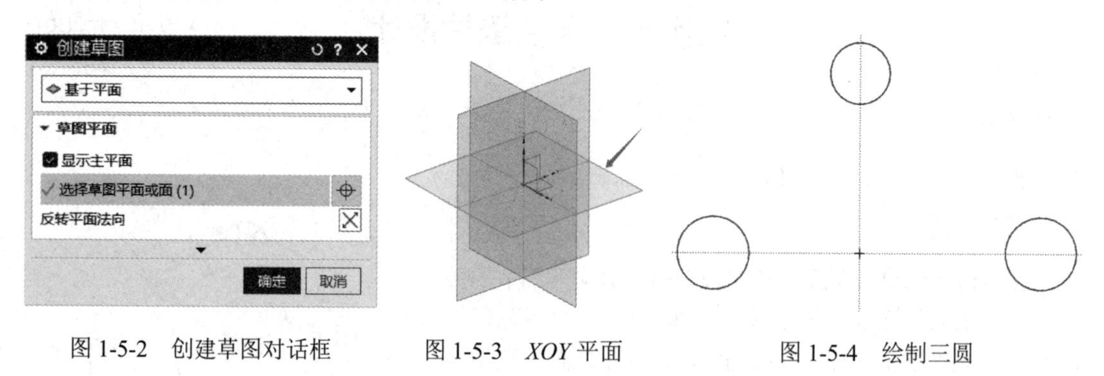

图1-5-2 创建草图对话框　　图1-5-3 *XOY*平面　　图1-5-4 绘制三圆

3. 约束三圆

单击设为对称（Symmetry）命令，如图1-5-5所示，运动曲线选择圆1，静止曲线选择圆2，对称直线选择 *Y* 轴，单击设为对称对话框上的< 确定 >按钮。单击设为相等（Equation）命令，如图1-5-6所示，单击等半径，运动曲线选择圆1，静止曲线选择圆2，单击设为相等对话框上的< 确定 >按钮。约束三圆结果如图1-5-7所示。

技巧：约束圆1和圆2时，可以在标注尺寸时少标注一个圆的半径，少标注一个圆距离*Y*轴的长度尺寸。

4. 标注三圆

单击尺寸标注（Dimensioning）命令，如图1-5-8所示，测量方法选择自动判断，标注圆1和圆2圆心的距离为88mm，标注圆3圆心距离*X*轴的高度为125mm，标注圆3的直径为ϕ150mm。测量方法选择径向，标注圆1半径为*R*37.5mm。标注三圆的结果如图1-5-9所示。

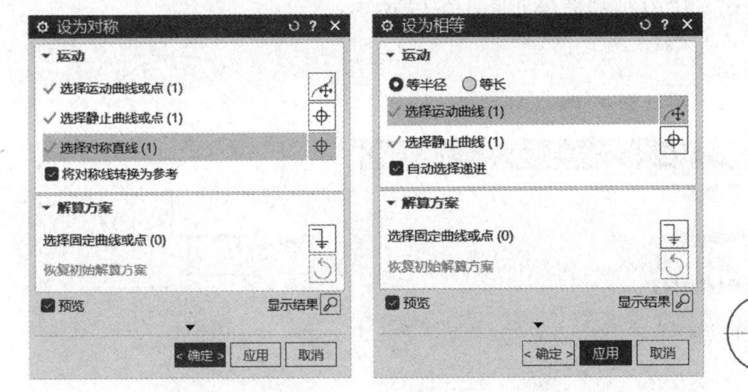

图 1-5-5　设为对称对话框　　图 1-5-6　设为相等对话框

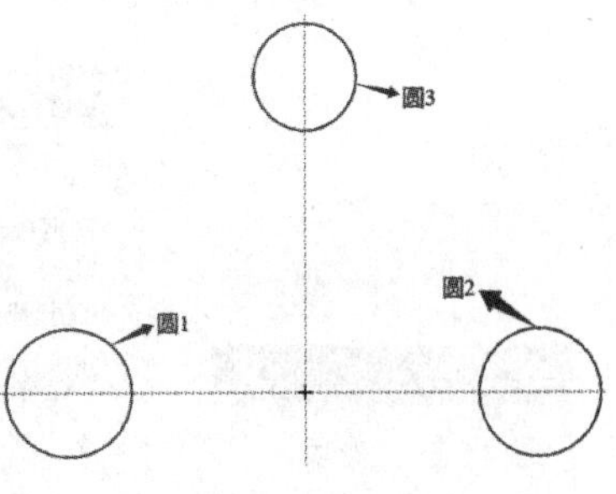

图 1-5-7　约束三圆

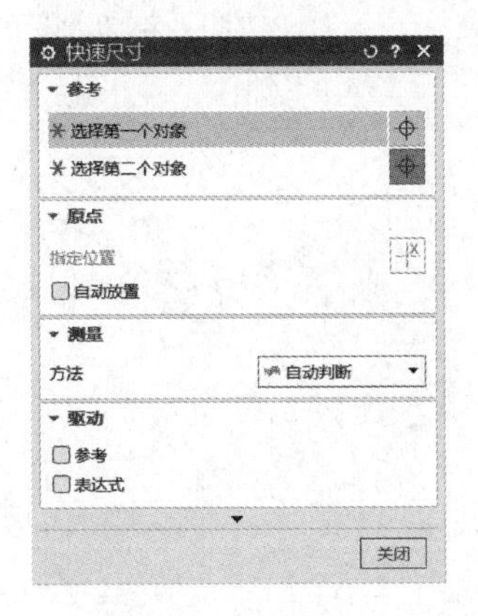

图 1-5-8　快速尺寸对话框

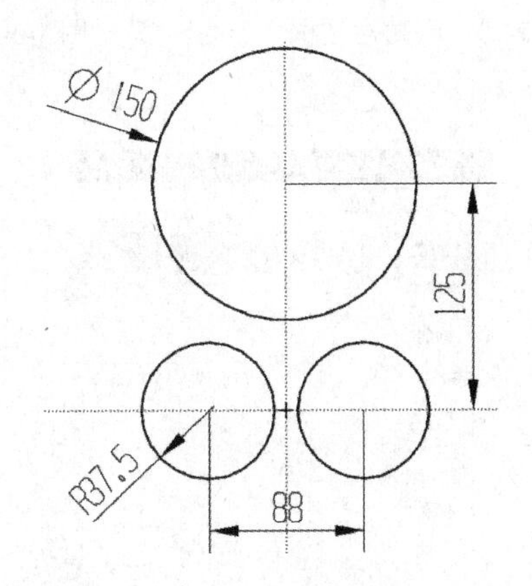

图 1-5-9　标注三圆

5. 圆角连接

单击圆角（Rounded）命令，如图 1-5-10 所示，选择圆 1 上方和圆 3 下方各一点，在中间单击一点，形成圆弧 1。选择圆 3 下方和圆 2 上方各一点，在中间单击一点，形成圆弧 2。选择圆 2 左方和圆 1 右方各一点，在中间单击一点，形成圆弧 3。单击尺寸标注（Dimensioning）命令，测量方法选择径向，标注圆弧 1 半径为 R31.25mm，标注圆弧 2 半径为 R31.25mm，标注圆弧 3 半径为 R31.25mm。单击快速修剪（Trim）命令，如图 1-5-11 所示，选择要修剪的曲线，单击圆 3 下边多出的线条，单击圆 1 右边多出的线条，单击圆 2 左边多出的线条。圆角连接结果如图 1-5-12 所示。

技巧：用圆角命令进行圆角连接时，要注意鼠标单击的起点和终点要按照逆时针的顺序进行。

6. 绘制上方小圆

单击偏置（Offset）命令，如图 1-5-13 所示，上方单击单条曲线，选择圆 3，距离设置为 18.75mm，方向向上，单击偏置曲线对话框上的< 确定 >按钮。单击偏置圆，选择转换为参考。单击圆（Circle）命令，选择圆心和直径定圆，单击偏置圆上半轴点作为圆心，绘制圆 4。单击尺寸标注（Dimensioning）命令，测量方法选择自动判断，标注圆 4 直径为ϕ18.6mm，标注偏置圆直径为ϕ187.5mm。绘制上方小圆结果如图1-5-14所示。

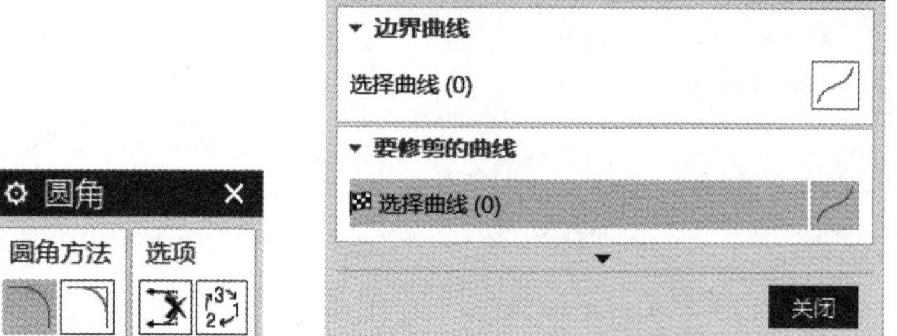

图1-5-10　圆角对话框

图1-5-11　修剪对话框

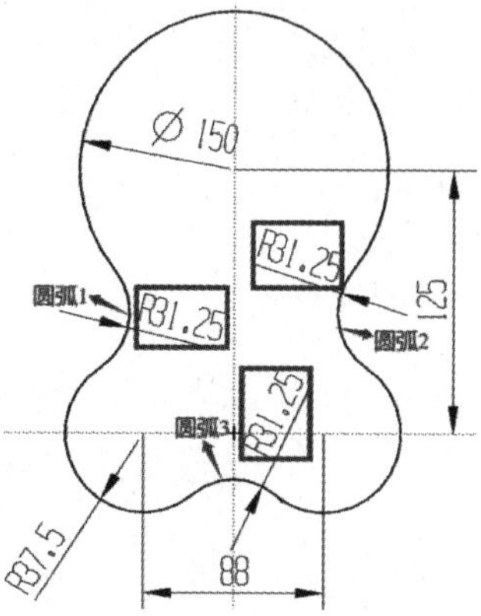

图1-5-12　圆角连接

图1-5-13　偏置曲线对话框

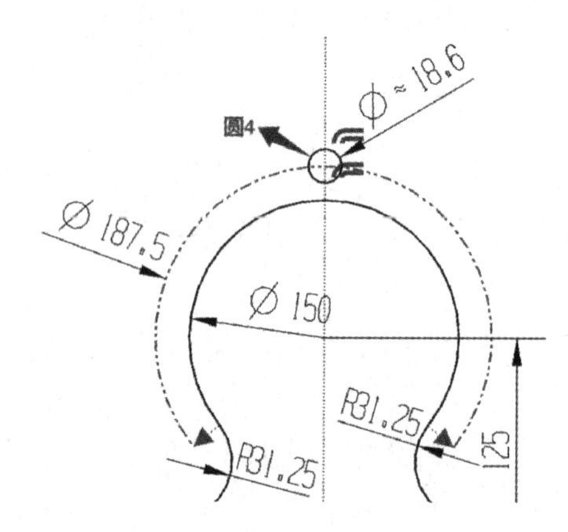

图1-5-14　绘制上方小圆

技巧：偏置圆由偏置命令得来，并未完全约束，当约束偏置圆直径时，图形得以完全约束。

7. 阵列两圆

单击阵列（Array）命令，如图1-5-15所示，要阵列的曲线选择圆4，布局选择圆形，旋转点指定点选择圆3的圆心，方向选择反向，斜角方向数量选择3，间隔角设置60°，单击阵列曲线对话框上的< 确定 >按钮，形成圆5和圆6。阵列两圆的结果如图1-5-16所示。

技巧：阵列曲线命令里的方向默认为逆时针，因为我们要将圆4阵列到圆5和圆6，所以要顺时针进行阵列，就将旋转方向设为反向。

8. 绘制下方两圆

单击圆（Circle）命令，如图1-5-17所示，选择圆心和直径定圆，在*Y*轴下半轴单击一点作为圆心，绘制圆8，在*X*轴右半轴下方单击一点作为圆心，绘制圆7。单击设为相等（Equation）命令，单击等半径，运动曲线选择圆6，静止曲线选择圆7，单击设为相等对话框上的【应用】按钮。运动曲线选择圆6，静止曲线选择圆8，单击设为相等对话框上的< 确定 >

图 1-5-15　阵列曲线对话框

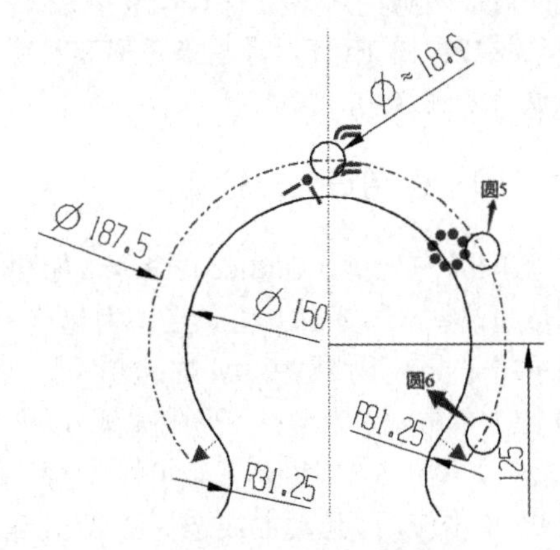

图 1-5-16　阵列两圆

按钮。单击尺寸标注（Dimensioning）命令，测量方法选择自动判断，标注圆 3 圆心距离圆 7 圆心的高度为 150mm，标注圆 7 圆心距离圆 8 圆心的高度为 25mm，标注圆 7 圆心距离 Y 轴的长度为 100mm。绘制下方两圆的结果如图 1-5-18 所示。

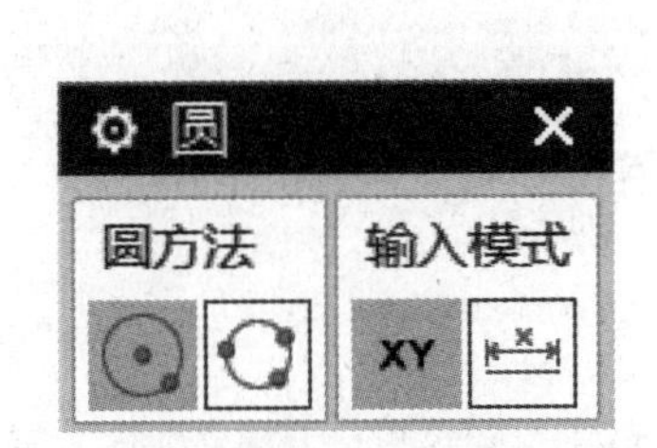

图 1-5-17　圆对话框

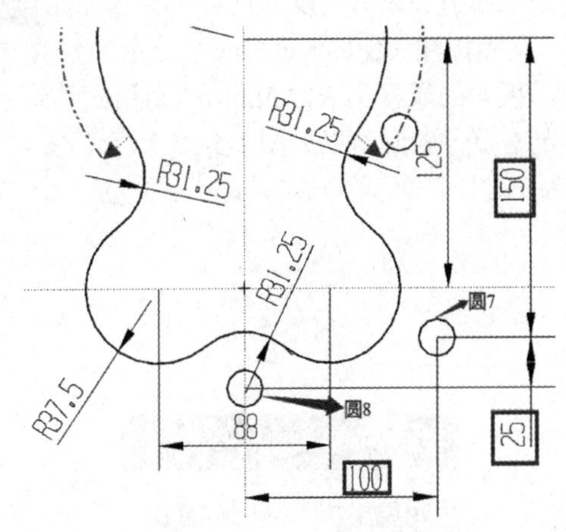

图 1-5-18　绘制下方两圆

技巧：圆 7 和圆 8 约束与圆 6 等半径，除了这种方法，也可以标注圆 7 和圆 8 的半径或者直径的方式。

9. 绘制右边四圆

单击圆（Circle）命令，选择圆心和直径定圆，单击圆 4 的圆心作为圆心，绘制圆 9。单击圆 7 的圆心作为圆心，绘制圆 11。单击圆 8 的圆心作为圆心，绘制圆 12。单击尺寸标注（Dimensioning）命令，测量方法选择径向，标注圆 9 半径为 R22mm。单击设为相等（Equation）命令，单击等半径，运动曲线选择圆 9，静止曲线选择圆 11，单击设为相等对话框上的【应用】按钮。运动曲线选择圆 9，静止曲线选择圆 12，单击设为相等对话框上的< 确定 >按钮。单击直线（Line）命令，单击圆 3 圆心为起点，沿右上角单击一点作为终点，形成直线 1，单击圆（Circle）命令，选择圆心和直径定圆，单击直线 1 右端点为圆心，绘制圆 10。单击尺寸标注（Dimensioning）命令，测量方法选择径向，标注圆 10 半径为 R22mm。测量方法选择自动判断，标注直线 1 长度为 93.75mm，测量方法选择斜角，标注直线 1 与 X 轴的角度为 30°。

绘制右边四圆的结果如图 1-5-19 所示。

技巧：圆 10 可以考虑采用圆和尺寸进行约束，也可以用镜像的方法绘制。

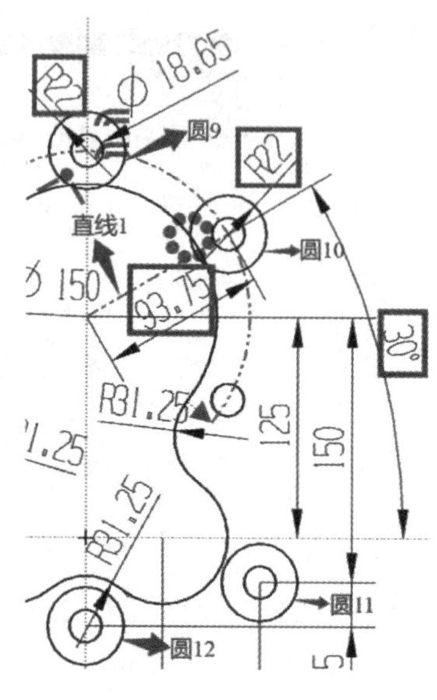

图 1-5-19　绘制右边四圆

10. 绘制右上方轮廓

单击轮廓（Outline）命令，如图 1-5-20 所示，选择圆弧按钮，单击圆 9 右上角一点作为起点，任意一点为终点，中间单击一点，形成圆弧 4，右边单击一点，形成圆弧 5，在圆 10 上方单击一点为终点，形成圆弧 6。单击相切（Tangent）命令，如图 1-5-21 所示，运动曲线选择圆弧 4，静止曲线选择圆 9，单击应用。运动曲线选择圆弧 5，静止曲线选择圆弧 4，单击应用。运动曲线选择圆弧 6，静止曲线选择圆弧 5，单击应用。运动曲线选择圆弧 6，静止曲线选择圆 10，单击设为相切对话框上的< 确定 >按钮。单击重合（Coincide）命令，如图 1-5-22 所示，运动曲线选择圆弧 5 的圆心，静止曲线选择圆 3 的圆心，单击设为重合对话框上的< 确定 >按钮。单击尺寸标注（Dimensioning）命令，测量方法选择径向，标注圆弧 4 的半径为 R12.5mm，标注圆弧 5 的半径为 R100mm，标注圆弧 6 的半径为 R12.5mm。绘制右上方轮廓结果如图 1-5-23 所示。

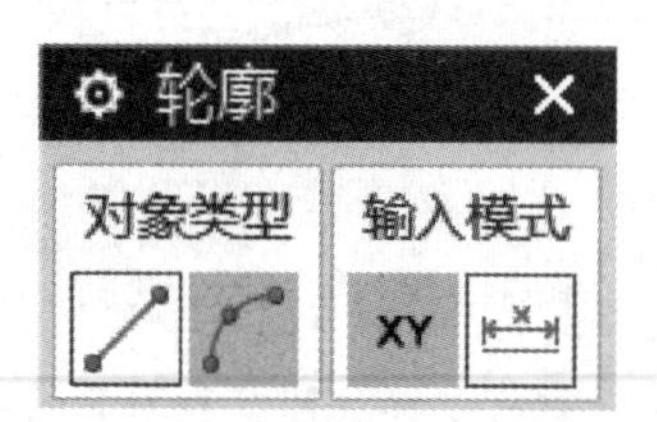

图 1-5-20　轮廓对话框

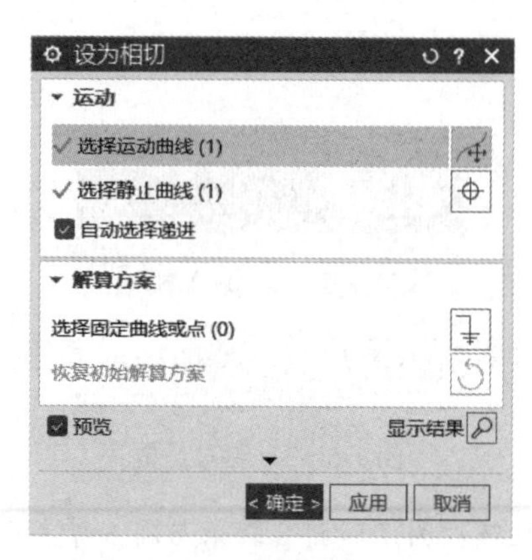

图 1-5-21　设为相切对话框

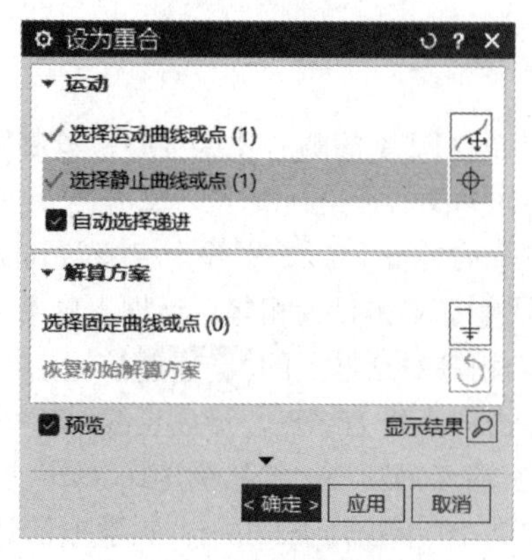

图 1-5-22　设为重合对话框

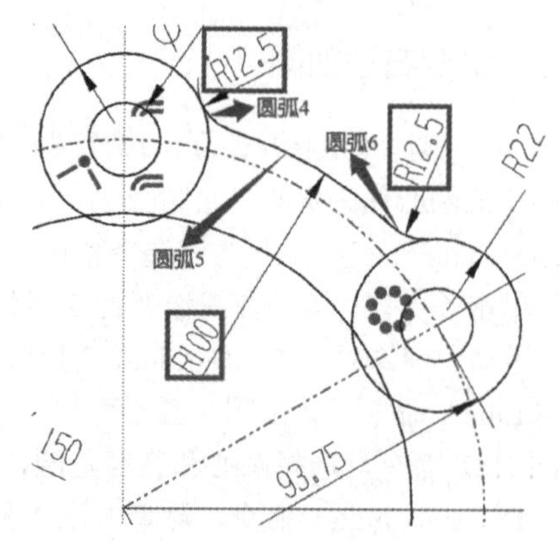

图 1-5-23　绘制右上方轮廓

技巧：在标注好三段圆弧尺寸之后，如果还没有完全约束，可以再次将几段相切约束，直至完全约束。

11. 绘制右下方轮廓

单击镜像（Mirror）命令，要镜像的曲线选择圆弧 6，中心线选择直线 1，单击< 确定 >按钮，形成圆弧 7。单击直线（Line）命令，如图 1-5-24 所示，单击圆弧 7 下端点为起点，圆 11 右边一点为终点，终点出现切点，形成直线 3。单击圆 12 下方一点为起点，圆 11 下方一点为终点，两端出现切点，形成直线 2。绘制右下方轮廓结果如图 1-5-25 所示。

图 1-5-24 直线对话框

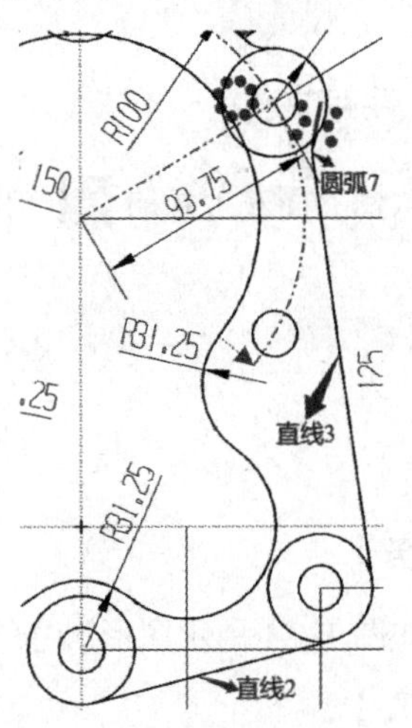

图 1-5-25 绘制右下方轮廓

技巧：要注意圆弧 7 和圆弧 6 是直线 1 的对称关系。

12. 镜像左边轮廓

单击快速修剪（Trim）命令，选择要修剪的曲线，单击圆 10 左边多出的线条，单击圆 11 左边多出的线条。单击镜像（Mirror）命令，如图 1-5-26 所示，要镜像的曲线选择圆弧 4、圆弧 5、圆弧 6、圆 10、圆弧 7、直线 3、圆 11、直线 2，中心线选择 Y 轴，单击镜像曲线对话框上的< 确定 >按钮，形成左边轮廓。结果如图 1-5-27 所示。

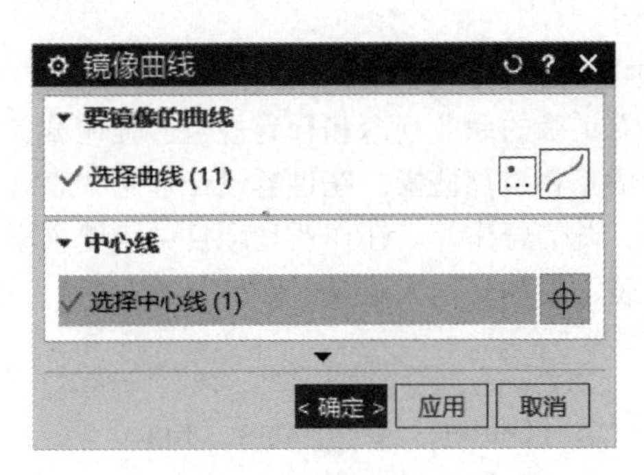

图 1-5-26 镜像曲线对话框

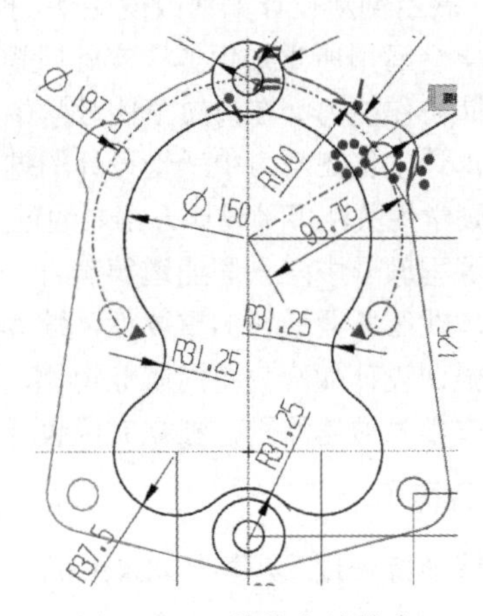

图 1-5-27 镜像左边轮廓

技巧：镜像曲线时注意选全所有曲线。

13. 修剪线条

单击快速修剪（Trim）命令，选择要修剪的曲线，单击圆9下边多出的线条，单击圆12上边多出的线条。修剪线条结果如图1-5-28所示。单击左上角完成草图（Finish）按钮，退出当前草图。

14. 保存文件

单击软件界面左上角的（保存）按钮。

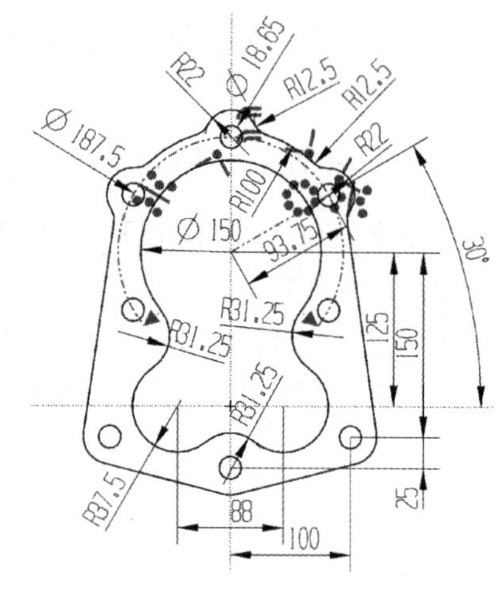

图 1-5-28　修剪线条

实例六　滑轨设计

实例六　滑轨设计资源

【学习任务】

根据如图1-6-1所示图形尺寸绘制滑轨草图。

【课程思政】

强调滑轨草图设计的精细与严谨，引导学生理解并践行“精益求精、追求卓越”的工匠精神。通过草图绘制，学生能感受和理解每一个步骤。组织学生进行精细绘制练习，让学生在实践中体会工匠精神的重要性，感受设计人员对细节的极致追求和对品质的执着坚守。

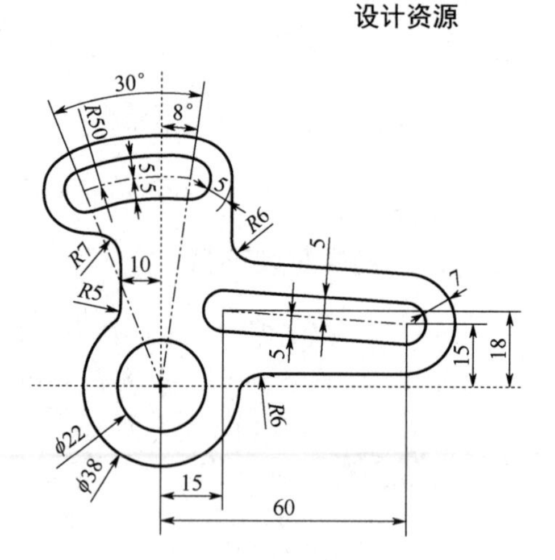

图 1-6-1　滑轨草图

鼓励学生不拘泥于传统，勇于尝试新的设计理念和表现手法，设计出具有创新性的滑轨草图。通过案例分析，展示创新设计如何改变生活、推动社会进步。让学生学会运用所学知识解决实际问题，培养创新思维和团队协作能力。在滑轨草图教学中，融入多种绘制思路，让学生在学习中感受设计的魅力，增强自信心。鼓励学生关注多种设计方案，通过多种设计的独特魅力。

在课程教学中融入职业道德教育，引导学生树立正确的职业观念和行为规范。强调诚信、责任、敬业等职业道德的重要性，培养学生的职业素养和道德情操。在讲解设计理念和表现手法时，强调设计师应具备的职业道德，如尊重原创、诚信合作等。在作业和项目中，要求学生严格遵守学术诚信原则，独立完成设计任务，不抄袭、不剽窃他人成果。

【学习目标】

能够熟练使用草图（Sketch）工具中的轮廓（Outline）、直线（Line）、圆（Circle）、相切（Tangent）、重合（Coincide）、尺寸标注（Dimensioning）、快

速修剪（Trim）、圆弧（Arc）、圆角（Rounded）、偏置（Offset）等各类命令。

【操作步骤】

1. 新建文件

选择菜单栏中的【文件】（File）|【新建】（New）命令，或同时按住Ctrl+N（创建一个新的文件），系统出现新建对话框，在【名称】栏中输入“滑轨草图”，在【单位】下拉框中选择“毫米”，单击< 确定 >按钮，创建一个文件名为“滑轨草图.prt”、单位为毫米的文件，并自动（默认）启动【建模】应用程序。

2. 绘制两圆

单击菜单栏中【主页】（Homepage），在对应命令面板上，单击草图（Sketch），或选择【菜单】（Menu）中【插入】（Insert）|【草图】（Sketch）命令，系统弹出创建草图对话框，如图1-6-2所示。在绘图区选择*XOY*平面，如图1-6-3所示。单击对话框上的< 确定 >按钮，进入草图绘制界面。单击圆（Circle）命令，选择圆心和直径定圆，单击坐标原点作为圆心，绘制一圆，单击坐标原点作为圆心，绘制第二个圆。结果如图1-6-4所示。

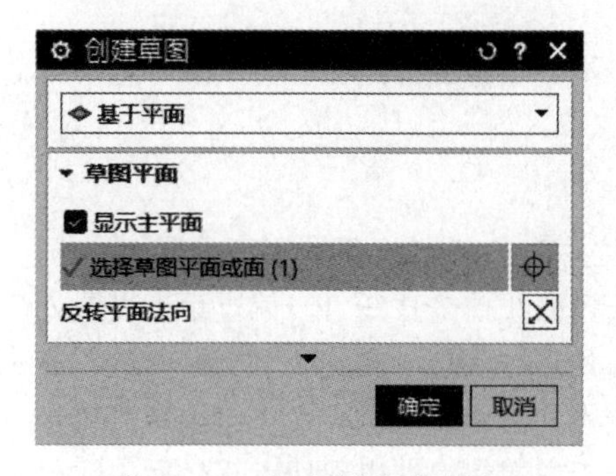

图1-6-2　创建草图对话框

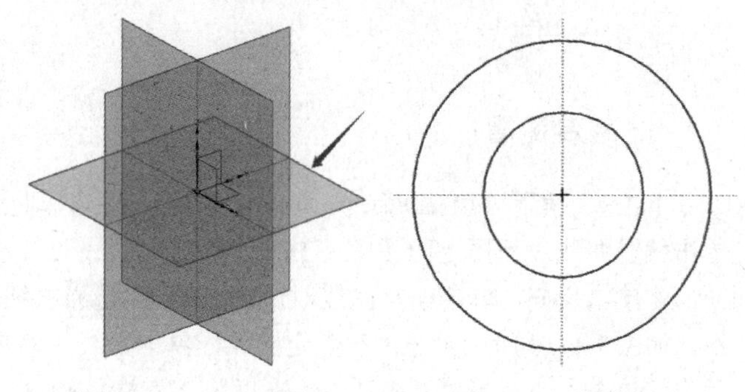

图1-6-3　*XOY*平面　　图1-6-4　绘制两圆

3. 标注两圆

单击尺寸标注（Dimensioning）命令，如图1-6-5所示，测量方法选择自动判断，标注圆1直径为ϕ38mm，标注圆2直径为ϕ22mm，单击快速尺寸对话框上的【关闭】按钮。标注两圆结果如图1-6-6所示。

图1-6-5　快速尺寸对话框

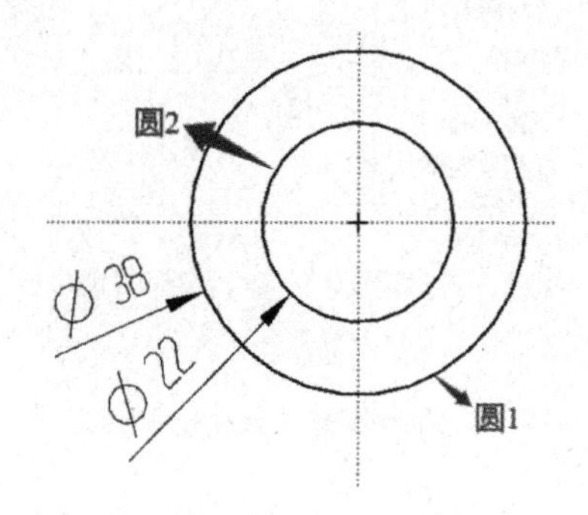

图1-6-6　标注两圆

4. 绘制中心线

单击直线（Line）命令，如图 1-6-7 所示，在两圆右上角单击一点为起点，斜向下绘制直线 1。单击尺寸标注（Dimensioning）命令，测量方法选择自动判断，标注直线 1 左端点和 Y 轴的距离为 15mm，标注直线 1 右端点和 Y 轴的距离为 60mm，标注直线 1 右端点和 X 轴的距离为 15mm，标注直线 1 左端点和 X 轴的距离为 18mm。单击直线 1，选择转换为参考，绘制中心线的结果如图 1-6-8 所示。

图 1-6-7 直线对话框

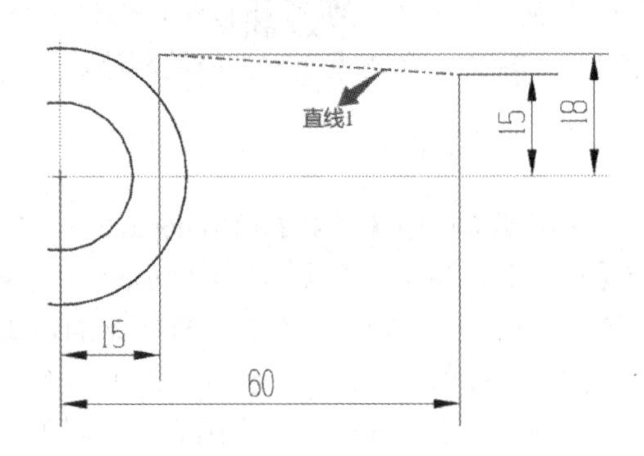

图 1-6-8 绘制中心线

5. 绘制键槽

单击偏置（Offset）命令，如图 1-6-9 所示，选择曲线并单击直线 1，偏置距离设置 5mm，单击偏置曲线对话框上的【应用】按钮，形成直线 2。选择曲线单击直线 1，偏置距离设置为 5mm，单击反向，单击偏置曲线对话框上的< 确定 >按钮，形成直线 3。单击圆弧（Arc）命令，如图 1-6-10 所示，选择三点定圆弧，单击直线 3 左端点和直线 2 左端点，在出现切点符号后中间单击一点，形成圆弧 1。单击直线 2 右端点和直线 3 右端点，在出现切点符号后中间单击一点，形成圆弧 2。绘制键槽的结果如图 1-6-11 所示。

图 1-6-9 偏置曲线对话框

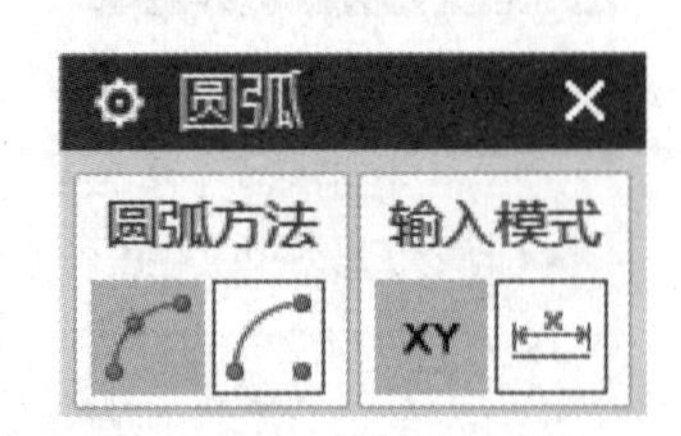

图 1-6-10 圆弧对话框

技巧：用圆角命令进行圆弧连接时，要注意鼠标单击的起点和终点要按照逆时针的顺序进行。除了用直线和圆弧绘制键槽，也可以考虑用槽绘制键槽，不过要计算槽的角度。

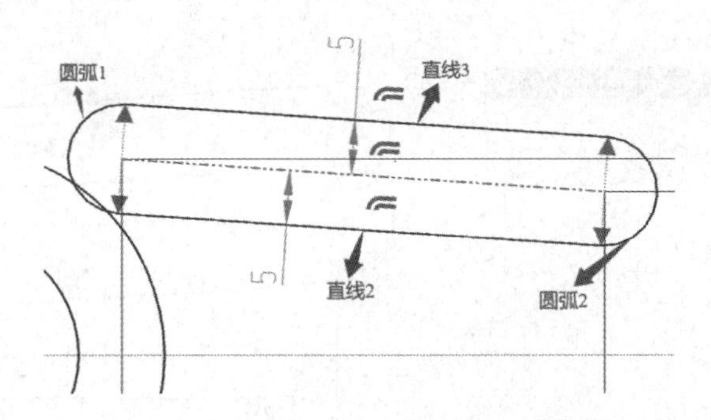

图 1-6-11　绘制键槽

6. 绘制右边轮廓

单击偏置（Offset）命令，单击单条曲线，选择直线 3 和圆弧 2，距离设置为 7mm，方向反向，单击偏置曲线对话框上的< 确定 >按钮。单击轮廓（Outline）命令，如图 1-6-12 所示，选择直线，单击圆弧 3 的下端点为起点，左边任意一点为终点，形成直线 5。选择圆弧，单击圆 1 右边上一点为终点，显示了切点，形成圆弧 4。绘制右边轮廓结果如图 1-6-13 所示。

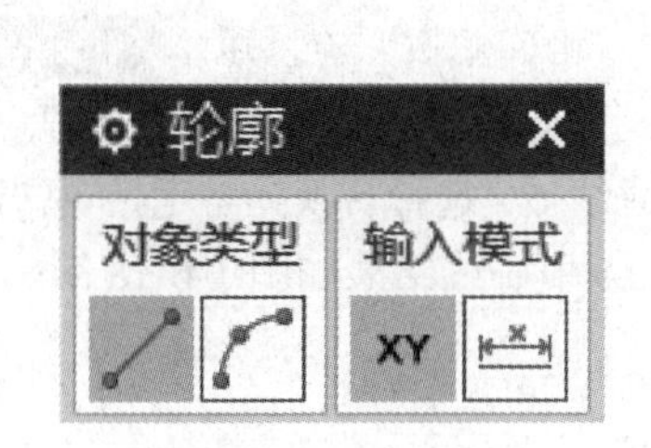

图 1-6-12　轮廓对话框

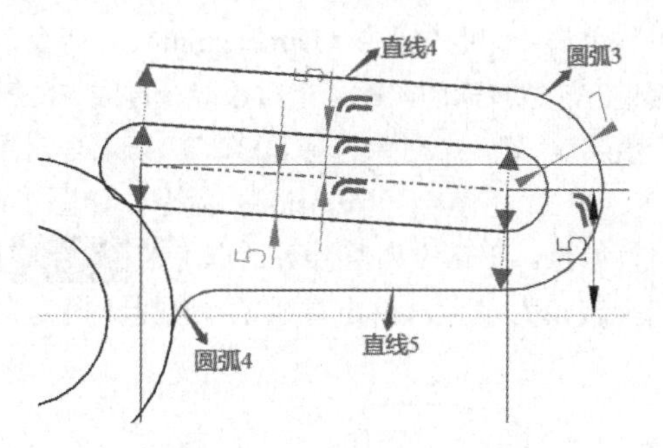

图 1-6-13　绘制右边轮廓

技巧：直线 5 和圆弧 4 除了用轮廓命令绘制外，也可以考虑单独用直线和圆弧命令绘制。

7. 约束右边轮廓

单击相切（Tangent）命令，如图 1-6-14 所示，运动曲线选择圆弧 3，静止曲线选择直线 4，单击设为相切对话框上的【应用】按钮。运动曲线选择直线 5，静止曲线选择圆弧 3，单击设为相切对话框上的【应用】按钮。运动曲线选择圆弧 4，静止曲线选择直线 5，单击设为相切对话框上的【应用】按钮。运动曲线选择圆弧 4，静止曲线选择圆 1，单击设为相切对话框上的< 确定 >按钮。单击尺寸标注（Dimensioning）命令，测量方法选择径向，标注圆弧 4 的半径为 *R*6mm，单击快速尺寸对话框上的【关闭】按钮。结果如图 1-6-15 所示。

技巧：相切命令如果没有约束完，不用单击< 确定 >，先单击应用，等到所有都约束完成再单击< 确定 >，关闭对话框。

8. 绘制上方中心线

单击圆弧（Arc）命令，选择三点定圆弧，单击左边任意一点和右边任意一点，中间单击一点，形成圆弧 5。单击直线（Line）命令，单击圆弧 5 左端点和原点，形成直线 6。单击圆弧 5 右端点和原点，形成直线 7。绘制上方中心线结果如图 1-6-16 所示。

图 1-6-14　设为相切对话框

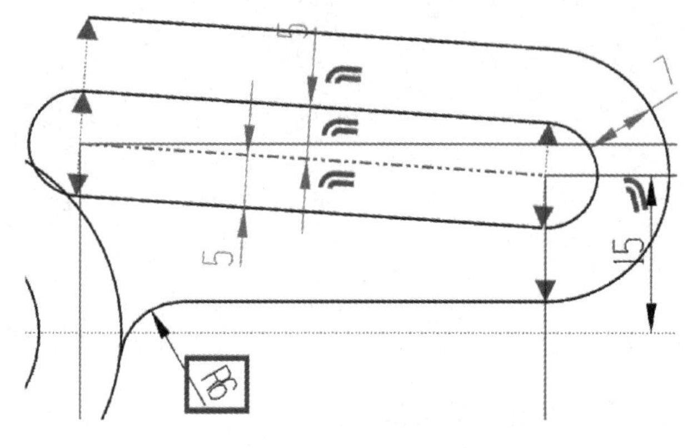

图 1-6-15　约束右边轮廓

技巧：直线6和直线7除了用直线命令绘制，也可以考虑用轮廓命令绘制。

9. 约束上方中心线

单击快速尺寸尺寸标注（Dimensioning）命令，测量方法选择径向，标注圆弧5半径为*R*50mm。测量方法选择斜向，第一个对象选择直线7，第二个对象选择*Y*轴，中间单击一点，单击< 确定 >，角度8°。第一个对象选择直线6，第二个对象选择直线7，中间单击一点，单击< 确定 >，角度30°。单击重合（Coincide）命令，如图1-6-17所示，运动点选择圆弧5的圆心，静止点选择坐标原点，单击设为重合对话框上的< 确定 >按钮。单击直线6，选择转换为参考，单击圆弧5，选择转换为参考，单击直线7，选择转换为参考。约束上方中心线结果如图1-6-18所示。

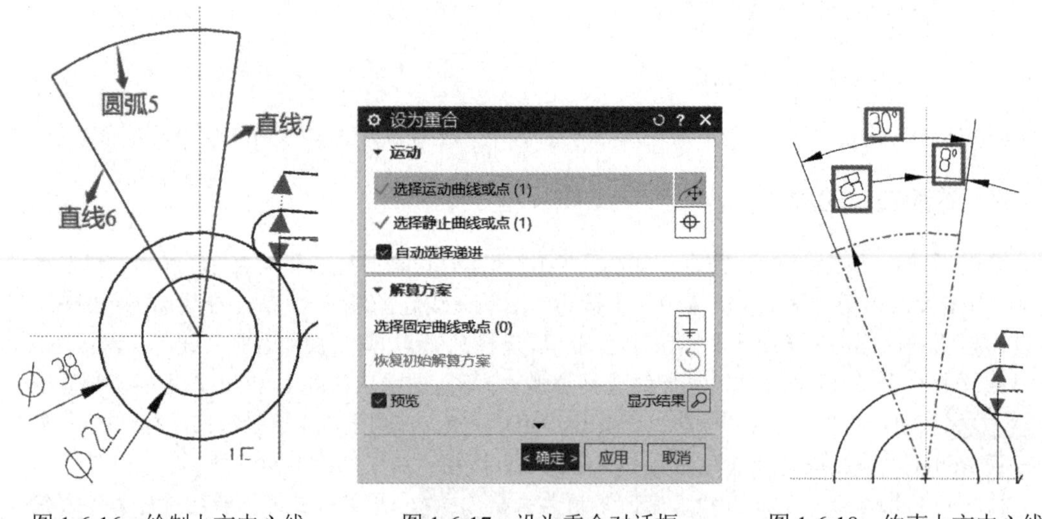

图 1-6-16　绘制上方中心线　　图 1-6-17　设为重合对话框　　图 1-6-18　约束上方中心线

技巧：看到下方出现草图已完全定义字样，代表草图已经完全约束了。

10. 绘制上方键槽

单击偏置（Offset）命令，单击单条曲线，要偏置的曲线选择圆弧5，距离设置为5mm，单击偏置曲线对话框上的【应用】按钮，形成圆弧6。要偏置的曲线选择圆弧5，方向反向，距离设置为 5mm，单击偏置曲线对话框上的< 确定 >按钮，形成圆弧 7。单击 圆弧（Arc）命令，选择三点定圆弧，单击圆弧 6 左端点和圆弧 7 左端点，在出现切点符号后中间单击一点，形成圆弧 8。单击圆弧 7 右端点和圆弧 6 右端点，在出现切点符号后中间单击一点，形成圆弧 9。结果如图 1-6-19 所示。

技巧：圆弧 8 和圆弧 9 除了用圆弧的命令，也可以考虑用圆的命令绘制，再对多余线条进行修剪。

11. 绘制上方轮廓

单击 偏置（Offset）命令，单击单条曲线，要偏置的曲线选择圆弧 8，圆弧 6 和圆弧 9 三条，距离设置为 5mm，单击偏置曲线上的< 确定 >按钮，形成圆弧 10、圆弧 11 和圆弧 12。结果如图 1-6-20 所示。

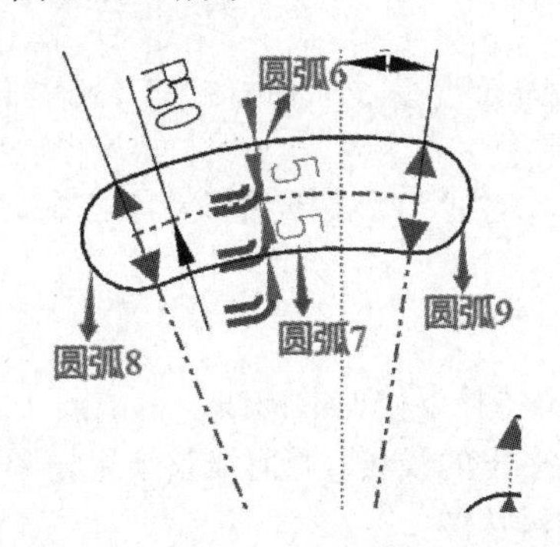

图 1-6-19 绘制上方键槽

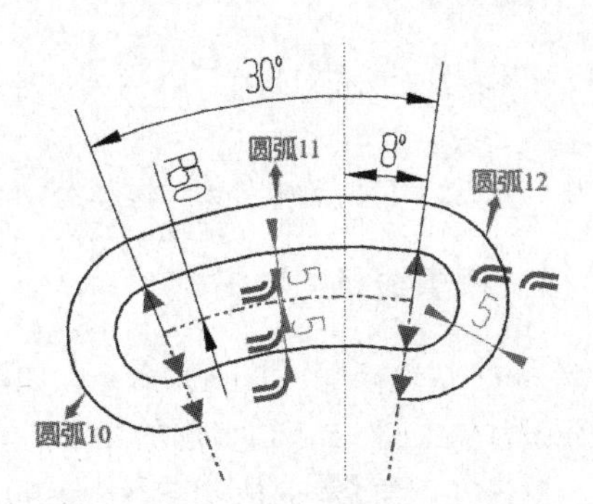

图 1-6-20 绘制上方轮廓

技巧：圆弧 10、圆弧 11 和圆弧 12 可以用偏置命令绘制，也可以考虑用圆弧命令绘制，但是要结合重合约束，约束圆弧 10 和圆弧 8 同心，圆弧 11 和圆弧 6 同心，圆弧 12 和圆弧 9 同心。

12. 绘制左边轮廓

单击 直线（Line）命令，在中间绘制一条竖直的直线 8。单击 尺寸标注（Dimensioning）命令，测量方法选择自动判断，标注直线 8 和 *Y* 轴的距离为 10mm。单击 圆角（Rounded）命令，如图 1-6-21 所示，选择第一个修剪，单击圆弧 10 右下方一点，再单击直线 8 上方一点，中间单击一点，形成圆弧 13。单击圆 1 上方一点，再单击直线 8 下方一点，中间单击一点，形成圆弧 14。单击 尺寸标注（Dimensioning）命令，测量方法选择径向，标注圆弧 13 的半径为 *R*7mm，标注圆弧 14 的半径为 *R*5mm。结果如图 1-6-22 所示。

技巧：除了用直线和圆弧命令绘制左边轮廓之外，也可以考虑用轮廓命令绘制。

13. 绘制右边轮廓

单击 轮廓（Outline）命令，选择直线，单击圆弧 12 的右端点为起点，下边任意一点为终点，形成直线 9。选择圆弧，单击直线 4 左边上一点为终点，显示了切点，形成圆弧 15。单击 相切（Tangent）命令，运动曲线选择直线 9，静止曲线选择圆弧 12，单击设为相切对话框上的【应用】按钮。运动曲线选择圆弧 15，静止曲线选择直线 9，单击设为相切对话框上的【应用】按钮。运动曲线选择圆弧 15，静止曲线选择直线 4，单击设为相切对话框上的< 确定 >按钮。单击 尺寸标注（Dimensioning）命令，测量方法选择径向，标注圆弧 15 的半径为 *R*6mm。

绘制右边轮廓结果如图 1-6-23 所示。

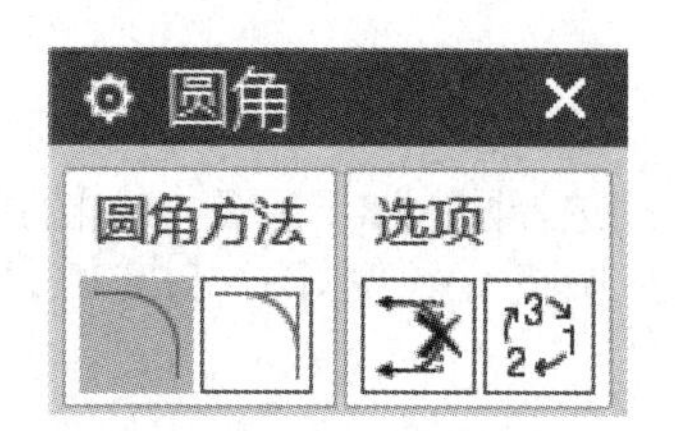

图 1-6-21　圆角对话框

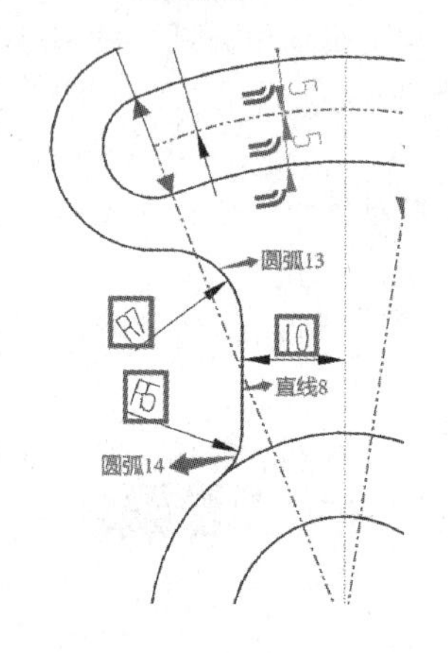

图 1-6-22　绘制左边轮廓

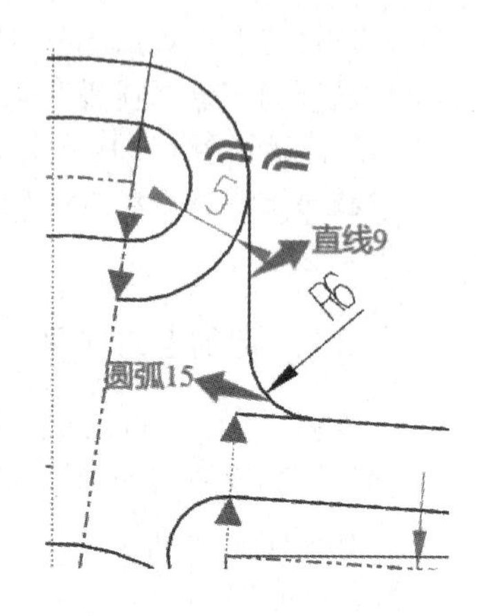

图 1-6-23　绘制右边轮廓

技巧：*除了用轮廓命令绘制直线 9 和圆弧 15，也可以考虑用直线和圆弧命令绘制。*

14. 修剪线条

单击 修剪 快速修剪（Trim）命令，如图 1-6-24 所示，选择要修剪的曲线，单击圆 1 右边多出的线条，单击圆 12 下边多出的线条，单击直线 4 左边多出的线条。修剪线条结果如图 1-6-25 所示。单击左上角 完成草图（Finish）按钮，退出当前草图。

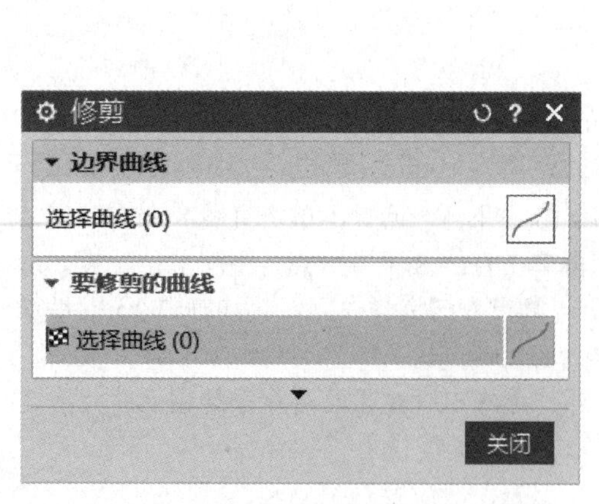

图 1-6-24　修剪对话框

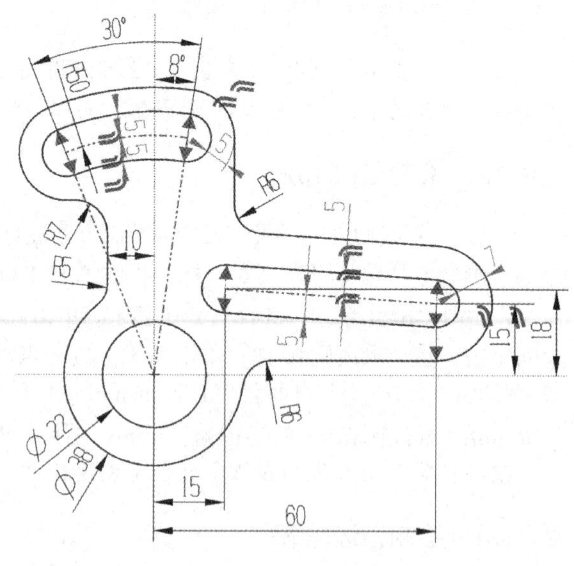

图 1-6-25　修剪线条

15. 保存文件

单击软件界面左上角的 （保存）按钮。

拓展练习题

绘制如图 1-ex-1～图 1-ex-16 所示的草图。

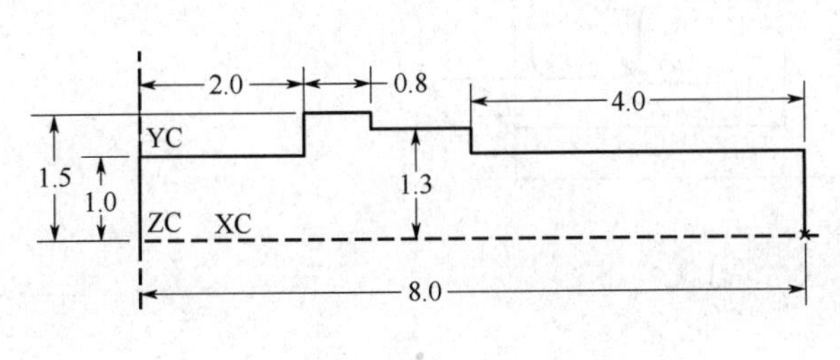

图 1-ex-1　习题 1

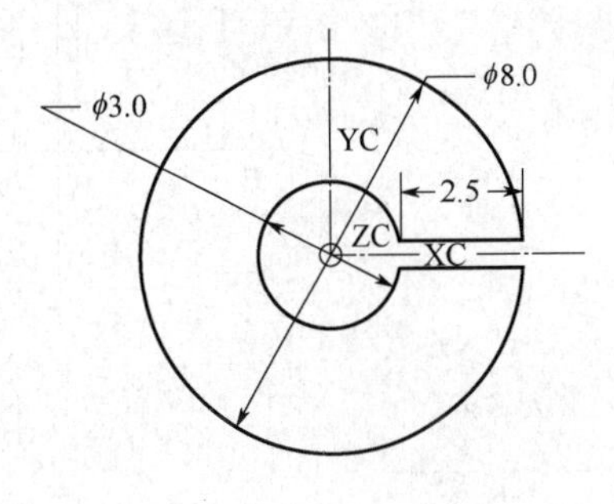

图 1-ex-2　习题 2

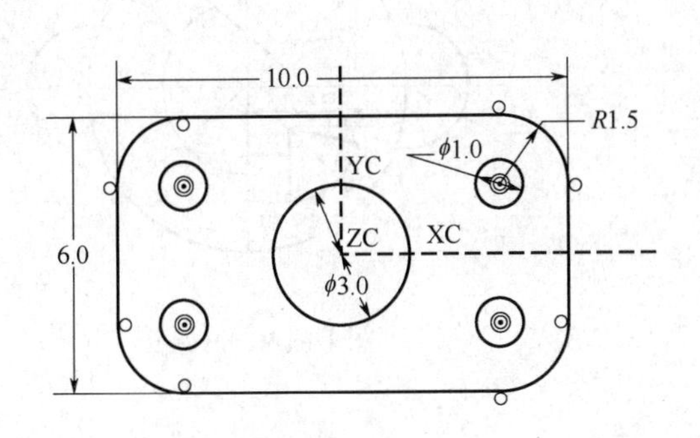

图 1-ex-3　习题 3

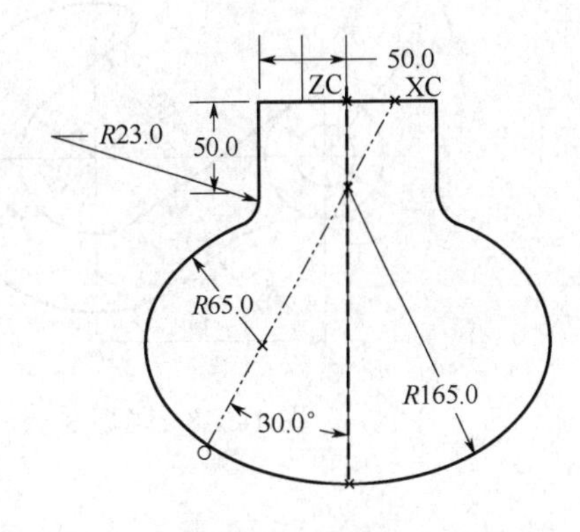

图 1-ex-4　习题 4

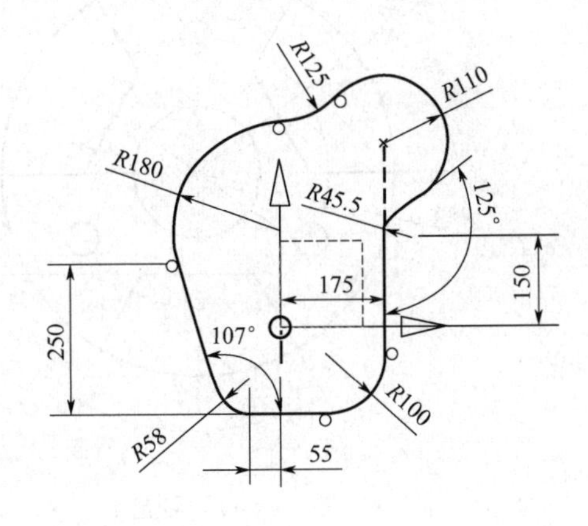

图 1-ex-5　习题 5

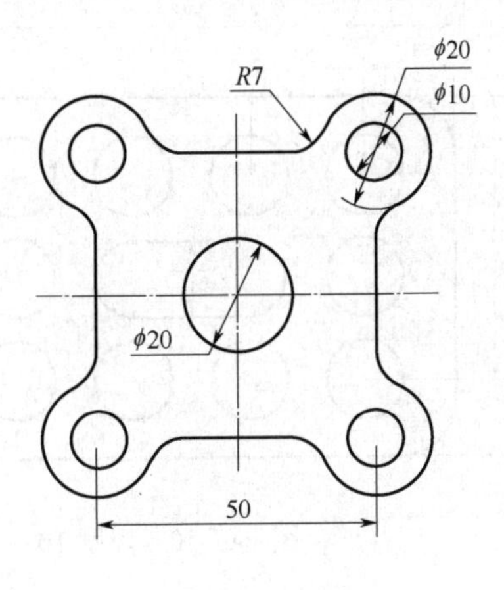

图 1-ex-6　习题 6

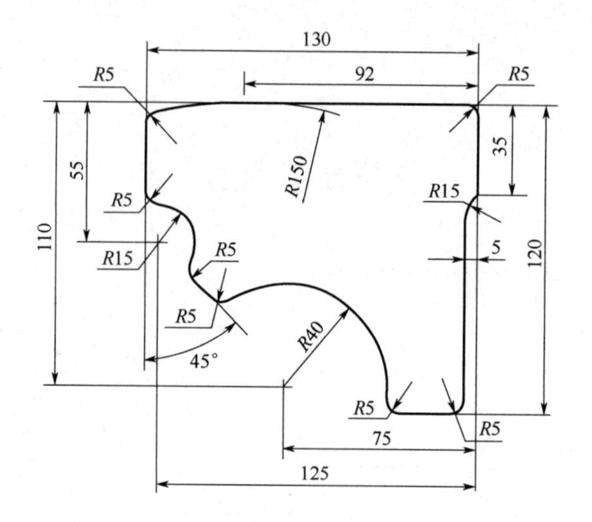

图 1-ex-7 习题 7

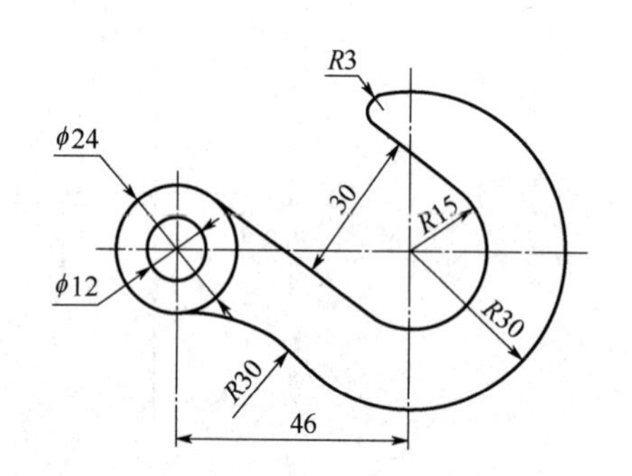

图 1-ex-8 习题 8

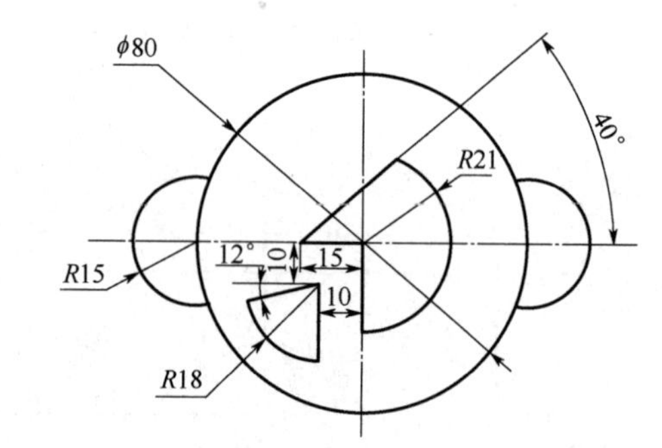

图 1-ex-9 习题 9

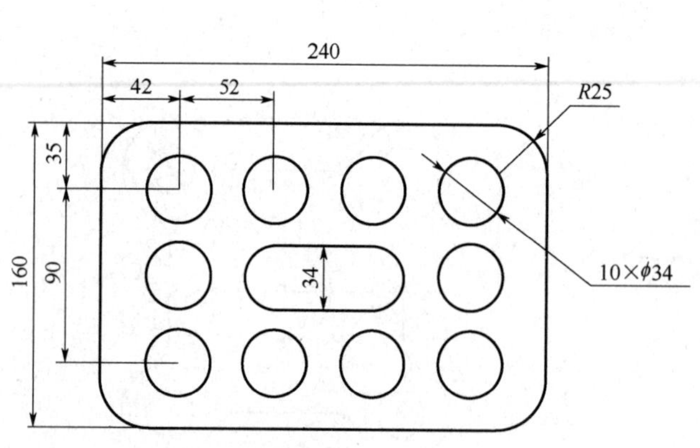

图 1-ex-10 习题 10

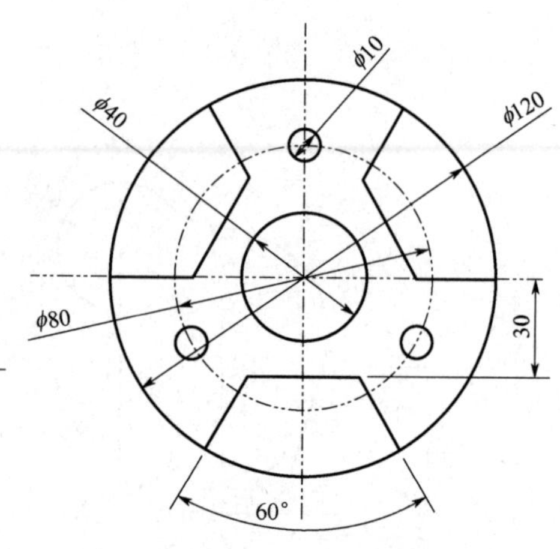

图 1-ex-11 习题 11

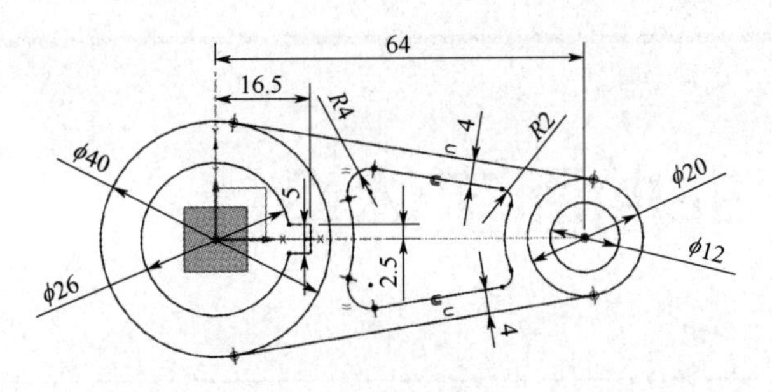

图 1-ex-12　习题 12

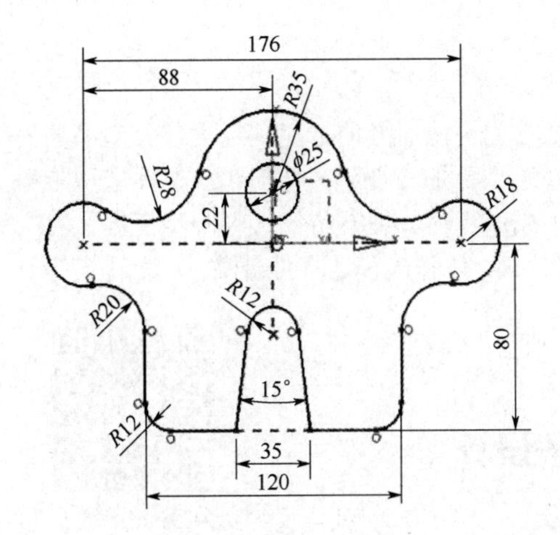

图 1-ex-13　习题 13

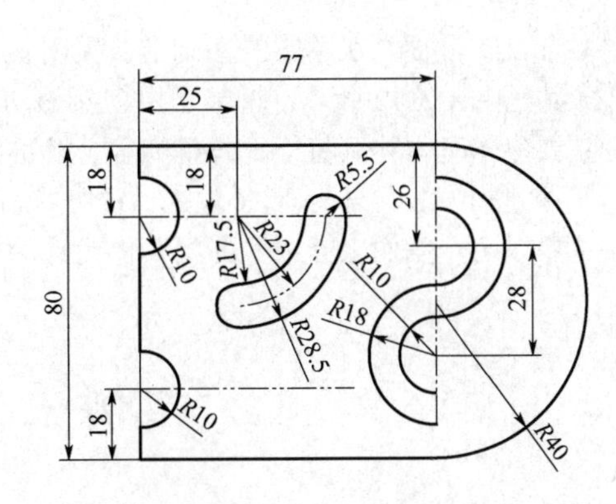

图 1-ex-14　习题 14

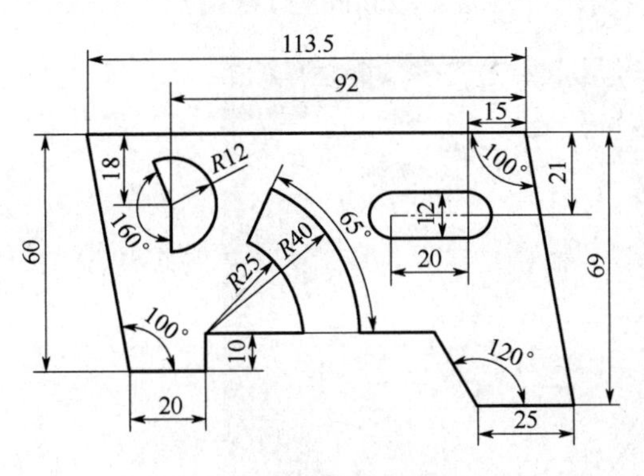

图 1-ex-15　习题 15

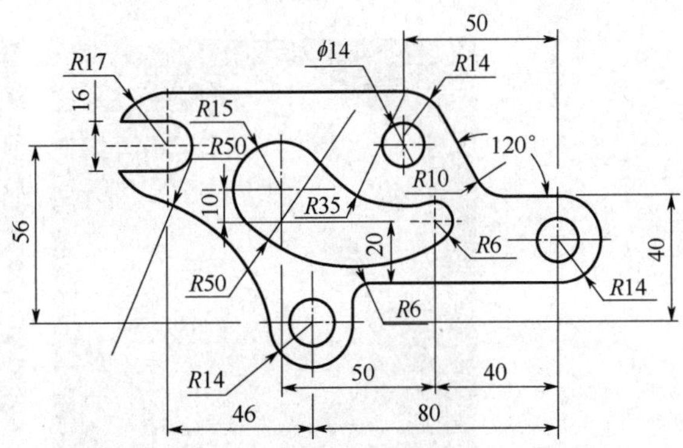

图 1-ex-16　习题 16

第二章　非曲面实体设计

【实体设计基础知识】

对于 3D 零件，在草图的基础上，采用实体造型方式快捷而方便，能满足大部分造型的需要。尤其是 NX 2312 版本，增加了很多新的功能，使造型更加人性化、便捷化。实体造型特征命令主要包括基本体素特征、扫描特征、基准特征、成形特征、细节特征、复制特征等。

具体建模方法又分为草图建模、特征建模、同步建模、体素建模、曲面建模、装配建模等。本章主要以七个案例来介绍非曲面实体设计的内容。

实例一　骰子设计

实例一　骰子设计资源

【学习任务】

根据图 2-1-1 所示图形，绘制骰子实体模型。骰子尺寸 20mm×20mm×20mm。

图 2-1-1　骰子效果图

【课程思政】

骰子，亦名色子，是日常生活及众多休闲活动里常见的道具。它由六个均匀的面构成，每一面均标记有一个独特的点位，尤为巧妙的是，任意两个相对面的点数之和恒为七，展现了设计的均衡之美。在投掷过程中，每一面出现的概率保持均等，确保了游戏的公平与公正。然而，值得注意的是，掷骰子游戏旨在提供轻松愉悦的休闲时光，我们应当理性对待，切勿过度沉迷，以免影响正常的生活与工作。

【学习目标】

① 能够熟练使用块（Block）、球（Sphere）、边倒圆（Edge Blend）、减去（Substract）等各类设计命令。

② 能够对设计作品进行着色、渲染，通过外观设计提升产品的美观性并增强吸引力。

【操作步骤】

1. 新建文件

选择菜单栏中的【文件】（File）|【新建】（New）命令，或同时按住 Ctrl+N（创建一个新的文件），系统出现新建对话框，在【名称】栏中输入“骰子”，【文件夹】选择平时常用位置（建议不要放在 NX 的默认安装文件夹），在【单位】下拉框中选择“毫米”，单击< 确定 >按钮，创建一个文件名为“骰子.prt”、单位为毫米的文件，并自动（默认）启动【建模】应用程序。

2. 设置绘图区背景

单击菜单栏中【显示】（Display），在对应命令面板上，单击【背景】（Background）命令，弹出如图 2-1-2 所示对话框，选择箭头所指的【深色主题】栏。绘图区呈现出深色。

3. 绘制块

单击菜单栏中【主页】（Home），在对应命令面板上，单击【更多】（More）|【设计特征】（Design Feature）|【块】（Block），或选择【菜单】（Menu）中【插入】（Insert）|【设计特征】（Design Feature）|【块】（Block）命令，系统弹出如图 2-1-3 所示的块对话框。在对话框第一栏选择【原点和边长】；【原点】选择坐标原点，或单击原点栏右边的图标，弹出点对话框，如图 2-1-4 所示。在其【坐标】栏，设置 *X*、*Y*、*Z* 的坐标值均为 0。单击< 确定 >按钮，回到显示块对话框界面。在块对话框中的【尺寸】栏，输入块的长宽高值，均为 20mm。其他栏不用设置。单击< 确定 >按钮，完成块实体的创建，效果如图 2-1-5 所示。

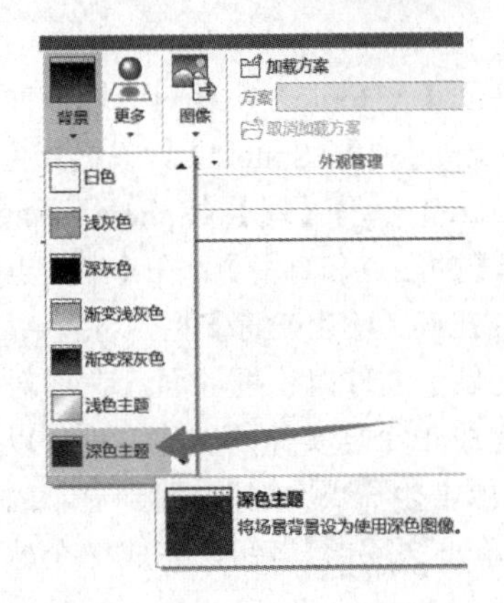

图 2-1-2　绘图区背景选项

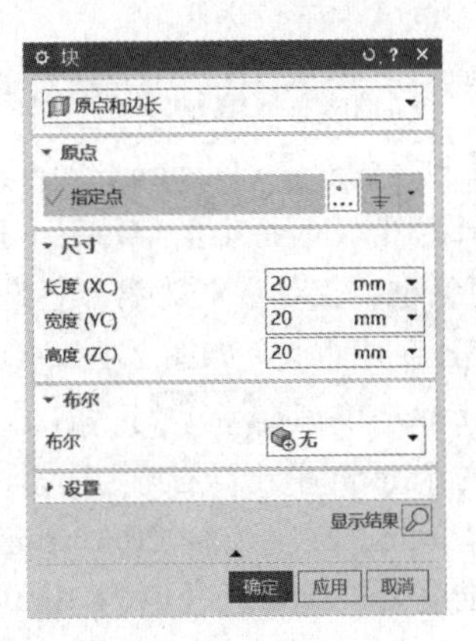

图 2-1-3　块对话框

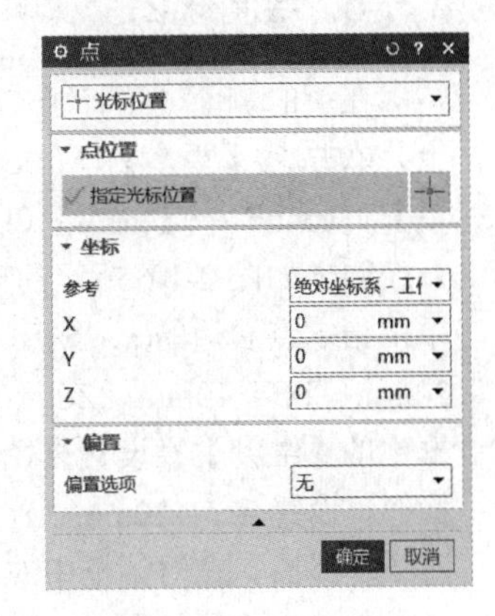

图 2-1-4　点对话框

技巧：图形放大/缩小。使用本绘图软件时，鼠标的左、中、右三个键都有不同的功能。鼠标左键（MB1），拾取功能。鼠标中键（MB2），按住并移动，实现旋转功能；滚动鼠标中键，实现放大或缩小功能。鼠标右键（MB3），单击出现弹出式菜单，短按/长按，菜单不同；同时

按住鼠标中键和右键，出现手形图标，同时移动鼠标实现图形的移动。同时鼠标左键和中键，出现一个放大镜图标，同时移动鼠标实现图形的放大或缩小。当然，也可以单击菜单栏【视图】（View）| 缩放（Zoom）命令，鼠标变成放大镜效果，单击鼠标左键实现缩放功能。

4. 绘制球 1

在块的顶面（平行于 *XOY*）绘制球 1。单击菜单栏中【主页】（Home），在对应命令面板上，单击【更多】（More）|【设计特征】（Design Feature）|【球】（Sphere），或选择【菜单】（Menu）中【插入】（Insert）|【设计特征】（Design Feature）|【球】（Sphere）命令，系统弹出如图 2-1-6 所示的球对话框。在对话框的第一栏选择【中心点和直径】；在【中心点】单击指定点右边的图标，弹出点对话框，如图 2-1-7 所示。在其【输出坐标】栏，设置 *XC* = 10mm、*YC* = 10mm、*ZC* = 20mm。单击< 确定 >按钮，回到显示的球对话框界面。在球对话框中的【维度】栏设置直径值为 6mm，单击< 确定 >按钮，完成球实体的创建，效果如图 2-1-8 所示。

图 2-1-5 块效果图

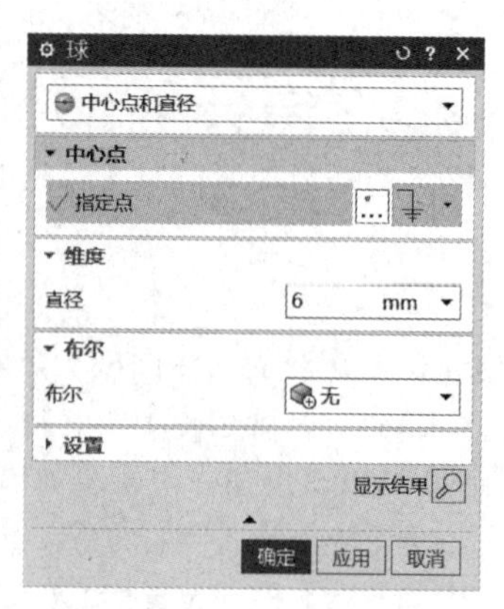

图 2-1-6 球对话框

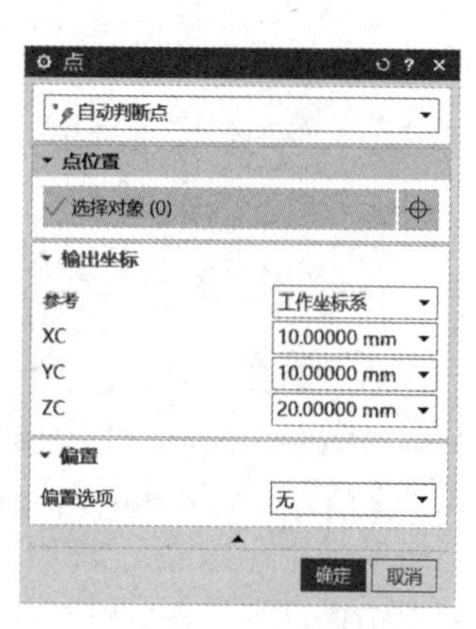

图 2-1-7 点对话框

5. 绘制球 2

在块的侧面（平行于 *YOZ*）绘制球 2。单击菜单栏中【主页】（Home），在对应命令面板上，单击【更多】（More）|【设计特征】（Design Feature）|【球】（Sphere），或选择【菜单】（Menu）中【插入】（Insert）|【设计特征】（Design Feature）|【球】（Sphere）命令，系统弹出如图 2-1-6 所示的球对话框。在对话框的第一栏选择【中心点和直径】；在【中心点】单击指定点右边的图标，弹出点对话框，如图 2-1-7 所示。在其【输出坐标】栏，设置 *XC* = 20mm、*YC* = 10mm、*ZC* = 20/3mm。单击< 确定 >按钮，回到显示的球对话框界面。在球对话框中的【维度】栏设置直径值为 3mm，单击 应用 按钮，完成 1 个球实体的创建。重复以上操作，设置 *XC* = 20mm、*YC* = 10mm、*ZC* =（2×20/3）mm。单击< 确定 >按钮，回到显示的球对话框界面。在对话框中的【维度】栏设置直径值为 3mm，单击< 确定 >按钮，完成 2 个球实体的创建，效果如图 2-1-9 所示。

6. 绘制球 3

在块的侧面（平行于 *XOZ*）绘制球 3。操作同上一步（步骤 5）类似，第一个球：在其【输出坐标】栏，设置 *XC* = 10mm、*YC* = 20mm、*ZC* = 10mm。单击< 确定 >按钮，回到显示球对话框界面。在球对话框中的【维度】栏设置直径值为 3mm；第二个球：在其【输出坐标】栏，设置 *XC* = 6mm、*YC* = 20mm、*ZC* = 6mm。单击 < 确定 > 按钮，回到显示球对话框界面。在球对话框中的【维度】栏设置直径值为 3mm；第三个球：在其【输出坐标】栏，设置 *XC* = 14mm、*YC* = 20mm、*ZC* = 14mm。单击 < 确定 > 按钮，回到显示球对话框界面。在球对话框中的【维度】栏设置直径值为 3 mm；效果如图 2-1-10 所示。

图 2-1-8　球 1 效果图

图 2-1-9　球 2 效果图

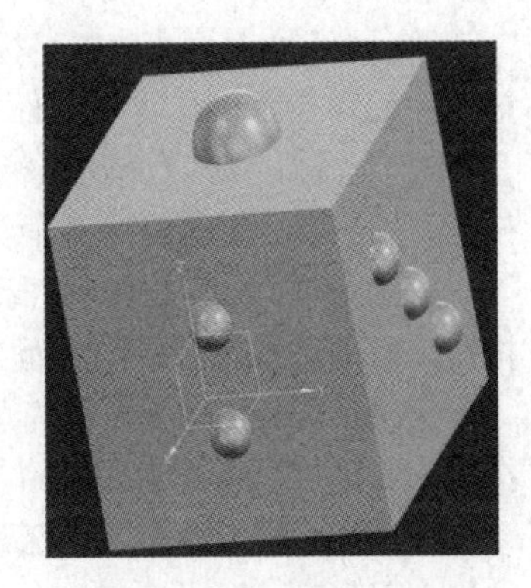
图 2-1-10　球 3 效果图

7. 绘制球 4

在块的侧面（球 3 的对面）绘制球 4。操作同上一步（步骤 6）类似。

第一个球：在其【输出坐标】栏，设置 *XC* = 20/3mm、*YC* = 0mm、*ZC* = 20/3mm。单击 < 确定 > 按钮，回到显示球对话框界面。在球对话框中的【维度】栏设置直径值为 3mm。

第二个球：在其【输出坐标】栏，设置 *XC* = 2×20/3mm、*YC* = 0mm、*ZC* = 2×20/3mm。单击 < 确定 > 按钮，回到显示球对话框界面。在球对话框中的【维度】栏设置直径值为 3mm。

第三个球：在其【输出坐标】栏，设置 *XC* = 20/3mm、*YC* = 0mm、*ZC* = 2×20/3mm。单击 < 确定 > 按钮，回到显示球对话框界面。在球对话框中的【维度】栏设置直径值为 3mm。

第四个球：在其【输出坐标】栏，设置 *XC* = 2×20/3mm、*YC* = 0mm、*ZC* = 20/3mm。单击 < 确定 > 按钮，回到显示球对话框界面。在球对话框中的【维度】栏设置直径值为 3mm；效果如图 2-1-11 所示。

8. 绘制球 5

在块的侧面（球 3 的对面）绘制球 5。操作同上一步（步骤 7）类似。

第一个球：在其【输出坐标】栏，设置 *XC* = 0mm、*YC* = 14mm、*ZC* = 6mm。单击 < 确定 > 按钮，回到显示球对话框界面。在球对话框中的【维度】栏设置直径值为 3mm。

第二个球：在其【输出坐标】栏，设置 *XC* = 0mm、*YC* = 10mm、*ZC* = 10mm。单击 < 确定 > 按钮，回到显示球对话框界面。在球对话框中的【维度】栏设置直径值为 3mm。

第三个球：在其【输出坐标】栏，设置 *XC* = 0mm、*YC* = 14mm、*ZC* = 14mm。单击 < 确定 > 按钮，回到显示球对话框界面。在球对话框中的【维度】栏设置直径值为 3mm。

第四个球：在其【输出坐标】栏，设置 *XC* = 0mm、*YC* = 6mm、*ZC* = 6mm。单击 < 确定 > 按钮，回到显示球对话框界面。在球对话框中的【维度】栏设置直径值为 3mm。

第五个球：在其【输出坐标】栏，设置 *XC* = 0mm、*YC* = 6mm、*ZC* = 14mm。单击 < 确定 >

按钮，回到显示球对话框界面。在球对话框中的【维度】栏设置直径值为 3mm；效果如图 2-1-12 所示。

9. 绘制球 6

在块的侧面（球 3 的对面）绘制球 6。操作同上一步（步骤 8）类似。

第一个球：在其【输出坐标】栏，设置 $XC = 5$mm、$YC = 20/3$mm、$ZC = 0$mm。单击 < 确定 > 按钮，回到显示球对话框界面。在球对话框中的【维度】栏设置直径值为 3mm。

第二个球：在其【输出坐标】栏，设置 $XC = 15$mm、$YC = 20/3$mm、$ZC = 0$mm。单击 < 确定 > 按钮，回到显示球对话框界面。在球对话框中的【维度】栏设置直径值为 3mm。

第三个球：在其【输出坐标】栏，设置 $XC = 10$mm、$YC = 20/3$mm、$ZC = 0$mm。单击 < 确定 > 按钮，回到显示球对话框界面。在球对话框中的【维度】栏设置直径值为 3mm。

第四个球：在其【输出坐标】栏，设置 $XC = 10$mm、$YC = 2\times20/3$mm、$ZC = 0$mm。单击 < 确定 > 按钮，回到显示球对话框界面。在球对话框中的【维度】栏设置直径值为 3mm。

第五个球：在其【输出坐标】栏，设置 $XC = 15$mm、$YC = 2\times20/3$mm、$ZC = 0$mm。单击 < 确定 > 按钮，回到显示球对话框界面。在球对话框中的【维度】栏设置直径值为 3mm。

第六个球：在其【输出坐标】栏，设置 $XC = 5$mm、$YC = 2\times20/3$mm、$ZC = 0$mm。单击 < 确定 > 按钮，回到显示球对话框界面。在球对话框中的【维度】栏设置直径值为 3mm；效果如图 2-1-13 所示。

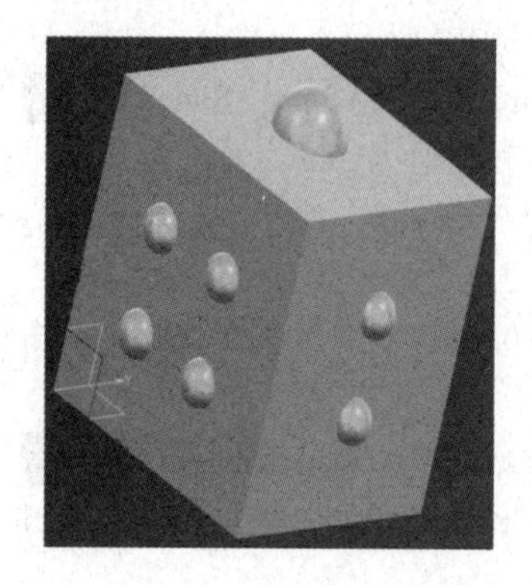

图 2-1-11 球 4 效果图

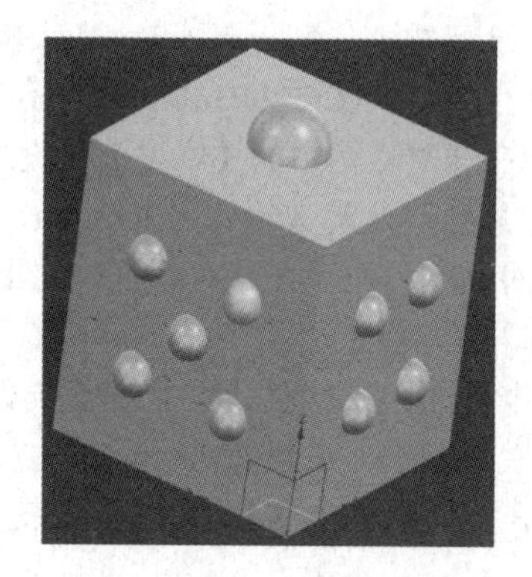

图 2-1-12 球 5 效果图

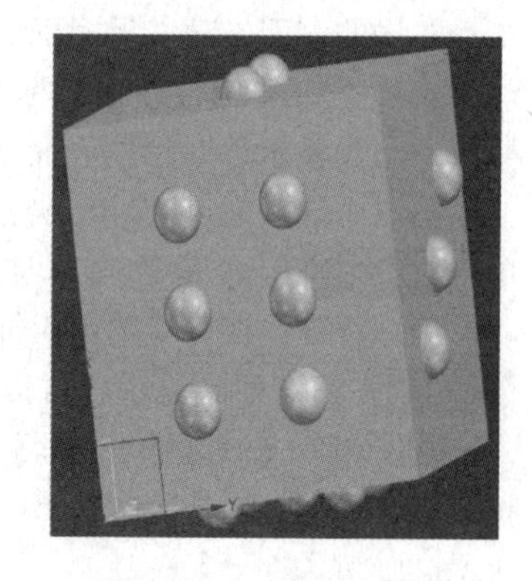

图 2-1-13 球 6 效果图

10. 布尔运算减去

单击菜单栏中【主页】(Home)，在对应命令面板上，单击【减去】(Substract)，或选择【菜单】(Menu) 中【插入】(Insert) |【组合】(Combine) |【减去】(Substract) 命令，系统弹出减去对话框，如图 2-1-14 所示。【目标】栏选择块，【工具】栏（框选，如图 2-1-15 所示）选择前面创建的所有的球，【设置】不勾选保存目标、保存工具选项。减去后效果如图 2-1-16 所示。

11. 骰子圆角

单击菜单栏中【主页】(Home)，在对应命令面板上，单击【边倒圆】(Edge Blend)，或选择【菜单】(Menu) 中【插入】(Insert) |【细节特征】(Detail Feature) | 【边倒圆】

图 2-1-14　减去对话框

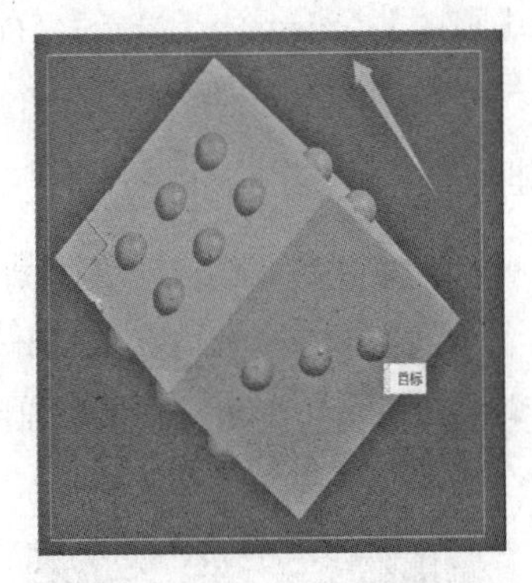

图 2-1-15　框选工具体

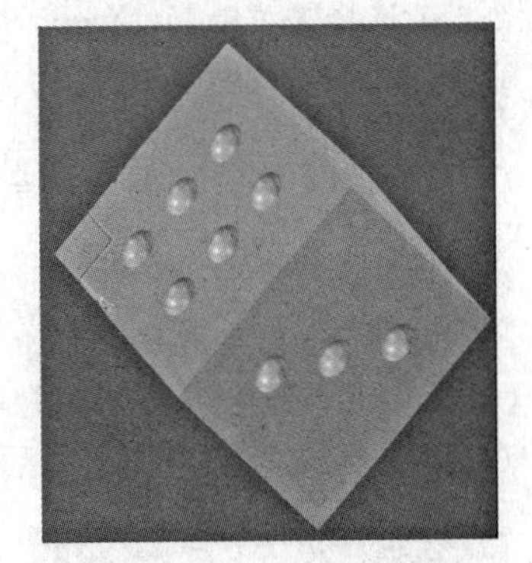

图 2-1-16　减去后效果图

（Edge Blend）命令，系统弹出如图 2-1-17 所示的边倒圆对话框。在【边】栏中【连续性】选择 G1（相切），【选择边】选择块的任意 1 条边（如图 2-1-18 所示），界面此时弹出（如图 2-1-19 所示）选择栏，单击箭头所指的图标（【选择预测的对象】，效果如图 2-1-20 所示）；【形状】选择圆形，半径 1 的值设置为 3mm；在【拐角倒角】栏单击【选择端点】，然后依次在绘图区选择块的 8 个顶点，如图 2-1-21 所示；在拐角倒角的【列表】栏，如图 2-1-22 所示，将所有的倒角修改为 6mm。最终效果如图 2-1-23 所示。

图 2-1-17　边倒圆对话框

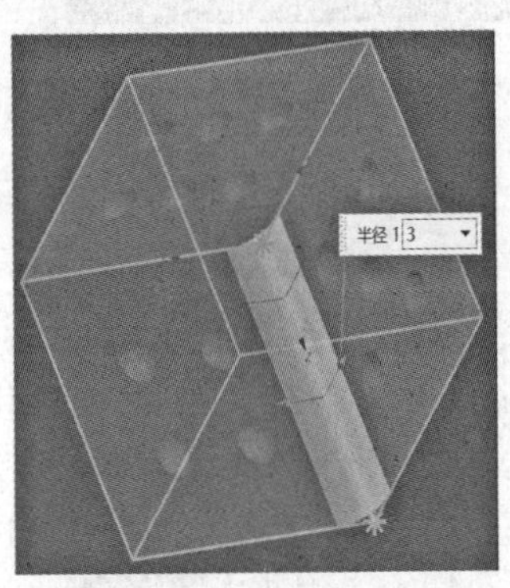

图 2-1-18　选择任意边

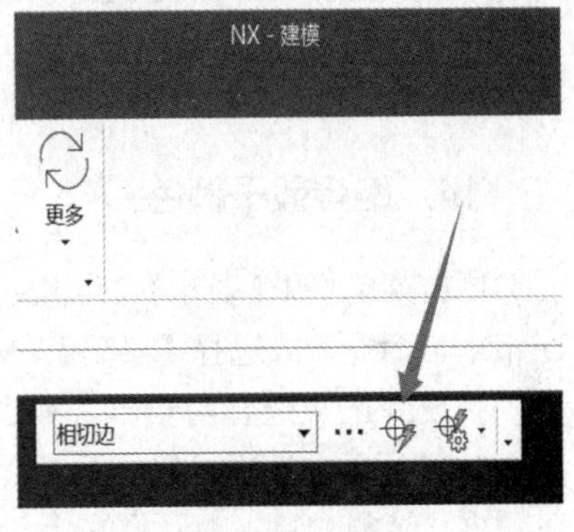

图 2-1-19　选择栏

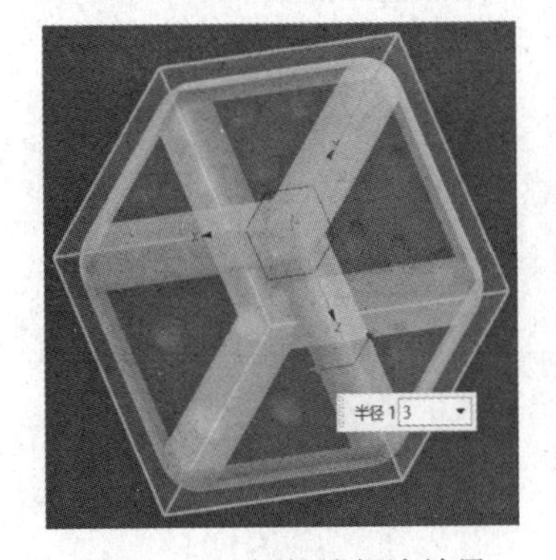

图 2-1-20　智能选择边效果

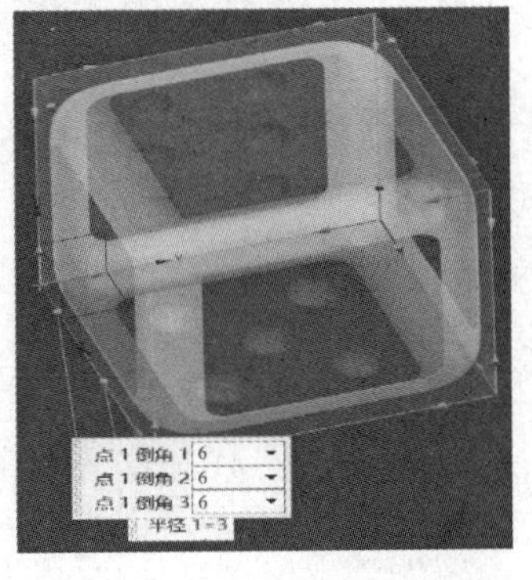

图 2-1-21　选择块的 8 个顶点

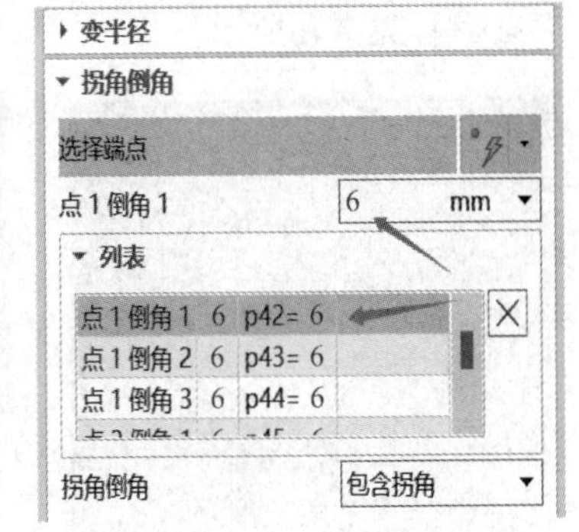

图 2-1-22　拐角倒角栏

12. 更改显示面边模式

单击菜单栏中【显示】（Display），在对应命令面板上，单击【面边】（Face Edges）命

令，或选择【菜单】（Menu）中【视图】（View）|【显示】（Display）|【面边】（Face Edges）命令。骰子实体的面边即消失，效果如图 2-1-24 所示。

13. 隐藏草图及辅助基准

按住 Ctrl+W，或者单击菜单栏中【视图】（View），在对应命令面板上，单击【显示和隐藏】（Show and Hide）命令，或选择【菜单】（Menu）中【编辑】（Edit）|【显示和隐藏】（Show and Hide）|【显示和隐藏】（Show and Hide）命令，弹出如图 2-1-25 所示的显示和隐藏对话框。隐藏基准，关闭对话框。效果如图 2-1-26 所示。

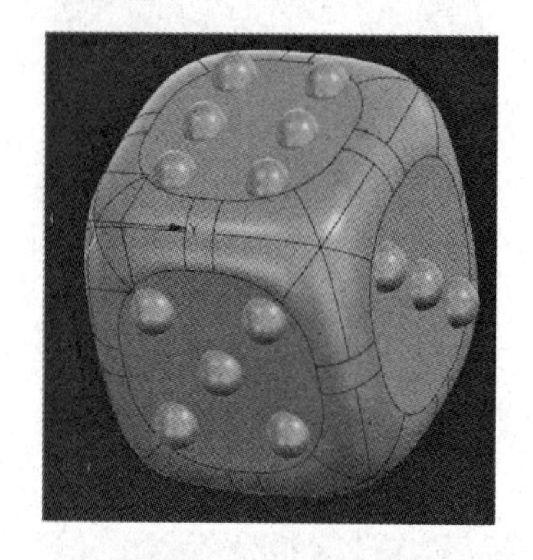

图 2-1-23　圆角效果

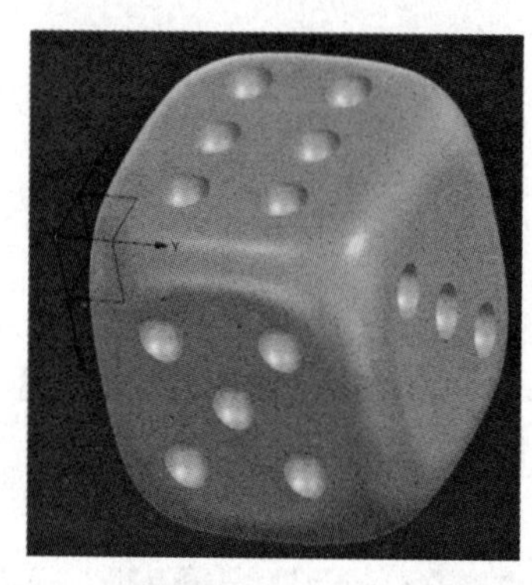

图 2-1-24　更改显示模式后效果图

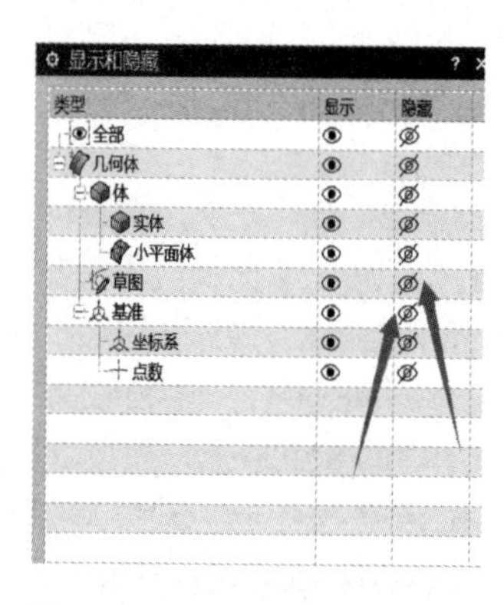

图 2-1-25　显示和隐藏对话框

14. 编辑骰子颜色

单击菜单栏中【显示】(Display)，在对应命令面板上，单击【编辑对象显示】(Edit Object Display）命令，或选择【菜单】（Menu）中【编辑】（Edit）|【对象显示】（Object Display）命令，系统弹出类选择对话框，如图 2-1-27 所示。选择块体，然后单击< 确定 >按钮，弹出如图 2-1-28 所示的编辑对象显示对话框。在【颜色栏】单击颜色，进入如图 2-1-29 所示对象颜色对话框，选择白色（对话框左上角），依次单击两次< 确定 >按钮，完成实体颜色的更改。效果如图 2-1-30 所示。骰子点数凹坑的颜色略有不同。点数 1、2、3 为红色，点数 4、5、6 为蓝色。具体见技巧所示。

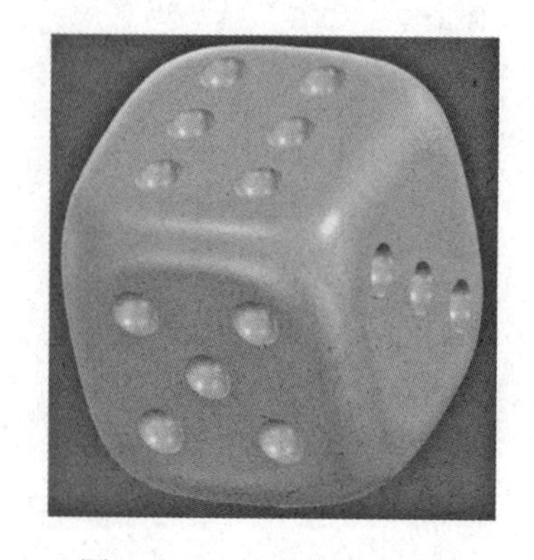

图 2-1-26　隐藏基准效果图

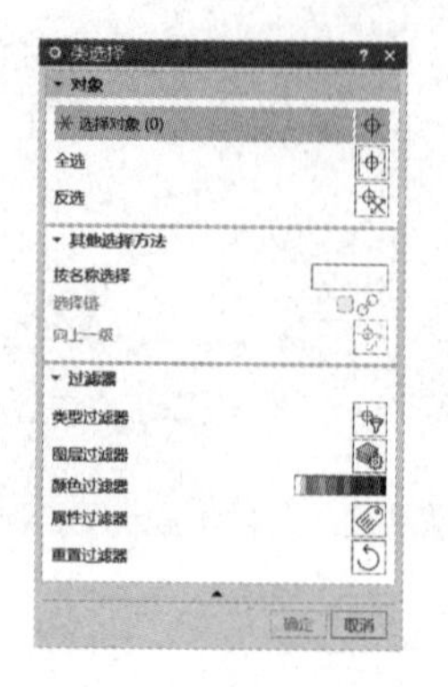

图 2-1-27　类选择对话框

图 2-1-28　编辑对象显示对话框

技巧：【编辑对象显示】（Edit Object Display）命令，在选择块体和选择减去后的凹坑的操作上有区别。如需选择减去球留下的凹坑，须在选择栏里单击【面】，如图 2-1-31 所示。然后再去选择凹坑面。需配置同样颜色的凹坑选择完后（图 2-1-32、图 2-1-33），操作见块的方法，最后单击< 确定 >按钮，完成凹坑的着色过程，最终效果如图 2-1-34 所示。

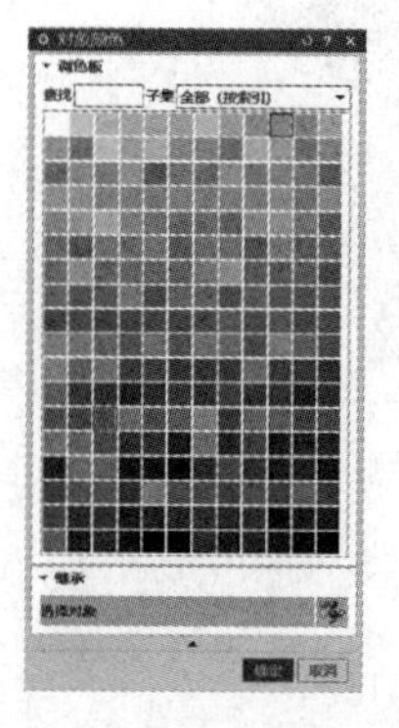

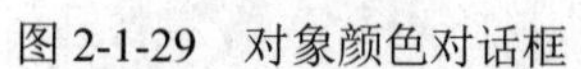
图 2-1-29　对象颜色对话框

图 2-1-30　块颜色更改后效果图

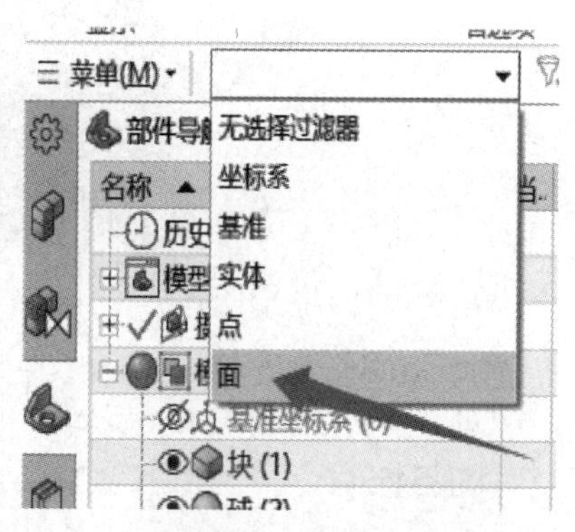

图 2-1-31　选择栏指示图

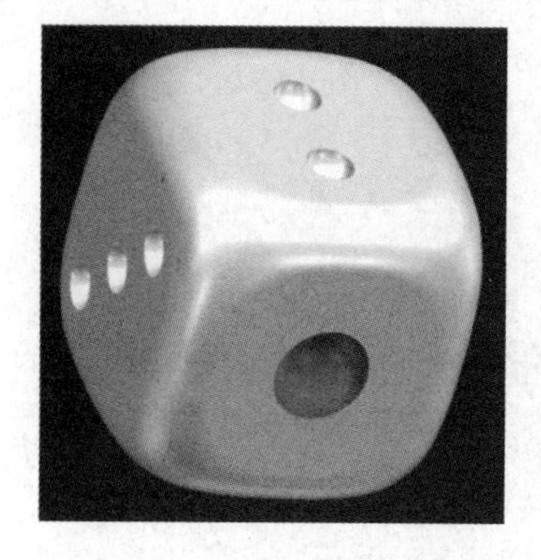
图 2-1-32　点数 1 着色效果图

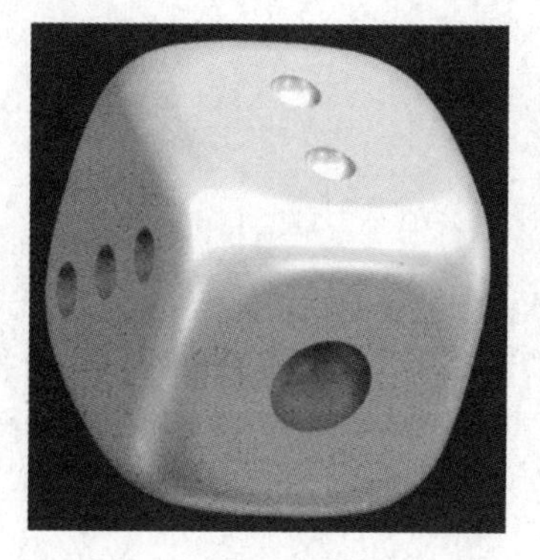
图 2-1-33　点数 1 和 3 着色效果图

图 2-1-34　骰子最终效果图

15. 保存文件

单击软件界面左上角的【保存】（Save）按钮，保存文件。

实例二　五角星设计资源

实例二　五角星设计

【学习任务】

根据图 2-2-1 所示效果图及尺寸图，绘制五角星实体模型。

【课程思政】

在许多国家的国旗设计中都包含五角星。中国国旗上的五颗五角星分别代表中国共产党和四个阶级。大五角星代表中国共产党，四颗小五角星代表工人阶级、农民阶级、城市小资产阶级和民族资产阶级。这四个阶级是中华人民共和国成立初期的主要社会阶级。五颗星的位置关系象征着中国共产党领导下的革命人民大团结，表示人民对党的拥护和团结。

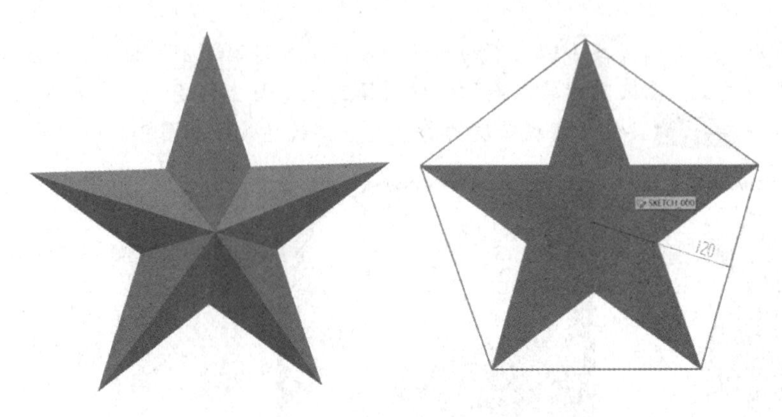

图 2-2-1 五角星效果图及尺寸图

【学习目标】

能够熟练使用草图（Sketch）、拉伸（Extrude）、拔模（Draft）、镜像几何体（Mirror Geometry）、编辑显示（Object Display）、合并（Unite）等各类命令，设计五角星。

【操作步骤】

1. 新建文件

选择菜单栏中的【文件】(File) | 【新建】(New) 命令，或同时按住 Ctrl+N（创建一个新的文件），系统出现新建对话框，在【名称】栏中输入“五角星”，在【单位】下拉框中选择“毫米”，单击< 确定 >按钮，创建一个文件名为“五角星.prt”、单位为毫米的文件，并自动（默认）启动【建模】应用程序。

2. 绘制五角星草图

单击菜单栏中【主页】(Home)，在对应命令面板上，单击草图 (Sketch)，或选择【菜单】（Menu）中【插入】（Insert）|【草图】（Sketch）命令，系统弹出创建草图对话框，如图 2-2-2 所示。在绘图区选择 *XOY* 平面，如图 2-2-3 所示。单击对话框上的< 确定 >按钮，进入草图绘制界面。草图形状如图 2-2-4 所示，多边形的边数为 5，内五边形的半径值为 120mm。绘制完如图 2-2-4 所示的图形后，对其进行修剪，得到如图 2-2-5 所示的五角星图形，草图绘制完成，单击平面左上角【完成草图】按钮图标，退出草图绘制界面。

3. 拉伸草图

单击菜单栏中【主页】(Home)，在对应命令面板上，单击【拉伸】(Extrude) 命令，或选择【菜单】(Menu) 中【插入】(Insert) |【设计特征】(Design Feature) |【拉伸】(Extrude) 命令，系统弹出如图 2-2-6 所示的拉伸对话框。单击【截面】栏，选择如图 2-2-5 所示轮廓五角星曲线，在选择曲线时，注意在选择栏中选择【自动判断曲线】，如图 2-2-7 所示；在【方向】栏中，选择默认方向（默认方向一般垂直于草图平面）；在【限制】栏中选择起始、结束模式和距离，起始、结束模式均选择【值】，起始距离输入 0，结束距离输入 300mm；其他选项不修改，单击< 确定 >按钮，结果如图 2-2-8 所示。

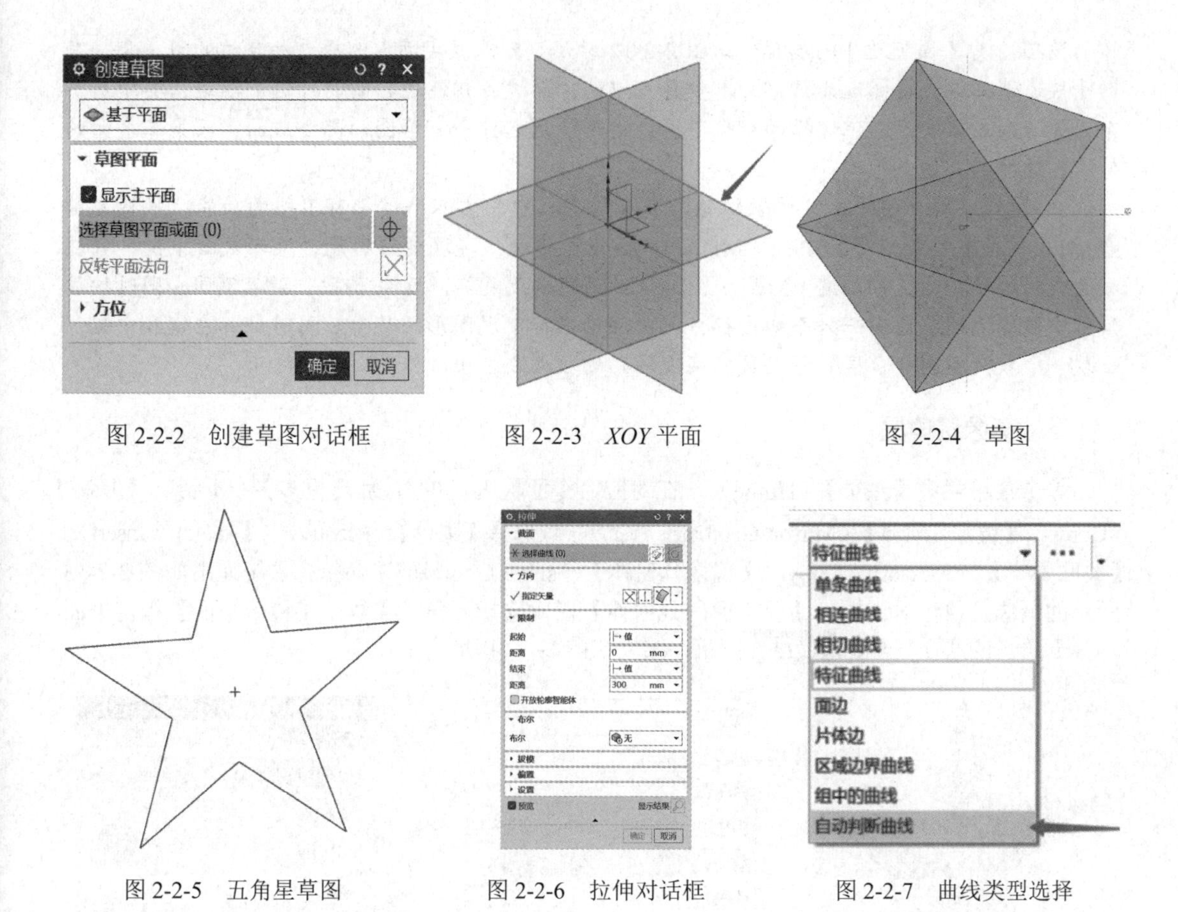

图 2-2-2　创建草图对话框　　图 2-2-3　*XOY* 平面　　图 2-2-4　草图

图 2-2-5　五角星草图　　图 2-2-6　拉伸对话框　　图 2-2-7　曲线类型选择

4．拔模实体

单击菜单栏中【主页】(Home)，在对应命令面板上，单击【拔模】(Draft) 命令，或选择【菜单】(Menu) 中【插入】(Insert) |【细节特征】(Detail Feature) |【拔模】(Draft) 命令，系统弹出如图 2-2-9 所示的拔模对话框。在拔模对话框第一栏选择【边】，【脱模方向】单击指定矢量最右边的下三角，显示多个矢量方向，选择第一个（自动判断矢量）或默认方向；【固定边】一栏选择拉伸实体（含有五角星草图的那个面），如图 2-2-10 所示；【角度 1】输入 60°。其他选项不修改，单击< 确定 >按钮，结果如图 2-2-11 所示。

图 2-2-8　五角星草图

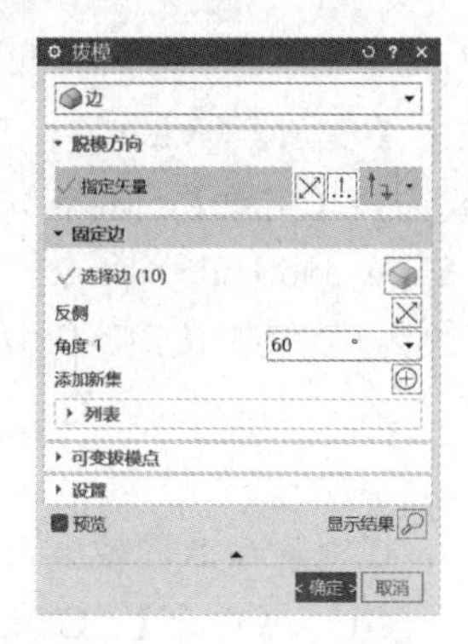

图 2-2-9　拔模对话框

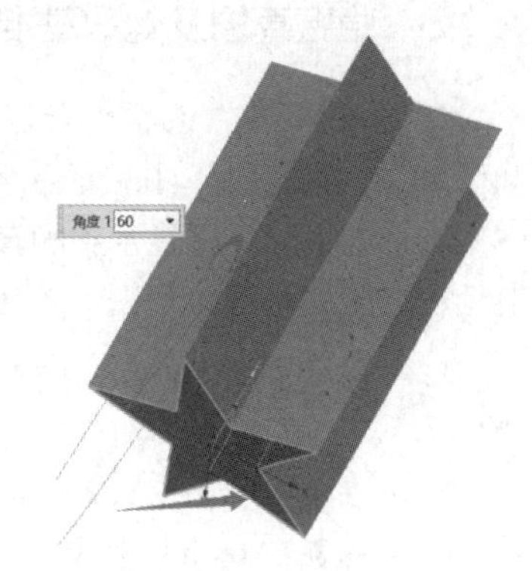

图 2-2-10　拔模固定边

技巧：①【固定边】的选择，如图 2-2-12 所示。可根据实际，选择更加合适的边类型，有助于快速选择边，提高选择效率。本步骤可以选择面边、相连边、面的外边、单边，其中前三个选择边的效率较高，但选择的对象不同，前两者是选择含有草图的那个底面，而第三个面的外边，选择的是边。

② 图形旋转。使用本绘图软件时，鼠标的左、中、右三个键都有不同的功能。鼠标左键（MB1），拾取功能。鼠标中键（MB2），按住并移动，实现旋转功能；滚动鼠标中键，实现放大或缩小功能。鼠标右键（MB3），单击出现弹出式菜单，短按/长按，菜单不同。同时按住鼠标中键和右键，出现一只手的图标，同时移动鼠标实现图形的移动。同时鼠标左键和中键，出现一个放大镜图标，同时移动鼠标实现图形的放大或缩小。

5. 镜像五角星

单击菜单栏中【主页】（Home），在对应命令面板上，单击【更多】（More）|【复制】（Copy）|【镜像几何体】（Mirror Geometry）命令，或选择【菜单】（Menu）中【插入】（Insert）|【关联复制】（Associative Copy）|【镜像几何体】（Mirror Geometry）命令，系统弹出如图 2-2-13 所示的镜像几何体对话框。【要镜像的几何体】栏，选择五角星实体；【镜像平面】指定平面选择五角星的底面，单击< 确定 >按钮，结果如图 2-2-14 所示。

图 2-2-11　拔模效果图

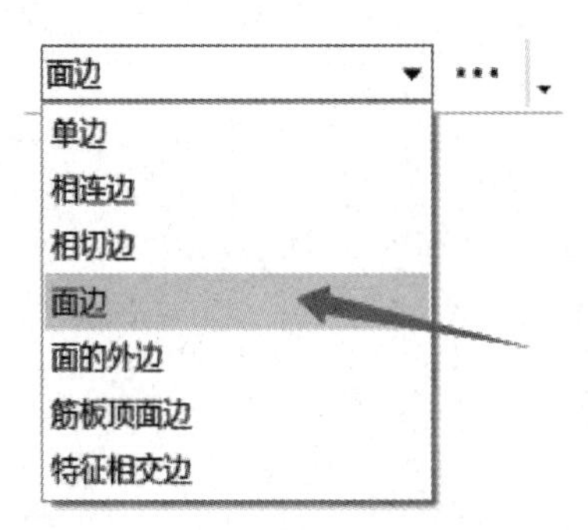

图 2-2-12　边类型的选择

图 2-2-13　镜像几何体对话框

技巧：在选择五角星作为镜像几何体时，如果鼠标放置在五角星上的时间略长（超过 2s），鼠标会发生变化，在鼠标的右下角，会出现省略号。此时单击鼠标左键，出现如图 2-2-15 所示的快速拾取对象对话框，此时根据实际需要选择实体/拉伸（2）——五角星，即可选中五角星，进入下一个环节。

6. 隐藏草图及辅助基准

按住 Ctrl+W，或者单击菜单栏中【视图】（View），在对应命令面板上，单击【显示和隐藏】（Show and Hide）命令，或选择【菜单】（Menu）中【编辑】（Edit）|【显示和隐藏】（Show and Hide）|【显示和隐藏】（Show and Hide）命令，弹出如图 2-2-16 所示的显示和隐藏对话框。隐藏基准、草图，关闭对话框。效果如图 2-2-17 所示。

7. 合并五角星

单击菜单栏中【主页】（Home），在对应命令面板上，单击【合并】（Unite）命令，或选择【菜单】（Menu）中【插入】（Insert）|【组合】（Combine）|【合并】（Unite）命令，

系统弹出合并对话框，如图 2-2-18 所示。【目标】栏选择拔模的五角星，【工具】栏选择镜像后的五角星，其余设置不变，单击< 确定 >按钮，结果如图 2-2-19 所示。

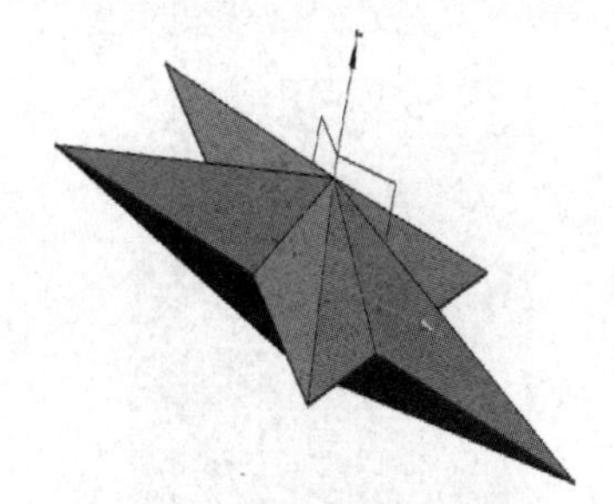

图 2-2-14　镜像几何体效果图

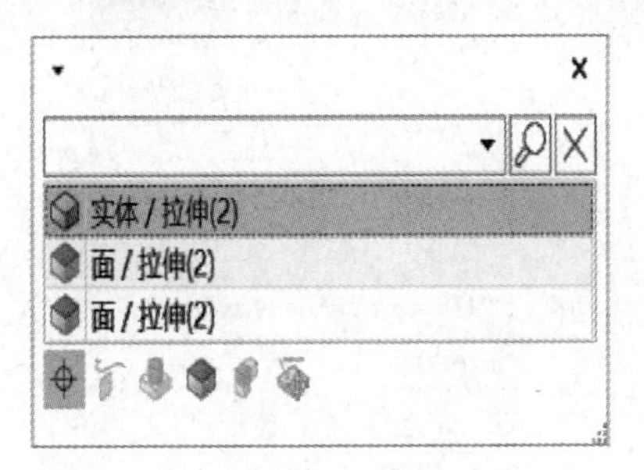

图 2-2-15　快速拾取对象对话框

图 2-2-16　显示和隐藏对话框

图 2-2-17　隐藏后效果图

图 2-2-18　合并对话框

图 2-2-19　合并后效果图

技巧：【合并】功能中目标体和工具体的选择不同，区别不会很大，结果基本一致。如果设置工具体和目标体不同的颜色，可以很容易发现区别，合并后对象的颜色和目标体保持一致。特殊情况下需要明确区分目标体和工具体。

8. 编辑颜色

单击菜单栏中【显示】(Display)，在对应命令面板上，单击【编辑对象显示】(Edit Object Display）命令，或选择【菜单】(Menu）中【编辑】(Edit) |【对象显示】(Object Display）命令，系统弹出类选择对话框，如图 2-2-20 所示。选择五角星，然后单击< 确定 >按钮，弹出如图 2-2-21 所示的编辑对象显示对话框。在颜色栏单击颜色，进入如图 2-2-22 所示的对象颜色对话框，选择红色，依次单击两次< 确定 >按钮，完成实体颜色的更改。效果如图 2-2-23 所示。

9. 更改显示模式

单击菜单栏中【显示】(Display)，在对应命令面板上，单击【面边】(Face Edges）命令，或选择【菜单】(Menu）中【视图】(View) |【显示】(Display) |【面边】(Face Edges）命令。五角星实体的面边即消失，效果如图 2-2-24 所示。

10. 保存文件

单击软件界面左上角的【保存】(Save）按钮，保存文件。

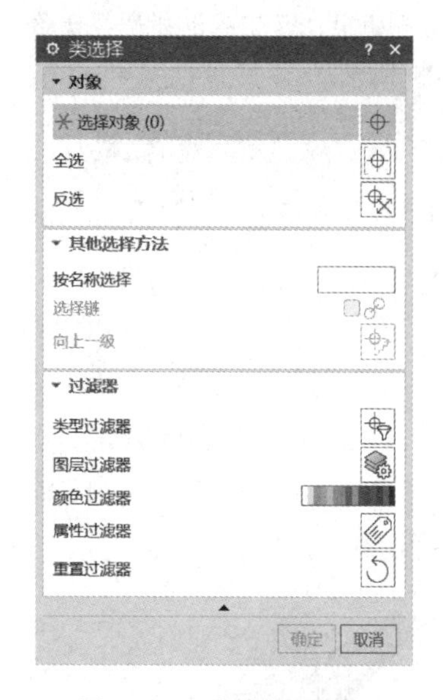

图 2-2-20　类选择对话框

图 2-2-21　编辑对象显示对话框

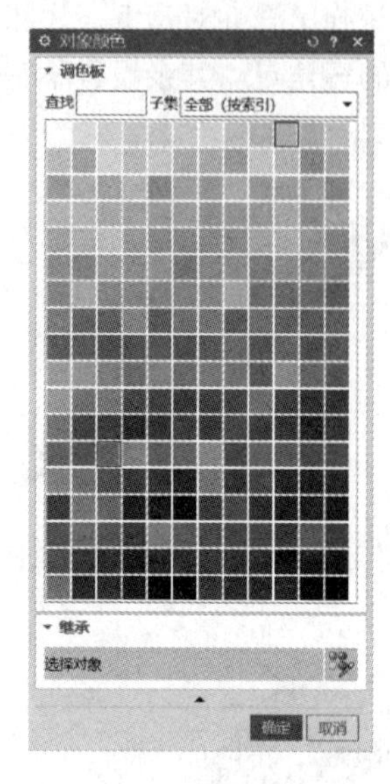

图 2-2-22　对象颜色对话框

图 2-2-23　编辑颜色效果图

图 2-2-24　更改显示模式后效果图

实例三　动车车轮设计

实例三　动车车轮设计资源

【学习任务】

根据图 2-3-1 所示效果图，绘制动车车轮模型。

【课程思政】

动车车轮，是涉及列车行车安全的核心部件，尤其是其中的“轮对”配件，被誉为轮子里面的“天花板”，技术壁垒特别高。在中国高铁发展的初期，高铁车轮技术被法国、日本、德国和意大利等少数几个国家所垄断，中国高铁车轮全部依赖进口。这种技术封锁不仅增加了成本，还使中国高铁面临技术封锁和打压的风险。2023 年日本和德国突然宣布暂停向中国出口高铁车轮，涉及订单价值约 8000 万美元。

图 2-3-1　动车车轮效果图

面对技术封锁和打压，中国早在 2008 年就启动了高速车轮国产化项目，走上了自主创新的道路。经过不懈努力，中国成功研发出了具有自主知识产权的高铁车轮，并成功装配到复兴号等高速动车组上。2015 年，马钢的高铁车轮顺利装配到我国两组复兴号上，开始了长达 60 万公里的运行试验，相当于沿着地球赤道跑了 15 圈。2024 年成功完成试验，这一成就标志着中国高铁车轮技术已经迈入了世界先进行列。

【学习目标】

① 能够熟练使用草图（Sketch）、旋转（Revolve）、孔（Hole）等各类特征命令，设计动车车轮。

② 能对产品进行适当的渲染、着色、指定材料等，使产品更加逼真。

【操作步骤】

1. 新建文件

选择菜单栏中的【文件】（File）|【新建】（New）命令，或同时按住 Ctrl+N（创建一个新的文件），系统出现新建对话框，在【名称】栏中输入“动车车轮”，在【单位】下拉框中选择“毫米”，单击< 确定 >按钮，创建一个文件名为“动车车轮.prt”、单位为毫米的文件，并自动（默认）启动【建模】应用程序。

2. 绘制车轮草图

单击菜单栏中【主页】（Home），在对应命令面板上，单击草图（Sketch），或选择【菜单】（Menu）中【插入】（Insert）|【草图】（Sketch）命令，系统弹出创建草图对话框。在绘图区选择 *XOY* 平面。单击对话框上的< 确定 >按钮，进入草图绘制界面。草图形状及尺寸如图 2-3-2 所示。绘制完草图后，单击平面左上角【完成草图】按钮图标，退出草图绘制界面。

3. 旋转草图

单击菜单栏中【主页】（Home），在对应命令面板上，单击旋转（Revolve）命令，或选择【菜单】（Menu）中【插入】（Insert）|【设计特征】（Design Feature）|旋转（Revolve）命令，系统弹出如图 2-3-3 所示的旋转对话框。单击【截面】栏，选择上一步绘制的轮廓曲线；在【轴】|【指定矢量】栏中，选择两点，如图 2-3-4 所示的两点【指定点】选择第一点；在【限制】栏中选择起始、结束模式和角度，起始、结束模式均选择【值】，起始角度输入 0°，结束角度输入 360°；其他选项不修改，单击< 确定 >按钮，结果如图 2-3-5 所示。

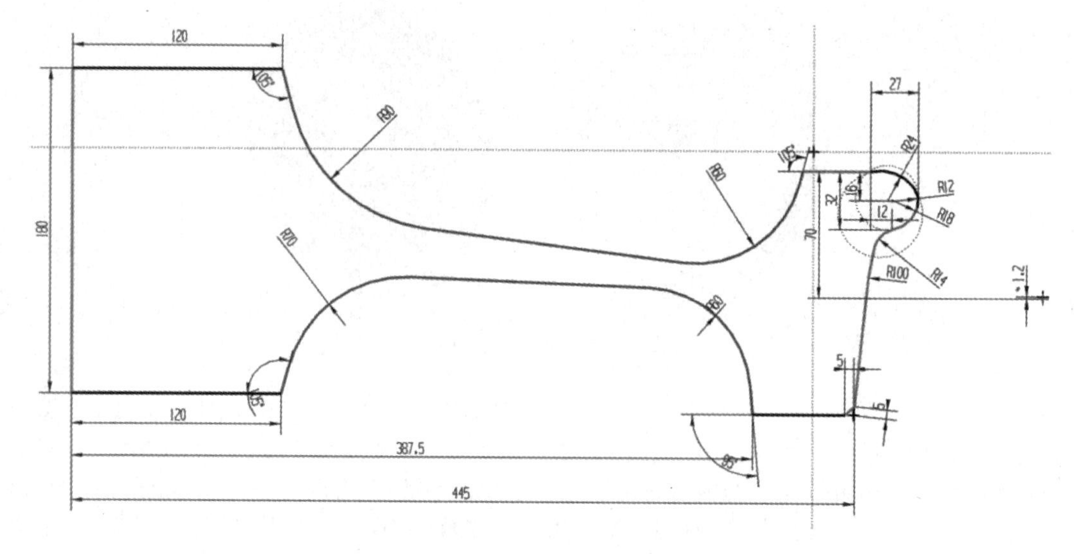

图 2-3-2 车轮轮廓草图

图 2-3-3 旋转对话框

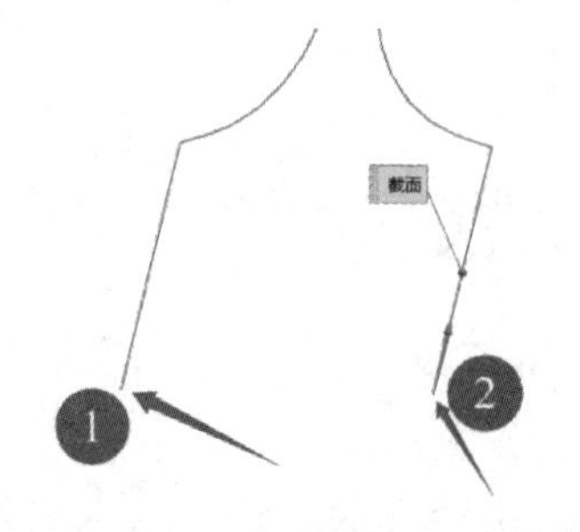

图 2-3-4 车轮轮廓草图

图 2-3-5 车轮旋转效果图

4. 打孔

单击菜单栏中【主页】(Home)，在对应命令面板上，单击孔（Hole）命令，或选择【菜单】(Menu）中【插入】(Insert) |【设计特征】(Design Feature) | 孔（Hole）命令，系统弹出如图 2-3-6 所示的孔对话框。在第一栏选择【简单】；【形状】|【孔大小】= 定制，【孔径】= 192mm；【位置】|【指定点】选择如图 2-3-7 所示的中间凸台的圆心；在【方向】|【孔方向】= 垂直于面；【限制】|【深度限制】= 贯通体；【布尔】= 减去；如图 2-3-8 所示；其他选项不修改，单击< 确定 >按钮，结果如图 2-3-9 所示。

5. 隐藏草图及辅助基准

按住 Ctrl+W，或者单击菜单栏中【视图】(View)，在对应命令面板上，单击【显示和隐藏】(Show and Hide）命令，或选择【菜单】(Menu）中【编辑】(Edit) |【显示和隐藏】(Show and Hide) |【显示和隐藏】(Show and Hide）命令，弹出显示和隐藏对话框。隐藏基准、草图等（仅剩实体显示），关闭对话框。效果如图 2-3-10 所示。

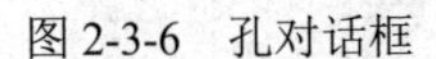
图 2-3-6　孔对话框

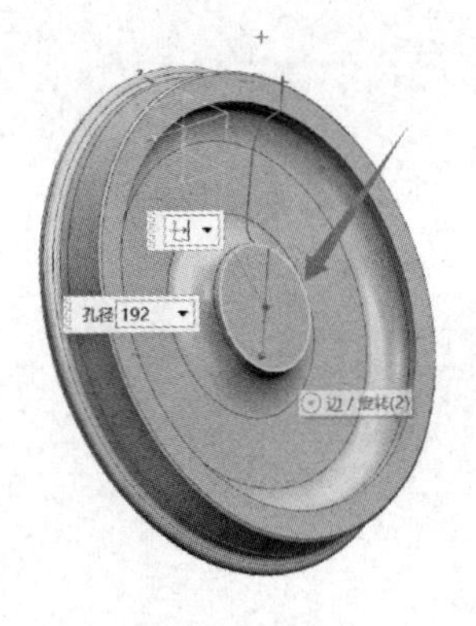

图 2-3-7　孔心位置

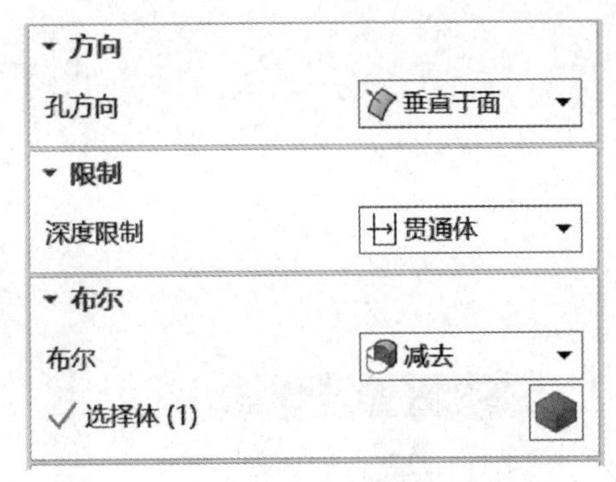

图 2-3-8　孔参数设置

6. 更改显示面边模式

单击菜单栏中【显示】(Display)，在对应命令面板上，单击【面边】(Face Edges) 命令，或选择【菜单】(Menu) 中【视图】(View) |【显示】(Display) |【面边】(Face Edges) 命令。车轮实体的面边即消失。结果如图 2-3-11 所示。

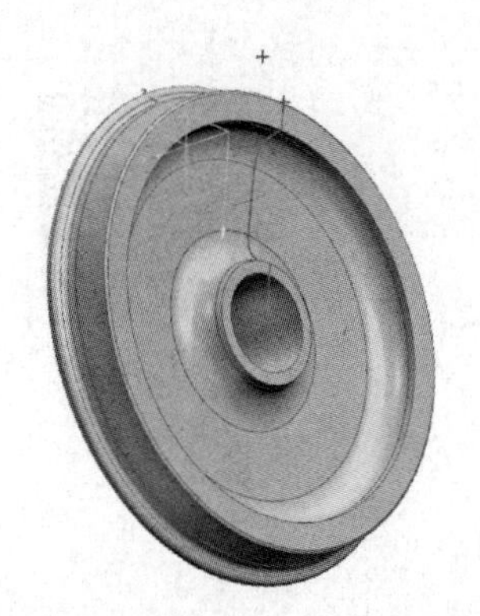

图 2-3-9　打孔效果图

图 2-3-10　隐藏草图及辅助基准效果

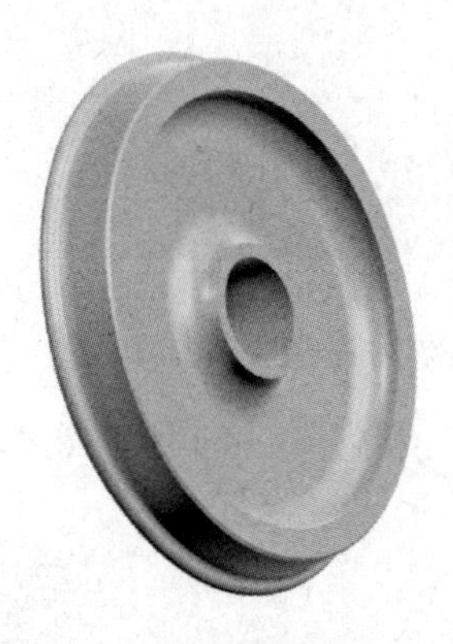

图 2-3-11　更改显示面边模式效果

7. 指定艺术外观材料

单击菜单栏中【显示】(Display)，在对应命令面板上，单击【样式】(Style) 下方的倒三角，如图 2-3-12 所示，选择【艺术外观】(Studio)，然后选择软件界面左侧的资源条中的【系统艺术外观材料】(System Studio Materials) |【金属】(Metals) |【AISI 310 SS】，如图 2-3-13 所示。将该材料拖至绘图区的车轮上，效果如图 2-3-14 所示。

8. 保存文件

单击软件界面左上角的【保存】(Save) 按钮，保存文件。

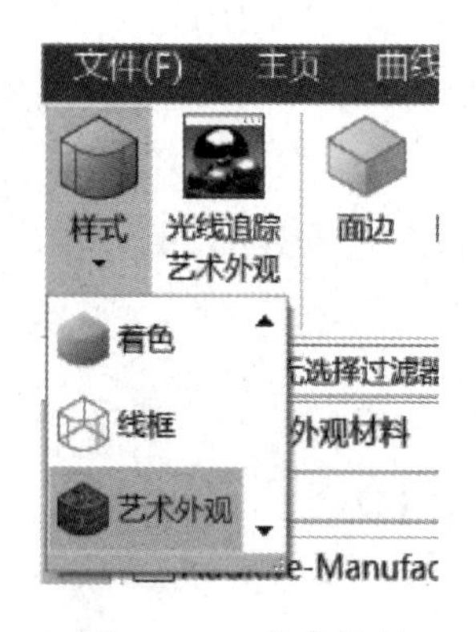

图 2-3-12　艺术外观

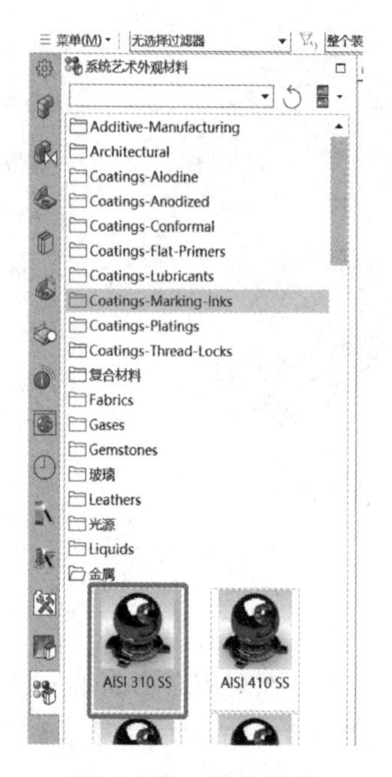

图 2-3-13　指定材料

图 2-3-14　车轮效果图

实例四　智能手机设计

实例四　智能手机设计资源

【学习任务】

根据图 2-4-1 所示图形，绘制智能手机实体模型。

图 2-4-1　智能手机正/背面效果图

【课程思政】

智能手机因其具有优秀的操作系统支持、可自由安装各类应用软件、完全大屏的全触屏式操作这三大特性，深受广大消费者的欢迎。2023 年，国内智能手机出货量为 2.76 亿部，支持北斗定位功能的占比约 98%。国内智能手机品牌主要有 HUAWEI、MI、OPPO、VIVO、MEIZU、Oneplus 等。智能手机的核心硬件包括处理器、内存、存储空间、显示屏、电池、摄像头和外壳。其中我国先进制程的处理器（芯片）的生产制造技术较落后于以高通为代表的西方科技公司。

基于手机制造的薄弱环节，2019 年 5 月 15 日，美国对华为公司实施全方位的制裁。华为发布一封致员工的内部信称："这是历史的选择，所有我们曾经打造的备胎，一夜之间全部'转正'！"随后华为和中国手机业陷入漫长的煎熬和艰苦奋斗中。直至 2023 年，华为 Mate60 的入市，华为公司的主营业务才慢慢恢复正常轨道。

从本次美国对中国高科技企业华为的制裁事件，可以发现科技自主创新的必要性，高科技技术是买不来、求不来的。我国要坚定地走自主创新的发展道路。

【学习目标】

能够熟练使用草图（Sketch）、拉伸（Extrude）、边倒圆（Edge Blend）、光栅图像（Raster Image）、偏置曲线（Offset Curve）、分割面（Divide Face）、文本（Text）、艺术外观（Studio）、系统艺术外观材料（System Studio Materials）、减去（Substract）等各类命令，设计智能手机。

【操作步骤】

1. 新建文件

选择菜单栏中的【文件】(File) | 【新建】(New) 命令，或同时按住 Ctrl+N（创建一个新的文件），系统出现新建对话框，在【名称】栏中输入"智能手机"，在【单位】下拉框中选择"毫米"，单击<确定>按钮，创建一个文件名为"智能手机.prt"、单位为毫米的文件，并自动（默认）启动【建模】应用程序。

2. 绘制草图 1

单击菜单栏中【主页】(Home)，在对应命令面板上，单击草图（Sketch），或选择【菜单】（Menu）中【插入】（Insert）|【草图】（Sketch）命令，系统弹出创建草图对话框，如图 2-4-2 所示。在绘图区选择 *XOY* 平面，如图 2-4-3 所示。单击对话框上的<确定>按钮，进入草图绘制界面。草图形状及尺寸如图 2-4-4 所示。绘制完草图后，单击平面左上角【完成草图】按钮图标，退出草图绘制界面。

图 2-4-2 创建草图对话框

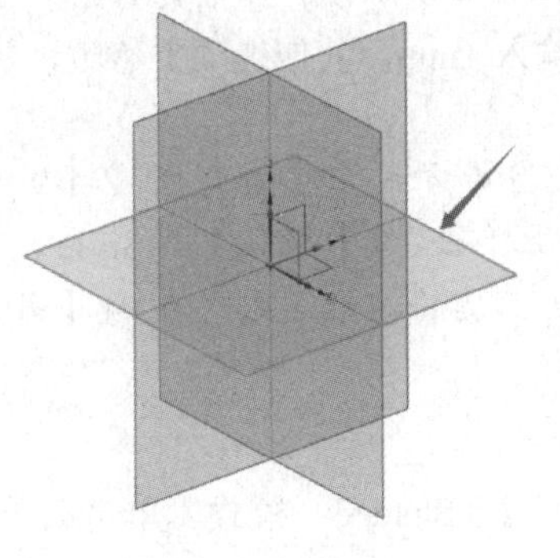

图 2-4-3 *XOY* 平面

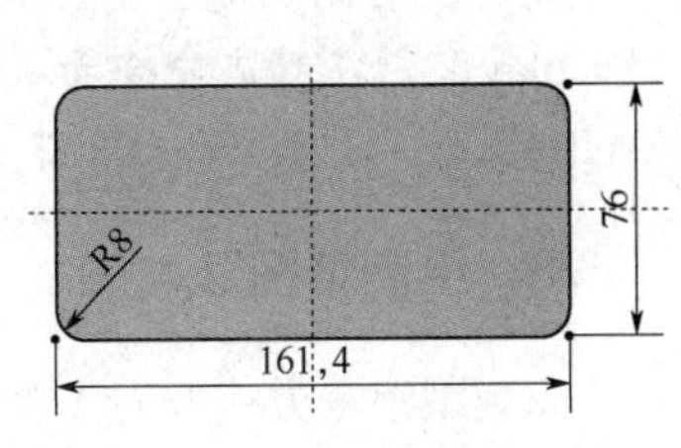

图 2-4-4 草图 1

3. 拉伸草图 1

单击菜单栏中【主页】(Home)，在对应命令面板上，单击【拉伸】(Extrude) 命令，或选择【菜单】(Menu) 中【插入】(Insert) |【设计特征】(Design Feature) |【拉伸】(Extrude) 命令，系统弹出如图 2-4-5 所示的拉伸对话框。单击【截面】栏，选择如图 2-4-4 所示轮廓曲线；在【方向】栏中，选择默认方向（默认方向一般垂直于草图平面）；在【限制】栏中选择起始、结束模式和距离，起始、结束模式均选择【值】，起始距离输入 0，结束距离输入 6mm；其他选项不修改，单击< 确定 >按钮，结果如图 2-4-6 所示。

图 2-4-5　拉伸对话框

图 2-4-6　草图 1 拉伸效果

技巧：在选择草图时，不同的曲线拾取模式，曲线的拾取效率不同。如果草图完全正确可以，选取自动判断曲线、相连曲线、区域边界曲线等拾取模式。如草图不全对（或正确草图包含在内，只是有些多余部分；或本次操作不需要那么多曲线），在选择曲线之前，先单击图 2-4-7 中的箭头所指图标，然后再拾取曲线，即可逐一选择所需曲线。如需选择一条曲线，则选择单条曲线模式。

4. 抽壳

单击菜单栏中【主页】(Home)，在对应命令面板上，单击【抽壳】(Shell) 命令，或选择【菜单】(Menu) 中【插入】(Insert) |【偏置/缩放】(Offset/Scale) |【抽壳】(Shell) 命令，系统弹出抽壳对话框，如图 2-4-8 所示。在抽壳对话框第一栏选择【封闭】，【体】选择上一步拉伸的实体，【厚度】输入 1mm。其他选项不修改，单击< 确定 >按钮，结果如图 2-4-9 所示。

技巧：封闭抽壳，需修改渲染方式才可看到图 2-4-9 的效果。单击菜单栏中【显示】(Display)，在对应命令面板上单击【样式】(Style) 下方的倒三角，选择【线框】(Wireframe)。反之，改回来，只需将渲染方式改为【着色】(Shaded)。

5. 绘制草图 2

将模型渲染方式改为【着色】(Shaded) 模式。单击菜单栏中【主页】(Home)，在对应命令面板上，单击草图 (Sketch)，或选择【菜单】(Menu) 中【插入】(Insert) |【草图】

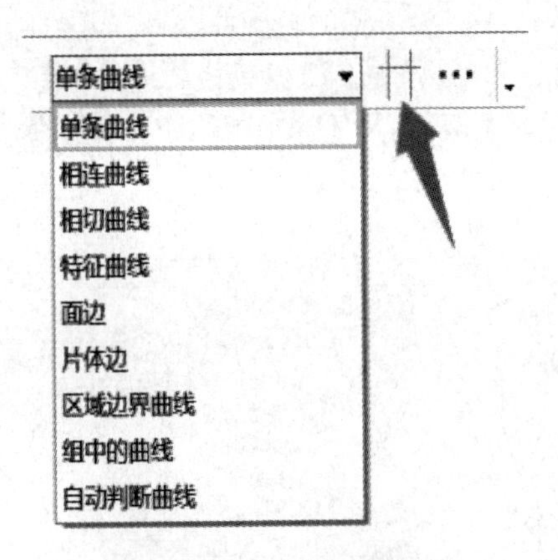

图 2-4-7　曲线拾取选择栏

图 2-4-8　抽壳对话框

（Sketch）命令，系统弹出创建草图对话框，如图 2-4-2 所示。在绘图区选择 *XOY* 平面，如图 2-4-3 所示。单击对话框上的< 确定 >按钮，进入草图绘制界面。草图形状及尺寸如图 2-4-10 所示。绘制完草图后，单击平面左上角【完成草图】按钮图标，退出草图绘制界面。

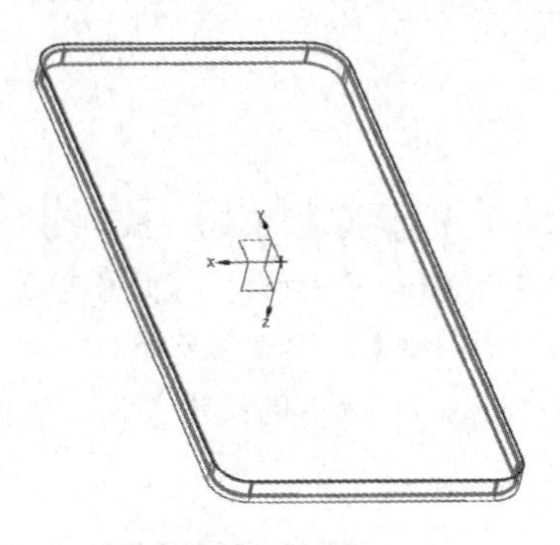

图 2-4-9　抽壳效果图

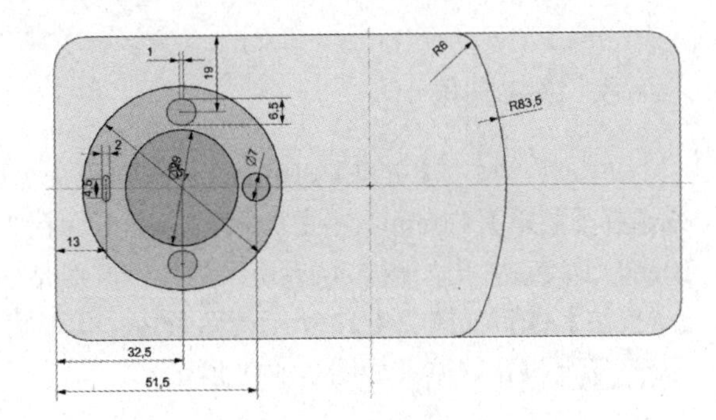

图 2-4-10　草图 2

6. 拉伸草图 2

单击菜单栏中【主页】（Home），在对应命令面板上，单击【拉伸】（Extrude）命令，或选择【菜单】（Menu）中【插入】（Insert）|【设计特征】（Design Feature）|【拉伸】（Extrude）命令，系统弹出拉伸对话框。单击【截面】栏，选择如图 2-4-11 所示的轮廓曲线；在【方向】栏中，选择默认方向（或者自动判断矢量，或面/平面的法向）；在【限制】栏中选择起始、结束模式和距离，起始、结束模式均选择【值】，起始距离输入 0，结束距离输入 1.95mm；【布尔】栏选择【合并】，合并对象为第 4 步的实体，其他选项不修改，单击< 确定 >按钮，结果如图 2-4-12 所示。

技巧： 如最后拉伸的效果不是在第 3 步的基础上使得实体进一步增厚，那是因为第 6 步的拉伸方向不对。只需在部件导航器中，如图 2-4-13 箭头所示，在最后拉伸的记录上，双击拉伸，弹出拉伸对话框。在【方向】栏中，选择反向，即实现预期拉伸效果。

7. 拉伸草图

单击菜单栏中【主页】（Home），在对应命令面板上，单击【拉伸】（Extrude）命令，系统弹出拉伸对话框。单击【截面】栏，选择如图 2-4-14 箭头所指的轮廓曲线；在【方向】栏中，选择默认方向；在【限制】栏中选择起始、结束模式和距离，起始、结束模式均选择【值】，起始距离输入 0，结束距离输入 1.95mm；【布尔】栏选择【无】，其他选项不修改，单击< 确定 >按钮，结果如图 2-4-15 所示。

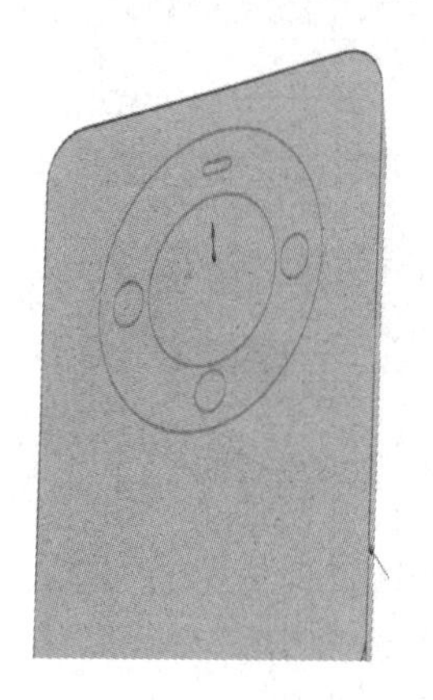

图 2-4-11　拉伸草图

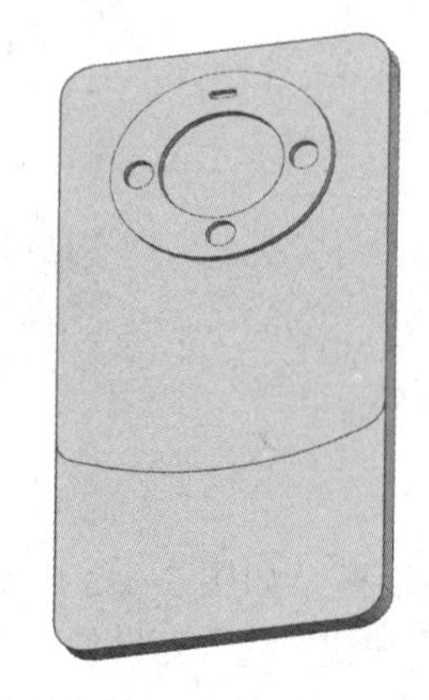

图 2-4-12　草图 2 拉伸效果

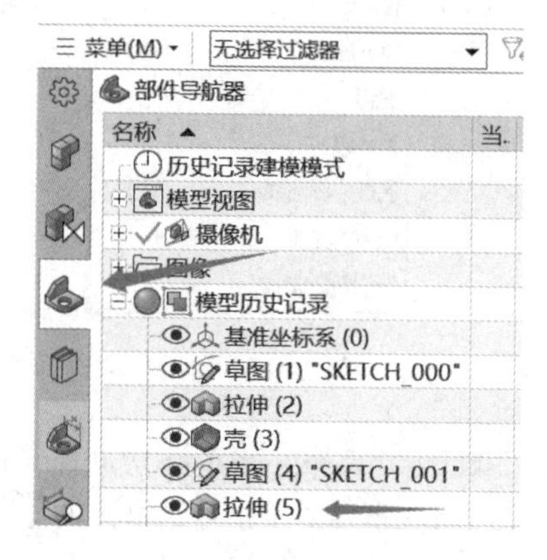

图 2-4-13　部件导航器

8. 镜头圆角

单击菜单栏中【主页】（Home），在对应命令面板上，单击【边倒圆】（Edge Blend），或选择【菜单】（Menu）中【插入】（Insert）|【细节特征】（Detail Feature）|【边倒圆】（Edge Blend）命令，弹出如图 2-4-16 所示的边倒圆对话框，在【边】栏中【连续性】选择 G1（相切），【选择边】选择如图 2-4-17 所示的两条边；【形状】选择圆形，半径 1 的值设置为 0.5mm；单击< 确定 >按钮，结果如图 2-4-18 所示。

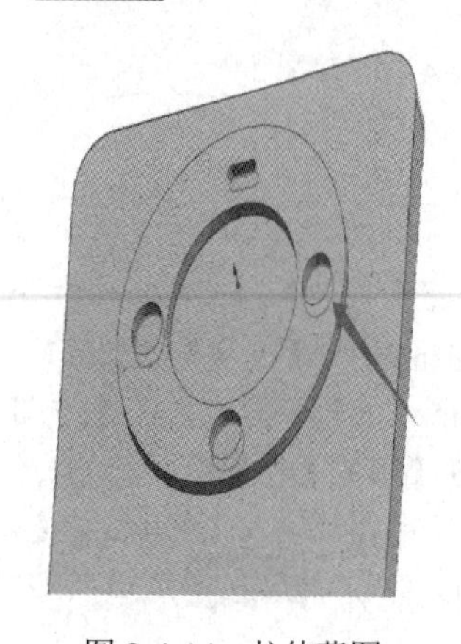

图 2-4-14　拉伸草图

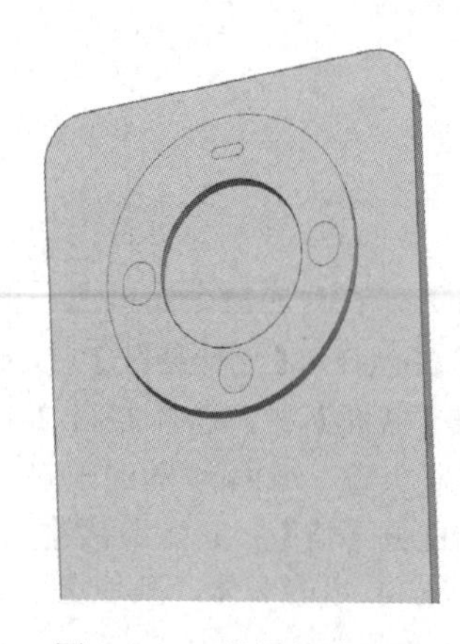

图 2-4-15　草图拉伸效果

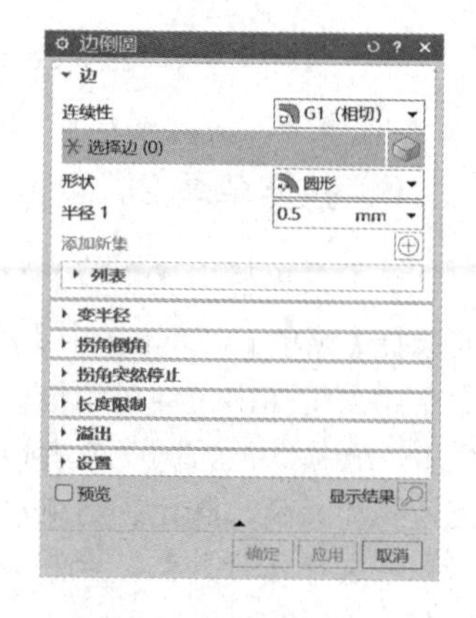

图 2-4-16　边倒圆对话框

技巧：如发现圆角显示不是特别顺滑，可以将鼠标移至绘图区空白位置，并单击右键，选择【更新显示】，圆角显示即更加顺滑。

9. 拉伸草图

单击菜单栏中【主页】（Home），在对应命令面板上，单击【拉伸】（Extrude）命令，系统弹出拉伸对话框。单击【截面】栏，选择如图 2-4-19 箭头所指的轮廓曲线；在【方向】栏中，选择默认方向；在【限制】栏中选择起始、结束模式和距离，起始、结束模式均选择【值】，起始距离输入 0，结束距离输入 1.95mm；【布尔】栏选择【无】，其他选项不修改，单击< 确定 >按钮，结果如图 2-4-20 所示。

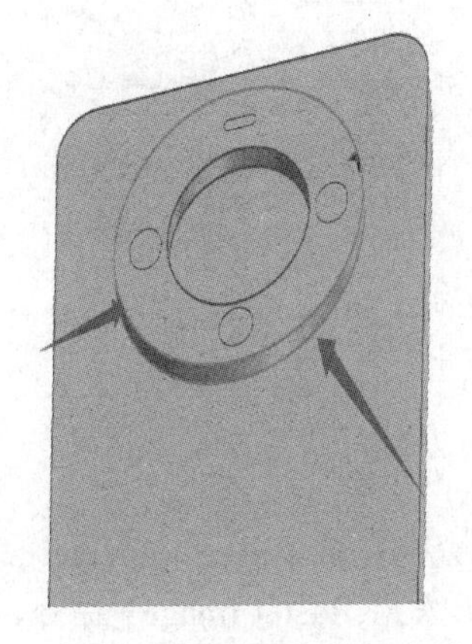

图 2-4-17　需倒圆角的两条边

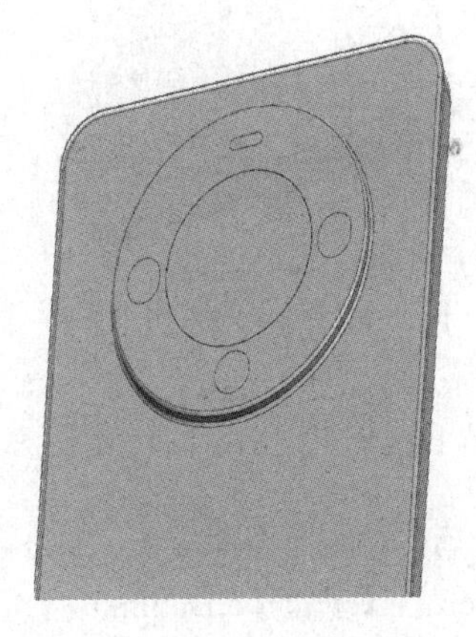

图 2-4-18　镜头边倒圆效果

图 2-4-19　拉伸曲线

10. 手机正反面轮廓圆角

单击菜单栏中【主页】（Home），在对应命令面板上，单击【边倒圆】（Edge Blend），弹出边倒圆对话框，在【边】栏中【连续性】选择 G1（相切），【选择边】选择如图 2-4-21 所示的两条边；【形状】选择圆形，半径 1 的值设置为 1mm；单击< 确定 >按钮，效果如图 2-4-22 和图 2-4-23 所示。

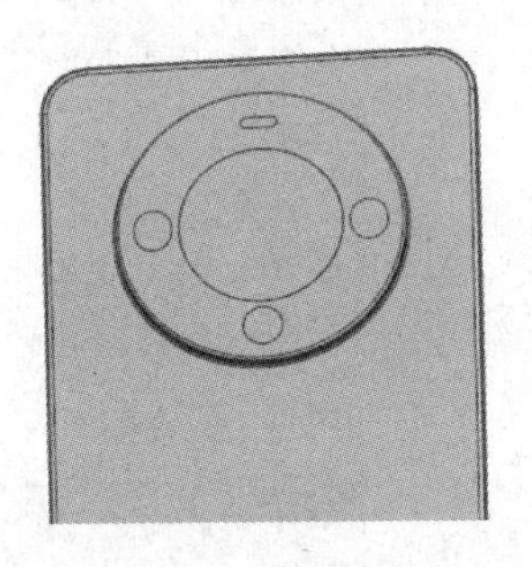

图 2-4-20　拉伸效果

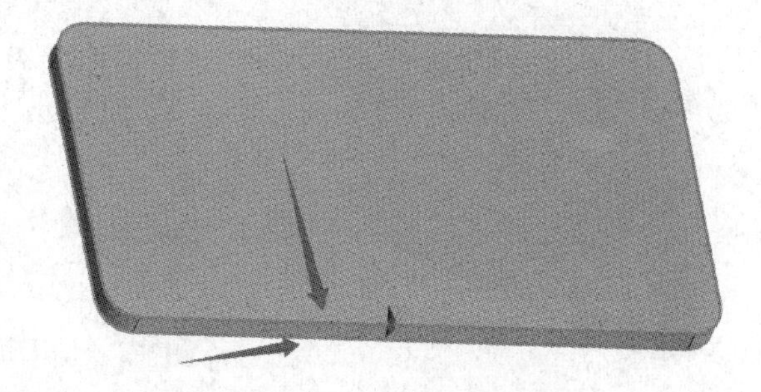

图 2-4-21　手机两个轮廓边

技巧：正面、背面相互切换，可以通过按住鼠标中键，然后移动鼠标来实现。

11. 分割面

单击菜单栏中【曲面】（Surface），在对应命令面板上，单击【更多】|【分割面】（Divide Face），或单击【菜单】中的【插入】（Insert）|【修剪】（Trim）|【分割面】（Divide Face）命令，弹出如图 2-4-24 所示的“分割面”对话框，【要分割的面】选择手机背面，【分割对象】如图 2-4-25 中箭头所指的草图曲线。【投影方向】选择默认，或者垂直于面，单击< 确定 >按钮，效果如图 2-4-26 所示。

图 2-4-22 背面圆角效果图

图 2-4-23 正面圆角效果图

图 2-4-24 分割面对话框

12. 插入光栅图像

单击菜单栏中【工具】(Tools)，在对应命令面板上，单击 【光栅图像】(Raster Image)，或单击【菜单】中的【插入】(Insert) |【基准】(Datum) |【光栅图像】(Raster Image) 命令，弹出如图 2-4-27 所示的光栅图像对话框。在【目标对象】指定平面栏中选择手机的正面，【图像定义】|【图像源】|【选择图像文件】，绘图区出现如图 2-4-28 所示的情形。【方位】|【指定插入点】，可通过移动动态坐标系的原点，将其移至左下角的适当位置。【大小】栏取消勾选【锁定宽高比】，【缩放方法】选择【用户定义】，宽度和高度根据实际情况输入【宽度】74mm，【高度】160mm，或通过移动图像四边的中间夹点，实现图像的大小的匹配。效果如图 2-4-29 所示。

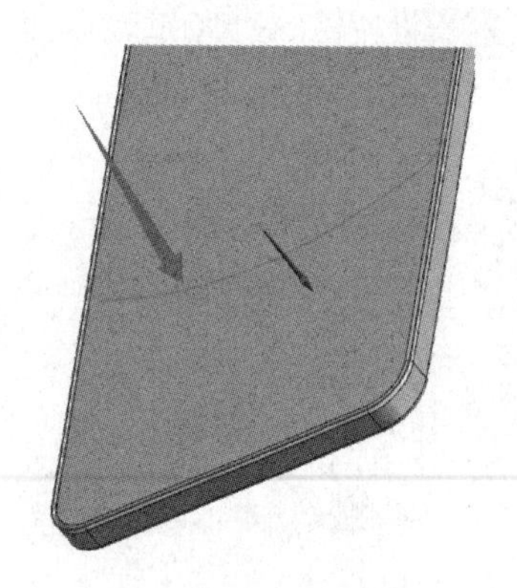

图 2-4-25 分割对象

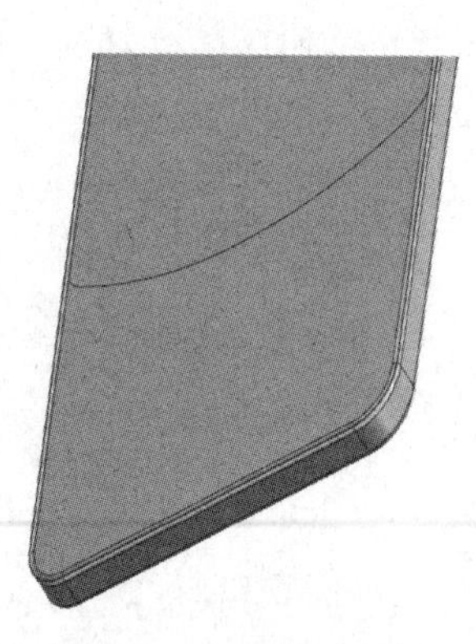

图 2-4-26 分割面效果

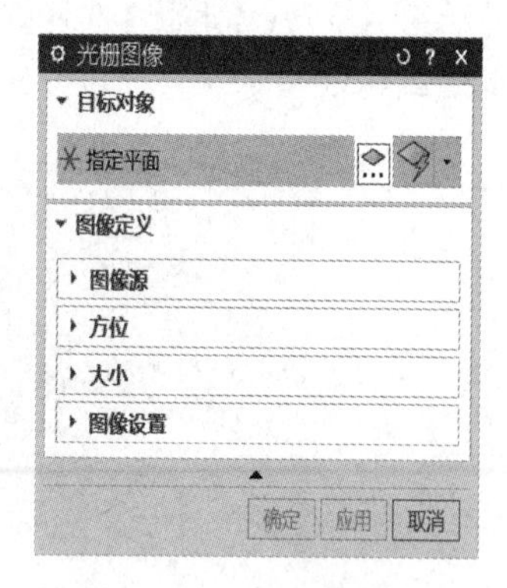

图 2-4-27 光栅图像对话框

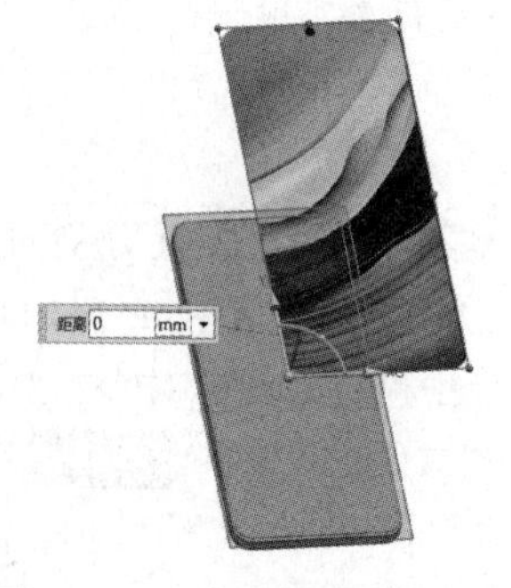

图 2-4-28 选择图像文件效果

图 2-4-29 插入光栅图像效果

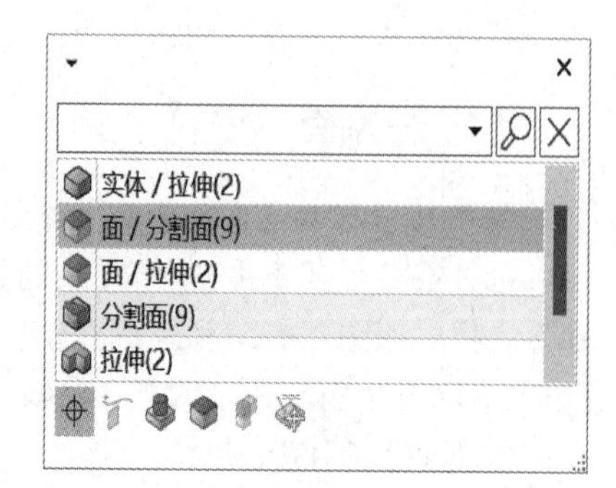

图 2-4-30 拾取对象

技巧： 动态坐标系，图 2-4-28 中的坐标系，即为动态坐标系。该坐标系可通过移动原点来移动图像，也可以通过双击坐标系的箭头，实现方向的 180°变化；亦可通过旋转两轴之间的夹点选择坐标系的角度。

13. 指定艺术外观材料

单击菜单栏中【显示】（Display），在对应命令面板上，单击【样式】（Style）下方的倒三角，选择【艺术外观】（Studio），然后选择软件界面左侧的资源条中的【系统系艺术外观材料】（System Studio Materials）|【皮革】（Leathers）|【大粒面黑色皮革】（Large Grain Black Leather），将其拖至手机背面的大面积区域（选择面/分割面，如图 2-4-30）。依次操作，其他剩下区域根据手机实际颜色和材质分别指定，指定完成后效果如图 2-4-31 所示，再按住 Ctrl+W，弹出显示和隐藏对话框（图 2-4-32），隐藏草图和基准。最终正面、背面效果如图 2-4-33 和图 2-4-34 所示。

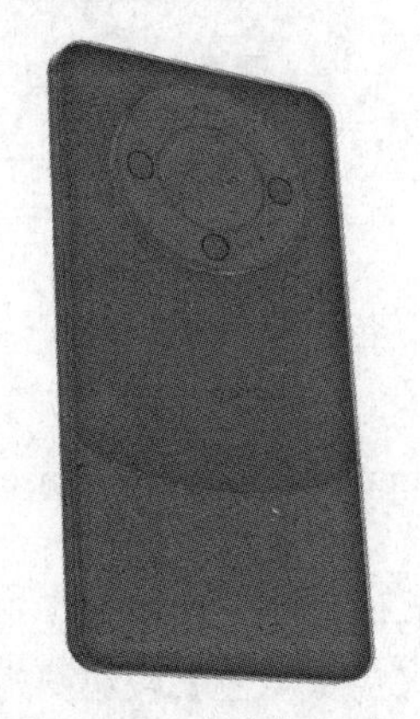

图 2-4-31　皮革指定效果

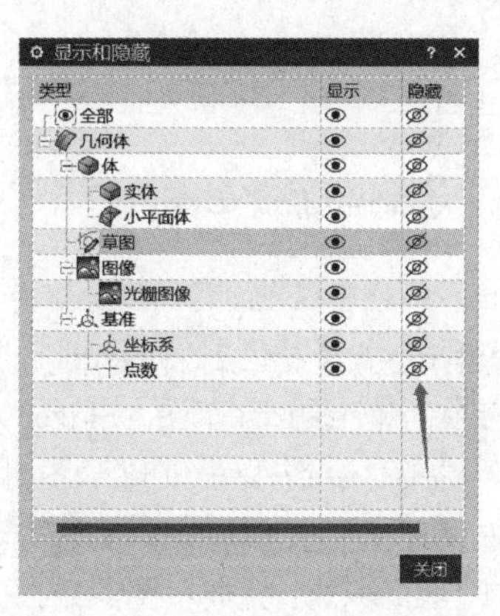

图 2-4-32　显示和隐藏对话框

14. 文本镶刻产品 LOGO

单击菜单栏中【曲线】（Curve），在对应命令面板上，单击【文本】（Text），或单击【菜单】（Menu）中【插入】（Insert）|【曲线】（Curve）|【文本】（Text）命令，弹出如图 2-4-35 所示的文本对话框。选择中心镜头的平面，【文本属性】栏输入 XMAGE，如图 2-4-36 所示；【文本框】|【锚点放置】选择面上的点后，再单击圆心，如图 2-4-37 所示；单击< 确定 >按钮，效果如图 2-4-38 所示。

图 2-4-33　正面效果图

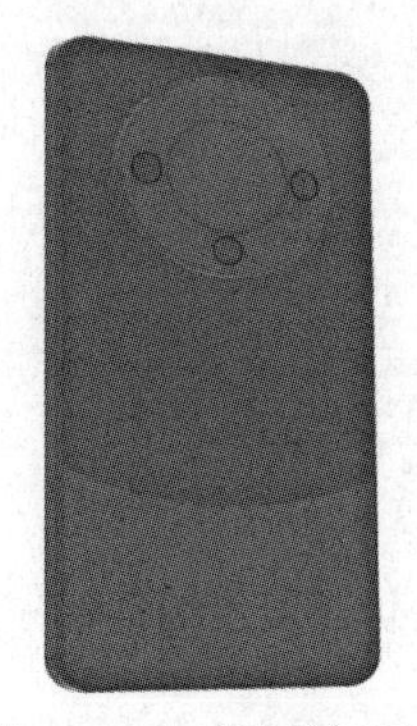

图 2-4-34　背面效果图

图 2-4-35　文本对话框

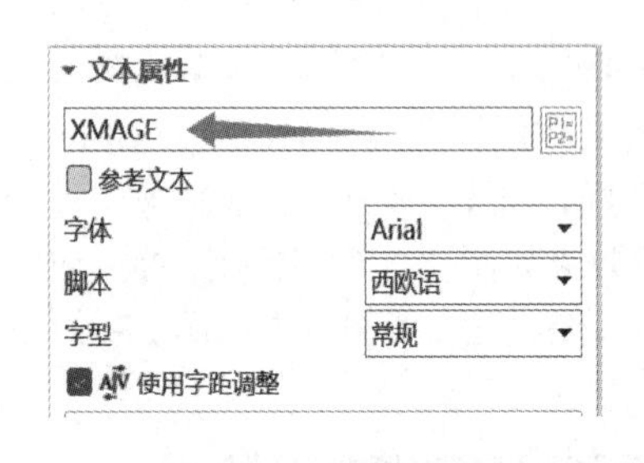

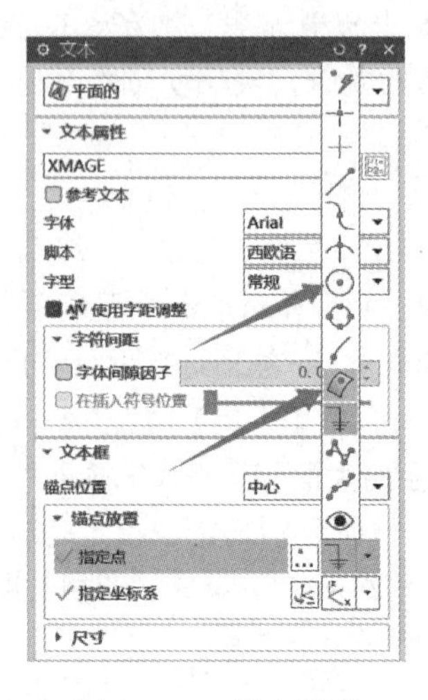

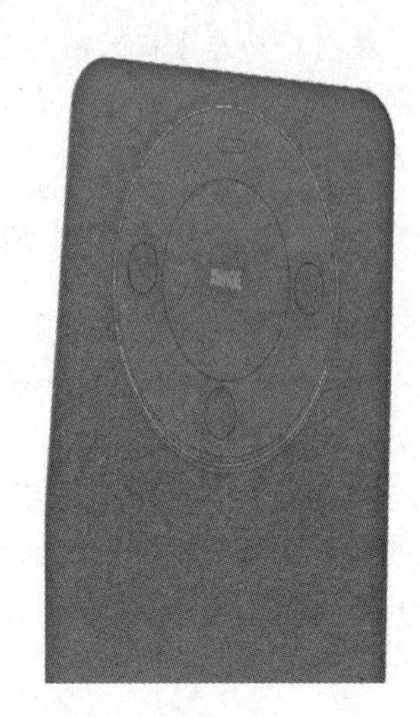

图 2-4-36　文本属性　　图 2-4-37　锚点放置　　图 2-4-38　LOGO 效果图

15. 绘制电源键草图

单击菜单栏中【显示】(Display)，在对应命令面板上，单击【样式】(Style) 下方的倒三角，单击【着色】(Shadedd) 按钮，进入着色模式。单击菜单栏中【主页】(Home)，在对应命令面板上的草图 (Sketch)，或选择【菜单】(Menu) 中【插入】(Insert) |【草图】(Sketch) 命令，系统弹出创建草图对话框。在对话框第一栏选择【基于平面】，然后选择如图 2-4-39 所示的手机侧面，单击< 确定 >按钮，结果如图 2-4-40 所示。在该草图平面上绘制如图 2-4-41 所示草图。完成草图绘制后，单击平面左上角【完成草图】按钮图标，退出草图绘制界面。

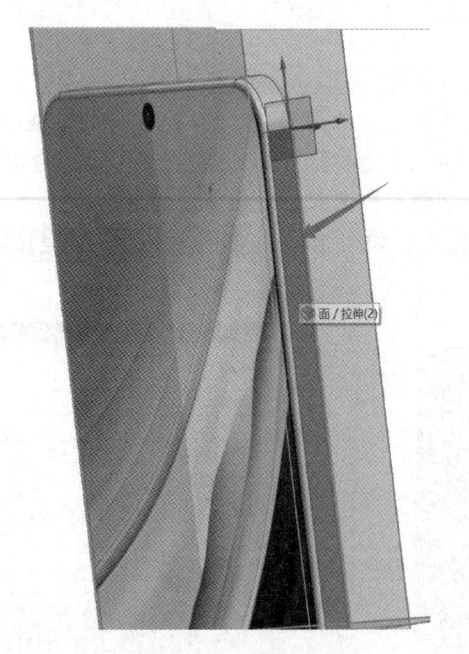

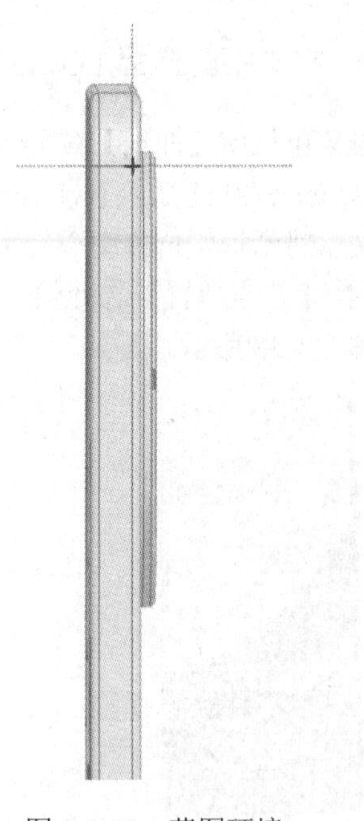

图 2-4-39　草图放置面　　图 2-4-40　草图环境

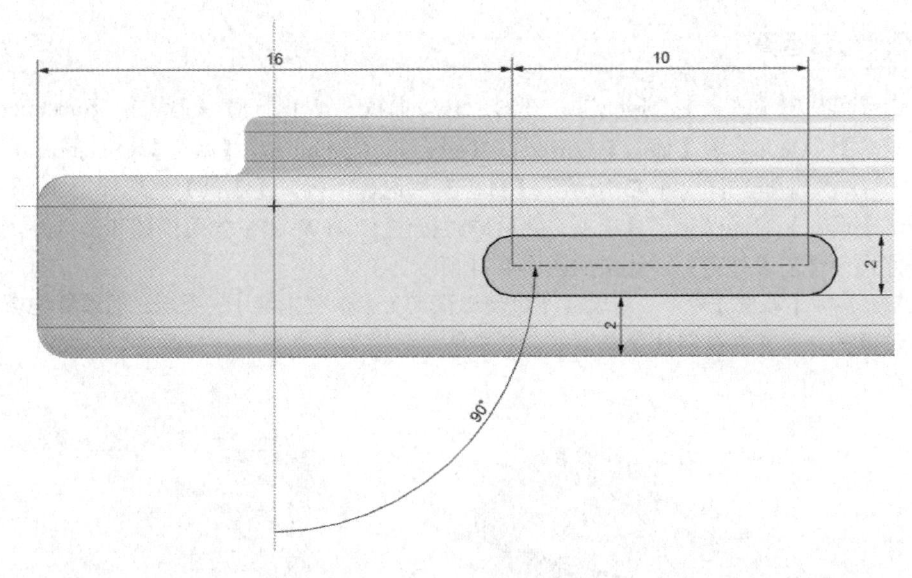

图 2-4-41　电源键草图

技巧：① 如本步骤未进入着色模式，单击菜单栏中【显示】(Display)，在对应命令面板上，单击【外观】(Appearance)下方的倒三角，在下拉的菜单中选择【对象颜色】(Object Colors)，即可显示着色模式效果。

② 草图绘制时，如需标注实体和草图之间的尺寸，注意，在选择栏中选择【仅在工作部件内】或【整个装配】才可标注外壳和槽之间的尺寸，如 16mm 和 2mm。

16. 拉伸电源键

单击菜单栏中【主页】(Home)，在对应命令面板上，单击【拉伸】(Extrude)命令，系统弹出拉伸对话框。单击【截面】栏，选择第 15 步绘制的草图；在【方向】栏中，选择默认方向；在【限制】栏中选择起始、结束模式和距离，起始模式选择【对称值】，距离输入 1mm；【布尔】栏选择【无】，其他选项不修改，单击 < 确定 > 按钮，结果如图 2-4-42 所示。

图 2-4-42　电源键效果图

图 2-4-43　减去对话框

17. 布尔运算

单击菜单栏中【主页】(Home)，在对应命令面板上，单击【减去】(Substract)，或选择【菜单】(Menu) 中【插入】(Insert) |【组合】(Combine) |【减去】(Substract) 命令，系统弹出减去对话框如图 2-4-43 所示。【目标】栏选择手机，【工具】栏选择第 16 步创建的电源键，【设置】勾选保存工具选项。然后同时按住 Ctrl+W 键，隐藏草图和基准等。然后改变渲染方式为【艺术外观】，效果如图 2-4-44 所示。

技巧：本步【减去】命令，【设置】栏切记设置为【保留工具】，否则，电源键就会消失。如果忘记设置，则可以在部件导航器中，双击刚才的操作【减去】，如图 2-4-45 所示，修改对应设置即可。

图 2-4-44 手机实体效果图

图 2-4-45 部件导航器

18. 保存文件

单击软件界面左上角的【保存】(Save) 按钮，保存文件。

实例五 饮料瓶设计

实例五 饮料瓶设计资源

【学习任务】

根据图 2-5-1 所示效果图，绘制饮料瓶实体模型。

【课程思政】

饮料瓶，常见材质一般为塑料，主要由聚乙烯或聚丙烯等材料并添加多种有机溶剂后制作而成。因塑料制成的饮料瓶具有不易破碎、成本低廉、透明度高等特点被广泛使用，生活中常用来盛装纯净水、液体饮料等。随着环保意识的提升，饮料行业也积极响应，推出了多种容量的规格以满足不同消费者的需求。从便携式的 225mL 小瓶装，到家庭常用的 500mL 中瓶装，再到适合聚会分享的 1L 大瓶装，多样化的设计既体现了人性化考量，促进了资源的合理

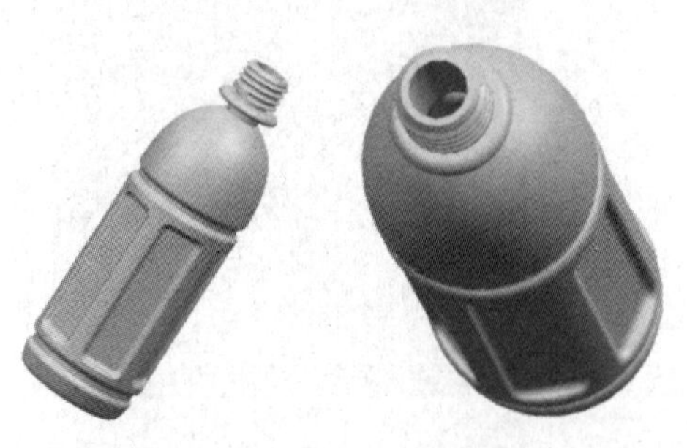

图 2-5-1 饮料瓶效果图

利用，也减少了浪费。

使用塑料制品时特别注意，不要接触醋、清洁剂等，避免阳光直射和高温环境等，以免发生化学反应。使用完塑料饮料瓶后，请确保它们被正确分类并投入可回收垃圾箱，以便进行后续的回收处理。这不仅有助于减少环境污染，还能节约资源，促进经济的绿色发展。通过我们的共同努力，可以为后代留下一个更加清洁、美丽的地球家园。

【学习目标】

能够熟练使用各类设计特征，如草图（Sketch）、圆柱体（Cylinder）、合并（Unite）、旋转（Revlove）、腔（Pocket）、槽（Groove）、螺纹（Threads）、边倒圆（Edge Blend）、倒斜角（Chamfer）、孔（Hole）、阵列特征（Pattern Feature）、拔模（Draft）、抽壳（Shell）等，并借助各类辅助命令，如图层设置（Layer Settings）、基准（Datum Plane）等，设计饮料瓶。

【操作步骤】

1. 新建文件

选择菜单栏中的【文件】（File）|【新建】（New）命令，或同时按住 Ctrl+N（创建一个新的文件），系统出现新建对话框，在【名称】栏中输入“饮料瓶”，在【单位】下拉框中选择“毫米”，单击< 确定 >按钮，创建一个文件名为“智能手机.prt”、单位为毫米的文件，并自动（默认）启动【建模】应用程序。

2. 创建圆柱体 1

设置 1 层为当前工作层。单击菜单栏中【视图】（View），在对应命令面板上，单击【工作层】文本框，输入 1（如图 2-5-2 所示），然后按回车键；或选择【菜单】（Menu）中【格式】（Format）|【图层设置】（Layer Settings）命令，系统弹出图层设置对话框，如图 2-5-3 所示，设置工作层为 1，也可以在【图层】栏看到 1（工作），表明图层 1 是工作图层。

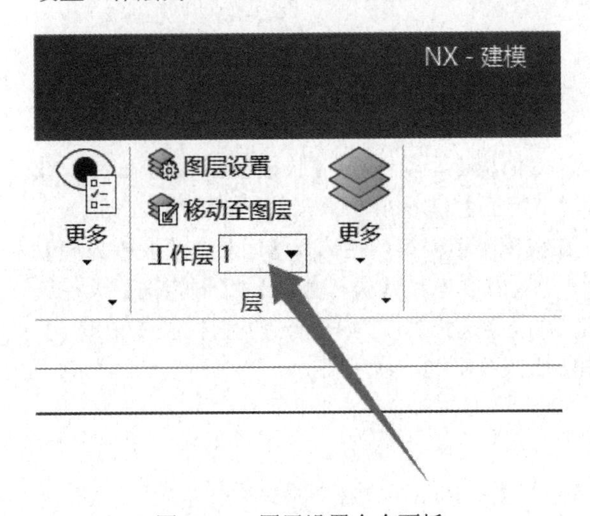

图 2-5-2　图层设置命令面板

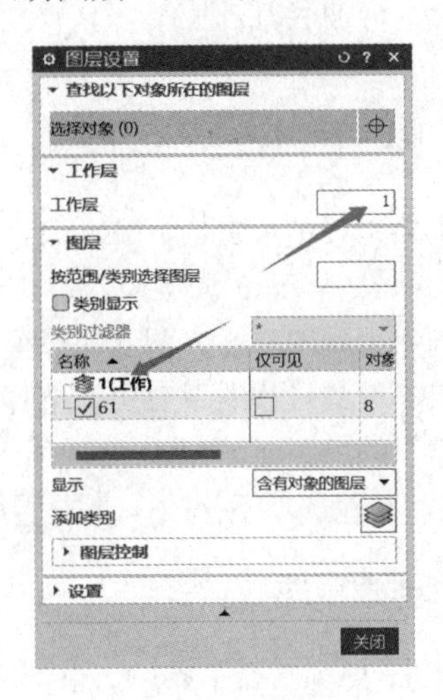

图 2-5-3　图层设置对话框

单击菜单栏中【主页】（Home），在对应命令面板上，单击【更多】（More）|【设计特征】（Design Feature）|【圆柱体】（Cylinder），或选择【菜单】（Menu）中【插入】（Insert）|

【设计特征】(Design Feature) |【圆柱体】(Cylinder) 命令，系统弹出如图 2-5-4 所示对话框。在第一栏中选择【轴、直径和高度】，在【轴】|【指定矢量】中选择 -ZC，【轴】|【指定点】中选择原点。【尺寸】中输入【直径】= 50，【高度】= 15。单击< 确定 >按钮，结果如图 2-5-5 所示。

3. 圆柱体 2

单击菜单栏中【主页】(Home)，在对应命令面板上，单击【更多】(More) |【设计特征】(Design Feature) |【圆柱体】(Cylinder)，或选择【菜单】(Menu) 中【插入】(Insert) |【设计特征】(Design Feature) |【圆柱体】(Cylinder) 命令，系统弹出圆柱对话框。在【类型】下拉列表中选择【轴、直径和高度】，在【轴】|【指定矢量】中选择 ZC，【轴】|【指定点】中选择原点。【尺寸】中输入【直径】= 50，【高度】= 110。单击< 确定 >按钮，结果如图 2-5-6 所示。

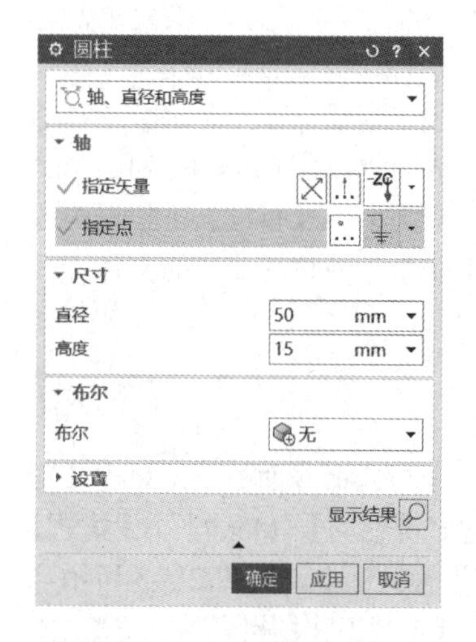

图 2-5-4 圆柱对话框

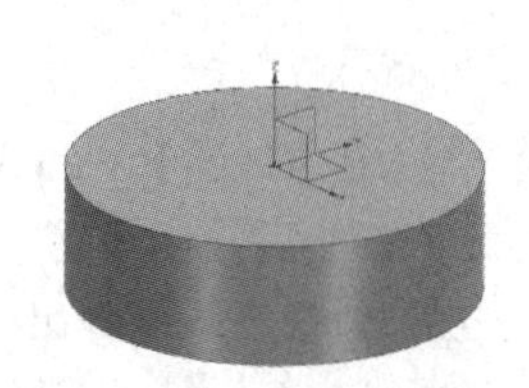

图 2-5-5 圆柱体 1

图 2-5-6 圆柱体 2

4. 圆柱体拔模

单击菜单栏中【主页】(Home)，在对应命令面板上，单击【拔模】(Draft) 命令，或选择【菜单】(Menu) 中【插入】(Insert) |【细节特征】(Detail Feature) |【拔模】(Draft) 命令，系统弹出如图 2-5-7 所示的拔模对话框。在拔模对话框第一栏选择【面】，【脱模方向】单击指定矢量最右边的下三角，选择 -ZC 方向；【拔模参考】|【拔模方法】|【固定面】一栏选择圆柱体 1 的上顶面，如图 2-5-8 所示；【要拔模的面】选择高度为 15mm 的圆柱面，【角度 1】输入 15°，其他选项不修改，单击< 确定 >按钮，结果如图 2-5-9 所示。

5. 创建草图 1

设置 21 层为当前工作层。单击菜单栏中【主页】(Home)，在对应命令面板上，单击草图 (Sketch)，或选择【菜单】(Menu) 中【插入】(Insert) |【草图】(Sketch) 命令，系统弹出创建草图对话框。在绘图区选择 *YOZ* 平面。单击创建草图对话框上的< 确定 >按钮，进入草图绘制界面。单击样条 (Studio Spine) 弹出如图 2-5-10 所示对话框，【类型】选通过

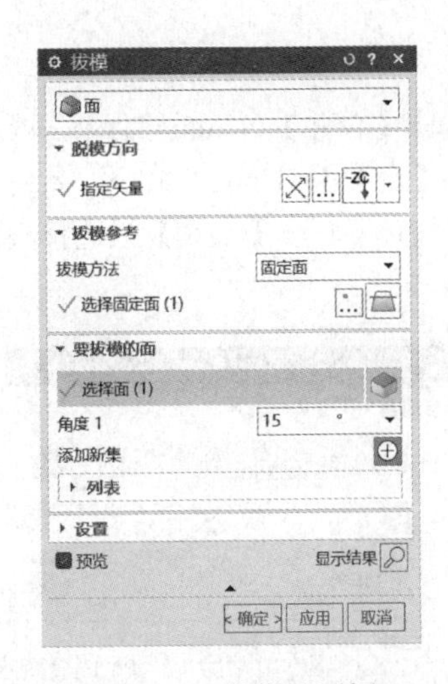

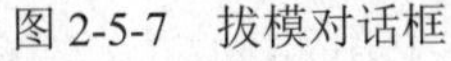
图 2-5-7　拔模对话框

图 2-5-8　固定面

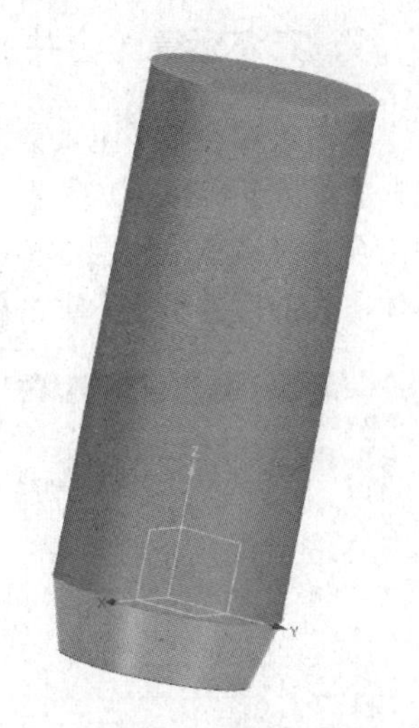
图 2-5-9　拔模效果图

点，4 个点的位置如图 2-5-11 所示，绘制艺术曲线，效果如图 2-5-12 所示的草图 1。绘制完草图后，单击平面左上角【完成草图】按钮图标，退出草图绘制界面。

技巧：①样条曲线绘制完后，需对其最下面的一点进行竖直约束。单击如图 2-5-11 所示的点 1，然后在【连续类型】中选择 G1（相切），【指定相切】选择 YC 方向。如图 2-5-12 所示。

② 样条曲线的第 1 点须约束在圆柱体的边缘。可以通过移动样条曲线的最下面一点，让其靠近圆柱体的顶面，系统会使其自动吸附上。第一点约束类型为 G1（相切）。

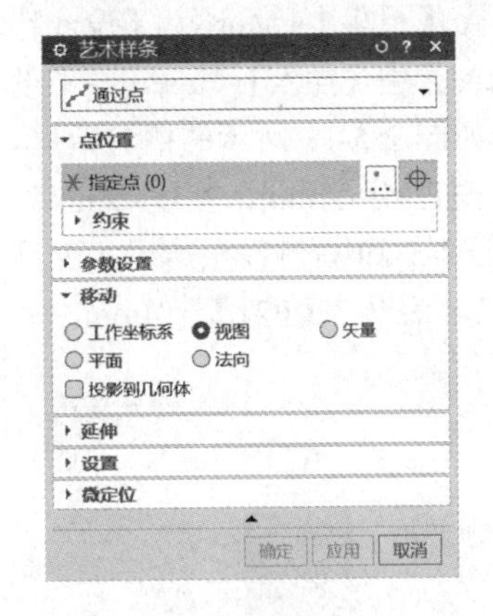

图 2-5-10　艺术样条对话框

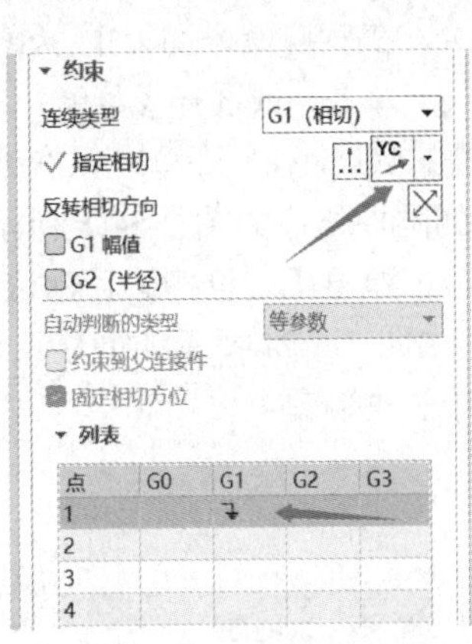

图 2-5-11　点位置（约束）

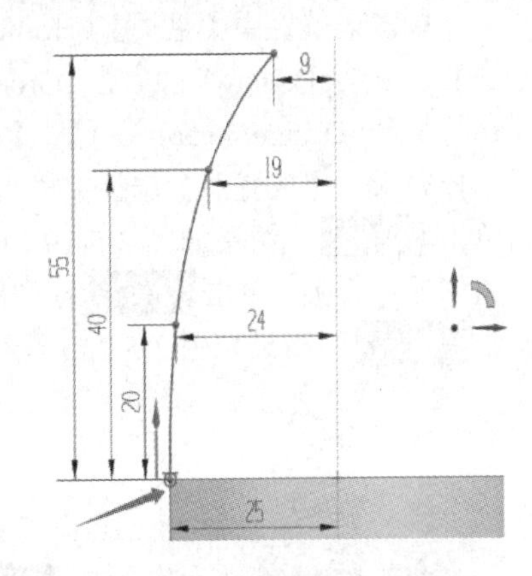

图 2-5-12　艺术样条曲线草图 1

6. 旋转草图曲线

设置 1 层为当前工作层。单击菜单栏中【主页】（Home），在对应命令面板上，单击旋转（Revlove）命令，或选择【菜单】（Menu）中【插入】（Insert）|【设计特征】（Design Feature）|【旋转】（Revlove）命令，系统弹出如图 2-5-13 所示的旋转对话框。在【截面】栏，选择上一步绘制的草图；在【轴】|【指定矢量】选择 ZC，【指定点】选择圆心，在【限制】栏中起始、结束模式均选择【值】，起始角度输入 0，结束角度输入 360°；【布尔】|【合并】|【选择体】中选择圆柱体 2；单击< 确定 >按钮，结果如图 2-5-14 所示。

7. 布尔运算（合并）

单击菜单栏中【主页】(Home)，在对应命令面板上，单击【合并】(Unite) 命令，或选择【菜单】(Menu) 中【插入】(Insert) |【组合】(Combine) |【合并】(Unite) 命令，系统弹出合并对话框，如图 2-5-15 所示。【目标】栏选择瓶身（或圆柱体 2），【工具】栏选择拔模体，其余设置不变，单击< 确定 >按钮，结果如图 2-5-16 所示。

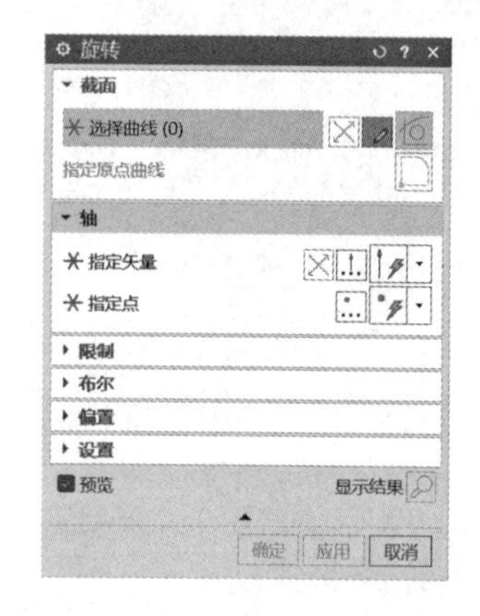

图 2-5-13　旋转对话框

图 2-5-14　旋转效果

图 2-5-15　合并对话框

8. 开槽 1

单击菜单栏中【主页】(Home)，在对应命令面板上，单击【更多】(More) |【设计特征】(Design Feature) | 槽 (Groove) 命令，或选择【菜单】(Menu) 中【插入】(Insert) |【设计特征】(Design Feature) | 【槽】(Groove) 命令，系统弹出如图 2-5-17 所示的槽对话框。选择矩形。【放置面】选择拔模后的圆柱体，如图 2-5-18 所示；槽直径=44mm，宽度=5mm。单击< 确定 >，结果如图 2-5-19 所示。弹出【定位槽】目标边如图 2-5-20 右侧箭头所示，工具边如另一箭头，单击< 确定 >；弹出如图 2-5-21 所示的创建表达式对话框，【P21】=14mm。单击< 确定 >，结果如图 2-5-22 所示开槽效果图。

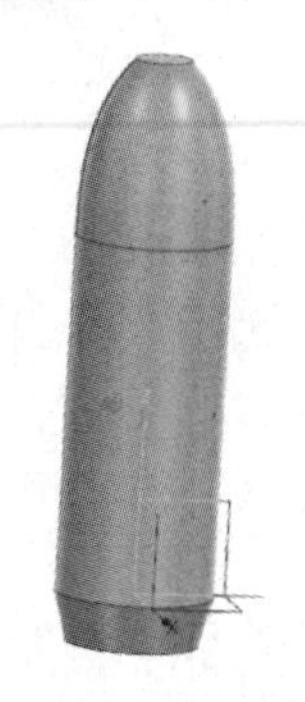

图 2-5-16　求和效果

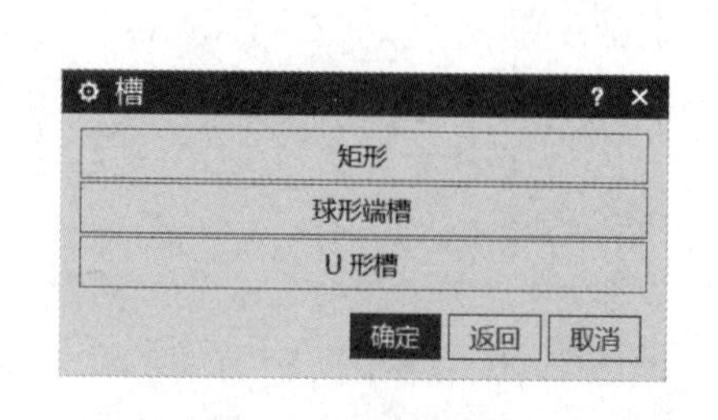

图 2-5-17　槽对话框

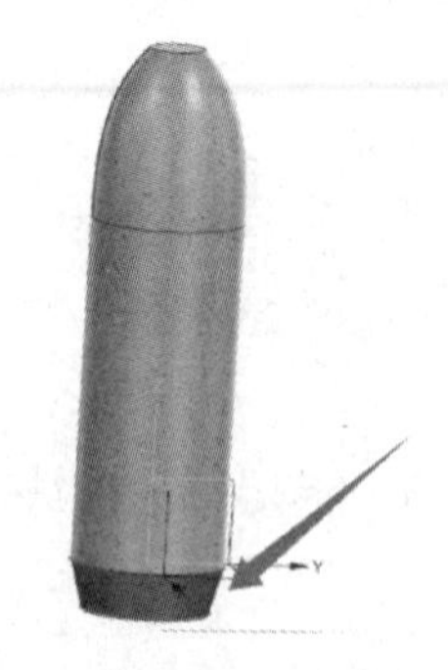

图 2-5-18　放置面

技巧：单击菜单栏中的【主页】(Home)，在对应命令面板上，如果在【更多】(More) 里头找不到槽 (Groove) 命令，可以将鼠标移至命令面板上，单击右键，弹出菜单，选择【定制】，弹出定制对话框，在【类别】里头选择【菜单】|【插入】|【设计特征】，从右边的【项】

中找到【槽】命令，将其拖至【更多】(More)里头，并放至于【设计特征】即可。其他面板上的命令均可以通过此方法拖至其中。

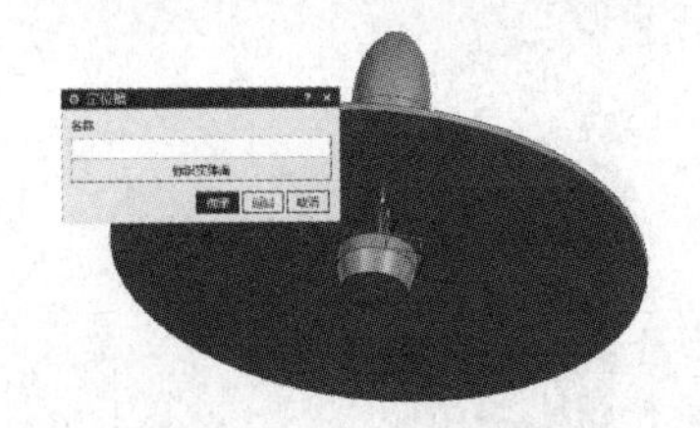

图 2-5-19　放置面效果

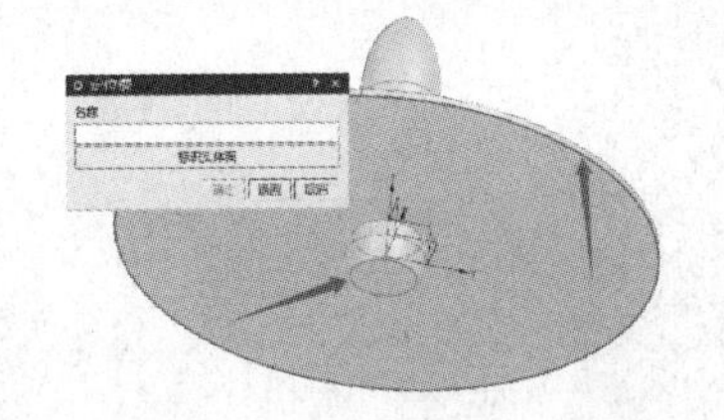

图 2-5-20　定位槽 1 目标边、工具边

图 2-5-21　创建表达式对话框

9. 开槽 2

单击菜单栏中【主页】(Home)，在对应命令面板上，单击【更多】(More)|【设计特征】(Design Feature)|槽(Groove)命令，或选择【菜单】(Menu)中【插入】(Insert)|【设计特征】(Design Feature)|【槽】(Groove)命令，系统弹出槽对话框。选择矩形。【放置面】选择圆柱体 2；槽直径 = 44mm，宽度 = 5mm。单击< 确定 >，弹出【定位槽】目标边如图 2-5-23 右侧箭头所示，工具边如另一箭头，单击< 确定 >；弹出创建表达式对话框，【P43】= 122.5mm，单击< 确定 >，结果如图 2-5-24 所示开槽效果图。

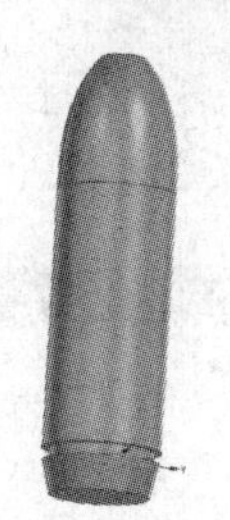

图 2-5-22　开槽 1 效果图

图 2-5-23　定位槽 2 目标边、工具边

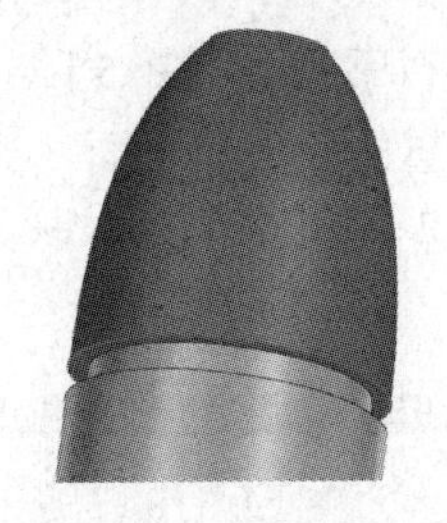

图 2-5-24　开槽 2 效果图

10. 创建基准面

设置 62 层为当前工作层。单击菜单栏中【主页】(Home)，在对应命令面板上，单击【基准】(Datum Plane)命令，弹出基准平面对话框如图 2-5-25 所示，在【类型】中选【按某一距离】，【平面参考】选择 *XOZ* 基准平面，【距离】= 40；单击< 确定 >按钮，结果如图 2-5-26 所示。(基准平面视觉大小的调节方法：双击基准平面，会出现 8 个夹点，拖动哪个夹点就是往哪个方向变化。)

11. 创建矩形腔体

设置 1 层为当前工作层。单击菜单栏中【主页】(Home)，在对应命令面板上，单击【更多】(More)|【设计特征】(Design Feature)|腔(Pocket)命令，系统弹出如图 2-5-27 所示的腔对话框，选择矩形。弹出矩形腔对话框，其中【放置面】选择刚建立的基准平面，接受

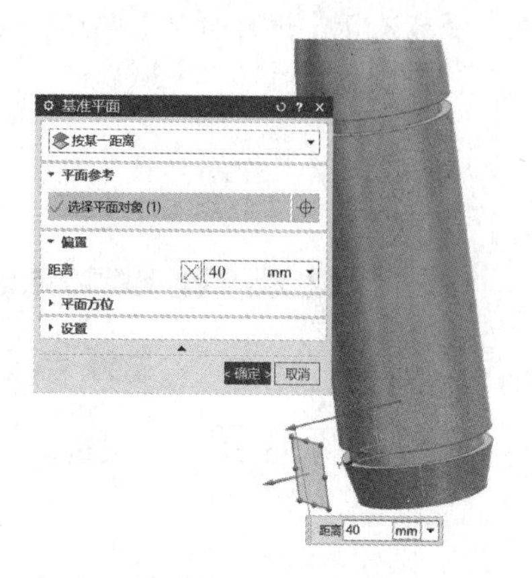

图 2-5-25　基准平面对话框

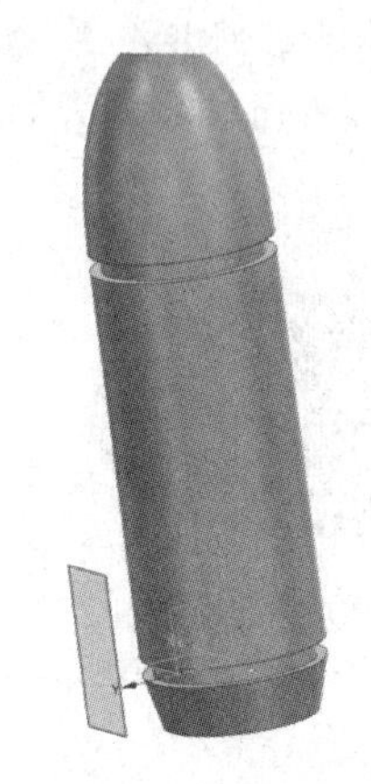

图 2-5-26　基准面效果

【接受默认边】的指向圆柱体方向；单击< 确定 >按钮，提示选择水平参考，此时选择圆柱面，系统弹出矩形腔对话框，如图 2-5-28 所示。【长度】= 88mm、【宽度】= 20mm、【深度】= 15mm、【拐角半径】= 3mm、【底面半径】= 1mm、【锥角】=1°，单击< 确定 >按钮，弹出定位对话框，如图 2-5-29 所示。定位模式：选择最后一个（线落在线上）；目标边、工具边如图 2-5-30 箭头所示腔长度方向的中心线（注意提示栏提示，目标边选 *Z* 轴）。第一次选完目标边、工具边后，系统又回到 2-5-29 所示的定位对话框。此时，选择第 5 个定位模式（按一定距离平行），目标边选择 *X* 轴、工具边如图 2-5-31 箭头所示腔宽度方向中心线，弹出创建表达式对话框，【P45】= 55mm，单击< 确定 >，结果如图 2-5-32 所示腔体效果图。（注：腔体放置面只能是平面。）

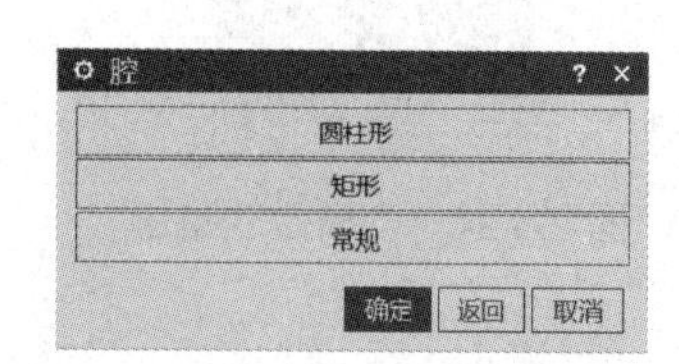

图 2-5-27　腔对话框

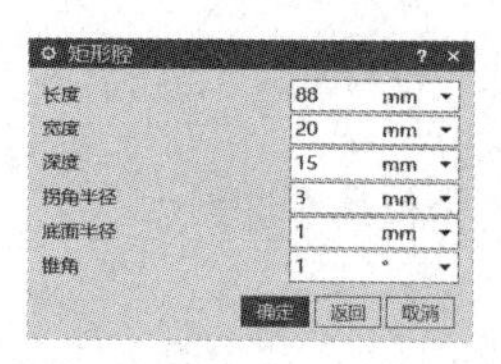

图 2-5-28　矩形腔对话框

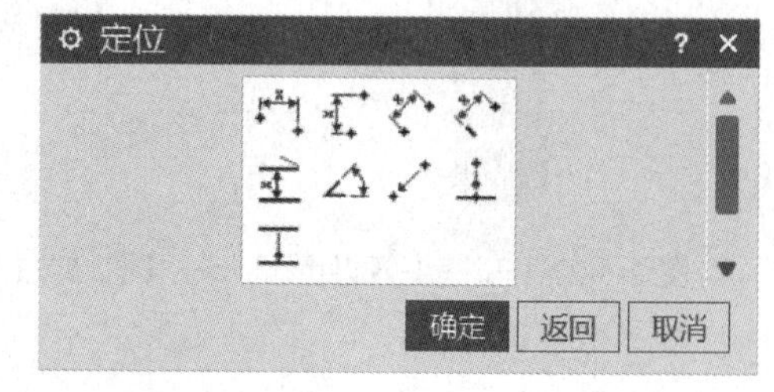

图 2-5-29　定位对话框

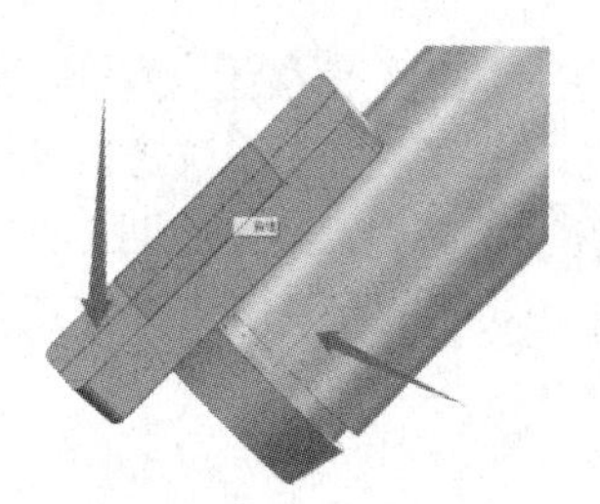

图 2-5-30　定位目标、工具边（长度方向）

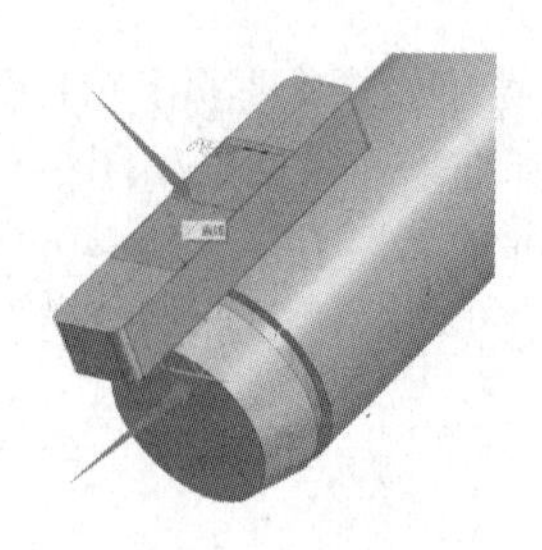

图 2-5-31　定位目标边、工具边（宽度方向）

图 2-5-32　腔体效果图

技巧：此命令，在新版本中，亦可以用凸起命令来实现，只是需事先画草图。新版软件将

原有的凸台、腔体、键槽、垫块等命令合成新的凸起命令。注意凸起命令在【端盖】|【凸起的面】中。效果与原命令效果一致。

12. 圆角 1

单击菜单栏中【主页】(Home)，在对应命令面板上，单击【边倒圆】(Edge Blend)，或选择【菜单】(Menu) 中【插入】(Insert) |【细节特征】(Detail Feature) |【边倒圆】(Edge Blend) 命令，系统弹出如图 2-5-33 所示的边倒圆对话框。选择图 2-5-34 所示边缘（腔的外轮廓边），设置圆角半径 1 为 3mm。单击 < 确定 >，结果如图 2-5-35 所示。

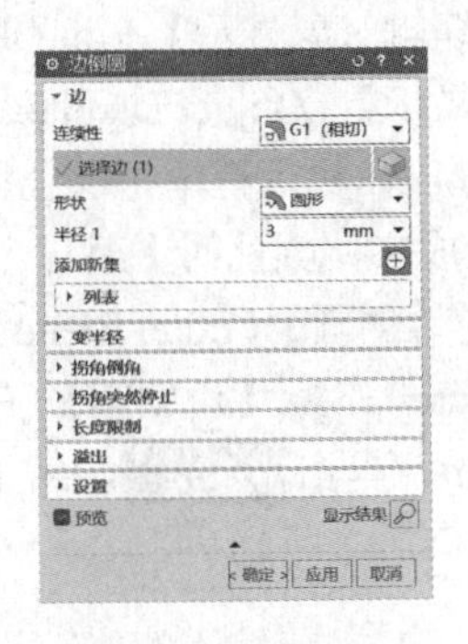

图 2-5-33　边倒圆

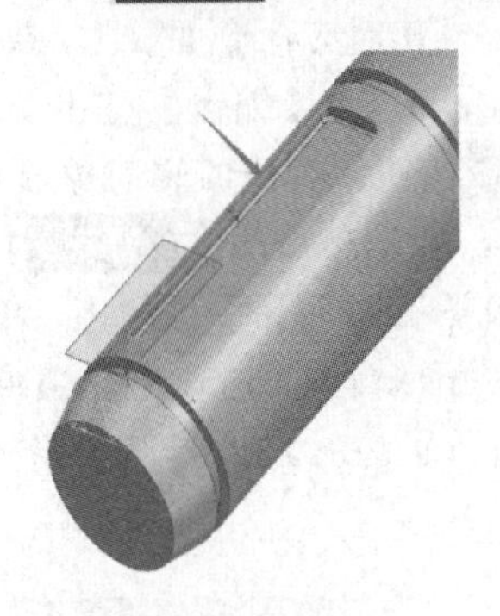

图 2-5-34　圆角边

图 2-5-35　圆角 1 效果图

13. 阵列腔

单击菜单栏中【主页】(Home)，在对应命令面板上，单击【阵列特征】(Pattern Design)，或选择【菜单】(Menu) 中【插入】(Insert) |【关联复制】(Associative Copy) |【阵列特征】(Pattern Design) 命令，系统弹出如图 2-5-36 所示的阵列特征对话框。选择刚创建的腔体和圆角 1 两个特征，【阵列定义】布局 = 圆形，【旋转轴】指定矢量选圆柱面，【斜角方向】数量 = 6、间隔角 = 360/6°，如图 2-5-37 所示。单击 < 确定 >，完成圆形阵列。

单击菜单栏中【视图】(View)，在对应命令面板上，单击图层设置命令，弹出图层设置对话框，在【图层】栏，去掉 62 层前面的钩，然后关闭对话框。结果如图 2-5-38 所示。

图 2-5-36　阵列特征对话框

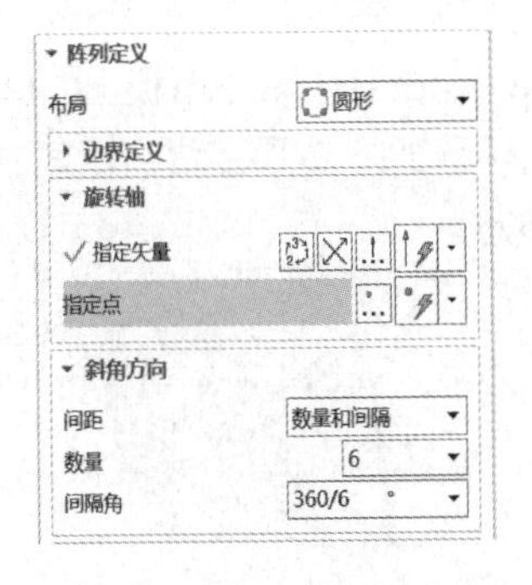

图 2-5-37　阵列定义

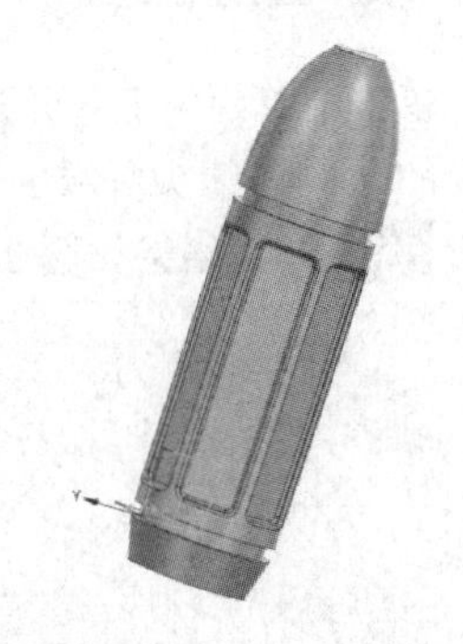

图 2-5-38　阵列效果图

14. 球

在块的顶面（平行于 *XOY*）绘制球 1。单击菜单栏中【主页】(Home)，在对应命令面板

上，单击【更多】（More）|【设计特征】（Design Feature）|【球】（Sphere），或选择【菜单】（Menu）中【插入】（Insert）|【设计特征】（Design Feature）|【球】（Sphere）命令，系统弹出如图2-5-39所示的球对话框。

在【类型】下拉列表中选择【中心点和直径】，在【中心点】|【指定点】中选择，输入坐标点 $XC=0$、$YC=0$、$ZC=-51$，【直径】= 80mm，【布尔】= 减去，【选择体】= 瓶身。单击< 确定 >按钮，结果如图2-5-40所示。

15. 圆角2

单击菜单栏中【显示】(Display)，在对应命令面板上，单击【编辑对象显示】(Edit Object Display）命令，或选择【菜单】（Menu）中【编辑】（Edit）|【对象显示】（Object Display）命令。框选饮料瓶，然后单击< 确定 >按钮，弹出编辑对象显示对话框。在颜色栏单击颜色，进入对象颜色对话框，选择【蓝色】，依次单击两次< 确定 >按钮，完成实体颜色的更改。

单击菜单栏中【主页】（Home），在对应命令面板上，单击【边倒圆】（Edge Blend），或选择【菜单】（Menu）中【插入】（Insert）|【细节特征】（Detail Feature）|【边倒圆】（Edge Blend）命令。选择图2-5-41箭头所示边缘，设置圆角半径为1mm。单击< 确定 >，结果如图2-5-42所示。

图2-5-39 球对话框

图2-5-40 球减去后效果图

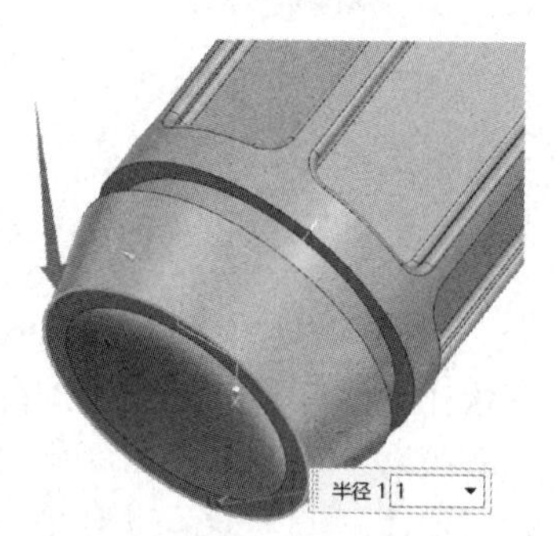

图2-5-41 圆角边

16. 圆角3

单击菜单栏中【主页】（Home），在对应命令面板上，单击【边倒圆】（Edge Blend），选择图2-5-43箭头所示5个边缘（开槽1、2顶部边，瓶底内部边），设置圆角半径为1 mm。单击< 确定 >，结果如图2-5-44所示。

图2-5-42 圆角2效果图

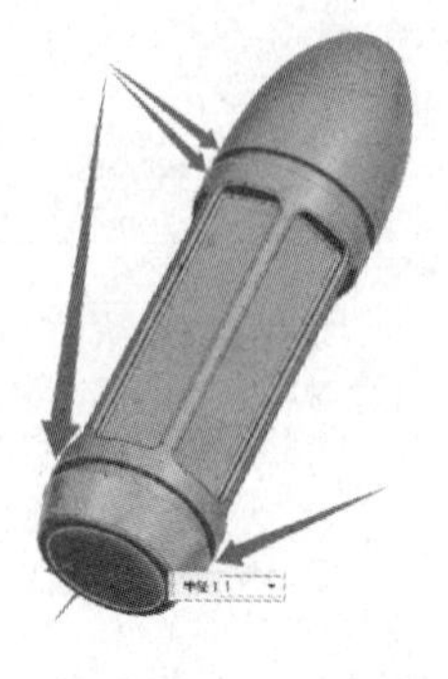
图2-5-43 圆角边

图2-5-44 圆角效果图

17. 圆角 4

单击菜单栏中【主页】(Home)，在对应命令面板上，单击【边倒圆】(Edge Blend)，选择图 2-5-45 箭头所示 4 个边缘（开槽 1、2 的根部边），设置圆角半径为 1mm。单击< 确定 >，结果如图 2-5-46 所示。

图 2-5-45　圆角边

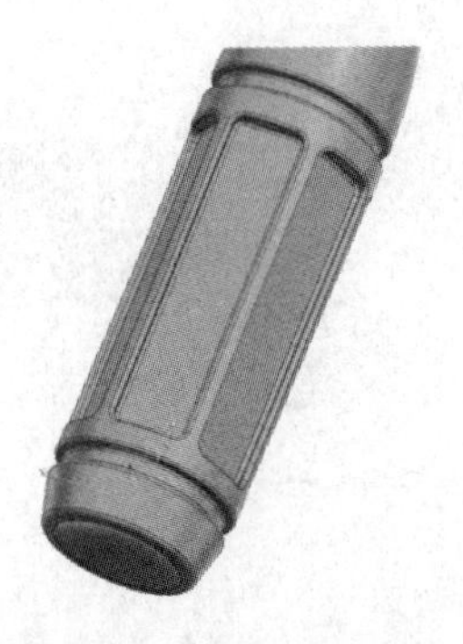

图 2-5-46　圆角效果图

18. 抽壳

单击菜单栏中【主页】(Home)，在对应命令面板上，单击【抽壳】(Shell) 命令，或选择【菜单】(Menu) 中【插入】(Insert) |【偏置/缩放】(Offset/Scale) |【抽壳】(Shell) 命令，系统弹出抽壳对话框，如图 2-5-47 所示。在对话框第一栏选择【开放】，【面】选择瓶口断面（箭头所指的面），【厚度】输入值 1mm。其他选项不修改，单击< 确定 >按钮，结果如图 2-5-48 所示。

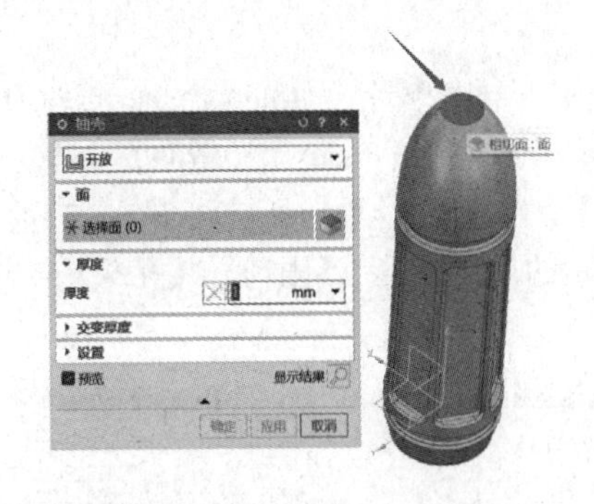

图 2-5-47　抽壳对话框和移除面

图 2-5-48　抽壳效果图

19. 创建瓶口凸台

单击菜单栏中【主页】(Home)，在对应命令面板上，单击【更多】(More) |【设计特征】(Design Feature) | 凸台 (Boss) 命令，系统弹出如图 2-5-49 所示的凸台对话框。【放置面】选择瓶口的端面，直径 = 21mm，宽度 = 20mm，锥角 = 0°，单击< 确定 >。弹出【定位】，选择点落在点上，如图 2-5-50 所示。目标边如图 2-5-51 箭头所示，工具边（默认凸台自身），单击< 确定 >。

根据提示栏提示，选择如图 2-5-49 所示的放置面，并输入直径 = 38mm，高度 = 30mm，单击< 确定 >。弹出如图 2-5-50 所示的定位对话框。选择第 5 个（点落在点上），提示栏弹出提示：请选择目标对象（选如图 2-5-51 所示的圆）。随后弹出如图 2-5-52 所示的设置圆弧的位置对话框，选择圆弧中心。结果如图 2-5-53 所示。

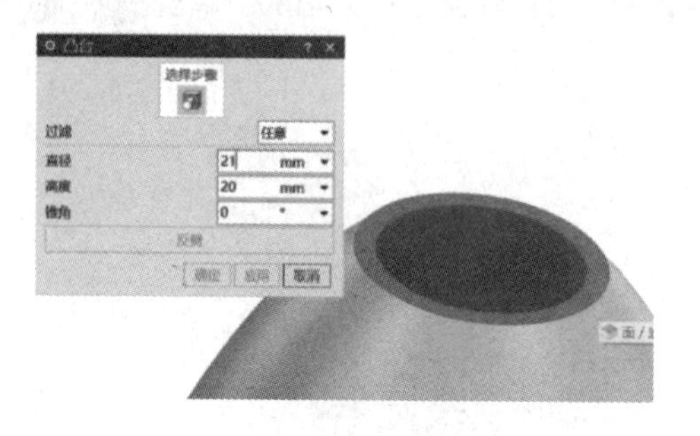

图 2-5-49　凸台对话框和放置面

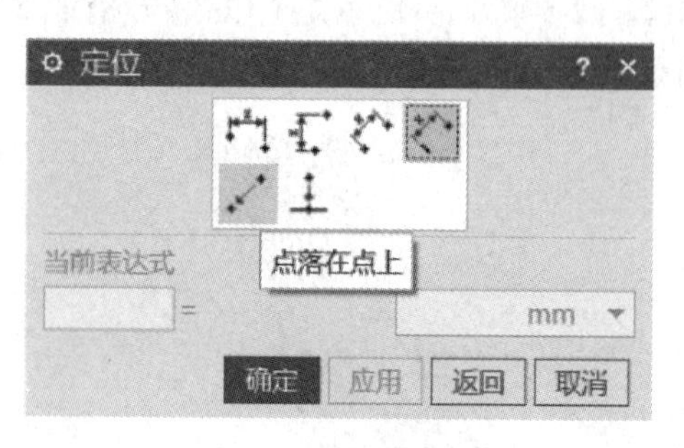

图 2-5-50　定位对话框

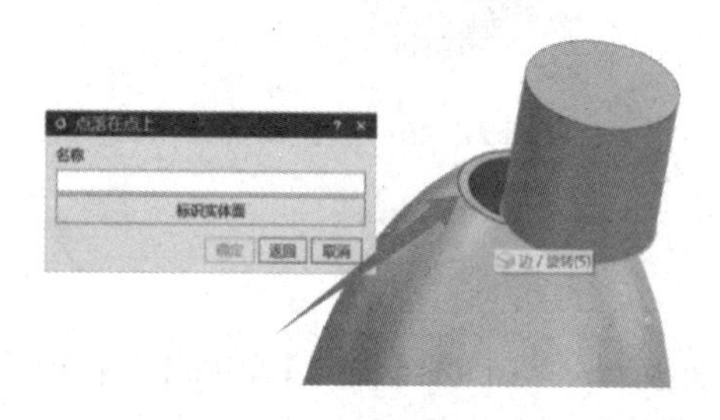

图 2-5-51　点落在点上对话框和（目标对象）选择的圆

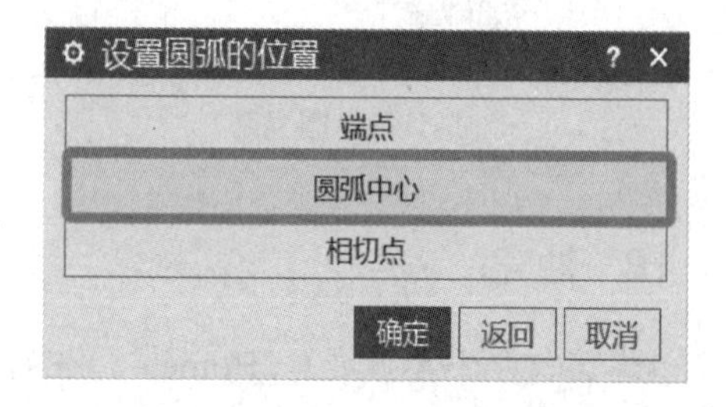

图 2-5-52　设置圆弧的位置对话框

20. 创建瓶口通孔

单击菜单栏中【主页】(Home)，在对应命令面板上，单击孔（Hole）命令，或选择【菜单】(Menu）中【插入】(Insert) |【设计特征】(Design Feature) | 孔（Hole）命令，系统弹出如图 2-5-54 所示的孔对话框。第一栏选择【简单】，【孔径】= 16mm，如图 2-5-55 所示，【位置】= 指定点（单击），选择如图 2-5-56 箭头所示的顶圆圆心，【限制】|【孔深】= 50mm，【布尔】= 减去，单击< 确定 >，结果如图 2-5-57 所示。

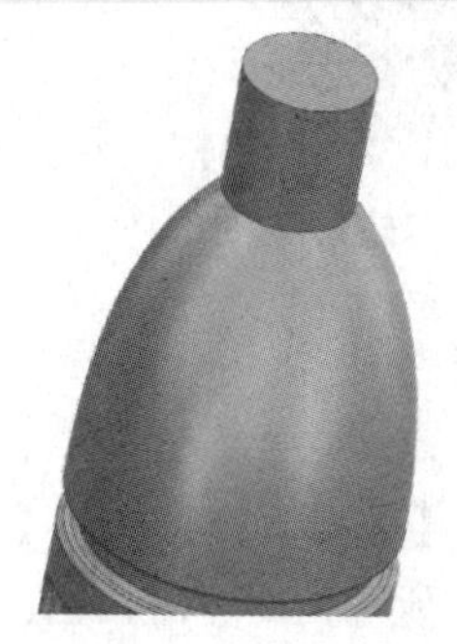

图 2-5-53　凸台效果图

图 2-5-54　孔对话框

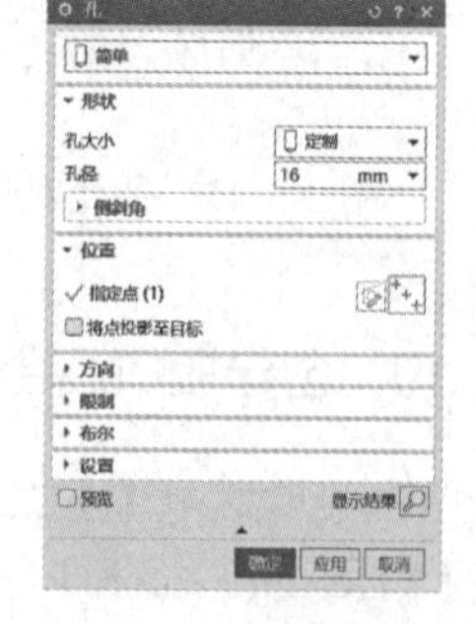

图 2-5-55　形状和尺寸设置

21. 开槽 3

单击菜单栏中【主页】(Home)，在对应命令面板上，单击【更多】(More) |【设计

特征】(Design Feature)|槽(Groove)命令，或选择【菜单】(Menu)中【插入】(Insert)|【设计特征】(Design Feature)|【槽】(Groove)命令，系统弹出槽对话框，选择矩形。【放置面】选择圆柱体凸台，槽直径 = 18mm，宽度 = 3mm。单击< 确定 >，弹出【定位槽】目标边如图 2-5-58 箭头 1 所示，工具边如另一箭头 2，弹出创建表达式对话框，【P189】= 0mm，单击< 确定 >，结果如图 2-5-59 所示开槽效果图。

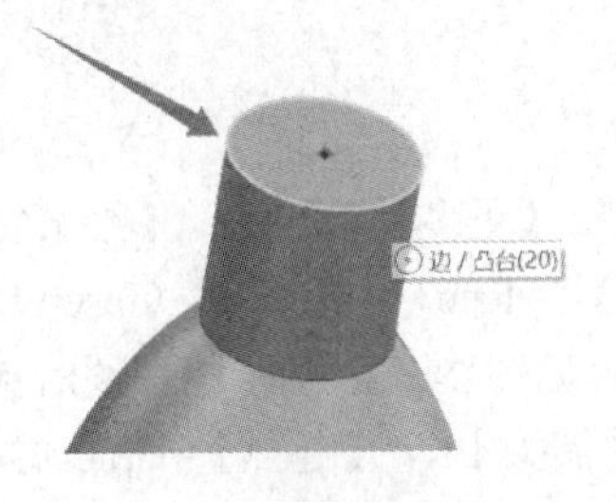

图 2-5-56　指定点位置

图 2-5-57　孔效果图

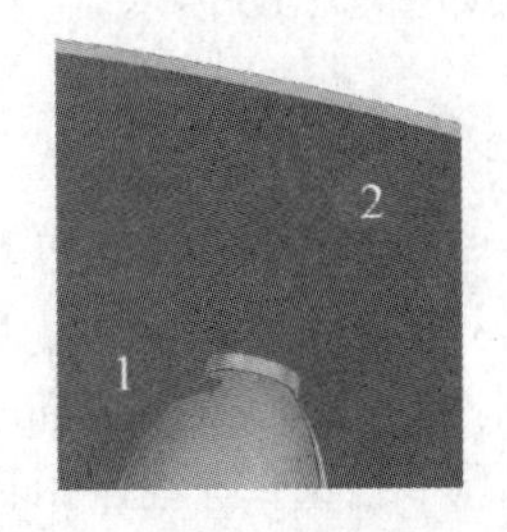

图 2-5-58　开槽 3 目标边和工具边

22. 开槽 4

步骤同上，【放置面】选择圆柱体凸台，槽直径 = 17mm，宽度 = 3mm。单击< 确定 >，弹出【定位槽】目标边如图 2-5-60 箭头 1 所示，工具边如箭头 2 所示，单击< 确定 >。弹出创建表达式对话框，【P458】= 2mm。单击< 确定 >，结果如图 2-5-61 所示开槽 4 效果。

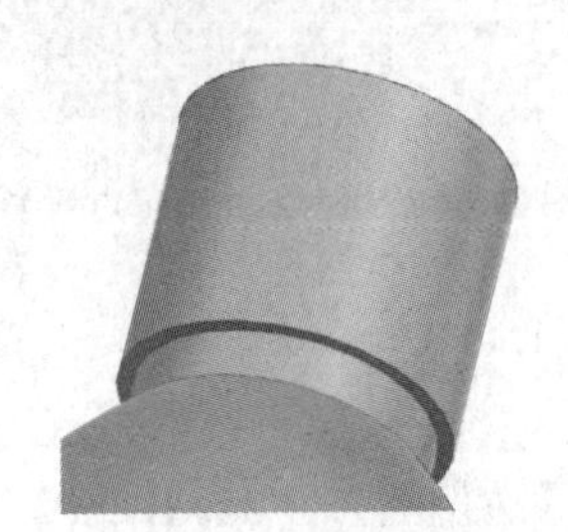

图 2-5-59　开槽 3 效果图

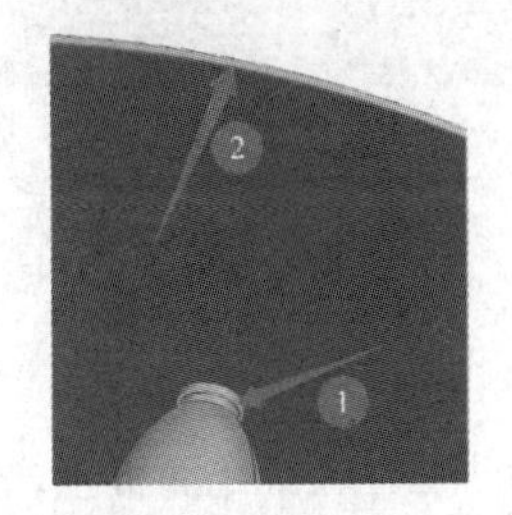

图 2-5-60　开槽 4 目标边和工具边

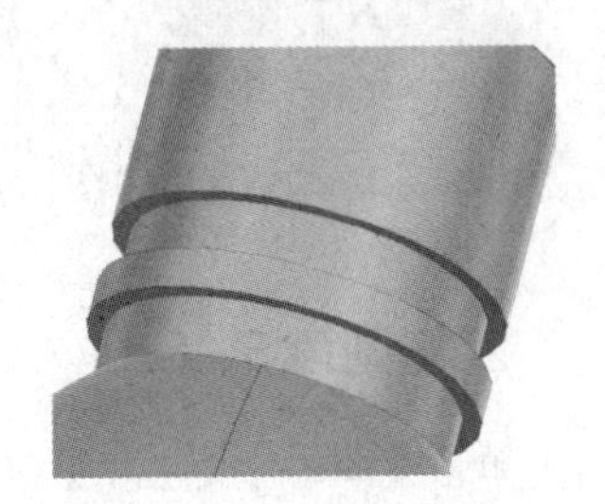

图 2-5-61　开槽 4 效果图

23. 开槽 5

步骤同上，【放置面】选择圆柱体凸台，槽直径 = 20mm，宽度 = 20mm。单击< 确定 >，弹出【定位槽】目标边如图 2-5-62 箭头 1 所示，工具边如另一箭头所示，单击< 确定 >。弹出创建表达式对话框，【P195】= 0mm，单击< 确定 >，结果如图 2-5-63 所示开槽 5 效果。

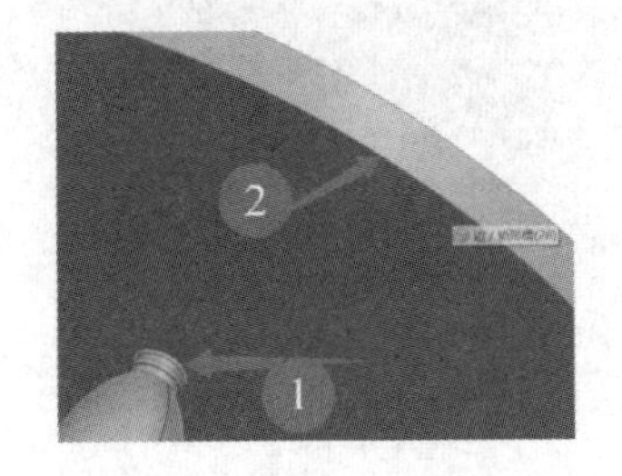

图 2-5-62　开槽 5 目标边和工具边

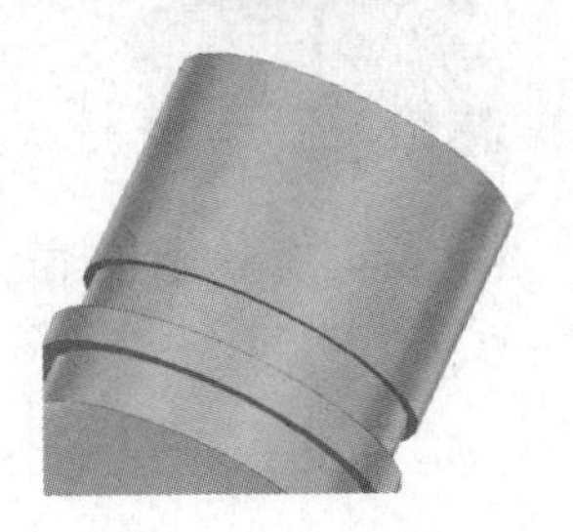

图 2-5-63　开槽 5 效果图

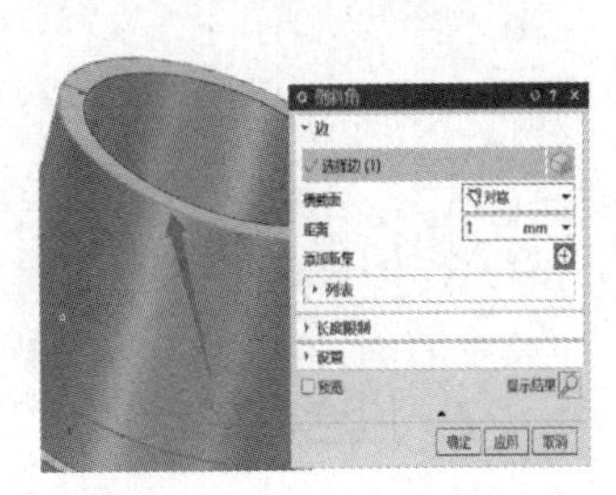

图 2-5-64　倒斜角对话框

24. 倒斜角

单击菜单栏中【主页】(Home)，在对应命令面板上，单击【倒斜角】(Chamfer)，或选择【菜单】(Menu) 中【插入】(Insert)|【细节特征】(Detail Feature)|【倒斜角】(Chamfer) 命令。选择图 2-5-64 箭头所示边，设置【横截面】= 对称，【距离】= 1mm。单击< 确定 >，结果如图 2-5-65 所示。

25. 攻螺纹

单击菜单栏中【主页】(Home)，在对应命令面板上，单击【更多】(More)|【细节特征】(Detail Feature)|【螺纹】(Threads) 命令，或选择【菜单】(Menu) 中【插入】(Insert)|【设计特征】(Design Feature)|【螺纹】(Threads) 命令，系统弹出如图 2-5-66 所示的螺纹对话框。第一栏选择详细，【面】= 选择瓶口外圆柱面（如图 2-5-67 中箭头 1），【起点】=断面（如图 2-5-67 中箭头 2），【螺纹规格】= M20×2.5，【轴直径】= 19mm；【限制】|【螺纹长度】= 12mm，参数设置如图 2-5-68 所示，单击< 确定 >，结果如图 2-5-69 所示。

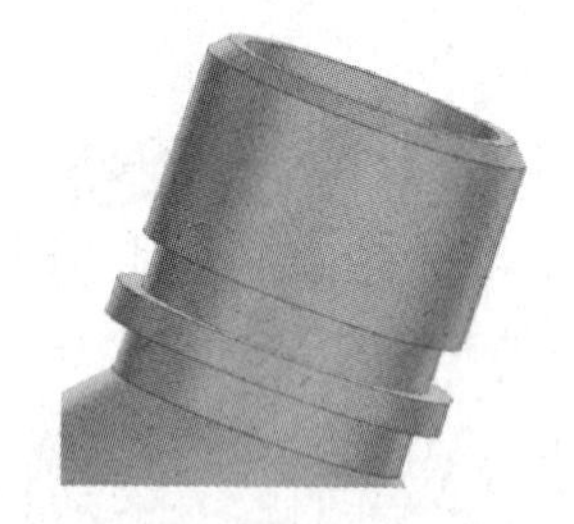

图 2-5-65　开槽 5 效果图

图 2-5-66　螺纹对话框和参数

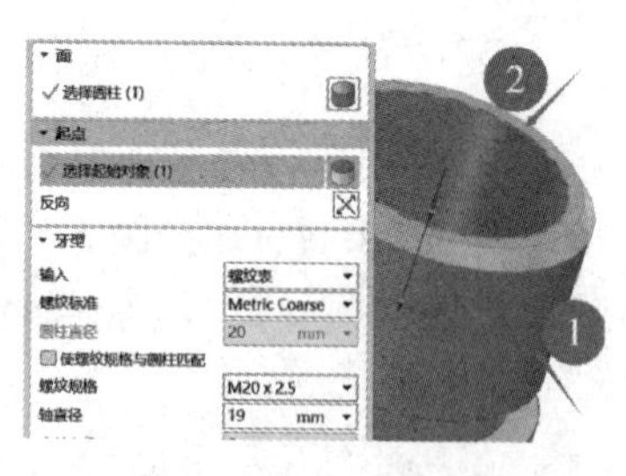

图 2-5-67　螺纹面和起点设置

26. 圆角 5、6

单击菜单栏中【主页】(Home)，在对应命令面板上，单击【边倒圆】(Edge Blend)，系统弹出边倒圆对话框。选择图 2-5-70 所示边，设置【距离】=1mm。单击< 确定 >，结果如图 2-5-71 所示。同理，依次选择图 2-5-72 所示边，设置【距离】=1mm。单击< 确定 >，结果如图 2-5-73 所示。

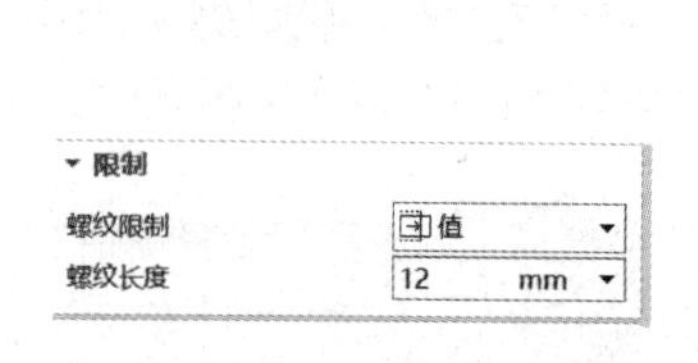

图 2-5-68　限制参数设置

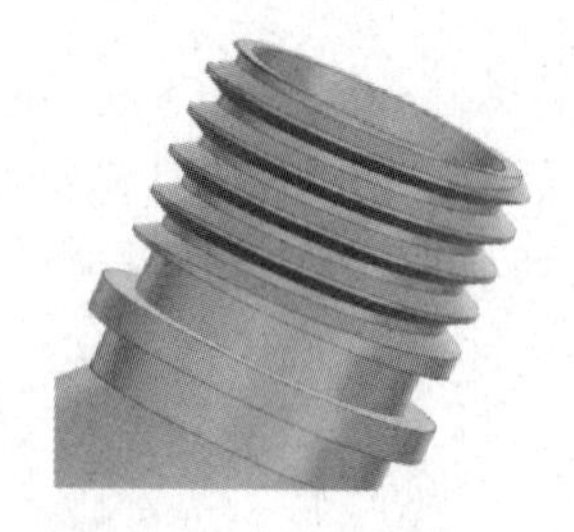

图 2-5-69　攻螺纹效果图

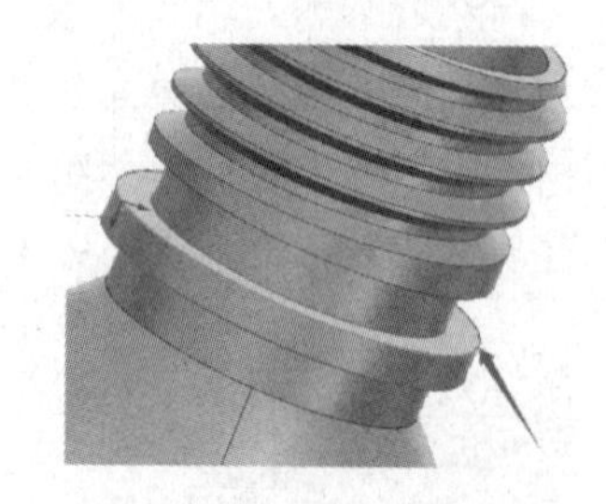

图 2-5-70　圆角 5 选择边

27. 拟合图形

拟合缩放图形，按住 Ctrl+F 或单击菜单栏中【视图】(View)，在对应命令面板上，单击适合窗口 (Fit)，整体效果图如图 2-5-74 所示。

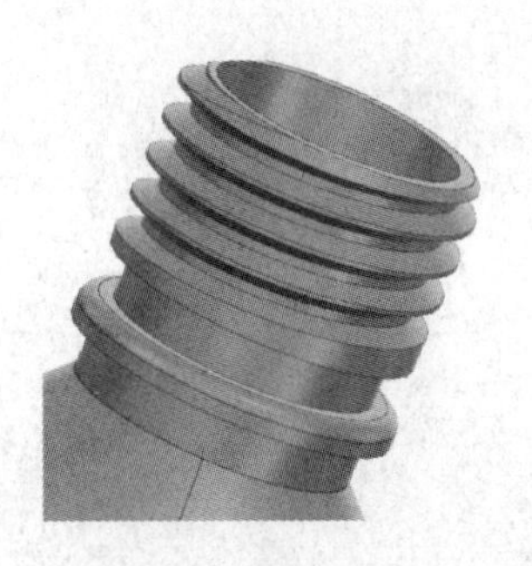
图 2-5-71　圆角 5 效果

图 2-5-72　圆角 6 选择边

图 2-5-73　圆角 6 效果

28. 关闭图层

单击菜单栏中【视图】(View)，在对应命令面板上，单击图层设置，弹出图层设置对话框如图 2-5-75 所示，在【图层】栏，去掉 21、61 层前面的钩，然后关闭对话框。

单击菜单栏中【显示】(Display)，在对应命令面板上，单击【面边】(Face Edges)命令，或选择【菜单】(Menu) 中【视图】(View) |【显示】(Display) |【面边】(Face Edges)命令。饮料瓶实体的面边即消失，最终效果如图 2-5-76 所示。

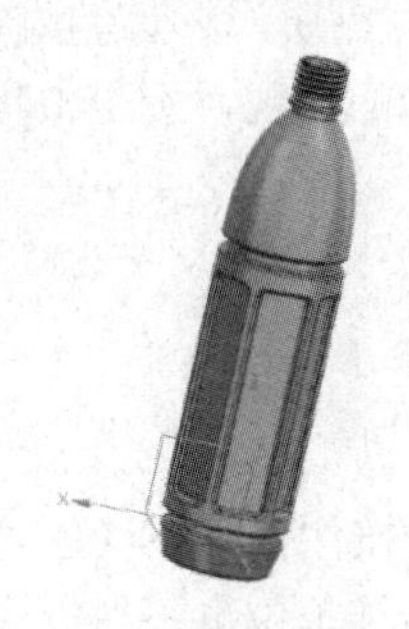
图 2-5-74　整体效果图

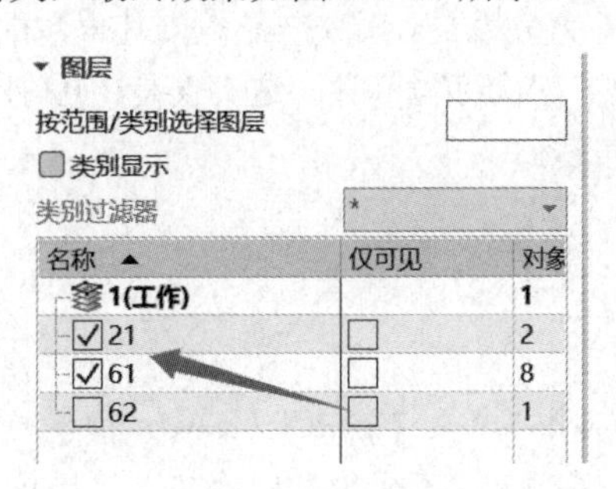

图 2-5-75　图层设置

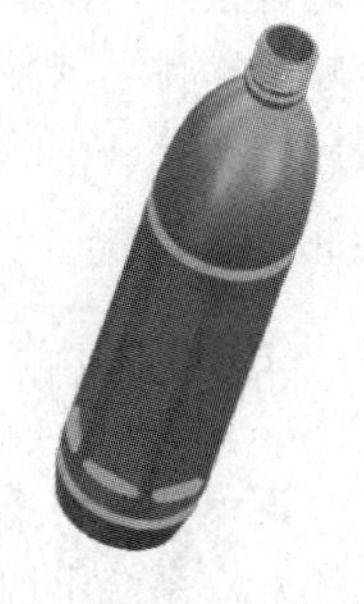
图 2-5-76　最终效果图

29. 保存文件

单击软件界面左上角的【保存】(Save) 按钮，保存文件。

实例六　齿轮设计资源

实例六　齿轮设计

【学习任务】

根据已知信息：标准齿轮的模数 m=1.5、齿数 z=30、压力角 α=20°，绘制如图 2-6-1 所示的齿轮模型。

【学习目标】

① 学会利用 = 表达式(Expression)来建立参数之间的关联，利用表达式来编辑修改图形。掌握利用表达式完成文件的导出和导入操作。

② 掌握用规律曲线（Law Curve）创建渐开线的方法。

③ 学会用投影曲线（Project Curve）、【用户定义】（User Define Feature）、【GC工具箱】等。

图 2-6-1 齿轮模型

【课程思政】

齿轮是能互相啮合的有齿的机械零件，它在机械传动及整个机械领域中的应用极其广泛。据史料记载，远在公元前400～公元前200年的中国古代就已开始使用齿轮，在我国山西出土的青铜齿轮是迄今已发现的最古老的齿轮，作为反映古代科学技术成就的指南车、水车、风车就是以齿轮机构为核心的机械装置。

在现代机械设备中，齿轮的设计已经变得非常精细和多样化。根据不同的应用需求，人们设计了各种不同形状和大小的齿轮，如直齿轮、斜齿轮、锥齿轮等。同时，人们也开始使用各种先进的材料和制造技术来制造齿轮，如高强度钢材、硬质合金、精密铸造等。这些材料和技术的应用不仅提高了齿轮的强度和耐磨性，也延长了齿轮的使用寿命，确保了机械系统的高效稳定运行。

在此背景下，中国齿轮工业蓬勃发展，系列产品凭借其卓越的性能与品质，成功跨越国界，远销全球，赢得了国际市场的广泛认可与赞誉。这不仅是中国制造实力的体现，更是中华民族创新精神与工匠精神的传承与发扬。

【操作步骤】

1. 新建文件

选择菜单栏中的【文件】（File）|【新建】（New）命令，或同时按住Ctrl+N（创建一个新的文件），系统出现新建对话框，在【名称】栏中输入“齿轮”，在【单位】下拉框中选择“毫米”，单击< 确定 >按钮。创建一个文件名为“齿轮.prt”、单位为毫米的文件，并自动（默认）启动【建模】应用程序。

2. 建立齿轮渐开线参数方程

单击菜单栏中【工具】（Tools），在对应命令面板上，单击＝【表达式】（Expression）；或选择【菜单】（Menu）中【工具】（Tools）|【实用工具】|＝【表达式】（Expression）命令，弹出表达式对话框，如图2-6-2所示。在右边的表格中可以输入齿轮的表达式。

① 在【名称】栏中输入表达式名称“α”，【公式】栏输入“20”，【单位】栏选择“°”，【量纲】栏选择“角度”，【类型】栏选择“数字”，单击 应用 按钮；

② 在【名称】栏中输入表达式名称“*alf*”，【公式】栏输入“90*t”，【单位】栏选择“°”，【量纲】栏选择“角度”，【类型】栏选择“数字”，单击 应用 按钮；

③ 在【名称】栏中输入表达式名称“*d*”，【公式】栏输入“m*z”，【单位】栏选择“mm”，【量纲】栏选择“长度”，【类型】栏选择“数字”，单击 应用 按钮；

④ 在【名称】栏中输入表达式名称“*da*”，【公式】栏输入“m*（z+2）”，【单位】栏选择“mm”，【量纲】栏选择“长度”，【类型】栏选择“数字”，单击 应用 按钮；

⑤ 在【名称】栏中输入表达式名称“*db*”，【公式】栏输入“m*z*cos（α）”，【单位】

栏选择“mm”，【量纲】栏选择“长度”，【类型】栏选择“数字”，单击 应用 按钮；

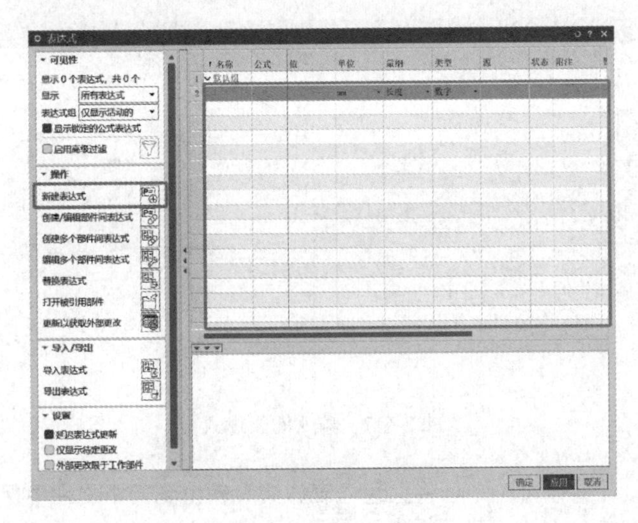

图 2-6-2 表达式对话框

⑥ 在【名称】栏中输入表达式名称“*df*”，【公式】栏输入“*m**（*z*−2.5）”，【单位】栏选择“mm”，【量纲】栏选择“长度”，【类型】栏选择“数字”，单击 应用 按钮；

⑦ 在【名称】栏中输入表达式名称“*m*”，【公式】栏输入“1.5”，【量纲】栏选择“无单位”，【类型】栏选择“数字”，单击 应用 按钮；

⑧ 在【名称】栏中输入表达式名称“*t*”，【公式】栏输入“0”，【量纲】栏选择“恒定”，【类型】栏选择“数字”，单击 应用 按钮；

⑨ 在【名称】栏中输入表达式名称“*xt*”，【公式】栏输入“*db**cos（*alf*）/2+*db***t**pi（）*sin（*alf*）/4”，【量纲】栏选择“恒定”，【类型】栏选择“数字”，单击 应用 按钮；

⑩ 在【名称】栏中输入表达式名称“*yt*”，【公式】栏输入“*db**sin（*alf*）/2−*db***t**pi（）*cos（*alf*）/4”，【量纲】栏选择“恒定”，【类型】栏选择“数字”，单击 应用 按钮；

⑪ 在【名称】栏中输入表达式名称“*z*”，【公式】栏输入“30”，【量纲】栏选择“无单位”，【类型】栏选择“数字”，单击 应用 按钮；

⑫ 在【名称】栏中输入表达式名称“*zt*”，【公式】栏输入“0”，【量纲】栏选择“恒定”，【类型】栏选择“数字”，单击 应用 按钮；

所有表达式输入完后，输入的表达式如图 2-6-3 所示。单击 < 确定 > 按钮，退出表达式对话框。

技巧：① 表达式是用于控制模型参数的数学或条件语句，它是 NX 参数化建模的重要工具，NX 提供了类 C 语言的表达式模式。录入数据后，如未及时单击 应用 按钮，数据不会被保存，切记！

② 齿轮的主要尺寸可利用齿轮的基本参数 *m*、*z*、*α* 来表达，所以要先定义基本参数 *m*、*z*、*α* 的表达式，再定义其他表达式。遵循先定义后引用的原则。

③ 在 NX 中，系统默认 *t* 为参数方程的参数，其值是从 0 变化到 1，是自动变化的，并用 *xt*、*yt*、*zt* 分别表示 *X*、*Y*、*Z* 3 个参数方程的函数名。

以上根据齿轮的计算公式分别定义了齿轮的模数 *m*、齿数 *z*、压力角 *α*、渐开线展开角 *alf*、分度圆 *d*、基圆 *db*、齿根圆 *df*、齿顶圆 *da* 和渐开线 *X*、*Y*、*Z* 3 个参数方程。

	1 名称	公式	值	单位	量纲	类型	源
1	默认组						
2				mm	长度	数字	
3	a	20	20	°	角度	数字	
4	alf	90*t	0	°	角度	数字	
5	d	m*z	45	mm	长度	数字	
6	da	m*(z+2)	48	mm	长度	数字	
7	db	m*z*cos(a)	42.28616…	mm	长度	数字	
8	df	m*(z-2.5)	41.25	mm	长度	数字	
9	m	1.5	1.5		无单位	数字	
10	t	0	0		恒定	数字	(规律曲…
11	xt	db*cos(alf)/2+db*t*pi()*sin(alf)/4	21.14308…		恒定	数字	(规律曲…
12	yt	db*sin(alf)/2-db*t*pi()*cos(alf)/4	0		恒定	数字	(规律曲…
13	z	30	30		无单位	数字	
14	zt	0	0		恒定	数字	(规律曲…

图 2-6-3 输入的表达式

为方便参数化设计其他齿轮，可将上述“表达式”输出到一个文件中保存起来，以供其他齿轮调用。方法是：单击表达式对话框中的 （导出表达式到文件）按钮，在打开的对话框中输入文件名，导出表达式文件如图 2-6-4 所示，如【齿轮表达式.exp】，可用记事本打开检查。在制作其他齿轮时，只要单击表达式对话框中的 （从文件导入表达式）按钮，便可将以前输入的齿轮表达式导入当前文件的表达式中，不需要再重复输入，避免烦琐和失误，然后只要修改基本参数 m、z、α 就可得到不同的渐开线。

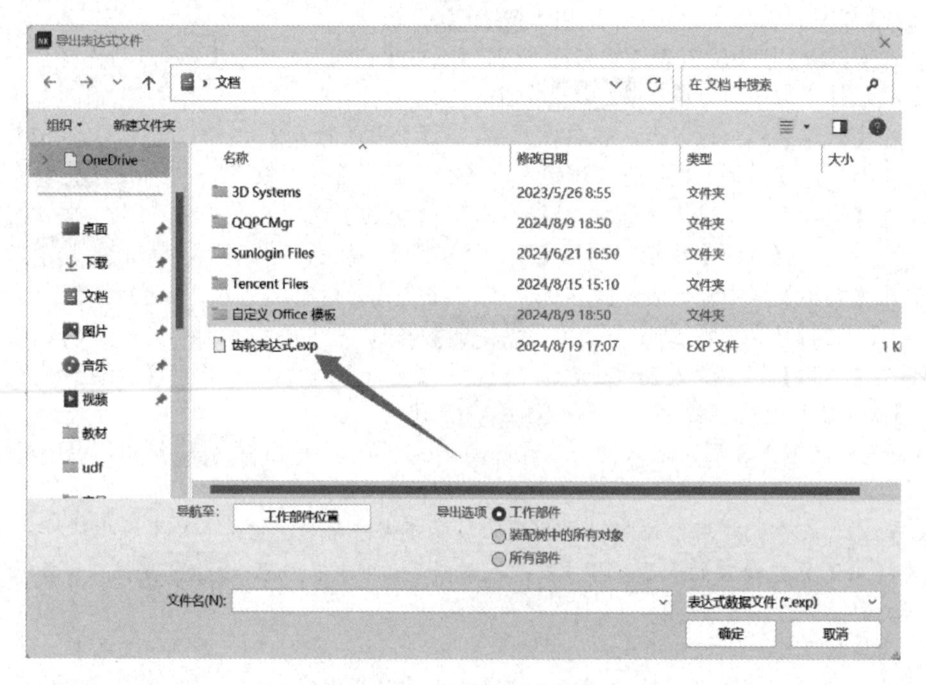

图 2-6-4 导出表达式文件

3. 绘制渐开线

设置 41 层为当前工作层（因为渐开线属于曲线，按图层约定放在 41 层）。

选择【菜单】(Menu) 中【插入】(Insert) |【曲线】(Curve) | 【规律曲线】(Law Curve)

命令，或单击菜单栏中【曲线】（Curve），在对应命令面板上，单击【更多】|【规律曲线】（Law Curve），系统弹出如图 2-6-5 所示的规律曲线对话框。在规律曲线对话框中，分别定义 *X* 规律类型为“根据方程”，参数为“*t*”，函数为“*xt*”；*Y* 规律类型为“根据方程”，参数为“*t*”，函数为“*yt*”；*Z* 规律类型为“根据方程”，参数为“*t*”，函数为“*zt*”，即根据表达式里定义的以 *t* 为参数的 *xt*、*yt*、*zt* 来定义 *X*、*Y*、*Z*，所以只要按默认的设置，然后< 确定 >坐标系，单击< 确定 >按钮便可。结果在 *XC-YC* 平面上生成一段渐开线，如图 2-6-6 所示。

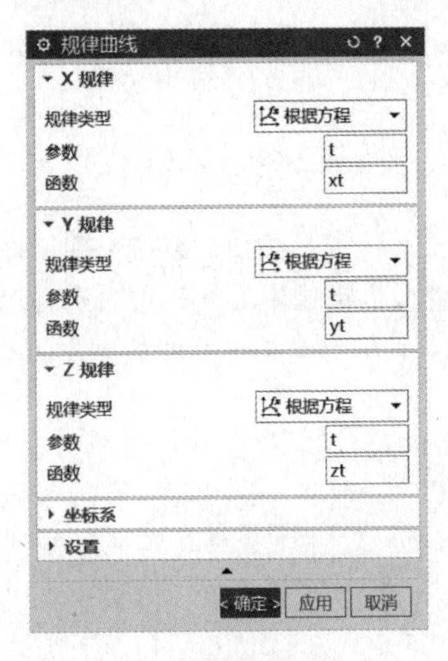

图 2-6-5 规律曲线对话框

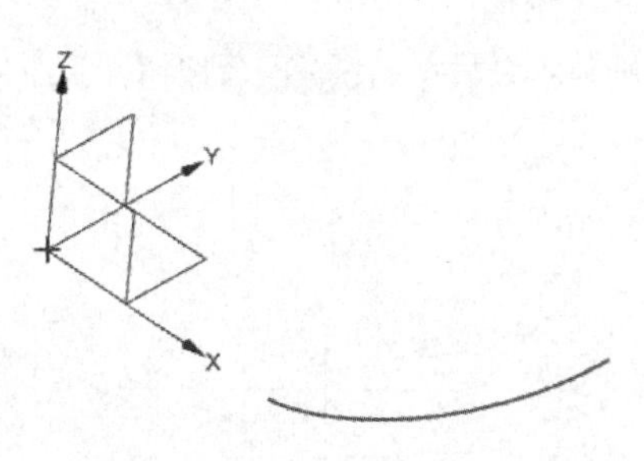

图 2-6-6 渐开线

技巧：定义规律曲线时，要对 *X*、*Y*、*Z* 分别进行定义。

注意：如果不确定坐标系，则使用当前的工作坐标系。

4．绘制齿廓曲线

设置 21 层为当前工作层。

① 投影渐开线。单击菜单栏中【主页】（Home），在对应命令面板上，单击草图（Sketch），或选择【菜单】（Menu）中【插入】（Insert）|【草图】（Sketch）命令，系统弹出创建草图对话框。在绘图区选择上一步绘制的曲线所在平面。单击对话框上的< 确定 >按钮，进入草图绘制界面。单击面板上的【更多】（More）|投影曲线（Project Curve），弹出如图 2-6-7 所示对话框，【要投影的对象】栏选择上一步绘制的曲线，完成曲线在草图上的投影。

② 继续在草图上绘制分度圆、基圆、齿根圆、齿顶圆。圆的直径值分别输入 *d*、*db*、*df*、*da*。

③ 继续在草图上绘制两条直线。如图 2-6-8 所示。第一条直线：以圆心点为起点，以分度圆和渐开线的交点为终点（此处对象捕捉时，记得打开交点捕捉）。第二条直线：以圆心点为起点，终点不限，其中第二条直线与第一条直线之间夹角为 90°/*z*。

④ 修剪渐开线和绘制过渡圆弧。在【主页】面板上选择（修剪）按钮，修剪掉超出齿顶圆的渐开线。

在【主页】面板上，选择圆弧按钮，在渐开线基圆与齿根圆上采用一小段圆弧过渡，与相邻的曲线相切。如图 2-6-9 所示。

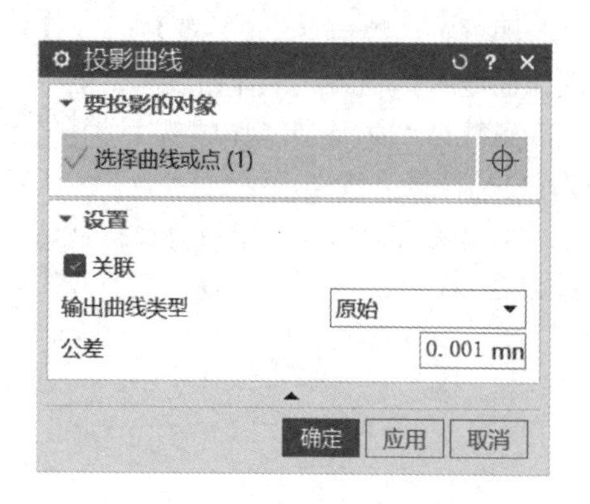

图 2-6-7　投影曲线对话框

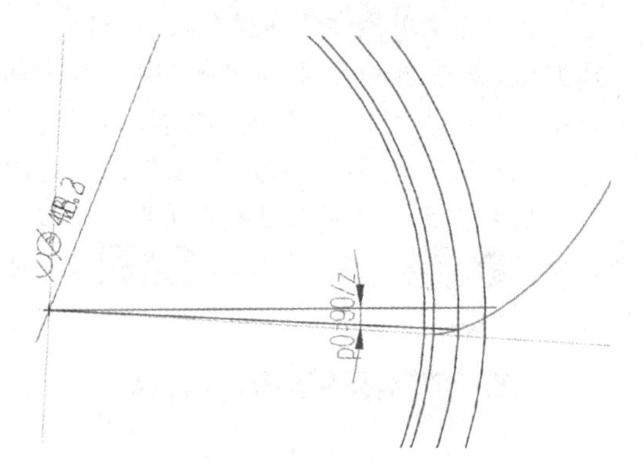

图 2-6-8　两条直线

⑤ 镜像渐开线和圆弧。在【主页】面板上，选择（镜像）按钮，系统出现镜像曲线对话框。在图形中选择图 2-6-8 所示两条直线中的第二条直线为镜像中心线，接着选择渐开线曲线和圆弧，最后单击< 确定 >按钮，完成镜像曲线操作，得到另一对称渐开线齿廓，如图 2-6-10 所示。

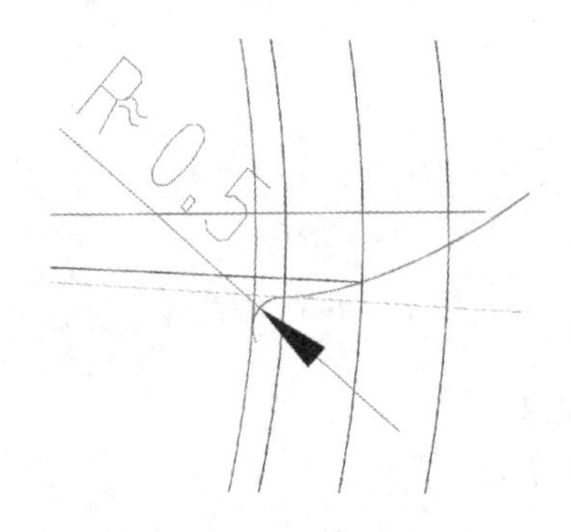

图 2-6-9　过渡圆弧

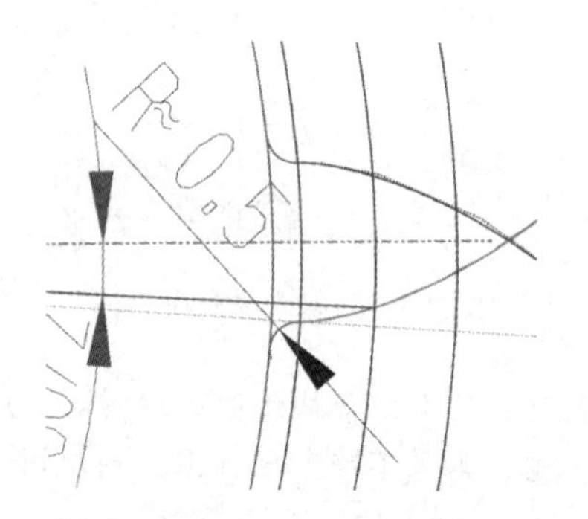

图 2-6-10　镜像渐开线和圆弧

⑥ 修剪草图，得到完整的齿廓曲线。

单击界面左上角【完成草图】按钮图标，退出草图绘制界面，系统回到建模界面。齿廓截面如图 2-6-11 所示。

5. 创建一个齿廓实体

设置 1 层为当前工作层。单击菜单栏中【主页】(Home)，在对应命令面板上，单击【拉伸】(Extrude) 命令，或选择【菜单】(Menu) 中【插入】(Insert) |【设计特征】(Design Feature) |【拉伸】(Extrude) 命令，系统弹出“拉伸”对话框。单击【截面】栏，选择图 2-6-11 中的齿廓曲线；在【方向】栏中，选择正 *Z* 轴方向；在【限制】栏中选择起始、结束模式和距离，起始、结束模式均选择【值】，起始距离输入 0mm，结束距离输入 5mm；【布尔】=无；其他选项不修改，单击< 确定 >按钮，齿廓实体结果如图 2-6-12 所示。

6. 创建中间圆柱体

单击菜单栏中【主页】(Home)，在对应命令面板上，单击【更多】(More) |【设计特征】(Design Feature) |【圆柱体】(Cylinder)，或选择【菜单】(Menu) 中【插入】

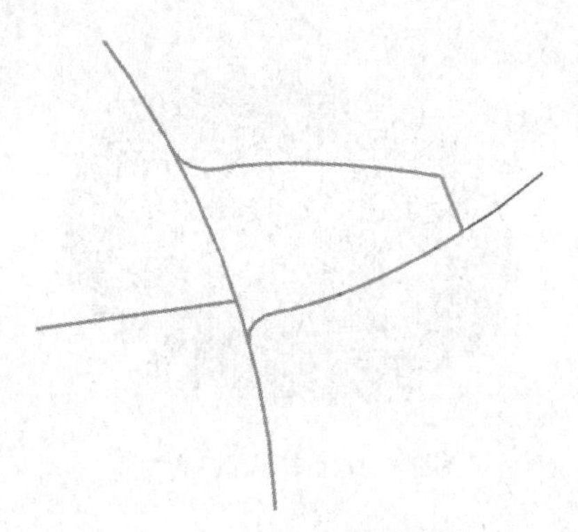

图 2-6-11　齿廓截面草图

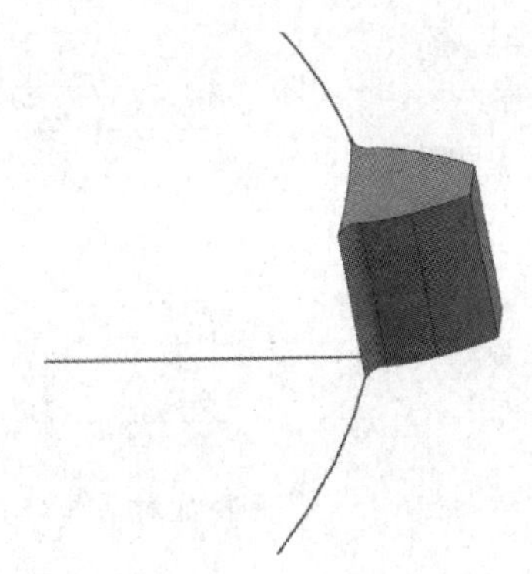

图 2-6-12　齿廓实体

（Insert）|【设计特征】（Design Feature）|【圆柱体】（Cylinder）命令，系统弹出圆柱对话框。选择根据【圆弧和高度】的创建方法，【圆弧】选择齿根圆，【维度】|【高度】输入 5mm，【布尔】方式（Boolean）选择【无】，参数设置如图 2-6-13 所示，单击< 确定 >按钮，关闭 21 层，中间圆柱实体结果如图 2-6-14 所示。

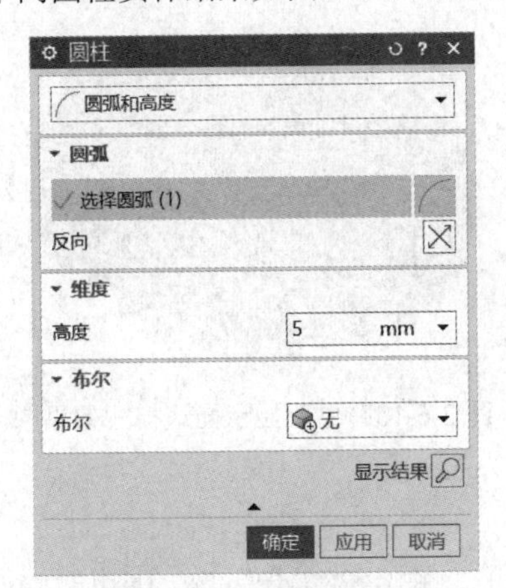

图 2-6-13　圆柱对话框

图 2-6-14　中间圆柱实体

7. 阵列轮齿

单击菜单栏中【主页】(Home)，在对应命令面板上，单击【阵列特征】(Pattern Design)，或选择【菜单】（Menu）中【插入】（Insert）|【关联复制】（Associative Copy）|【阵列特征】（Pattern Design）命令，系统弹出阵列特征对话框。选择刚创建的轮齿特征，【阵列定义】|【布局】= 圆形；【旋转轴】指定矢量选圆柱面，【指定点】选择圆柱体的圆心；【数量】= z、【跨角】= 360/z°，如图 2-6-15 所示。单击< 确定 >，完成圆形阵列，轮齿阵列结果如图 2-6-16 所示。

8. 合并

单击菜单栏中【主页】（Home），在对应命令面板上，单击【合并】（Unite）命令，或选择【菜单】（Menu）中【插入】（Insert）|【组合】（Combine）|【合并】（Unite）命令，系统弹出合并对话框。【目标】栏选择中间的圆柱体，【工具】栏框选所有的齿，【设置】栏所有选择均不选，单击< 确定 >按钮，结果如图 2-6-17 所示。

▾ 阵列定义
布局 圆形
▸ 边界定义
▸ 旋转轴
▾ 斜角方向
间距 数量和跨度
数量 z
跨角 360/z °

图 2-6-15 阵列特征对话框

图 2-6-16 轮齿阵列结果

9. 更改显示面边模式

单击菜单栏中【显示】(Display)，在对应命令面板上，单击【面边】(Face Edges)命令，或选择【菜单】(Menu)中【视图】(View)|【显示】(Display)|【面边】(Face Edges)命令。齿轮实体的面边即消失。结果如图 2-6-18 所示。

图 2-6-17 合并效果图

图 2-6-18 更改显示面边模式效果图

10. 隐藏草图及辅助基准

单击菜单栏中【视图】(View)，在对应命令面板上，单击图层设置，弹出图层设置对话框，在【图层】栏，去掉 21、41 层前面的钩，然后关闭对话框。旋转视图，即可发现草图、曲线均被隐藏。

11. 保存文件

单击软件界面左上角的【保存】(Save)按钮，保存文件。

技巧：① 齿轮类标准件的画法——【齿轮工具箱】。NX 2312 中文版，齿轮还有一种更方便的画法。单击菜单【GC 工具箱】，在弹出的命令面板上，选择【圆柱齿轮】命令。弹出如图 2-6-19 所示的圆柱齿轮对话框。在第一栏选择外正齿轮，在【尺寸】栏（图 2-6-20）输入齿轮规格，然后单击 < 确定 > 按钮，即可生成齿轮。英文版没有 GC 工具箱。

② 除齿轮类标准件外，NX 2312 还提供了很多的重用库素材（包含 2D 和 3D）。可以直接拖入绘图区，如图 2-6-21 所示。拖进的零件和正在新建的文件平级，可以在装配导航器中查看，如图 2-6-22 所示。

③ 通过重用特征进行添加。该方法和②不同，该方法与正在绘制的文件合并为一个零件。调用用户定义特征库：单击菜单栏中【主页】(Home)，在对应命令面板上，单击【更多】(More)|【特征工具】(Feature Tools)|【用户定义】(User Defined)，或选择【菜单】(Menu)

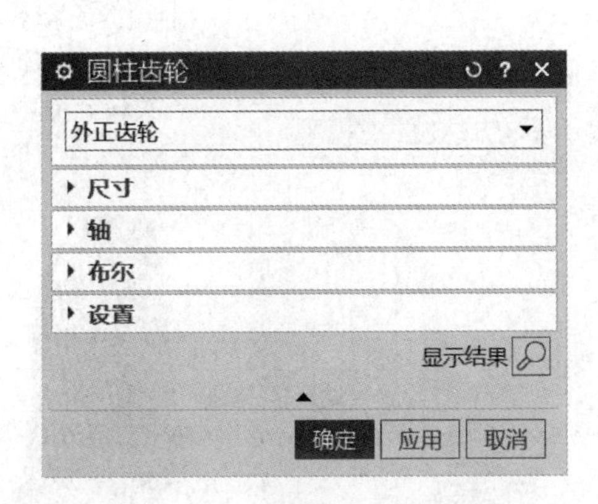

图 2-6-19　圆柱齿轮对话框

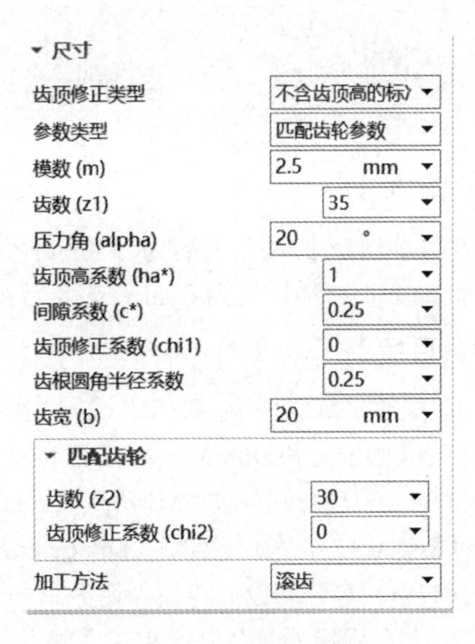

图 2-6-20　齿轮尺寸栏

图 2-6-21　重用库

图 2-6-22　装配导航器

中【插入】(Insert)|【设计特征】(Design Feature)|【用户定义】(User Define Feature)命令，系统弹出如图 2-6-23 所示的用户定义特征库浏览器对话框。新建用户定义特征库：【菜单】(Menu)|【工具】(Tools)|【部件和特征】(Parts and Features)|【用户定义特征】(User Defined Feature)|【向导】(Wizard)命令，系统弹出如图 2-6-24 所示的用户定义特征向导对话框。

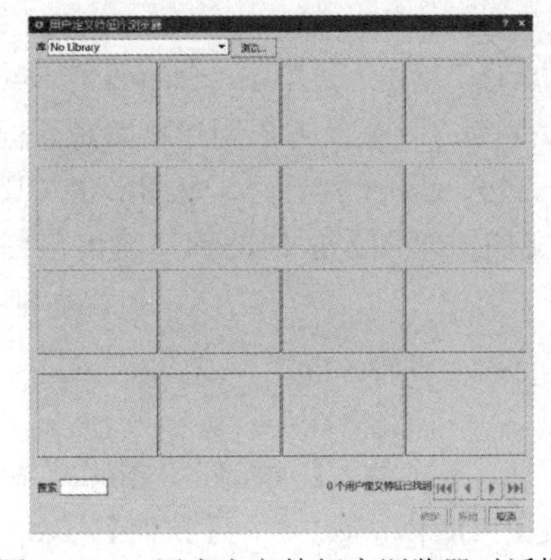

图 2-6-23　用户定义特征库浏览器对话框

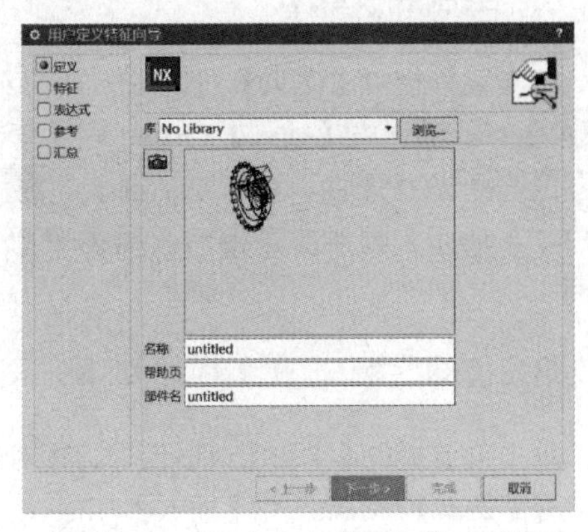

图 2-6-24　用户定义特征向导对话框

实例七　立式文件夹设计

实例七　立式文件夹设计资源

【学习任务】

立式文件夹长×宽×高为 250mm×62mm×270mm，颜色为深冰色（Deep Ice），材料厚度为2mm，请设计如图 2-7-1 所示立式文件夹模型。

【学习目标】

① 能够熟练掌握修剪体（Trim Body）、阵列特征（Pattern Feature）、在面上偏置（Offset in Face）、镜像几何体（Mirror Geometry）、替换（Replace）、分割面（Divide Face）、A 文本（Text）等各类设计特征和命令。

② 学会用相关命令设计立式文件夹。

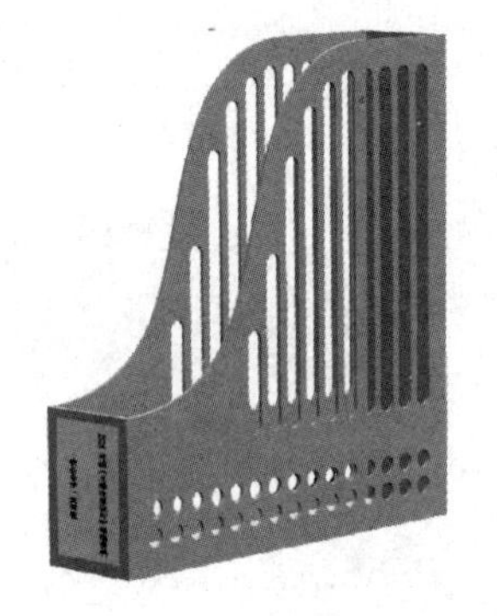
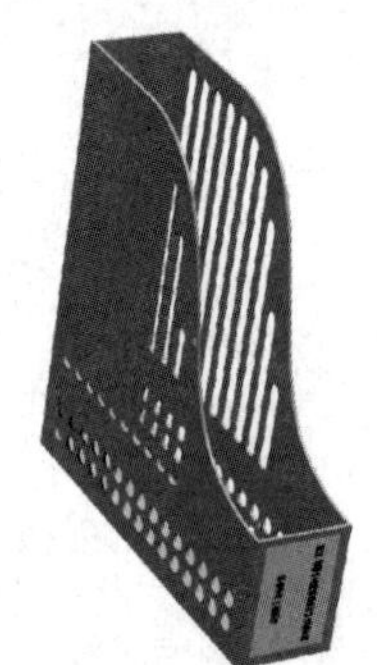

图 2-7-1　立式文件夹模型及不同角度效果图

【课程思政】

立式文件夹的应用场景主要是办公室环境，它能够有效地组织和管理文件，减少寻找文件的时间，提高工作效率。通过增加杯托和留言板等设计，使其不仅是一个文件管理工具，还成了办公室中的一个小型工作站，能够满足员工在工作中的多种需求，从而提高工作效率、保障数据安全、便于信息共享、改善决策过程、节约成本、提升团队协作水平。提高工作效率是尤为重要的一点，各位读者平时也要养成随时整理、归档各类文件资料的习惯。

【操作步骤】

1. 新建文件

选择菜单栏中的【文件】(File) |【新建】(New) 命令，或同时按住 Ctrl+N（创建一个新的文件），系统出现新建对话框，在【名称】栏中输入“立式文件夹”，在【单位】下拉框中选择“毫米”，单击< 确定 >按钮。创建一个文件名为“立式文件夹.prt”、单位为毫米的文件，并自动（默认）启动【建模】应用程序。

2. 绘制底板草图

单击菜单栏中【主页】(Home)，在对应命令面板上，单击草图（Sketch），或选择【菜单】(Menu) 中【插入】(Insert) |【草图】(Sketch) 命令，系统弹出创建草图对话框，在绘图区选择 *XOY* 平面，单击对话框上的< 确定 >按钮，进入草图绘制界面。草图形状及尺寸如图 2-7-2 所示。绘制完草图后，单击平面左上角【完成草图】按钮图标，退出草图绘制界面。

3. 拉伸底板

单击菜单栏中【主页】(Home)，在对应命令面板上，单击【拉伸】(Extrude) 命令，或选择【菜单】(Menu) 中【插入】(Insert) |【设计特征】(Design Feature) |【拉伸】(Extrude)

命令，系统弹出如图 2-7-3 所示的拉伸对话框。单击【截面】栏，选择如图 2-7-2 所示轮廓曲线；在【方向】栏中，选择 ZC（$-Z$ 方向），或单击 ⊠（默认方向的相反方向）；在【限制】栏中选择起始、结束模式和距离，起始、结束模式均选择【值】，起始距离输入 0mm，结束距离输入 2mm；其他选项不修改，单击 <确定> 按钮，结果如图 2-7-4 所示。

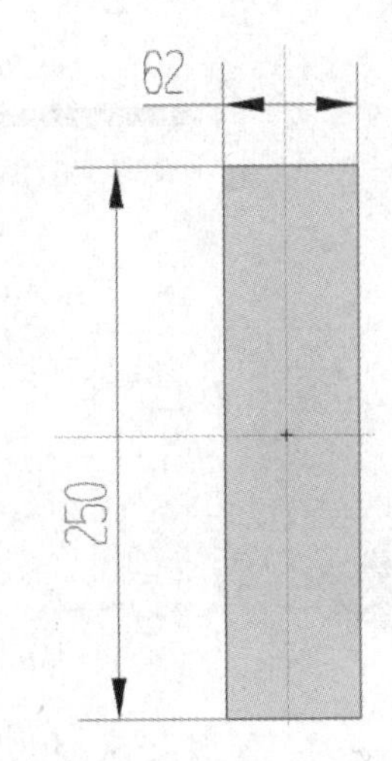

图 2-7-2　立式文件夹底板草图

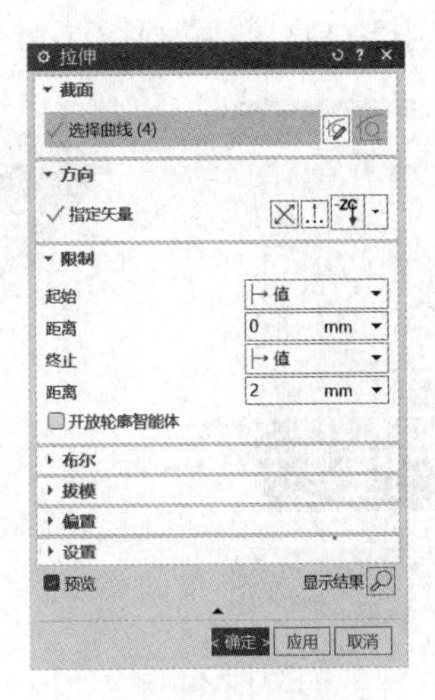

图 2-7-3　拉伸对话框

4. 编辑底板颜色

单击菜单栏中【显示】(Display)，在对应命令面板上，单击【编辑对象显示】(Edit Object Display) 命令，或选择【菜单】(Menu) 中【编辑】(Edit) |【对象显示】(Object Display) 命令，系统弹出类选择对话框，如图 2-7-5 所示。选择底板，然后单击 <确定> 按钮，弹出如图 2-7-6 所示的编辑对象显示对话框。在颜色栏单击颜色，进入如图 2-7-7 所示的对象颜色对话框，选择 Deep ice（或者查找栏，Deep ice），依次单击两次 <确定> 按钮，完成实体颜色的更改。

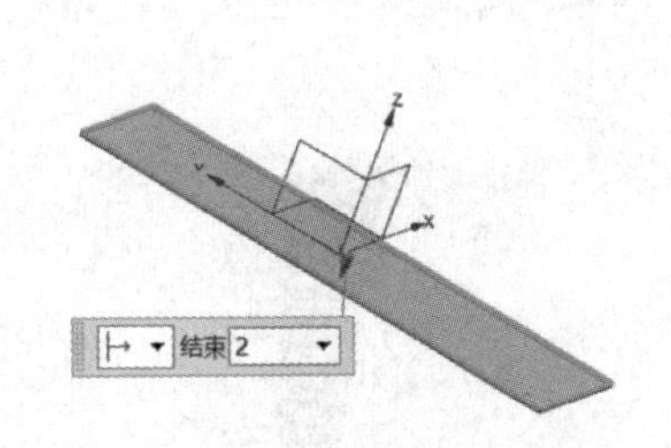

图 2-7-4　底板拉伸效果图

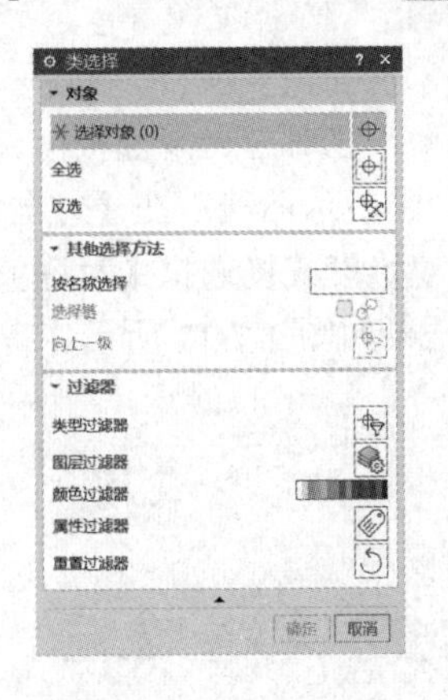

图 2-7-5　类选择对话框

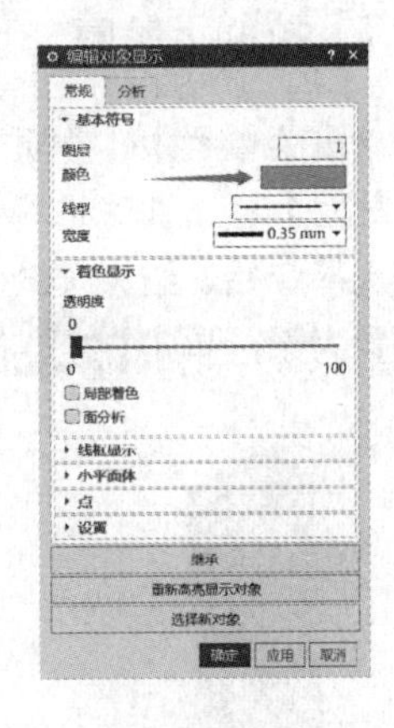

图 2-7-6　编辑对象显示对话框

5. 拉伸侧板

单击菜单栏中【主页】(Home)，在对应命令面板上，单击拉伸命令，在拉伸对话框中单击【截面】栏，选择栏中选项为 单条曲线 ，曲线选择如图 2-7-8 所示的单条曲线；在【方向】栏中，选择 ZC↑（+Z 方向），或默认方向；在【限制】栏中选择起始、结束模式和距离，起始、结束模式均选择【值】，起始距离输入 0mm，结束距离输入 268mm；【布尔】= 无，【偏置】= 两侧，【开始】= 0mm，【结束】= 2mm；其他选项不修改，如图 2-7-9 所示，单击< 确定 >按钮，结果如图 2-7-10 所示。

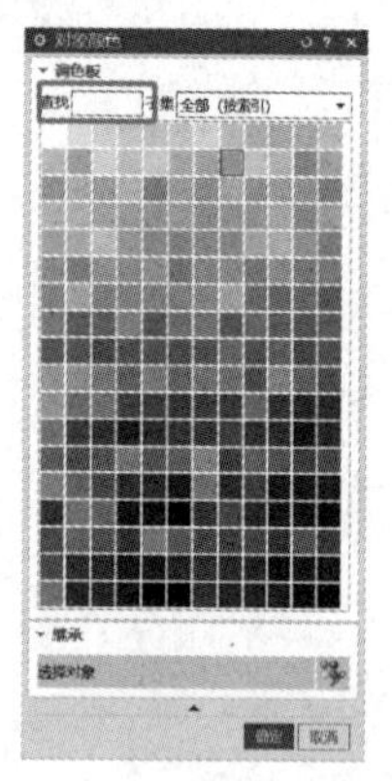
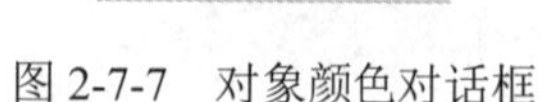

图 2-7-7　对象颜色对话框

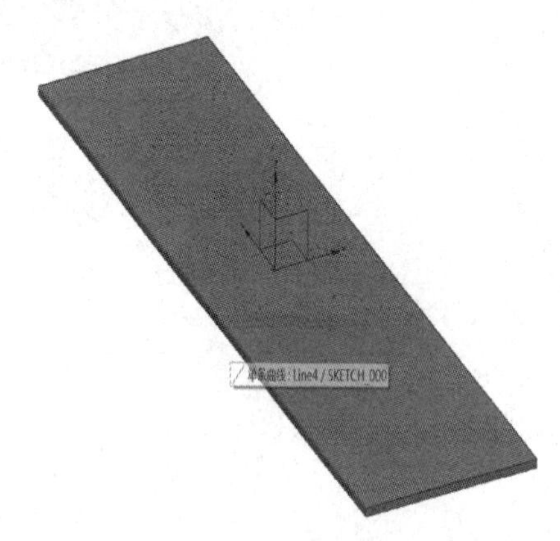

图 2-7-8　单条曲线

图 2-7-9　拉伸对话框

6. 绘制侧板上轮廓草图

单击菜单栏中【主页】(Home)，在对应命令面板上，单击 草图（Sketch），或选择【菜单】(Menu) 中【插入】(Insert) |【草图】(Sketch) 命令，系统弹出创建草图对话框，在绘图区选择侧板外表面，单击对话框上的< 确定 >按钮，进入草图绘制界面。草图形状及尺寸如图 2-7-11 所示（艺术样条曲线绘制），其中尺寸 83mm，不含底板厚度。绘制完草图后，单击界面左上角 【完成草图】按钮图标，退出草图绘制界面。

7. 拉伸上轮廓

单击菜单栏中【主页】(Home)，在对应命令面板上，单击拉伸命令，在拉伸对话框中单击【截面】栏，曲线选择如图 2-7-11 所示曲线；在【方向】栏中，选择默认方向；在【限制】栏中选择起始、结束模式和距离，起始模式栏选择【对称值】，【距离】输入 268mm；其他选项设置为无，单击< 确定 >按钮，结果如图 2-7-12 所示。

图 2-7-10　侧板拉伸效果图

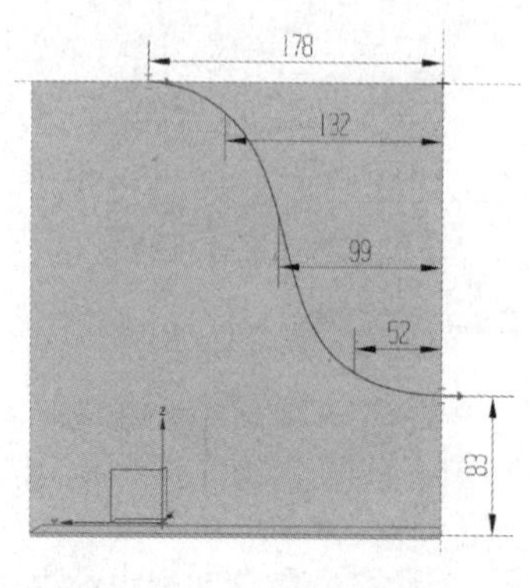

图 2-7-11　侧板上轮廓草图

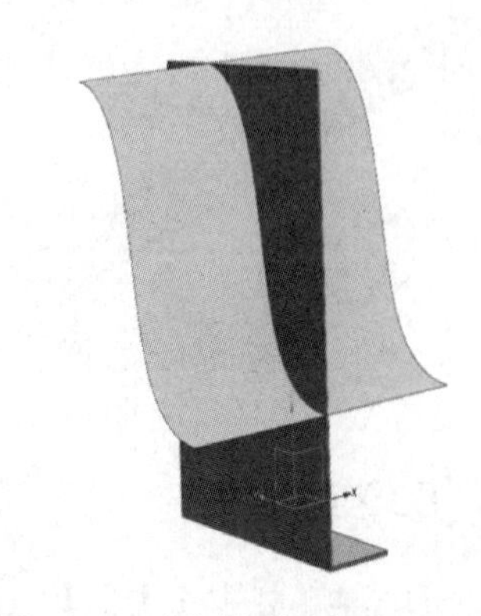

图 2-7-12　侧板上轮廓拉伸片体效果

8. 修剪侧板轮廓

单击菜单栏中【主页】(Home)，在对应命令面板上，单击【修剪体】(Trim Boby)命令，或选择【菜单】(Menu) 中【插入】(Insert) |【修剪】(Trim) |【修剪体】(Trim Boby)命令，系统弹出如图 2-7-13 所示的修剪体对话框。【目标】选择侧板；在【工具】|【选择面或平面】栏选择上一步拉伸的片体，注意修剪的方向，方向指向少部分侧板（如图 2-7-14 所示），如方向不对，可单击（反方向）；其他选项不修改，单击< 确定 >按钮，结果如图 2-7-15 所示。

图 2-7-13　修剪体对话框

图 2-7-14　修剪方向

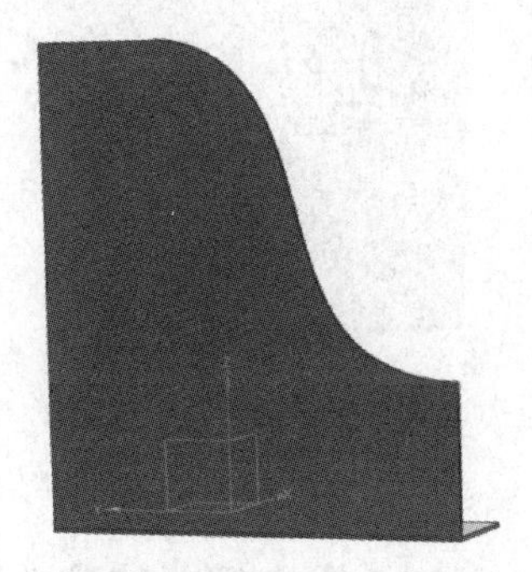

图 2-7-15　修剪后效果图

9. 拉伸侧板底孔

单击菜单栏中【主页】(Home)，在对应命令面板上，单击拉伸命令，在拉伸对话框中单击【截面】栏，单击绘制曲线，进入绘制草图界面，底孔草图尺寸选择如图 2-7-16 所示。绘制完草图，单击界面左上角【完成草图】按钮图标，退出草图绘制界面。在【方向】栏中，选择默认方向；在【限制】栏中选择起始、结束模式和距离，起始模式栏选择【对称值】，距离输入 268mm；【布尔】= 减去，【选择体】选择侧板；其他选项设置为无，单击< 确定 >按钮，结果如图 2-7-17 所示。

10. 阵列侧板底孔

单击菜单栏中【主页】(Home)，在对应命令面板上，单击【阵列特征】(Pattern Design)，或选择【菜单】(Menu) 中【插入】(Insert) |【关联复制】(Associative Copy) | 【阵列特征】(Pattern Design) 命令，系统弹出阵列特征对话框，如图 2-7-18 所示。【要形成阵列的特

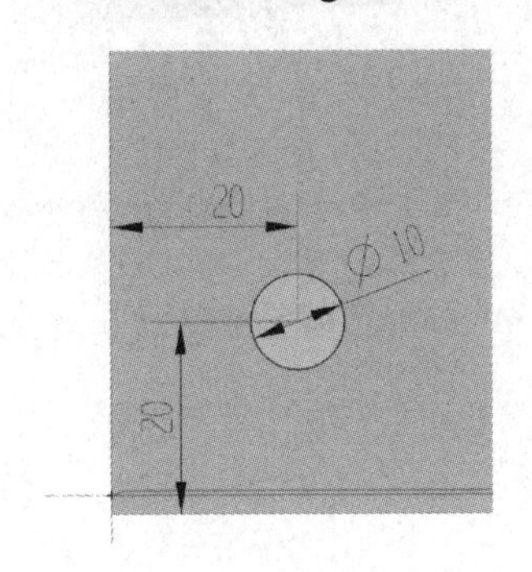

图 2-7-16　底孔草图尺寸

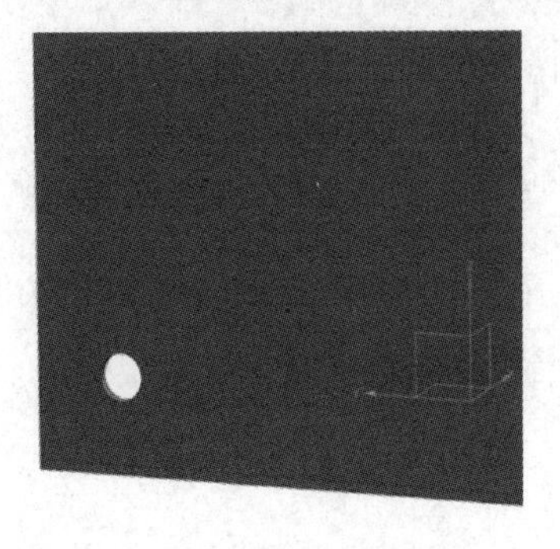

图 2-7-17　侧板底孔效果

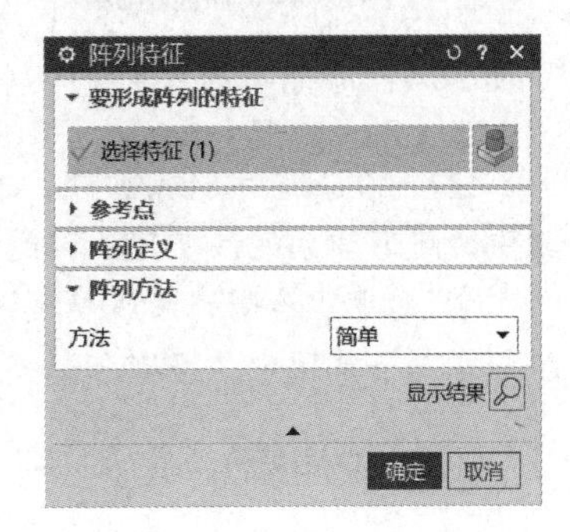

图 2-7-18　阵列特征对话框

征】= 刚创建的底孔，【阵列定义】|【布局】= 线性；方向 1 选择底部边，方向 2 选择侧边（如图 2-7-19 所示）；方向 1 参数设置，如图 2-7-20 所示，【间距】= 数量和间隔、【数量】= 15、【间隔】= 15mm；方向 2 参数设置，如图 2-7-21 所示，【间距】= 数量和间隔、【数量】= 2、【间隔】= 15mm；【阵列方法】|【方法】=简单；单击< 确定 >。完成线性阵列。底孔阵列效果如图 2-7-22 所示。

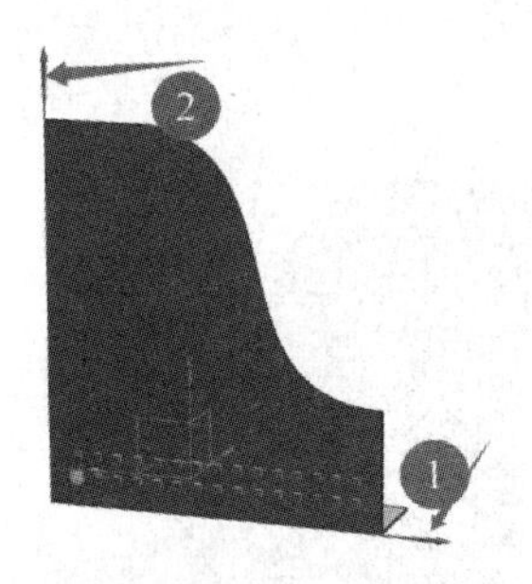

图 2-7-19　方向 1、2

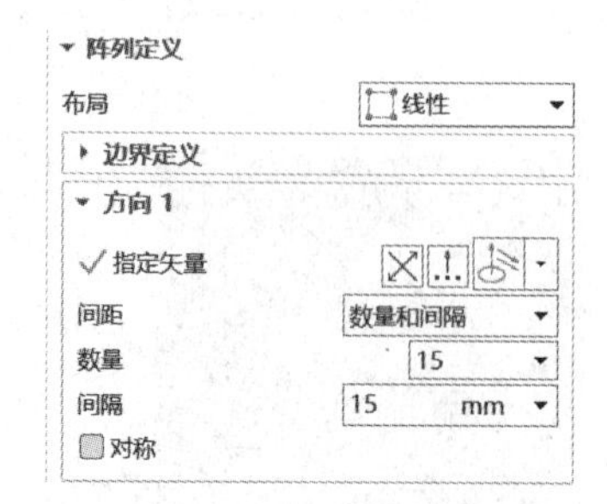

图 2-7-20　方向 1 参数设置

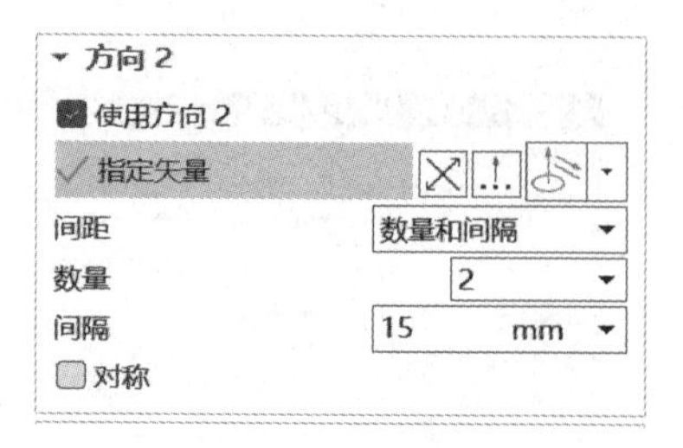

图 2-7-21　方向 2 参数设置

11. 面上偏置艺术样条曲线

选择【菜单】(Menu）中【插入】(Insert）|【派生曲线】(Curve）| 在面上偏置（Offset in Face）命令，或单击菜单栏中【曲线】(Curve)，在对应命令面板上，单击 在面上偏置（Offset in Face），系统弹出在面上偏置曲线对话框，如图 2-7-23 所示。【类型】= 恒定；【曲线】= 侧板上边缘，如图 2-7-24 所示，【截面线 1：偏置 1】= 15mm，方向指向侧板内侧偏置；【面或平面】= 侧板外表面；【设置】|【连接曲线】=三次/常规/五次（均可，不能选“无”）。效果如图 2-7-25 所示。

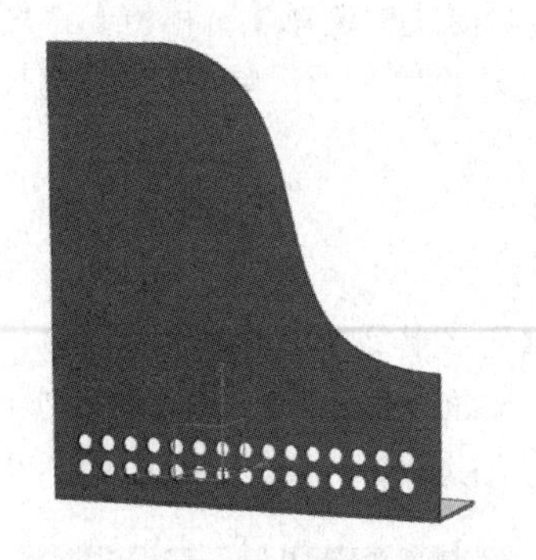

图 2-7-22　底孔阵列效果图

图 2-7-23　在面上偏置曲线对话框

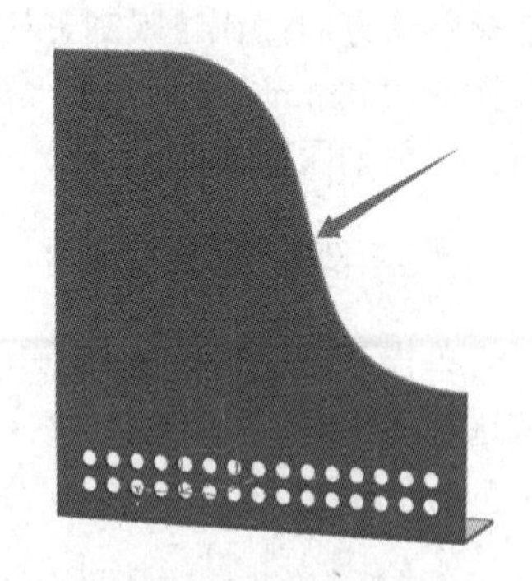

图 2-7-24　偏置曲线

技巧：① 艺术样条曲线，在本案例中一定要用【在面上偏置曲线】命令，否则在后续步骤中的随形阵列无法实现。因随形阵列中的约束曲线只能是一条线（单条曲线）。

② 本步骤绘制的曲线或草图不应与需拉伸的草图在同一个草图中绘制，即下一步的槽草图不应在一个草图中，否则会影响随形阵列效果。

12. 拉伸槽

单击菜单栏中【主页】(Home)，在对应命令面板上，单击拉伸命令，在拉伸对话框中单击【截面】栏，单击绘制曲线，进入绘制草图界面，底孔草图尺寸选择如图 2-7-26 和图 2-7-27 所示（注意：槽的上方与曲线相切，否则后续无法随形阵列）。绘制完草图，单击界面左上角【完成草图】按钮图标，退出草图绘制界面。在【方向】栏中，选择默认方向；在【限制】栏中选择起始、结束模式和距离，起始模式栏选择【对称值】，【距离】= 268mm；【布尔】= 减去，【选择体】选择侧板；其他选项设置为无，单击< 确定 >按钮，结果如图 2-7-28 所示。

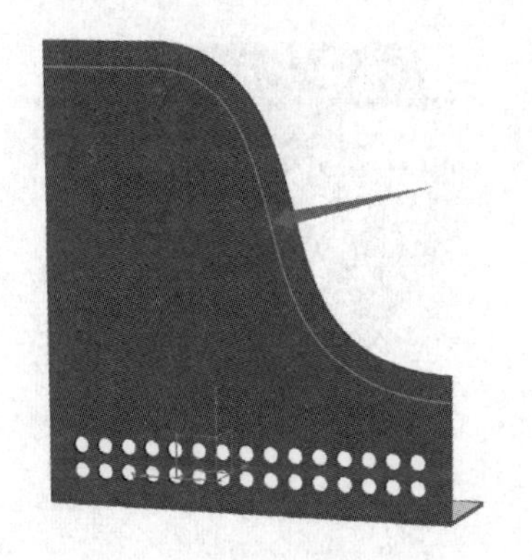
图 2-7-25　底孔阵列效果图

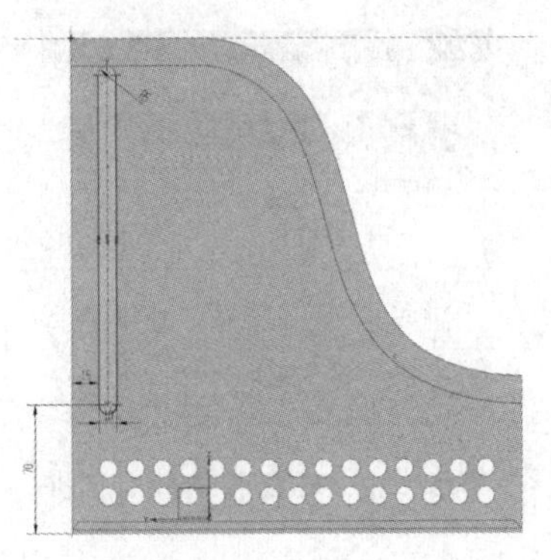
图 2-7-26　槽草图

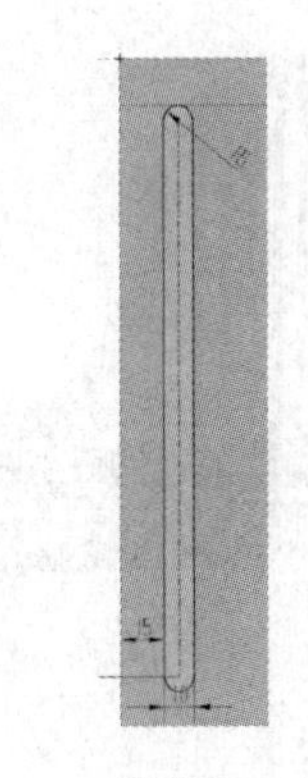
图 2-7-27　槽草图局部放大图

13. 阵列（随形）槽

单击菜单栏中【主页】(Home)，在对应命令面板上，单击【阵列特征】(Pattern Design)，或选择【菜单】(Menu) 中【插入】(Insert) |【关联复制】(Associative Copy) |【阵列特征】(Pattern Design) 命令，系统弹出阵列特征对话框。【要形成阵列的特征】= 刚创建的槽，【阵列定义】|【布局】= 线性；方向 1 选择底部边（如图 2-7-29 所示），【间距】= 数量和间隔、【数量】= 12、【间隔】= 15mm；【阵列方法】|【方法】= 变化，如图 2-7-30 所示（勾选列表框中的草图）。单击< 确定 >，完成线性阵列。槽随形阵列效果如图 2-7-31 所示。

图 2-7-28　槽效果图

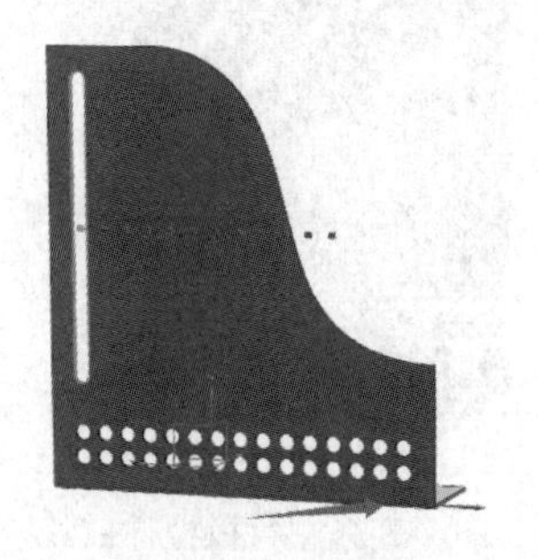
图 2-7-29　方向 1

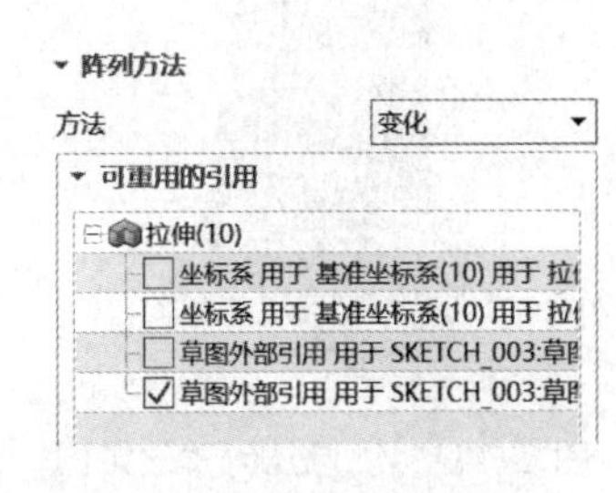

图 2-7-30　阵列方法

技巧：① 阵列方法【变化】中的草图选择。鼠标移至列表框中的草图上，如果偏置的曲线高亮度显示，表明草图选择正确。或者说约束草图高亮度显示表明草图选择正确。

② 槽的草图最好在【拉伸】命令中同步绘制。如果不是，在随形阵列时，需同时选中草图进行阵列。切记！

14. 镜像几何体

单击菜单栏中【主页】(Home)，在对应命令面板上，单击【更多】(More) |【复制】

(Copy)|镜像几何体(Mirror Geometry),或选择【菜单】(Menu)中【插入】(Insert)|【关联复制】(Associative Copy)|镜像几何体(Mirror Geometry)命令,系统弹出如图 2-7-32 所示的镜像几何体对话框。在【要镜像的几何体】栏选择侧板(此时侧板上所有的对象都会被一次性选中);【镜像平面】选择自动判断或二等分,此时选择底板的两侧面即可(如图 2-7-33 所示);单击< 确定 >按钮,完成另一块侧板的创建,效果如图 2-7-34 所示。

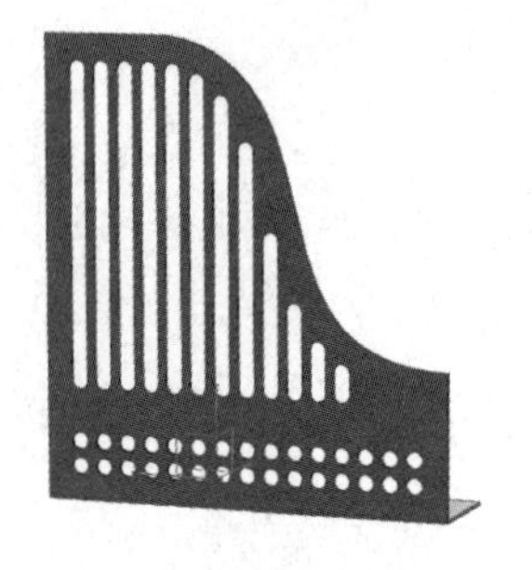

图 2-7-31 槽随形阵列效果图

图 2-7-32 镜像几何体对话框

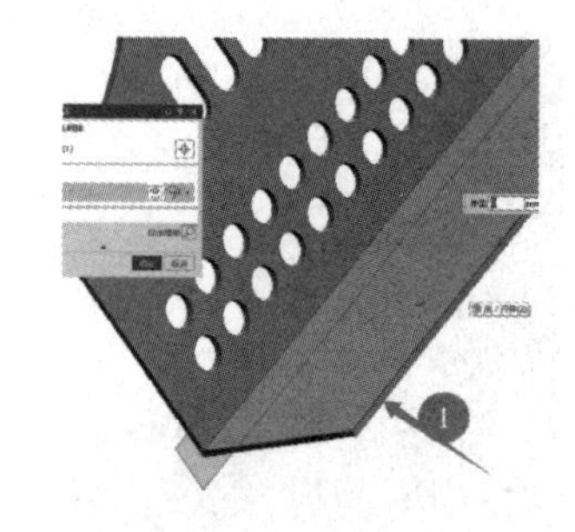

图 2-7-33 镜像平面

15. 拉伸背板

单击菜单栏中【主页】(Home),在对应命令面板上,单击拉伸命令,在拉伸对话框中单击【截面】栏,选择栏中选项为 单条曲线 和在相交处停止图标,曲线选择如图 2-7-35 所示的单条曲线;【方向】选择 ZC(+Z 方向)或默认方向;在【限制】栏中选择起始、结束模式和距离,起始、结束模式均选择【值】,起始距离输入 0mm,结束距离输入 268mm;【布尔】= 无,【偏置】|【两侧】|【开始】= 0 mm,【结束】= −2mm;其他选项不修改,单击< 确定 >按钮,结果如图 2-7-36 所示。

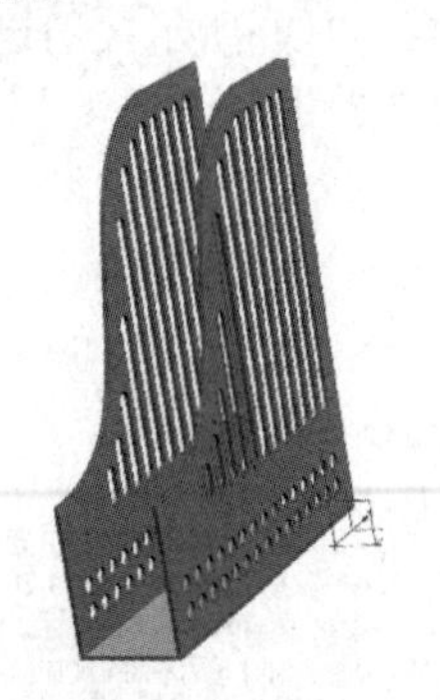

图 2-7-34 镜像几何体效果图

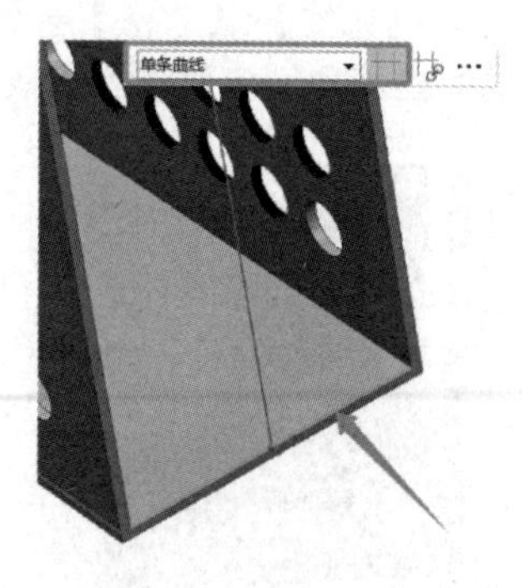

图 2-7-35 背板拉伸曲线

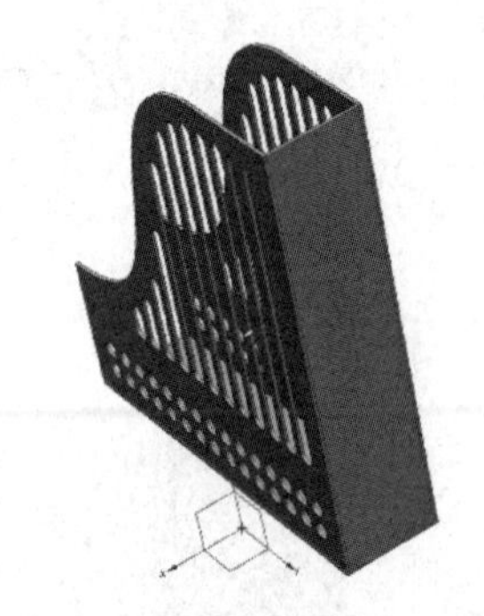

图 2-7-36 拉伸背板效果图

16. 拉伸面板

单击菜单栏中【主页】(Home),在对应命令面板上,单击拉伸命令,在拉伸对话框中单击【截面】栏,选择栏中选项为 单条曲线 和(在相交处停止)图标,曲线选择如图 2-7-37 所示的单条曲线;【方向】选择 ZC(+Z 方向)或默认方向;在【限制】栏中选择起始、结束模式和距离,起始、结束模式均选择【值】,起始距离输入 0mm,结束距离输入 83mm;【布尔】= 无,【偏置】|【两侧】|【开始】= 0mm,【结束】= −2mm;其他选项不修改,单击< 确定 >按钮,结果如图 2-7-38 所示。

17. 替换面

单击菜单栏中【主页】(Home)，在对应命令面板上，单击【替换】(Replace)，或选择【菜单】(Menu) 中【插入】(Insert) |【同步建模】(Synchronous Modeling) | 【替换面】(Replace Face) 命令，系统弹出替换面对话框，如图 2-7-39 所示。在【原始面】、【替换面】分别选择如图 2-7-40 中箭头所指的①和②，偏置为 0mm。单击< 确定 >按钮，结果如图 2-7-41 所示。

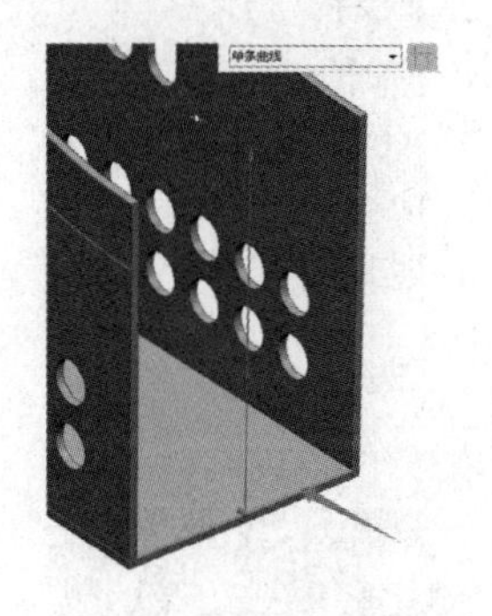

图 2-7-37　面板拉伸曲线

图 2-7-38　拉伸面板效果图

图 2-7-39　替换面对话框

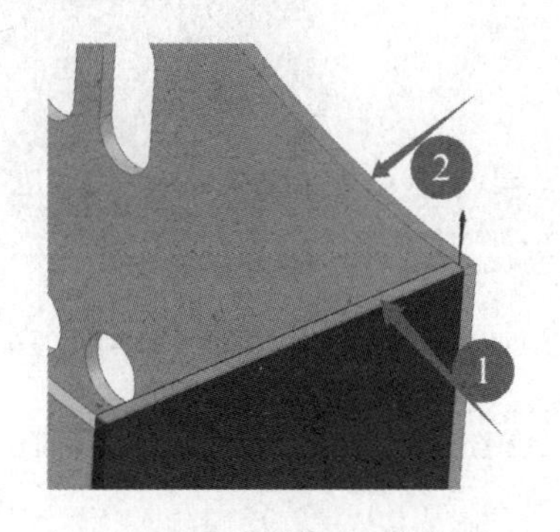

图 2-7-40　原始面和替换面

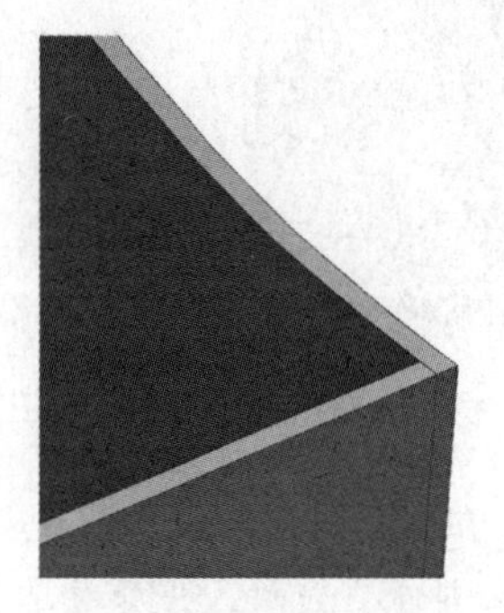

图 2-7-41　替换面效果图

18. 面上偏置轮廓

选择【菜单】(Menu) 中【插入】(Insert) |【派生曲线】(Curve) | 在面上偏置 (Offset in Face) 命令，或单击菜单栏中【曲线】(Curve)，在对应命令面板上，单击 在面上偏置 (Offset in Face)，系统弹出在面上偏置曲线对话框。【类型】= 恒定；【曲线】= 面板的轮廓边，如图 2-7-42 所示，【截面线 1：偏置 1】= 5mm (如图 2-7-43 所示)，方向指向面板内侧偏置；【面或平面】=侧板外表面 (如图 2-7-44 所示)。效果如图 2-7-45 所示。

19. 分割面

单击菜单栏中【曲面】(Surface)，在对应命令面板上，单击【更多】|【分割面】(Divide Face)，或单击【菜单】中的【插入】(Insert) |【修剪】(Trim) |【分割面】(Divide Face) 命令，弹出如图 2-7-46 所示的分割面对话框，【要分割的面】选择面板或如图 2-7-44 所示的面，【分割对象】选择如图 2-7-45 中所示曲线。【投影方向】选择默认，或者指向实体内部，单击

< 确定 >按钮，效果如图 2-7-47 所示。如分割面不显示在外部，可以双击软件界面左侧中部【部件导航器】中的【分割面】，修改【曲线】中的反向按钮即可。

图 2-7-42　偏置轮廓边

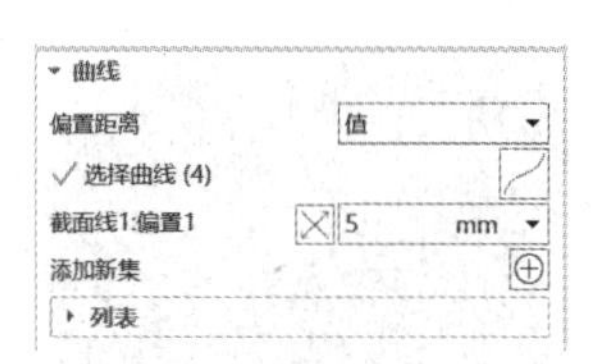

图 2-7-43　偏置曲线设置

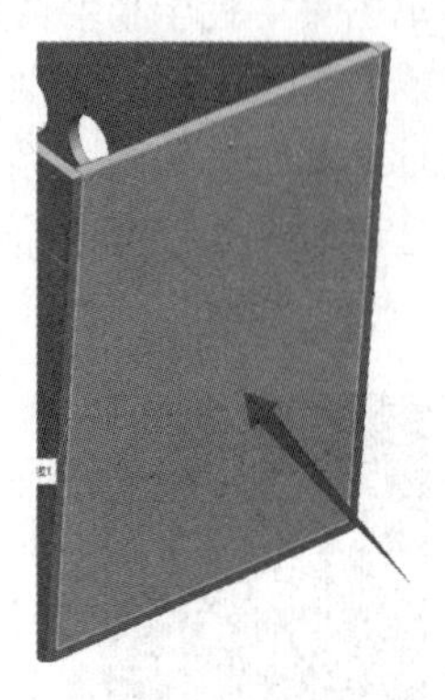

图 2-7-44　选择的面

图 2-7-45　偏置轮廓边

图 2-7-46　分割面对话框

图 2-7-47　分割面效果图

技巧：在分割完面后，基本上是看不出分割的效果。检验方法：可以重新调用分割面命令，将鼠标移至刚分割的面，即可看见分割后的效果。

20. 文本署名

单击菜单栏中【曲线】（Curve），在对应命令面板上，单击A【文本】（Text），或单击【菜单】（Menu）中【插入】（Insert）|【曲线】（Curve）|【文本】（Text）命令，弹出如图 2-7-48 所示的文本对话框。第一栏选择在面上；【文本放置面】选择刚分割的面；【面上的位置】|【放置方法】= 面上的曲线，如图 2-7-49 所示。选择如图 2-7-50 所示（分割面的）右侧边，如文字方向不对可单击反向按钮；【文本属性】= 2024 材控《三维造型设计》课程资料，【字体】= @仿宋，如图 2-7-51 所示；【文本框】|【锚点放置】= 靠右，如图 2-7-52 所示；【设置】= 连接曲线；尺寸设置可以通过拖动文本控制手进行调节，拖至适合位置和大小即可，单击< 确定 >按钮，效果如图 2-7-53 所示。

同上操作，在分割面的左侧也书写一列文字“校企合作一流课程”。效果如图 2-7-54 所示。

技巧：① 文本命令，默认是横排文字。如需竖排文字，更改字体即可。所有的竖排文字前都有“@”符号。

② 文本内容修改，文本命令中的【文本属性】|【参考文本】的复选框不要勾选，否则无法修改文本内容。

图 2-7-48　文本对话框

图 2-7-49　文本放置面及设置

图 2-7-50　选择面上的曲线

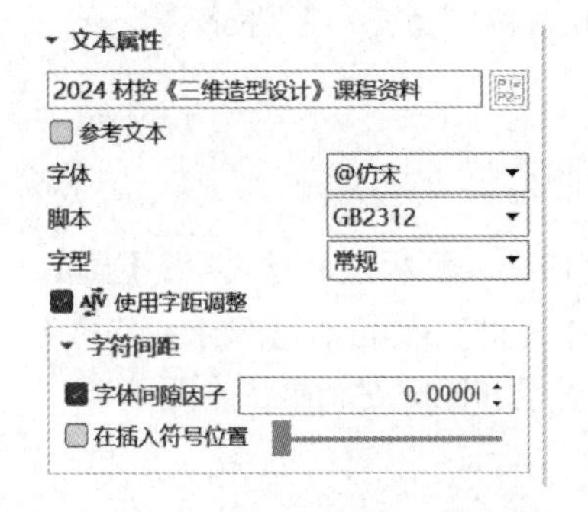

图 2-7-51　文本属性设置

图 2-7-52　文本框设置

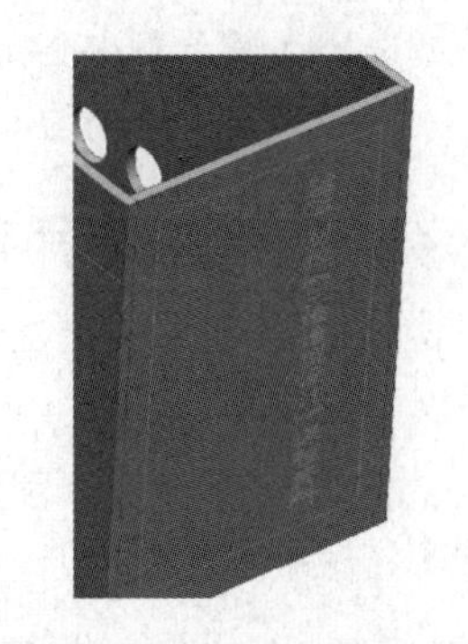

图 2-7-53　竖排文本效果

21. 拉伸文本

单击菜单栏中【主页】(Home)，在对应命令面板上，单击拉伸命令，在拉伸对话框中单击【截面】栏，选择栏中选项为 特征曲线 或自动判断曲线，曲线选择上一步创建的文本；【方向】= 指向文件夹外面；在【限制】栏中选择起始、结束模式和距离，起始、结束模式均选择【值】，起始距离输入 0mm，结束距离输入 0.2mm；【布尔】= 无，其他选项不修改，单击 < 确定 > 按钮，结果如图 2-7-55 所示。放大视图可看到文字有厚度。如文字看不到厚度，可以双击软件界面左侧中部【部件导航器】中的最后一步【拉伸】，修改【指定矢量】中的反向按钮即可。

22. 编辑文件夹颜色

单击菜单栏中【显示】(Display)，在对应命令面板上，单击【编辑对象显示】(Edit Object Display) 命令，或选择【菜单】(Menu) 中【编辑】(Edit) |【对象显示】(Object Display) 命令，系统弹出类选择对话框。选择分割面，然后单击 < 确定 > 按钮，弹出编辑对象显示对话框。在颜色栏单击颜色，进入对象颜色对话框，选择白色（对话框左上角），依次单击两次 < 确定 > 按钮，完成实体颜色的更改。效果如图 2-7-56 所示。

同样操作，选择上一步拉伸的文本实体，颜色选择黑色。效果如图 2-7-57 所示。

23. 更改显示面边模式

单击菜单栏中【显示】(Display)，在对应命令面板上，单击【面边】(Face Edges) 命

图 2-7-54 两侧文本效果

图 2-7-55 文本拉伸效果

图 2-7-56 分割面白色效果

令，或选择【菜单】(Menu) 中【视图】(View) |【显示】(Display) |【面边】(Face Edges) 命令。文件夹实体的面边即消失。结果如图 2-7-58 所示。

24. 隐藏草图及辅助基准

按住 Ctrl+W，或者单击菜单栏中【视图】(View)，在对应命令面板上，单击【显示和隐藏】(Show and Hide) 命令，或选择【菜单】(Menu) 中【编辑】(Edit) |【显示和隐藏】(Show and Hide) |【显示和隐藏】(Show and Hide) 命令，弹出显示和隐藏对话框。隐藏基准，草图等（仅剩实体显示），关闭对话框。效果如图 2-7-59 所示。

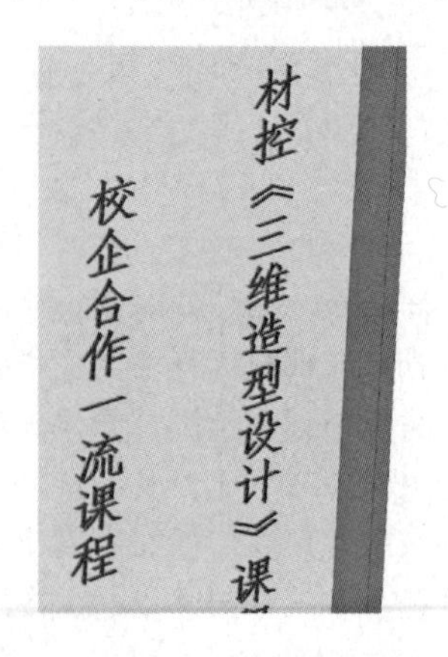

图 2-7-57 文本黑色效果

图 2-7-58 消隐边效果

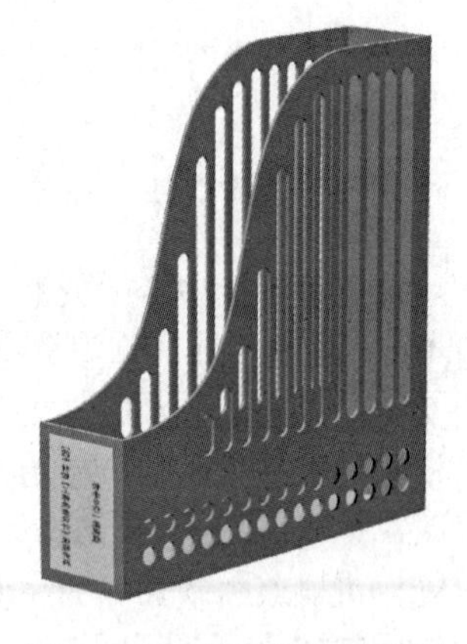
图 2-7-59 最终设计效果图

25. 保存文件

单击软件界面左上角的【保存】(Save) 按钮，保存文件。

拓展练习题

绘制如图 2-ex-1～图 2-ex-10 所示的模型。

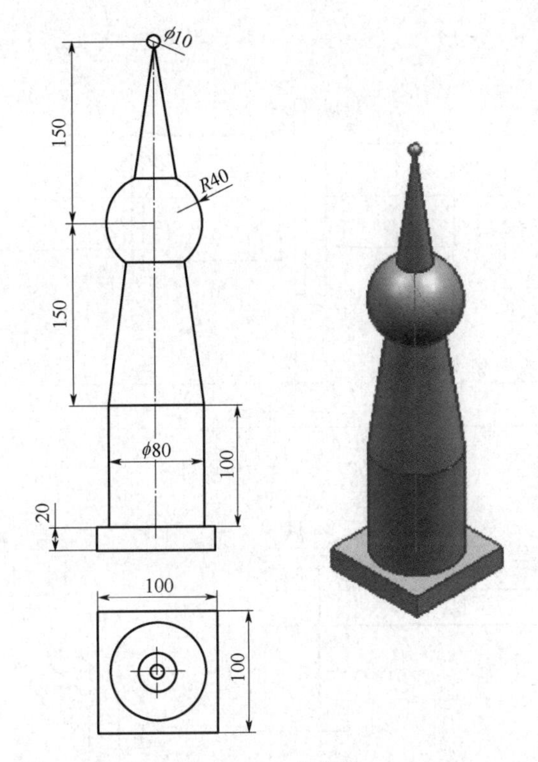

图 2-ex-1　组合体

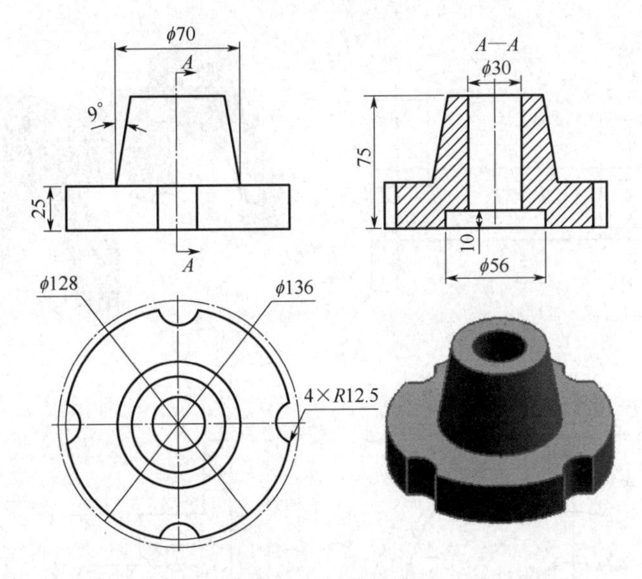

图 2-ex-2　法兰座

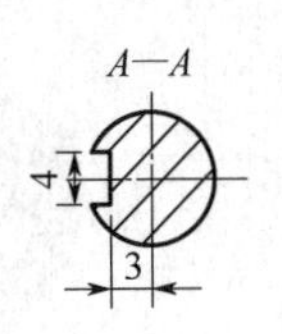

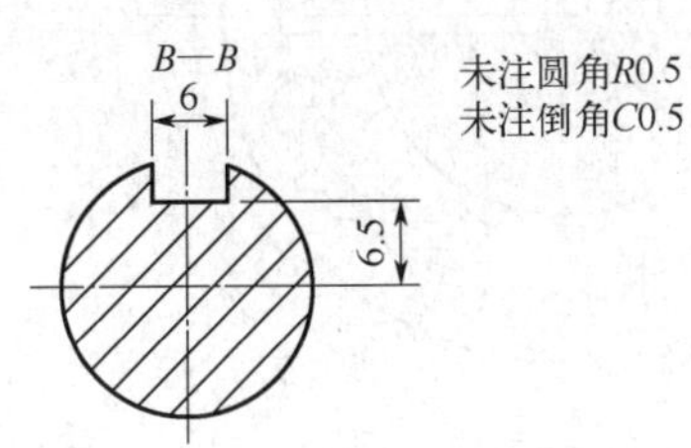

图 2-ex-3

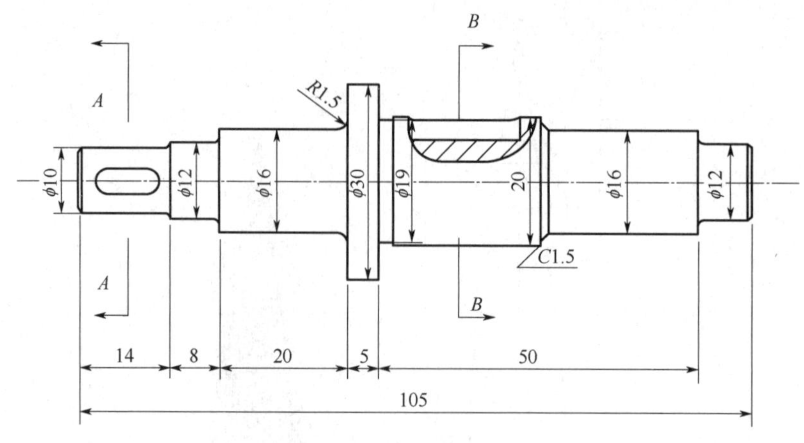

图 2-ex-3 阶梯轴

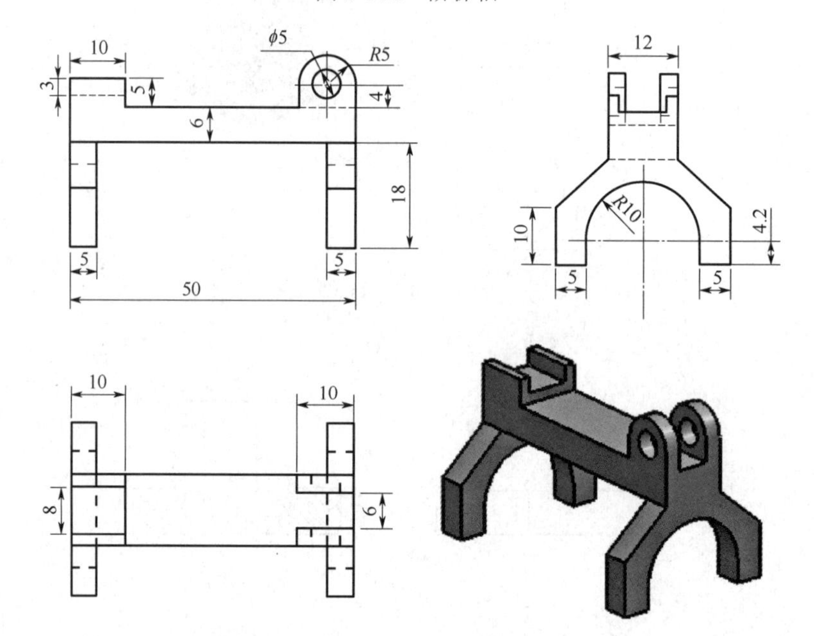

图 2-ex-4 托架

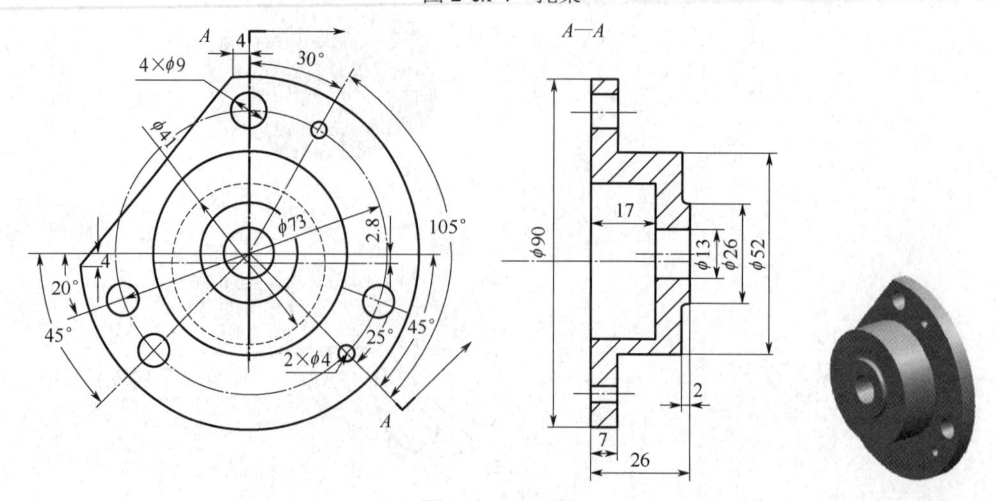

图 2-ex-5 泵体

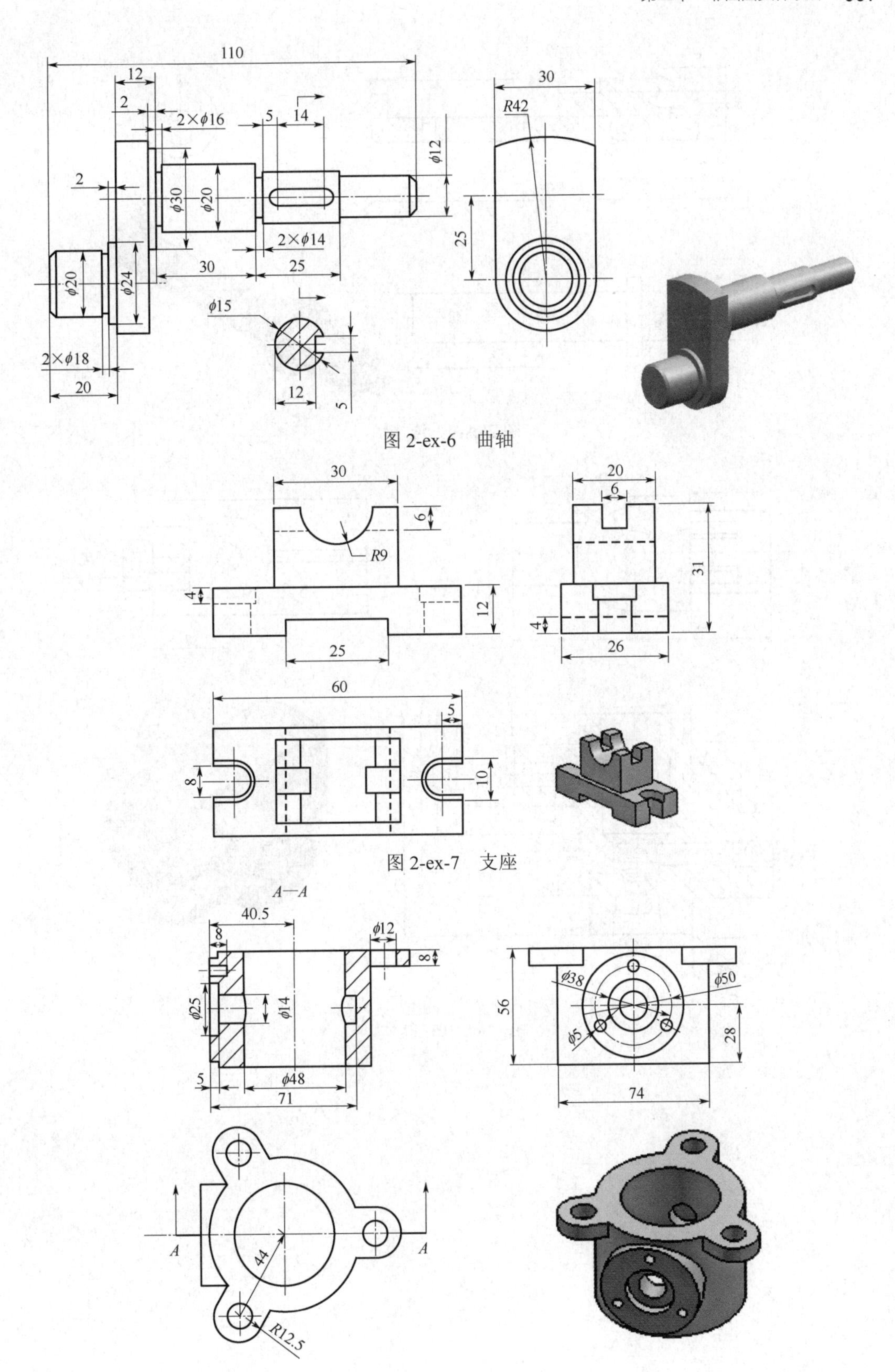

图 2-ex-6　曲轴

图 2-ex-7　支座

图 2-ex-8　机座

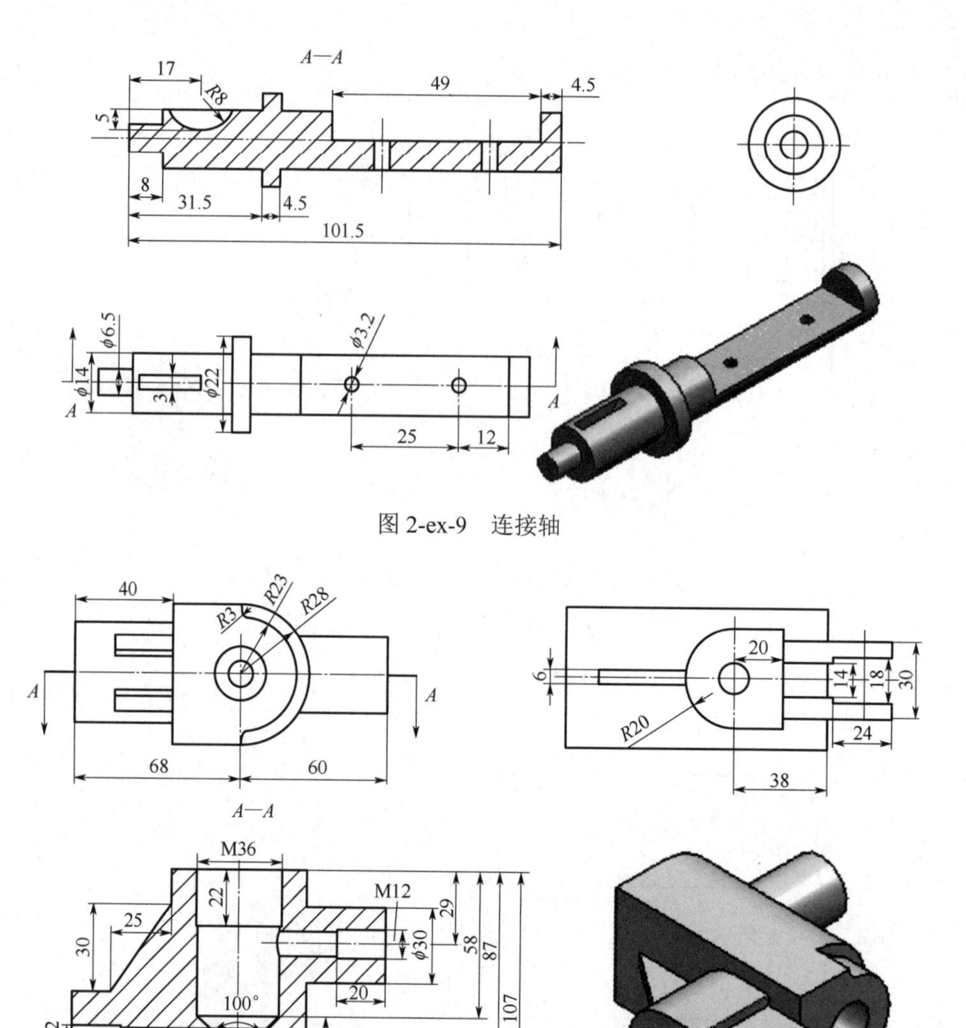

图 2-ex-9　连接轴

图 2-ex-10　阀体

第三章　曲面设计

【曲面设计基础知识】

对于较规则的 3D 零件，实体特征的造型方式快捷而方便，基本能满足造型的需要，但实体特征的造型方法比较固定化，不能胜任复杂度较高的零件的建模和客户的个性化需求，而自由曲面造型功能则提供了强大的弹性化设计方式，成为三维造型技术的重要组成部分。

对于复杂的零件设计，可以采用自由形状特征直接生成零件实体的方式，也可以采用将自由形状特征与实体特征相结合的方式。目前，曲面造型设计技术在日常用品及飞机、轮船和汽车等现代交通工具的产品造型设计中得到广泛应用。

构造曲面的方法主要有以下 3 种。

① 基于点的构造方法：它根据导入的点数据构建曲线或曲面，如通过点、由极点、从点云等构造方法。该功能所构建的曲面与点数据之间不存在关联性，是非参数化的，即当构造点编辑后，曲面不会产生关联变化。由于这类曲面的可修改性较差，建议尽量少用。

② 基于曲线的构造方法：根据曲线构建曲面，如直纹面、通过曲线、过曲线网格、扫掠、剖面线等构造方法，此类曲面是全参数化特征建模，曲面与曲线之间具有关联性，工程上大多采用这种方法。

③ 基于曲面的构造方法：根据已有曲面为基础构建新的曲面，如桥接、N-边曲面、延伸、按规律延伸、放大、曲面偏置、粗略偏置、扩大、偏置、大致偏置、曲面合成、全局形状、裁剪曲面、过渡曲面等构造方法。

建模曲面实体可以用多种方法实现建模效果。读者或软件操作者可根据实际操作便利性和实现难易程度，选择更加适合的方法和思路。

实例一　笔帽设计

实例一　笔帽设计资源

【学习任务】

根据如图 3-1-1 所示图形绘制笔帽实体模型。笔帽总长 65mm。

【课程思政】

在一支精致的钢笔上，住着一对形影不离的“好姐妹”——笔尖和笔帽。妹妹笔尖负责书写出流畅而美丽的笔迹，而姐姐笔帽则默默地守护着笔尖，防止她受到伤害。每当笔尖完成工作后，笔帽都会及时地为她盖上，给予她最温暖的庇护。

然而，有一天，笔尖因为主人的赞美而得意忘形，她开始认为自己所有的成就都归功于自

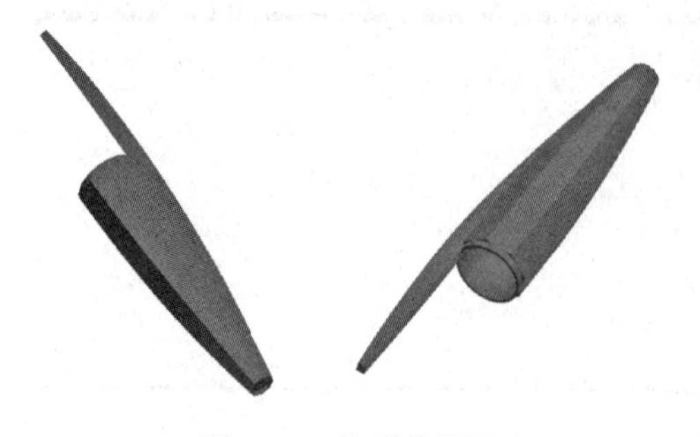

图 3-1-1 笔帽效果图

己，而笔帽则一无是处，只是个累赘。笔尖对笔帽说：“看吧！主人每次都夸奖我，而你，什么用处都没有，简直就是我的负担。”笔帽听后，虽然感到伤心，但她还是耐心地解释：“虽然我不像你这样受到直接的赞美，但我的存在是为了保护你，让你能够更长久地为主人服务。”

笔尖却听不进笔帽的解释，她执意认为笔帽是在嫉妒自己。最终，在一次激烈的争执后，笔尖甩开了笔帽，独自留在了桌上。没有了笔帽的保护，笔尖很快就遭到了意外的碰撞，变得弯曲而不再锋利。主人看到这一幕，只能遗憾地将她丢弃。

【学习目标】

① 能够熟练使用扫掠（Swept）、通过曲线组（Through Curves）、相交曲线（Intersection Curve）、凸起（Emboss）、旋转（Revlove）、合并（Unite）等各类设计命令。

② 能够领悟曲面建模的基本思想和方法；能灵活交叉运用非曲面建模方法和曲面建模方法。

【操作步骤】

1. 新建文件

选择菜单栏中的【文件】（File）|【新建】（New）命令，或同时按住Ctrl+N（创建一个新的文件），系统出现新建对话框，在【名称】栏中输入“笔帽”，在【单位】下拉框中选择“毫米”，单击< 确定 >按钮，创建一个文件名为“笔帽.prt”、单位为毫米的文件，并自动（默认）启动【建模】应用程序。

2. 绘制草图 1

单击菜单栏中【主页】（Home），在对应命令面板上，单击草图（Sketch），或选择【菜单】（Menu）中【插入】（Insert）|【草图】（Sketch）命令，系统弹出创建草图对话框，在绘图区选择 *XOY* 平面，单击对话框上的< 确定 >按钮，进入草图绘制界面。草图 1 形状及尺寸如图 3-1-2 所示。草图由正八边形与圆组成且圆与正八边形内相切。绘制完草图后，单击平面左上角【完成草图】按钮，退出草图绘制界面。结果如图 3-1-3 所示。

3. 绘制草图 2

单击草图（Sketch），在绘图区选择 *XOZ* 平面，进入草图绘制界面。草图 2 形状及尺寸如图 3-1-4 所示。其中艺术样条曲线的起点和终点与 *Y* 轴方向相切。绘制完草图后，单击平面左上角【完成草图】按钮，退出草图绘制界面。结果如图 3-1-5 所示。

4. 扫掠面

单击菜单栏中【曲面】（Surface），在对应命令面板上，单击扫掠（Swept），或选择【菜单】（Menu）中【插入】（Insert）|【扫掠】（Swept）|扫掠（Swept）命令，系统弹出如图 3-1-6 所示的扫掠面对话框。【截面】选择图 3-1-7 箭头所指的八边形曲线；【引导线】选择图 3-1-8 箭头所指的曲线①和曲线②（曲线①选择完后，单击一次鼠标中键/滚轮，在截面列表

中会增加 1 项记录，然后再选择曲线②，如图 3-1-9 所示）；【截面选项】|【缩放方法】=均匀；【设置】|【体类型】= 实体；其他设置选择默认设置。单击< 确定 >按钮，完成扫掠面创建。结果如图 3-1-10 所示。

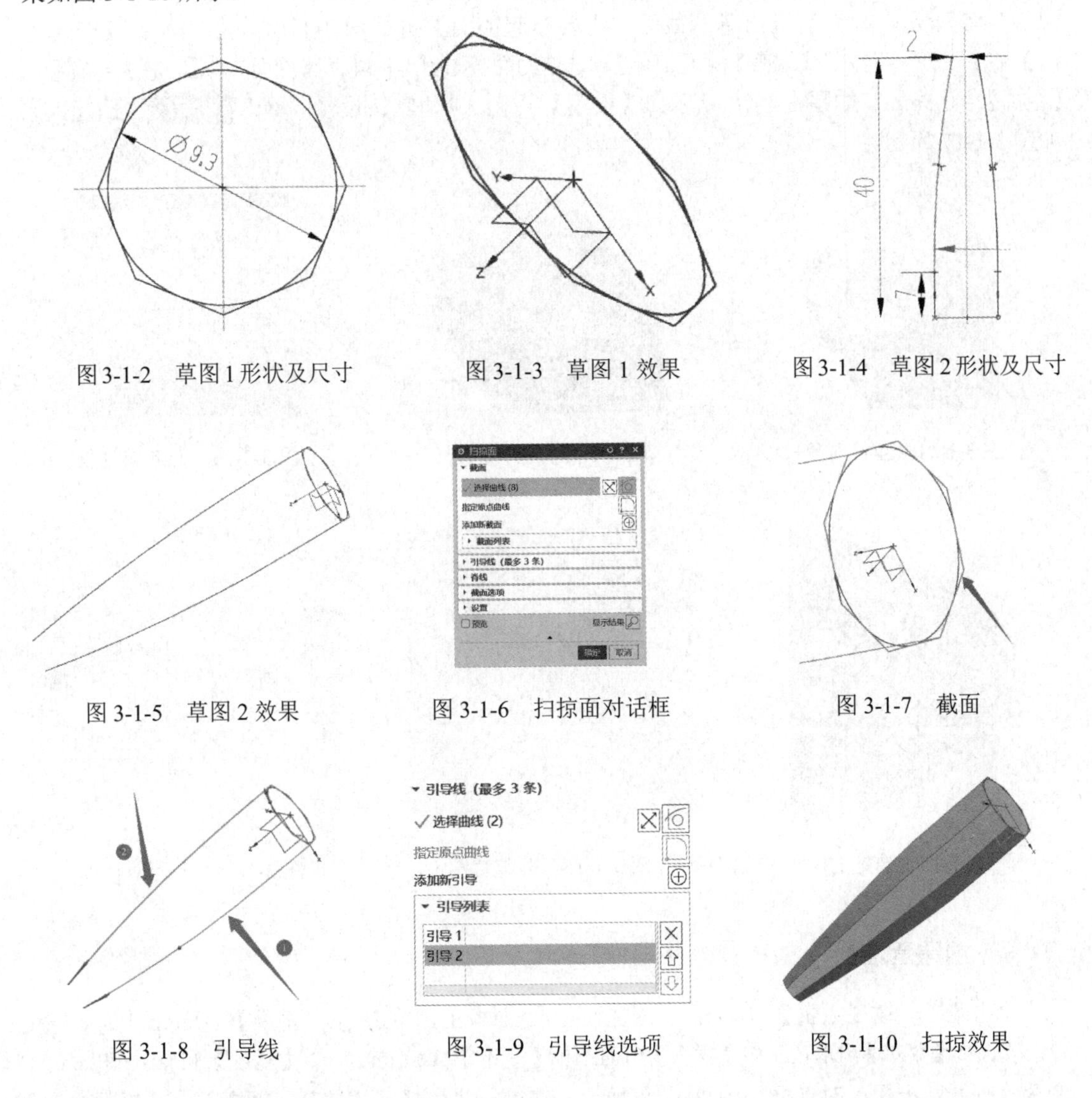

图 3-1-2　草图 1 形状及尺寸　　图 3-1-3　草图 1 效果　　图 3-1-4　草图 2 形状及尺寸

图 3-1-5　草图 2 效果　　图 3-1-6　扫掠面对话框　　图 3-1-7　截面

图 3-1-8　引导线　　图 3-1-9　引导线选项　　图 3-1-10　扫掠效果

5. 拉伸

单击菜单栏中【主页】(Home)，在对应命令面板上，单击【拉伸】命令，在拉伸对话框中单击【截面】栏，选择栏中选项为 单条曲线 ，曲线选择草图 1 中的圆（如图 3-1-11 所示）；【方向】选择 -ZC（−Z 方向）；在【限制】|【起始】选择【值】，起始距离 = 0mm，结束距离 = 1mm；【布尔】|【合并】= 上一步创建的扫掠体；其他选项均设置为无，单击< 确定 >按钮，结果如图 3-1-12 所示。

6. 凸起

单击菜单栏中【主页】(Home)，在对应命令面板上，单击【更多】(More) |【细节特

征】(Detail Feature)| 凸起(Emboss)命令，或选择【菜单】(Menu)中【插入】(Insert)|【设计特征】(Design Feature)| 凸起(Emboss)命令，系统弹出如图 3-1-13 所示的凸起对话框。【截面】选择图 3-1-14 箭头所指面，然后单击 绘制截面，进入内部草图，绘制形状及尺寸如图 3-1-15 所示，画完后退出草图截面；【要凸起的面】选择图 3-1-14 所指的面；【凸起方向】= -ZC（−*Z* 方向）；【端盖】|【几何体】= 选定的面（如图 3-1-14 所指的面），【位置】= 偏置，【距离】= 0.5mm，如图 3-1-16 所示；【拔模】= 无；其他默认设置，单击 < 确定 >。凸起效果如图 3-1-17 所示。

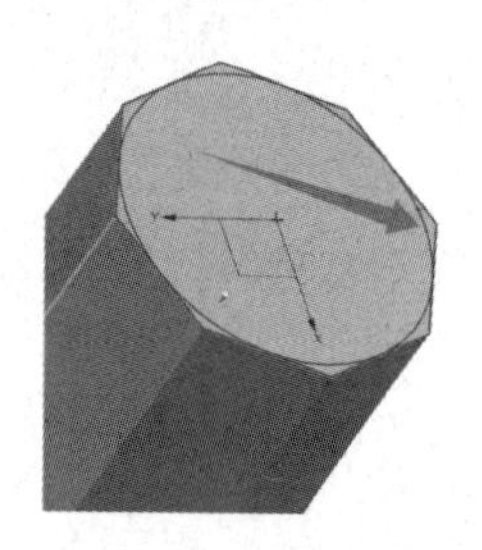

图 3-1-11 拉伸对象

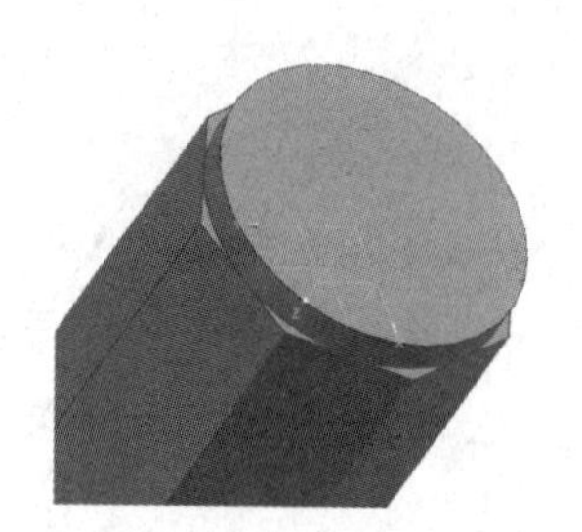

图 3-1-12 拉伸效果

图 3-1-13 凸起对话框

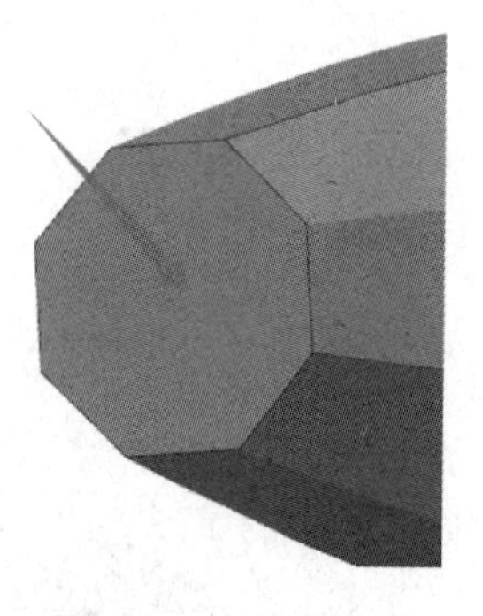

图 3-1-14 选定的面

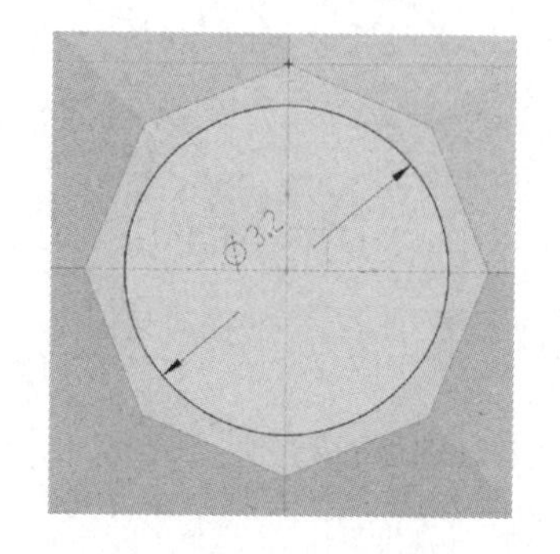

图 3-1-15 凸起草图

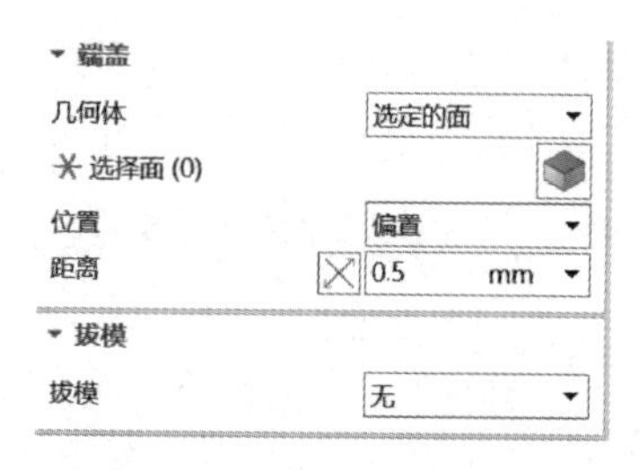

图 3-1-16 凸起对话框

7. 创建基准面 1

单击菜单栏中【主页】(Home)，在对应命令面板上，单击 【基准】(Datum Plane)命令，或选择【菜单】(Menu)中【插入】(Insert)|【基准】(Datum)| 【基准】(Datum Plane)命令，打开基准平面对话框如图 3-1-18 所示，在第一栏中选择【按某一距离】，【平面参考】选择 *XOY* 基准平面；【偏置】|【距离】= 32mm；单击 < 确定 > 按钮，结果如图 3-1-19 所示。

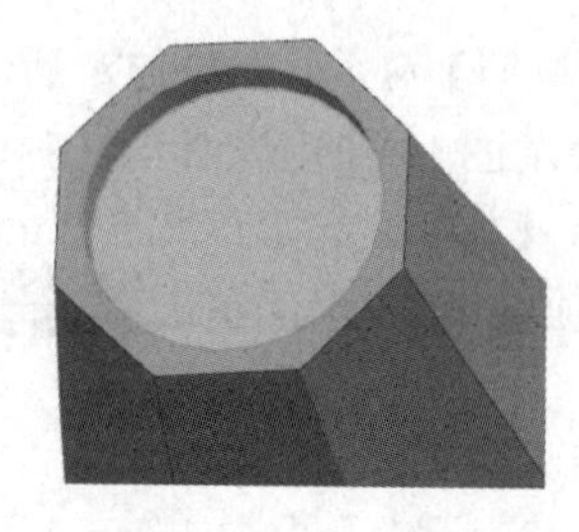

图 3-1-17 凸起效果

图 3-1-18 基准平面对话框

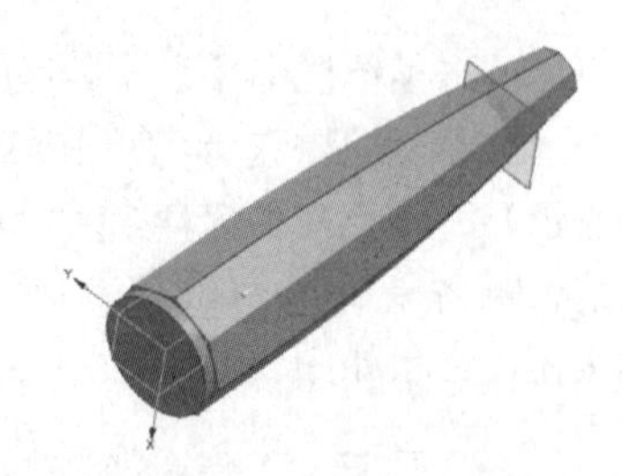

图 3-1-19 基准平面 1

8. 相交曲线

单击菜单栏中【曲线】(Curve)，在对应命令面板上，单击 相交曲线(Intersection Curve)，或选择【菜单】(Menu)中【插入】(Insert)|【派生曲线】(Derived Curve)| 相交曲线(Intersection Curve）命令，系统弹出如图 3-1-20 所示的相交曲线对话框。【第一组】、【第二组】的面分别选择图 3-1-21 箭头所指的基准平面①和扫掠面②；单击< 确定 >按钮，结果如图 3-1-22 所示。

图 3-1-20 相交曲线对话框

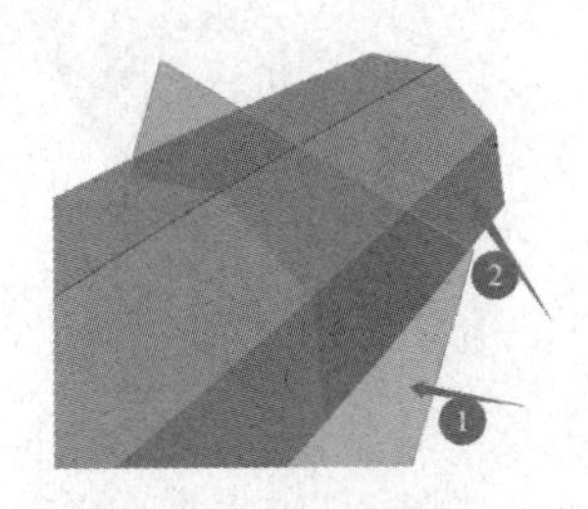

图 3-1-21 相交对象

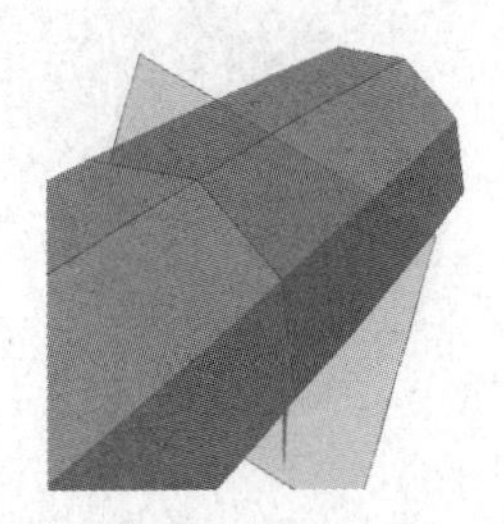
图 3-1-22 相交曲线效果

9. 绘制草图 3

单击 草图（Sketch），在绘图区选择基准平面 1，进入草图绘制界面。草图 3 形状及尺寸如图 3-1-23 所示。其中，矩形长边与上一步创建的相交曲线重合，且上下对称。绘制完草图后，单击平面左上角 【完成草图】按钮，退出草图绘制界面。结果如图 3-1-24 所示。

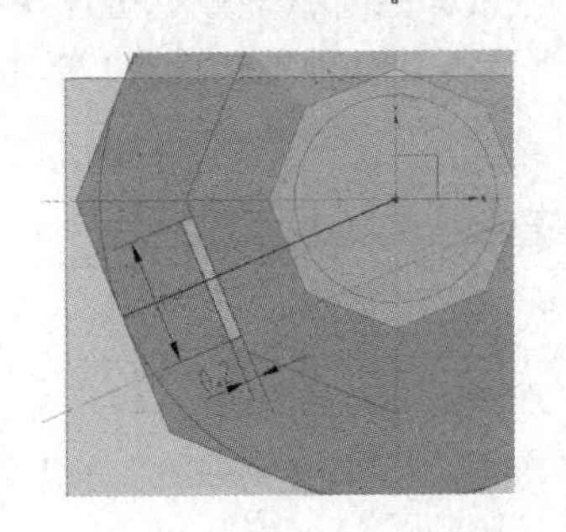
图 3-1-23 草图 3 形状及尺寸

图 3-1-24 草图 3 效果

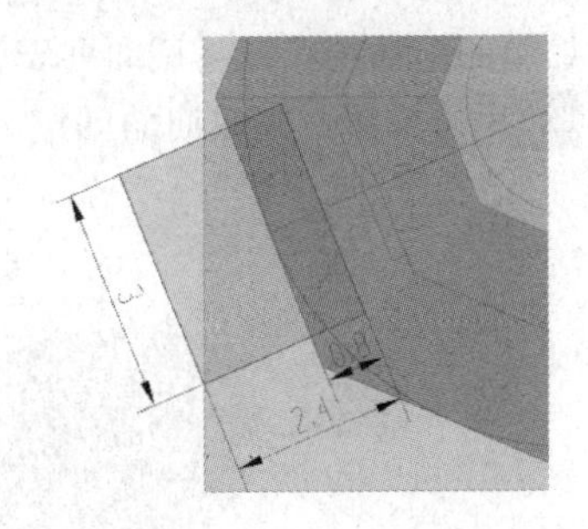
图 3-1-25 草图 4 形状及尺寸

10. 绘制草图 4

单击 草图（Sketch），在绘图区选择 *XOY* 平面，进入草图绘制界面。草图 4 形状及尺寸如图 3-1-25 所示，图形上下对称。绘制完草图后，单击平面左上角 【完成草图】按钮，退出草图绘制界面。结果如图 3-1-26 所示。

11. 创建基准面 2

单击菜单栏中【主页】(Home)，在对应命令面板上，单击 【基准】(Datum Plane) 命令，或选择【菜单】(Menu) 中【插入】(Insert) |【基准】(Datum) | 【基准】(Datum Plane) 命令，在第一栏中选择【按某一距离】，【平面参考】选择 *XOY* 基准平面；【距离】= 25mm；单击< 确定 >按钮，结果如图 3-1-27 所示。如果效果不对请单击【平面方位】反向图标 。

12. 绘制草图 5

单击 草图（Sketch），在绘图区选择基准平面 2，进入草图绘制界面。草图 5 形状及尺寸如图 3-1-28 所示。其中矩形长边与八边形边缘重合，且上下对称。绘制完草图后，单击平面左上角【完成草图】按钮，退出草图绘制界面。结果如图 3-1-29 所示。

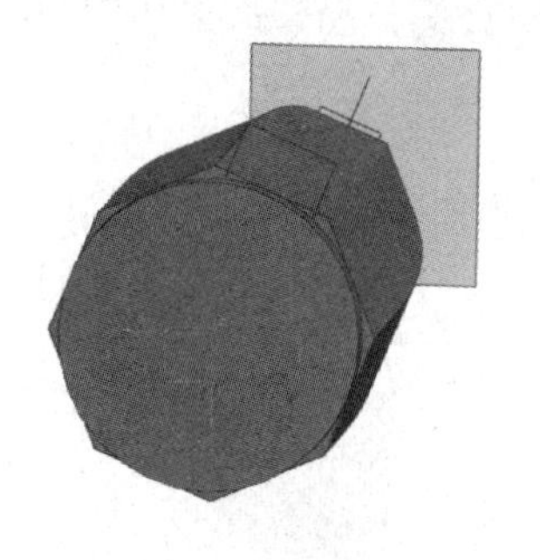

图 3-1-26 草图 4 效果

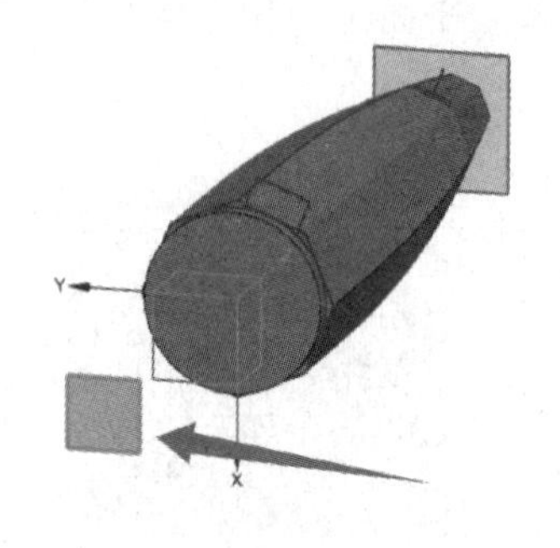

图 3-1-27 基准平面 2

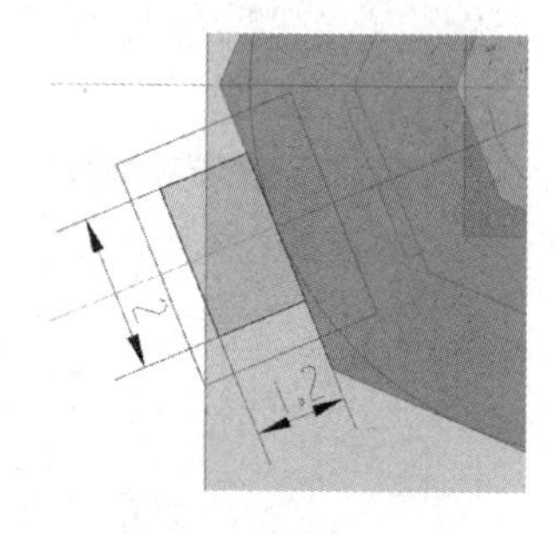

图 3-1-28 草图 5 形状及尺寸

13. 通过曲线组

单击菜单栏中【曲面】(Surface)，在对应命令面板上，单击 通过曲线组(Through Curves)，或选择【菜单】(Menu)中【插入】(Insert)|【网格曲面】(Mesh Surface)| 通过曲线组(Through Curves)命令，系统弹出如图 3-1-30 所示的通过曲线组对话框。在【截面】栏，依次选择如图 3-1-31 所示的①～③三条曲线（每选择完一条或一圈，单击一次鼠标中键/滚轮或单击⊕添加新的主曲线，在【截面列表】中会增加 1 项记录，如图 3-1-32 所示）；其他默认设置。单击 < 确定 > 按钮，完成曲面创建。结果如图 3-1-33 所示。

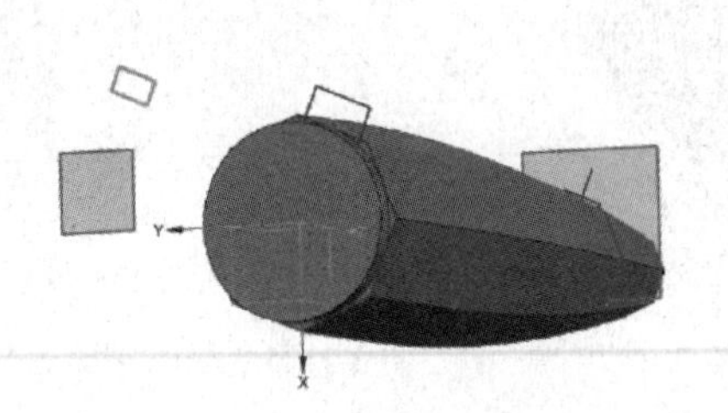

图 3-1-29 草图 5 效果

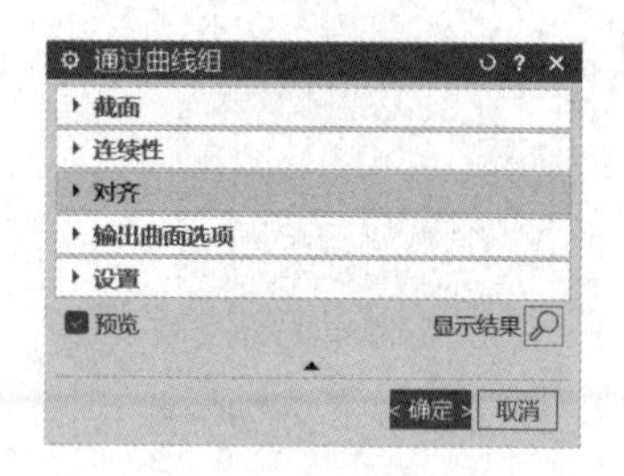

图 3-1-30 通过曲线组对话框

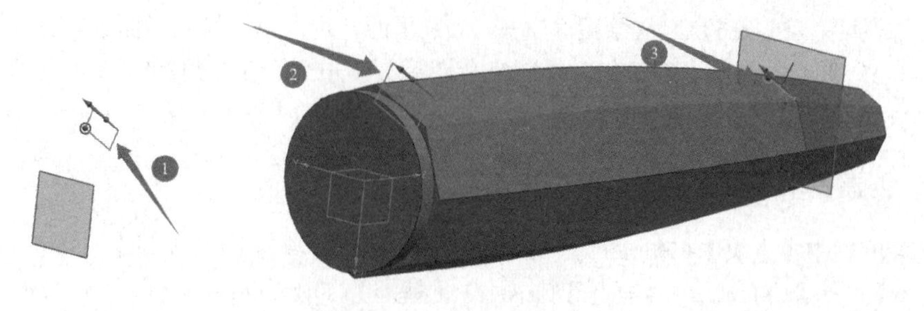

图 3-1-31 选择曲线

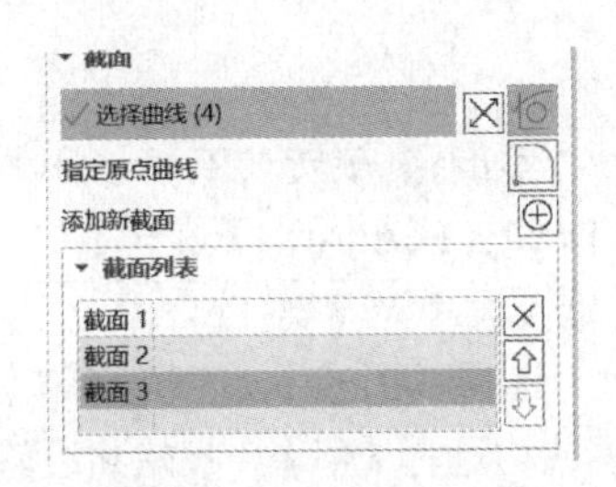

图 3-1-32　截面选项

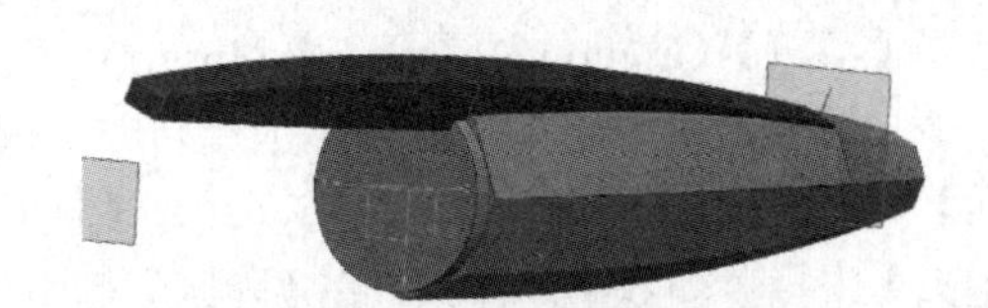

图 3-1-33　通过曲线组效果

14. 绘制草图 6

单击草图（Sketch），在绘图区选择 *XOZ* 平面，进入草图绘制界面。草图 6 形状及尺寸如图 3-1-34 所示。其中右侧曲线是外轮廓偏置 0.8mm 得到的，底部超过通过曲线网格长度即可，草图与 *Z* 轴封闭。绘制完草图后，单击平面左上角【完成草图】按钮，退出草图绘制界面。结果如图 3-1-35 所示。

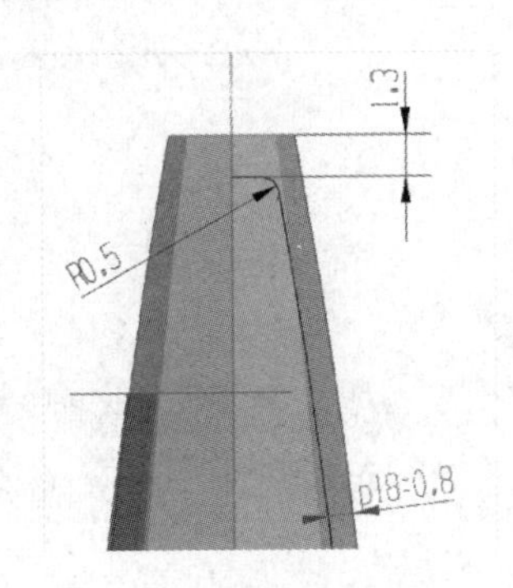

图 3-1-34　草图 6 形状及尺寸

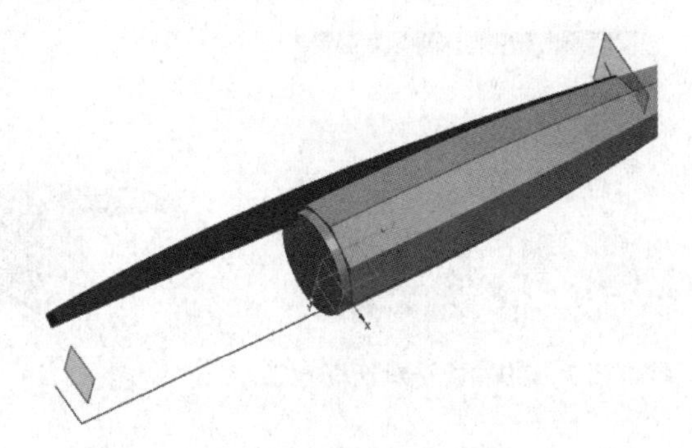

图 3-1-35　草图 6 效果

15. 合并

单击菜单栏中【主页】（Home），在对应命令面板上，单击【合并】（Unite）命令，或选择【菜单】（Menu）中【插入】（Insert）|【组合】（Combine）|【合并】（Unite）命令，系统弹出合并对话框，如图 3-1-36 所示。【目标】选择通过曲线组创建的实体①，【工具】选择扫掠体②，如图 3-1-37 箭头所指；其余设置不变，单击< 确定 >按钮，结果如图 3-1-38 所示。

图 3-1-36　合并对话框

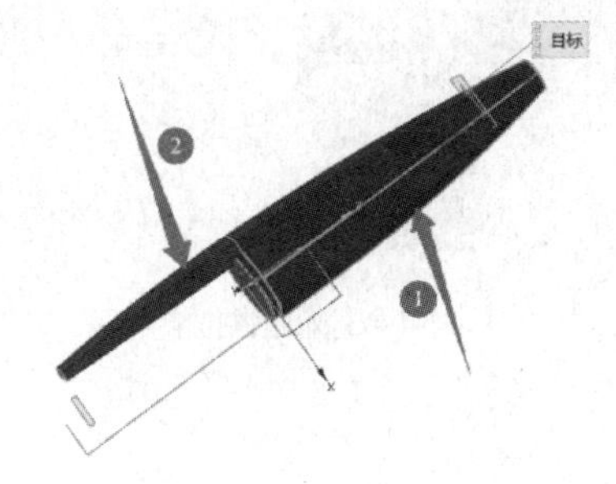

图 3-1-37　目标/工具体

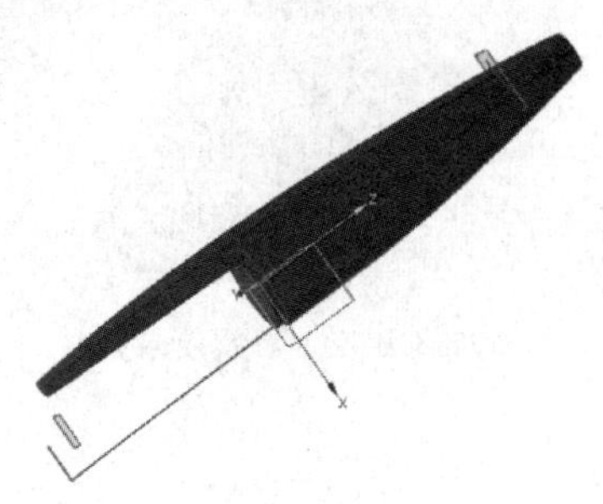

图 3-1-38　合并效果

16. 旋转草图 6

单击菜单栏中【主页】(Home)，在对应命令面板上，单击旋转（Revlove）命令，或选择【菜单】(Menu) 中【插入】(Insert) |【设计特征】(Design Feature) |【旋转】(Revlove) 命令，系统弹出如图 3-1-39 所示的旋转对话框。选择栏中选项为 自动判断曲线 ，在【截面】栏，选择第 14 步绘制的草图 6；在【轴】|【指定矢量】选择草图 6 中的直边或 Z 轴，【指定点】选择草图 6 中的原点；在【限制】栏中起始、结束模式均选择【值】，起始角度输入 0°，结束角度输入 360°；【布尔】|【减去】=上一步合并体/笔帽主体；其他默认设置；单击 < 确定 > 按钮，结果如图 3-1-40 所示。

17. 隐藏草图及辅助基准

按住 Ctrl+W，或者单击菜单栏中【视图】(View)，在对应命令面板上，单击【显示和隐藏】(Show and Hide) 命令，或选择【菜单】(Menu) 中【编辑】(Edit) |【显示和隐藏】(Show and Hide) |【显示和隐藏】(Show and Hide) 命令，弹出显示和隐藏对话框（如图 3-1-41 所示）。隐藏基准、草图等（仅剩实体显示），关闭对话框。效果如图 3-1-42 所示。

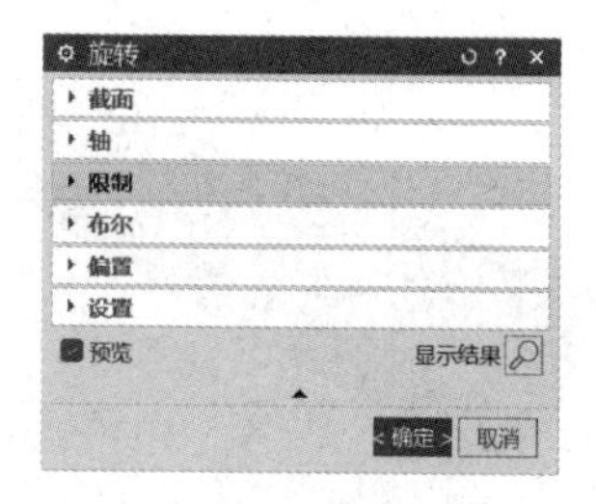

图 3-1-39 旋转对话框

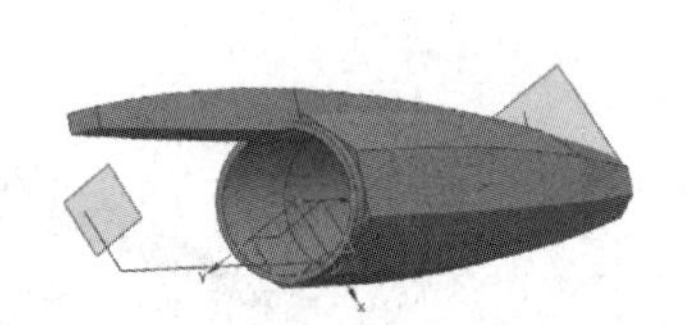
图 3-1-40 旋转效果

图 3-1-41 显示和隐藏对话框

18. 更改显示面边模式

单击菜单栏中【显示】(Display) 在对应命令面板上，单击【面边】(Face Edges) 命令，或选择【菜单】(Menu) 中【视图】(View) |【显示】(Display) |【面边】(Face Edges) 命令，如图 3-1-43 所示。笔帽实体的面边即消失。结果如图 3-1-44 所示。

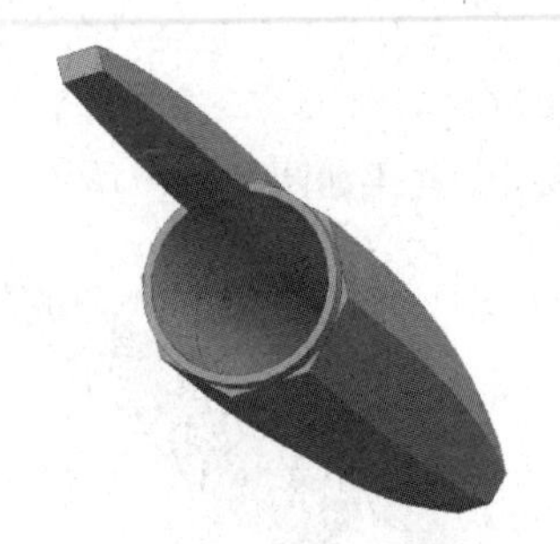
图 3-1-42 隐藏效果

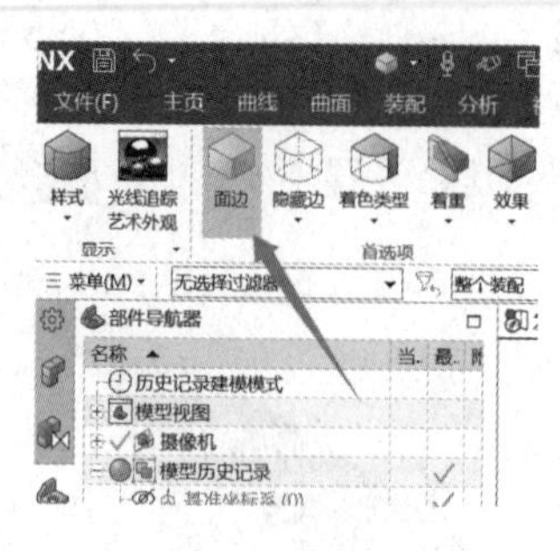

图 3-1-43 面边位置

图 3-1-44 隐藏面边效果

19. 保存文件

单击软件界面左上角的【保存】(Save) 按钮，保存文件。

实例二　安全帽设计

实例二　安全帽设计资源

【学习任务】

按照图 3-2-1 所示效果，绘制安全帽实体模型。

【课程思政】

图 3-2-1　安全帽效果图

安全帽，是指对人体头部受坠落物及其他特定因素引起的伤害起防护作用的帽子，主要由帽壳、帽衬、下颌带及附件等组成。它的起源可以追溯到远古时代，原始人使用椰子壳、大乌龟壳等来保护自己头部，随着冶金技术的发展和战争的频繁发动，出现了金属头盔。现代民用安全帽的第一个专利归属于捷克著名作家卡夫卡，他在工伤保险机构任职时，因观察到高空坠物伤害工人的情况，思考并制作出了民用安全帽。卡夫卡的这一发明，大大减少了当地钢厂因高空坠物事故导致死亡的人数。

后来，人们从啄木鸟身上获得灵感，发现啄木鸟大脑外脑膜与脑髓之间的空隙能缓冲振动波，于是改良安全帽，在帽壳和帽衬之间留出空间，以分散瞬时冲击力，提高安全性。在交警部门的“安全从‘头’守起，平安从‘我’做起”的大力宣传下，现在不仅在工业现场和建筑工地统一佩戴安全帽，在马路上骑行的自行车车手也自主佩戴安全帽，共同筑起一道坚实的安全防线。

【学习目标】

① 能够熟练使用扫掠（Swept）、直线（Line）、延伸片体（Extend Sheet）、修剪和延伸（Trim and Extend）、修剪片体（Trim Sheet）、缝合（Sew）、镜像几何体（Mirror Geometry）等各类设计命令，设计安全帽。

② 通过安全帽的设计，能够较为全面地熟悉曲面设计方法和思维。

【操作步骤】

1. 新建文件

选择菜单栏中的【文件】(File) |【新建】(New) 命令，或同时按住 Ctrl+N（创建一个新的文件），系统出现新建对话框，在【名称】栏中输入“安全帽”，在【单位】下拉框中选择“毫米”，单击< 确定 >按钮，创建一个文件名为“安全帽.prt”、单位为毫米的文件，并自动（默认）启动【建模】应用程序。

2. 绘制草图 1

单击菜单栏中【主页】(Home)，在对应命令面板上，单击草图（Sketch），或选择【菜单】(Menu) 中【插入】(Insert) |【草图】(Sketch) 命令，系统弹出创建草图对话框，在绘图区选择 *XOZ* 平面，单击对话框上的< 确定 >按钮，进入草图绘制界面。草图 1 形状及尺寸如图 3-2-2 所示。其中艺术样条曲线的起点和终点与 *Y* 轴方向相切。绘制完草图后，单击平面左上角【完成草图】按钮，退出草图绘制界面。结果如图 3-2-3 所示。

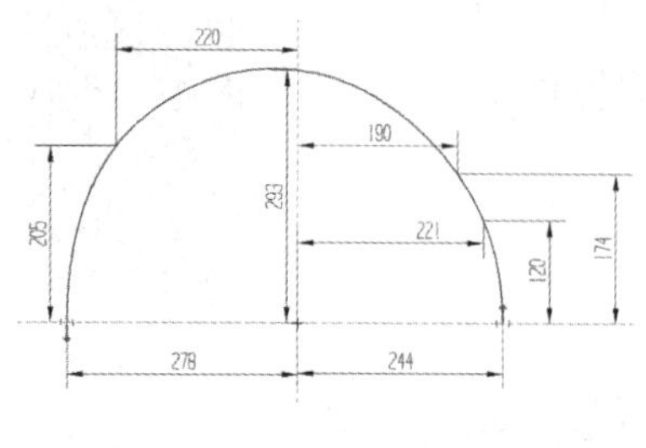

图 3-2-2 草图 1 形状及尺寸

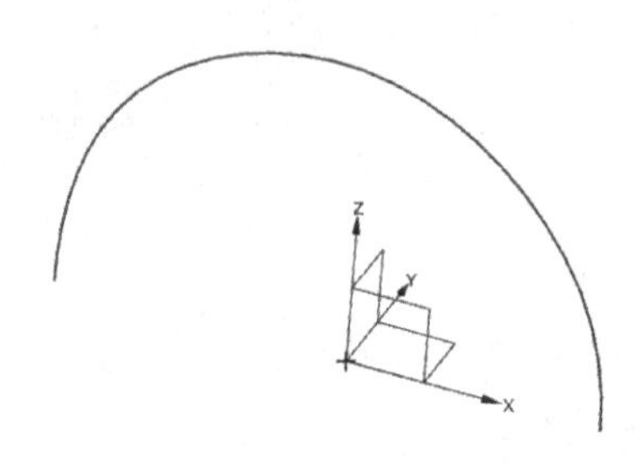

图 3-2-3 草图 1 效果

3. 绘制草图 2

单击草图（Sketch）命令，弹出创建草图对话框，如图 3-2-4 所示。在第一栏选择基于路径；【路径】选择草图 1 曲线（选择曲线时，选取如图 3-2-5 箭头所指的大概位置），【平面位置】|【位置】= 弧长百分比，【弧长百分比】= 0；【平面方位】|【方向】= 垂直于路径。单击< 确定 >按钮，进入草图绘制界面。绘制如图 3-2-6 所示草图 2。绘制完草图后，单击平面左上角【完成草图】按钮，退出草图绘制界面。结果如图 3-2-7 所示。

图 3-2-4 创建草图对话框

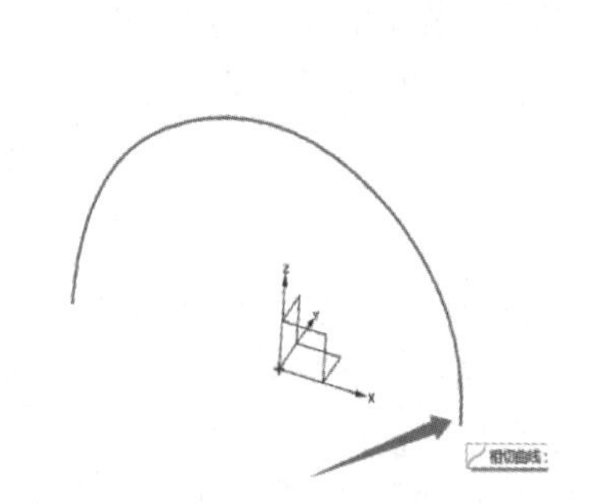

图 3-2-5 选择曲线

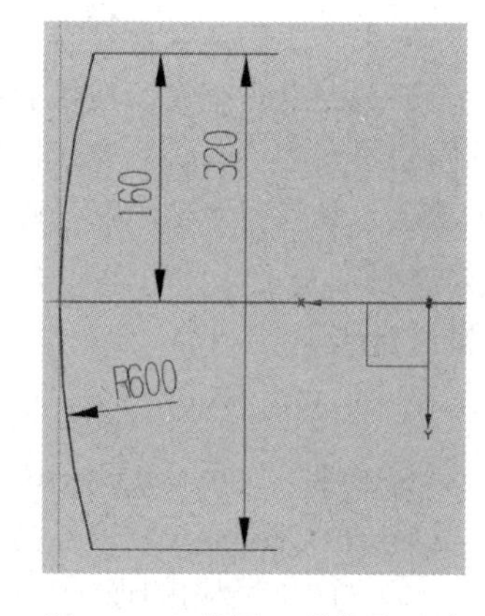

图 3-2-6 草图 2 形状及尺寸

4. 绘制草图 3

同草图 2 绘制方法，其中【平面位置】|【位置】= 弧长百分比，【弧长百分比】= 50；绘制如图 3-2-8 所示草图 3。绘制完草图后，单击平面左上角【完成草图】按钮，退出草图绘制界面。结果如图 3-2-9 所示。

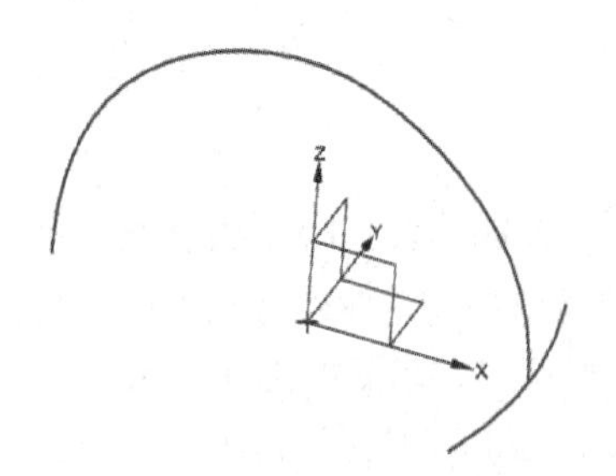

图 3-2-7 草图 2 效果

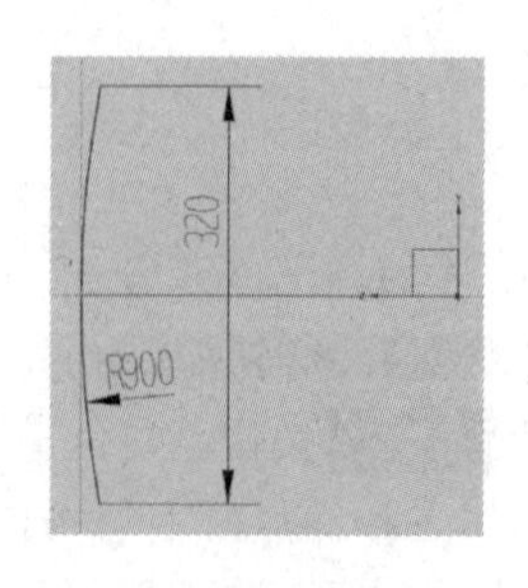

图 3-2-8 草图 3 形状及尺寸

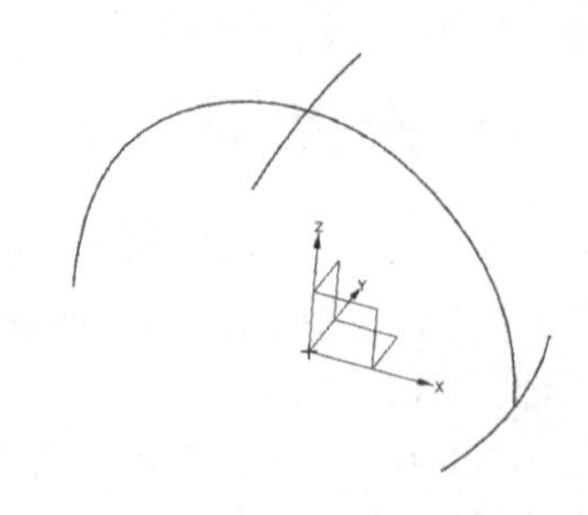

图 3-2-9 草图 3 效果

5. 绘制草图 4

同草图 2 绘制方法，其中【平面位置】|【位置】= 弧长百分比，【弧长百分比】= 100；绘制如图 3-2-10 所示草图 4。绘制完草图后，单击平面左上角【完成草图】按钮，退出草图绘制界面。结果如图 3-2-11 所示。

6. 绘制曲线（直线）

单击菜单栏中【曲线】（Curve），在对应命令面板上，单击 直线（Line），或选择【菜单】（Menu）中【插入】（Insert）|【曲线】（Curve）|直线（Line）命令，系统弹出如图 3-2-12 所示的直线对话框。【开始】|【起点选项】与【结束】|【终点选项】依次选择如图 3-2-13 所示的两曲线对应的端点，单击< 确定 >按钮，完成直线创建。结果如图 3-2-14 所示。

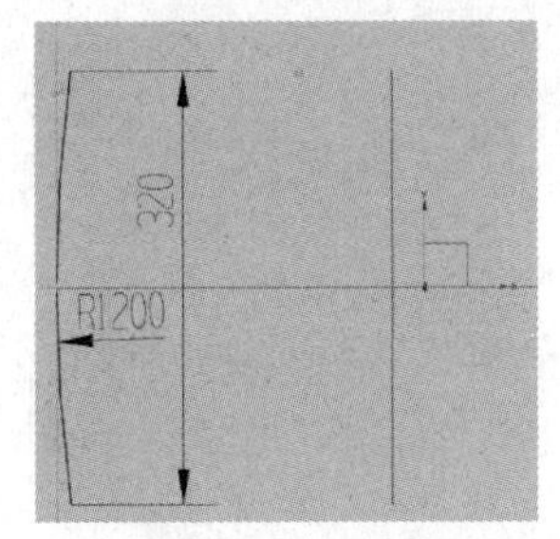

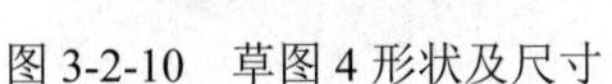
图 3-2-10　草图 4 形状及尺寸

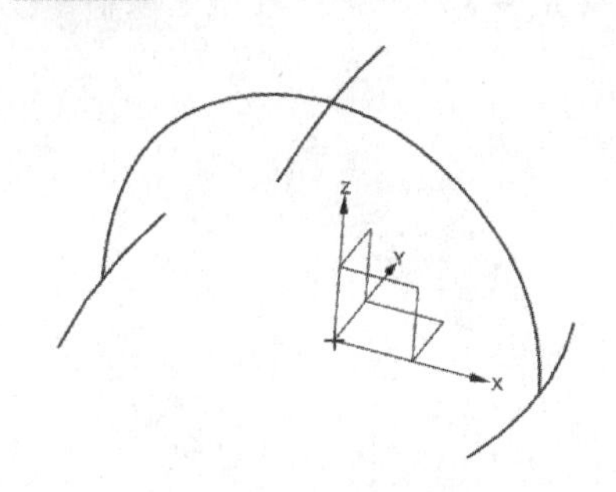

图 3-2-11　草图 4 效果

图 3-2-12　直线对话框

技巧： 用曲线命令，绘制直线时，该步骤选择的是端点，而不是圆心。注意捕捉提示。

7. 扫掠面 1

单击菜单栏中【曲面】（Surface），在对应命令面板上，单击 扫掠（Swept），或选择【菜单】（Menu）中【插入】（Insert）|【扫掠】（Swept）| 扫掠（Swept）命令，系统弹出如图 3-2-15 所示的扫掠面对话框。在【截面】栏，依次选择如图 3-2-16 所示的三条曲线（每选择一条，单击一次鼠标中键/滚轮，在截面列表中会增加 1 项记录）；在【引导线】栏，选择剩下的另一个朝向的曲线；其他设置选择默认设置。单击< 确定 >按钮，完成扫掠面创建。结果如图 3-2-17 所示。

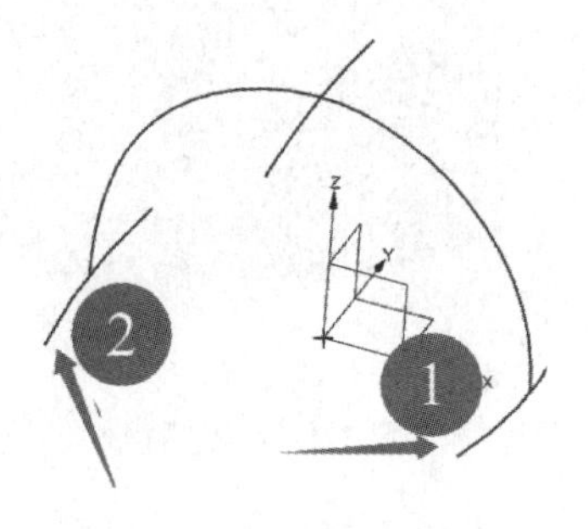

图 3-2-13　直线两端点位置

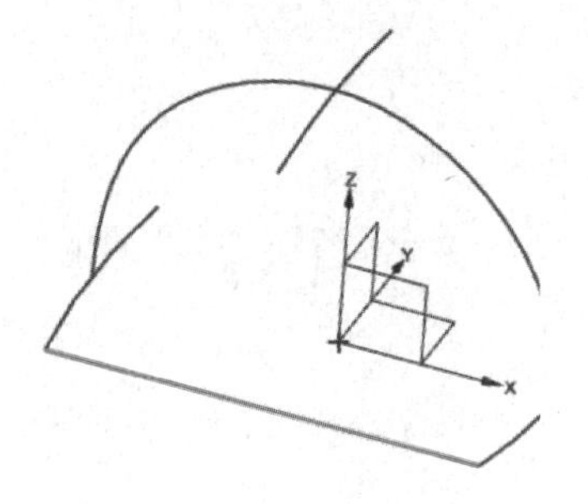

图 3-2-14　直线效果

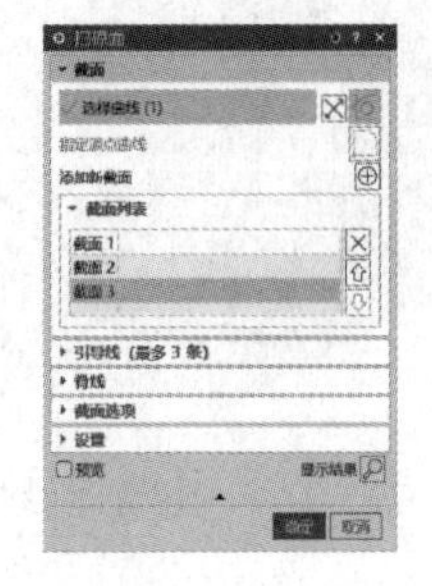

图 3-2-15　扫掠面对话框

技巧： ① 选择截面时，依次选择三条朝向相同的曲线。每选择一条曲线，单击一下鼠标中键，在【截面列表】里会依次出现截面 1、截面 2、截面 3。图 3-2-16 中的顺序不能乱。当然也可以倒序选择曲线。

② 选择完三条曲线后，注意三条曲线上的箭头是否朝向一致，此处应保持一致。如某个方向不同，可以在【截面列表】选中该曲线，然后单击对应栏的【选择曲线】边上的反方向图标即可更改方向。

8. 拉伸直线

单击菜单栏中【主页】(Home)，在对应命令面板上，单击【拉伸】命令，在拉伸对话框中单击【截面】栏，选择栏中选项为 单条曲线 ，曲线选择如图 3-2-18 所指的单条曲线；【方向】选择 ZC (+Z 方向)或默认方向；在【限制】栏中选择起始、结束模式和距离，起始、结束模式均选择【值】，起始距离输入 0mm，结束距离输入 345mm；【布尔】= 无，【拔模】|【拔模】= 从起始限制，【角度】= −10°；其他选项不修改，单击 < 确定 > 按钮，结果如图 3-2-19 所示。

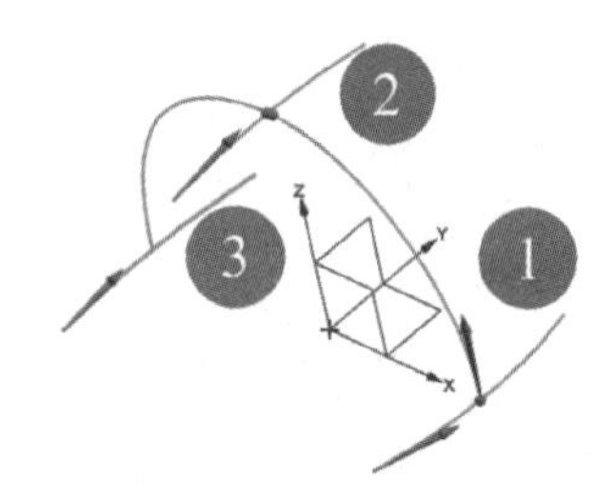

图 3-2-16 截面线顺序

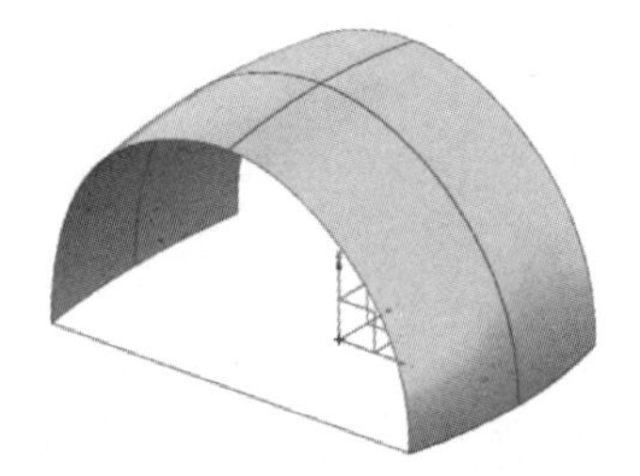

图 3-2-17 扫掠面 1 效果

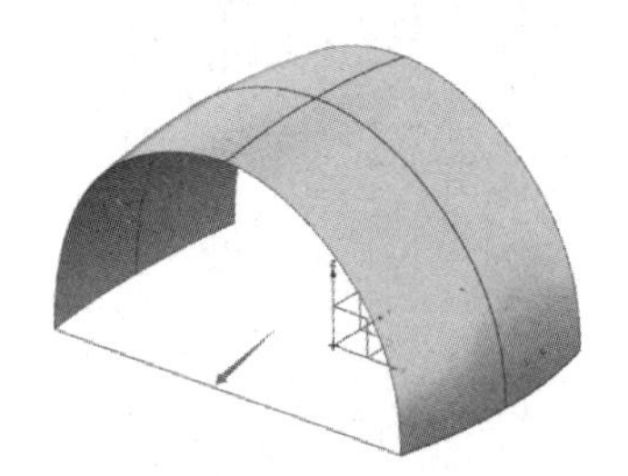

图 3-2-18 拉伸曲线

9. 延伸片体

单击菜单栏中【曲面】(Surface)，在对应命令面板上，单击 延伸片体(Extend Sheet)，或选择【菜单】(Menu)中【插入】(Insert)|【修剪】(Trim)| 延伸片体(Extend Sheet)命令，系统弹出如图 3-2-20 所示的延伸片体对话框。在【边】栏，依次选择如图 3-2-21 和图 3-2-22 所示的两条边；【限制】|【限制】= 偏置，【偏置】= 20mm；单击 < 确定 > 按钮，完成延伸片体创建。结果如图 3-2-23 所示。

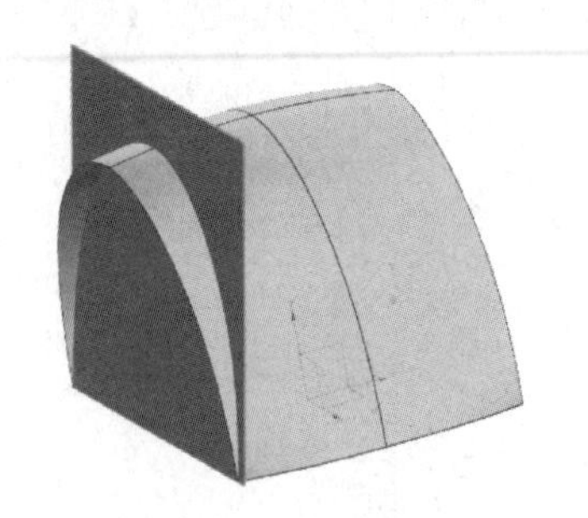

图 3-2-19 拉伸直线效果

图 3-2-20 延伸片体对话框

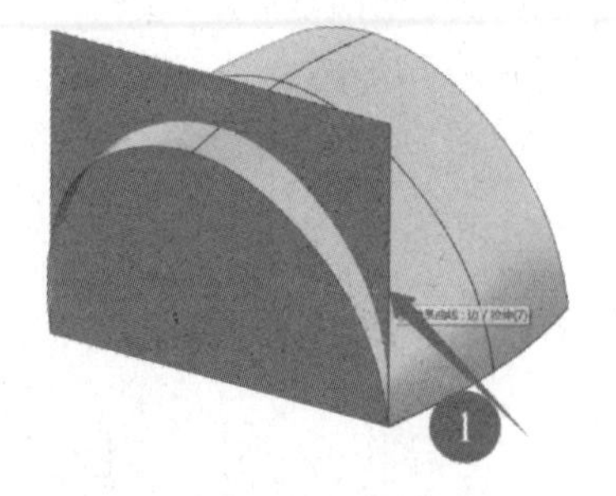

图 3-2-21 选择边 1

10. 修剪和延伸 1

单击菜单栏中【曲面】(Surface)，在对应命令面板上，单击 修剪和延伸(Trim and Extend)，或选择【菜单】(Menu)中【插入】(Insert)|【修剪】(Trim)| 修剪和延伸(Trim and Extend)

命令，系统弹出如图 3-2-24 所示的修剪和延伸对话框。在第一栏选择【制作拐角】；【目标】、【工具】栏依次选择如图 3-2-25 中箭头所指的面①（左右两部分弧面都需要选择）和面②；单击< 确定 >按钮，完成修剪和延伸创建。结果如图 3-2-26 所示。如效果不对，请根据图形更改目标或者工具的方向，即根据需要分别单击图标。

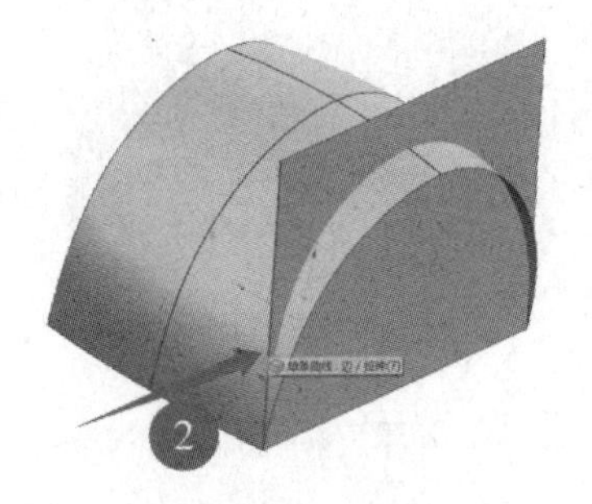
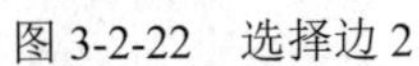

图 3-2-22　选择边 2

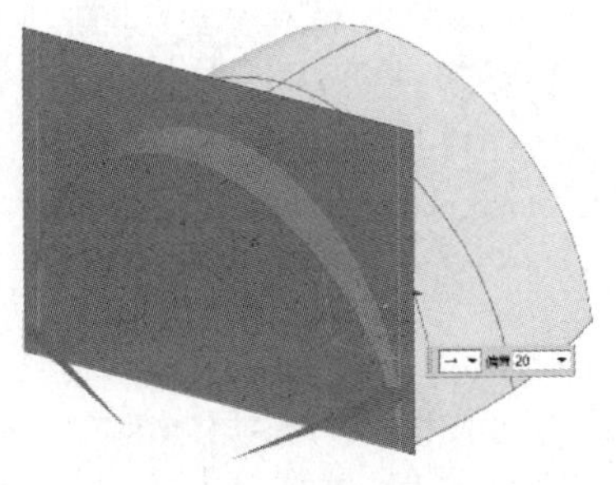

图 3-2-23　延伸片体效果

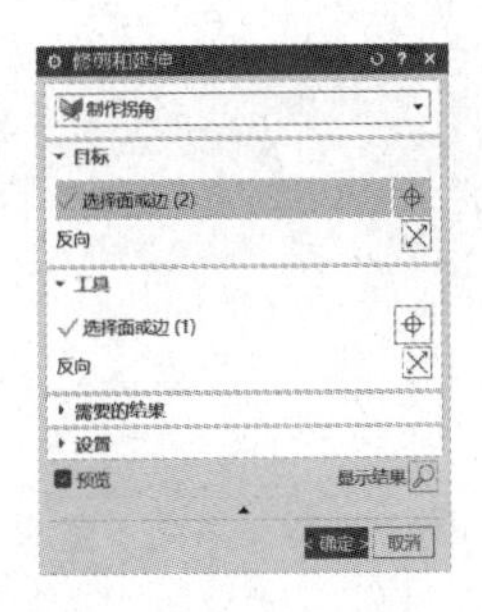

图 3-2-24　修剪和延伸对话框

11. 绘制草图 5

单击菜单栏中【主页】(Home)，在对应命令面板上，单击草图（Sketch），或选择【菜单】(Menu) 中【插入】(Insert) |【草图】(Sketch) 命令，系统弹出创建草图对话框，选择【基于平面】，在绘图区选择 *XOY* 平面，单击对话框上的< 确定 >按钮，进入草图绘制界面。草图 5 形状及尺寸如图 3-2-27 所示。绘制完草图后，单击平面左上角【完成草图】按钮，退出草图绘制界面。结果如图 3-2-28 所示。

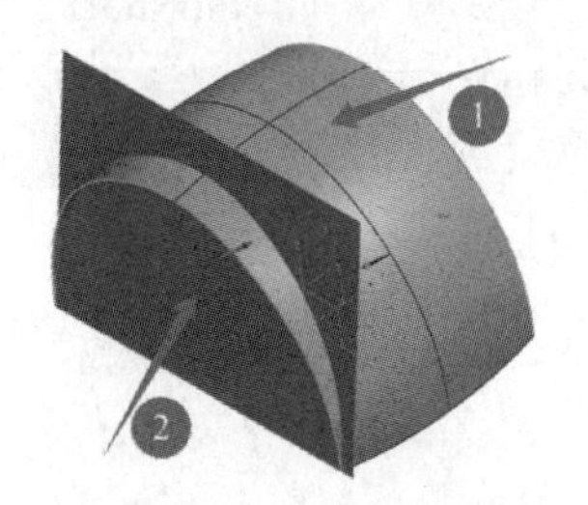

图 3-2-25　目标面和工具面

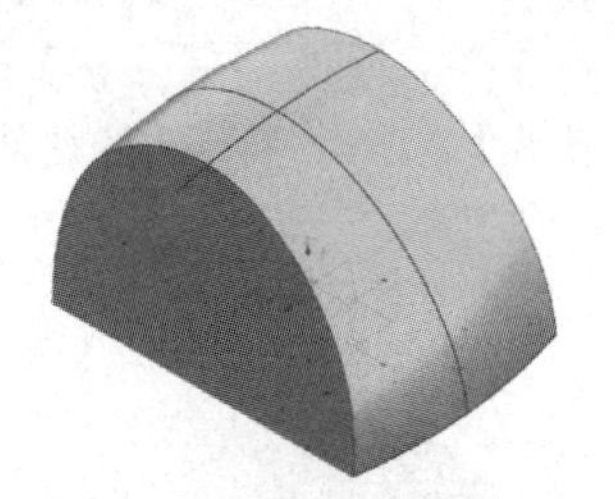

图 3-2-26　修剪和延伸 1 片体效果

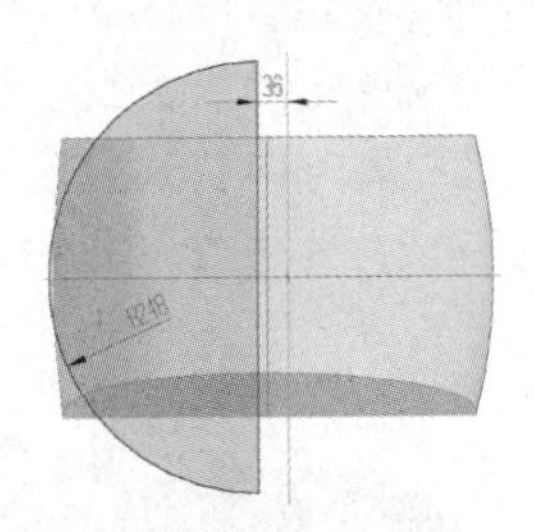

图 3-2-27　草图 5

12. 旋转草图 5

单击菜单栏中【主页】(Home)，在对应命令面板上，单击旋转（Revlove）命令，或选择【菜单】(Menu) 中【插入】(Insert) |【设计特征】(Design Feature) |【旋转】(Revlove) 命令，系统弹出如图 3-2-29 所示的旋转对话框。选择栏中选项为 单条曲线 ，在【截面】栏，选择上一步绘制的草图 5 中的圆弧；在【轴】|【指定矢量】选择草图 5 中的直边，【指定点】选择草图 5 中的直线端点；在【限制】栏中起始、结束模式均选择【值】，起始角度输入 0°，结束角度输入 180°；【布尔】、【偏置】均设置为无；【设置】|【体类型】=片体【公差】= 0.001mm；单击< 确定 >按钮，结果如图 2-5-30 所示。

13. 修剪和延伸 2

单击菜单栏中【曲面】(Surface)，在对应命令面板上，单击修剪和延伸（Trim and

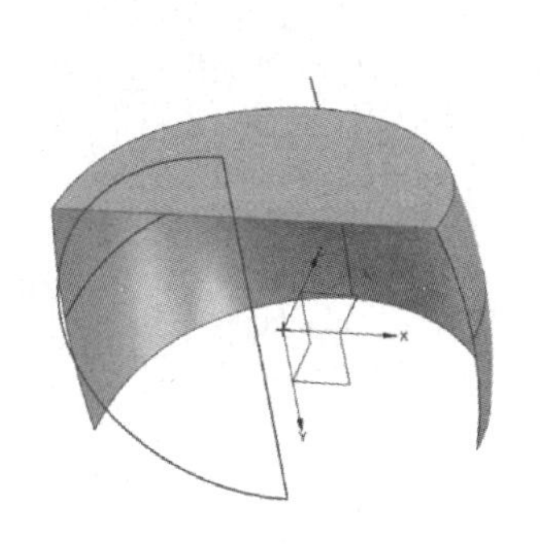

图 3-2-28　草图 5 效果

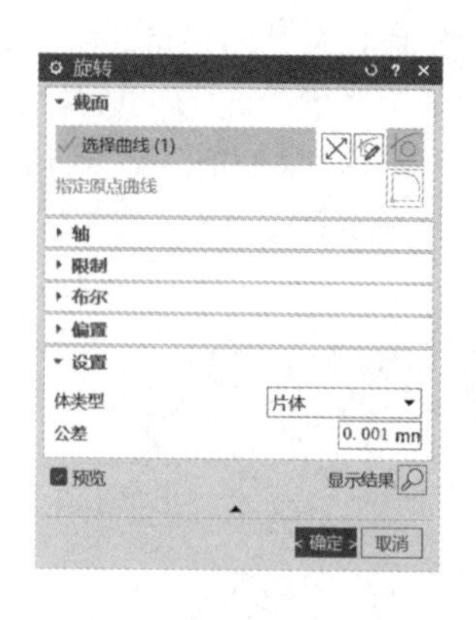

图 3-2-29　旋转对话框

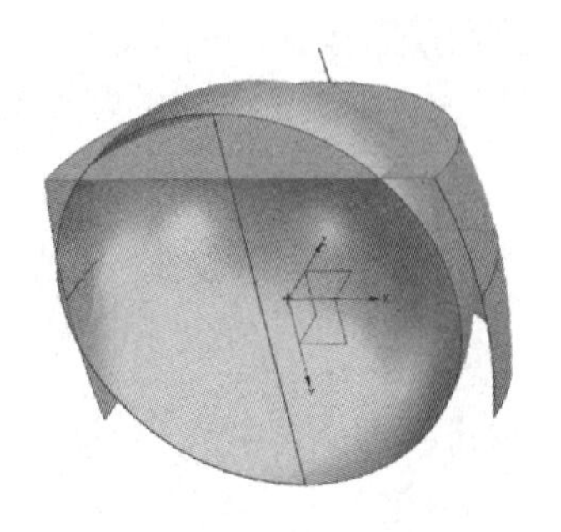

图 3-2-30　旋转草图 5 效果

Extend），或选择【菜单】(Menu）中【插入】(Insert)|【修剪】(Trim)| 修剪和延伸（Trim and Extend）命令，系统弹出如图 3-2-24 所示的修剪和延伸对话框。在第一栏选择【制作拐角】;【目标】、【工具】栏依次选择如图 3-2-31 中箭头所指的球面①和球面②（除球面 1 之外的其他所有曲面）；单击 确定 按钮，完成修剪和延伸创建。结果如图 3-2-32 所示。如效果不对，请根据图形更改目标或者工具的方向，即根据需要分别单击 图标。

14. 修剪片体 1

单击菜单栏中【曲面】(Surface)，在对应命令面板上，单击 修剪片体（Trim Sheet），或选择【菜单】(Menu）中【插入】(Insert)|【修剪】(Trim)| 修剪片体（Trim Sheet）命令，系统弹出如图 3-2-33 所示的修剪片体对话框。【目标】= 全部曲面；【边界】选择 *XOZ* 平面；【投影方向】= 垂直于面；【区域】选择含半球面的这面，勾选【保留】；单击 确定 按钮，完成片体修剪。结果如图 3-2-34 所示。

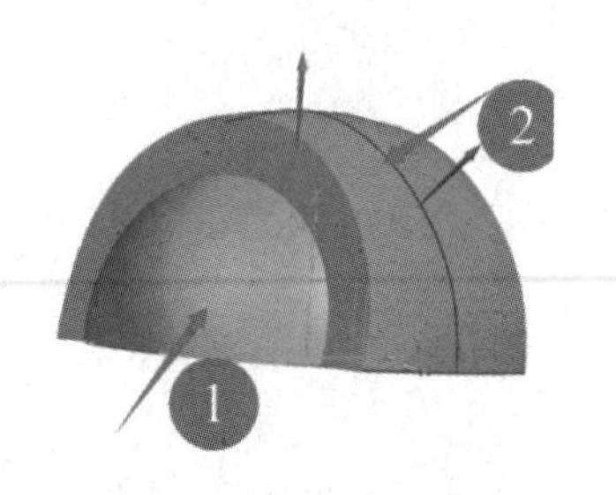

图 3-2-31　目标面和工具面

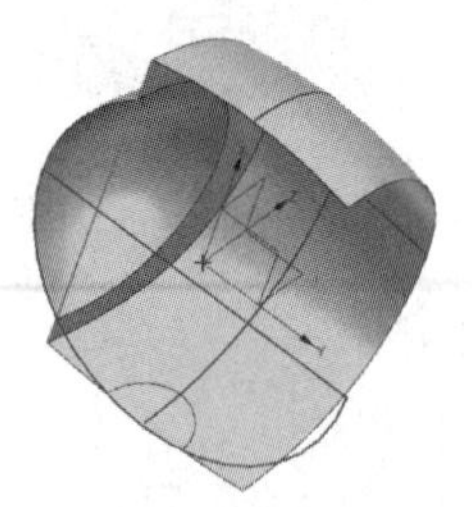

图 3-2-32　修剪和延伸 2 效果

图 3-2-33　修剪片体对话框

15. 镜像片体

单击菜单栏中【主页】(Home)，在对应命令面板上，单击 【更多】(More)|【复制】(Copy)|【镜像几何体】(Mirror Geometry）命令，或选择【菜单】(Menu）中【插入】(Insert)|【关联复制】(Associative Copy)|【镜像几何体】(Mirror Geometry）命令，系统弹出如图 3-2-35 所示的镜像几何体对话框。【要镜像的几何体】栏，选择上一步修剪完的片体；【镜像平面】选择 *XOZ* 平面；单击 确定 按钮，结果如图 3-2-36 所示。

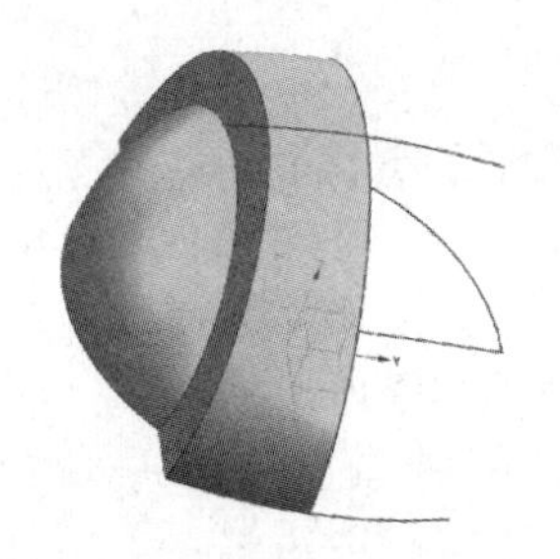

图 3-2-34 片体 1 修剪效果

图 3-2-35 镜像几何体对话框

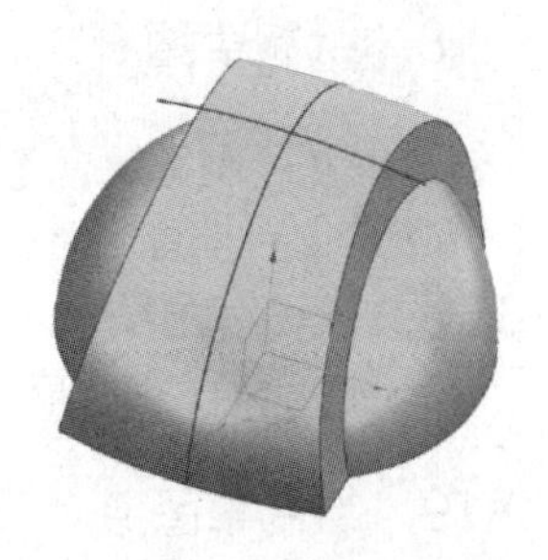

图 3-2-36 镜像几何体效果

16. 绘制草图 6

单击菜单栏中【主页】(Home),在对应命令面板上,单击草图(Sketch),或选择【菜单】(Menu)中【插入】(Insert)|【草图】(Sketch)命令,系统弹出创建草图对话框,选择【基于平面】,在绘图区选择 *XOZ* 平面,单击对话框上的< 确定 >按钮,进入草图绘制界面。草图 6 形状及尺寸如图 3-2-37 所示。绘制完草图后,单击平面左上角【完成草图】按钮,退出草图绘制界面。结果如图 3-2-38 所示。

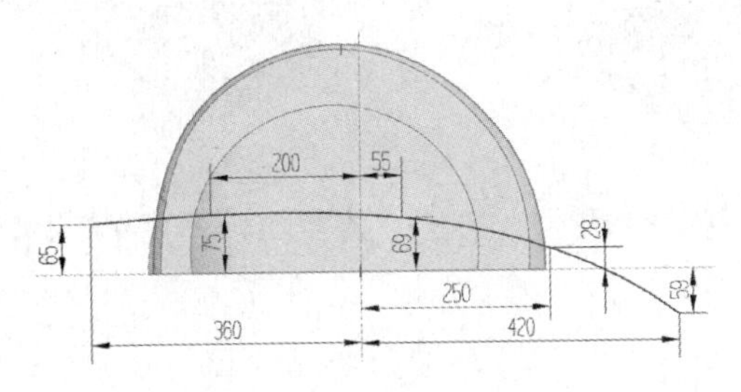

图 3-2-37 草图 6 形状及尺寸

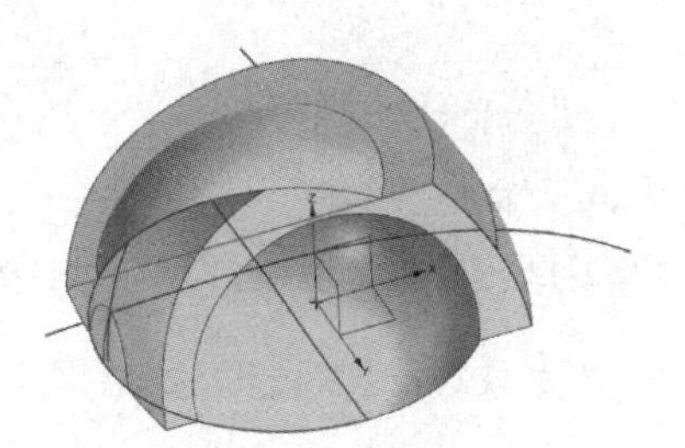

图 3-2-38 草图 6 效果

17. 绘制草图 7

单击草图(Sketch)。在第一栏选择【基于路径】,【路径】选择草图 6 曲线(选择曲线时,选取如图 3-2-39 箭头所指的大概位置);【平面位置】|【位置】= 弧长百分比,【弧长百分比】= 0;【平面方位】|【方向】=垂直于路径。单击< 确定 >按钮,进入草图绘制界面。单击创建草图对话框上的< 确定 >按钮,进入草图绘制界面。草图 7 形状及尺寸如图 3-2-40 所示。绘制完草图后,单击平面左上角【完成草图】按钮,退出草图绘制界面。结果如图 3-2-41 所示。

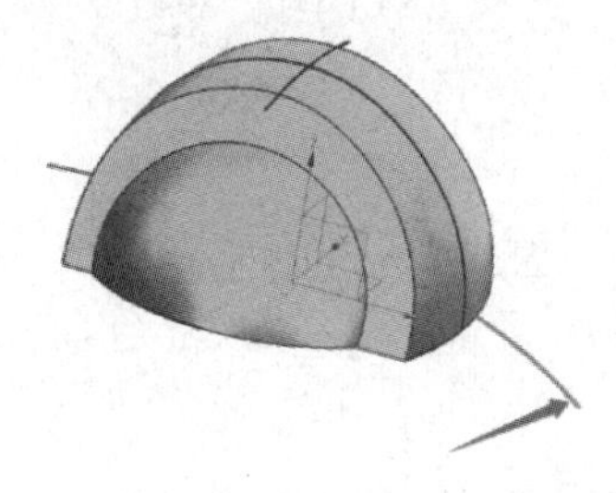

图 3-2-39 基于路径的位置选择

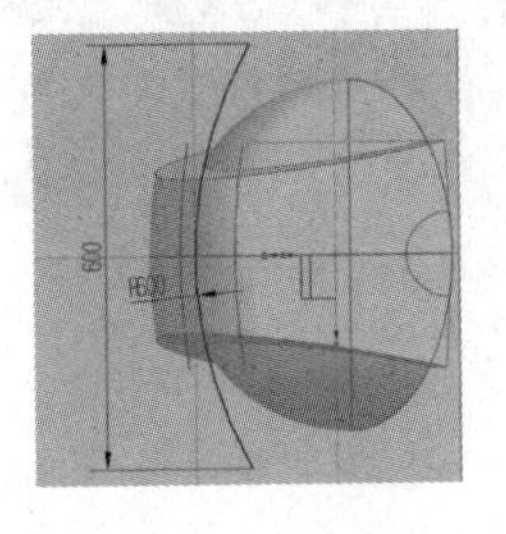

图 3-2-40 草图 7 形状及尺寸

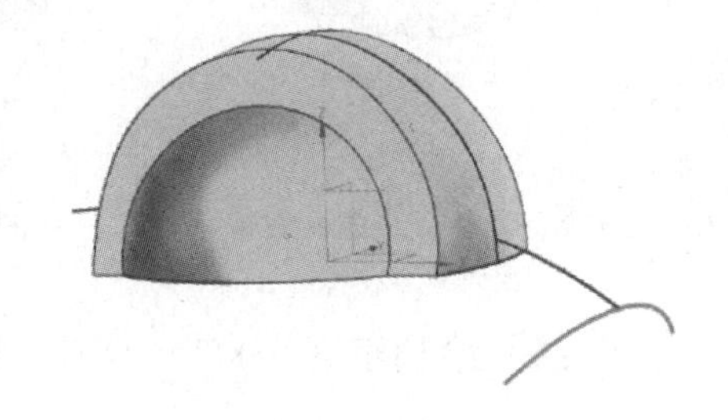

图 3-2-41 草图 7 效果

18. 绘制草图 8

同草图 7 绘制方法，【平面位置】|【位置】= 弧长百分比，【弧长百分比】= 0；【平面方位】|【方向】= 垂直于路径。单击< 确定 >按钮，进入草图绘制界面。单击创建草图对话框上的< 确定 >按钮，进入草图绘制界面。草图 8 形状及尺寸如图 3-2-42 所示。绘制完草图后，单击平面左上角【完成草图】按钮，退出草图绘制界面。结果如图 3-2-43 所示。

19. 绘制草图 9

同草图 7 绘制方法，【平面位置】|【位置】= 弧长百分比，【弧长百分比】= 0；【平面方位】|【方向】= 垂直于路径。单击< 确定 >按钮，进入草图绘制界面。单击创建草图对话框上的< 确定 >按钮，进入草图绘制界面。草图 9 形状及尺寸如图 3-2-44 所示。绘制完草图后，单击平面左上角【完成草图】按钮，退出草图绘制界面。结果如图 3-2-45 所示。

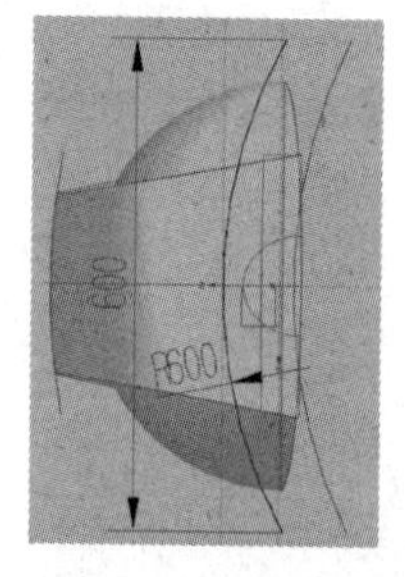

图 3-2-42　草图 8 形状及尺寸

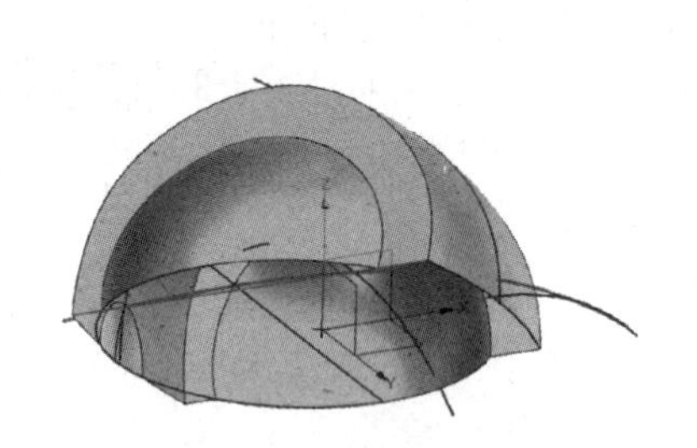
图 3-2-43　草图 8 效果

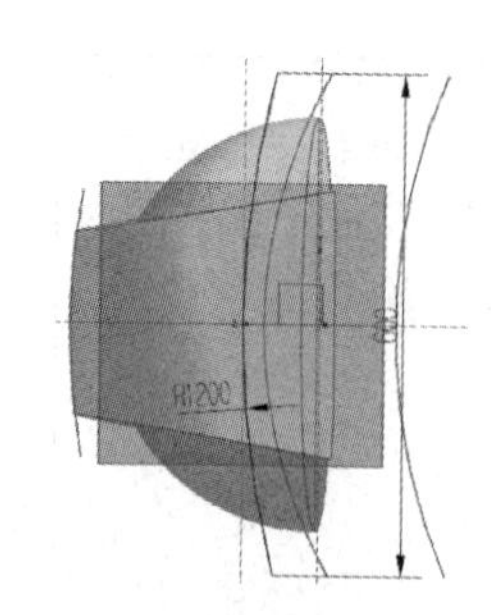

图 3-2-44　草图 9 形状及尺寸

20. 扫掠面 2

单击菜单栏中【曲面】(Surface)，在对应命令面板上，单击扫掠（Swept），或选择【菜单】(Menu) 中【插入】(Insert)|【扫掠】(Swept)|扫掠（Swept）命令，系统弹出扫掠面对话框。在【截面】栏，依次选择如图 3-2-46 所示的三条曲线（①②③）；在【引导线】栏，选择剩下曲线④；其他设置选择默认设置。单击< 确定 >按钮，完成扫掠面创建。结果如图 3-2-47 所示。

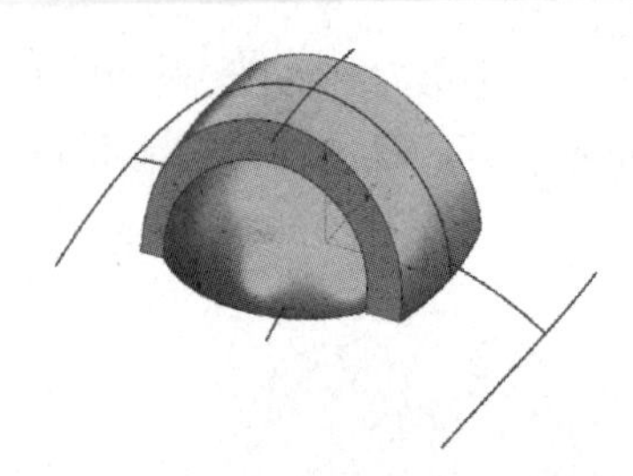
图 3-2-45　草图 9 效果

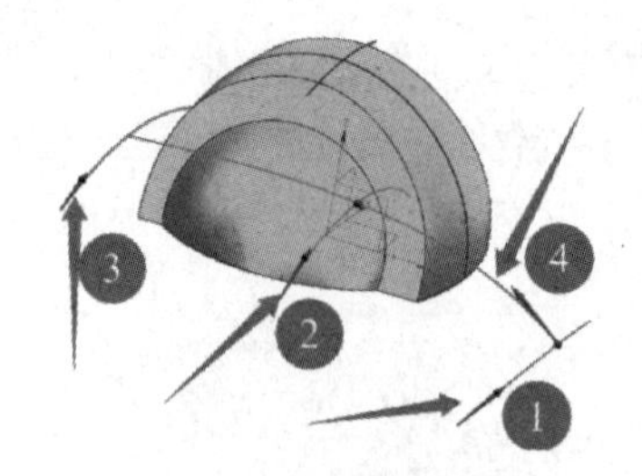

图 3-2-46　截面和引导线

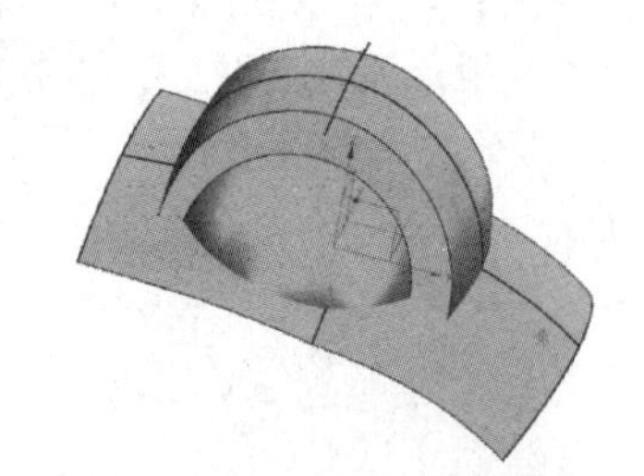
图 3-2-47　扫掠面 2 效果

21. 绘制草图 10

单击菜单栏中【主页】(Home)，在对应命令面板上，单击草图（Sketch），或选择【菜单】(Menu) 中【插入】(Insert)|【草图】(Sketch) 命令，系统弹出创建草图对话框，选择【基

于平面】，在绘图区选择 *XOY* 平面，单击对话框上的< 确定 >按钮，进入草图绘制界面。草图 10 形状及水平放置的椭圆尺寸如图 3-2-48 所示。绘制完草图后，单击平面左上角【完成草图】按钮，退出草图绘制界面。结果如图 3-2-49 所示。

22. 修剪片体 2

单击菜单栏中【曲面】(Surface)，在对应命令面板上，单击修剪片体（Trim Sheet），或选择【菜单】(Menu) 中【插入】(Insert) |【修剪】(Trim) | 修剪片体（Trim Sheet）命令，系统弹出修剪片体对话框。【目标】= 扫掠面 2；【边界】= 草图 10；【投影方向】=垂直于曲线平面；【区域】选择含椭圆内的面，勾选【保留】；单击< 确定 >按钮，完成片体修剪。结果如图 3-2-50 所示。

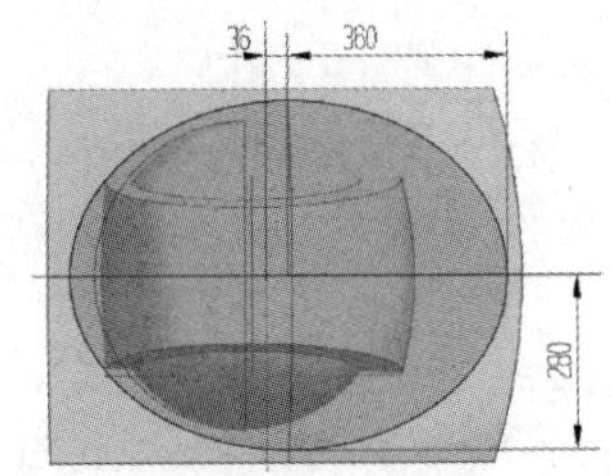

图 3-2-48　草图 10 形状及尺寸

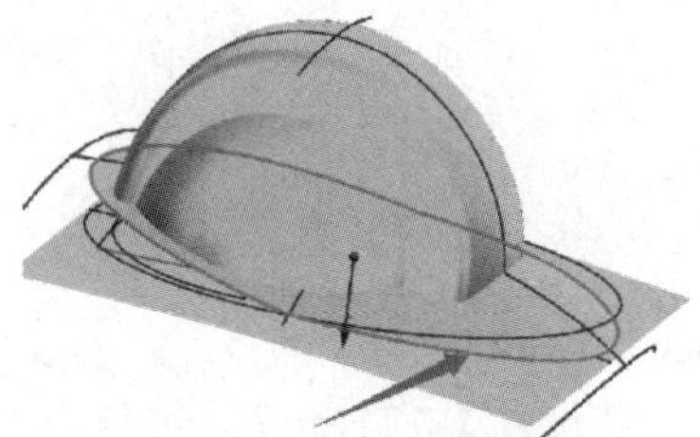

图 3-2-49　草图 10 效果

图 3-2-50　片体 2 修剪后效果

23. 圆角 1

单击菜单栏中【主页】(Home)，在对应命令面板上，单击【边倒圆】(Edge Blend)，或选择【菜单】(Menu) 中【插入】(Insert) |【细节特征】(Detail Feature) | 【边倒圆】(Edge Blend) 命令，系统弹出边倒圆对话框。选择图 3-2-51 箭头所指的两条边，【边】|【形状】= 圆形，【半径 1】= 50mm；其他默认设置。单击< 确定 >，结果如图 3-2-52 所示。

24. 圆角 2

同上操作，选择【边倒圆】(Edge Blend) 命令，系统弹出边倒圆对话框。选择图 3-2-53 所示边（箭头所指的边和另一侧对应位置的边），设置圆角半径为 10mm。单击< 确定 >，结果如图 3-2-54 所示。

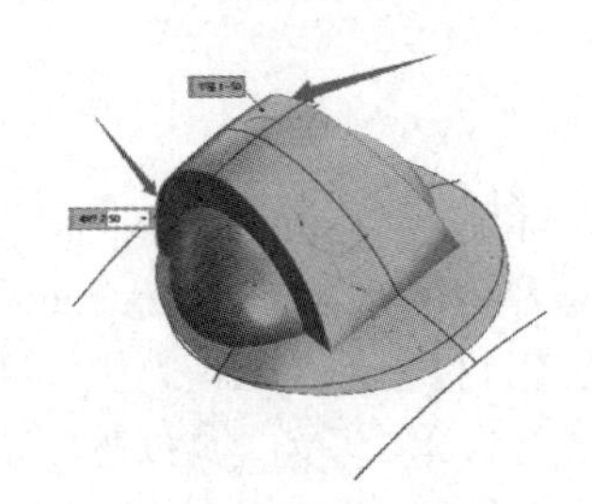

图 3-2-51　圆角 1 的两条边

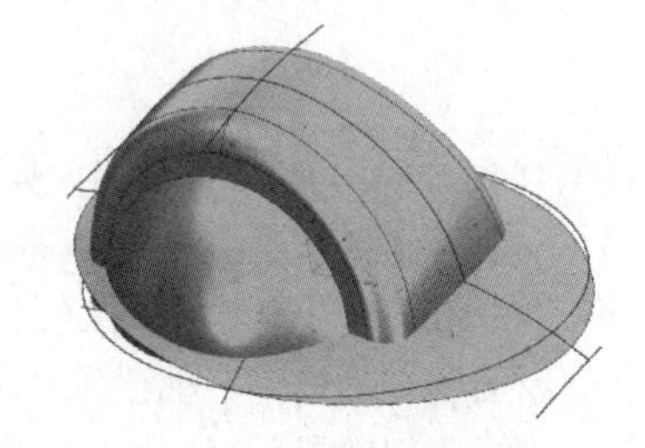

图 3-2-52　圆角 1 效果

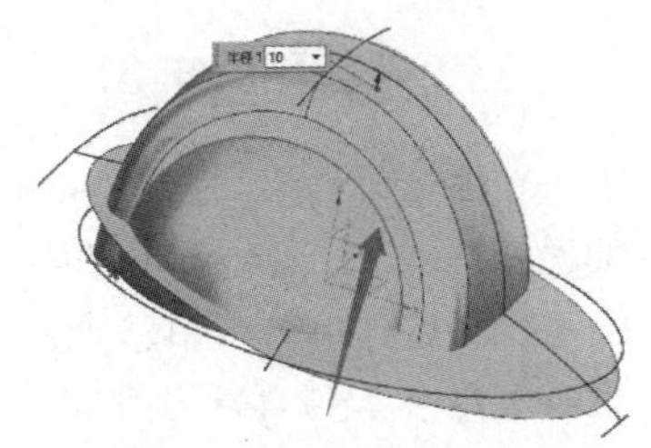

图 3-2-53　圆角 2 的边

25. 绘制草图 11

单击菜单栏中【主页】(Home)，在对应命令面板上，单击草图（Sketch），或选择【菜

单】(Menu) 中【插入】(Insert) |【草图】(Sketch) 命令，系统弹出创建草图对话框，选择【基于平面】，在绘图区选择 *XOZ* 平面，单击对话框上的< 确定 >按钮，进入草图绘制界面。草图 11 形状及尺寸如图 3-2-55 所示。绘制完草图后，单击平面左上角【完成草图】按钮，退出草图绘制界面。结果如图 3-2-56 所示。

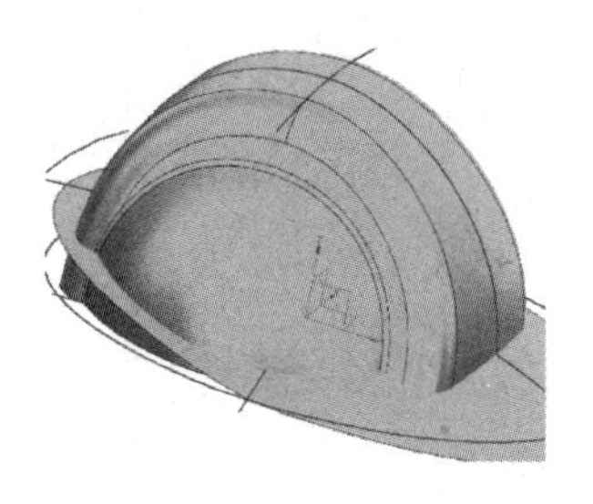

图 3-2-54 圆角 2 效果

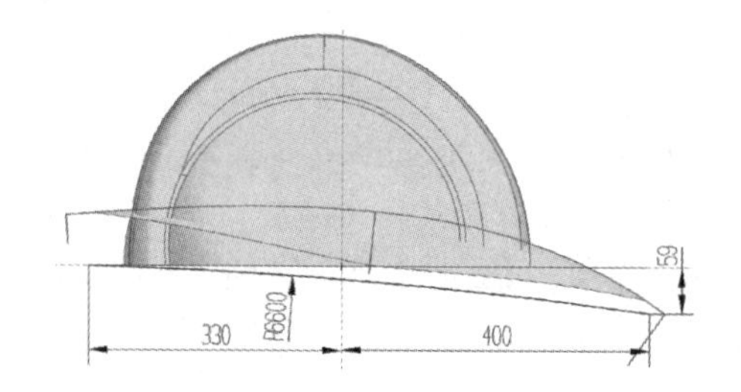

图 3-2-55 草图 11 形状及尺寸

26. 缝合 1

单击菜单栏中【曲面】(Surface)，在对应命令面板上，单击缝合 (Sew)，或选择【菜单】(Menu) 中【插入】(Insert) |【修剪】(Trim) | 缝合 (Sew) 命令，系统弹出如图 3-2-57 所示的缝合对话框。第一栏选择【片体】；【目标】、【工具】栏依次选择如图 3-2-58 所示的曲面①和曲面②；单击< 确定 >按钮，完成片体缝合。缝合结果无法直接看出。可以通过再次单击缝合命令，将鼠标移至刚缝合的曲面上，可以发现帽顶部位已经成为一个整面。

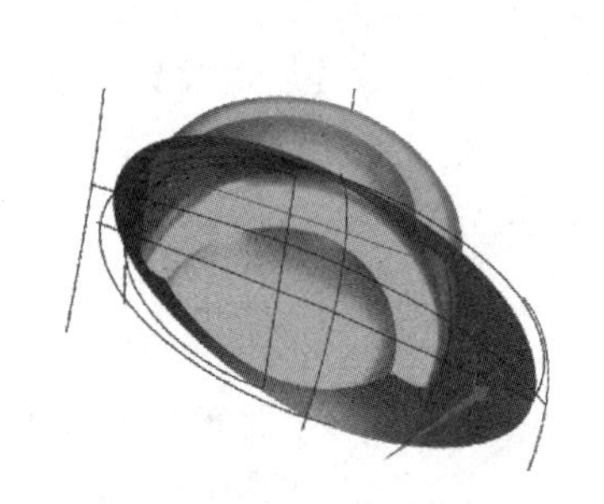

图 3-2-56 草图 11 效果

图 3-2-57 缝合对话框

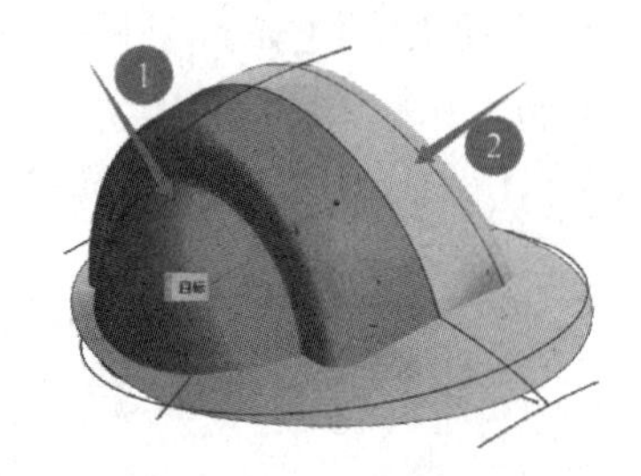

图 3-2-58 缝合目标和工具

27. 修剪和延伸 3

单击菜单栏中【曲面】(Surface)，在对应命令面板上，单击修剪和延伸(Trim and Extend)，或选择【菜单】(Menu) 中【插入】(Insert) |【修剪】(Trim) | 修剪和延伸 (Trim and Extend) 命令，系统弹出修剪和延伸对话框。在第一栏选择【制作拐角】；【目标】、【工具】栏依次选择如图 3-2-59 中箭头所指（上一步刚缝合的曲面）曲面①和曲面②；单击< 确定 >按钮，完成修剪和延伸创建。结果如图 3-2-60 所示。如效果不对，请根据图形更改目标或者工具的方向，即根据需要分别单击图标。

28. 拉伸草图 11

单击菜单栏中【主页】(Home)，在对应命令面板上，单击【拉伸】命令，在“拉伸”对

话框中单击【截面】栏，选择栏中选项为 单条曲线 ，曲线选择如图 3-2-56 所指的单条曲线；【方向】选择 YC（+Y 方向）；在【限制】|【起始】= 对称，【距离】= 700mm；其他选项设置为无，单击 < 确定 > 按钮，结果如图 3-2-61 所示。

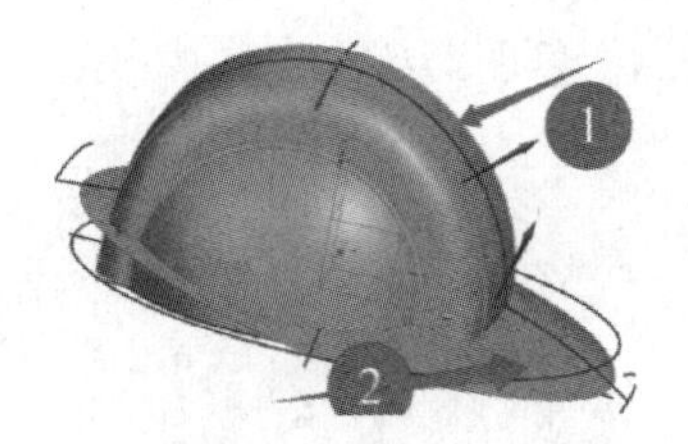

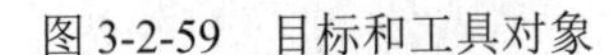
图 3-2-59　目标和工具对象

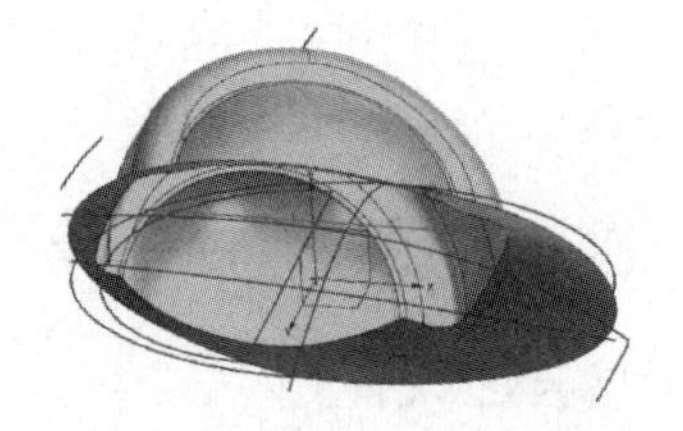
图 3-2-60　修剪和延伸 3 效果

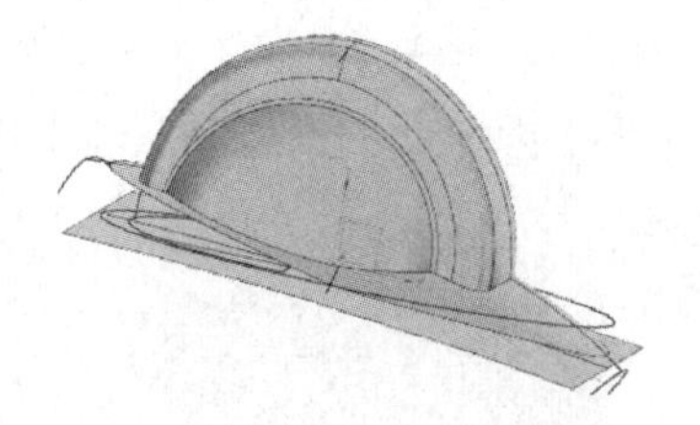
图 3-2-61　拉伸草图 11 效果

29. 拉伸草图 10

单击菜单栏中【主页】(Home)，在对应命令面板上，单击【拉伸】命令，在“拉伸”对话框中单击【截面】栏，选择栏中选项为 单条曲线 ，曲线选择如图 3-2-49 所指的单条曲线；【方向】选择 -ZC（$-Z$ 方向）；在【限制】栏中选择起始、结束模式和距离，起始、结束模式均选择【值】，起始距离输入 0mm，结束距离输入 100mm；其他选项设置为无，单击 < 确定 > 按钮，结果如图 3-2-62 所示。

30. 修剪和延伸 4

单击菜单栏中【曲面】(Surface)，在对应命令面板上，单击修剪和延伸(Trim and Extend)，或选择【菜单】(Menu) 中【插入】(Insert)|【修剪】(Trim)| 修剪和延伸 (Trim and Extend) 命令，系统弹出修剪和延伸对话框。在第一栏选择【制作拐角】；【目标】、【工具】栏依次选择如图 3-2-63 中箭头所指曲面①(草图 10 拉伸面) 和曲面②(草图 11 拉伸面)；单击 < 确定 > 按钮，完成修剪和延伸创建。结果如图 3-2-64 所示。如效果不对，请根据图形更改目标或者工具的方向，即根据需要分别单击图标。

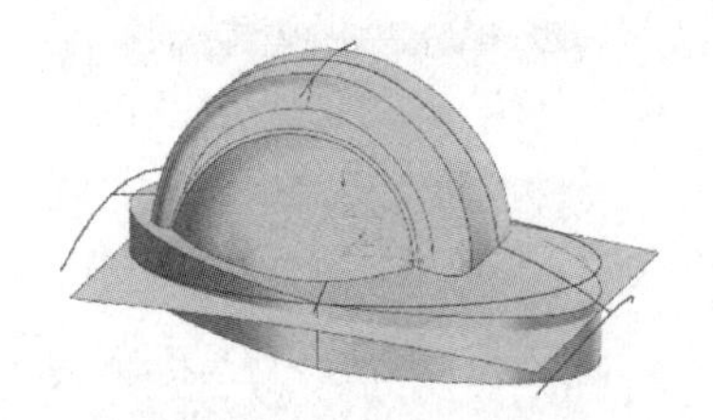
图 3-2-62　拉伸草图 10 效果

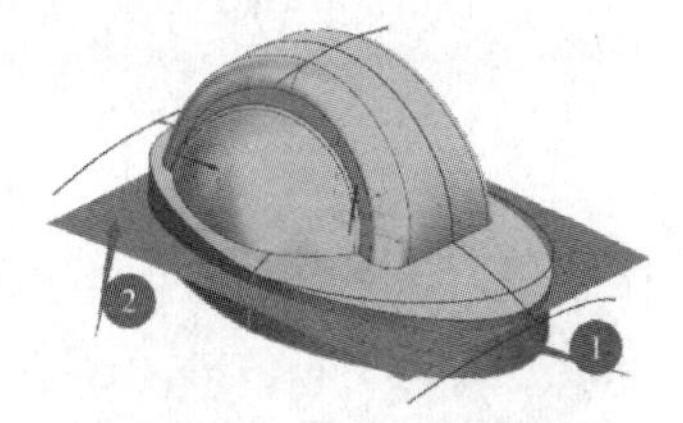

图 3-2-63　目标和工具对象

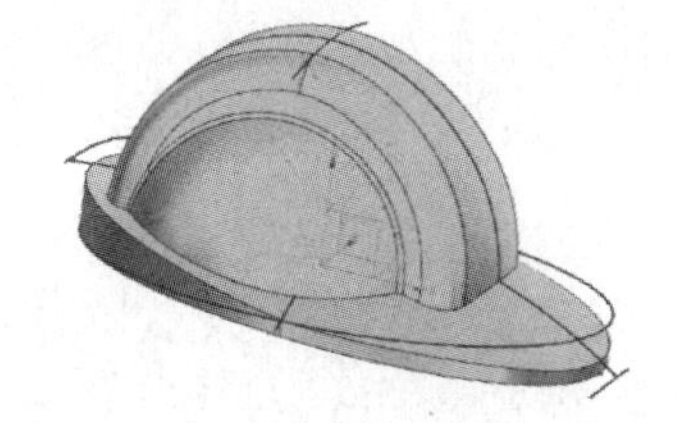
图 3-2-64　修剪和延伸 4 效果

31. 缝合 2

单击菜单栏中【曲面】(Surface)，在对应命令面板上，单击缝合 (Sew)，或选择【菜单】(Menu) 中【插入】(Insert)|【修剪】(Trim)| 缝合 (Sew) 命令，系统弹出缝合对话框。【目标】、【工具】栏依次选择如图 3-2-65 所示的曲面①(帽顶部分) 和曲面②；单击 < 确定 > 按钮，完成片体缝合。

32. 圆角 3

单击菜单栏中【主页】(Home)，在对应命令面板上，单击【边倒圆】(Edge Blend)，或选择【菜单】(Menu) 中【插入】(Insert) |【细节特征】(Detail Feature) |【边倒圆】(Edge Blend) 命令，系统弹出边倒圆对话框。选择图 3-2-66 箭头所指的一整圈的边，设置圆角半径为 5mm。单击< 确定 >，结果如图 3-2-67 所示。

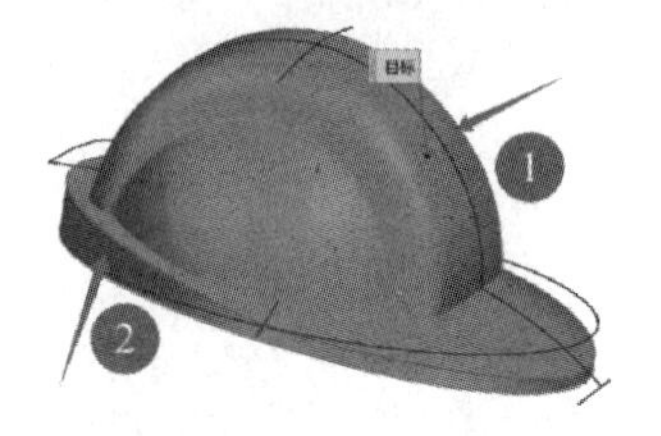

图 3-2-65 缝合 2 目标和工具对象

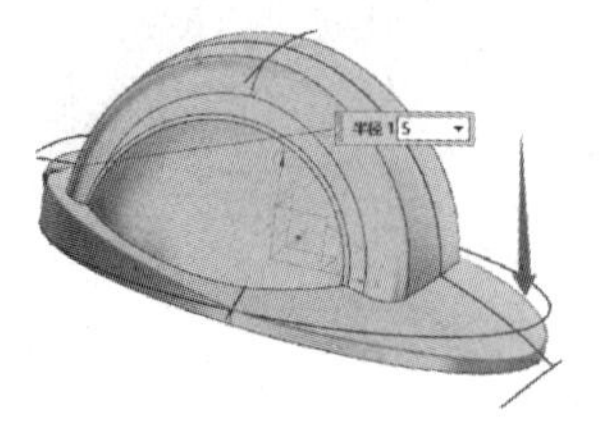

图 3-2-66 圆角 3 的边

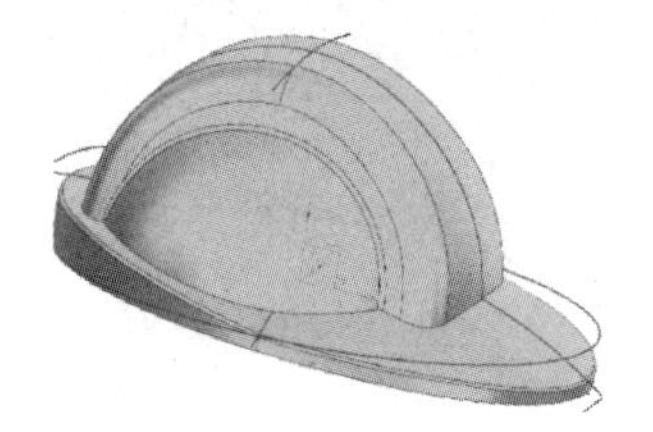

图 3-2-67 圆角 3 效果

33. 圆角 4

单击菜单栏中【主页】(Home)，在对应命令面板上，单击【边倒圆】(Edge Blend)，或选择【菜单】(Menu) 中【插入】(Insert) |【细节特征】(Detail Feature) |【边倒圆】(Edge Blend) 命令，系统弹出边倒圆对话框。选择图 3-2-68 箭头所指的一整圈的边，设置圆角半径为 5mm。单击< 确定 >，结果如图 3-2-69 所示。

34. 抽壳

单击菜单栏中【主页】(Home)，在对应命令面板上，单击【抽壳】(Shell) 命令，或选择【菜单】(Menu) 中【插入】(Insert) |【偏置/缩放】(Offset/Scale) |【抽壳】(Shell) 命令，系统弹出“抽壳”对话框，如图 3-2-70 所示。在第一栏选择【开放】，【面】选择安全帽的底面(箭头所指的面)，如图 3-2-71 所示;【厚度】输入值 3 mm。其他选项不修改，单击< 确定 >按钮，结果如图 3-2-72 所示。

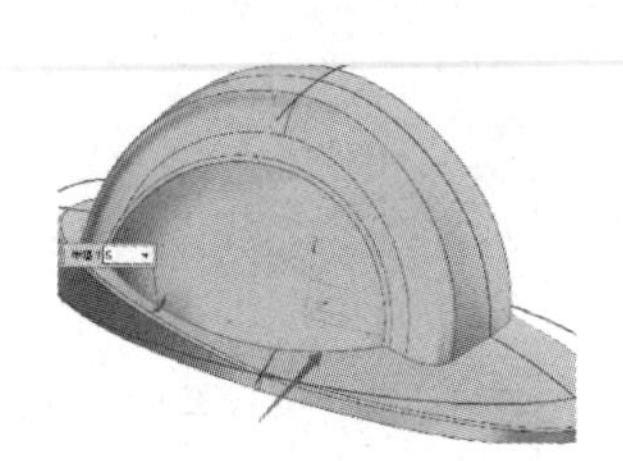

图 3-2-68 圆角 4 的边

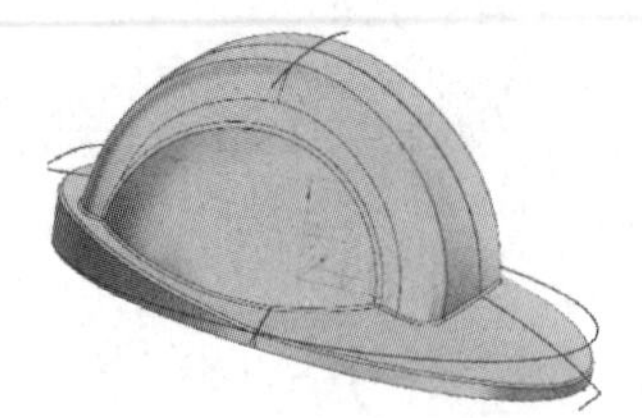

图 3-2-69 圆角 4 效果

图 3-2-70 抽壳对话框

35. 隐藏草图及辅助基准

按住 Ctrl+W，或者单击菜单栏中【视图】(View)，在对应命令面板上，单击【显示和隐藏】(Show and Hide) 命令，或选择【菜单】(Menu) 中【编辑】(Edit) |【显示和隐藏】(Show and Hide) |【显示和隐藏】(Show and Hide) 命令，弹出显示和隐藏对话框（如图 3-2-73

所示）。隐藏基准、草图等（仅剩实体显示），关闭对话框。效果如图 3-2-74 所示。

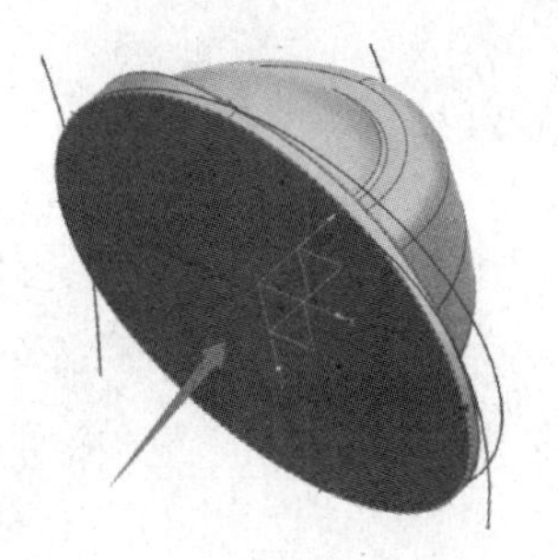

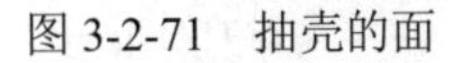

图 3-2-71　抽壳的面

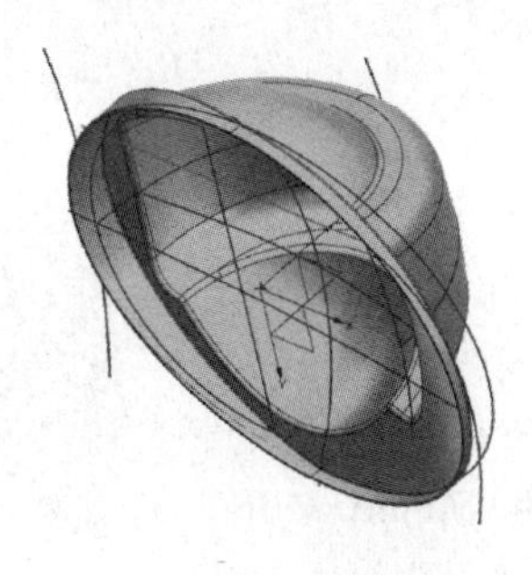

图 3-2-72　抽壳效果

图 3-2-73　显示和隐藏对话框

36. 更改显示面边模式

单击菜单栏中【显示】（Display），在对应命令面板上，单击【面边】（Face Edges）命令，或选择【菜单】（Menu）中【视图】（View） |【显示】（Display）|【面边】（Face Edges）命令，如图 3-2-75 所示。安全帽实体的面边即消失。结果如图 3-2-76 所示。

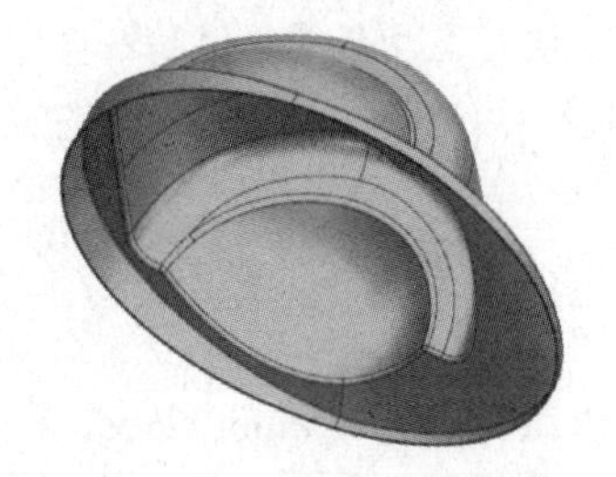

图 3-2-74　隐藏草图及辅助基准效果

图 3-2-75　面边位置

图 3-2-76　更改显示面边模式效果

37. 保存文件

单击软件界面左上角的【保存】（Save）按钮，保存文件。

实例三　剃须刀设计资源

实例三　剃须刀设计

【学习任务】

根据如图 3-3-1 所示图形，绘制三头剃须刀实体模型。

【课程思政】

剃须刀是男性日常护理的必备工具。它常被用作礼物赠送给男士，代表着送礼者希望收礼者能够保持干净、整洁、精神饱满的形象。此外，剃须刀作为一种实用的礼物，也象征着对收礼者的尊重和重视。在不同的文化背景下，剃须刀作为礼物的含义也有所不同。在某些文化中，剃须刀可能被视为一种成人礼的礼物，代表着男人已经步入成年，需要承担更多的责任和义务。

而在其他文化中，剃须刀则可能被视为一种友谊的象征。

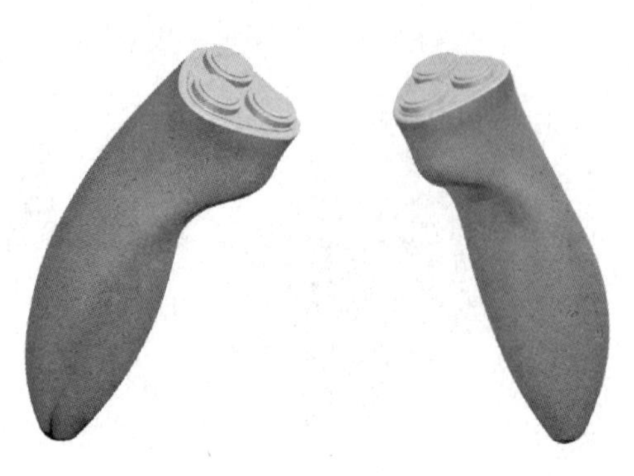

图 3-3-1 三头剃须刀效果图

【学习目标】

① 能够熟练使用投影曲线（Project Curve）、点（Point）、基准平面（Datum Plane）、边倒圆（Edge Blend）、通过曲线网格（Through Curve Mesh）、填充曲面（Fill Surface）、凸起（Emboss）、艺术样条（Studio Spline）、缝合（Sew）等各类设计命令，设计三头剃须刀及曲面建模方法。

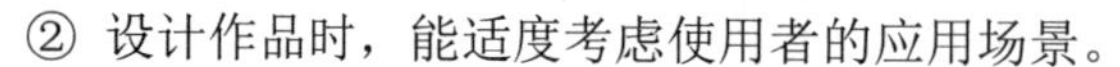

② 设计作品时，能适度考虑使用者的应用场景。

【操作步骤】

1. 新建文件

选择菜单栏中的【文件】(File) |【新建】(New) 命令，或同时按住 Ctrl+N（创建一个新的文件），系统出现新建对话框，在【名称】栏中输入“三头剃须刀”，在【单位】下拉框中选择“毫米”，单击< 确定 >按钮，创建一个文件名为“三头剃须刀.prt”、单位为毫米的文件，并自动（默认）启动【建模】应用程序。

2. 创建基准面 1

单击菜单栏中【主页】(Home)，在对应命令面板上，单击【基准】(Datum Plane) 命令，或选择【菜单】(Menu) 中【插入】(Insert) |【基准】(Datum) |【基准】(Datum Plane) 命令，打开基准平面对话框如图 3-3-2 所示，在第一栏中选择【成一角度】，【平面参考】选择 *XOY* 基准平面；【通过轴】选择绘图区基准坐标系上的 *X* 轴；【角度】|【角度选项】=值，【角度】=−5°；单击< 确定 >按钮，结果如图 3-3-3 所示。

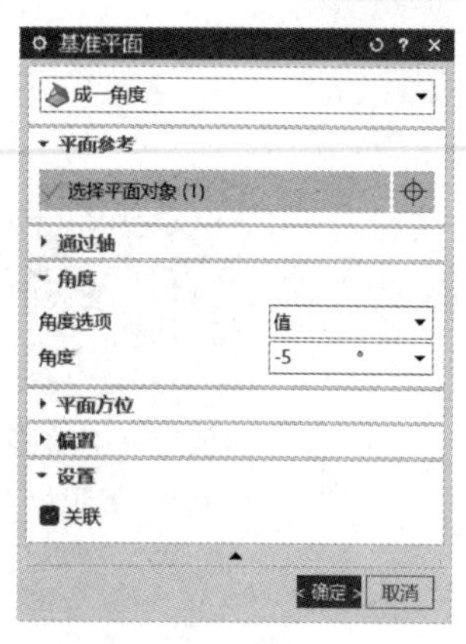

图 3-3-2 基准平面对话框

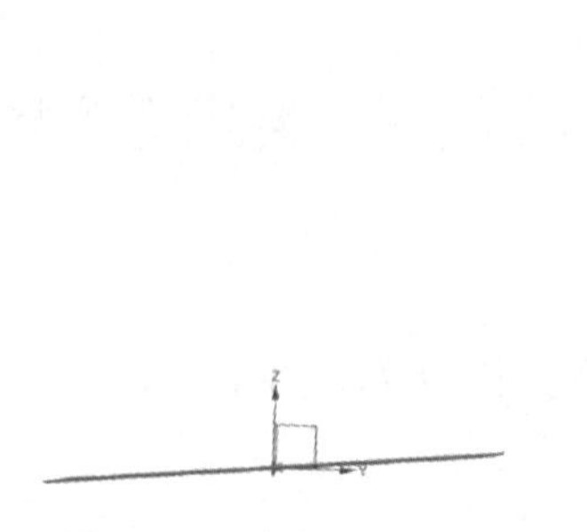

图 3-3-3 基准面 1 效果

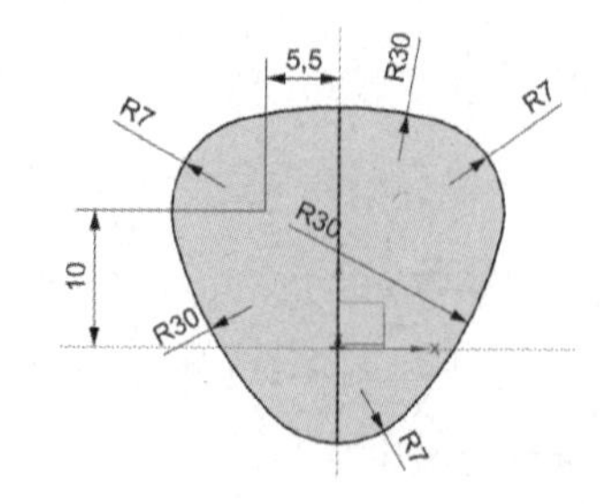

图 3-3-4 草图 1 形状及尺寸

3. 绘制草图 1

单击菜单栏中【主页】(Home)，在对应命令面板上，单击草图（Sketch），或选择【菜

单】(Menu)中【插入】(Insert)|【草图】(Sketch)命令，系统弹出创建草图对话框，在绘图区选择 *XOZ* 平面，单击对话框上的< 确定 >按钮，进入草图绘制界面。草图 1 形状及尺寸如图 3-3-4 所示，其中草图左右对称。绘制完草图后，单击平面左上角【完成草图】按钮，退出草图绘制界面。结果如图 3-3-5 所示。

4. 绘制草图 2

单击草图（Sketch），在绘图区选择 *YOZ* 平面，草图 2 形状及尺寸如图 3-3-6 所示。绘制完草图后，单击平面左上角【完成草图】按钮，退出草图绘制界面。结果如图 3-3-7 所示。

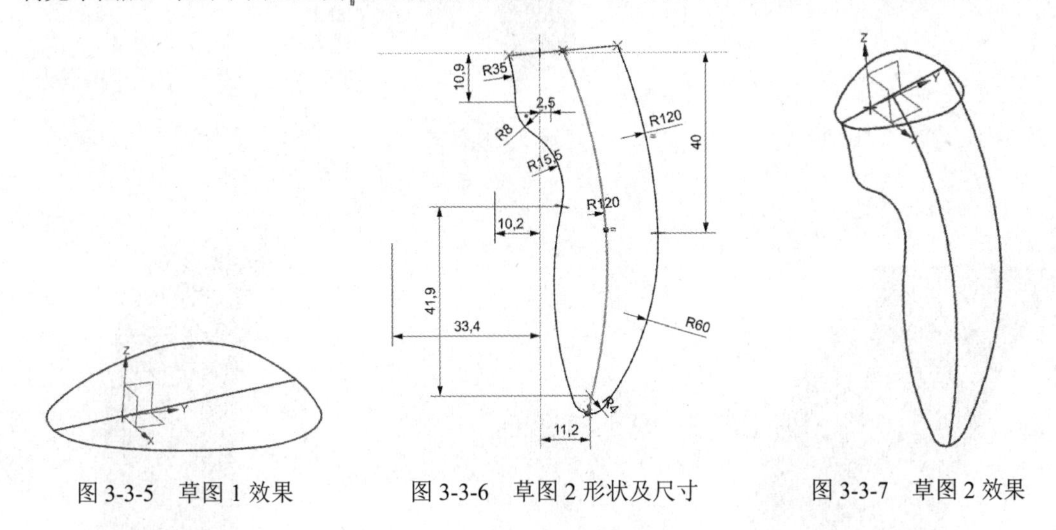

图 3-3-5　草图 1 效果　　图 3-3-6　草图 2 形状及尺寸　　图 3-3-7　草图 2 效果

5. 拉伸草图 2

单击菜单栏中【主页】(Home)，在对应命令面板上，单击【拉伸】命令。在拉伸对话框中单击【截面】栏，选择栏中选项为 单条曲线 ，曲线选择如图 3-3-8 所指的单条曲线；【方向】选择 XC (+*X* 方向)；【限制】|【起始】选择【对称值】，【距离】输入 40mm；其他选项设置为【无】，单击< 确定 >按钮，结果如图 3-3-9 所示。

6. 创建基准面 2

单击菜单栏中【主页】(Home)，在对应命令面板上，单击【基准】(Datum Plane)命令，或选择【菜单】(Menu)中【插入】(Insert)|【基准】(Datum)|【基准】(Datum Plane)命令，打开基准平面对话框如图 3-3-10 所示，在第一栏中选择【自动判断】，【要定义平面的对象】选择曲面与曲线的三个交点（打开对象捕捉中的交点功能）；单击< 确定 >按钮，结果如图 3-3-11 所示。

7. 绘制草图 3

单击草图（Sketch），在绘图区选择基准面 2，草图 3 形状及尺寸如图 3-3-12 所示。绘制完草图后，单击平面左上角【完成草图】按钮，退出草图绘制界面。结果如图 3-3-13 所示。

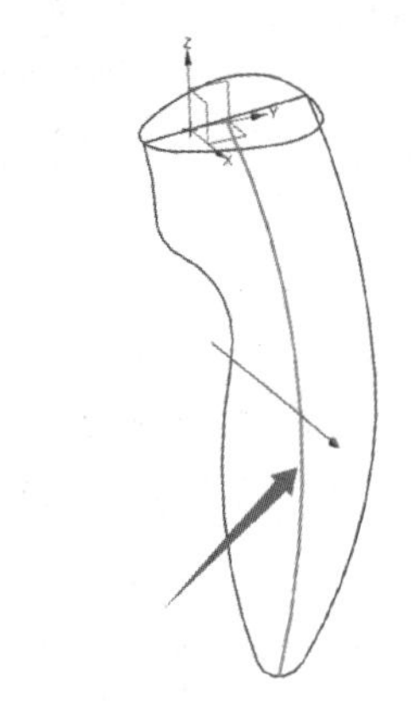

图 3-3-8　草图 2 拉伸曲线

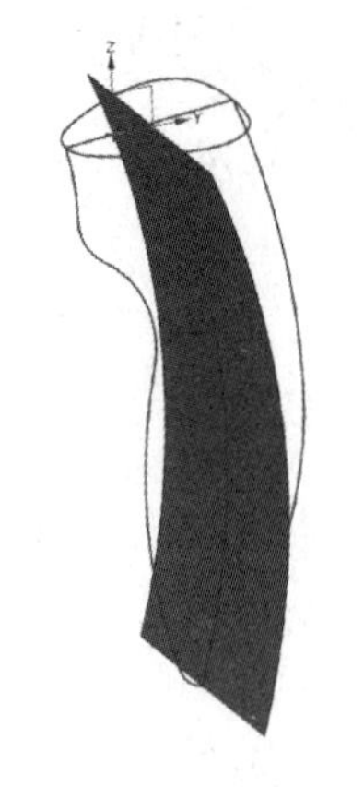

图 3-3-9　草图 2 拉伸效果

图 3-3-10　基准平面对话框

图 3-3-11　基准面 2 效果

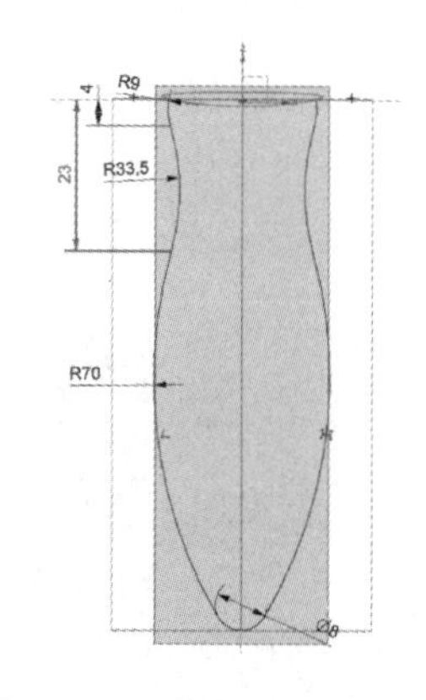

图 3-3-12　草图 3 形状及尺寸

图 3-3-13　草图 3 效果

8. 投影曲线

单击菜单栏中【曲线】(Curve)，在对应命令面板上，单击投影曲线（Project Curve），或选择【菜单】(Menu) 中【插入】(Insert) |【派生曲线】(Derived Curve) | 投影曲线（Project Curve）命令，系统弹出如图 3-3-14 所示的投影曲线对话框。【要投影的曲线或点】选择草图 3 曲线；【要投影的对象】选择基准面 2；【投影方向】|【方向】= 沿矢量，+*Y* 轴；单击 < 确定 > 按钮，完成投影曲线创建。结果如图 3-3-15 所示。

9. 创建基准面 3

单击【基准】(Datum Plane) 命令，打开如图 3-3-16 所示的基准平面对话框，在第一栏中选择【按某一距离】，【平面参考】选择 *XOY* 基准平面；【距离】=−15mm；单击 < 确定 > 按钮，结果如图 3-3-17 所示。

10. 创建基准面 4

单击【基准】(Datum Plane) 命令，打开基准平面对话框，在第一栏中选择【按某一距离】，【平面参考】选择 *XOY* 基准平面；【距离】=−40mm；单击 < 确定 > 按钮，结果如图 3-3-18

所示。

图 3-3-14　投影曲线对话框

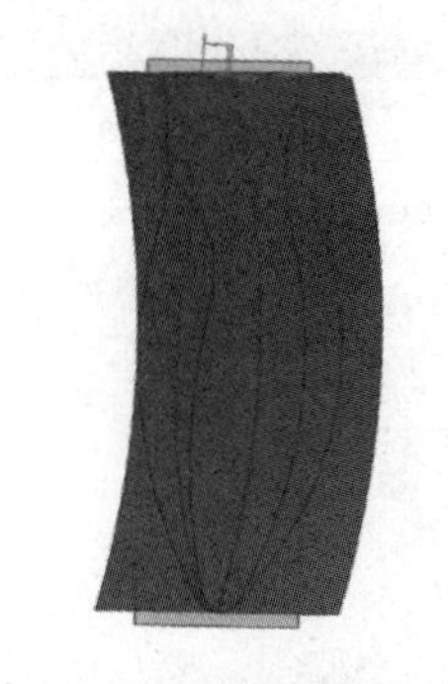

图 3-3-15　投影曲线效果

图 3-3-16　基准平面对话框

11. 隐藏对象

隐藏第 5、6、7 三步创建的对象。在部件导航器中依次选中拉伸、基准平面、草图，然后单击右键（如图 3-3-19 所示），在弹出式菜单中选择第一项【隐藏】。结果如图 3-3-20 所示。

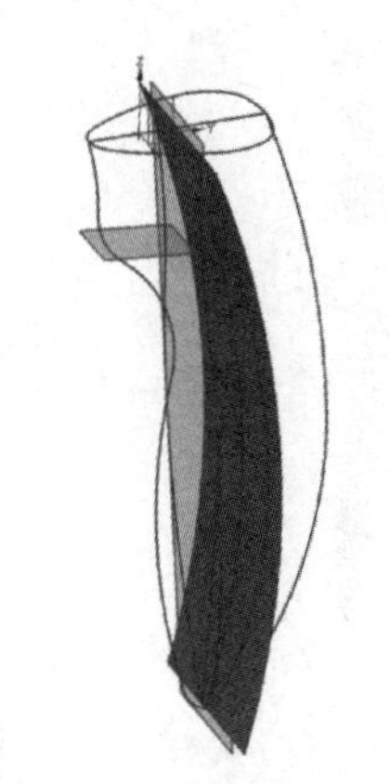

图 3-3-17　基准面 3 效果

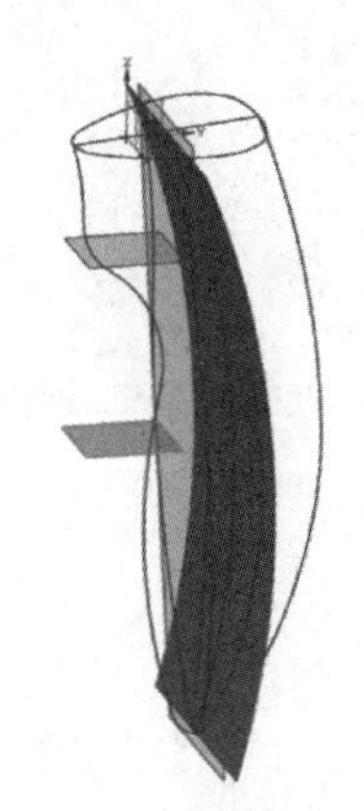

图 3-3-18　基准面 4 效果

图 3-3-19　隐藏对象

12. 创建基准点 1～4

单击菜单栏中【曲线】(Curve)，在对应命令面板上，单击＋点（Point），或选择【菜单】(Menu) 中【插入】(Insert) |【基准】(Datum) |＋点（Point）命令，系统弹出如图 3-3-21 所示的点对话框。第一栏选择【交点】；【曲线、曲面或平面】选择第 9 步创建的基准面 3；【要相交的曲线】选择图 3-3-22 所示的①～④四条曲线；单击 <确定> 按钮，完成基准点创建。结果如图 3-3-23 所示。

技巧：创建基准点，需要一个一个分别进行创建。再选择【要相交的曲线】的 4 条曲线，不可同时选中。

13. 创建基准点 5～8

单击＋点（Point），【曲线、曲面或平面】选择第 10 步创建的基准面 4 ；【要相交的曲线】选择图 3-3-24 所示的⑤～⑧四条曲线；单击 <确定> 按钮，完成基准点创建。结果如

图 3-3-25 所示。

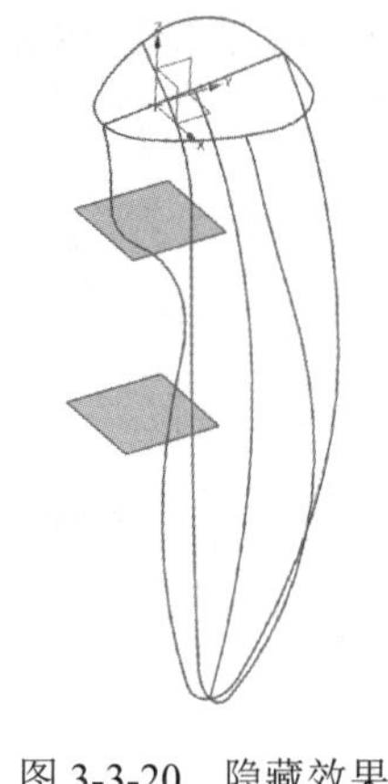

图 3-3-20 隐藏效果

图 3-3-21 点对话框

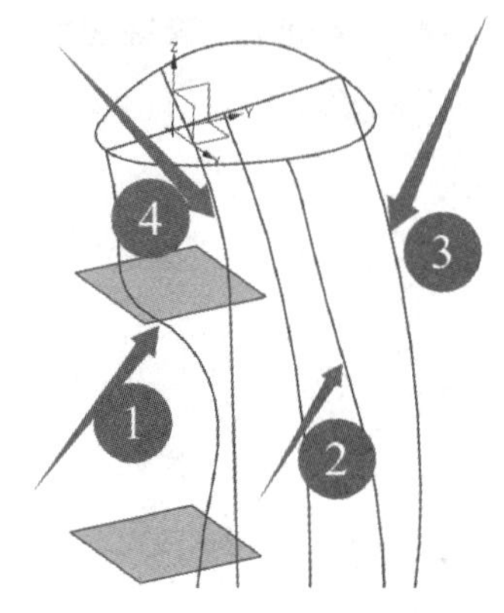

图 3-3-22 要相交的曲线①～④

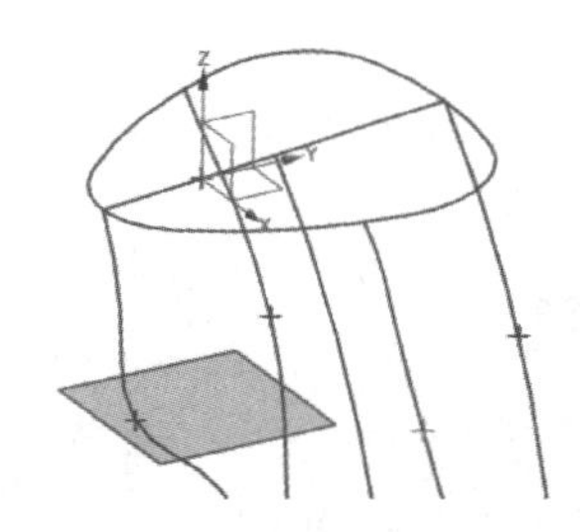

图 3-3-23 基准点 1～4 效果

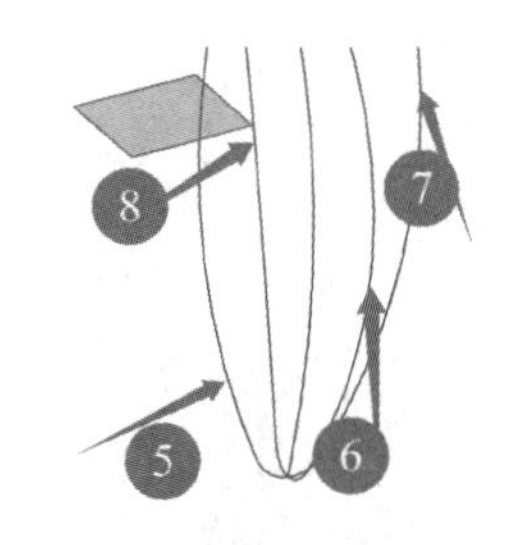

图 3-3-24 要相交的曲线⑤～⑧

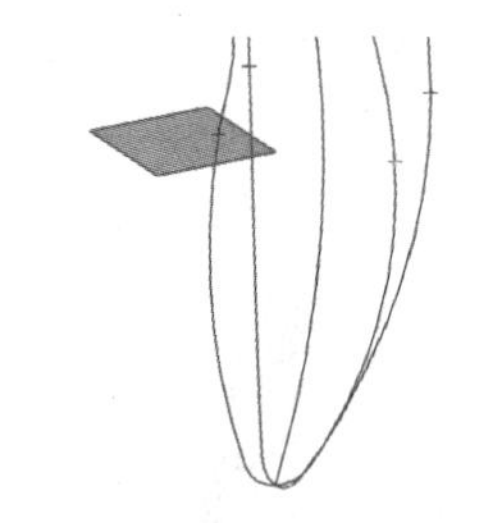

图 3-3-25 基准点 5～8 效果

14. 绘制艺术样条曲线 1

单击菜单栏中【曲线】(Curve)，在对应命令面板上，单击 艺术样条（Studio Spline），或选择【菜单】(Menu) 中【插入】(Insert) |【曲线】(Curve) | 艺术样条（Studio Spline）命令，系统弹出如图 3-3-26 所示的艺术样条对话框。第一栏选择【通过点】；【点位置】选择 1～4 四个点；【参数设置】勾选【封闭】选项；【移动】选择视图；如图 3-3-27 所示。单击 < 确定 > 按钮，完成艺术样条曲线 1 创建。结果如图 3-3-28 所示。

图 3-3-26 艺术样条对话框

图 3-3-27 要相交的曲线 5～8

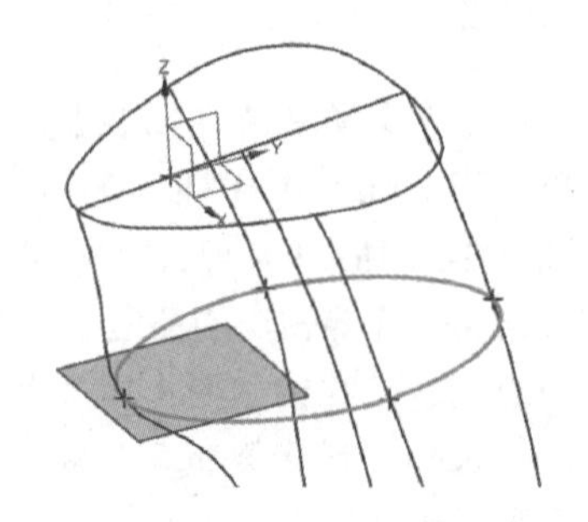

图 3-3-28 艺术样条曲线 1 效果

15. 绘制艺术样条曲线 2

单击 艺术样条（Studio Spline），操作同上一步，第一栏选择【通过点】；【点位置】

选择 5～8 四个点；【参数设置】勾选【封闭】选项；【移动】选择视图。单击< 确定 >按钮，完成艺术样条曲线 2 创建。结果如图 3-3-29 所示。

16. 拉伸曲线 1

单击菜单栏中【主页】(Home)，在对应命令面板上，单击【拉伸】命令，在拉伸对话框中单击【截面】栏，选择栏中选项为 单条曲线 ，曲线选择如图 3-3-30 所指的①曲线；【方向】选择 XC (+X 方向)；在【限制】栏中选择起始、结束模式和距离，起始、结束模式均选择【值】，起始距离输入 0，结束距离输入 20mm；其他选项设置无，单击< 确定 >按钮，结果如图 3-3-31 所示。

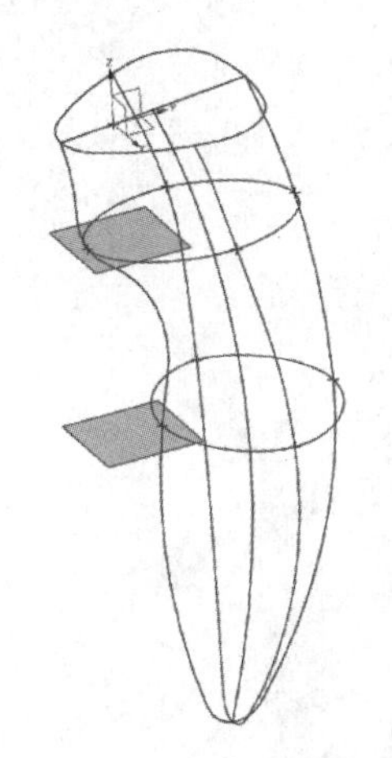

图 3-3-29　艺术样条曲线 2 效果

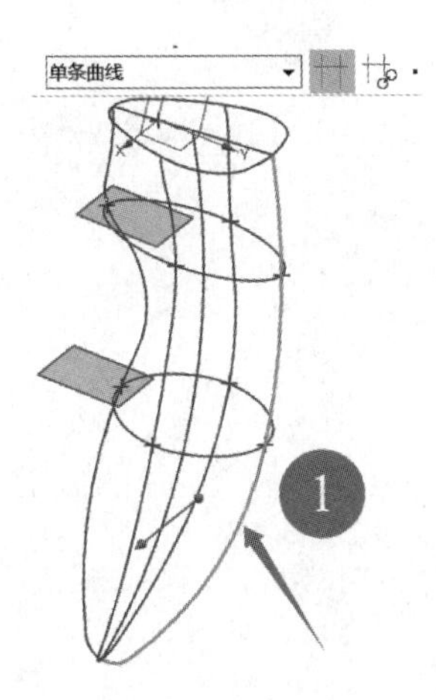

图 3-3-30　曲线 1

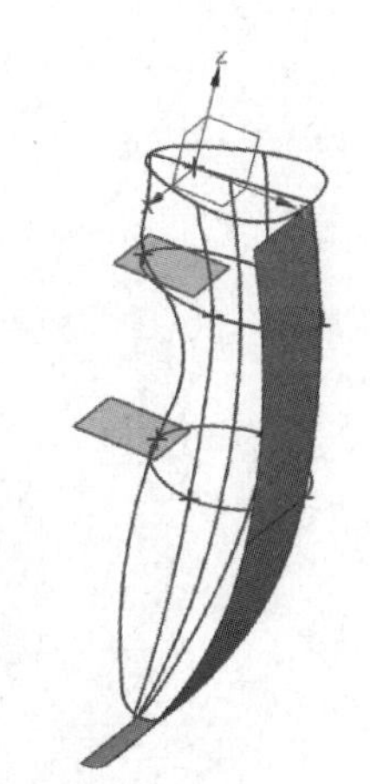

图 3-3-31　拉伸曲线 1 效果

17. 拉伸曲线 2

单击菜单栏中【主页】(Home)，在对应命令面板上，单击【拉伸】命令，在拉伸对话框中单击【截面】栏，选择栏中选项为 单条曲线 ，曲线选择如图 3-3-32 所指的②曲线；【方向】选择 XC (+X 方向)；在【限制】栏中选择起始、结束模式和距离，起始、结束模式均选择【值】，起始距离输入 0mm，结束距离输入 20mm；其他选项设置无，单击< 确定 >按钮，结果如图 3-3-33 所示。

18. 通过曲线网格构造曲面

单击菜单栏中【曲面】(Surface)，在对应命令面板上，单击通过曲线网格（Through Curve Mesh），或选择【菜单】(Menu) 中【插入】(Insert) |【网格曲面】(Mesh Surface) | 通过曲线网格（Through Curve Mesh）命令，系统弹出如图 3-3-34 所示的通过曲线网格对话框。在【主曲线】栏，依次选择如图 3-3-35 所示的①～④四条曲线（每选择完一条/圈，单击一次鼠标中键/滚轮或单击⊕添加新的主曲线，在【主曲线列表】中会增加 1 项记录）；在【交叉曲线】栏，选择如图 3-3-36 所示的①～③三条曲线（每选择完一条/圈），单击一次鼠标中键/滚轮；【连续性】|【第一交叉线串】、【最后交叉线串】均选择 G1（相切）（如图 3-3-37 所示），相切面分别选择①（如图 3-3-38 所示）和②（如图 3-3-39 所示）；其他设置不做修改。单击< 确定 >按钮，完成曲面创建。结果如图 3-3-40 所示。

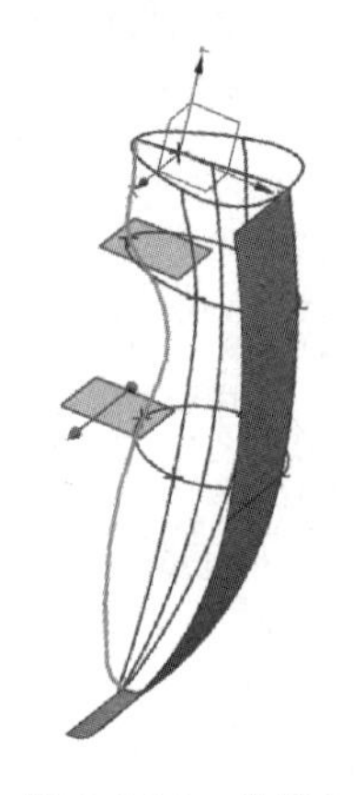

图 3-3-32　曲线 2

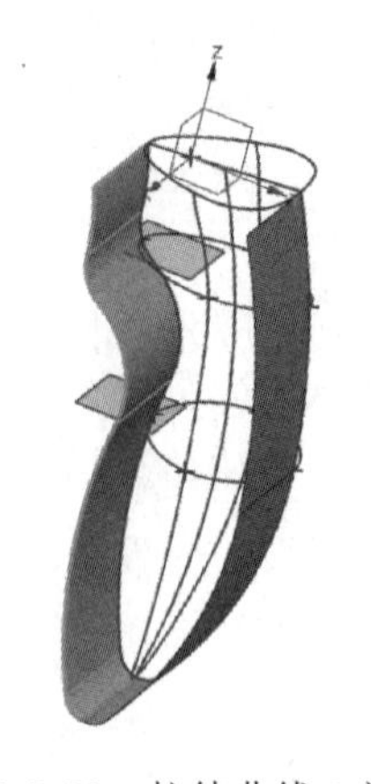

图 3-3-33　拉伸曲线 2 效果

图 3-3-34　通过曲线网格对话框

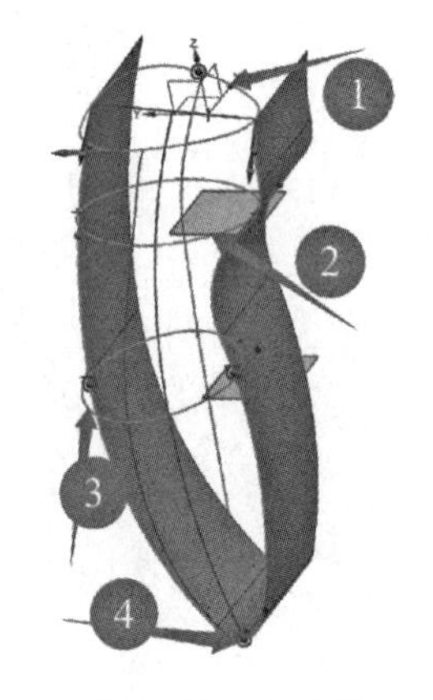

图 3-3-35　主曲线

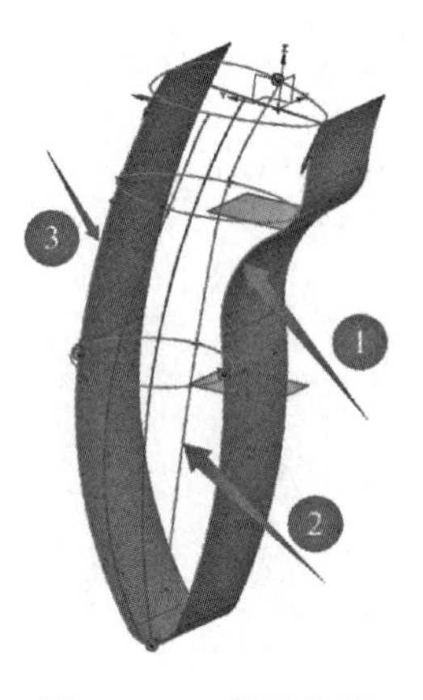

图 3-3-36　交叉曲线

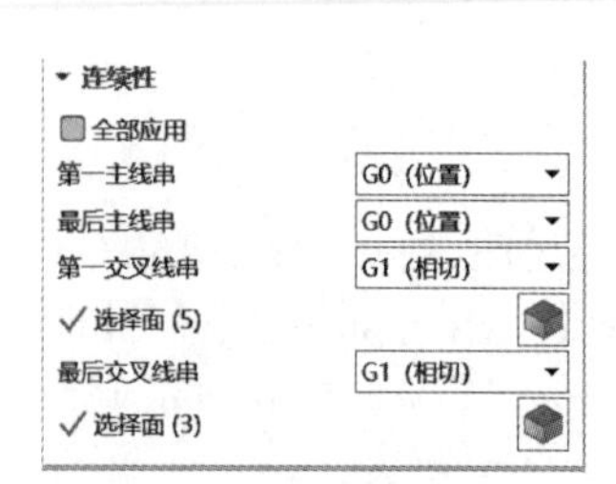

图 3-3-37　连续性设置

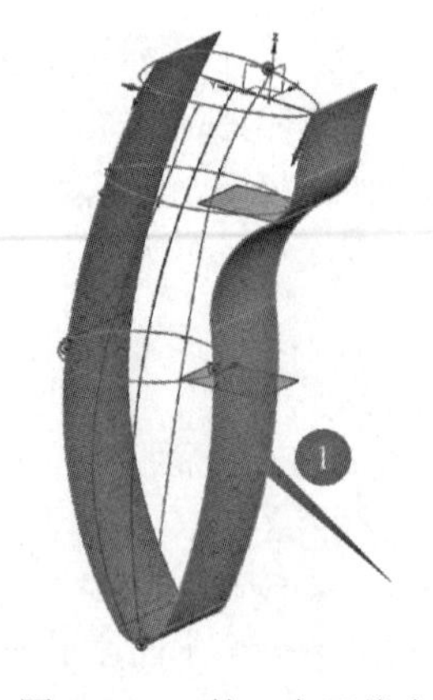

图 3-3-38　第一交叉线串

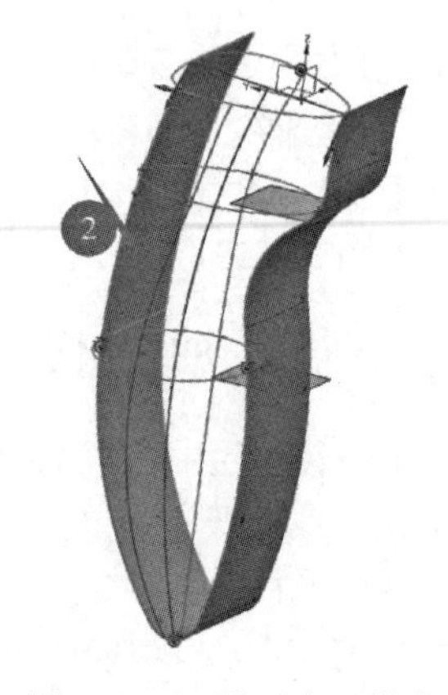

图 3-3-39　最后交叉线串

19. 镜像几何体

隐藏第 16、1Z7 步创建的拉伸曲线 1、2，效果如图 3-3-41 所示。单击菜单栏中【主页】（Home），在对应命令面板上，单击【更多】（More）|【复制】（Copy）|【镜像几何体】（Mirror

Geometry）命令，或选择【菜单】（Menu）中【插入】（Insert）|【关联复制】（Associative Copy）|【镜像几何体】（Mirror Geometry）命令，系统弹出如图 3-3-42 所示的镜像几何体对话框。【要镜像的几何体】栏，选择上一步创建的曲面；【镜像平面】选择 *YOZ* 平面；单击< 确定 >按钮，结果如图 3-3-43 所示。

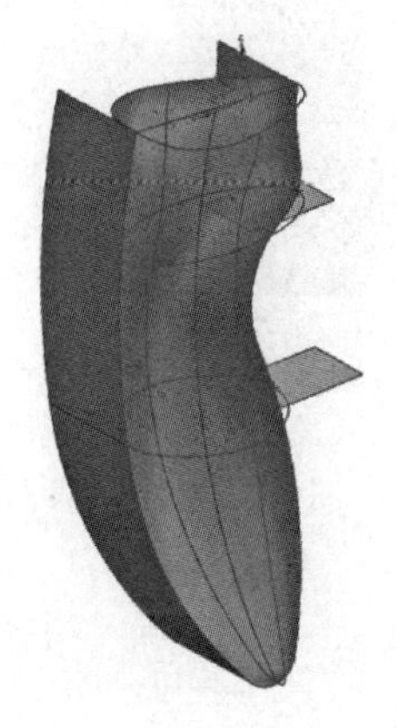

图 3-3-40 曲面效果

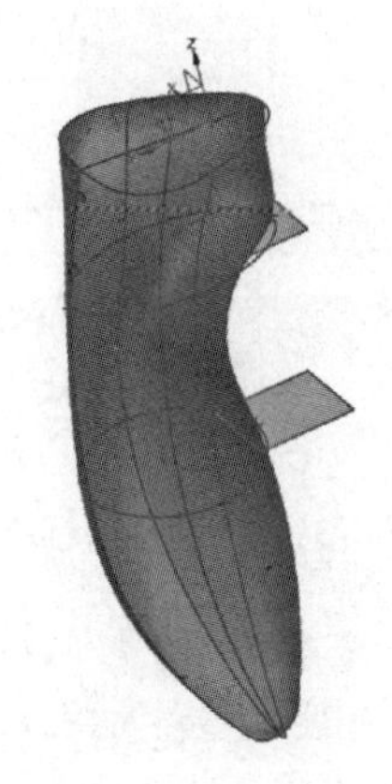

图 3-3-41 隐藏效果

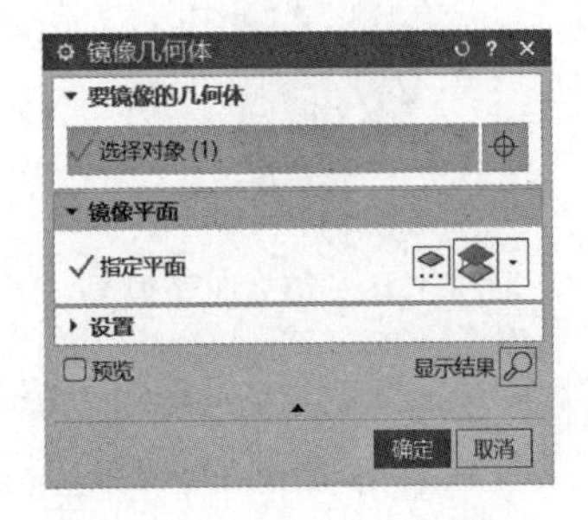

图 3-3-42 镜像几何体对话框

20. 填充曲面

单击菜单栏中【曲面】（Surface），在对应命令面板上，单击更多（More）|【填充】|填充曲面（Fill Surface），或选择【菜单】（Menu）中【插入】（Insert）|【曲面】（Surface）|填充曲面（Fill Surface）命令，系统弹出如图 3-3-44 所示的填充曲面对话框。在【边界】栏，选择如图 3-3-45 所示的轮廓边或曲线，其他设置不做修改。单击< 确定 >按钮，完成曲面填充。结果如图 3-3-46 所示。

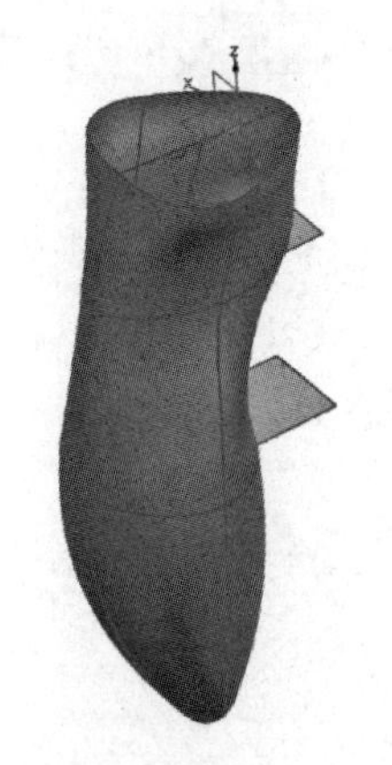

图 3-3-43 镜像几何体效果

图 3-3-44 填充曲面对话框

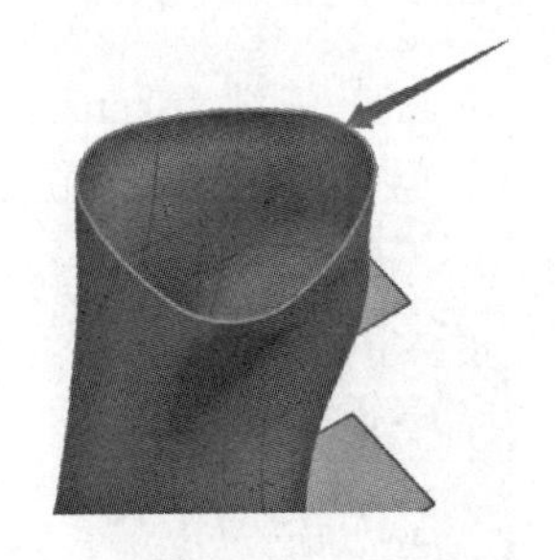

图 3-3-45 选择轮廓边

21. 缝合曲面

单击菜单栏中【曲面】（Surface），在对应命令面板上，单击缝合（Sew），或选择【菜单】（Menu）中【插入】（Insert）|【修剪】（Trim）|缝合（Sew）命令，系统弹出如图 3-3-47 所示的缝合对话框。【目标】、【工具】栏依次选择如图 3-3-48 所示的曲面①和曲面②；

单击< 确定 >按钮，完成片体缝合成为实体。缝合结果无法直接看出。

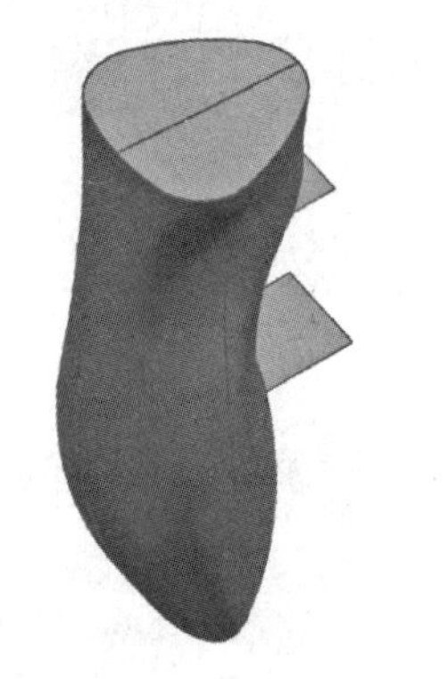

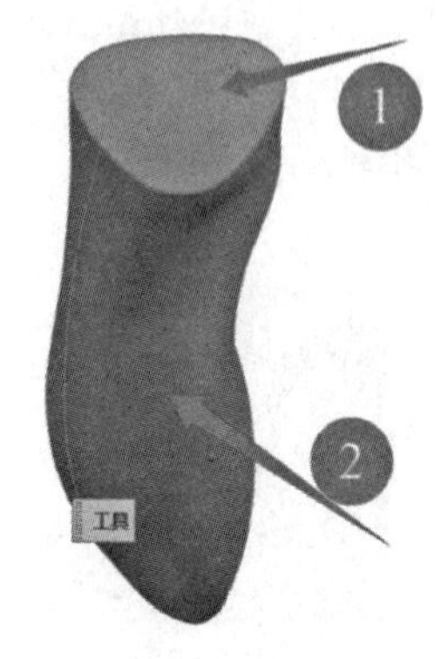

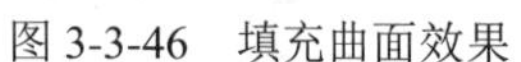

图 3-3-46　填充曲面效果　　图 3-3-47　缝合对话框　　图 3-3-48　目标和工具曲面

技巧：如何看出创建对象是实体，还是片体?

① 按住 Ctrl+W，可以看出此时有实体项。通过单击实体边上的隐藏，再显示查看。

② 单击菜单栏中【视图】(View)，在对应命令面板上，单击编辑截面(Edit Section)，或选择【菜单】(Menu)中【视图】(View)|【截面】(Section)|编辑截面(Edit Section)命令。通过移动坐标系的轴箭头或移动/旋转小圆球，实现对对象的全方位查看。

22. 偏置拉伸 1

单击菜单栏中【主页】(Home)，在对应命令面板上，单击【拉伸】命令，在拉伸对话框中单击【截面】栏，选择栏中选项为 面边 ，曲线选择如图 3-3-49 所指的顶部轮廓边；【方向】选择默认方向，或面/平面法向；在【限制】栏中选择起始、结束模式和距离，起始、结束模式均选择【值】，起始距离输入 0mm，结束距离输入 0.5mm；【布尔】=合并，选择剃须刀本体；【偏置】|【单侧】=−1.5mm；其他选项不修改，单击< 确定 >按钮，结果如图 3-3-50 所示。

23. 绘制草图 4

单击草图(Sketch)，在绘图区选择剃须刀顶面，草图 4 形状及尺寸如图 3-3-51 所示。绘制完草图后，单击平面左上角【完成草图】按钮，退出草图绘制界面。

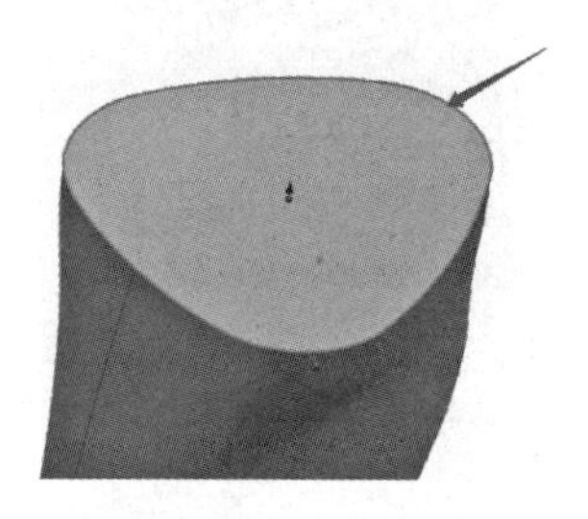

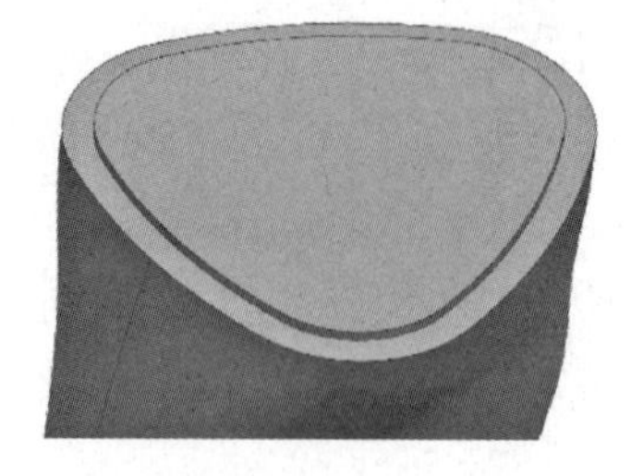

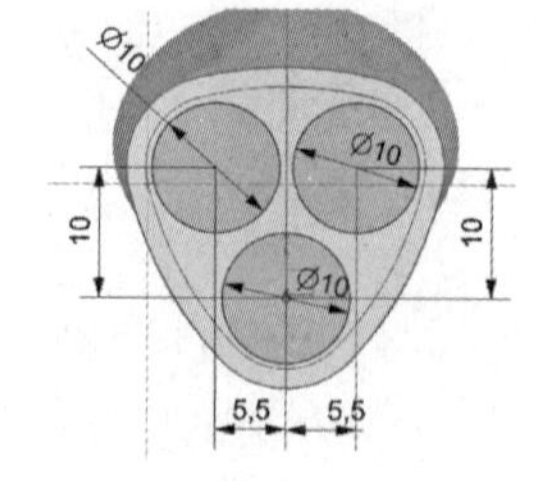

图 3-3-49　拉伸轮廓　　图 3-3-50　拉伸 1 效果　　图 3-3-51　草图 4 形状及尺寸

24. 凸起 1、2、3

单击菜单栏中【主页】(Home)，在对应命令面板上，单击【更多】(More)|【细节

特征】（Detail Feature）|凸起（Emboss）命令，或选择【菜单】（Menu）中【插入】（Insert）|【设计特征】（Design Feature）|凸起（Emboss）命令，系统弹出凸起对话框。具体参数设置如图 3-3-52 所示，【截面】选择箭头①所指的圆；【要凸起的面】选择箭头②所指的顶面；【端盖】|【几何体】= 凸起的面，【位置】= 偏置，【距离】= 1.5mm；其他默认设置，单击< 确定 >。凸起效果如图 3-5-53 所示。

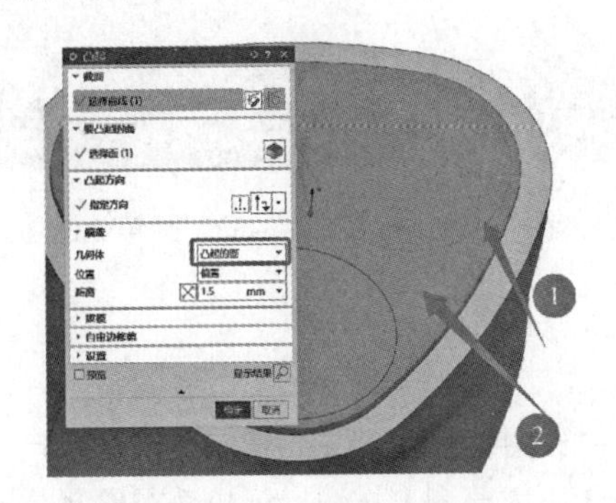

图 3-3-52　凸起对话框及参数设置

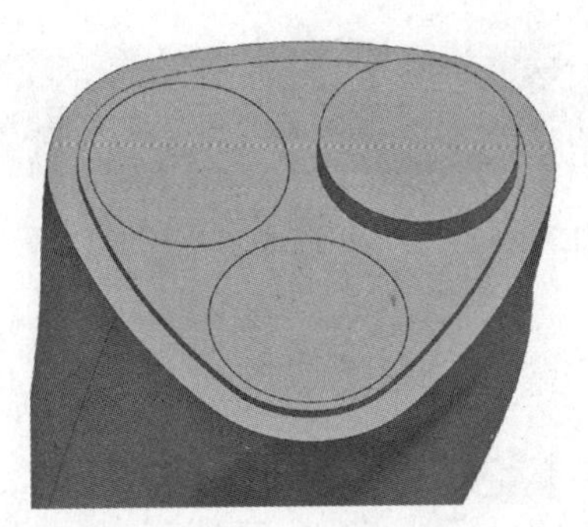

图 3-3-53　凸起 1 效果

同理，依次对草图 4 的其他两个圆进行凸起操作，效果如图 3-3-54 所示。

25. 偏置拉伸 2

单击【拉伸】命令，在对话框中，单击【截面】栏，选择栏中选项为 单条曲线 ，曲线选择如图 3-3-55 所指的三个圆；【方向】选择默认方向，或面/平面法向；在【限制】栏中选择起始、结束模式和距离，起始、结束模式均选择【值】，起始距离输入 0mm，结束距离输入−0.5mm；【布尔】= 减去，选择剃须刀本体；【偏置】|【单侧】= −2mm；其他选项不修改，单击< 确定 >按钮，结果如图 3-3-56 所示。

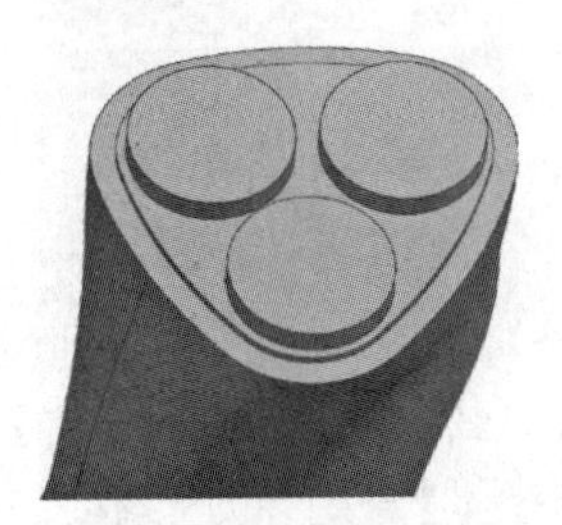

图 3-3-54　凸起效果

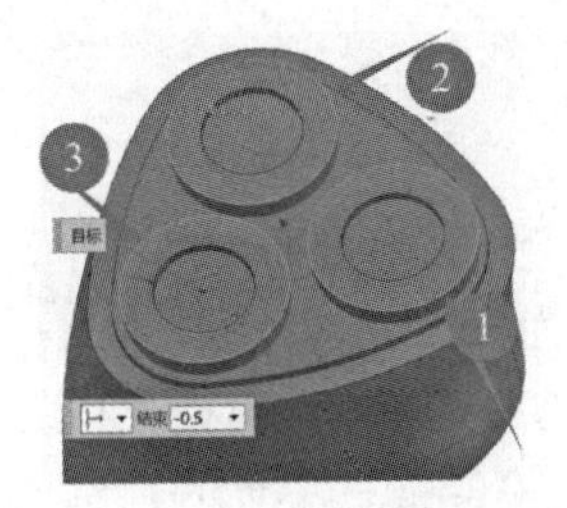

图 3-3-55　圆偏置拉伸

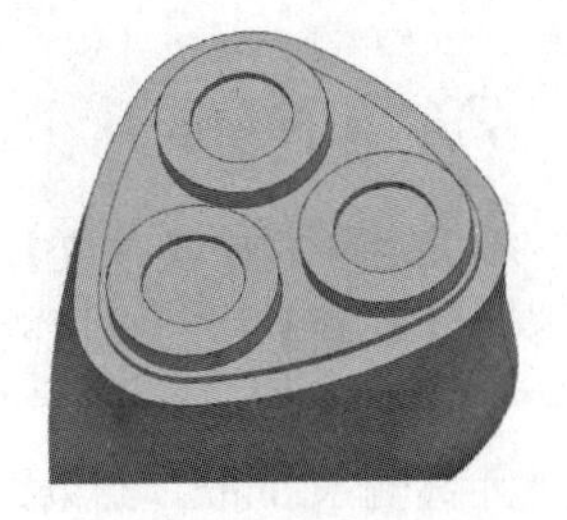

图 3-3-56　偏置拉伸 2 效果

26. 圆角 1

单击菜单栏中【主页】（Home），在对应命令面板上，单击【边倒圆】（Edge Blend），或选择【菜单】（Menu）中【插入】（Insert）|【细节特征】（Detail Feature）|【边倒圆】（Edge Blend）命令，系统弹出边倒圆对话框。选择图 3-3-57 箭头所指的轮廓边，【边】|【形状】= 圆形，【半径 1】= 0.5mm；其他默认设置。单击< 确定 >，结果如图 3-3-58 所示。

27. 圆角 2

操作同上，圆角的边选择如图 3-3-59 箭头所指的①②③，设置圆角半径为 0.2mm。对其他两个刀头进行操作。效果如图 3-3-60 所示。

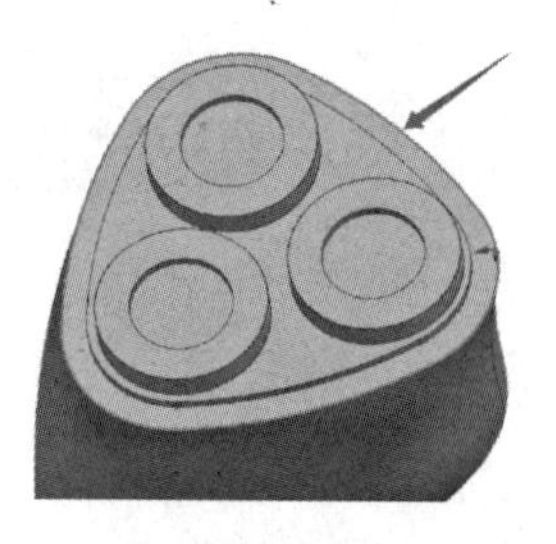

图 3-3-57　圆角 1 的边

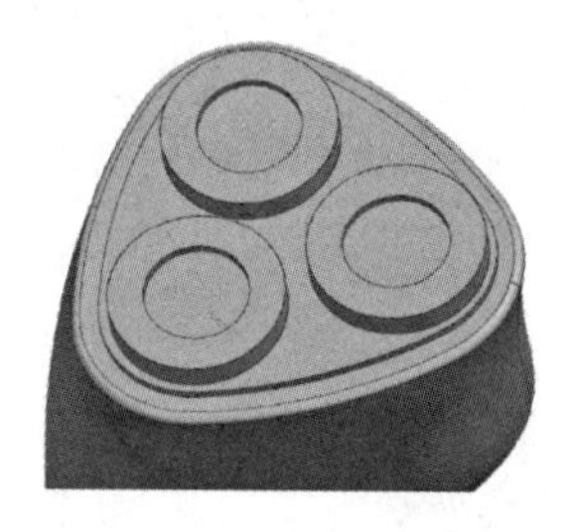

图 3-3-58　圆角 1 效果

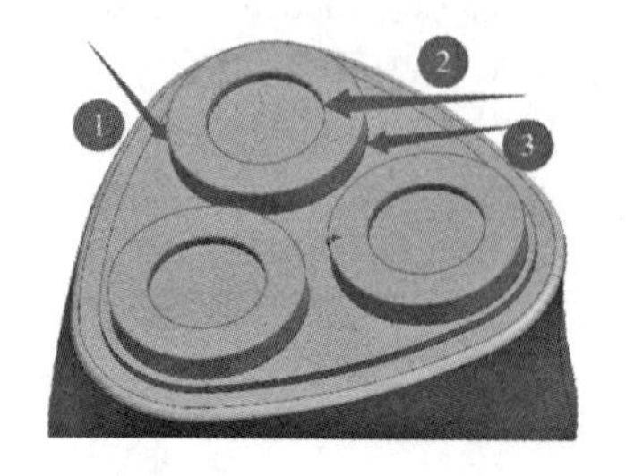

图 3-3-59　圆角 2 的边

28. 绘制草图 5

单击草图（Sketch），在绘图区选择刀头的顶面如图 3-3-61 所示，草图 5 形状及尺寸如图 3-3-62 所示。绘制完草图后，单击平面左上角【完成草图】按钮，退出草图绘制界面。结果如图 3-3-63 所示。注意：此草图中的槽长度超出刀头部分即可，宽度 0.2mm。

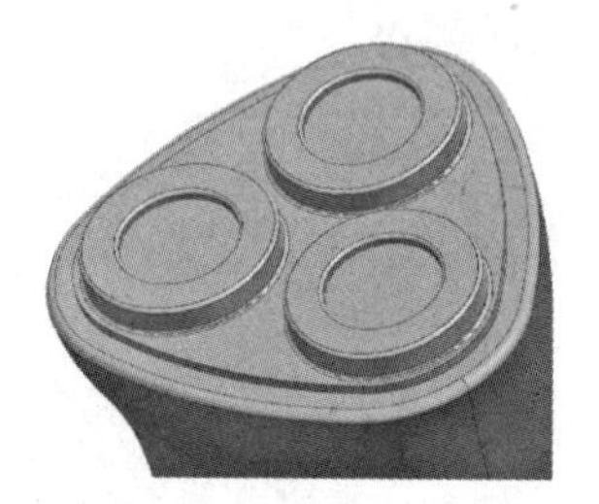

图 3-3-60　圆角 2 效果

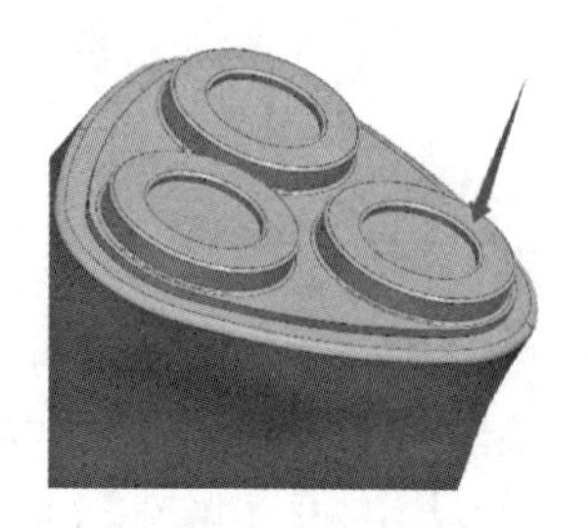

图 3-3-61　草图 5 放置面

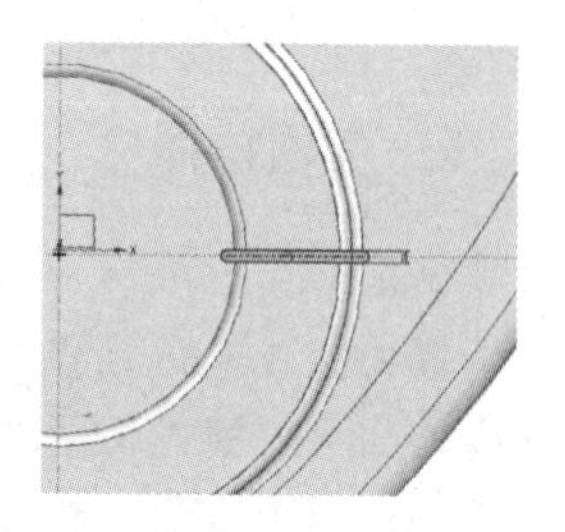

图 3-3-62　草图 5 形状及尺寸

29. 拉伸草图 5

单击菜单栏中【主页】（Home），在对应命令面板上，单击【拉伸】命令，在拉伸对话框中单击【截面】栏，选择栏中选项为 相连曲线 ，曲线选择如图 3-3-63 的槽曲线；【方向】选择默认；在【限制】栏中选择起始、结束模式和距离，起始、结束模式均选择【值】，起始距离输入 0mm，结束距离输入−0.3mm；【布尔】= 减去，【选择体】= 剃须刀主体；其他选项设置无，单击 < 确定 > 按钮，结果如图 3-3-63 所示。

30. 阵列槽

单击菜单栏中【主页】(Home)，在对应命令面板上，单击【阵列特征】(Pattern Design)，或选择【菜单】（Menu）中【插入】（Insert）|【关联复制】（Associative Copy）|【阵列特征】（Pattern Design）命令，系统弹出阵列特征对话框，如图 3-3-64 所示。【要形成阵列的特征】=上一步创建的槽，【阵列定义】|【布局】= 圆形；【旋转】选择箭头所指的圆柱面①，【指定点】选择箭头所指的圆心②，如图 3-3-65 所示，【间距】= 数量和间隔、【数量】= 70、【间隔角】= 360/70°；【阵列方法】= 简单；其他默认设置，单击 < 确定 >。完成圆形特征阵列。槽孔阵列效果如图 3-3-66 所示。

图 3-3-63　拉伸草图 5 效果

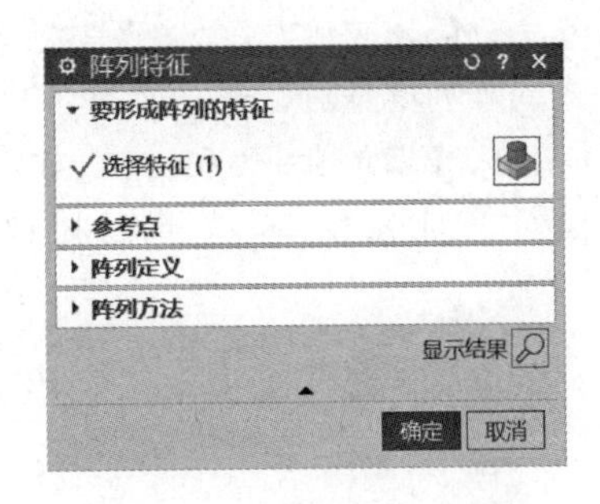

图 3-3-64　阵列特征对话框

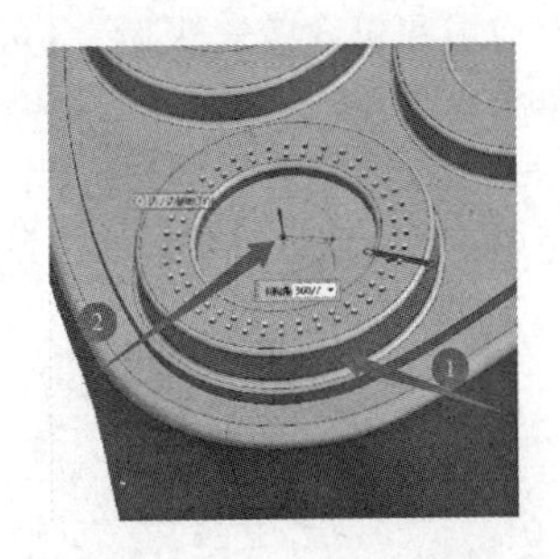

图 3-3-65　阵列旋转轴

31. 偏置拉伸 3

隐藏草图 5。单击【拉伸】命令，在对话框中，单击【截面】栏，选择栏中选项为面边，曲线选择如图 3-3-67 所指的面；【方向】选择默认方向，或面/平面法向；在【限制】栏中选择起始、结束模式和距离，起始、结束模式均选择【值】，起始距离输入 0mm，结束距离输入 0.3mm；【布尔】= 合并，选择剃须刀本体；【偏置】|【单侧】=−0.3mm；其他选项不修改，单击< 确定 >按钮，结果如图 3-3-68 所示。

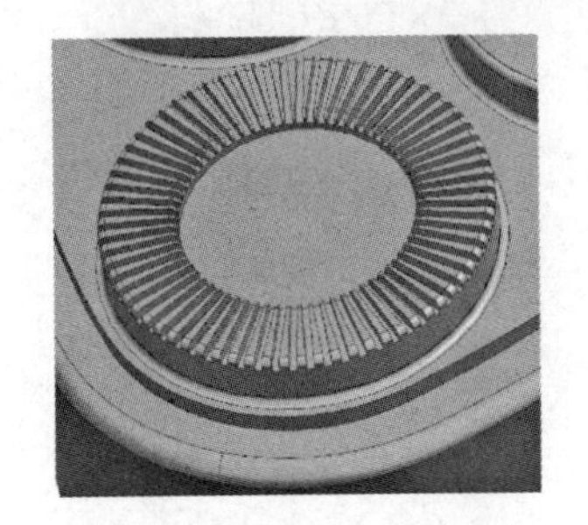

图 3-3-66　槽孔阵列效果

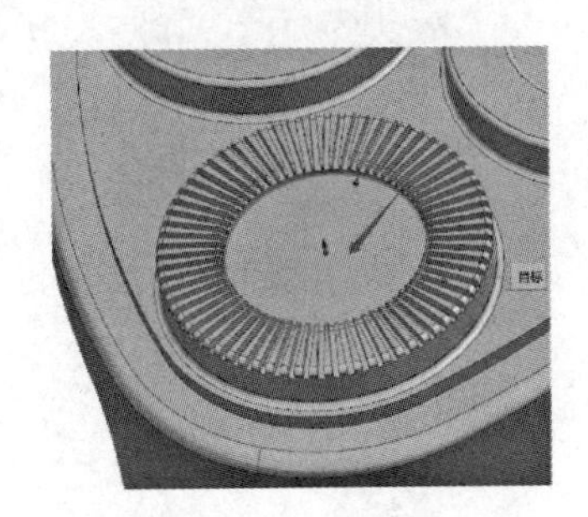

图 3-3-67　偏置拉伸边

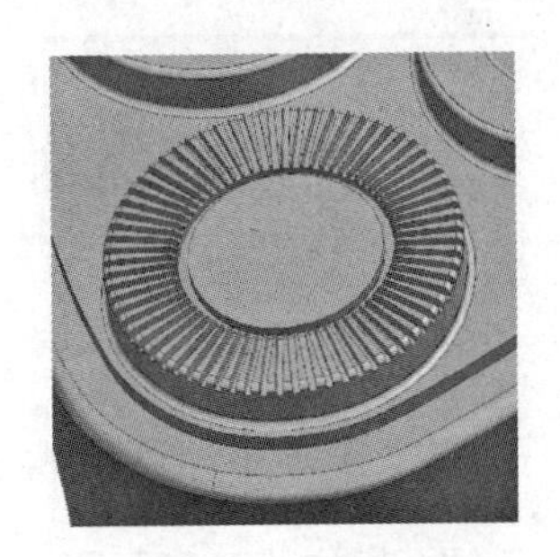

图 3-3-68　偏置拉伸效果

32. 打孔

单击菜单栏中【主页】(Home)，在对应命令面板上，单击孔（Hole）命令，或选择【菜单】(Menu）中【插入】(Insert）|【设计特征】(Design Feature）| 孔（Hole）命令，系统弹出孔对话框。在第一栏选择【简单】；【形状】|【孔大小】= 定制，【孔径】= 0.3mm；【位置】|【指定点】单击绘制截面，尺寸定位点距离圆心距离 2.4 mm 即可；在【方向】|【孔方向】= 垂直于面；【限制】|【深度限制】= 3；【布尔】=减去，选择剃须刀；其他选项不修改，单击< 确定 >按钮，结果如图 3-3-69 所示。

33. 阵列孔

单击菜单栏中【主页】(Home)，在对应命令面板上，单击【阵列特征】(Pattern Design)，或选择【菜单】(Menu）中【插入】(Insert）|【关联复制】(Associative Copy）| 【阵列特征】(Pattern Design）命令，系统弹出阵列特征对话框。【要形成阵列的特征】= 上一步创建的孔，【阵列定义】|【布局】= 圆形；【旋转】选择箭头所指的圆柱面①，【指定点】选择箭头所指的圆心②，【间距】= 数量和间隔、【数量】= 40、【间隔角】= 9°；【辐射】勾选创建同

心成员和包含第一个圆，【间距】= 数量和间隔、【数量】= 2、【间隔】= −0.4mm，如图 3-3-70 所示；【阵列增量】单击，进入阵列增量对话框，如图 3-3-71 所示，在【参数】栏选择直径；在【辐射】栏单击，【辐射】|【增量】=−0.05mm，如图 3-3-72 所示；【阵列方法】= 简单；其他默认设置，单击< 确定 >。完成圆形增量特征阵列。槽孔阵列效果如图 3-3-73 所示。

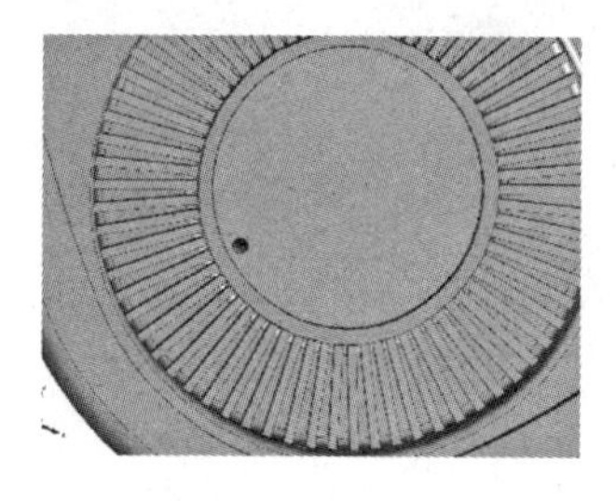
图 3-3-69　打孔效果

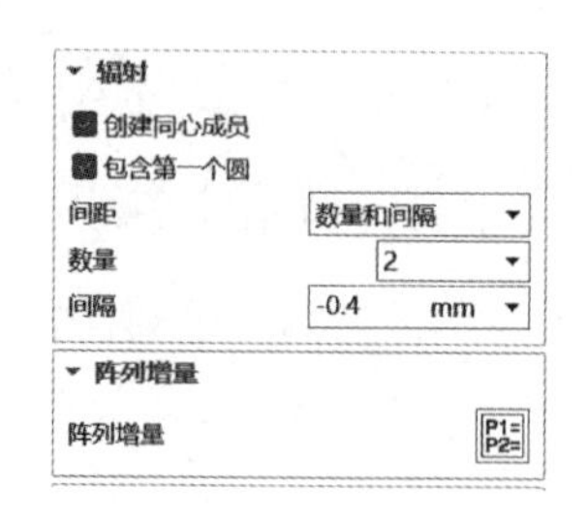

图 3-3-70　偏置拉伸边

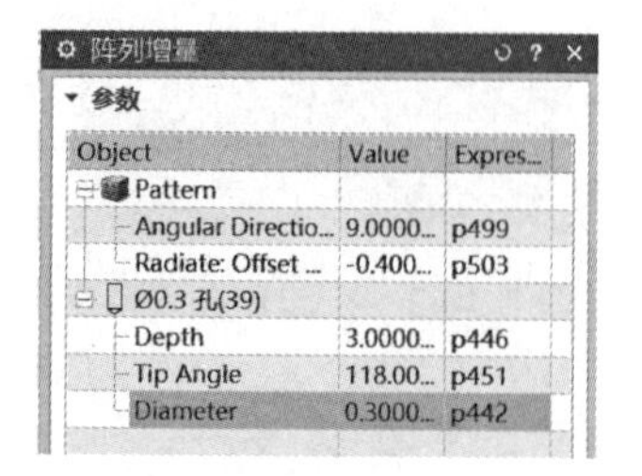

图 3-3-71　阵列增量对话框

同理，将第 29～33 步操作在其他两个刀头上操作一遍，完整效果如图 3-3-74 所示。

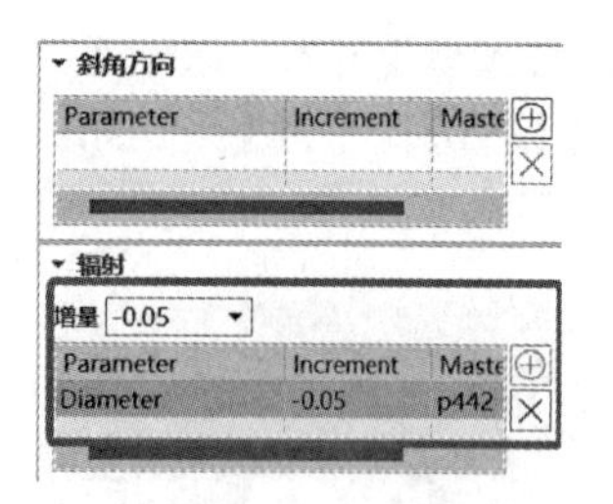

图 3-3-72　辐射栏

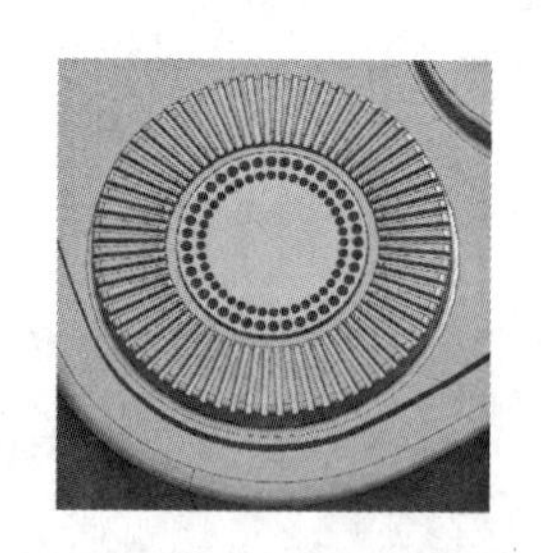
图 3-3-73　孔增量阵列效果

图 3-3-74　刀头完整效果

34. 更改显示面边模式

单击菜单栏中【显示】(Display)，在对应命令面板上，单击【面边】(Face Edges) 命令，或选择【菜单】(Menu) 中【视图】(View) |【显示】(Display) |【面边】(Face Edges) 命令。剃须刀实体的边即消失。结果如图 3-3-1 所示。

35. 保存文件

单击软件界面左上角的【保存】(Save) 按钮，保存文件。

实例四　额温枪设计

实例四　额温枪
设计资源

【学习任务】

根据如图 3-4-1 所示图形绘制额温枪实体模型。

【课程思政】

额温枪，又称红外线测温仪。传统的水银体温计因其测量速度慢、易交叉感染等缺点，难以满足大规模筛查的需求。一种能够快速、准确、非接触式测量体温的仪器——额温枪，它不仅能够有效减少交叉感染的风险，还能大大提高体温检测的效率，为疫情防控筑起了一道坚实的防线。

额温枪背后的故事，是一段关于勇气、智慧与创新的壮丽篇章。它见证了科技的力量和人类的智慧，也让我们更加珍惜这份来之不易的健康与安全。在未来的日子里，让我们继续携手前行，用科技的力量守护每一个生命的美好与希望。

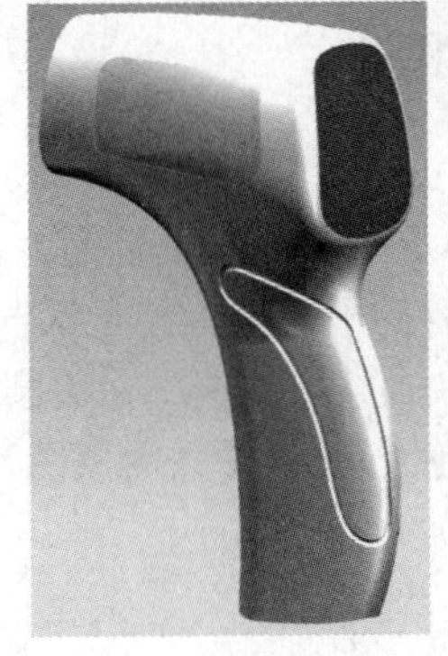
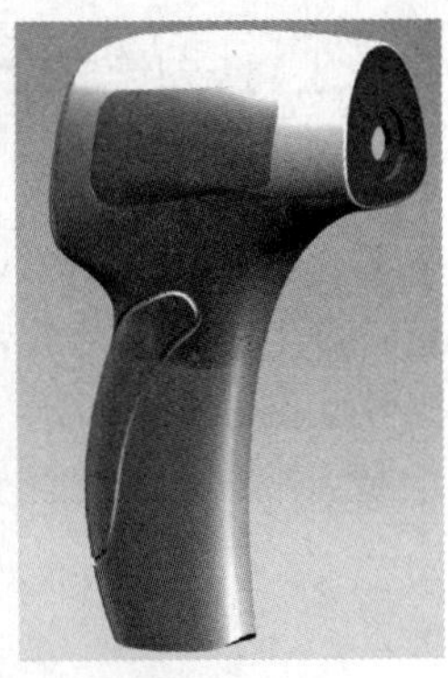

图 3-4-1　额温枪效果图

【学习目标】

① 能够熟练使用光栅图像（Raster Image）、投影曲线（Project Curve）、桥接曲线（Bridge）、曲面上的曲线（Curve on Surface）、相交曲线（Intersection Curve）、光顺曲线串（Smooth Curve String）、修剪和延伸（Trim and Extend）、修剪片体（Trim Sheet）、面倒圆（Face Blend）、管（Tube）、分割面（Divide Face）、通过曲线网格（Through Curve Mesh）、扫掠（Swept）等各类曲线常用设计命令。

② 掌握图片导入的方法，进行产品的逆向建模。

③ 借助简单的线条曲线构建复杂曲面。掌握复杂曲面的构建思想、步骤与技巧。

【操作步骤】

1．新建文件

选择菜单栏中的【文件】(File) |【新建】(New) 命令，或同时按住 Ctrl+N（创建一个新的文件），系统出现新建对话框，在【名称】栏中输入“额温枪”，在【单位】下拉框中选择“毫米”，单击< 确定 >按钮，创建一个文件名为“额温枪.prt”、单位为毫米的文件，并自动（默认）启动【建模】应用程序。

2．导入图片

单击菜单栏中【工具】(Tools)，在对应命令面板上，单击光栅图像（Raster Image），或选择【菜单】(Menu) 中【插入】(Insert) |【基准】(Datum) | 光栅图像（Raster Image）命令，系统弹出如图 3-4-2 所示的光栅图像对话框。【目标对象】选择指定平面，在绘图区选择 *XOY* 平面；单击【图像定义】|【图像源】|【选择图像文件】右边的图标，如图 3-4-3 所示。弹出光栅图像文件对话框，根据文件位置，选择图像文件，单击< 确定 >按钮。【方位】参数按照默认设置，如图 3-4-4 所示。单击< 确定 >按钮。效果如图 3-4-5 所示。

图 3-4-2　光栅图像对话框

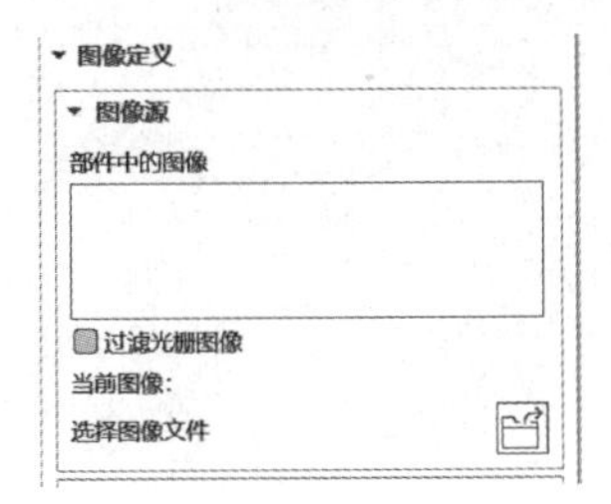

图 3-4-3　图像源导入位置

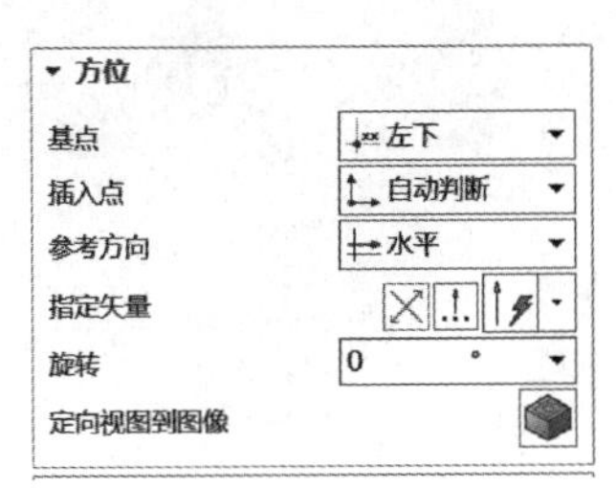

图 3-4-4　图像方位设置栏

技巧：额温枪图片可以自己拍摄，也可从网上下载。常见图片格式均可。

3．逆向绘制草图 1

单击菜单栏中【主页】（Home），在对应命令面板上，单击草图（Sketch），或选择【菜单】（Menu）中【插入】（Insert）|【草图】（Sketch）命令，系统弹出创建草图对话框，在绘图区选择上一步图片放置的平面，单击对话框上的< 确定 >按钮，进入草图绘制界面。逆向草图形状如图 3-4-6 所示，曲线可以全部采用圆弧或样条命令绘制，形状基本相似即可。草图逆向绘制完后，单击平面左上角【完成草图】按钮，退出草图绘制界面。

4．拉伸草图 1

单击菜单栏中【主页】（Home），在对应命令面板上，单击【拉伸】命令，在拉伸对话框中单击【截面】栏，选择栏中选项为 单条曲线 ，曲线选择如图 3-4-7 所指的两条曲线；【方向】选择 ZC（+*Z* 方向）；在【限制】|【起始】选择【值】，起始距离= 0mm,结束距离= 40mm；其他选项均设置为【无】，单击< 确定 >按钮，结果如图 3-4-8 所示。

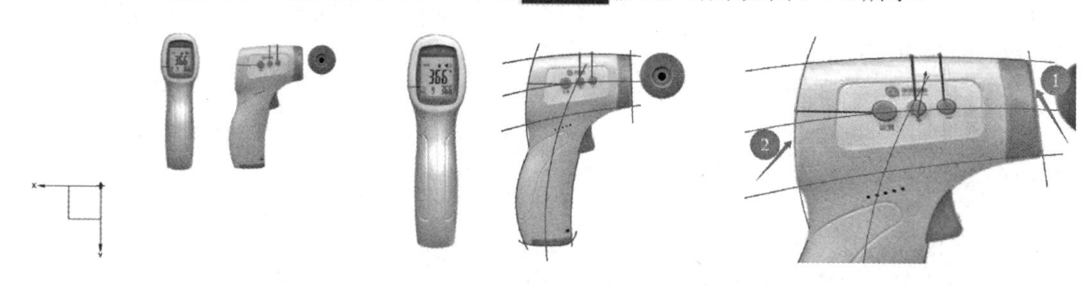

图 3-4-5　光栅图像导入效果　　图 3-4-6　图像逆向草图形状　　图 3-4-7　两条需拉伸的曲线

5．绘制艺术样条曲线 1

单击菜单栏中【曲线】（Curve），在对应命令面板上，单击艺术样条（Studio Spline），或选择【菜单】（Menu）中【插入】（Insert）|【曲线】（Curve）样条（Studio Spline）命令，系统弹出如图 3-4-9 所示的艺术样条对话框。将视图旋转至接近第一拉伸曲线，再按住 F8 或 Fn+F8（正视于 *YOZ* 平面）。绘制如图 3-4-10 所示的样条曲线 1。采用艺术样条里【根据极点】的方式绘制样条曲线。第一极点和最后一极点均与拉伸平面的上下角点重合，且均与 *Z* 轴相切，注意正负方向，如图 3-4-11 所示；第二和倒数第二极点分别位于上下边的边缘上，其他极点根据图像适度调整即可。其他参数设置如图 3-4-12 所示。样条曲线 1 绘制效果如图 3-4-13 所示。

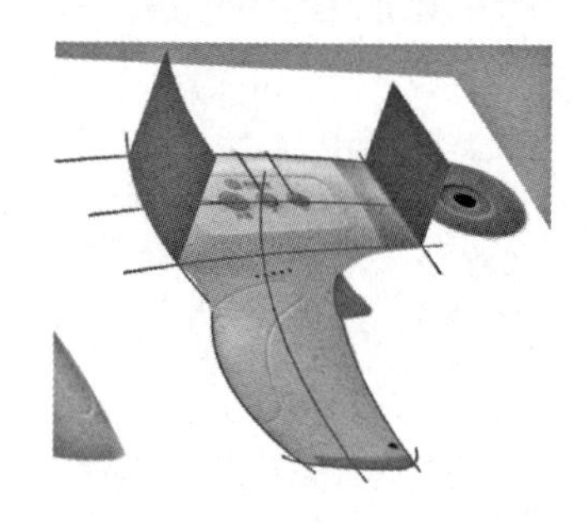

图 3-4-8　曲线拉伸效果

艺术样条
根据极点
极点位置
参数设置
绘图平面
移动
延伸
设置
微定位
< 确定 >　取消

图 3-4-9　艺术样条对话框

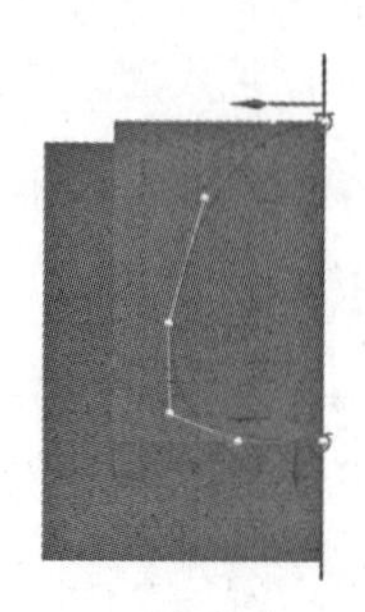

图 3-4-10　样条曲线 1 形状

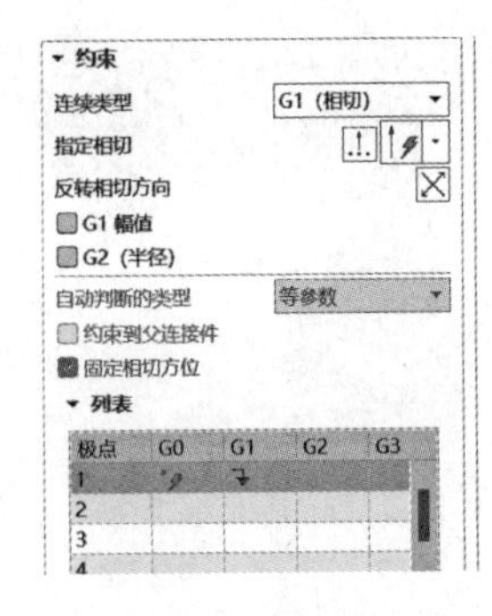

图 3-4-11　曲线约束

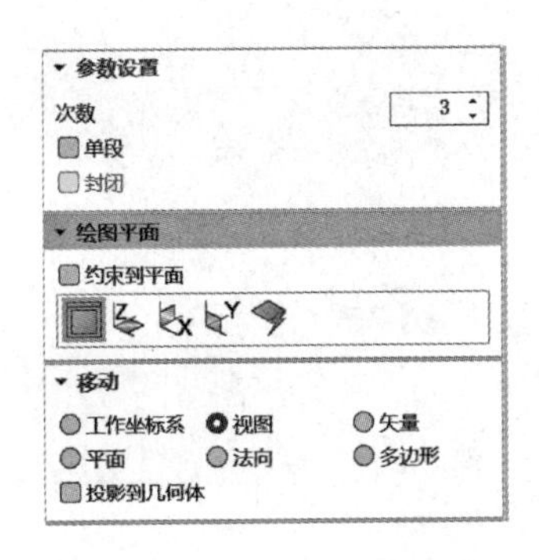

图 3-4-12　曲线参数设置

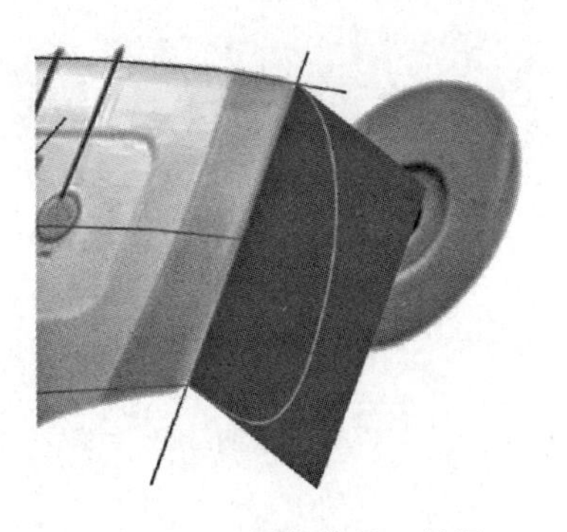

图 3-4-13　样条曲线 1 效果

技巧：① 按住 F8 或 Fn+F8，正视于 *YOZ* 平面。样条曲线形状如图 3-4-10 所示。

② 在逆向设计的过程中，根据极点绘制样条曲线比较适用。

③ 艺术样条曲线，通过移动极点即可控制曲线形状，点数应超过【参数设置】中的次数，次数越高，精度越高，控制也更麻烦。

6. 投影曲线 1

单击菜单栏中【曲线】（Curve），在对应命令面板上，单击投影曲线（Project Curve），或选择【菜单】（Menu）中【插入】（Insert）|【派生曲线】（Derived Curve）|投影曲线（Project Curve）命令，系统弹出如图 3-4-14 所示的投影曲线对话框。【要投影的曲线或点】选择上一步绘制的样条曲线 1；【要投影的对象】选择逆向草图中的曲面 1；【投影方向】|【方向】= 沿矢量，XC +*X* 轴，【投影选项】= 投影两侧，如图 3-4-15 所示；单击< 确定 >按钮，完成投影曲线创建。隐藏样条曲线 1，样条曲线 1 投影结果如图 3-4-16 所示。

图 3-4-14　投影曲线对话框

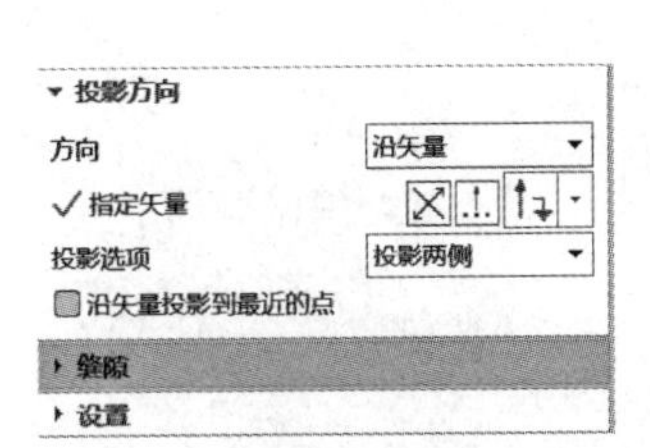

图 3-4-15　投影方向设置

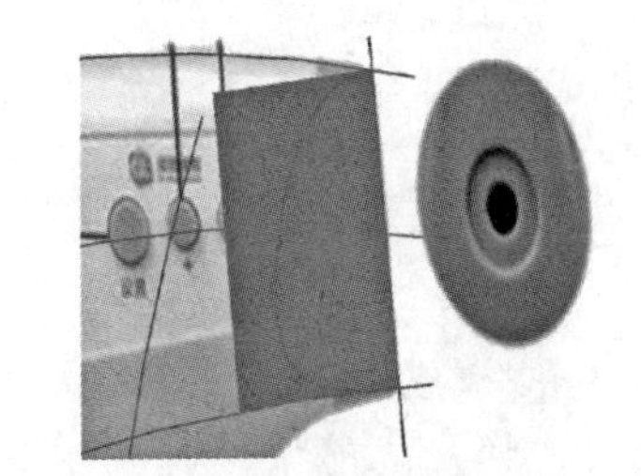

图 3-4-16　样条曲线 1 投影效果

7. 绘制艺术样条曲线 2

操作方法同第 5 步绘制的样条曲线 1。旋转视图，将视角调整至曲面 2，然后正视曲面 2。样条曲线 2 形状如图 3-4-17 所示，效果如图 3-4-18 所示。

8. 投影曲线 2

操作方法同第 6 步投影曲线 1，【要投影的对象】选择逆向草图中的曲面 2；隐藏样条曲线 2，样条曲线 2 投影效果如图 3-4-19 所示。

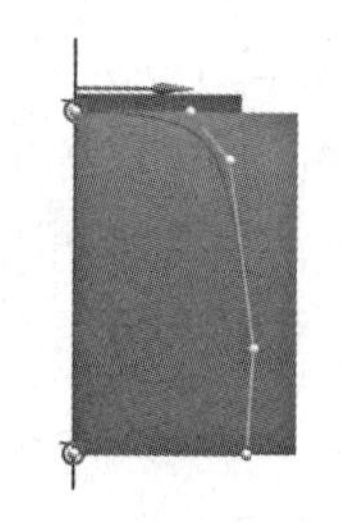

图 3-4-17 样条曲线 2 形状

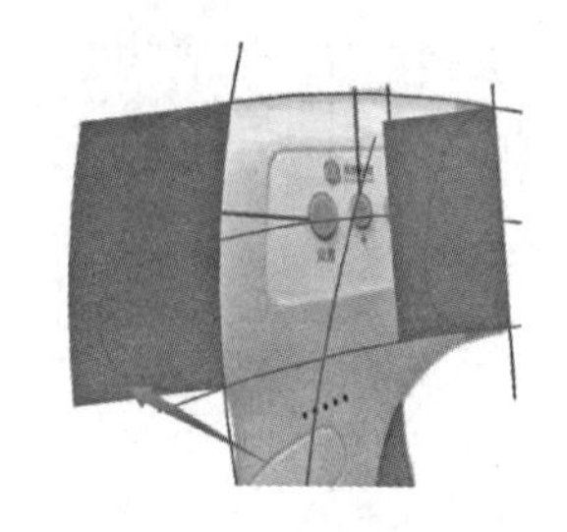

图 3-4-18 样条曲线 2 效果

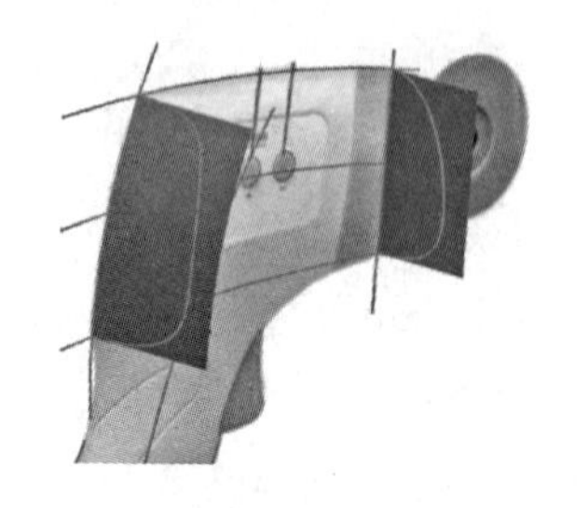

图 3-4-19 样条曲线 2 投影效果

9. 拉伸曲线 1

单击菜单栏中【主页】(Home)，在对应命令面板上，单击【拉伸】命令，在拉伸对话框中单击【截面】栏，选择栏中选项为 单条曲线 ，曲线选择如图 3-4-20 所指的单条曲线；【方向】选择 ZC↑（+Z 方向），或默认方向；在【限制】栏中选择起始、结束模式和距离，起始、结束模式均选择【值】，起始距离输入 0mm，结束距离输入 40mm；其他选项不修改，单击 < 确定 > 按钮，结果如图 3-4-21 所示。

10. 绘制曲面上曲线 1

单击菜单栏中【曲线】(Curve)，在对应命令面板上，单击 曲面上的曲线(Curve on Surface)，或选择【菜单】(Menu)中【插入】(Insert)|【曲线】(Curve)| 曲面上的曲线(Curve on Surface)命令，系统弹出如图 3-4-22 所示的曲面上的曲线对话框。在第一栏选择【样条】方式；【面】选择图 3-4-21 箭头所指曲面；【样条约束】第一点和最后一点分别选择曲面与投影曲线（第 6 和 8 步绘制）的交点；其他点只需在曲面上点取，根据图像适度调整，曲线尽量平滑。结果如图 3-4-23 所示的曲面上的曲线。

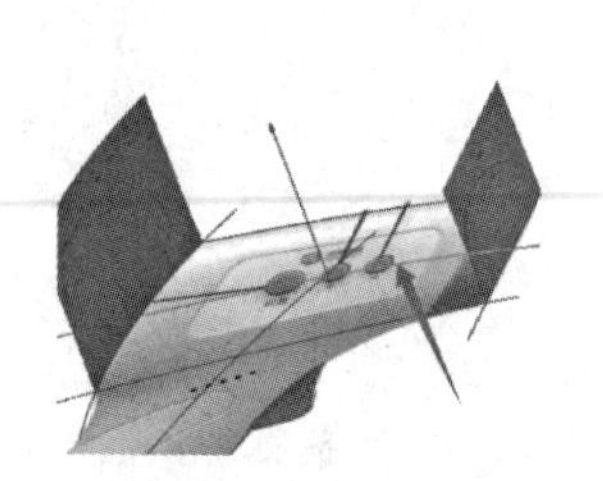

图 3-4-20 曲线 1

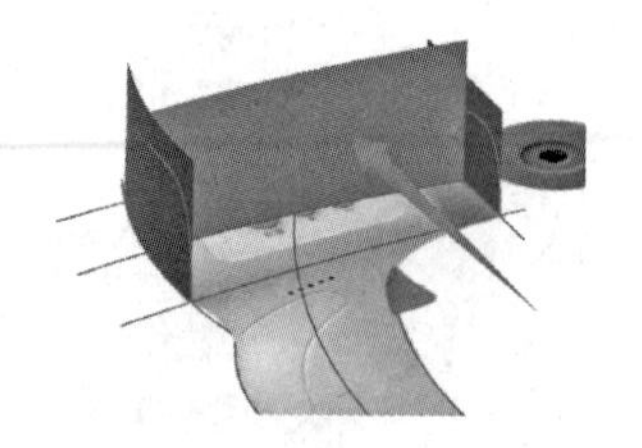

图 3-4-21 拉伸曲线 1 效果

图 3-4-22 曲面上的曲线对话框

技巧：本步骤中需使用面和线的交点捕捉功能。交点捕捉功能非默认设置，需手动打开。方法如图 3-4-24 所示。捕捉效果如图 3-4-25 所示。

11. 扫掠面 1

单击菜单栏中【曲面】(Surface)，在对应命令面板上，单击 扫掠 (Swept)，或选择【菜单】(Menu) 中【插入】(Insert) |【扫掠】(Swept) | 扫掠 (Swept) 命令，系统弹出如图 3-4-26 所示的扫掠面对话框。在【截面】栏，依次选择图 3-4-27 箭头所指的两条曲线（每选

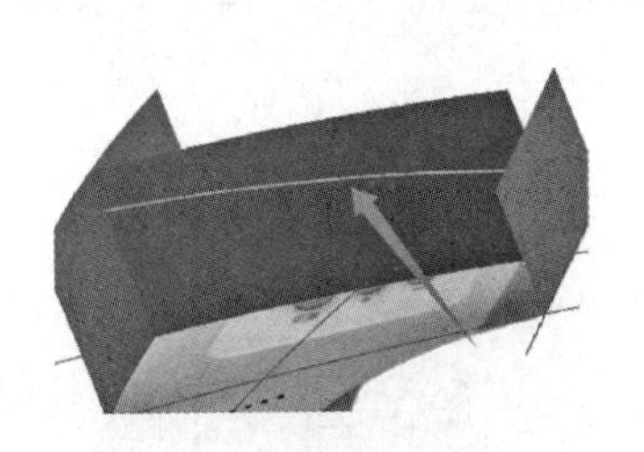

图 3-4-23　曲面上的曲线 1

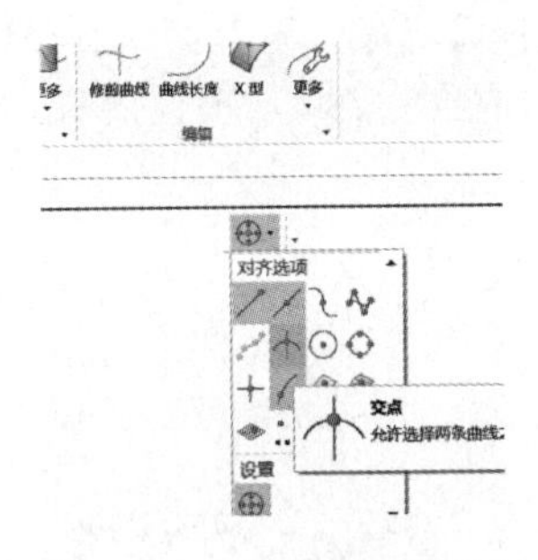

图 3-4-24　扫掠面对话框

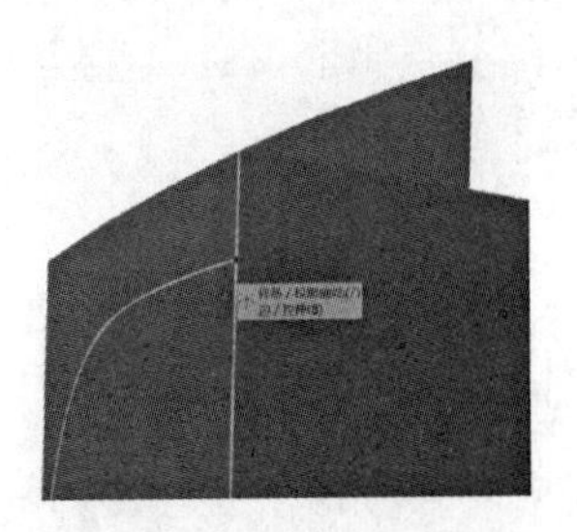

图 3-4-25　截面曲线

择 1 条，单击 1 次鼠标中键/滚轮，在截面列表中会增加 1 项记录）；在【引导线】栏，依次选择图 3-4-28 箭头所指的两条曲线；【截面选项】|【缩放方法】|【缩放】= 另一曲线，选择如图 3-4-29 箭头所指的曲线；其他设置选择默认。单击< 确定 >按钮，完成扫掠面创建。结果如图 3-2-30 所示。

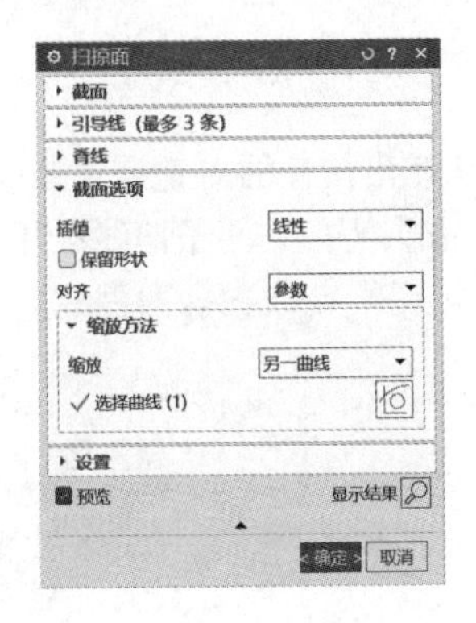

图 3-4-26　扫掠面对话框

图 3-4-27　截面曲线

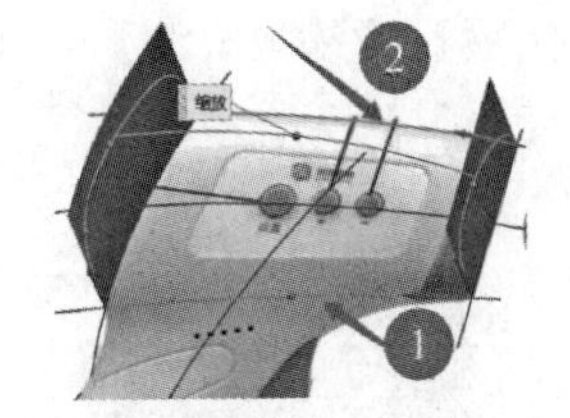

图 3-4-28　引导曲线

12. 拉伸曲线 2

单击【拉伸】命令，在拉伸对话框中单击【截面】栏，选择栏中选项为 单条曲线 ，曲线选择如图 3-4-31 所指的单条曲线；【方向】选择 ZC（+Z 方向）；在【限制】栏中选择起始、结束模式和距离，起始、结束模式均选择【值】，起始距离输入 0mm，结束距离输入 40mm；其他选项不修改，单击< 确定 >按钮，结果如图 3-4-32 所示。

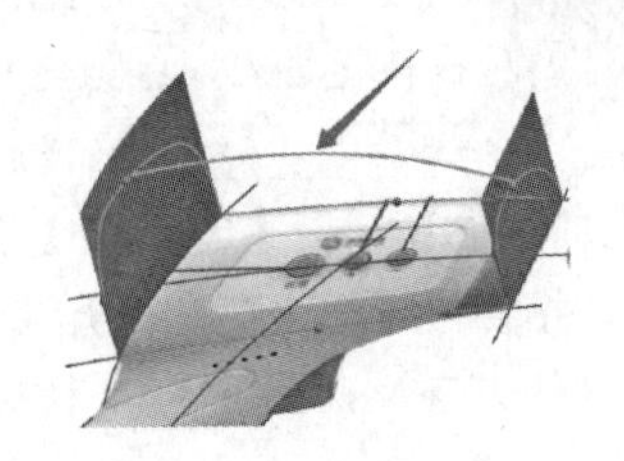

图 3-4-29　缩放方法

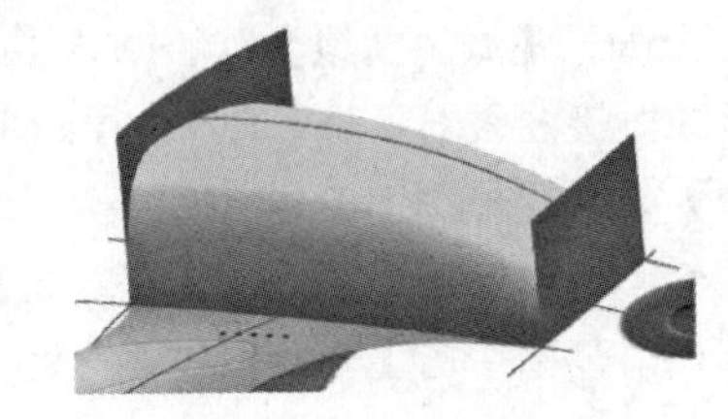

图 3-4-30　扫掠面效果

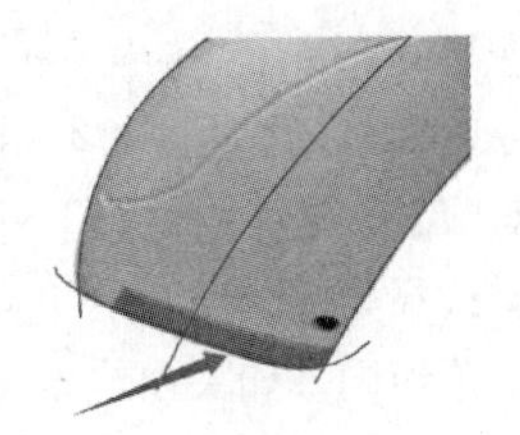

图 3-4-31　曲线 2

13. 绘制曲面上曲线 2

单击 曲面上的曲线（Curve on Surface）命令。在弹出对话框的第一栏选择【样条】方式；

【面】选择图 3-4-33 箭头所指曲面；【样条约束】第一点和最后一点分别选择图 3-4-34 箭头所指的交点①和②；其他点只需在曲面上点取，根据图像适度调整，曲线尽量平滑。结果如图 3-4-35 所示。

图 3-4-32 曲线 2 拉伸效果

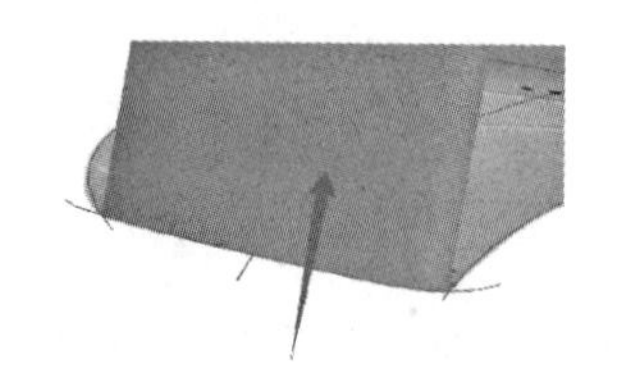
图 3-4-33 曲线绘制面

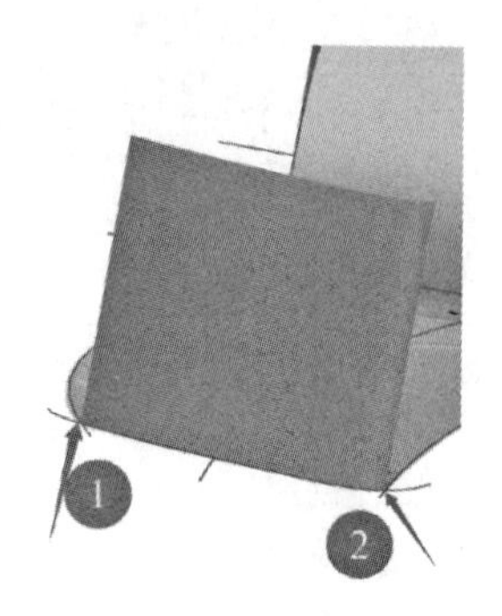

图 3-4-34 曲线 2

14. 扫掠面 2

隐藏第 12 步创建的拉伸曲面。单击扫掠（Swept）命令，在弹出扫掠面对话框【截面】栏，选择上一步画的曲线 2；在【引导线】栏，依次选择图 3-4-36 箭头所指的两条曲线；【截面选项】|【缩放方法】= 横向；其他设置选择默认。单击< 确定 >按钮，完成扫掠面创建。结果如图 3-4-37 所示。

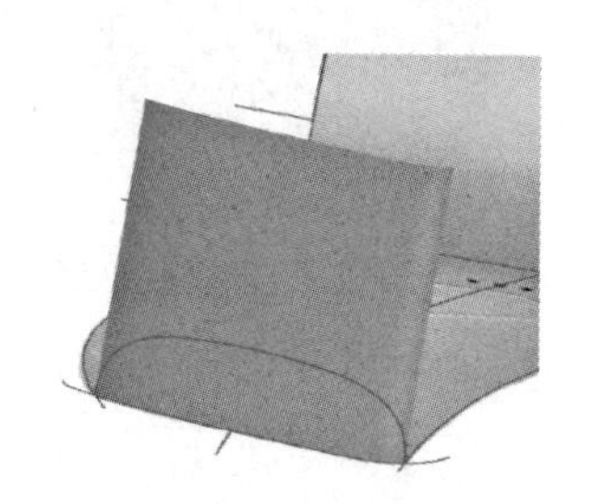
图 3-4-35 曲线 2

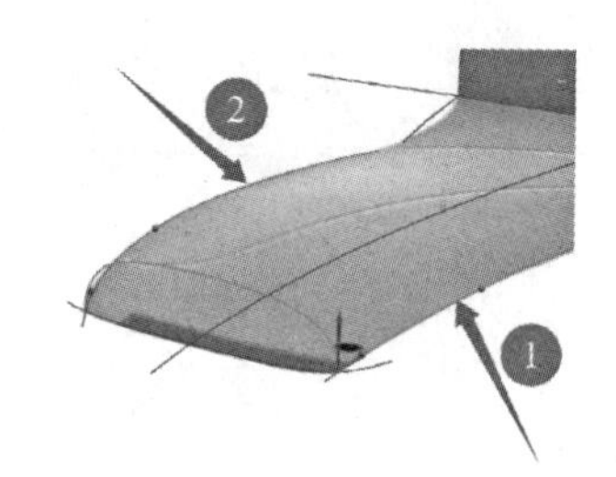

图 3-4-36 引导线

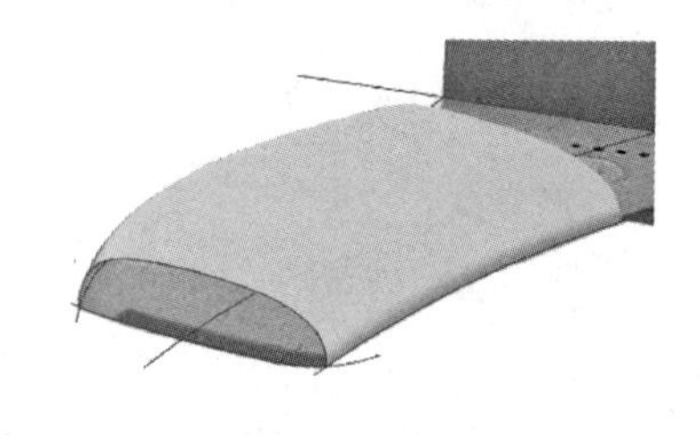
图 3-4-37 扫掠面 2 效果

15. 桥接曲线 1

单击菜单栏中【曲线】(Curve)，在对应命令面板上，单击桥接曲线（Bridge），或选择【菜单】(Menu) 中【插入】(Insert) |【派生曲线】(Derived Curve) | 桥接曲线（Bridge）命令，系统弹出如图 3-4-38 所示的桥接曲线对话框。选择栏中选项为 单条曲线 ；【起始对象】、【终止对象】|【截面】分别选择图 3-4-39 中箭头所指的曲线①和②；【连接】|【开始】选择如图 3-4-40 所示，【连续性】= G1（相切），【方向】= 相切，【结束】和【开始】的设置相同。如果曲线出现扭曲，请分别单击【开始】和【结束】内的方向反向图标。桥接曲线 1 绘制效果如图 3-4-41 所示。

技巧：① 曲线整体方向扭曲，可以通过两个方法调整方向。一是【起始对象】、【终止对象】栏。二是【方向】栏的开始、结束方向反向。

② 曲线形状与图像贴近方法。通过拖动【形状控制】|【相切幅值】的滚动条来实现。

图 3-4-38　桥接曲线对话框

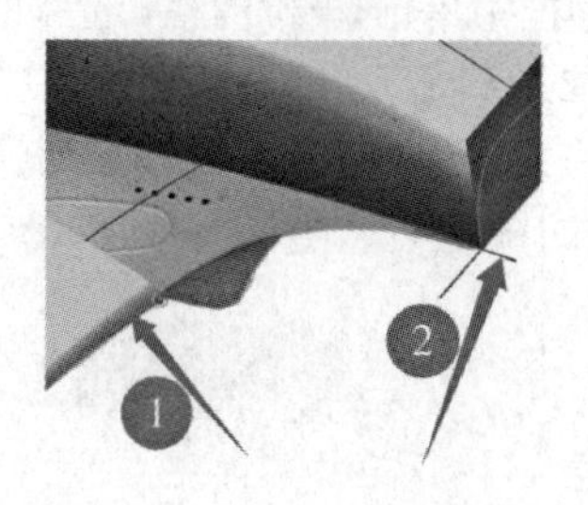

图 3-4-39　起始、终止对象

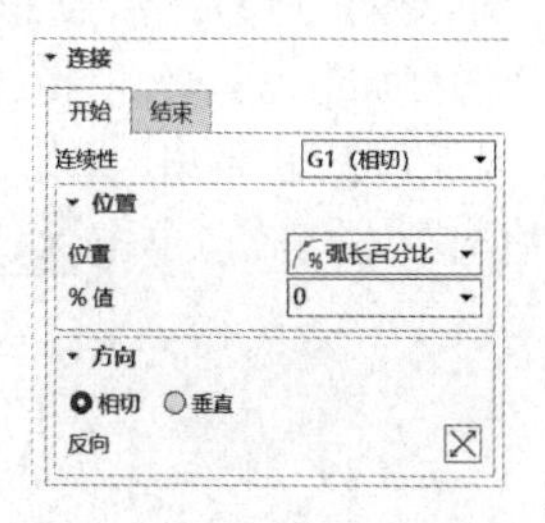

图 3-4-40　连接选项设置

16. 绘制艺术样条曲线 3

单击艺术样条（Studio Spline）。将视图旋转至接近正视图像位置，再按住 F8 或 Fn+F8（正视于 *XOY* 平面）。绘制样条曲线 3。采用艺术样条里头【根据极点】的方式绘制样条曲线。第一极点和最后一极点选择如图 3-4-42 所示的①和②交点，相切均采用自动判断模式；其他极点根据图像适度调整即可。其他参数设置如图 3-4-43 所示。样条曲线 3 绘制效果如图 3-4-44 所示。

图 3-4-41　桥接效果

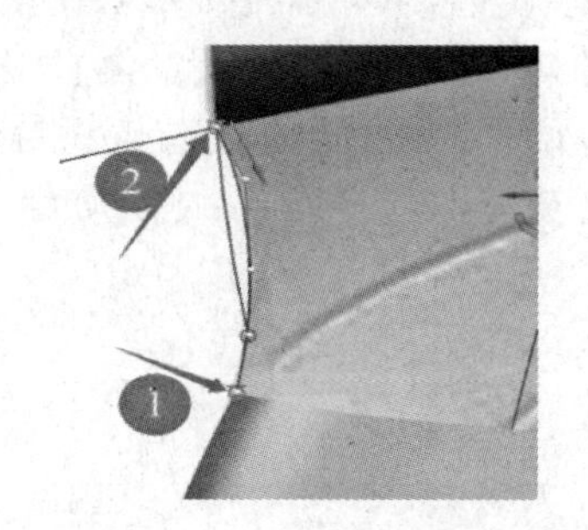

图 3-4-42　第一和最后极点位置

图 3-4-43　连接选项设置

17. 修剪和延伸 1

显示第 12 步创建的拉伸曲线。单击菜单栏中【曲面】（Surface），在对应命令面板上，单击修剪和延伸（Trim and Extend），或选择【菜单】（Menu）中【插入】（Insert）|【修剪】（Trim）| 修剪和延伸（Trim and Extend）命令，系统弹出如图 3-4-45 所示的修剪和延伸对话框。在第一栏选择【制作拐角】；【目标】、【工具】栏依次选择如图 3-4-46 中箭头所指的面①和面②；单击< 确定 >按钮，完成修剪和延伸创建。结果如图 3-4-47 所示。如效果不对，请根据图形更改目标或者工具的方向，根据需要单击图标。

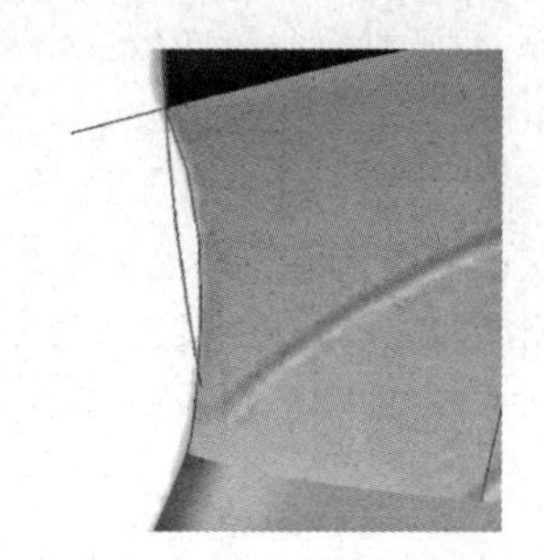

图 3-4-44　样条曲线 3 效果

图 3-4-45　修剪和延伸对话框

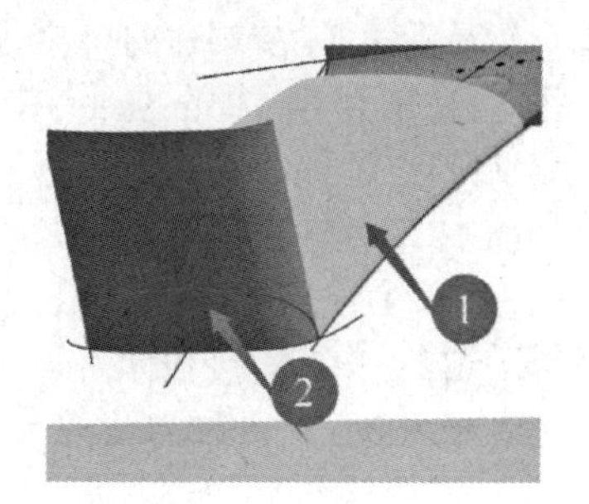

图 3-4-46　目标和工具

18. 拉伸曲线 3

单击【拉伸】命令，在拉伸对话框中单击【截面】栏，选择栏中选项为 单条曲线 ，曲线选择如图 3-4-48 所指的单条曲线；【方向】选择 ZC（+Z 方向）；在【限制】栏中选择起始、结束模式和距离，起始、结束模式均选择【值】，起始距离输入 0mm，结束距离输入 40mm；其他选项不修改，单击 < 确定 > 按钮，结果如图 3-4-49 所示。

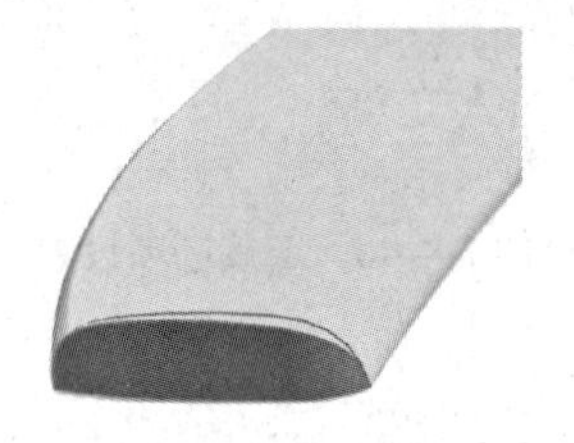

图 3-4-47 修剪和延伸 1 效果

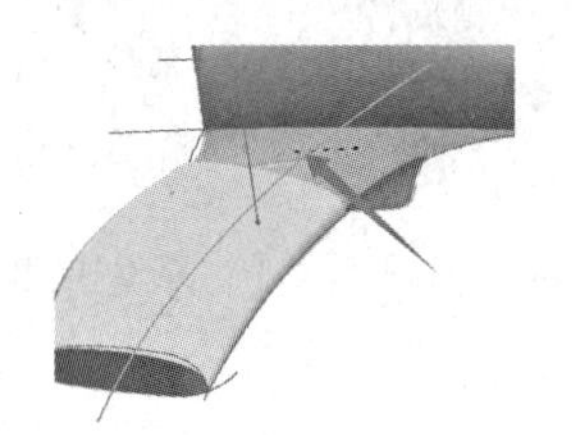

图 3-4-48 曲线 3

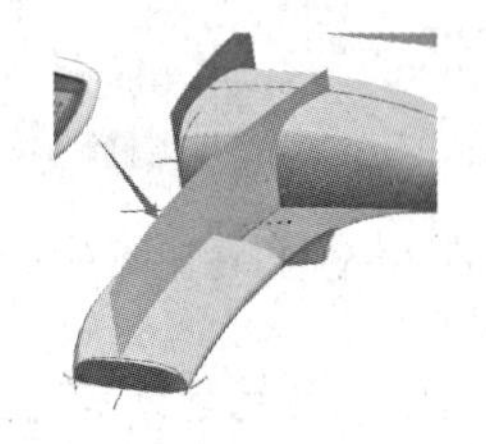

图 3-4-49 曲线 3 拉伸效果

19. 绘制圆弧

隐藏第 11 步创建的扫掠面 1。单击菜单栏中【曲线】(Curve)，在对应命令面板上，单击 圆弧（Arc/Circle），或选择【菜单】(Menu）中【插入】(Insert) |【曲线】(Curve) | 圆弧（Arc/Circle）命令，系统弹出如图 3-4-50 所示的圆弧/圆对话框。将视图旋转至接近正视图片视角，再按住 F8 或 Fn+F8（正视于 *XOY* 平面）。起点如图 3-4-51 箭头所指的交点。效果如图 3-4-52 所示。

图 3-4-50 圆弧/圆对话框

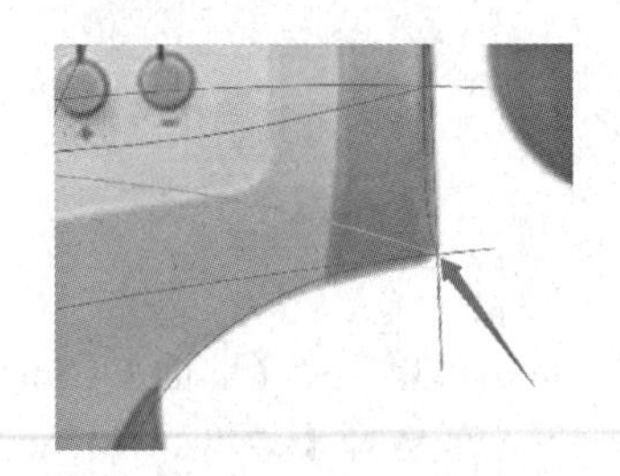

图 3-4-51 圆弧起点

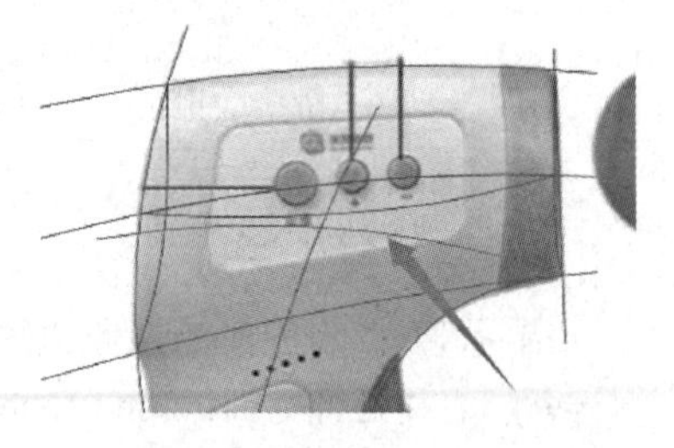

图 3-4-52 圆弧效果

20. 修剪片体

显示第 11 步创建的扫掠面 1。单击菜单栏中【曲面】(Surface)，在对应命令面板上，单击 修剪片体（Trim Sheet），或选择【菜单】(Menu）中【插入】(Insert) |【修剪】(Trim) | 修剪片体（Trim Sheet）命令，系统弹出如图 3-4-53 所示的修剪片体对话框。【目标】选择扫掠面 1，【边界】选择上一步创建的圆弧，如图 3-4-54 中箭头所示；【投影方向】选择沿矢量 ZC（+Z 方向），勾选投影两侧，如图 3-4-55 所示；【区域】选择保留如图 3-4-54 外侧部分；单击 < 确定 > 按钮，完成片体修剪，结果如图 3-4-56 所示。如效果不对，请根据图形更改目标或者工具的方向，根据需要单击 图标。

图 3-4-53　修剪片体对话框

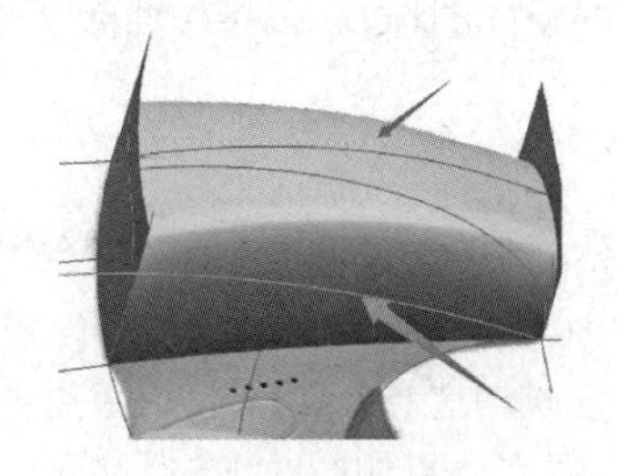

图 3-4-54　目标和边界

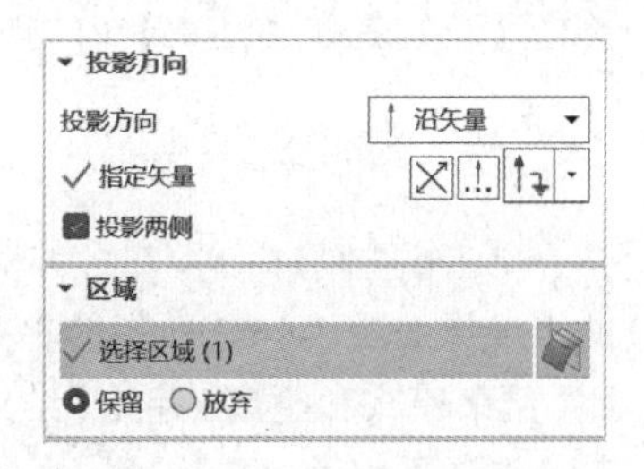

图 3-4-55　投影方向和区域设置

21. 相交曲线 1

显示第 18 步创建的拉伸曲面。单击菜单栏中【曲线】(Curve)，在对应命令面板上，单击相交曲线（Intersection Curve），或选择【菜单】(Menu）中【插入】(Insert）|【派生曲线】(Derived Curve）| 相交曲线（Intersection Curve）命令，系统弹出如图 3-4-57 所示的相交曲线对话框。【第一组】、【第二组】的面分别选择图 3-4-58 所示的曲面①和曲面②；单击< 确定 >按钮，结果如图 3-4-59 所示。

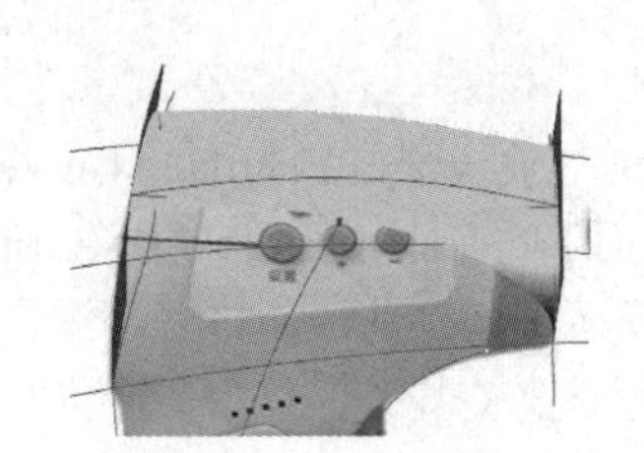

图 3-4-56　片体修剪效果

图 3-4-57　相交曲线对话框

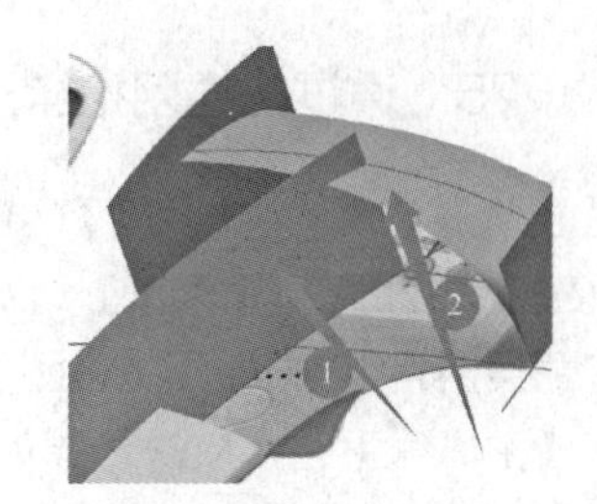

图 3-4-58　相交面

22. 相交曲线 2

操作同上一步，【第一组】、【第二组】的面分别选择图 3-4-60 所示的曲面①和曲面②；结果如图 3-4-61 所示。

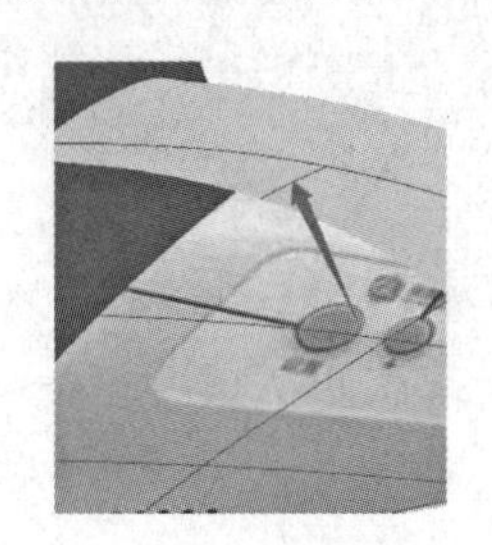

图 3-4-59　相交曲线 1 效果

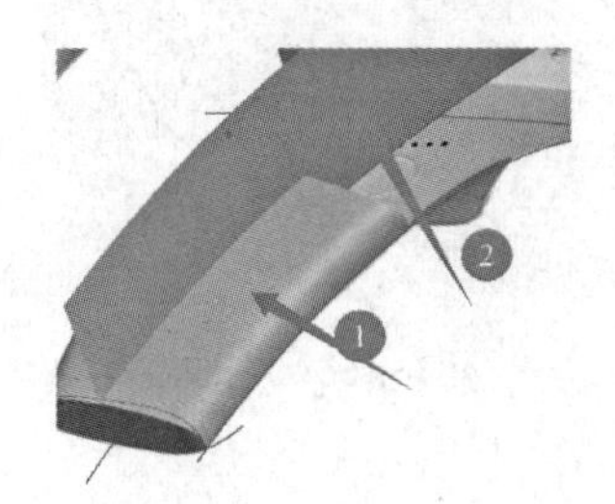

图 3-4-60　相交面

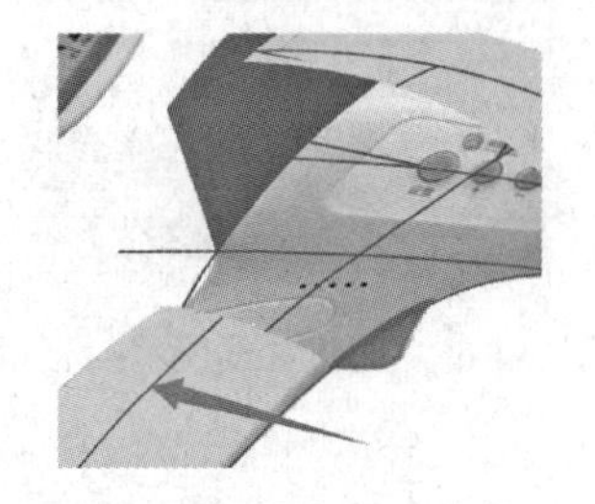

图 3-4-61　相交曲线 2 效果

23. 桥接曲线 2

单击桥接曲线（Bridge）命令。选择栏中选项为单条曲线；【起始对象】、

【终止对象】|【截面】分别选择上两步建立的相交曲线 1 和 2；【连接】|【开始】|【连续性】= G1（相切），【方向】= 相切，【结束】和【开始】的设置相同。如果曲线出现扭曲，请分别单击【开始】和【结束】内的方向反向图标☒。桥接曲线 2 绘制效果如图 3-4-62 所示。

24．拉伸曲线 4

单击【拉伸】命令，在拉伸对话框中单击【截面】栏，选择栏中选项为 单条曲线 ，曲线选择如图 3-4-63 所指的单条曲线；【方向】选择 ZC↑（+Z 方向）；在【限制】栏中选择起始、结束模式和距离，起始、结束模式均选择【值】，起始距离输入 0mm，结束距离输入 40mm；其他选项不修改，单击< 确定 >按钮，结果如图 3-4-64 所示。

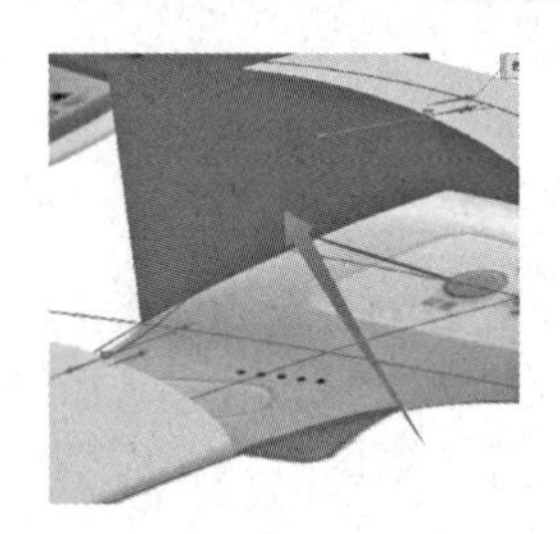
图 3-4-62　桥接效果

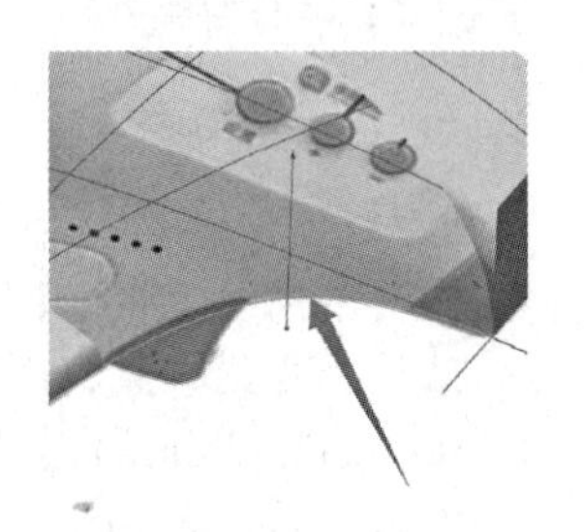
图 3-4-63　曲线 4

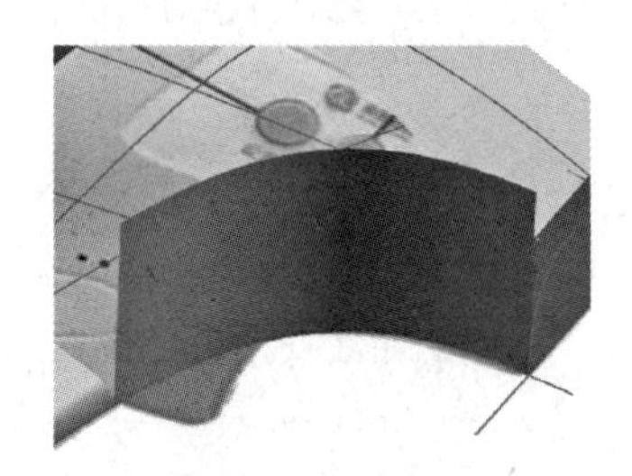
图 3-4-64　拉伸效果

25．通过曲线网格构造曲面

单击菜单栏中【曲面】(Surface)，在对应命令面板上，单击通过曲线网格（Through Curve Mesh），或选择【菜单】(Menu) 中【插入】(Insert) |【网格曲面】(Mesh Surface) | 通过曲线网格（Through Curve Mesh）命令，系统弹出如图 3-4-65 所示的通过曲线网格对话框。在【主曲线】栏，依次选择如图 3-4-66 所示的①和②两条曲线（每选择完一条，单击一次鼠标中键/滚轮或单击⊕添加新的主曲线，在【主曲线列表】中会增加 1 项记录）；在【交叉曲线】栏，选择如图 3-4-67 所示的①和②两条曲线（每选择完一条/圈），单击一次鼠标中键/滚轮；【连续性】第一交叉线串选择 G1（相切），相切面选择上一步拉伸的曲面；其他设置不做修改。单击< 确定 >按钮，结果如图 3-4-68 所示。

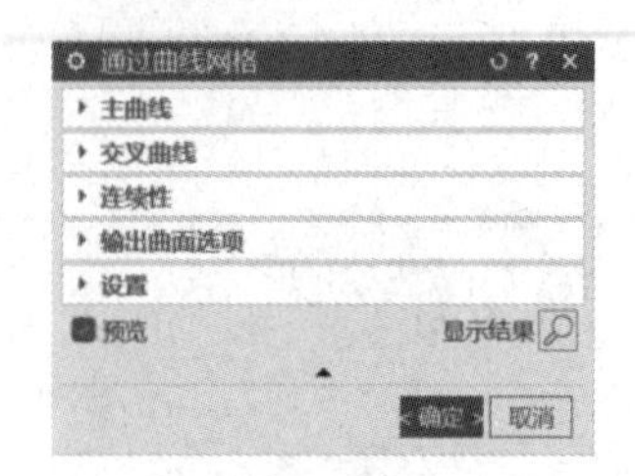

图 3-4-65　通过曲线网格对话框

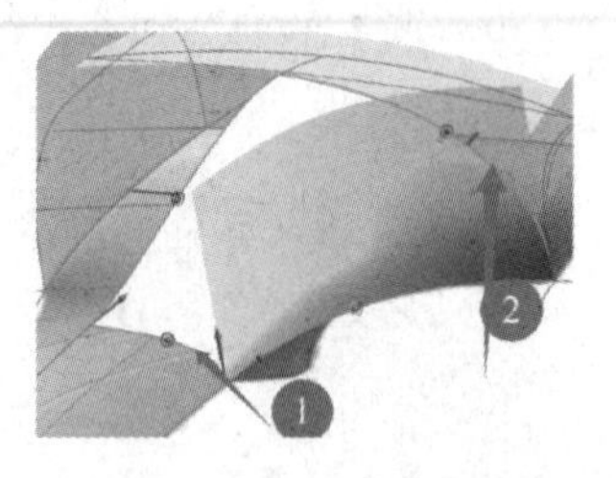

图 3-4-66　主曲线

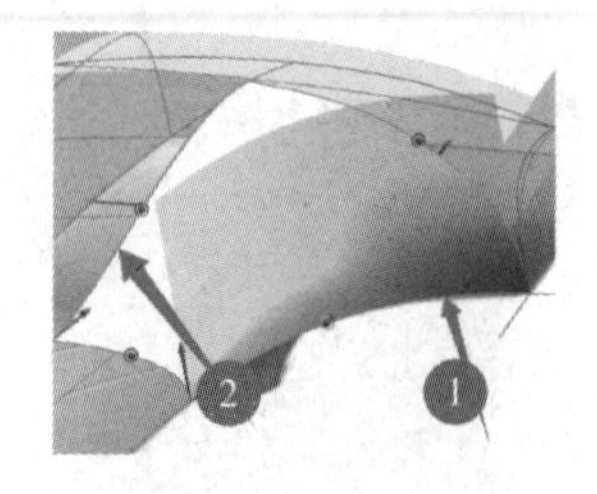

图 3-4-67　交叉曲线

26．填充曲面

隐藏第 24 步常见的拉伸曲面。单击菜单栏中【曲面】(Surface)，在对应命令面板上，单击更多（More）|【填充】| 填充曲面（Fill Surface），或选择【菜单】(Menu) 中【插入】(Insert) |【曲面】(Surface) | 填充曲面（Fill Surface）命令，系统弹出如图 3-4-69 所

示的填充曲面对话框。在【边界】栏，选择如图 3-4-70 所示的轮廓边或曲线（①②③边，④⑤曲线），其他设置不做修改。单击< 确定 >按钮，结果如图 3-4-71 所示。

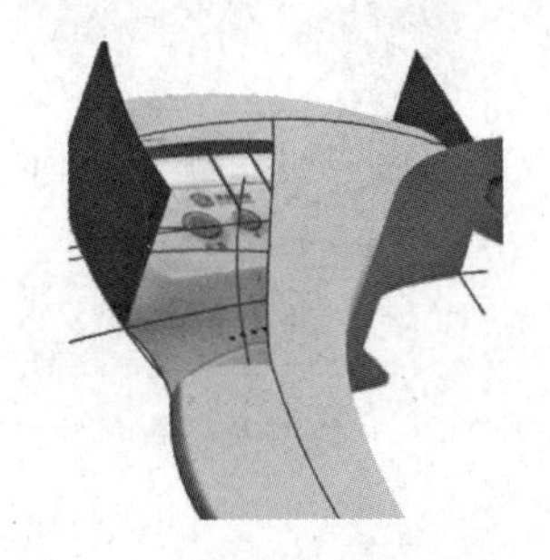

图 3-4-68　曲线网格构造曲面效果

图 3-4-69　填充曲面对话框

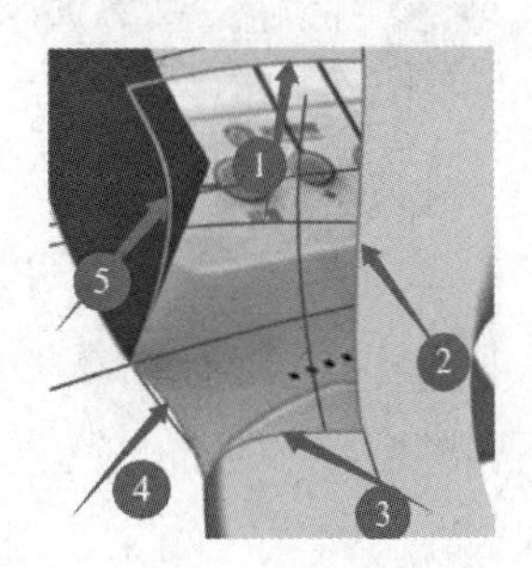

图 3-4-70　轮廓边和曲线

技巧：① 边和曲线重合时，快速选择边的方法，如图 3-4-72 所示。更改选择栏内容为【边】。

② 曲面构造方法生成的面一般有 4 条边。填充曲面构造的面可以超过 4 条边或曲线，且曲面默认与相邻面相切。

27. 缝合 1

单击菜单栏中【曲面】(Surface)，在对应命令面板上，单击缝合（Sew），或选择【菜单】(Menu) 中【插入】(Insert) |【修剪】(Trim) | 缝合（Sew）命令，系统弹出如图 3-4-73 所示的缝合对话框。第一栏选择【片体】；【目标】、【工具】栏依次选择如图 3-4-74 所示的曲面①～⑤（目标选择其中的任意一个面，剩余为工具面；左右两侧的两个面不选）；单击< 确定 >按钮，完成片体缝合。缝合结果无法直接看出。可以通过再次单击缝合命令，将鼠标移至刚缝合的曲面上，可以发现整个上部已成一个整面。

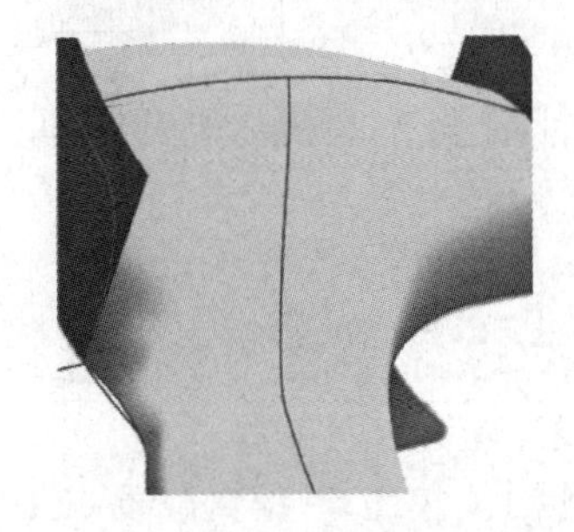

图 3-4-71　填充曲面效果

图 3-4-72　选择过滤器

图 3-4-73　缝合对话框

28. 修剪和延伸 2、3

单击修剪和延伸（Trim and Extend）命令，在弹出的对话框第一栏选择【制作拐角】；【目标】、【工具】栏依次选择如图 3-4-75 中箭头所指的面①和面②；单击< 确定 >按钮，完成修剪和延伸创建。结果如图 3-4-76 所示。如效果不对，请根据图形更改目标或者工具的方向，根据需要单击图标。

同理，修剪和延伸另一侧曲面。【目标】、【工具】栏依次选择如图 3-4-77 中箭头所指的面①和面②；结果如图 3-4-78 所示。

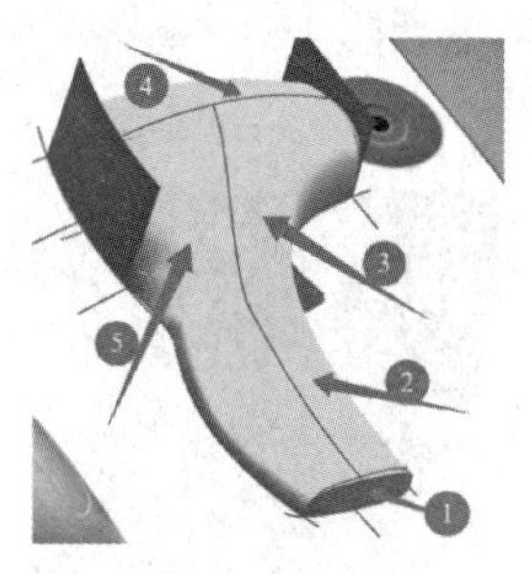
图 3-4-74　目标和工具面

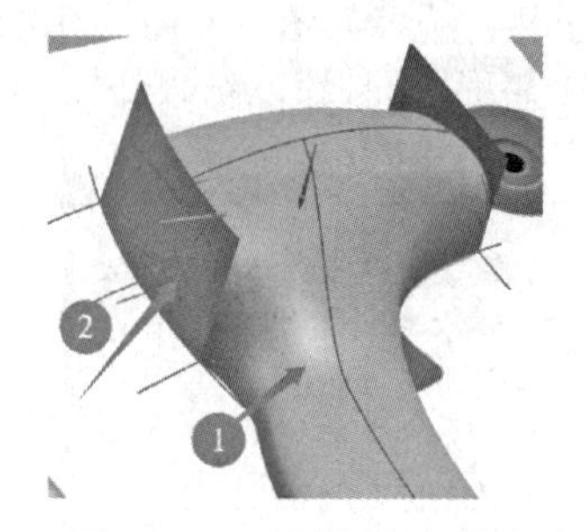
图 3-4-75　目标和工具面

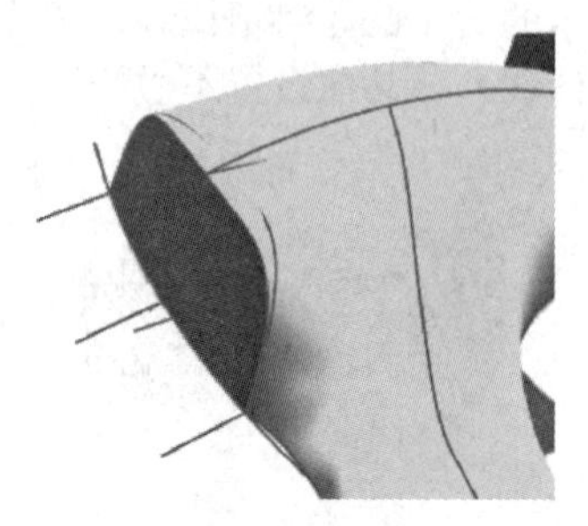
图 3-4-76　修剪和延伸 2 效果

29. 镜像几何体

单击菜单栏中【主页】（Home），在对应命令面板上，单击【更多】（More）|【复制】（Copy）|【镜像几何体】（Mirror Geometry）命令，或选择【菜单】（Menu）中【插入】（Insert）|【关联复制】（Associative Copy）|【镜像几何体】（Mirror Geometry）命令，系统弹出如图 3-3-79 所示的镜像几何体对话框。【要镜像的几何体】栏，选择所有曲面；【镜像平面】选择 *XOY* 平面；单击< 确定 >按钮，结果如图 3-4-80 所示。

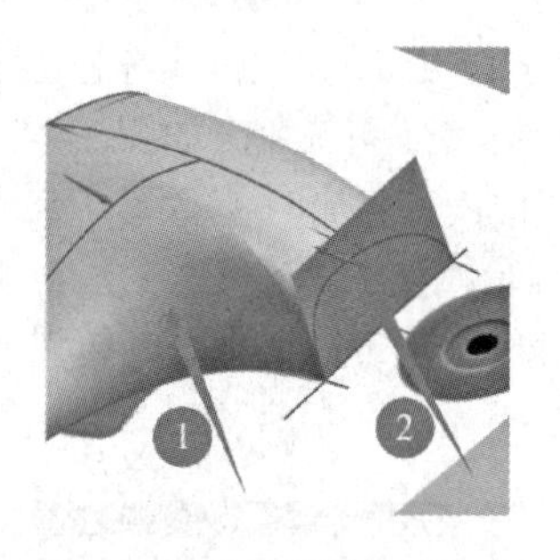
图 3-4-77　目标和工具面

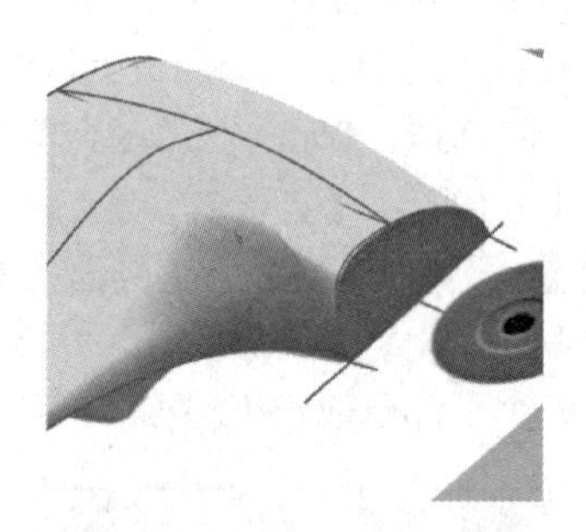
图 3-4-78　修剪和延伸 3 效果

图 3-4-79　镜像几何体对话框

30. 缝合 2

单击缝合（Sew）命令，在弹出的缝合对话框第一栏选择片体；【目标】、【工具】栏依次选择如图 3-4-81 所示的曲面①和②；单击< 确定 >按钮，完成片体缝合为实体。

缝合结果通过单击菜单栏中【视图】（View），在对应命令面板上，单击编辑截面（Edit Section），或选择【菜单】（Menu）中【视图】（View）|【截面】（Section）|编辑截面（Edit Section）命令，系统弹出视图剖切对话框。通过移动绘图区的动态坐标系（如图 3-4-82 所示），可以任意视角查看实体剖切效果。

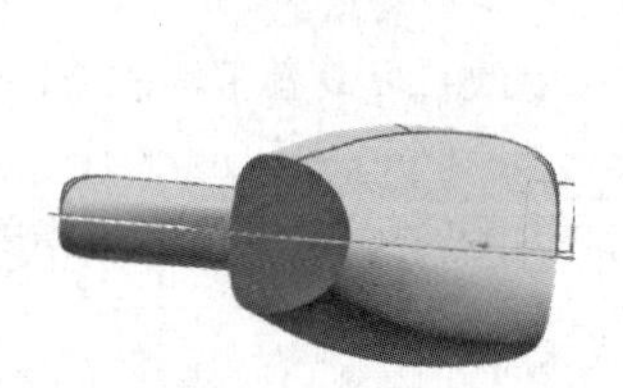
图 3-4-80　镜像几何体效果

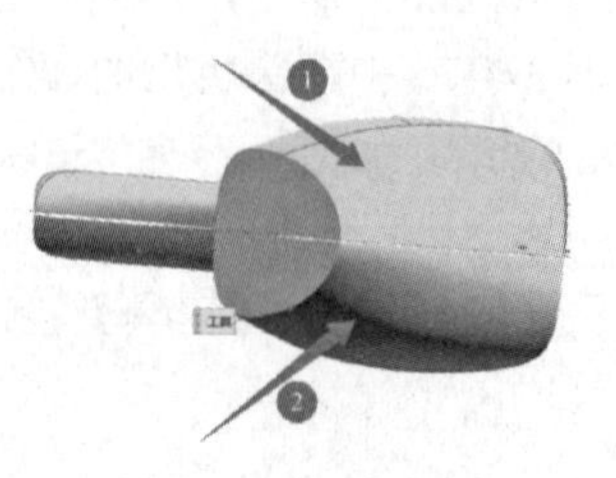
图 3-4-81　缝合面

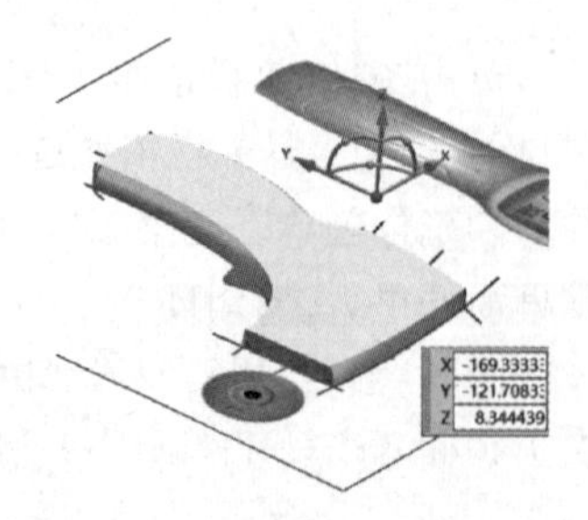
图 3-4-82　缝合实体剖切效果检测

技巧：动态坐标系有移动和转动两种操作方法。鼠标放在坐标轴线头部位置，箭头变色，此时按住鼠标左键来回移动实现剖切面平移移动。如小圆球变色，移动鼠标实现剖切面的转动效果。

31. 边倒圆

按住 Ctrl+W，隐藏图像。单击菜单栏中【曲面】（Home），在对应命令面板上，单击【边倒圆】（Edge Blend），或选择【菜单】（Menu）中【插入】（Insert）|【细节特征】（Detail Feature）|【边倒圆】（Edge Blend）命令，系统弹出边倒圆对话框。【边】选择如图 3-4-83 箭头所指的边；【形状】= 圆形，【半径 1】= 1mm；其他默认设置。单击< 确定 >，结果如图 3-4-84 所示。

32. 面倒圆

单击菜单栏中【曲面】（Home），在对应命令面板上，单击面倒圆（Face Blend），或选择【菜单】（Menu）中【插入】（Insert）|【细节特征】（Detail Feature）|面倒圆（Face Blend）命令，系统弹出图 3-4-85 所示的面倒圆对话框。【面】分别选择如图 3-4-86 箭头所指的面①和②；【形状】= 圆形，【半径 1】= 5mm；其他默认设置。单击< 确定 >，结果如图 3-4-87 所示。

图 3-4-83 边倒圆

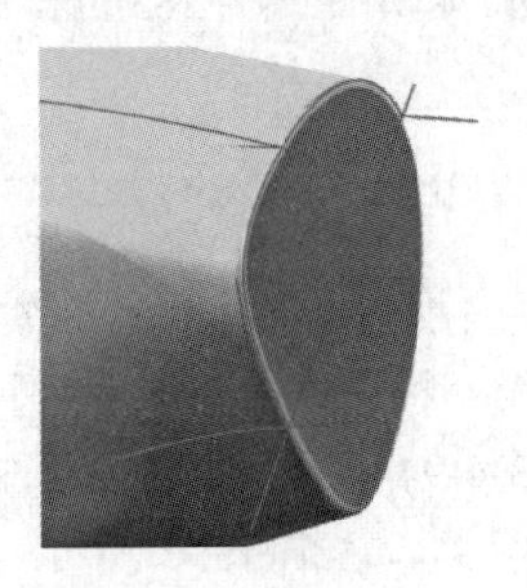

图 3-4-84 边倒圆效果

图 3-4-85 面倒圆对话框

同样操作，可在分别在图 3-4-88、图 3-4-89 箭头所指位置进行面倒圆，半径设置为 1mm。

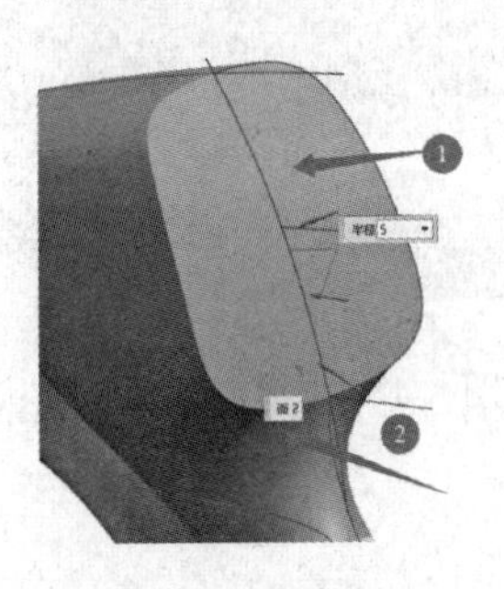

图 3-4-86 面倒圆

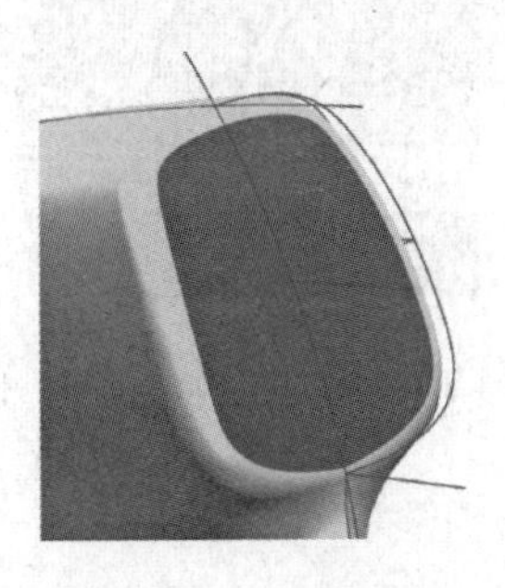

图 3-4-87 面倒圆效果

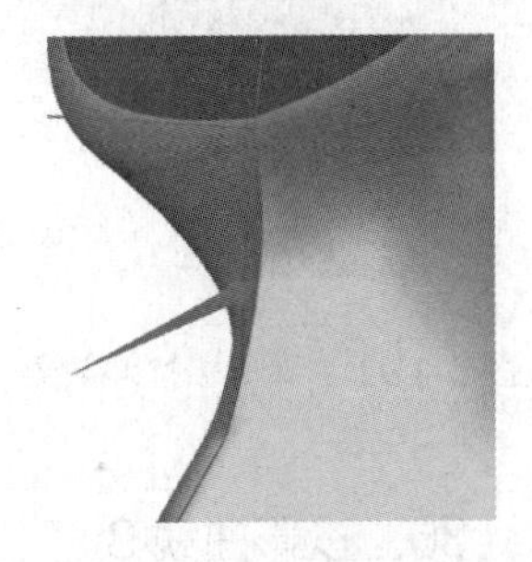

图 3-4-88 面倒圆位置 1

33. 绘制草图 2

单击草图（Sketch）命令，系统弹出创建草图对话框，第一栏选择【基于平面】= *YOZ*，单击< 确定 >按钮，进入草图绘制界面。草图 2 形状及尺寸如图 3-4-90 所示。绘制完草图，单击平面左上角【完成草图】按钮，退出草图绘制界面。结果如图 3-4-91 所示。

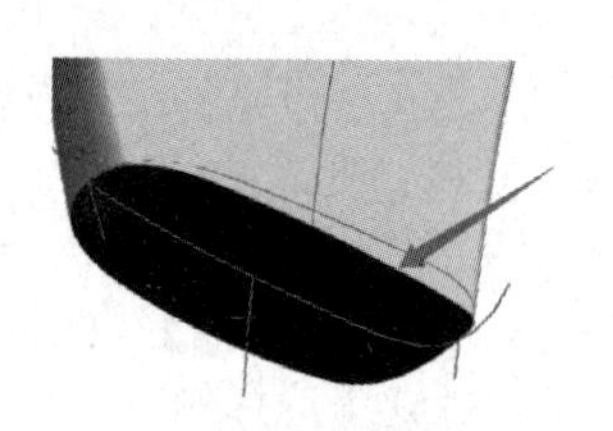

图 3-4-89 面倒圆位置 2

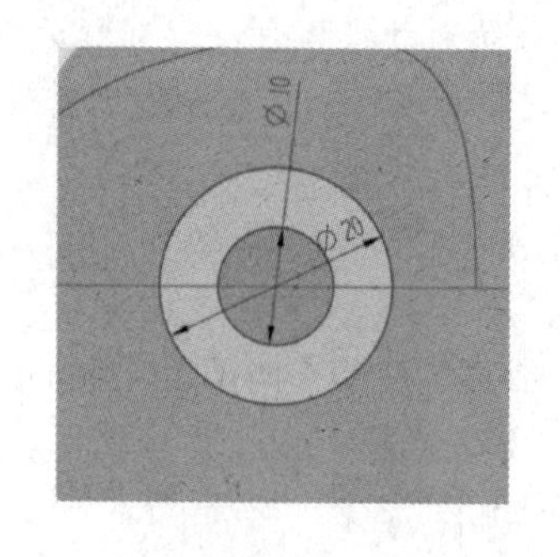

图 3-4-90 草图 2 形状及尺寸

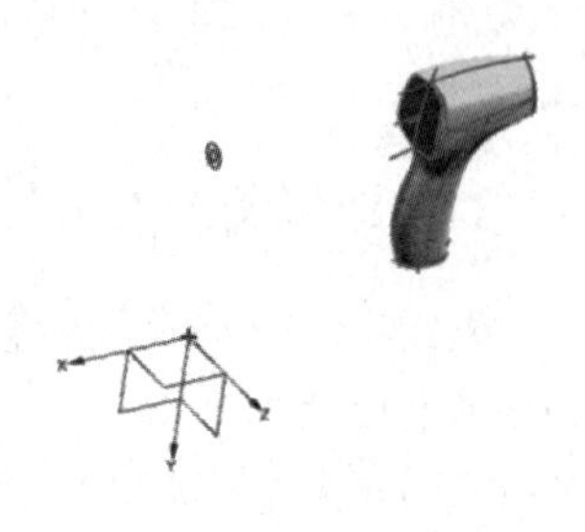

图 3-4-91 草图 2 效果

34. 拉伸草图 2

单击菜单栏中【主页】（Home），在对应命令面板上，单击【拉伸】命令，在拉伸对话框中单击【截面】栏，选择草图 2；【方向】选择 -XC（−*X* 方向）；在【限制】|【起始】选择【值】，起始距离 = 285mm，结束距离 = 288mm；【布尔】|【减去】= 额温枪主体；其他选项均设置为【无】，单击 < 确定 > 按钮，结果如图 3-4-92 所示。

同样操作，选择草图 2 中的内圆，起始距离 = 283mm，结束距离 = 288mm；结果如图 3-4-93 所示。

35. 逆向绘制草图 3

按住 Ctrl+W，显示图像、草图、曲线、基准，隐藏实体、片体。单击草图（Sketch）命令，系统弹出创建草图对话框，第一栏选择【基于平面】= *XOY*，单击 < 确定 > 按钮，进入草图绘制界面。逆向草图 3 形状如图 3-4-94 所示。绘制完草图，单击平面左上角【完成草图】按钮，退出草图绘制界面。结果如图 3-4-95 所示。

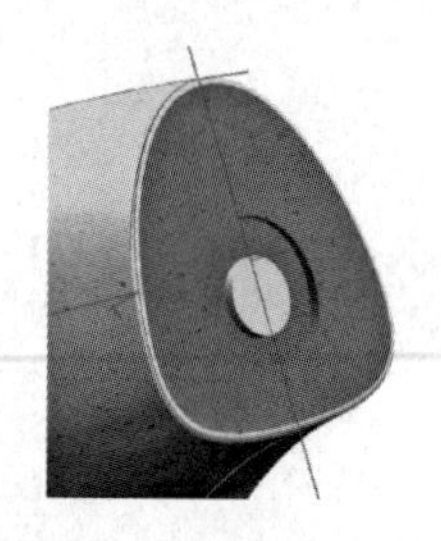

图 3-4-92 草图 2 拉伸效果

图 3-4-93 草图 2 内圆拉伸效果

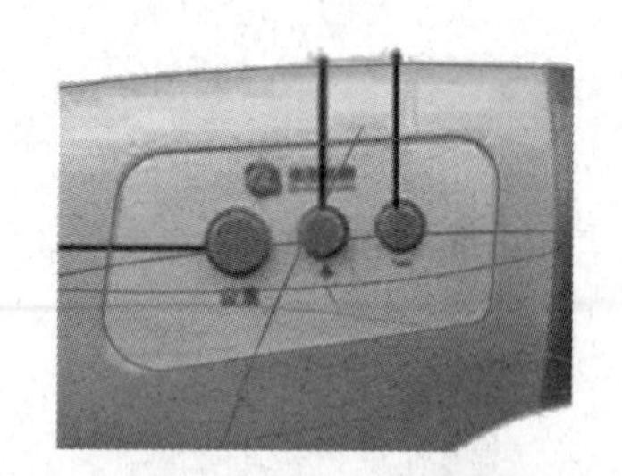

图 3-4-94 逆向草图 3 形状

36. 投影曲线 3

按住 Ctrl+W，显示实体、曲线、草图、基准，隐藏图像。单击投影曲线（Project Curve）命令，系统弹出投影曲线对话框。【要投影的曲线或点】选择上一步绘制的逆向草图 3；【要投影的对象】选择逆向草图中的如图 3-4-96 箭头所指的额温枪上部曲面；【投影方向】|【方向】= 沿矢量，ZC（+*Z* 方向），【投影选项】= 投影两侧；单击 < 确定 > 按钮，完成投影曲线创建。隐藏样条曲线 1，投影结果如图 3-4-97 和图 3-4-98 所示。

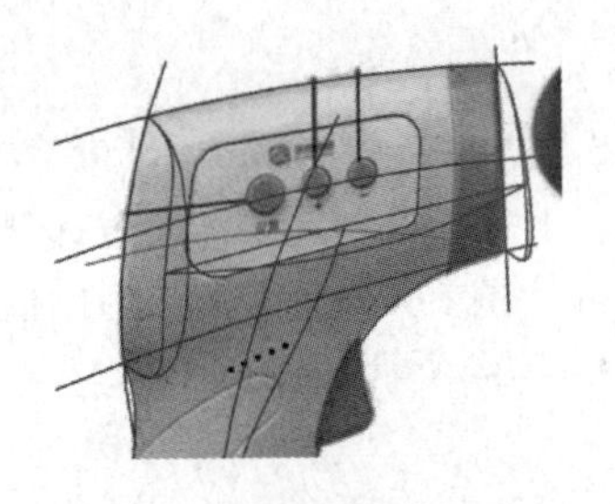

图 3-4-95　逆向草图 3 效果

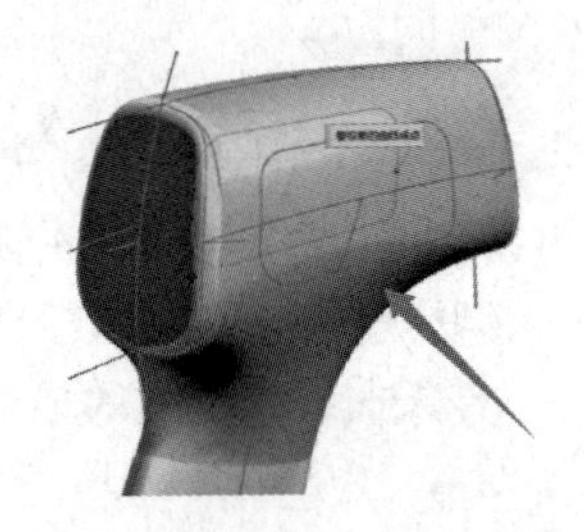

图 3-4-96　要投影的对象

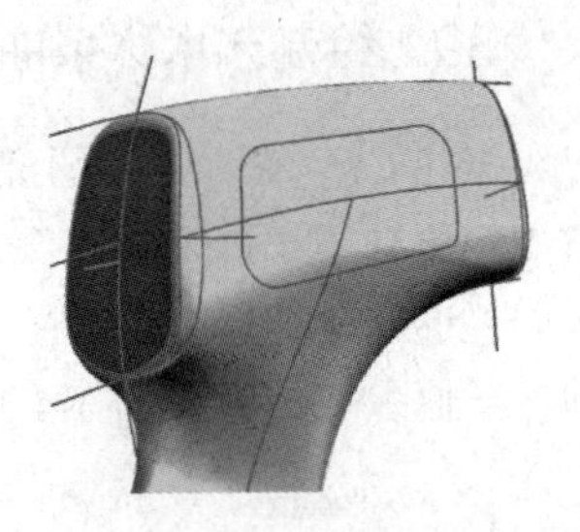

图 3-4-97　正面投影效果

37. 分割面

单击菜单栏中【曲面】(Surface)，在对应命令面板上，单击【更多】|【分割面】(Divide Face)，或单击【菜单】中的【插入】(Insert)|【修剪】(Trim)|【分割面】(Divide Face)命令，弹出如图 3-4-99 所示的分割面对话框，【要分割的面】= 额温枪主体，【分割对象】如图 3-4-100 中箭头所指的投影曲线。【投影方向】选择 ZC（+Z 方向），单击 <确定> 按钮。完成分割面。分割效果可以通过调用分割面命令查看。

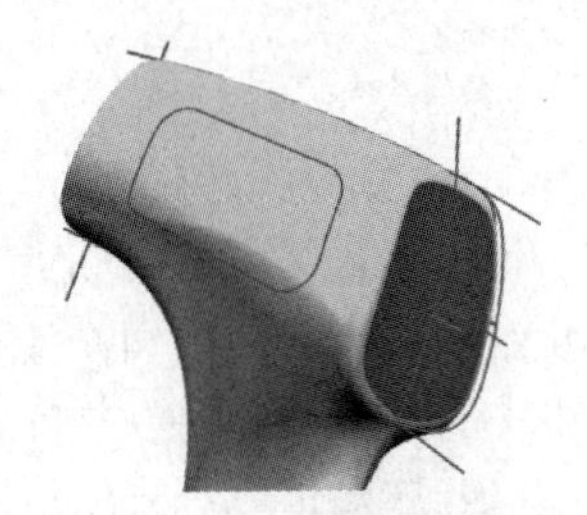

图 3-4-98　背面投影效果

图 3-4-99　分割面对话框

图 3-4-100　分割对象

38. 拉伸曲线 5

单击【拉伸】命令，在拉伸对话框中单击【截面】栏，选择栏中选项为 面边，曲线选择上一步的分割面（投影曲线内部的面）；【方向】选择 ZC（+Z 方向）；在【限制】栏中选择起始、结束模式和距离，起始、结束模式均选择【值】，起始距离输入 0mm，结束距离输入 0.3mm；【布尔】|【减去】= 额温枪主体；其他选项均设置为【无】，单击 <确定> 按钮，结果如图 3-4-101 所示。

同样操作，拉伸背面的曲线，效果如图 3-4-102 所示。

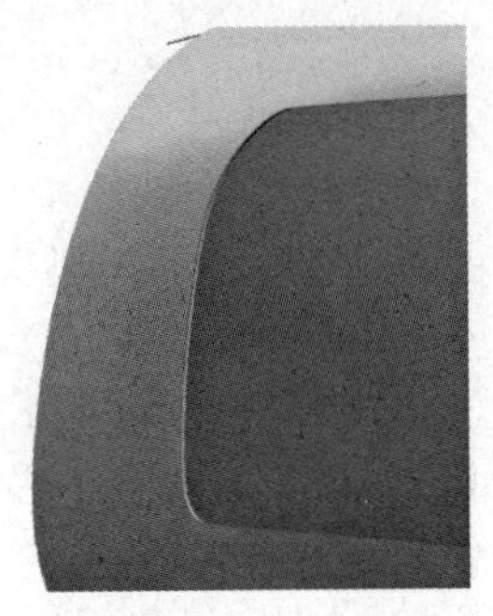

图 3-4-101　正面拉伸效果

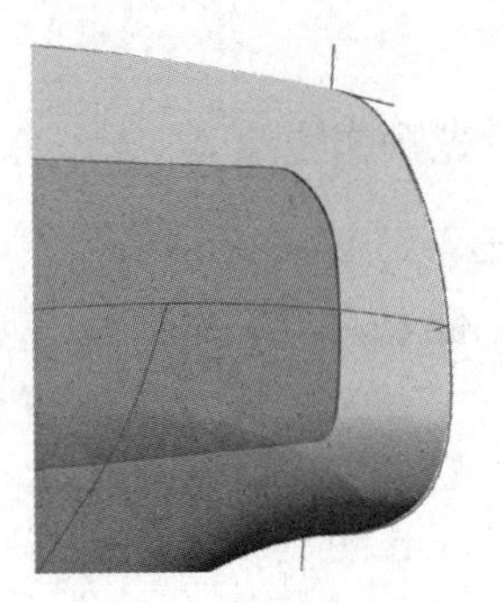

图 3-4-102　背面拉伸效果

39. 绘制艺术样条曲线 4

按住 Ctrl+W，显示图像、实体、曲线、草图、基准。单击 艺术样条（Studio Spline）。将视图旋转至接近正视图像位置，再按住 F8 或 Fn+F8（正视于 *XOY* 平面）。艺术样条对话框第一栏选择【根据极点】的方式；曲线形状根据图像大致绘制即可；【参数设置】勾选封闭选项；其他参数设置如图 3-4-103 所示。样条曲线 4 绘制效果如图 3-4-104 所示。

图 3-4-103 分割参数设置

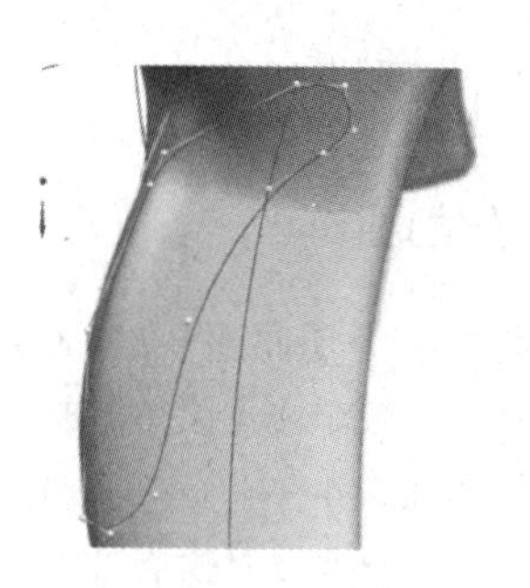

图 3-4-104 样条曲线 4

40. 投影曲线 4

按住 Ctrl+W，显示实体、曲线、草图、基准，隐藏图像。单击 投影曲线（Project Curve）命令，系统弹出投影曲线对话框。【要投影的曲线或点】选择上一步绘制的样条曲线 4；【要投影的对象】选择逆向草图中的如图 3-4-105 箭头所指的额温枪下部（手柄）；【投影方向】|【方向】= 沿矢量，ZC（+*Z* 方向），【投影选项】= 投影两侧；单击 < 确定 > 按钮，完成投影曲线创建。投影结果如图 3-4-106 和图 3-4-107 所示。

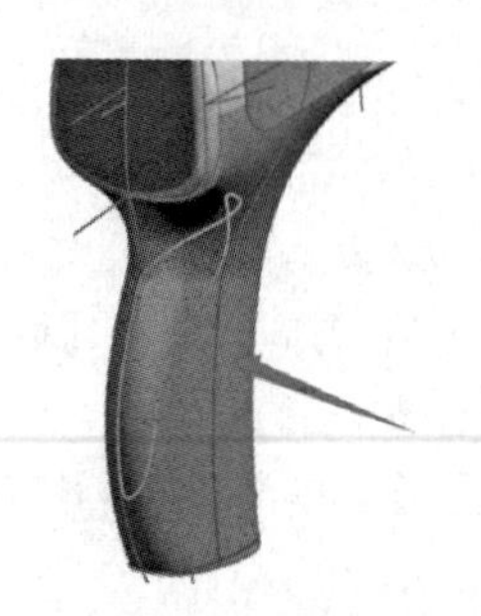

图 3-4-105 要投影的对象

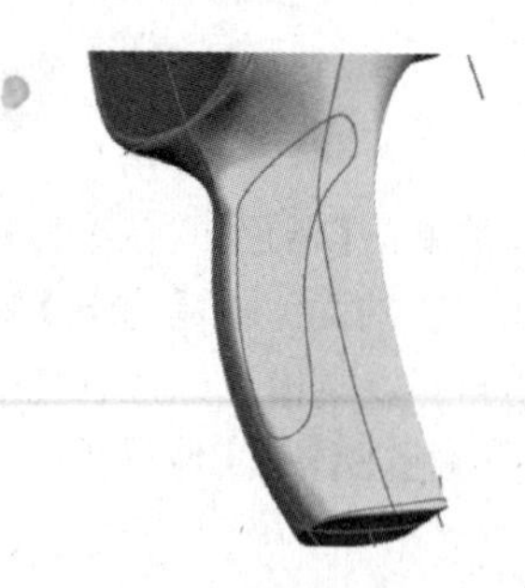

图 3-4-106 正面投影效果

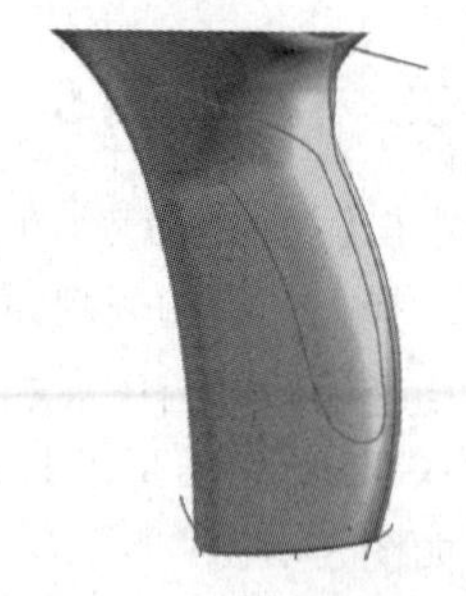

图 3-4-107 样条曲线 4

41. 光顺曲线串 4

单击菜单栏中【曲线】（Curve），在对应命令面板上，单击 更多（More）| 光顺曲线串（Smooth Curve String），或选择【菜单】（Menu）中【插入】（Insert）|【派生曲线】（Derived Curve）| 光顺曲线串（Smooth Curve String）命令，系统弹出如图 3-4-108 所示的光顺曲线串对话框。【截面曲线】选择上一步投影的两条样条曲线 4；【连续性】|【级别】= G1（相切），【半径】= 2mm；其他设置保持默认；单击 < 确定 > 按钮，完成曲线光顺。

42. 管 1、2

隐藏第 40 步样条曲线和第 41 步投影曲线。单击菜单栏中【曲面】(Surface)，在对应命令面板上，单击更多（More）|【扫掠】(Sweep) | 管（Tube），或选择【菜单】(Menu) 中【插入】(Insert) |【扫掠】(Sweep) | 管（Tube）命令，系统弹出如图 3-4-109 所示的管对话框。【路径】= 上一步创建的光顺曲线串，选择如图 3-4-110 所示曲线，【横截面】|【外径】= 2mm，【内径】= 0mm；【布尔】|【减去】= 额温枪；【设置】|【输出】= 单段；其他设置不做修改。单击< 确定 >按钮，完成管 1 的创建，结果如图 3-4-111 所示。

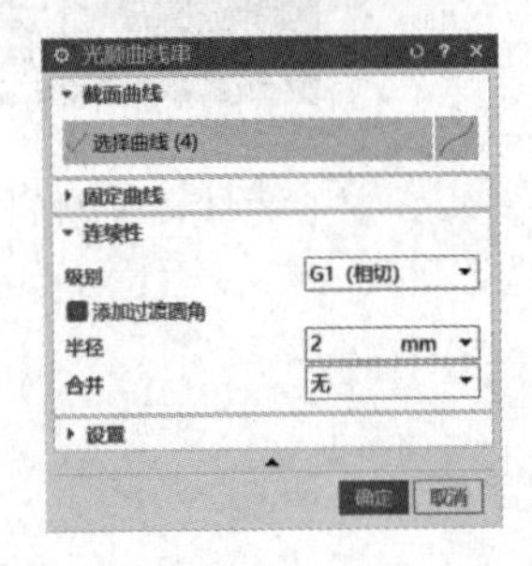

图 3-4-108 光顺曲线串对话框

图 3-4-109 管对话框

同样操作，完成另一侧管 2 的创建，结果如图 3-4-112 所示。

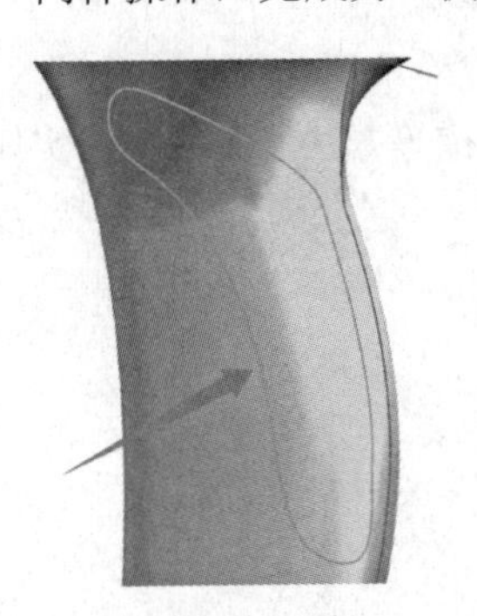

图 3-4-110 路径

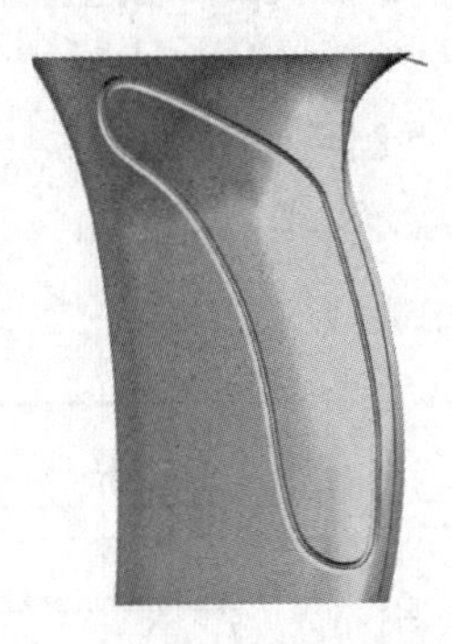

图 3-4-111 管 1 效果

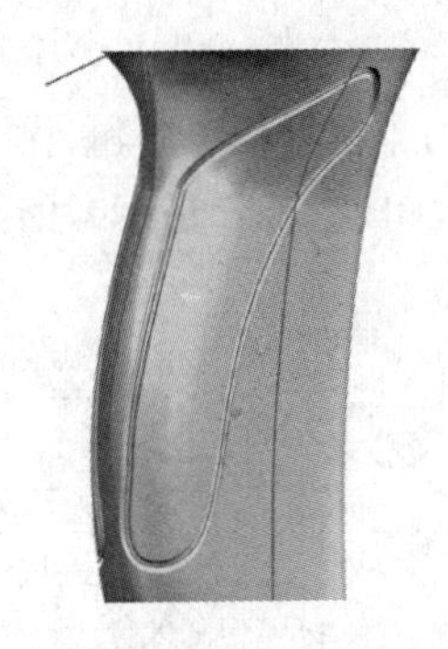

图 3-4-112 管 2 效果

43. 更改显示面边模式

按住 Ctrl+W，仅显示实体，其余对象全部隐藏。单击菜单栏中【显示】(Display)，在对应命令面板上，单击【面边】(Face Edges) 命令，或选择【菜单】(Menu) 中【视图】(View) |【显示】(Display) |【面边】(Face Edges) 命令。额温枪实体的边即消失。结果如图 3-4-113 所示。

44. 编辑额温枪颜色

单击菜单栏中【显示】(Display)，在对应命令面板上，单击【背景】(Background) | 深灰色（Dark Gray）命令。结果如图 3-4-114 所示。

单击菜单栏中【显示】(Display)，在对应命令面板上，单击【编辑对象显示】(Edit Object Display) 命令，或选择【菜单】(Menu) 中【编辑】(Edit) |【对象显示】(Object Display) 命令。根据自己的审美选择喜欢的颜色，然后单击< 确定 >按钮，效果如图 3-4-115 所示。

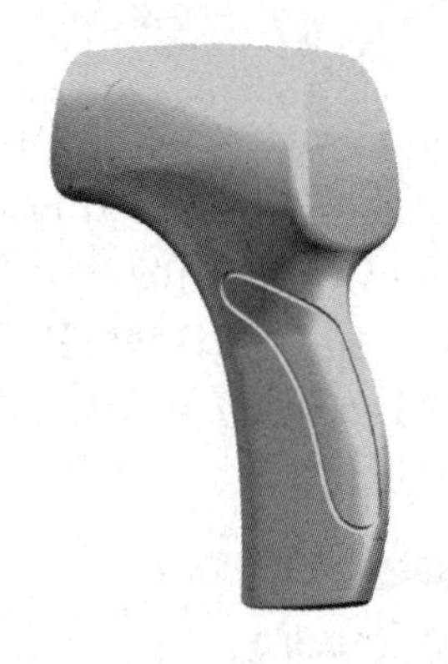

图 3-4-113 隐藏面边效果

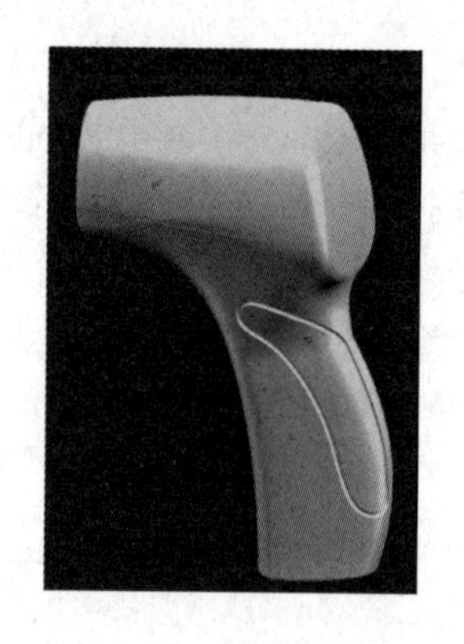

图 3-4-114 背景颜色效果

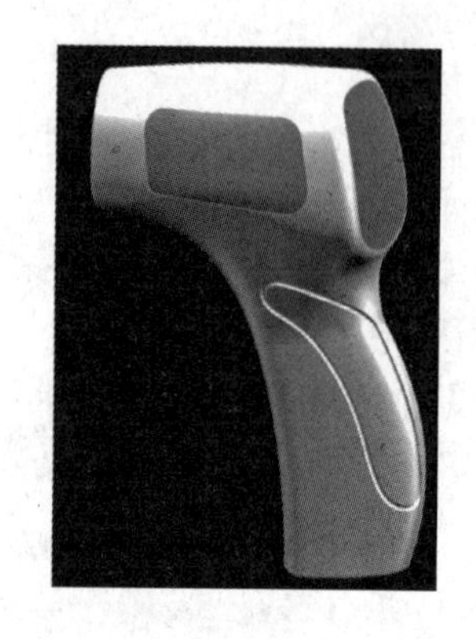

图 3-4-115 额温枪颜色效果

45. 保存文件

单击软件界面左上角的【保存】(Save)按钮，保存文件。

拓展练习题

1．根据如图 3-ex-1 所示曲线，并利用曲面、裁剪、抽壳、扫掠等方法，完成茶壶实体模型（如图 3-ex-2 所示）的创建。

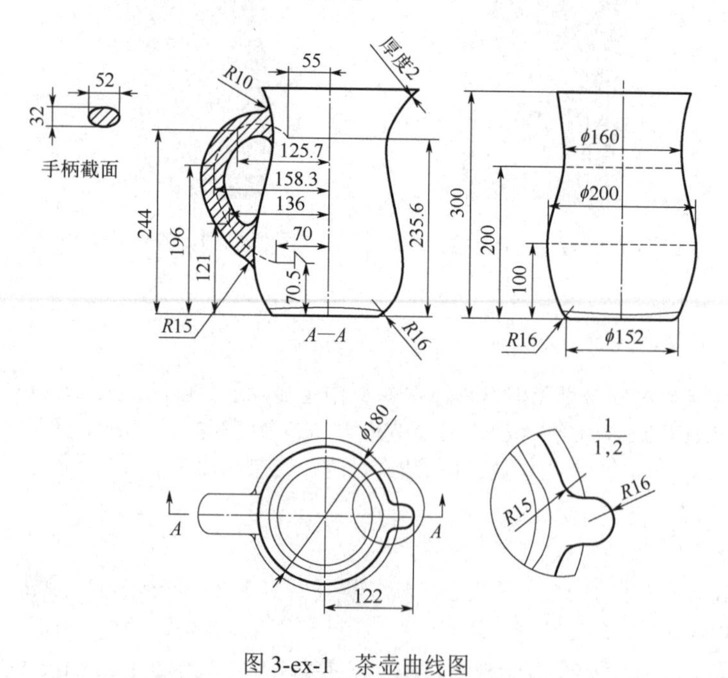

图 3-ex-1 茶壶曲线图

图 3-ex-2 茶壶

2．创建如图 3-ex-3 所示拨叉实体模型。

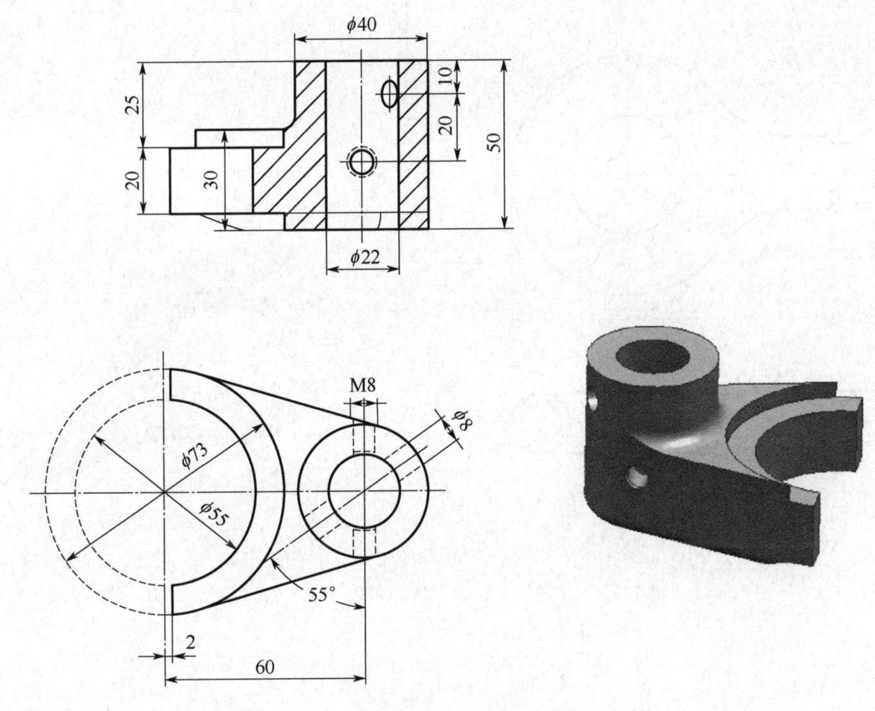

图 3-ex-3　拨叉

3．参照如图 3-ex-4 所示的曲线，利用曲面抽壳等方法，完成吹风嘴实体模型的创建（如图 3-ex-5 所示）。

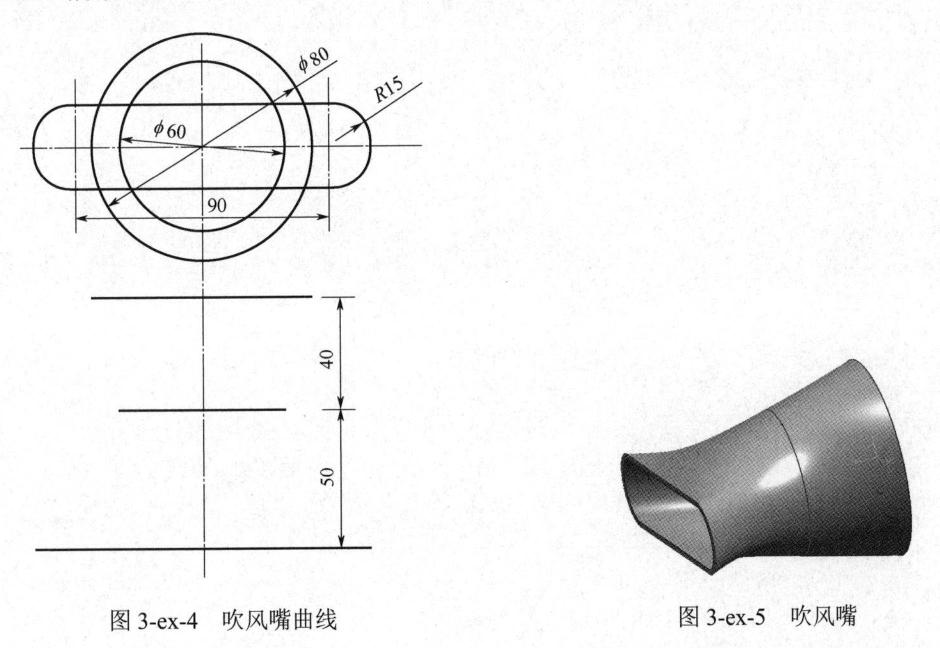

图 3-ex-4　吹风嘴曲线　　图 3-ex-5　吹风嘴

4．参照如图 3-ex-6 所示的曲线，利用曲面建模等方法，完成吊环实体模型的创建（如图 3-ex-7 所示）。

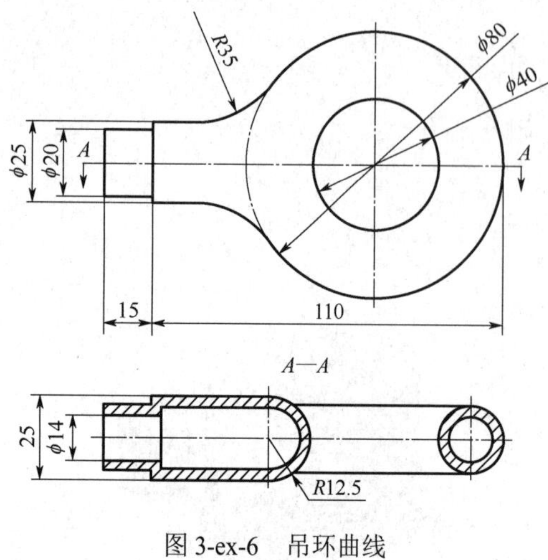

图 3-ex-6 吊环曲线

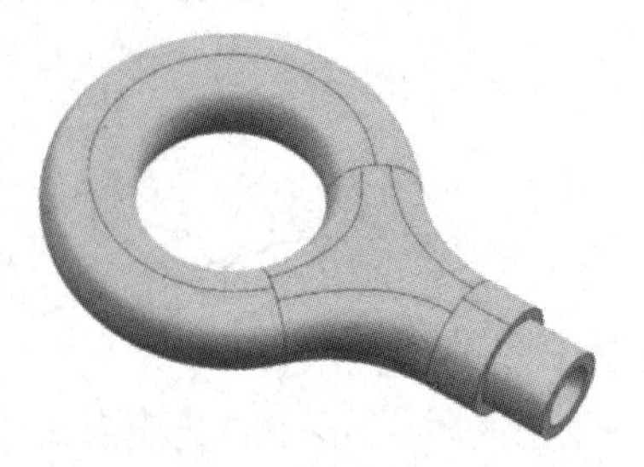
图 3-ex-7 吊环

第四章　装配设计

【装配设计基础知识】

零件或部件在设计完后，往往都需要进行组装，使之成为一个功能更加丰富和完善的综合体，赋予零件以生命力。NX 2312 软件装配模块主要功能有零件装配、产品爆炸、装配序列、装配建模等。

装配一般有两种思路。一种是自下而上装配，它是一种从零件出发，逐步向上构建装配体的设计方法。在这种方法中，设计者首先需要完成各个零件的设计，然后将它们插入装配环境中进行组装。另一种是自上而下装配，它是一种从装配体整体出发，逐步细化到各个零件的设计方法。在这种方法中，设计者首先构建装配体的整体布局（顶层设计），然后在装配环境中定义单个零件和子装配的具体几何体和位置。

自上而下装配和自下而上装配各有优缺点，选择哪种装配方法应根据具体的设计需求、产品规模和团队协作情况来决定。在实际应用中，也可以根据设计场景的需求将两种设计模式融合在一起，发挥各自的优势。

实例一　挖掘机装配

实例一　挖掘机装配资源

【学习任务】

根据如图 4-1-1 所示装配挖掘机。

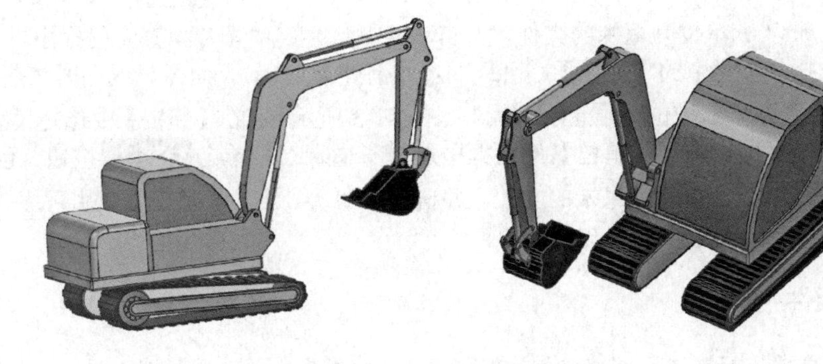

图 4-1-1　挖掘机装配效果图

【课程思政】

挖掘机，这一现代工程领域的重要建设工具，不仅以其“挖掘机械”或“挖土机”的通俗称谓深入人心，更是以其卓越的土方挖掘与装载能力，成为展现基建非凡实力的标志性工具。它巧妙地运用铲斗，无论是挖掘高于还是低于承机面的物料，都能游刃有余，将物料精准地装入运输车辆或卸载至堆料场，为各类基础设施建设提供了坚实的设备保障。

追溯中国挖掘机的发展历程，虽起步较晚，却以惊人的速度实现了从无到有、从弱到强的蜕变。自 1954 年抚顺挖掘机厂迈出了开创性的一步，成功生产出第一台斗容量为 $1m^3$ 的机械式单斗挖掘机以来，中国的挖掘机产业便踏上了从测绘仿制到自主研制开发再到发展提高的辉煌征途。这三个阶段的跨越，不仅是技术实力的飞跃，更是中国工程师与产业工人智慧与汗水的结晶。

尤为值得一提的是，经过不懈的努力与探索，徐工集团与三一重工这两家行业领军企业，已凭借其性能卓越的挖掘机产品成功跻身世界市场排名前十，这不仅是对中国挖掘机制造能力的肯定，更是对中国“智造”走向世界的有力证明。而这一切成就的取得，距离三一重工第一台挖掘机产品上市仅仅过去了二十余载，其发展速度之快、成就之显著，令人瞩目。

综上所述，我国挖掘机的发展历程不仅是国家工程机械装备制造业崛起的一个缩影，更是人类智慧与自然力量和谐共生的生动体现。它以其独特的贡献，书写着中国乃至世界工程建设史上的辉煌篇章。

【学习目标】

① 能够熟练使用装配（Assemble）、添加组件（Add Component）、移动组件（Move Component）、新建组件（New Component）、约束（Constraints）、约束导航器（Constraints Navigator）、装配导航器（Assembly Navigator）、镜像装配（Intersection Curve）、阵列组件（Pattern Component）、布置（Arrangements）等各类装配命令。

② 熟悉自下而上的基本思想和方法。能灵活交叉运用各类装配的辅助命令提高装配效率和便利性。

【操作步骤】

1. 新建文件

方法一：选择菜单栏中的【文件】(File) | 【新建】(New) 命令，或同时按住 Ctrl+N（创建一个新的文件），系统出现新建对话框（如图 4-1-2 所示），在【模板】中选择装配，【单位】下拉框中选择“毫米”，【名称】栏中输入“挖掘机”，单击< 确定 >按钮，创建一个文件名为“挖掘机.prt”、单位为毫米的文件，并自动（默认）启动【装配】应用程序。

方法二：选择菜单栏中的【文件】(File) | 【新建】(New) 命令，或同时按住 Ctrl+N（创建一个新的文件），系统出现新建对话框（如图 4-1-3 所示），在【模板】中选择模型，【名称】栏中输入“挖掘机”，在【单位】下拉框中选择“毫米”，单击< 确定 >按钮，创建一个文件名为“挖掘机.prt”、单位为毫米的文件，并自动（默认）启动【建模】应用程序。单击菜单栏中【装配】(Assemblies)，呈现装配界面。

2. 添加组件

单击菜单栏中【装配】(Assemblies)，在对应命令面板上，单击装配（Assemblies），或选择【菜单】(Menu) 中【装配】(Assemblies)|【组件】(Component)|【装配】(Assemblies) 命令，系统弹出如图 4-1-4 所示的装配对话框，在【要添加的部件】栏单击图标，弹出部件名对话框（如图 4-1-5 所示），选择需要装配的一个或几个零部件。单击对话框上的< 确定 >

按钮，在绘图区出现如图 4-1-6 所示界面。单击对话框上的< 确定 >按钮。完成需装配的部件添加。

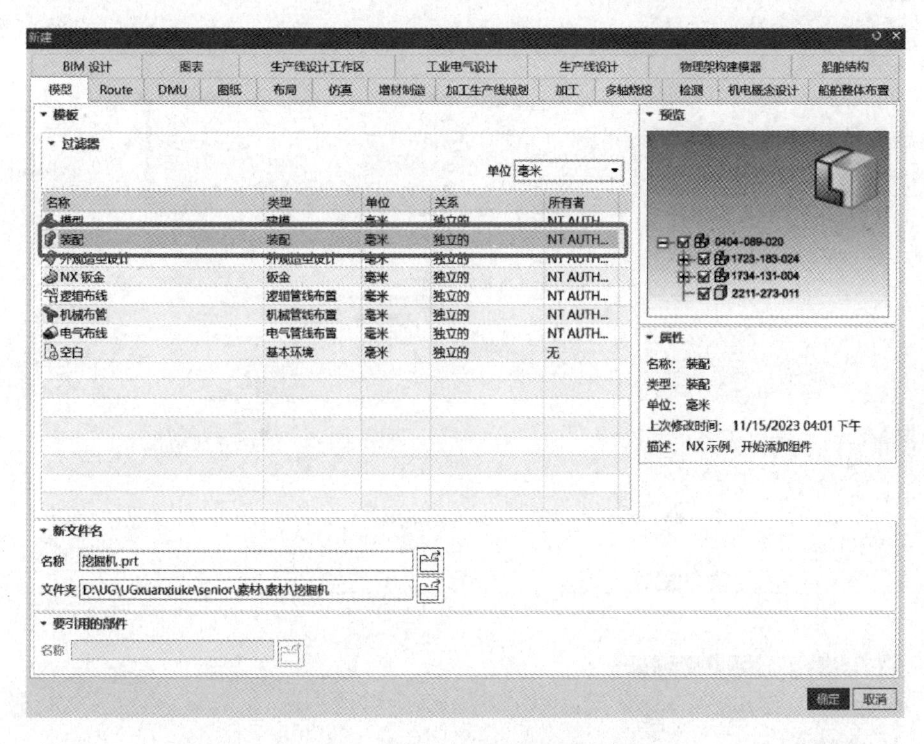

图 4-1-2　方法一装配文件新建对话框

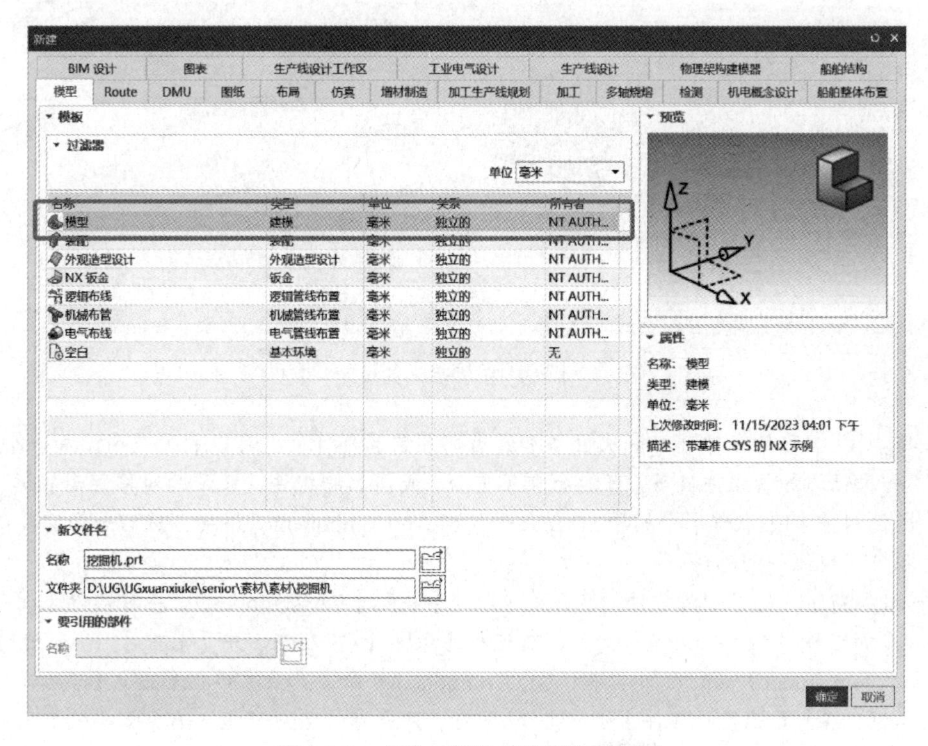

图 4-1-3　方法二装配文件新建对话框

图 4-1-4 装配对话框

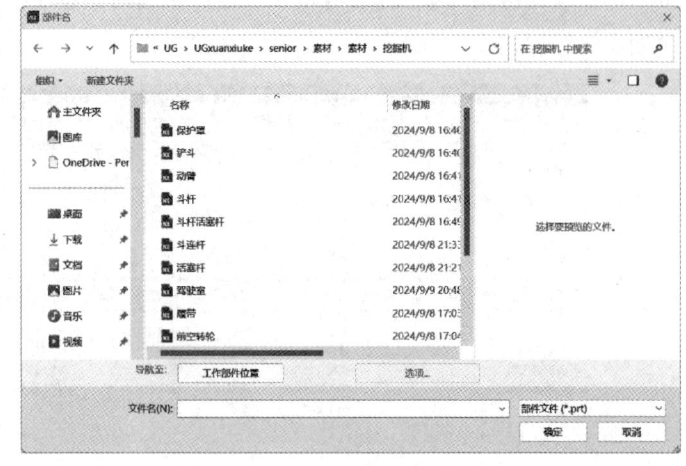

图 4-1-5 部件名对话框

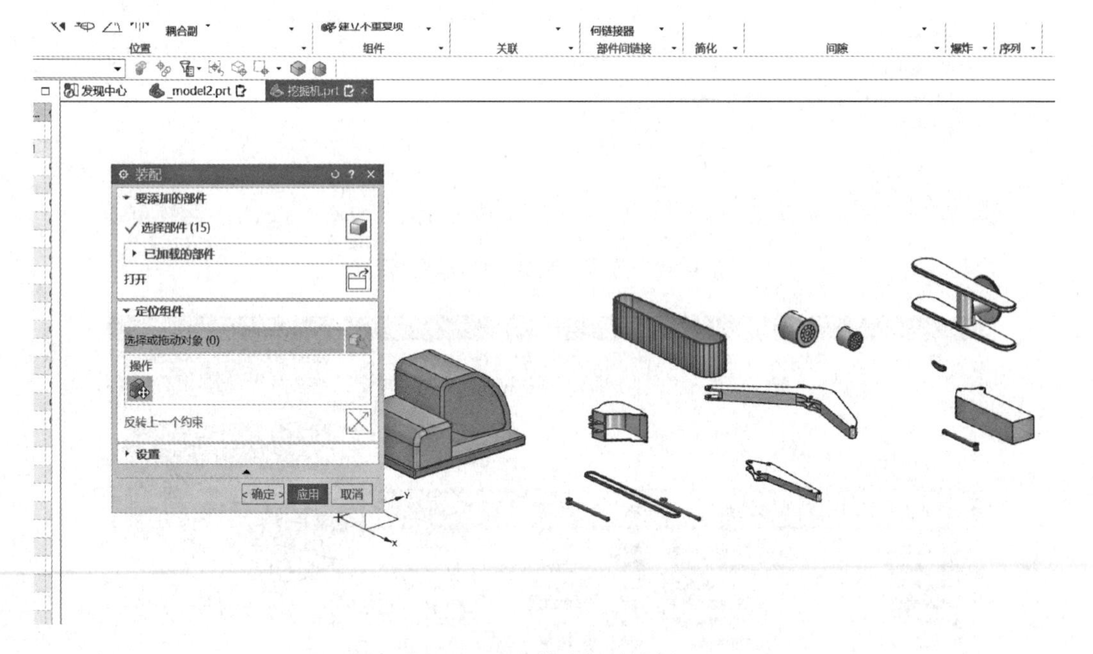

图 4-1-6 部件添加效果图

技巧：① 装配的零件可以一次性添加所有需装配的部件，也可以装配一个添加一个。

② 一次性添加的组件较多，可能会相互重叠，或添加的组件离装配的对象距离较远，可以单击【定位组件】|【操作】中的移动组件（Move Component）图标，然后选择需要移动的组件，即可实现组件的移动。

③ 添加新组件的另一种方法。单击菜单栏中【装配】(Assemblies)，在对应命令面板上，单击添加组件（Add Component），或选择【菜单】（Menu）中【装配】（Assemblies）|【组件】（Component）|添加组件（Add Component）命令，系统弹出如图 4-1-7 所示的添加组件对话框，在【要放置的部件】栏单击图标，弹出部件名对话框，选择需要装配的一个或几个零部件。单击对话框上的< 确定 >按钮，在绘图区出现如图 4-1-8 所示界面。单击图 4-1-9

所示【放置】|【移动】|【指定方位】，绘图区出现如图 4-1-10 所示动态坐标系，操作动态坐标系对刚添加的零件进行移动。单击对话框上的< 确定 >按钮。完成需装配的部件添加。装配导航器添加记录如图 4-1-11 所示。

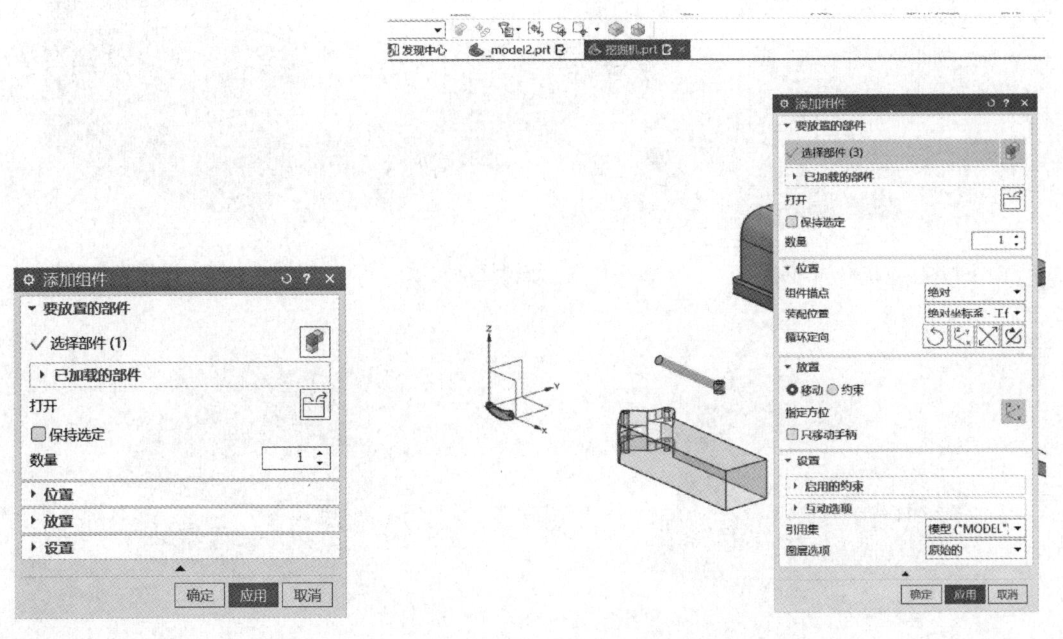

图 4-1-7　添加组件对话框　　图 4-1-8　部件添加效果图

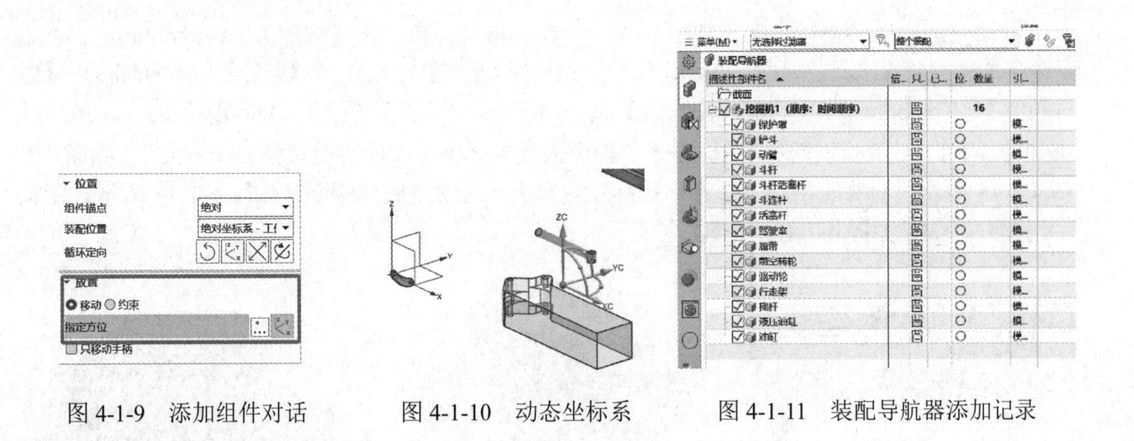

图 4-1-9　添加组件对话框中的设置栏　　图 4-1-10　动态坐标系　　图 4-1-11　装配导航器添加记录

3. 安装驾驶室与行走架

单击菜单栏中【装配】(Assemblies)，在对应命令面板上，单击◎【同心】(Concentric)约束，或选择【菜单】(Menu) 中【装配】(Assemblies) |【组件位置】(Component Position) |【约束】(Constraints) | ◎【同心】(Concentric) 约束，系统弹出如图 4-1-12 所示的同心对话框。在【要约束的几何体】|【选择运动对象】= 行走架上边缘轮廓（如图 4-1-13 所示，箭头所指），【选择静止对象】= 驾驶室底部内侧轮廓（如图 4-1-14 所示，箭头所指），看两零件之间的放置

位置是否正确。如出现图4-1-15所示效果，单击反向（Reverse）图标，即出现正确的位置，如图4-1-16所示。单击对话框上的< 确定 >按钮，完成同心约束。

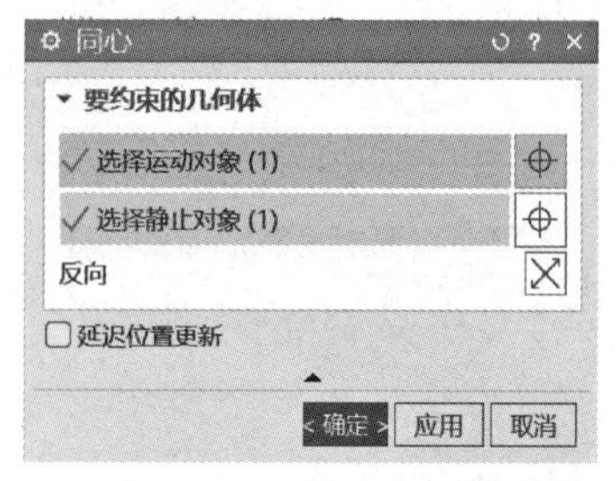

图4-1-12　同心对话框

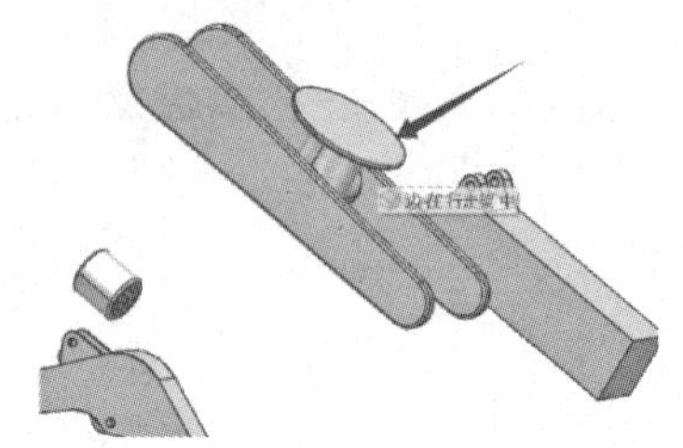

图4-1-13　选择运动对象

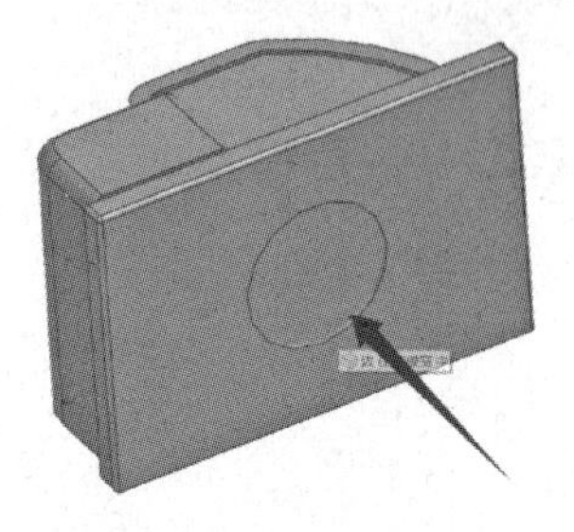

图4-1-14　选择静止对象

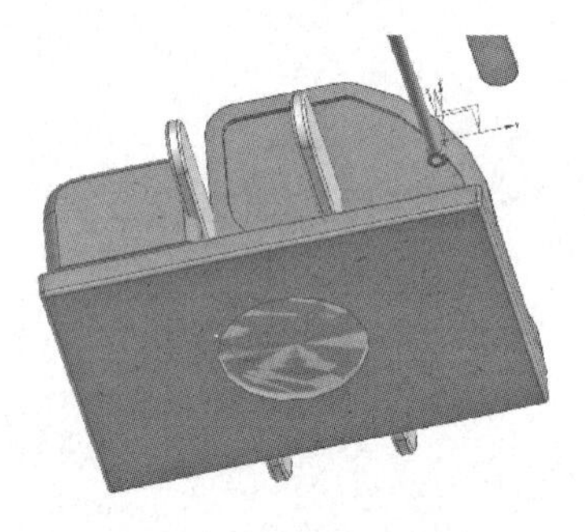

图4-1-15　不正确的同心约束效果

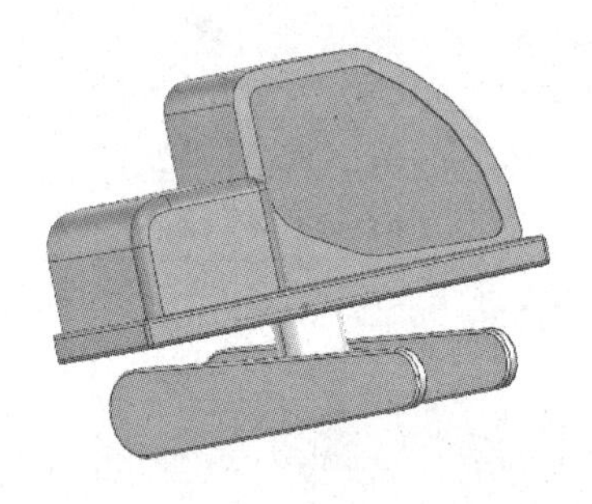

图4-1-16　正确的同心约束效果

继续施加约束，使行走架与驾驶室方向一致，单击菜单栏中【装配】（Assemblies），在对应命令面板上，单击【平行】（Parallel）约束，或选择【菜单】（Menu）中【装配】（Assemblies）|【组件位置】（Component Position）|【约束】（Constraints）|【平行】（Parallel）约束，系统弹出如图4-1-17所示的平行对话框。在【要约束的几何体】|【选择运动对象】= 行走架的侧面（如图4-1-18所示，箭头①所指），【选择静止对象】= 驾驶室底部侧面（如图4-1-18所示，箭头②所指），效果如图4-1-19所示。

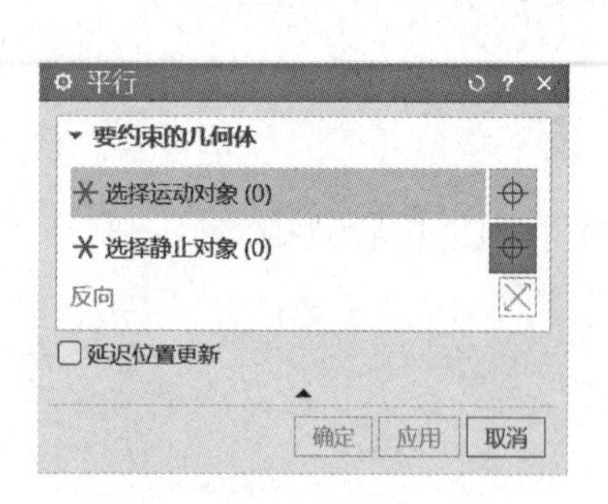

图4-1-17　平行对话框

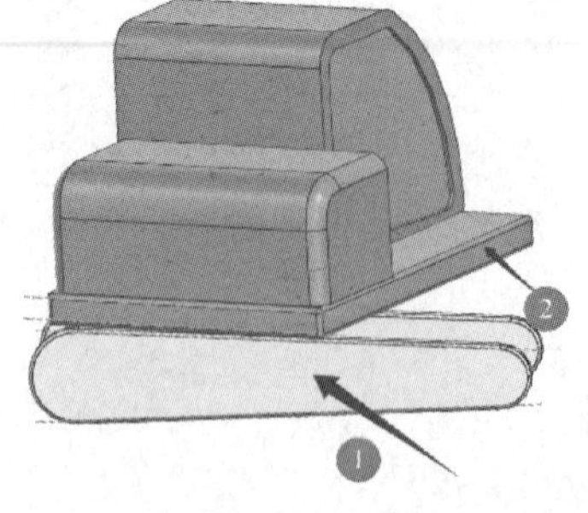

图4-1-18　要平行约束的几何体

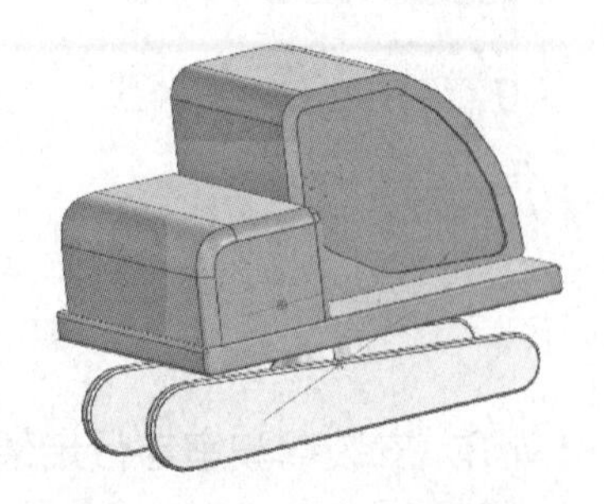

图4-1-19　平行约束效果

图4-1-19也可以出现相反的朝向。相当于挖掘机前进和后退姿势/状态，但驾驶员的朝向都是和行进方向一致。此处可以设置两个布置。单击菜单栏中【装配】（Assemblies），在对应命令面板上，单击更多（More）| 布置（Arrangements）命令，或选择【菜单】（Menu）中【装配】（Assemblies）| 布置（Arrangements）命令。弹出如图4-1-20所示的装配布置对

话框，单击新建图标，新建“前”和“后”两个布置，并双击“前”作为当前布置，如图 4-1-21 所示。

单击装配导航器，选择“平行”约束，并单击鼠标右键，弹出如图 4-1-22 所示菜单，选择【特定于布置】。图 4-1-19 所示朝向即被定义为“前”布置。

图 4-1-20 装配布置对话框

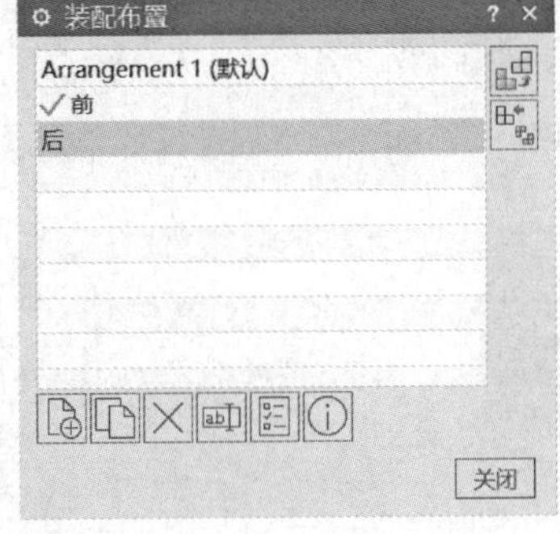

图 4-1-21 装配布置新建效果

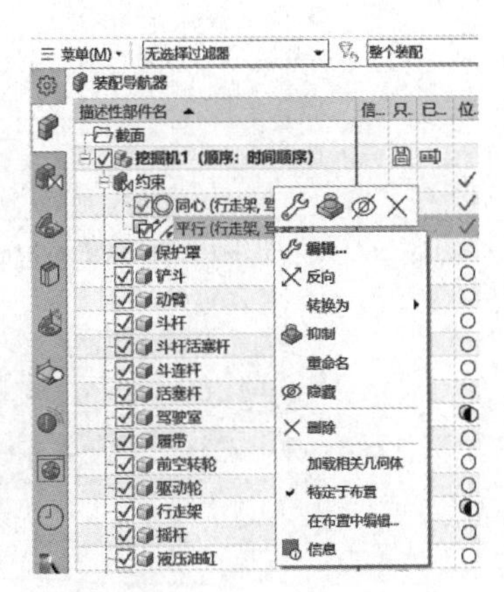

图 4-1-22 特定于布置菜单

将鼠标移至装配导航器，右键选择“挖掘机 1”，弹出如图 4-1-23 所示切换布置菜单。单击“后”，然后右键选中装配导航器中的“平行”约束，弹出如图 4-1-24 所示菜单。单击反向（Reverse），出现如图 4-1-25 所示效果。驾驶室就有了“前”和“后”两种状态布置。在切换“前”和“后”布置时，驾驶室的朝向发生对应改变。

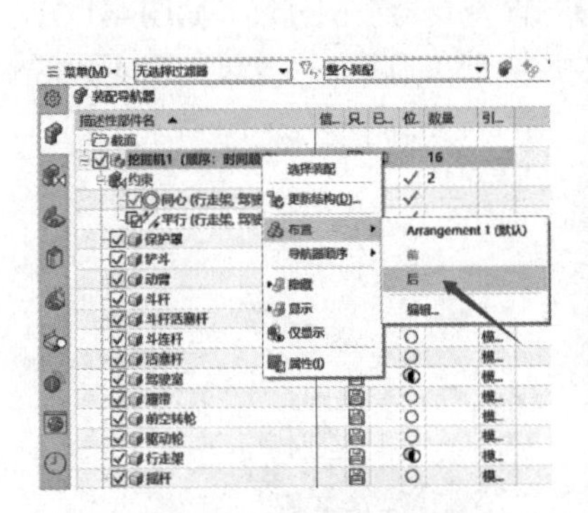

图 4-1-23 切换布置菜单

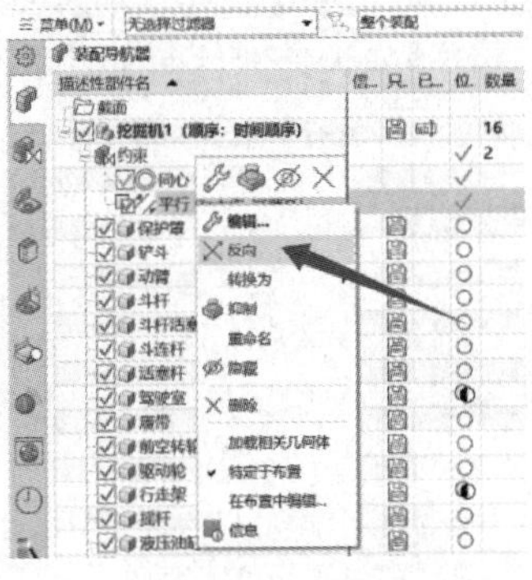

图 4-1-24 平行约束反向

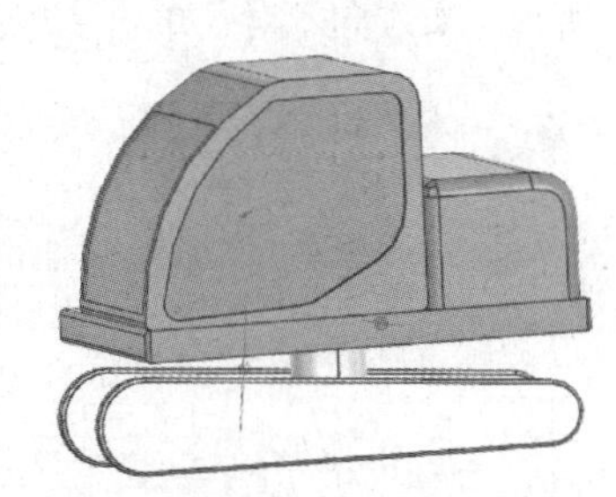

图 4-1-25 “后”布置对应效果图

4. 安装前空转轮

单击菜单栏中【装配】（Assemblies），在对应命令面板上，单击【接触】（Touch）约束，或选择【菜单】（Menu）中【装配】（Assemblies）|【组件位置】（Component Position）|【约束】（Constraints）|【接触】（Touch）命令，系统弹出如图 4-1-26 所示的接触对话框。在【要约束的几何体】|【选择运动对象】= 前空转轮侧面（如图 4-1-27 箭头所指），【选择静止对象】= 行走架侧面（如图 4-1-28 箭头所指），效果如图 4-1-29 所示。如方向不对，单击反向（Reverse）图标即可。

图 4-1-26　接触对话框

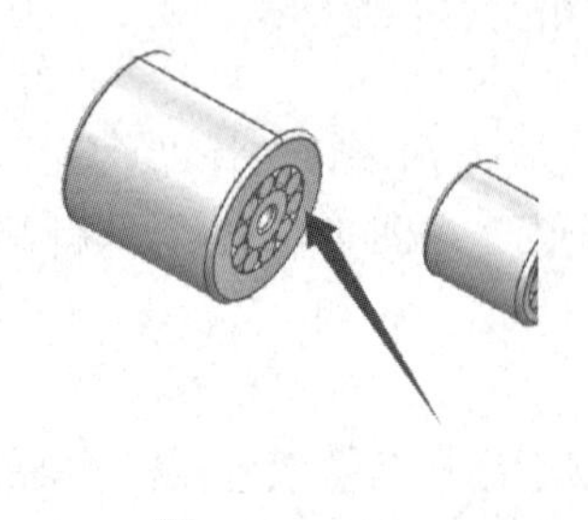

图 4-1-27　运动接触面

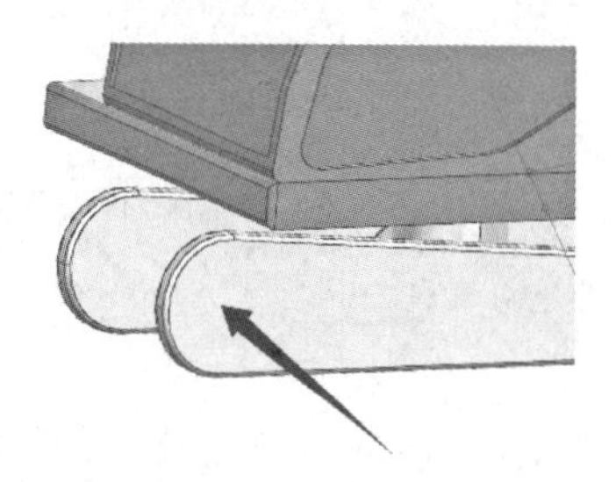

图 4-1-28　静止接触面

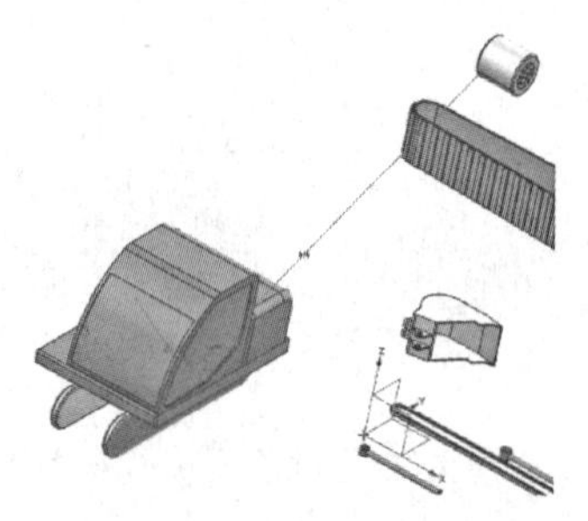

图 4-1-29　接触约束效果

前空转轮与行走架对齐。单击菜单栏中【装配】(Assemblies)，在对应命令面板上，单击【对齐】(Align)约束，或选择【菜单】(Menu)中【装配】(Assemblies)|【组件位置】(Component Position)|【约束】(Constraints)|【对齐】(Align)命令，系统弹出如图 4-1-30 所示的对齐对话框。在【要约束的几何体】|【选择运动对象】= 前空转轮外圆柱面（如图 4-1-31 箭头所指），【选择静止对象】= 行走架大端圆柱面（如图 4-1-32 箭头所指），效果如图 4-1-33 所示。如方向不对，单击反向（Reverse）图标即可。

图 4-1-30　对齐对话框

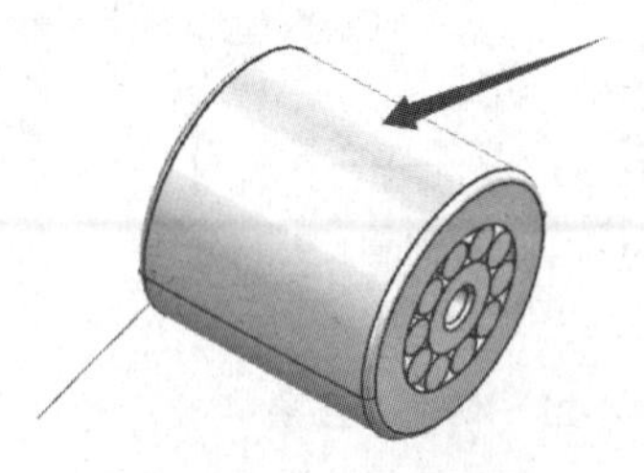

图 4-1-31　运动接触面

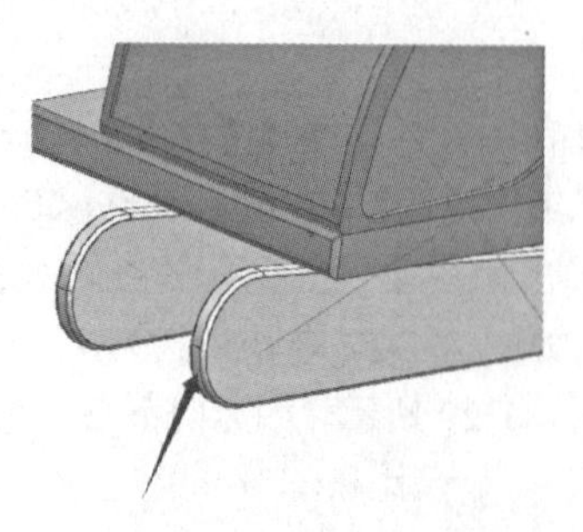

图 4-1-32　静止接触面

图 4-1-33 接触效果

5. 安装保护罩

单击菜单栏中【装配】（Assemblies），在对应命令面板上，单击【接触】（Touch）约束，或选择【菜单】（Menu）中【装配】（Assemblies）|【组件位置】（Component Position）|【约束】（Constraints）|【接触】（Touch）命令，系统弹出接触对话框。在【要约束的几何体】|【选择运动对象】= 保护罩底面（如图 4-1-34 所示，箭头所指），【选择静止对象】=前空转轮外侧端面（如图 4-1-35 所示，箭头所指），效果如图 4-1-36 所示。如方向不对，单击反向（Reverse）图标即可。

图 4-1-34　运动接触面

图 4-1-35　静止接触面

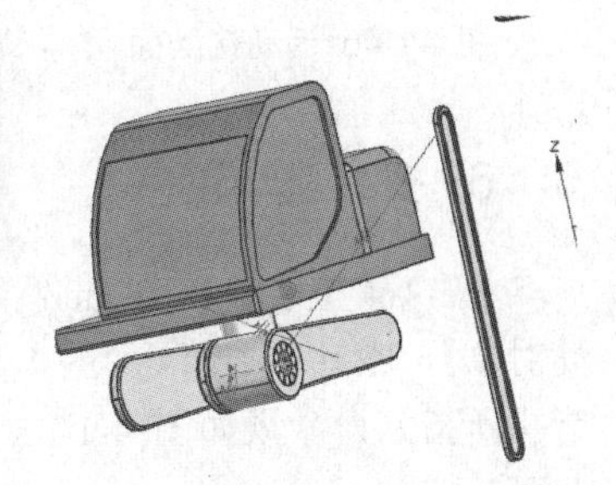

图 4-1-36　对齐效果

保护罩与前空转轮的大端对齐。单击菜单栏中【装配】（Assemblies），在对应命令面板上，单击【对齐】（Align）约束，或选择【菜单】（Menu）中【装配】（Assemblies）|【组件位置】（Component Position）|【约束】（Constraints）|【对齐】（Align）命令，系统弹出对齐对话框。在【要约束的几何体】|【选择运动对象】= 保护罩一端圆柱面（如图 4-1-37 箭头所指），【选择静止对象】= 前空转轮圆柱面（如图 4-1-38 箭头所指），效果如图 4-1-39 所示。如方向不对或约束变红，单击反向（Reverse）图标即可。

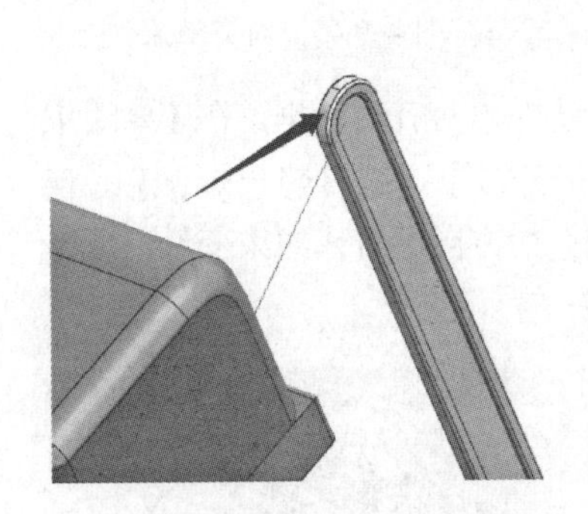

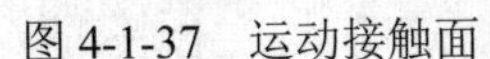

图 4-1-37　运动接触面

图 4-1-38　静止接触面

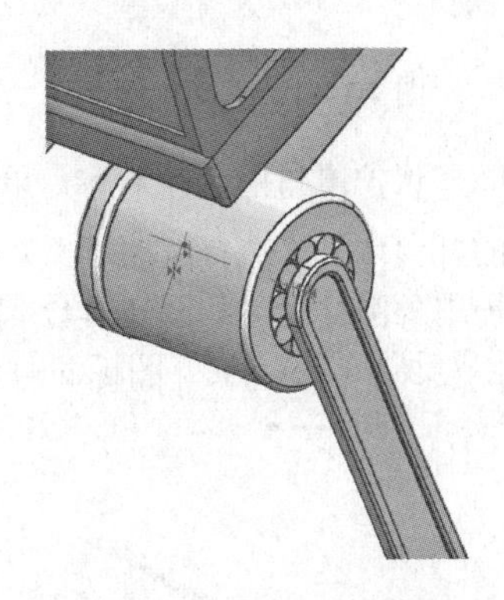

图 4-1-39　对齐效果

定位保护罩与前空转轮的小端对齐。单击【对齐】（Align）命令，系统弹出对齐对话框。在【要约束的几何体】|【选择运动对象】= 保护罩另一端外圆柱面（如图 4-1-40 箭头所指），【选择静止对象】= 行走架小端圆柱面（如图 4-1-41 箭头所指），效果如图 4-1-42 所示。如方向不对或约束变红，单击反向（Reverse）图标即可。

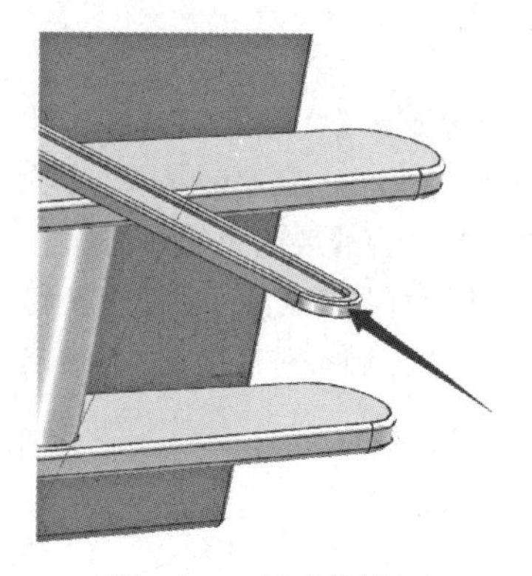

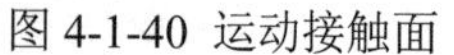

图 4-1-40 运动接触面

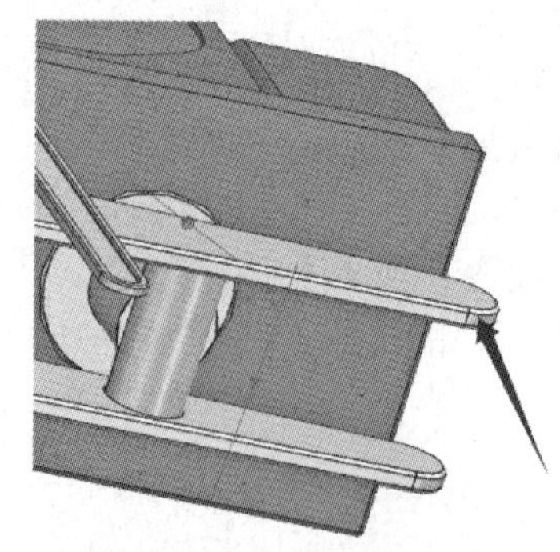

图 4-1-41 静止接触面

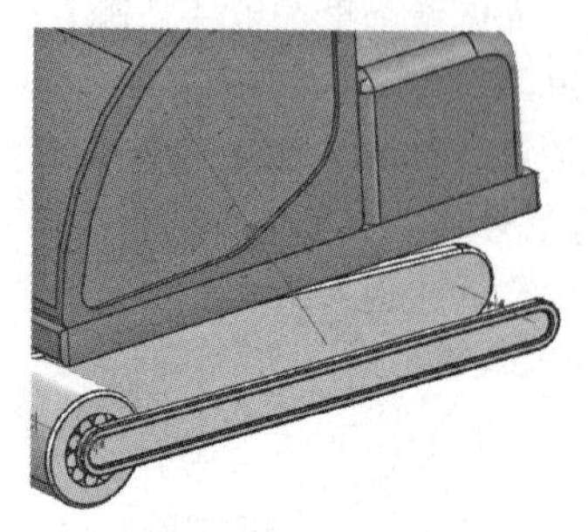

图 4-1-42 对齐效果

6. 安装驱动轮

单击【接触】（Touch）约束，系统弹出接触对话框。在【要约束的几何体】|【选择运动对象】= 驱动轮端面（如图 4-1-43 箭头所指），【选择静止对象】= 保护罩内侧面（如图 4-1-44 箭头所指），效果如图 4-1-45 所示。如方向不对或约束变红，单击反向（Reverse）图标即可。

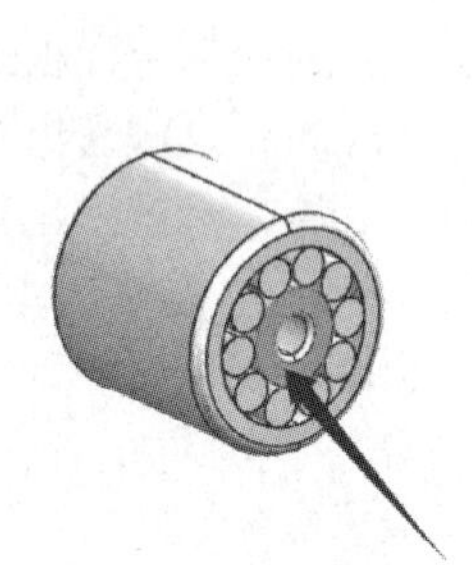

图 4-1-43 运动接触面

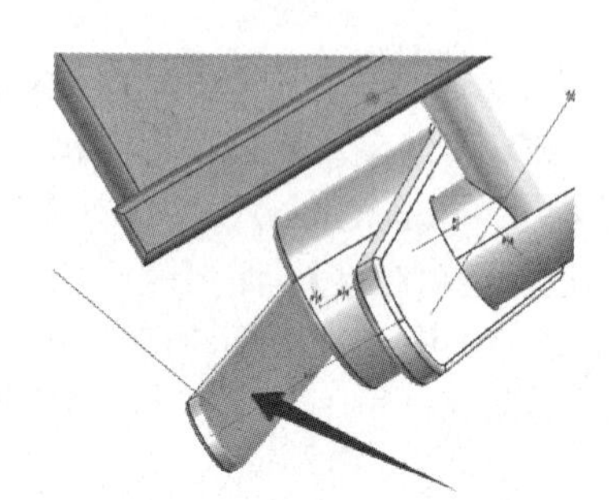

图 4-1-44 静止接触面

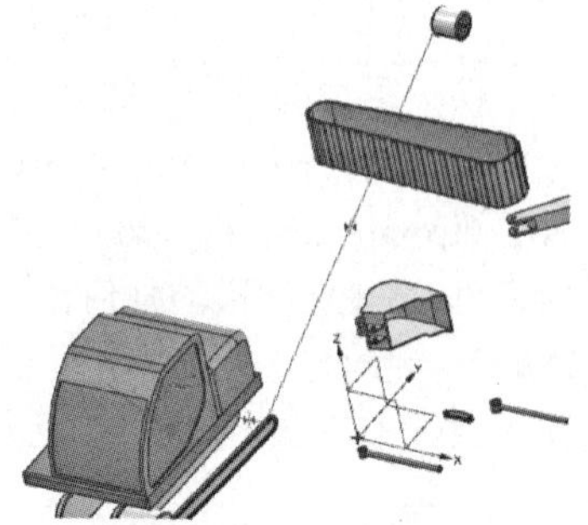

图 4-1-45 对齐效果

保护罩与驱动轮对齐。单击【对齐】（Align）命令，系统弹出对齐对话框。在【要约束的几何体】|【选择运动对象】= 驱动轮圆柱面（如图 4-1-46 箭头所指），【选择静止对象】= 保护罩外圆柱面（如图 4-1-47 箭头所指），效果如图 4-1-48 所示。如方向不对或约束变红，单击反向（Reverse）图标即可。

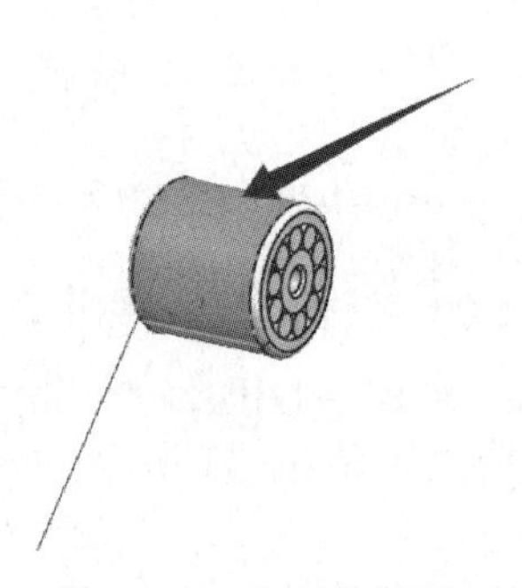

图 4-1-46 运动接触面

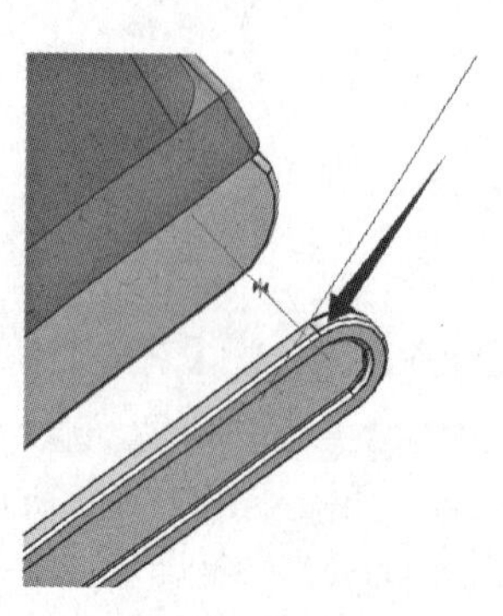

图 4-1-47 静止接触面

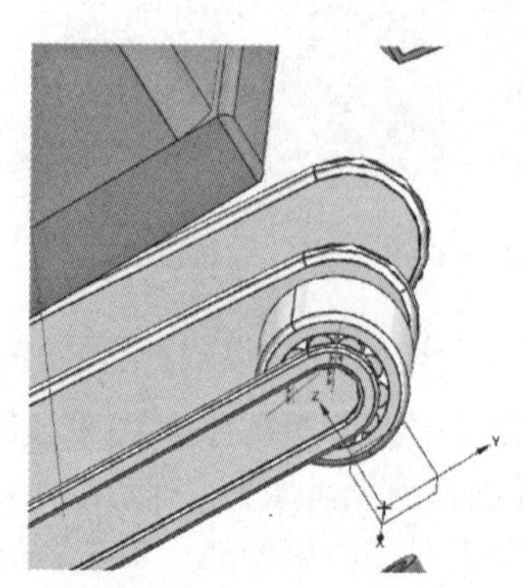

图 4-1-48 对齐效果

7. 镜像底座部件

单击菜单栏中【装配】(Assemblies)，在对应命令面板上，单击【镜像装配】(Mirror Assembly) 约束，或选择【菜单】(Menu) 中【装配】(Assemblies) |【组件】(Component) | 【镜像装配】(Mirror Assembly) 命令，系统弹出如图 4-1-49 所示的镜像装配向导对话框。单击 下一步> 按钮，【希望镜像哪些组件？】= 前空转轮、驱动轮、保护罩三个零件，如图 4-1-50 所指①、②、③，对话框显示如图 4-1-51 所示内容。单击 下一步> 按钮，弹出如图 4-1-52 所示界面。单击创建基准平面图标，出现基准平面对话框，在第一栏选择自动判断，在选择栏中选项为 整个装配 ，【要定义的平面对象】= 如图 4-1-53、图 4-1-54 所示①和②，行走支架的两个内侧面。单击 <确定> 按钮，完成中间基准面创建。效果如图 4-1-55 所示。单击 下一步> 按钮，弹出如图 4-1-56 所示界面，该界面采用默认设置。再次单击 下一步> 按钮，弹

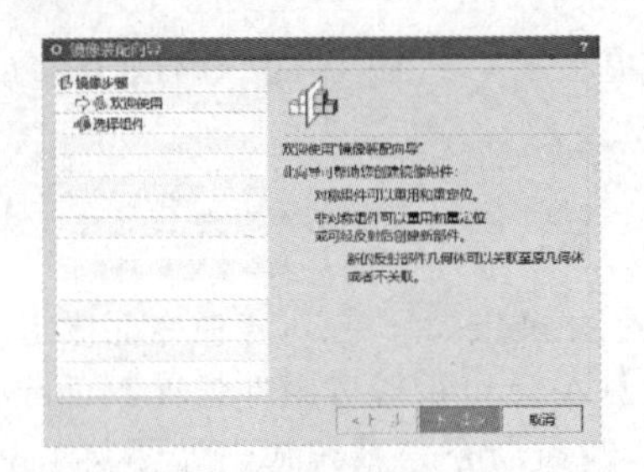

图 4-1-49　镜像装配向导对话框

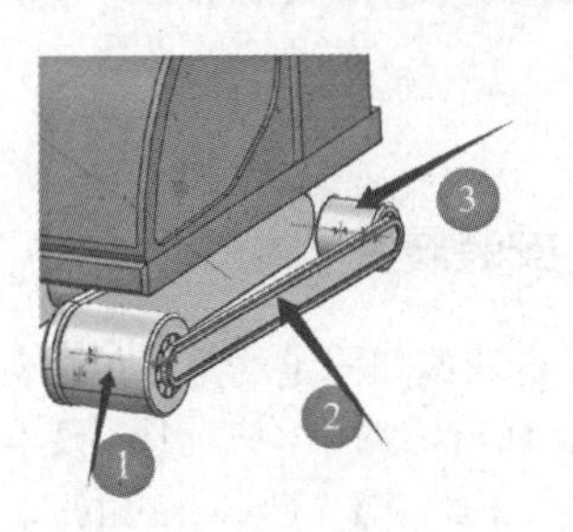

图 4-1-50　希望镜像组件

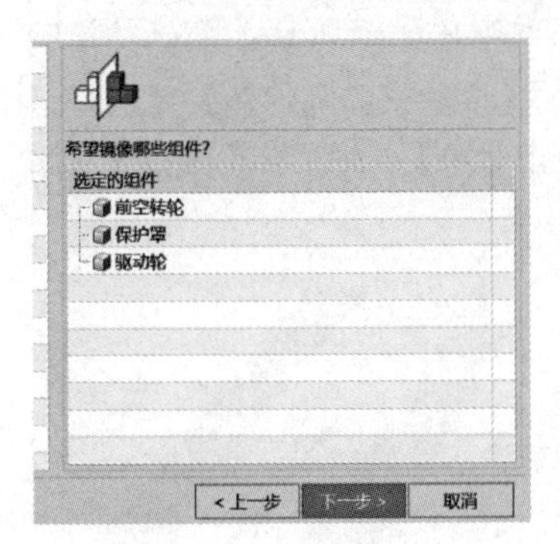

图 4-1-51　镜像组件记录

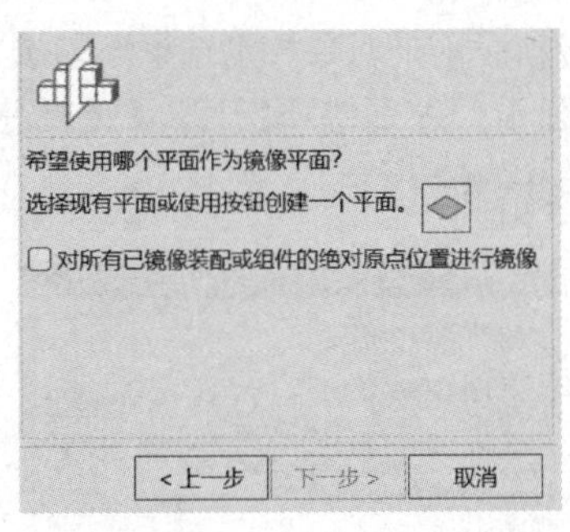

图 4-1-52　镜像基准提示界面

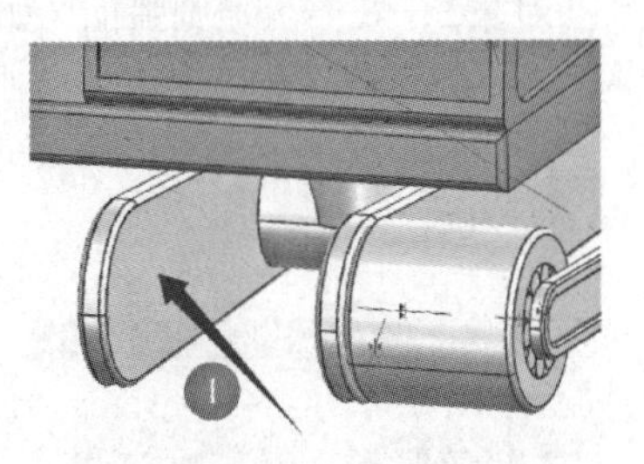

图 4-1-53　基准平面辅助面 1

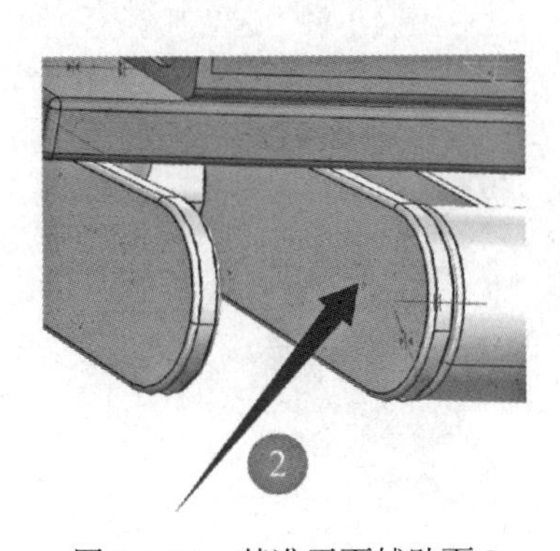

图 4-1-54　基准平面辅助面 2

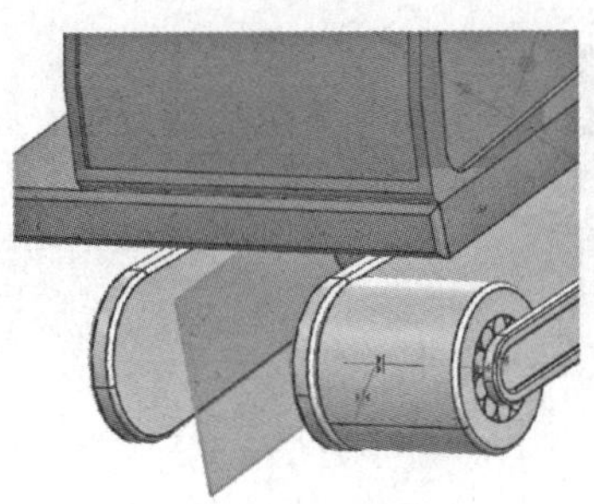

图 4-1-55　基准平面

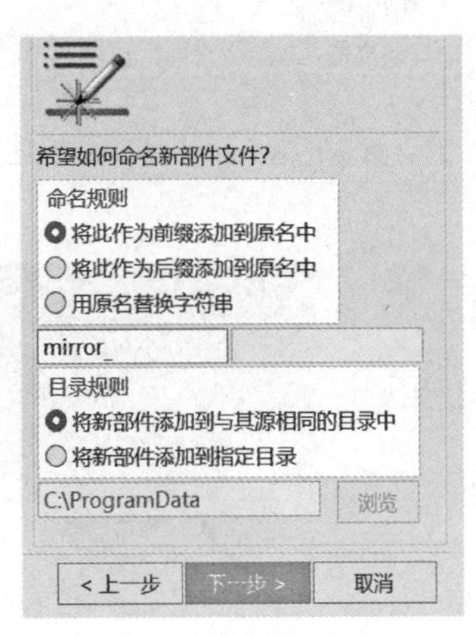

图 4-1-56　新部件命名规则

出如图4-1-57所示界面。如位置不对，可以单击界面下方的【循环重定位解算方案】图标。单击【关联镜像】图标，弹出如图4-1-58所示提示，单击确定按钮和完成按钮，完成镜像装配，效果如图4-1-59所示。

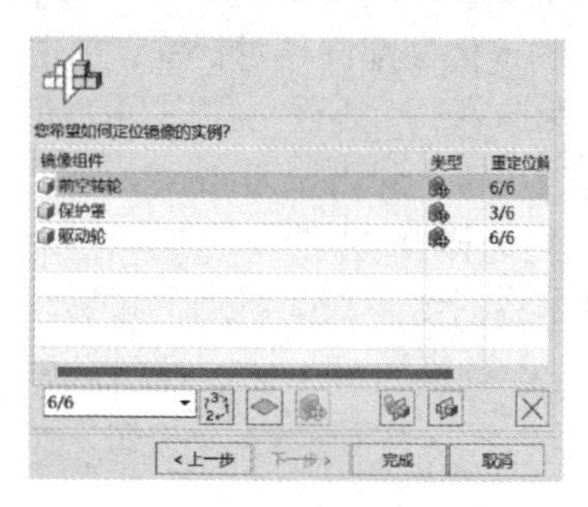

图4-1-57 确认镜像预览效果

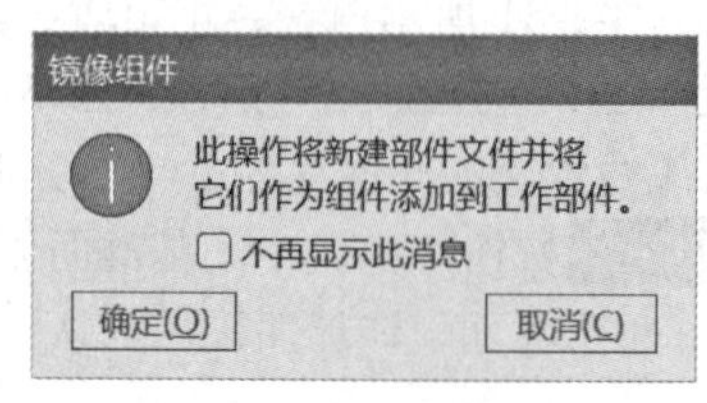

图4-1-58 关联镜像提示

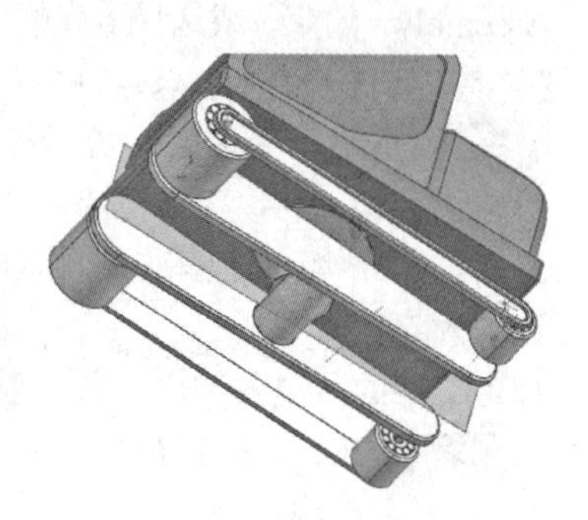

图4-1-59 镜像底座部件效果

8. 安装履带

给行走架施加固定约束。单击菜单栏中【装配】(Assemblies)，在对应命令面板上，单击【固定】(Fix)约束，或选择【菜单】(Menu)中【装配】(Assemblies)|【组件位置】(Component Position)|【约束】(Constraints)|【固定】(Fix)约束命令，系统弹出如图4-1-60所示的固定对话框。【要约束的几何体】=行走架。单击确定按钮，完成固定约束。

履带与前空转轮接触。单击【接触】(Touch)约束，系统弹出如图4-1-61所示的接触对话框，此处接触时“首选中心/轴而不是对象”复选框不勾选。【要约束的几何体】|【选择运动对象】=履带大端圆弧面(如图4-1-62箭头所指)，【选择静止对象】=前空转轮圆柱面(如图4-1-63箭头所指)，效果如图4-1-64所示。

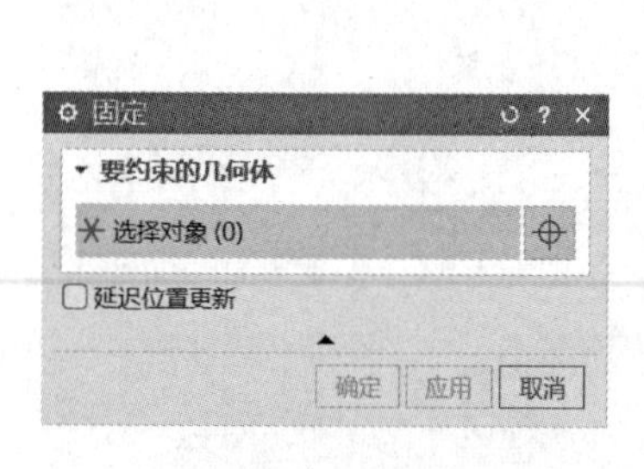

图4-1-60 固定对话框

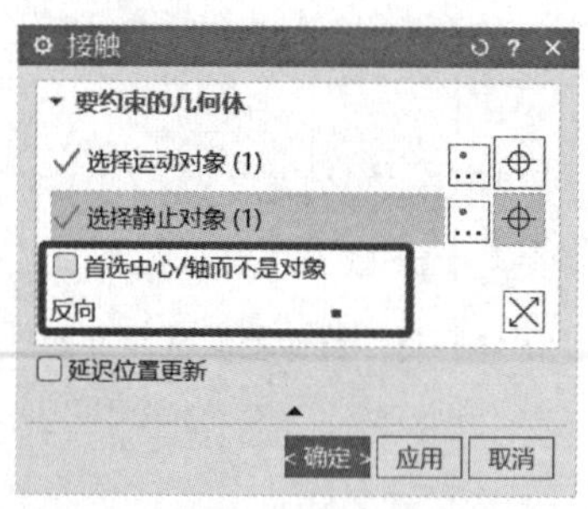

图4-1-61 接触对话框

图4-1-62 运动对象

图4-1-63 静止对象

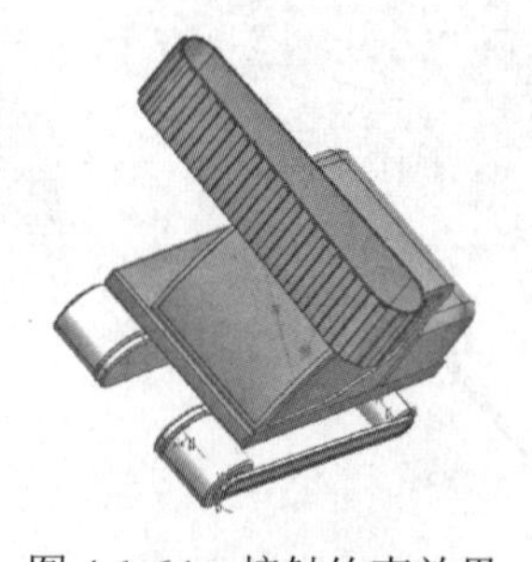

图4-1-64 接触约束效果

履带与前空转轮对齐。单击【对齐】(Align）命令，系统弹出对齐对话框。【要约束的几何体】|【选择运动对象】= 履带外侧平面（如图 4-1-65 箭头所指），【选择静止对象】=保护罩外侧平面（如图 4-1-66 箭头所指），效果如图 4-1-67 所示。

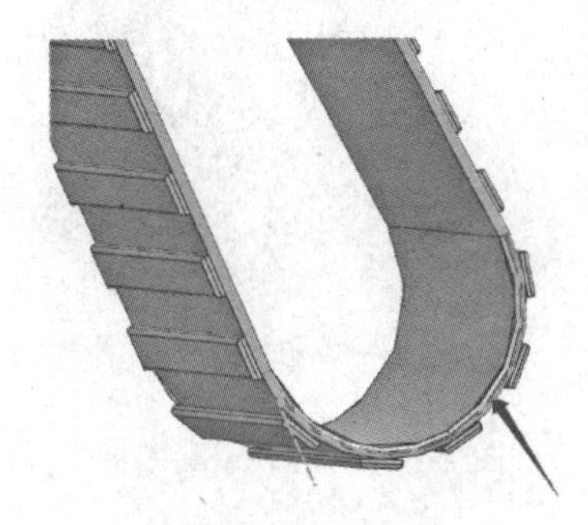

图 4-1-65　运动对象

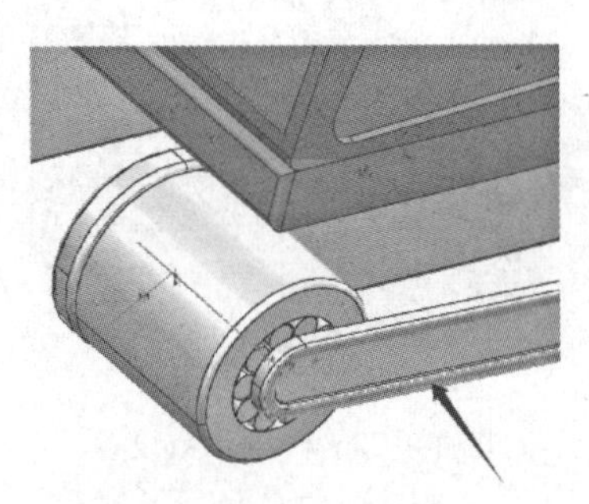

图 4-1-66　静止对象

图 4-1-67　对齐效果

履带与驱动轮对齐。单击【对齐】(Align）命令。【要约束的几何体】|【选择运动对象】= 履带小端内圆柱面（如图 4-1-68 箭头所指），【选择静止对象】= 驱动轮圆柱面（如图 4-1-69 箭头所指），效果如图 4-1-70 所示。如方向不对，单击反向（Reverse）图标即可。

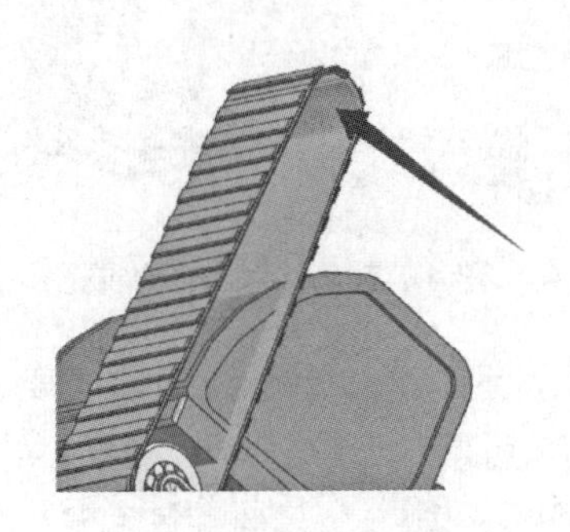

图 4-1-68 运动对象

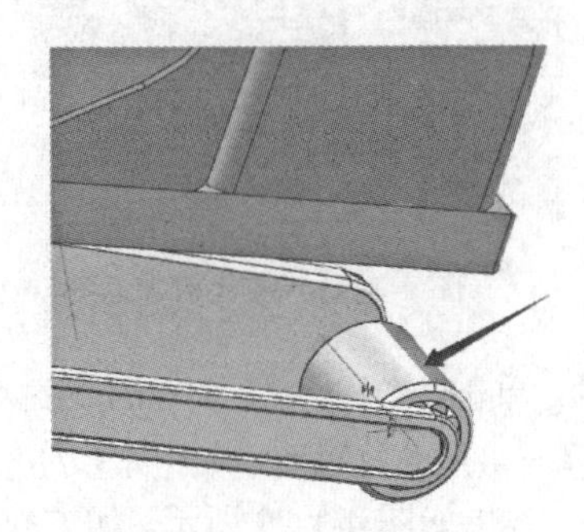

图 4-1-69　静止对象

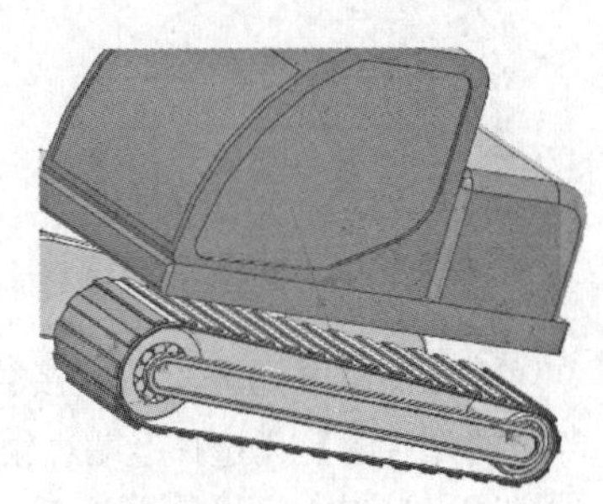

图 4-1-70　对齐效果

9. 阵列履带

单击菜单栏中【装配】(Assemblies），在对应命令面板上，单击阵列组件（Pattern Component）约束，或选择【菜单】(Menu）中【装配】(Assemblies）|【组件】(Component）|阵列组件（Pattern Component）命令，系统弹出如图 4-1-71 所示的阵列组件对话框。【要形成阵列的组件】= 履带；【阵列定义】|【布局】= 线性，【方向 1】= 自动判断，前空转轮的圆柱面，【间距】= 数量和间隔，【数量】= 2，【间隔】= 1513mm；参数设置如图 4-1-72 所示，单击< 确定 >按钮，完成阵列装配，效果如图 4-1-73 所示。

10. 安装液压油缸

单击【接触】(Touch）约束，系统弹出接触对话框，此处接触时勾选“首选中心/轴而不是对象”复选框。【要约束的几何体】|【选择运动对象】= 液压油缸底面（如图 4-1-74 箭头所指），【选择静止对象】= 驾驶室空缺位（如图 4-1-75 箭头所指），效果如图 4-1-76 所示。如位置不对，单击反向（Reverse）图标即可调整过来。

图 4-1-71　阵列组件对话框

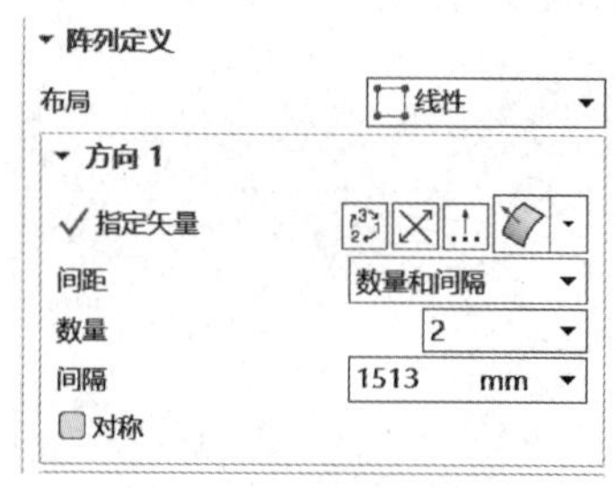

图 4-1-72　阵列参数设置

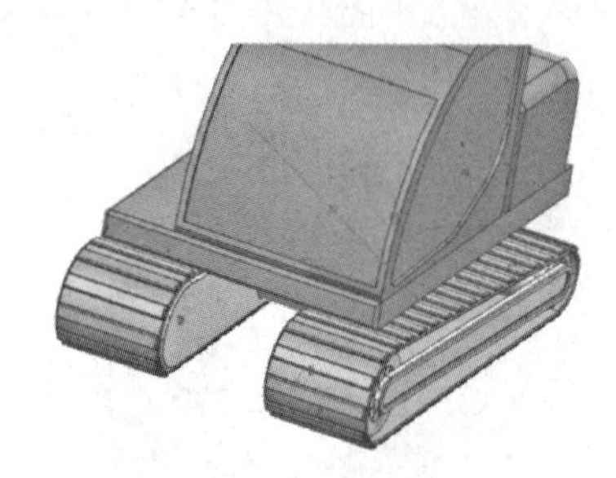

图 4-1-73　阵列装配效果

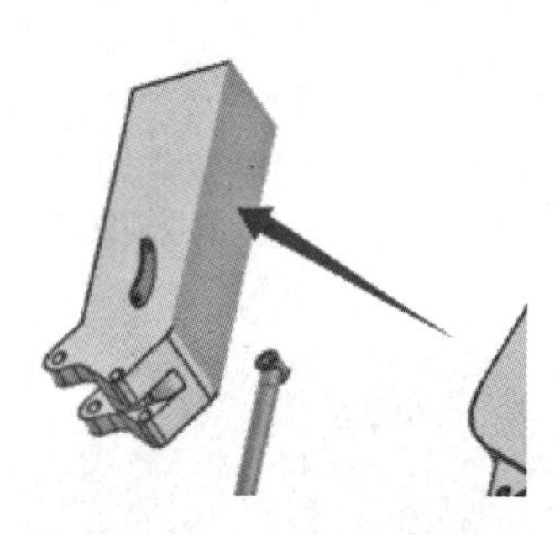

图 4-1-74　运动对象

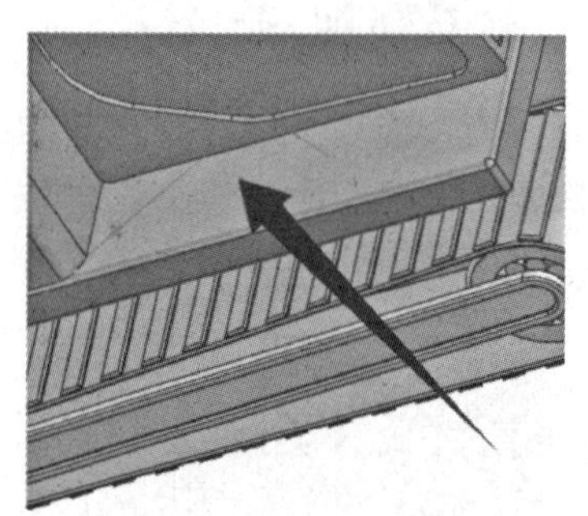

图 4-1-75　静止对象

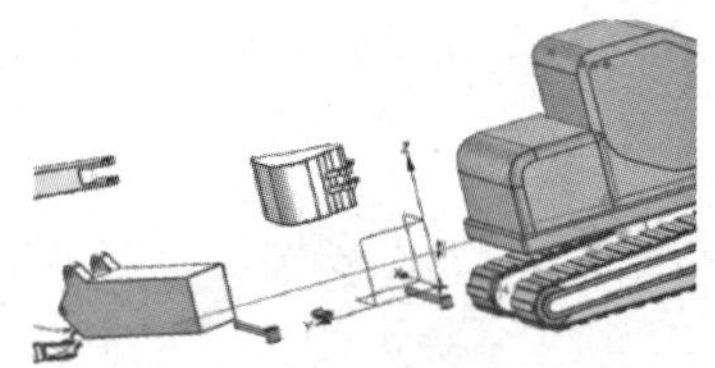

图 4-1-76　接触装配效果

液压油缸与驾驶室背板接触。单击【接触】(Touch）约束，系统弹出接触对话框。【要约束的几何体】|【选择运动对象】= 液压油缸端面（如图 4-1-77 箭头所指），【选择静止对象】= 驾驶室（如图 4-1-78 箭头所指），效果如图 4-1-79 所示。如方向不对，单击反向（Reverse）图标即可。

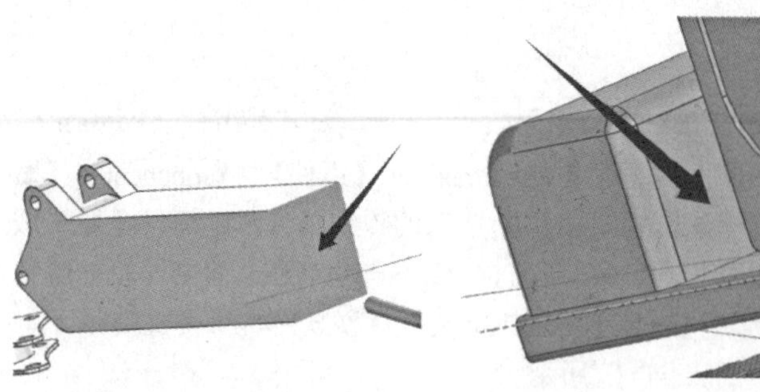

图 4-1-77　运动对象

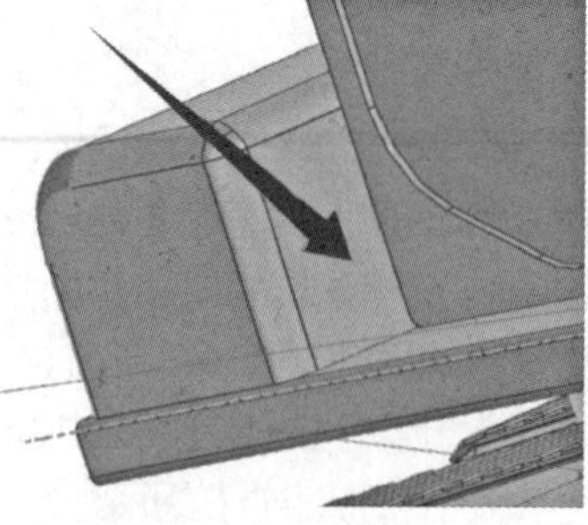

图 4-1-78　静止对象

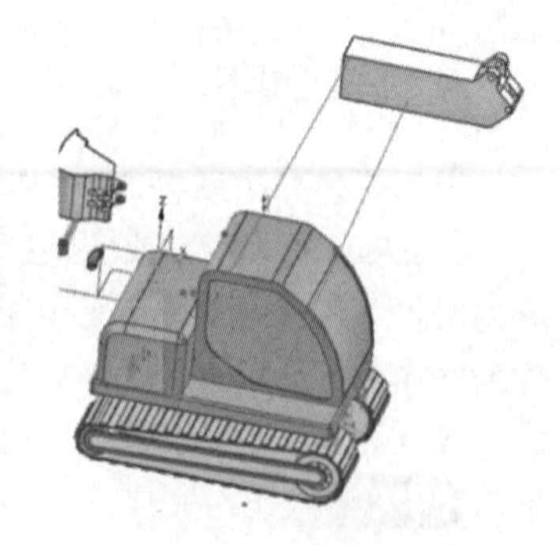

图 4-1-79　接触装配效果

液压油缸与驾驶室底板侧面对齐。单击【对齐】(Align）命令。【要约束的几何体】|【选择运动对象】= 液压油缸侧面（如图 4-1-80 箭头所指），【选择静止对象】= 驾驶室底座侧面（如图 4-1-81 箭头所指），效果如图 4-1-82 所示。如方向不对，单击反向（Reverse）图标即可。

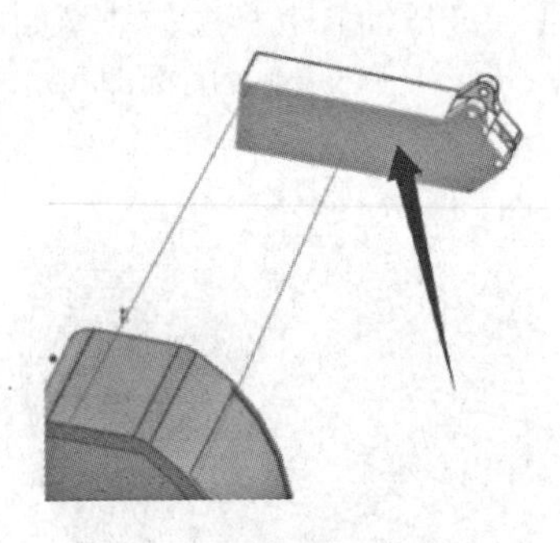

图 4-1-80　运动对象

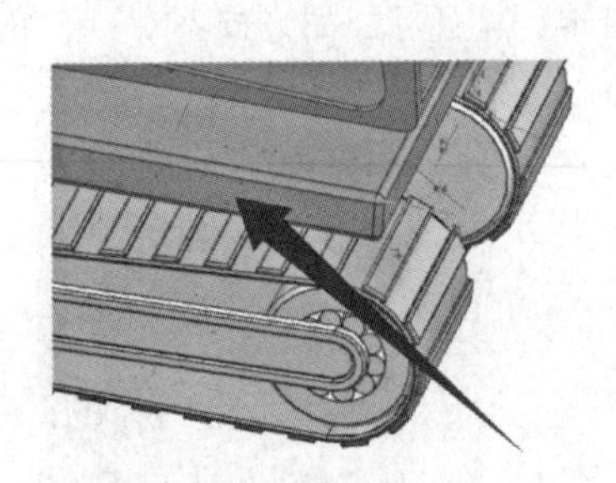
图 4-1-81　静止对象

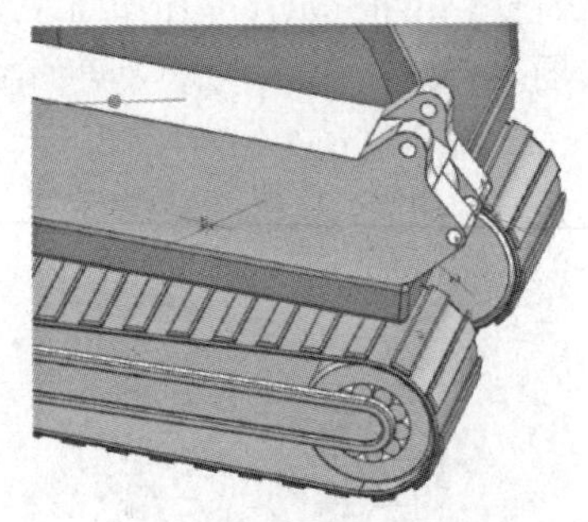
图 4-1-82　接触装配效果

11. 安装动臂

单击菜单栏中【装配】（Assemblies），在对应命令面板上，单击【居中】（Center）约束，或选择【菜单】（Menu）中【装配】（Assemblies）|【组件位置】（Component Position）|【约束】（Constraints）|【居中】（Center）约束命令，系统弹出如图 4-1-83 所示的居中对话框。在第一栏选择【2 对 2】，【要约束的几何体】|【第一组】选择如图 4-1-84 和图 4-1-85 所示动臂的两个面；【第二组】选择如图 4-1-86 和图 4-1-87 所示液压油缸的两个内侧面；单击 < 确定 > 按钮，完成居中约束，效果如图 4-1-88 所示。

图 4-1-83　居中约束对话框

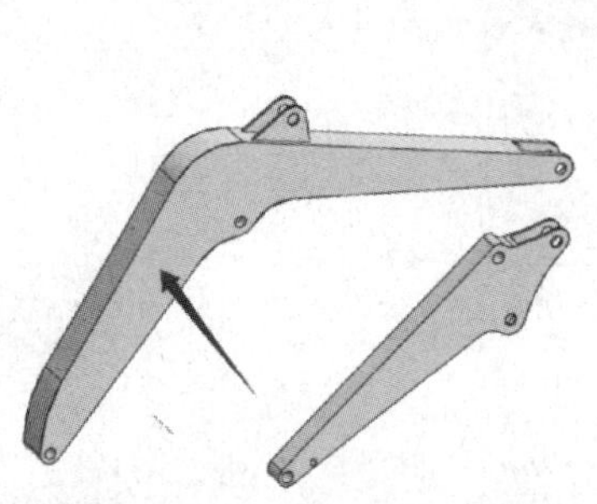
图 4-1-84　第一组第一个对象

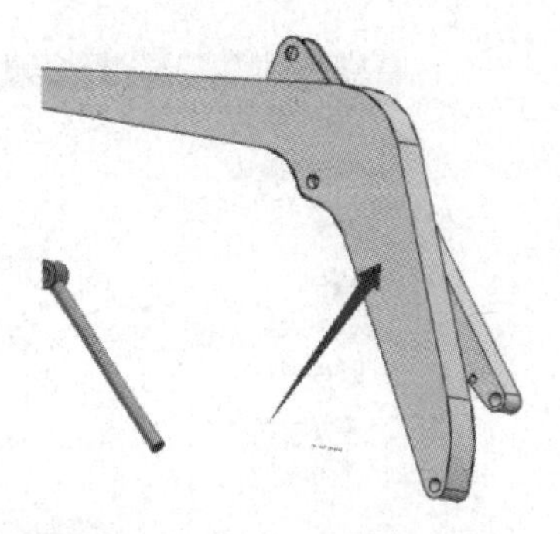
图 4-1-85　第一组第二个对象

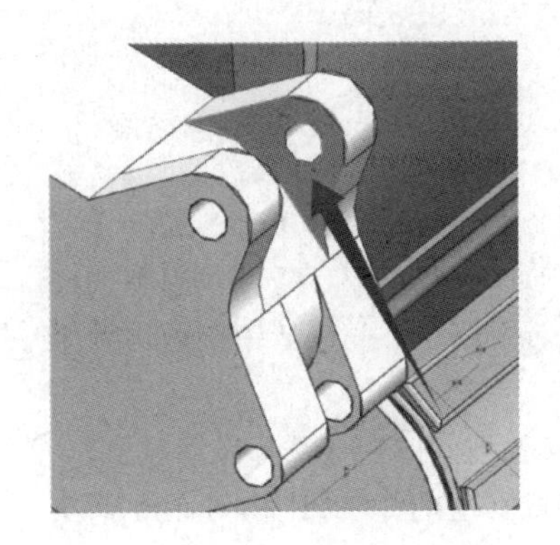
图 4-1-86　第二组第一个对象

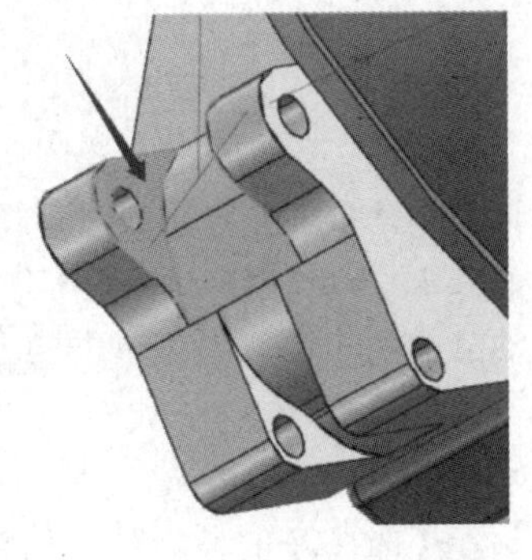
图 4-1-87　第二组第二个对象

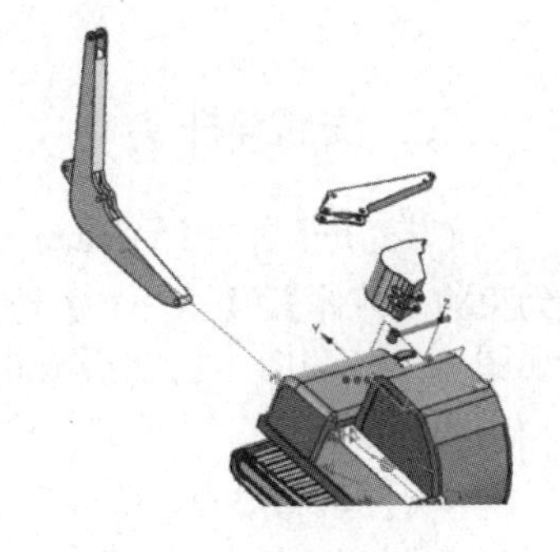
图 4-1-88　居中约束效果

动臂与液压油缸对齐。单击【对齐】（Align）命令。【要约束的几何体】|【选择运动

对象】= 动臂小孔（如图 4-1-89 箭头所指），【选择静止对象】= 液压油缸双耳上的孔（如图 4-1-90 箭头所指），效果如图 4-1-91 所示。如方向不对，单击 反向（Reverse）图标即可。

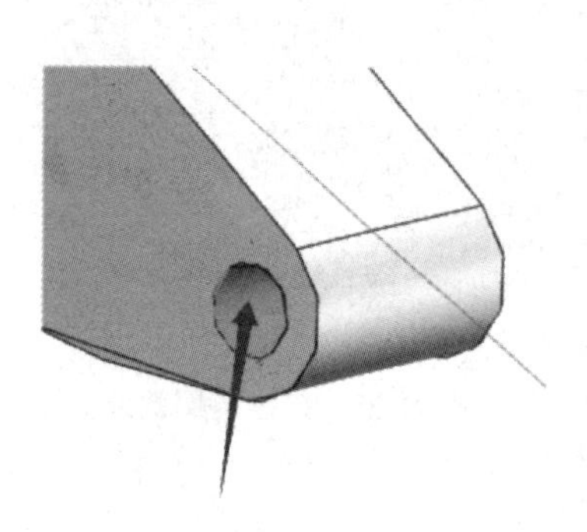

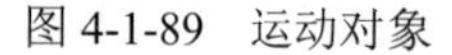

图 4-1-89　运动对象

图 4-1-90　静止对象

图 4-1-91　对齐装配效果

调整动臂位置。单击菜单栏中【装配】(Assemblies），在对应命令面板上，单击 【移动组件】(Move Component）约束，或选择【菜单】(Menu）中【装配】(Assemblies）|【组件位置】(Component Position）| 【移动组件】（Move Component）约束命令，系统弹出如图 4-1-92 所示的移动组件对话框。【要移动的组件】= 动臂；【变换】|【Motion】= 动态，单击指定方位，出现如图 4-1-93 所示动态坐标系，移动动态坐标系，将动臂旋转至适当位置。

图 4-1-92　移动组件对话框

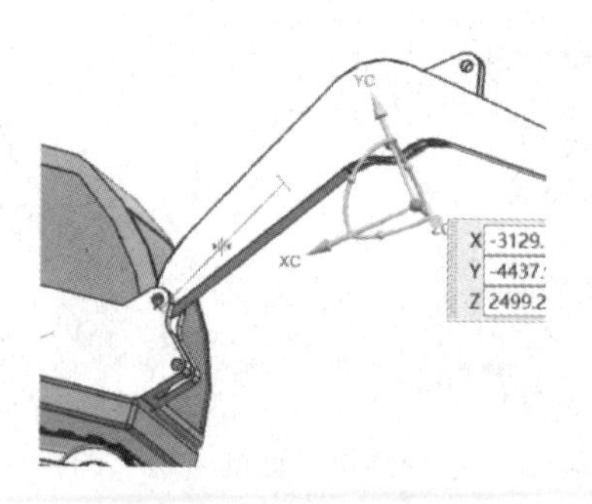

图 4-1-93　移动组件效果

12. 安装斗杆

单击 【居中】(Center）约束命令，系统弹出居中对话框。在第一栏选择【2 对 2】，【要约束的几何体】|【第一组】选择如图 4-1-94 和图 4-1-95 所示动臂的两个面；【第二组】选择如图 4-1-96 和图 4-1-97 所示液压油缸的两个内侧面；单击 < 确定 > 按钮，完成居中约束，效果如图 4-1-98 所示。

斗杆与动臂对齐。单击 【对齐】(Align）命令。【要约束的几何体】|【选择运动对象】= 斗杆小孔（如图 4-1-99 箭头所指），【选择静止对象】= 动臂双耳上的孔（如图 4-1-100 箭头所指），效果如图 4-1-101 所示。如方向不对，单击 反向（Reverse）图标即可。

移动斗杆至适当位置。单击 【移动组件】(Move Component）约束命令，系统弹出移动组件对话框。【要移动的组件】= 斗杆；【变换】|【Motion】= 动态，单击指定方位，出现动

态坐标系，移动动态坐标系，将斗杆旋转至适当位置。效果如图 4-1-102 所示。

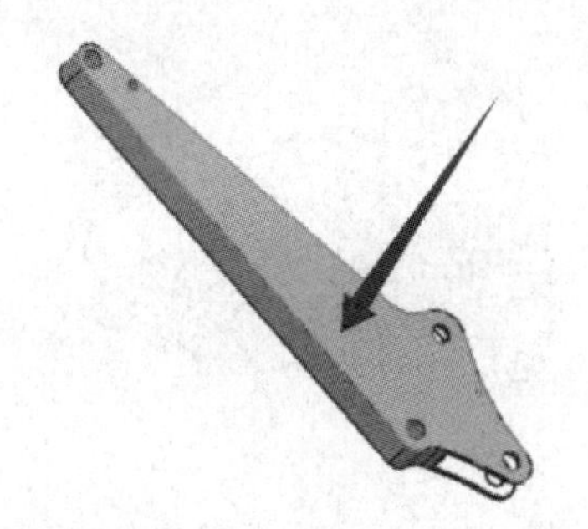

图 4-1-94　第一组第一个对象

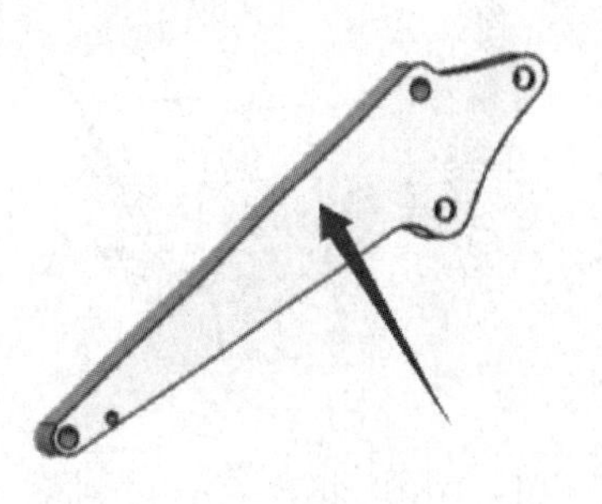

图 4-1-95　第一组第二个对象

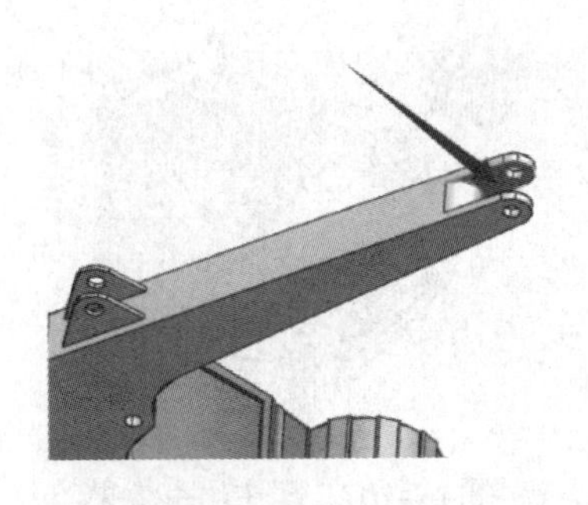

图 4-1-96　第二组第一个对象

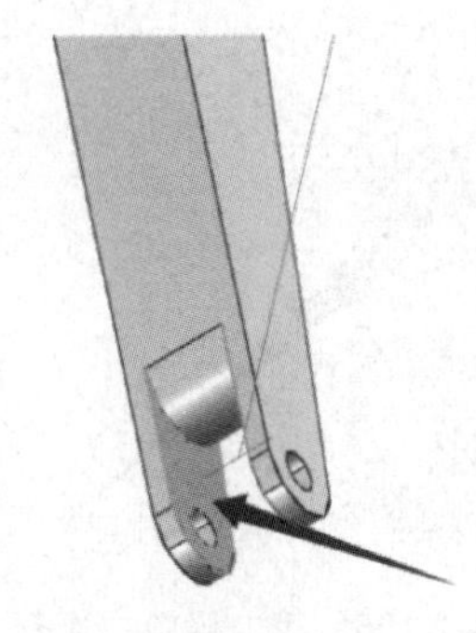

图 4-1-97　第二组第二个对象

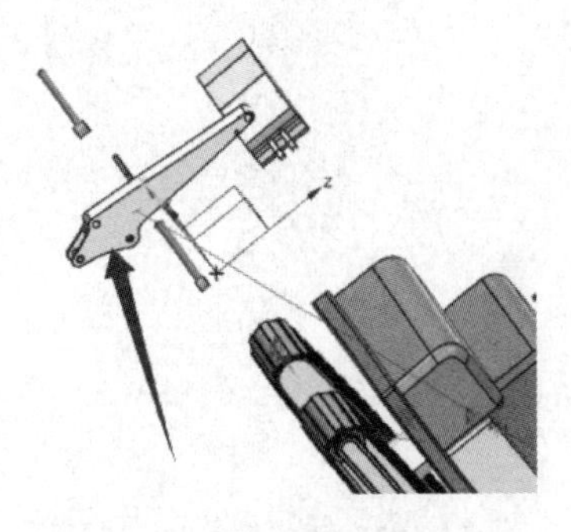

图 4-1-98　居中约束效果

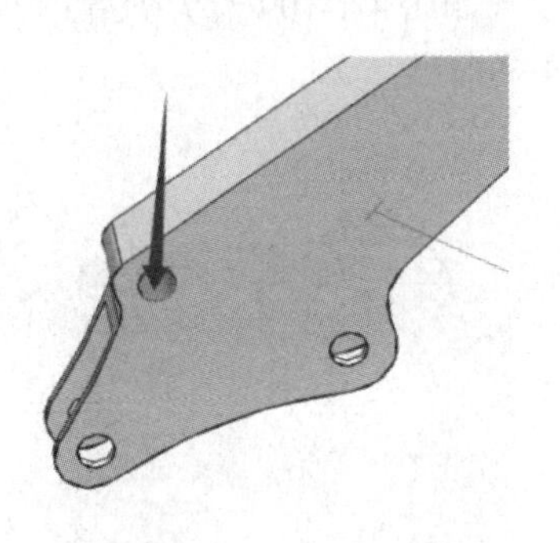

图 4-1-99　运动对象

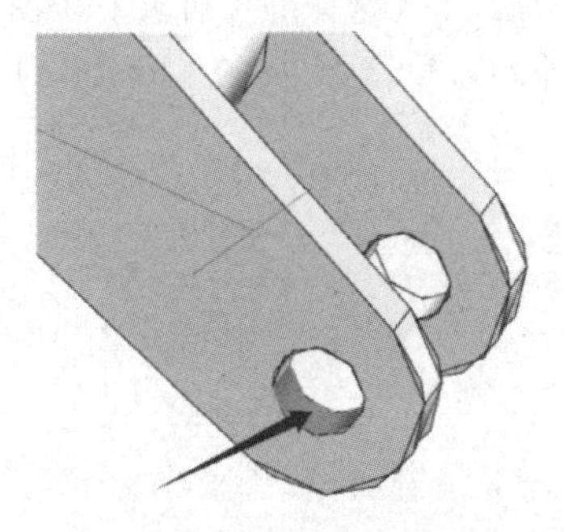

图 4-1-100　静止对象

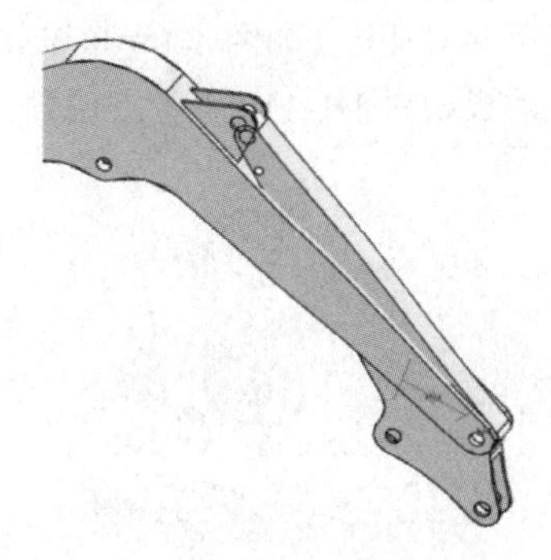

图 4-1-101　对齐约束效果

13. 安装铲斗

单击【居中】（Center）约束命令，系统弹出居中对话框。在第一栏选择【2 对 2】，【要约束的几何体】|【第一组】选择如图 4-1-103 和图 4-1-104 所示铲斗双耳的两个外侧面；【第二组】选择如图 4-1-105 和图 4-1-106 所示斗杆两个外侧面；单击< 确定 >按钮，完成居中约束，效果如图 4-1-107 所示。

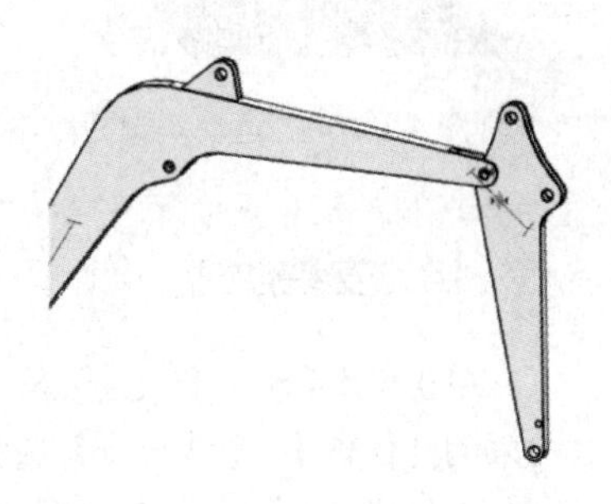

图 4-1-102　移动效果

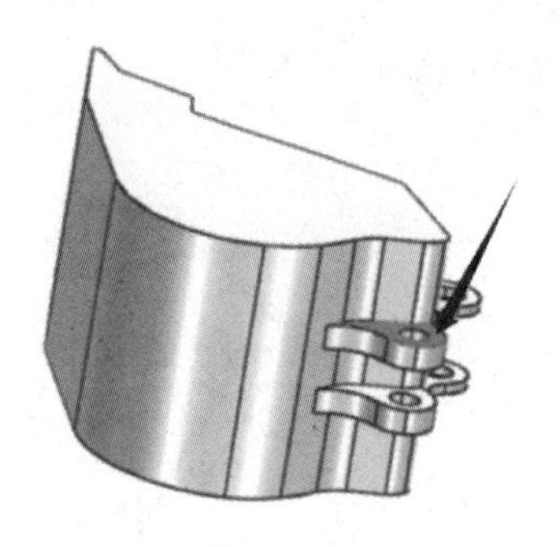

图4-1-103　第一组第一个对象

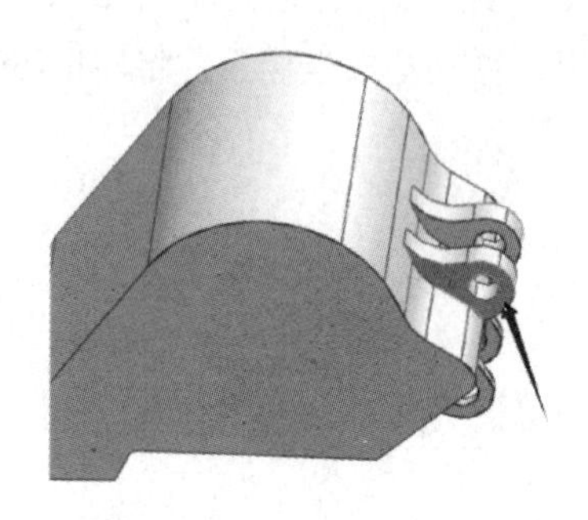

图4-1-104　第一组第二个对象

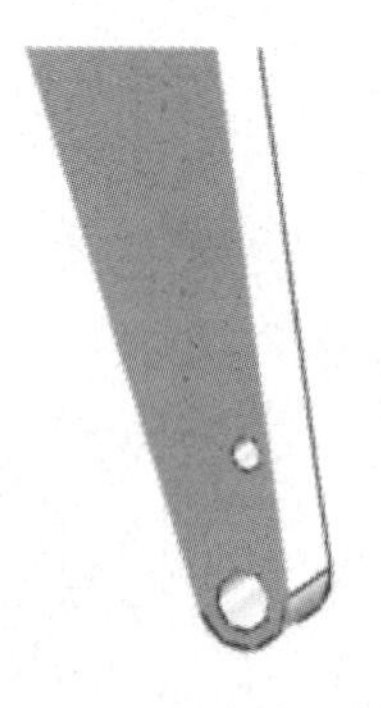

图4-1-105　第二组第一个对象

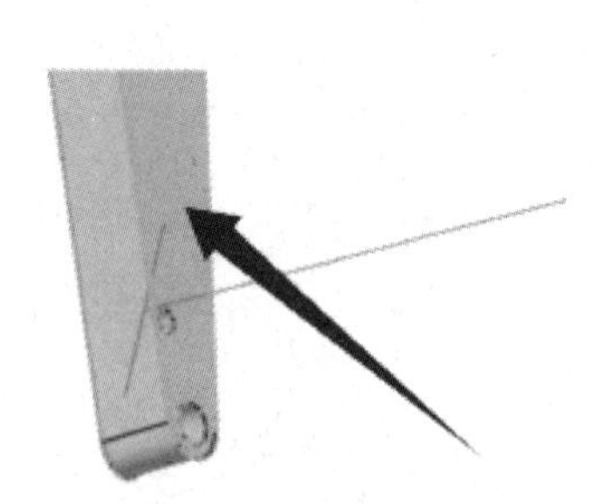

图4-1-106　第二组第二个对象

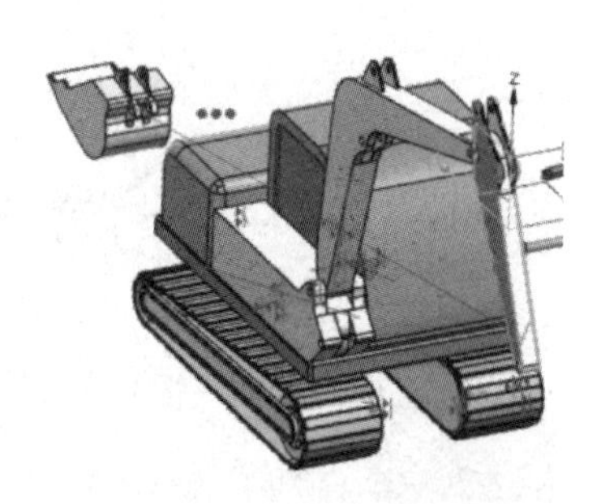

图4-1-107　居中约束效果

铲斗与斗杆对齐。单击【对齐】（Align）命令。【要约束的几何体】|【选择运动对象】=铲斗双耳孔（如图4-1-108箭头所指），【选择静止对象】=斗杆孔（如图4-1-109箭头所指），效果如图4-1-110所示。如方向不对，单击反向（Reverse）图标即可。

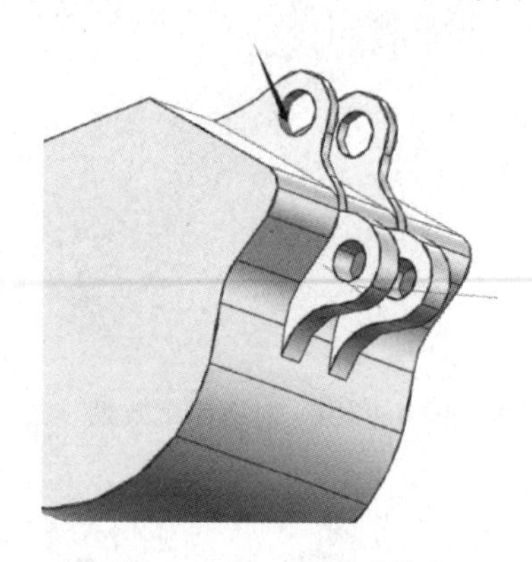

图4-1-108　运动对象

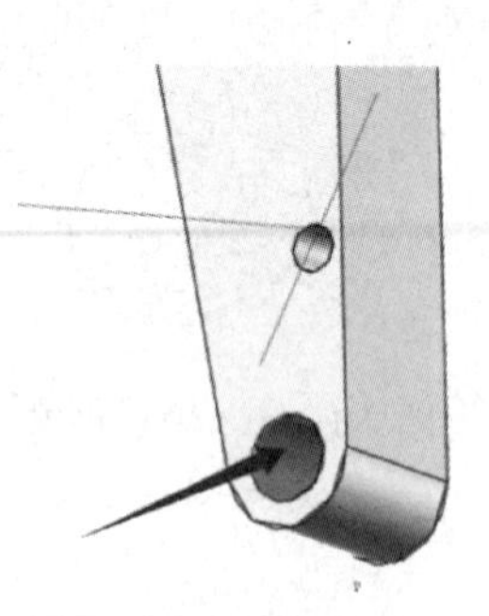

图4-1-109　静止对象

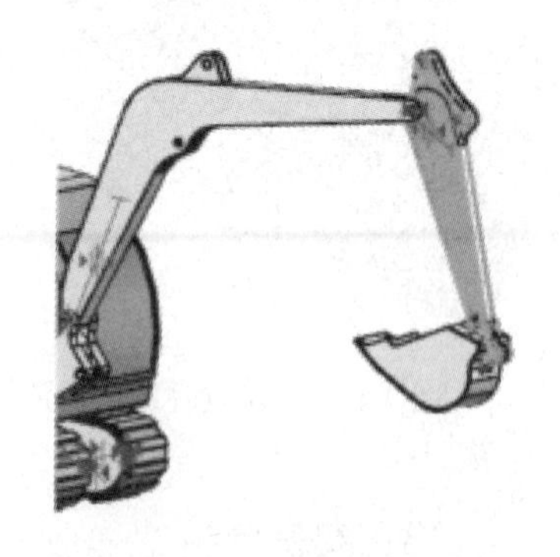

图4-1-110　对齐约束效果

14. 安装油缸

单击【居中】（Center）约束命令，系统弹出居中对话框。在第一栏选择【2对2】，【要约束的几何体】|【第一组】选择如图4-1-111和图4-1-112所示油缸连接部的两个侧面；【第二组】选择如图4-1-113和图4-1-114所示液压油缸的两个侧面；单击< 确定 >按钮，完成居中约束，效果如图4-1-115所示。

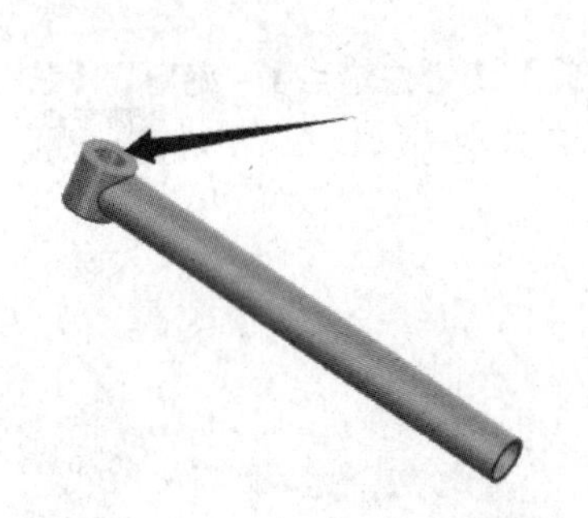

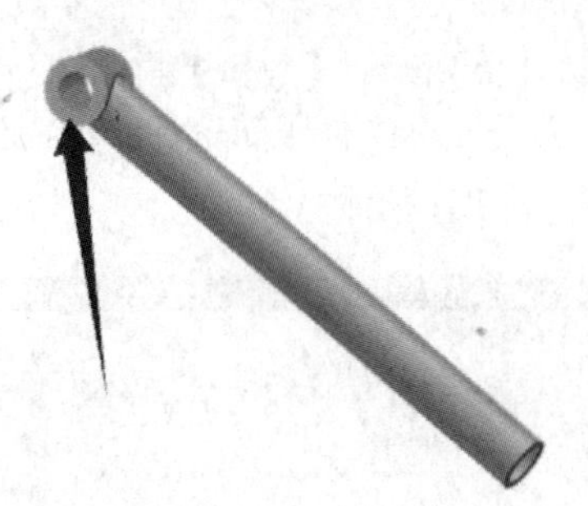

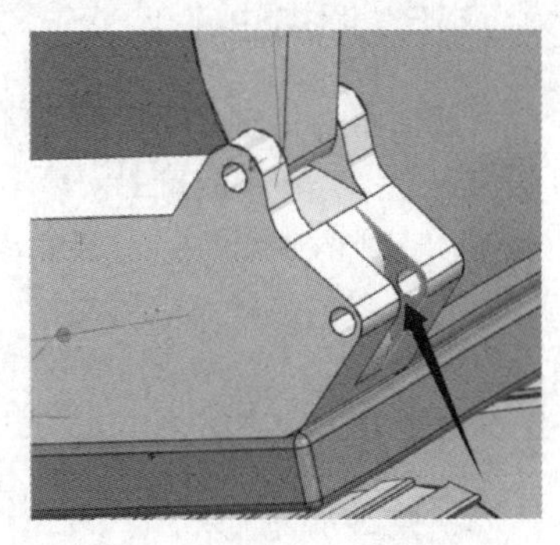

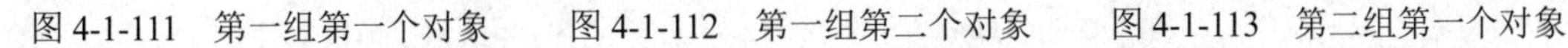

图 4-1-111 第一组第一个对象　　图 4-1-112 第一组第二个对象　　图 4-1-113 第二组第一个对象

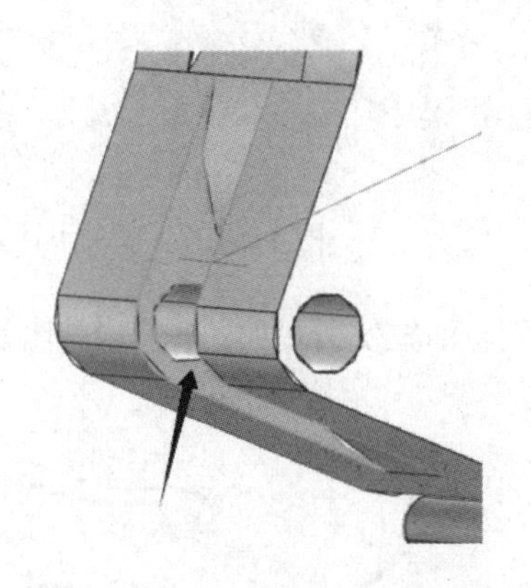

图 4-1-114 第二组第二个对象

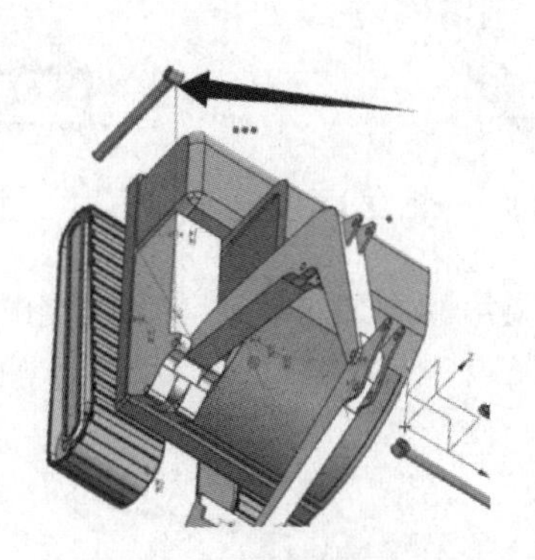

图 4-1-115 居中约束效果

油缸与液压油缸对齐。单击【对齐】(Align)命令。【要约束的几何体】|【选择运动对象】= 油缸上端的孔（如图 4-1-116 箭头所指），【选择静止对象】= 液压油缸底部的孔（如图 4-1-117 箭头所指），效果如图 4-1-118 所示。

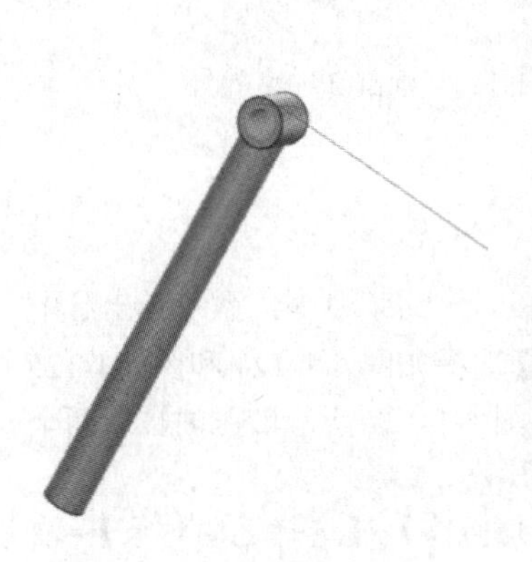

图 4-1-116 运动对象

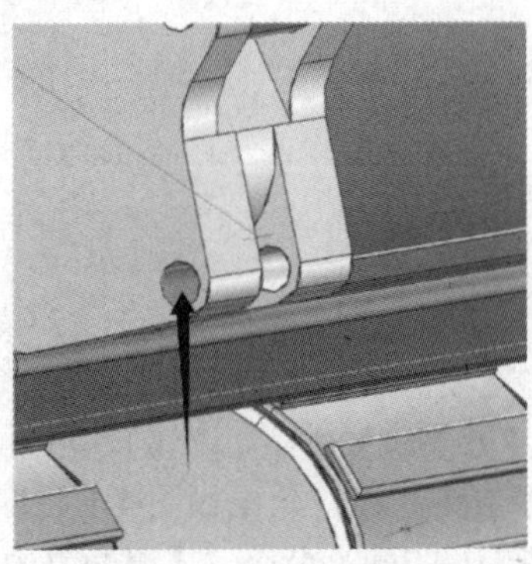

图 4-1-117 静止对象

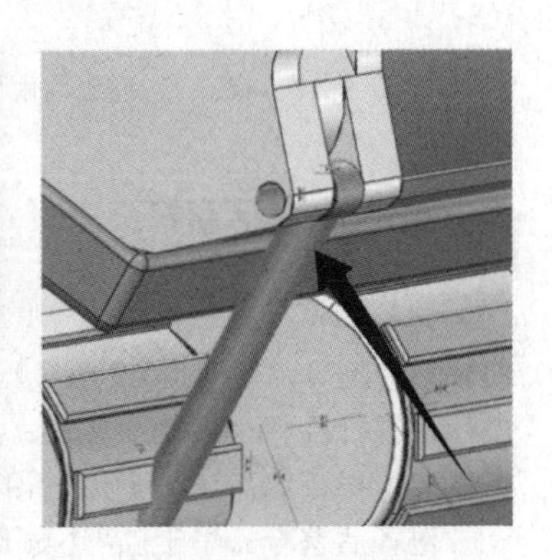

图 4-1-118 对齐约束效果

移动油缸至合适位置。单击【移动组件】(Move Component)约束命令，系统弹出移动组件对话框。【移动的组件】= 油缸；【变换】|【Motion】= 动态，单击指定方位，出现动态坐标系，移动动态坐标系，将斗杆旋转至适当位置。效果如图 4-1-119 所示。

15. 添加油缸

添加组件油缸 2 个，如图 4-1-120 所示。【数量】= 2；【位置】|【组件锚点】= 绝对，【装配位置】= 对齐；【放置】= 移动，移动光标组件跟随鼠标移动，放置在适当的位置，单击< 确定 >按钮，完成添加组件，效果如图 4-1-121 所示。

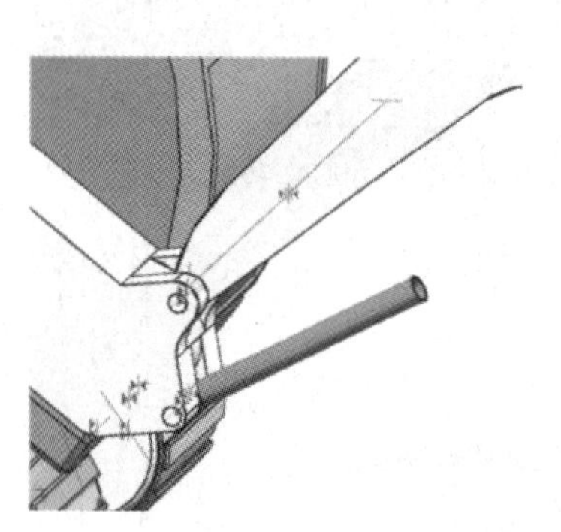

图 4-1-119 油缸 1 约束效果

图 4-1-120 添加组件

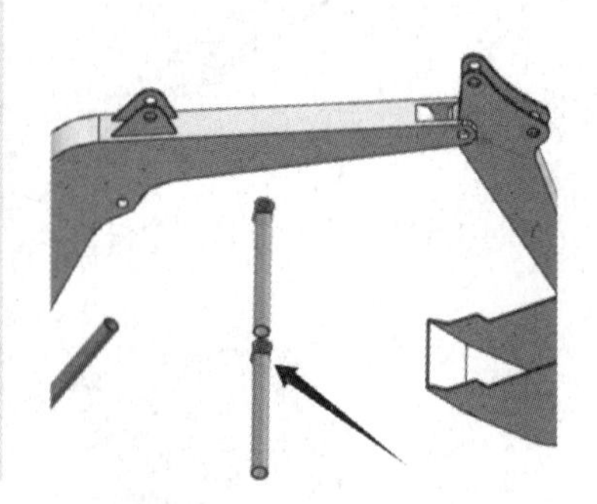

图 4-1-121 添加组件效果

重复第 14 步的居中、对齐、移动组件命令和操作，分别将油缸安装在如图 4-1-122、图 4-1-123 所示位置。

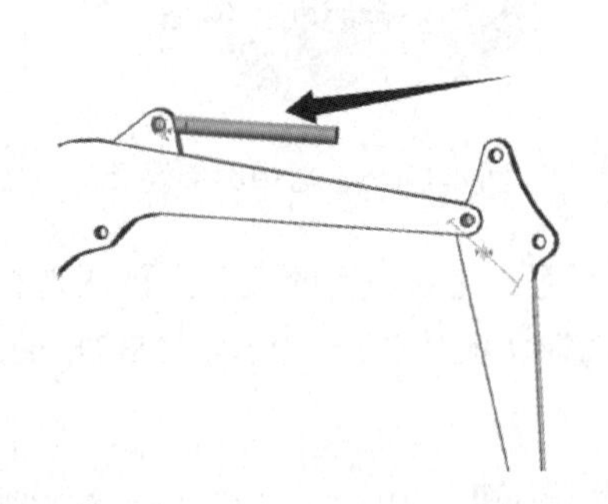

图 4-1-122 油缸 2 约束效果

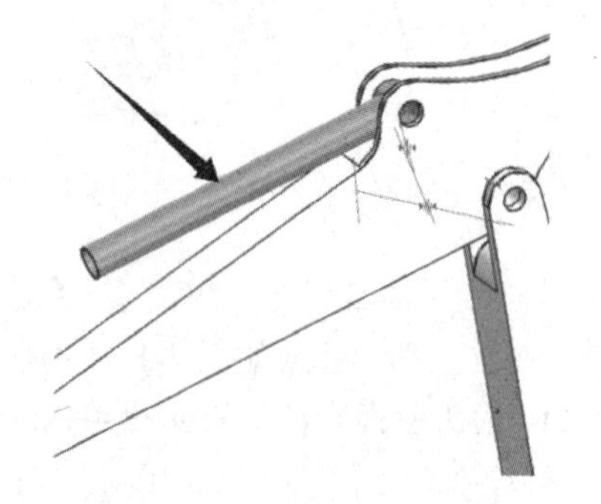

图 4-1-123 油缸 3 约束效果

16. 安装活塞杆

安装动臂和液压油缸之间的活塞杆。单击【居中】（Center）约束命令，系统弹出居中对话框。在第一栏选择【2 对 2】，【要约束的几何体】|【第一组】选择如图 4-1-124 和图 4-1-125 所示活塞杆连接部的两个侧面；【第二组】选择如图 4-1-126 和图 4-1-127 所示液压油缸的两个内侧面；单击< 确定 >按钮，完成居中约束，效果如图 4-1-128 所示。

对齐活塞杆。单击【对齐】（Align）命令。【要约束的几何体】|【选择运动对象】=油缸下端的孔（如图 4-1-129 箭头所指），【选择静止对象】= 液压油缸上的孔（如图 4-1-130 箭头所指），效果如图 4-1-131 所示。

移动活塞杆。单击【移动组件】（Move Component）约束命令，系统弹出移动组件对话框。【移动的组件】= 油缸；【变换】|【Motion】= 动态，单击指定方位，出现动态坐标系，移动动态坐标系，将斗杆旋转至适当位置。效果如图 4-1-132 所示。

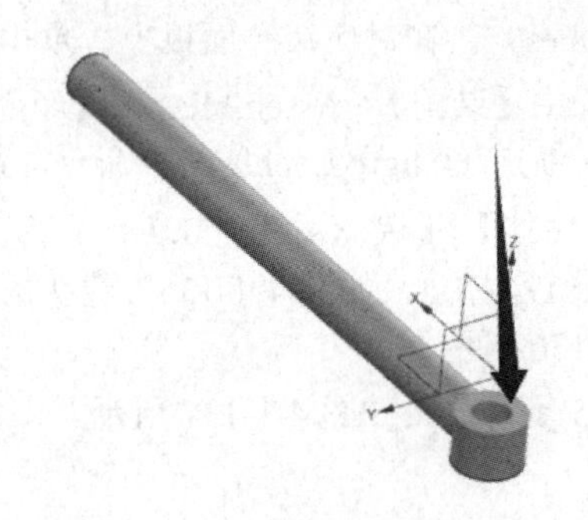

图 4-1-124　第一组第一个对象

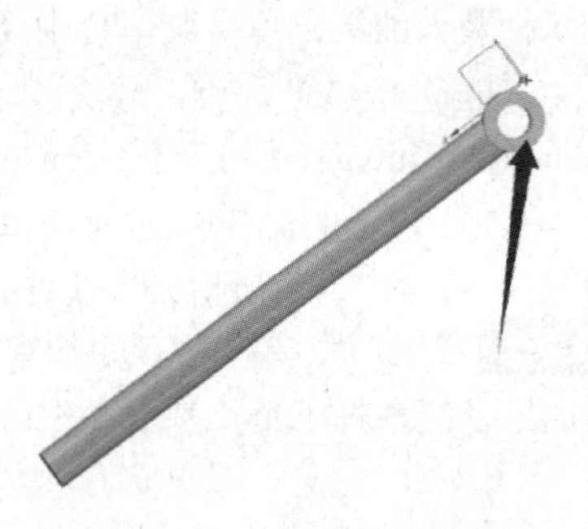

图 4-1-125　第一组第二个对象

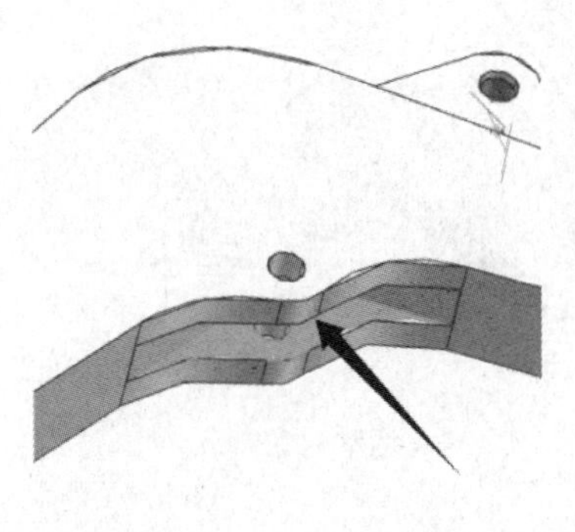

图 4-1-126　第二组第一个对象

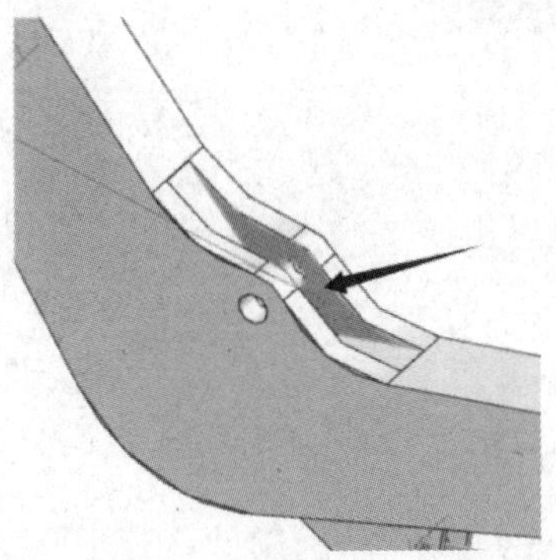

图 4-1-127　第二组第二个对象

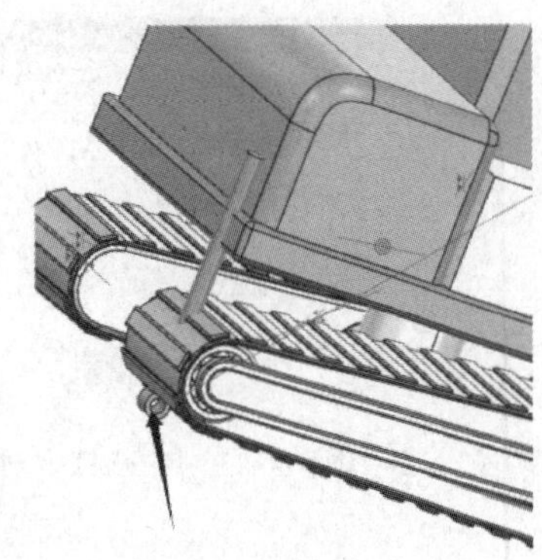

图 4-1-128　活塞杆居中效果

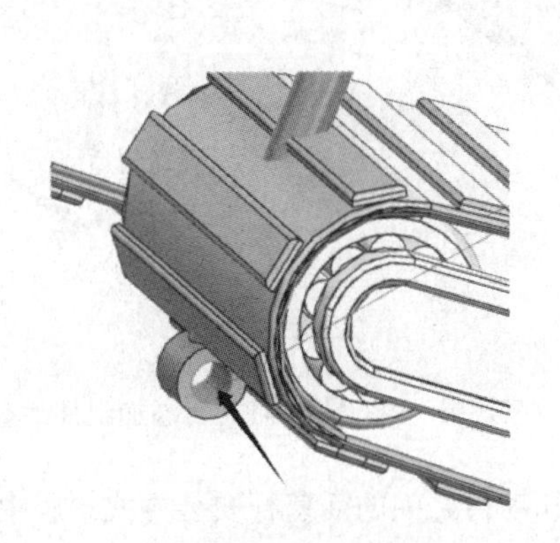

图 4-1-129　运动对象

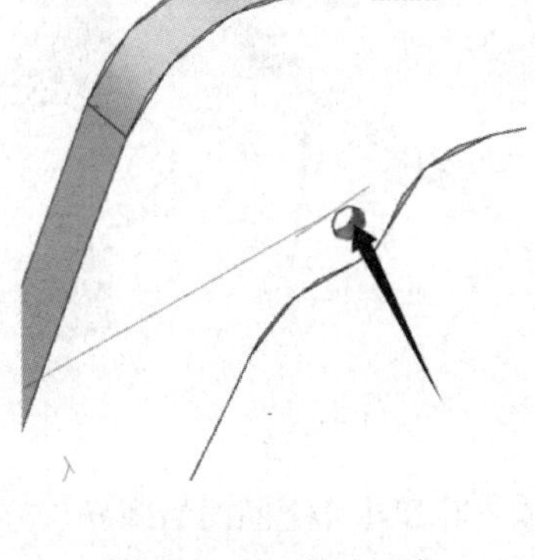

图 4-1-130　静止对象

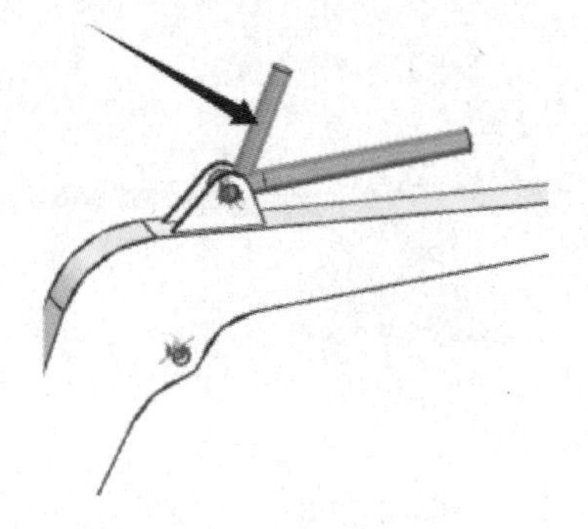

图 4-1-131　活塞杆对齐效果

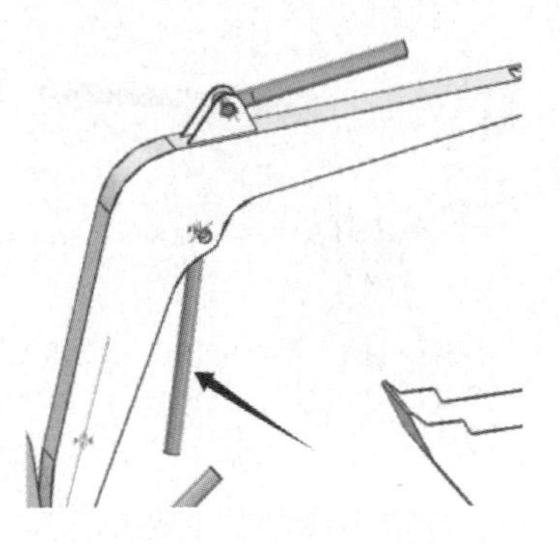

图 4-1-132　活塞杆移动后效果

活塞杆装入油缸。单击菜单栏中【装配】（Assemblies），在对应命令面板上，单击对齐/锁定（Align/ Lock）约束，或选择【菜单】（Menu）中【装配】（Assemblies）|【组件位置】（Component Position）|【约束】（Constraints）| 对齐/锁定（Align/ Lock）约束命令，系统弹出如图 4-1-133 所示的对齐/锁定对话框。【要约束的几何体】|【选择运动对象】= 活塞杆圆柱面（如图 4-1-134，箭头所指），【选择静止对象】=油缸圆柱面（如图 4-1-135，箭头所指），单击< 确定 >按钮，完成对齐/锁定约束，效果如图 4-1-136 所示。

添加组件活塞杆 1 个，基本操作命令和步骤同第 15 步。效果如图 4-1-137 所示。

图 4-1-133　对齐/锁定对话框

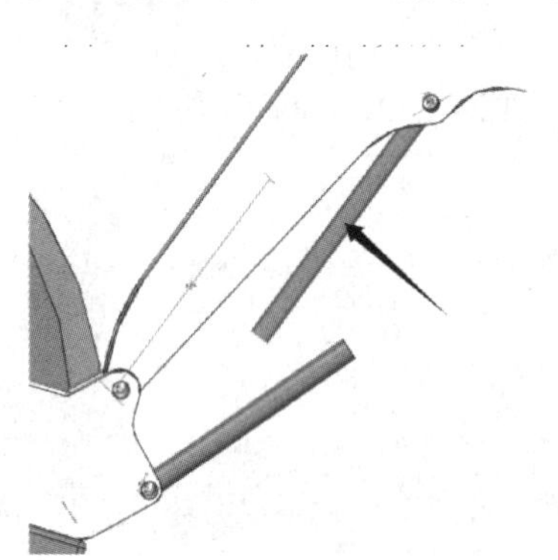

图 4-1-134　运动对象

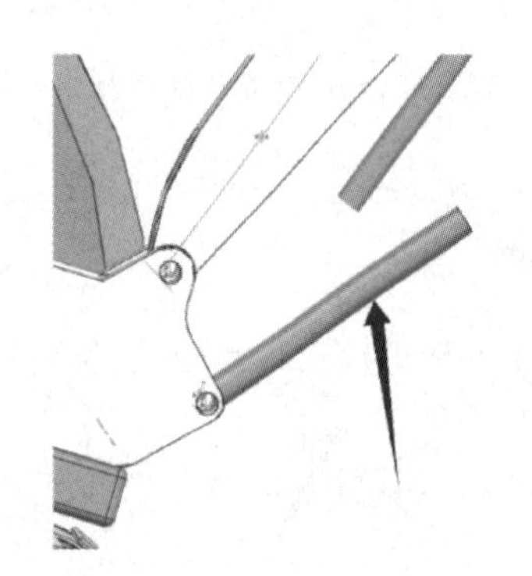

图 4-1-135　静止对象

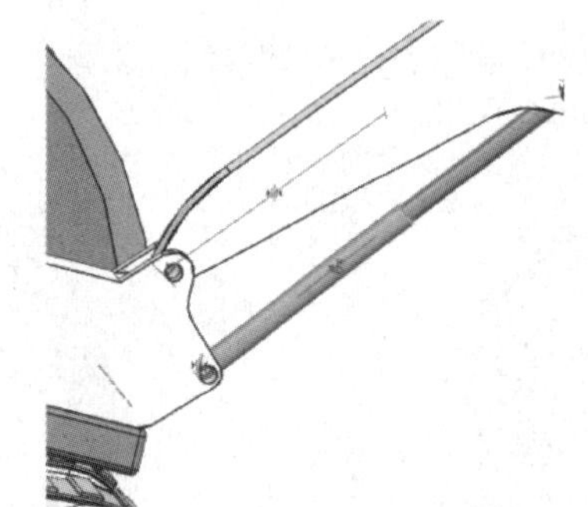

图 4-1-136　对齐/锁定约束效果

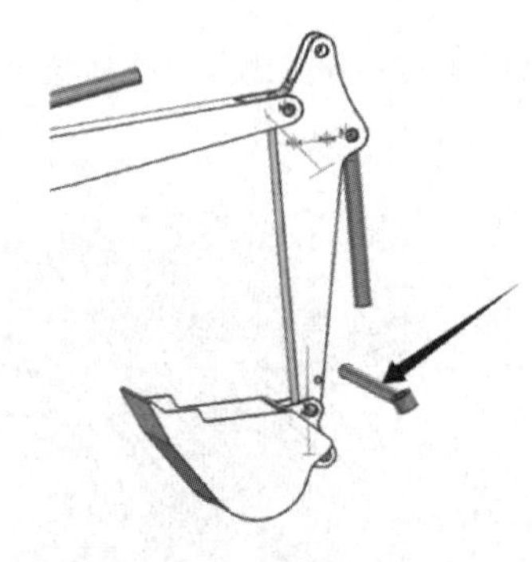

图 4-1-137　添加组件活塞杆

安装铲斗和斗杆之间的活塞杆。方法同液压油缸和动臂之间的活塞杆安装方式。居中效果如图 4-1-138 所示，对齐效果如图 4-1-139 所示，移动组件效果如图 4-1-140 所示，对齐/锁定效果如图 4-1-141 所示。

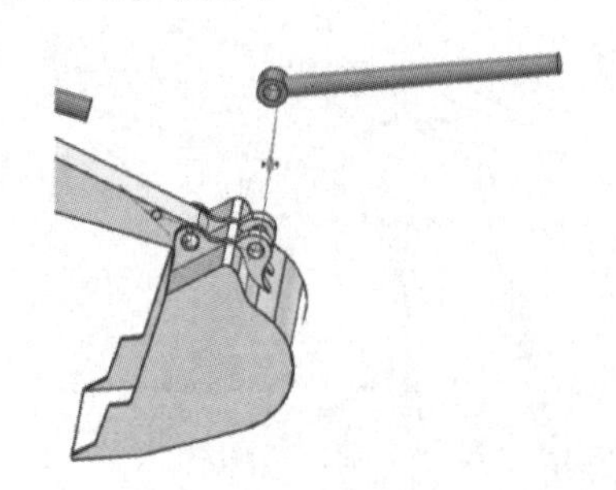

图 4-1-138　居中效果

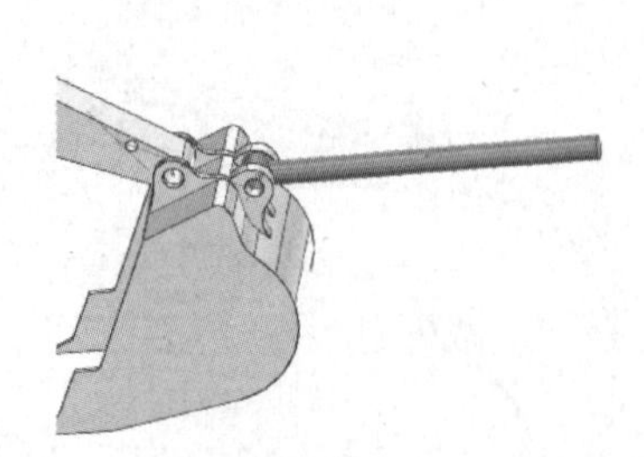

图 4-1-139　对齐效果

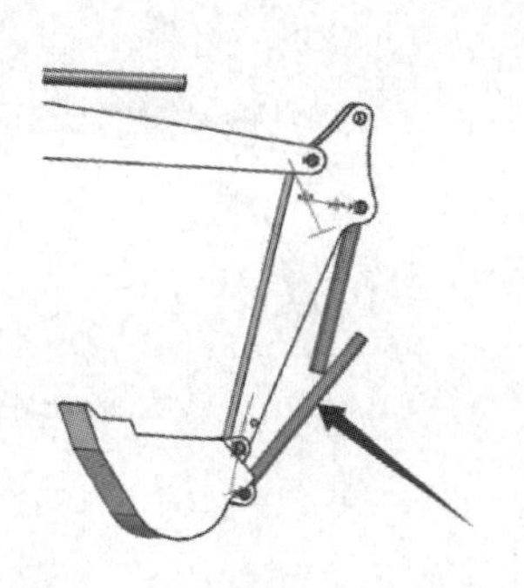

图 4-1-140　移动组件效果

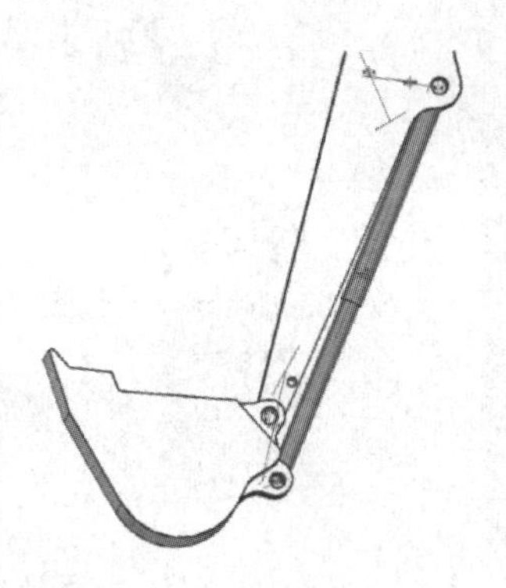

图 4-1-141　对齐/锁定效果

17. 安装斗杆活塞杆

安装动臂和斗杆之间的斗杆活塞杆。单击【居中】(Center）约束命令，系统弹出居中对话框。在第一栏选择【2 对 2】，【要约束的几何体】|【第一组】选择如图 4-1-142 和图 4-1-143 所示斗杆活塞杆连接部的两个侧面；【第二组】选择如图 4-1-144 和图 4-1-145 所示斗杆两个内侧面；单击< 确定 >按钮，完成居中约束，效果如图 4-1-146 所示。

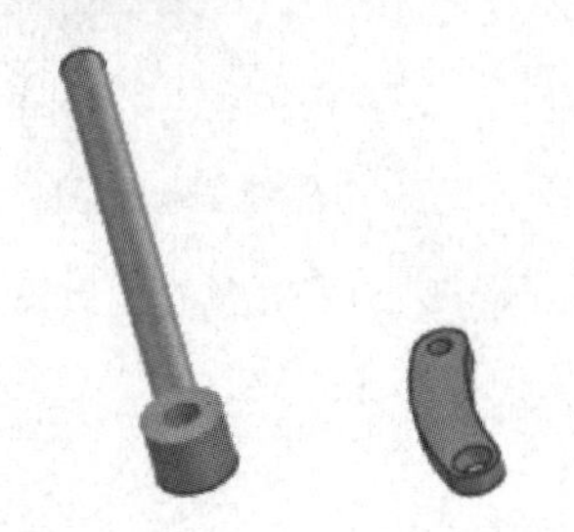

图 4-1-142　第一组第一对象

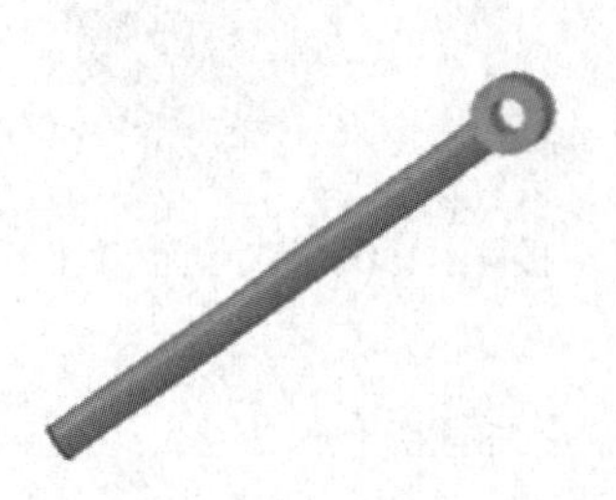

图 4-1-143　第一组第二对象

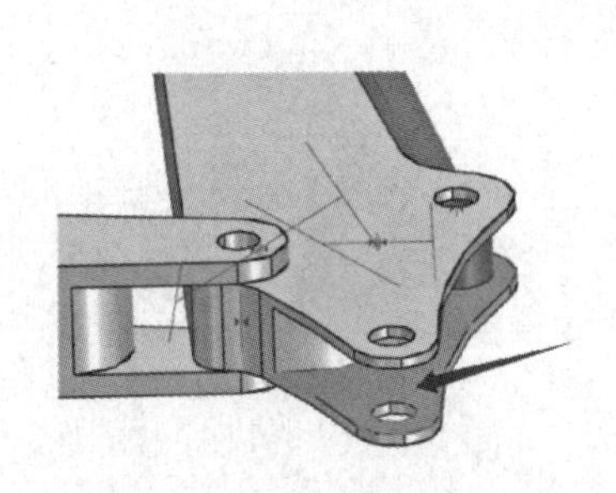

图 4-1-144　第二组第一对象

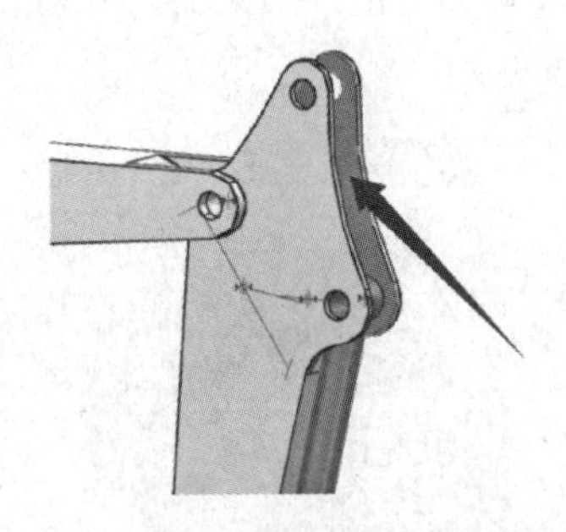

图 4-1-145　第二组第二对象

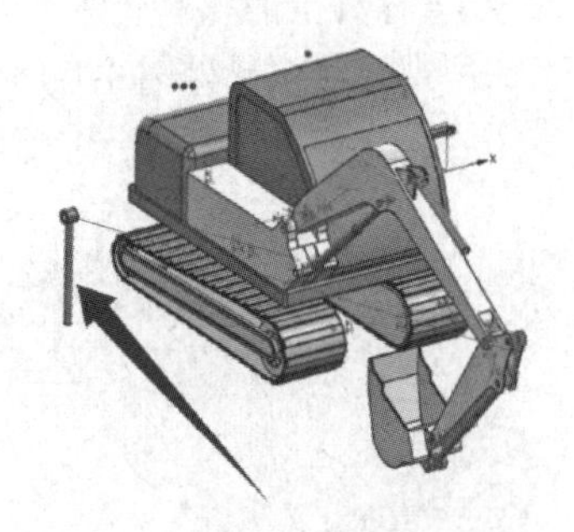

图 4-1-146　居中约束效果

对齐斗杆活塞杆。单击【对齐】(Align）命令。【要约束的几何体】|【选择运动对象】= 斗杆活塞杆（如图 4-1-147 箭头所指），【选择静止对象】= 斗杆上的孔（如图 4-1-148 箭头所指）。效果如图 4-1-149 所示。

移动组件，将其放在合适的位置，效果如图 4-1-150 所示。

对齐/锁定斗杆活塞杆与油缸，效果如图 4-1-151 所示。

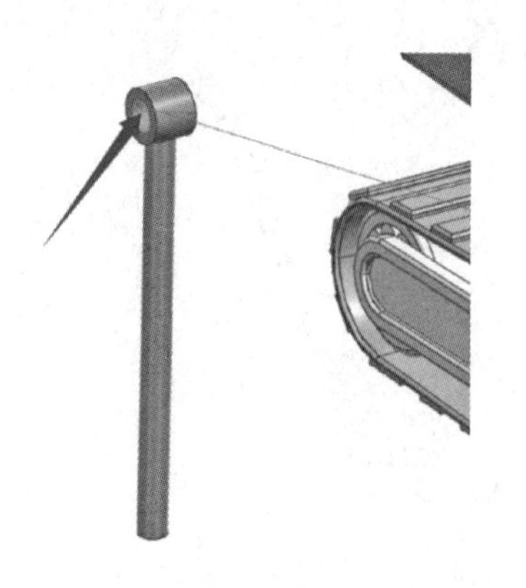

图 4-1-147　运动对象

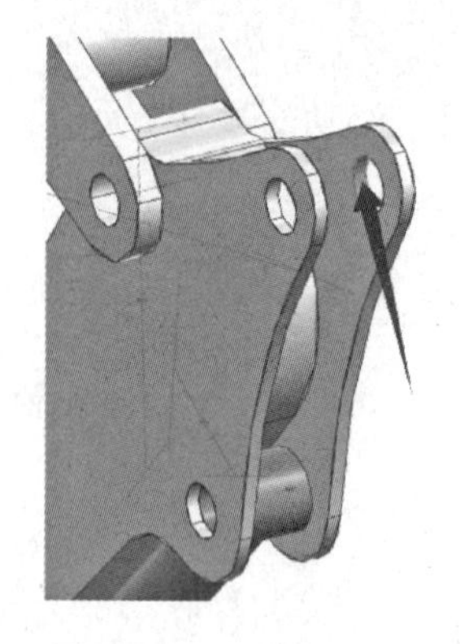

图 4-1-148　静止对象

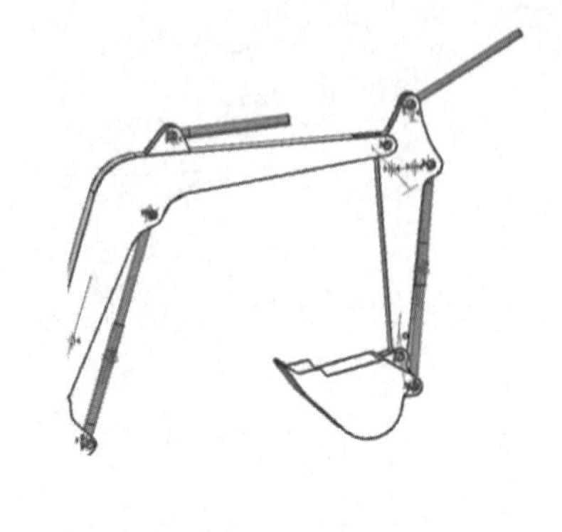

图 4-1-149　对齐斗杆活塞杆效果

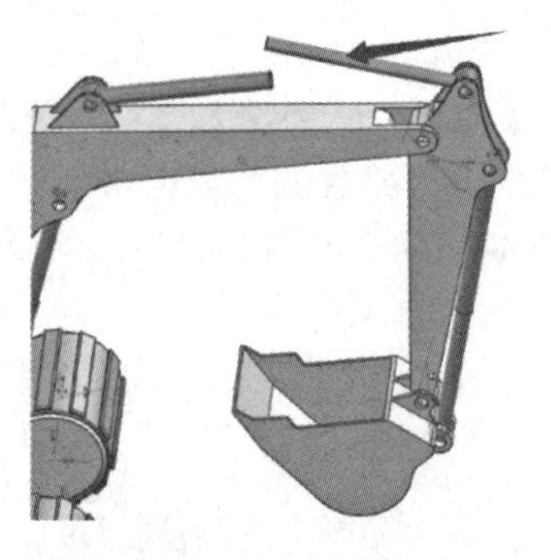

图 4-1-150　移动组件效果

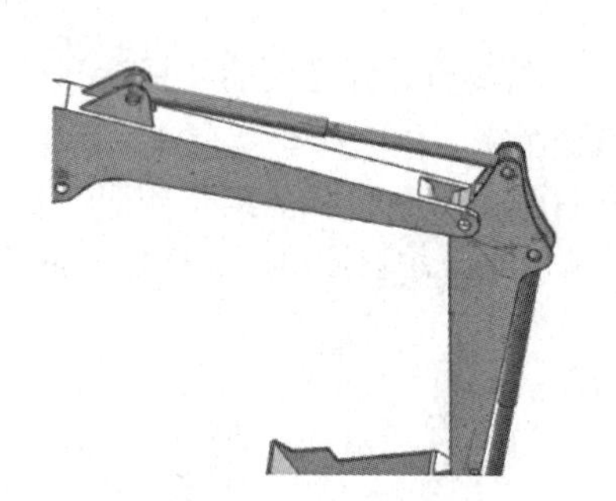

图 4-1-151　对齐/锁定效果

18. 安装摇杆

单击 【对齐】（Align）命令，系统弹出对齐对话框。【要约束的几何体】|【选择运动对象】= 摇杆上的孔（如图 4-1-152 箭头所指），【选择静止对象】= 斗杆上的小孔（如图 4-1-153 箭头所指），效果如图 4-1-154 所示。

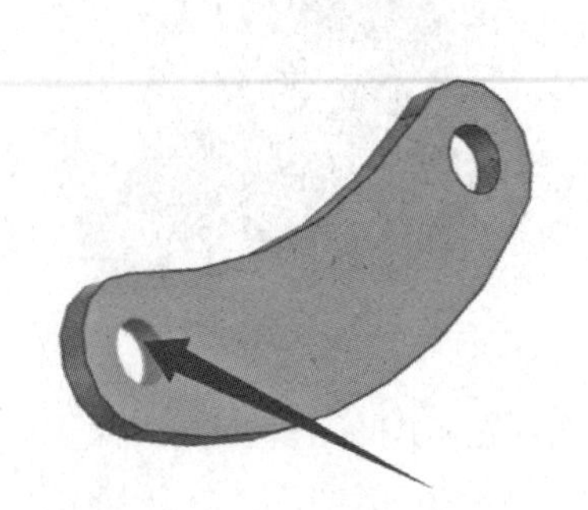

图 4-1-152　对齐运动对象

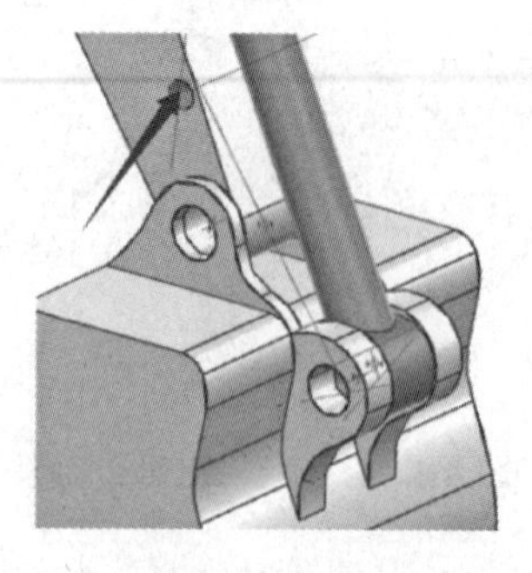

图 4-1-153　对齐静止对象

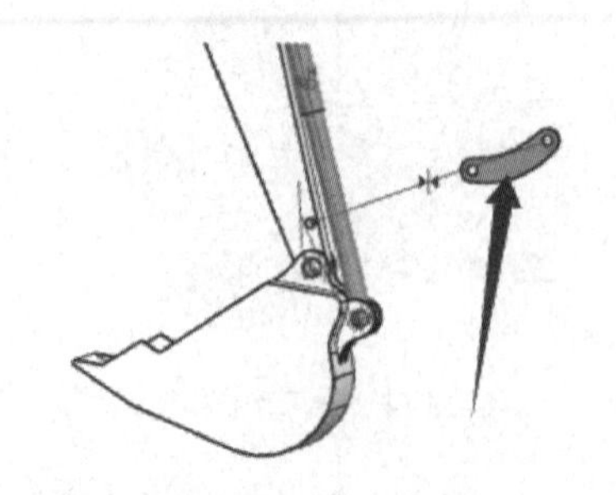

图 4-1-154　对齐效果

继续约束使斗杆与摇杆接触。单击【接触】（Touch）约束，系统弹出接触对话框。【要约束的几何体】|【选择运动对象】= 摇杆侧面（如图 4-1-155 箭头所指），【选择静止对象】= 斗杆侧面（如图 4-1-156 箭头所指），效果如图 4-1-157 所示。如位置不对，单击 反向（Reverse）图标即可调整过来。

如斗杆与摇杆之间的位置如不合适，可以通过移动组件来移动摇杆，效果如图 4-1-158 所示。

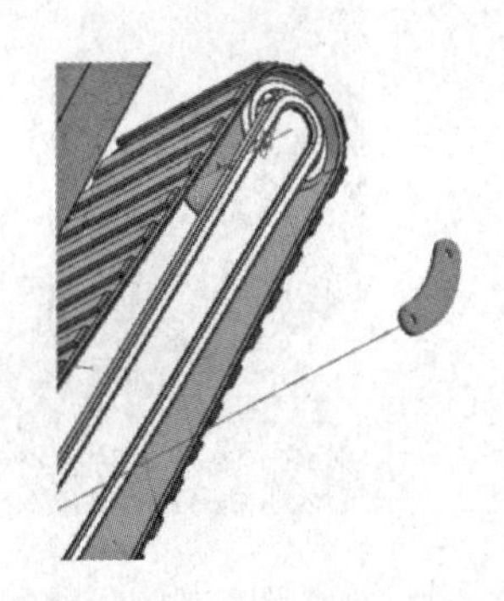

图 4-1-155 接触运动对象

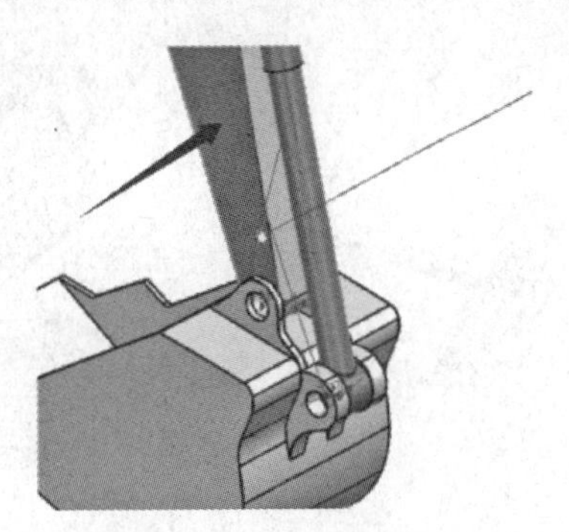

图 4-1-156 接触静止对象

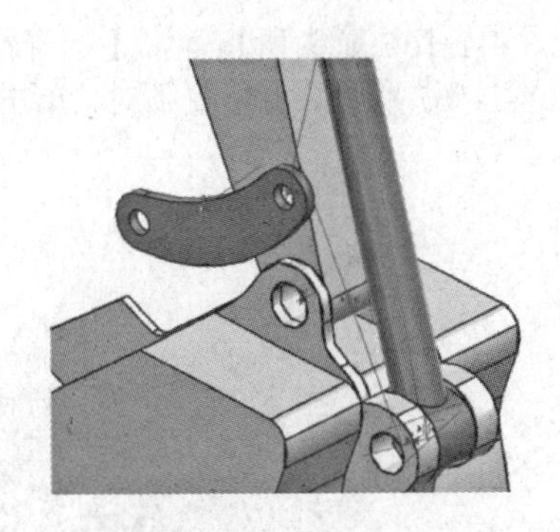

图 4-1-157 接触效果

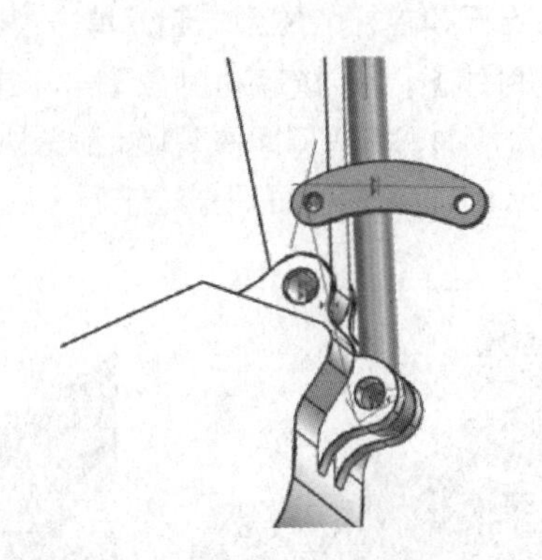

图 4-1-158 移动组件效果

19. 安装斗连杆

单击【对齐】(Align) 命令，系统弹出对齐对话框。【要约束的几何体】|【选择运动对象】= 斗连杆上的大孔（如图 4-1-159 箭头所指），【选择静止对象】= 铲斗上的孔（如图 4-1-160 箭头所指），效果如图 4-1-161 所示。

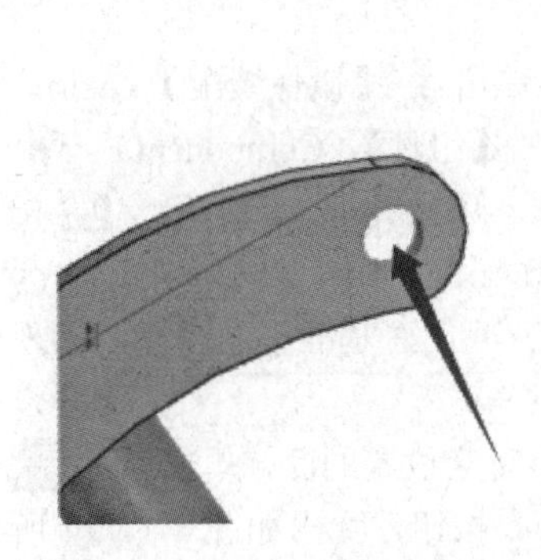

图 4-1-159 对齐运动对象

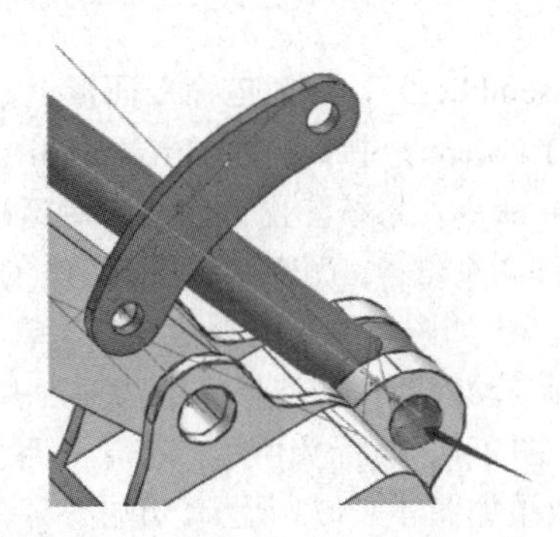

图 4-1-160 对齐静止对象

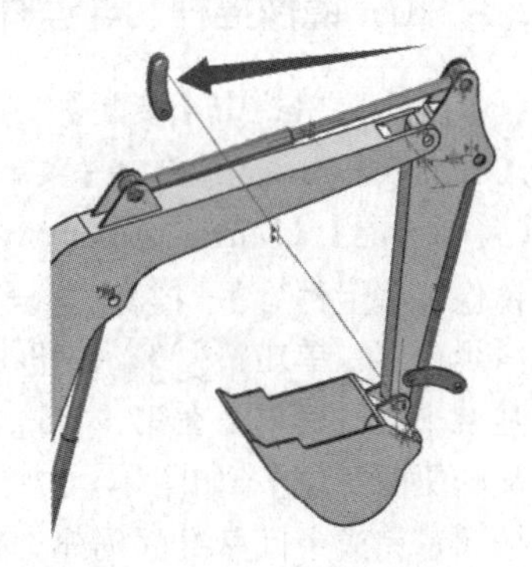

图 4-1-161 对齐效果

继续约束使斗连杆与铲斗接触。单击【接触】(Touch) 约束，系统弹出接触对话框。【要约束的几何体】|【选择运动对象】= 斗连杆正面（如图 4-1-162 箭头所指），【选择静止对象】= 铲斗侧面（如图 4-1-163 箭头所指），效果如图 4-1-164 所示。如位置不对，单击反

向（Reverse）图标即可调整过来。

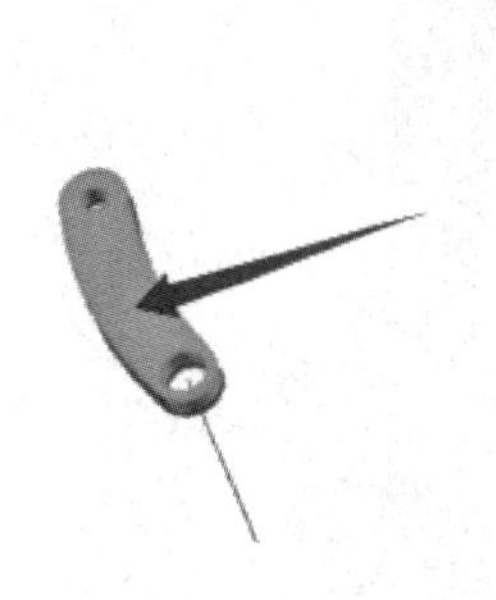

图 4-1-162 接触运动对象

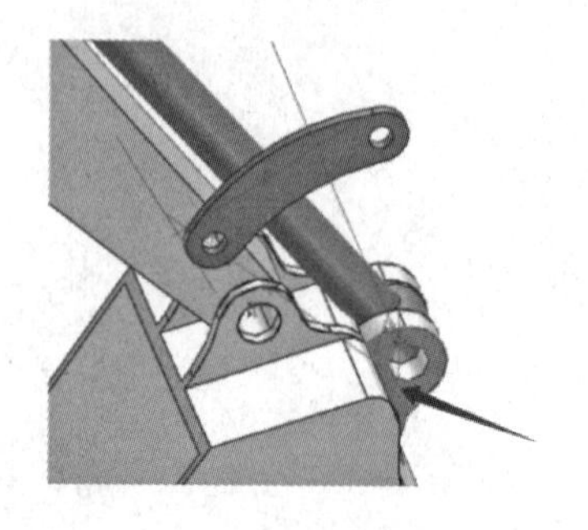

图 4-1-163 接触静止对象

图 4-1-164 接触效果

斗连杆和摇杆装配到一起。单击【对齐】（Align）命令，系统弹出对齐对话框。【要约束的几何体】|【选择运动对象】= 斗连杆上的孔（如图 4-1-165 箭头所指），【选择静止对象】= 摇杆上的孔（如图 4-1-166 箭头所指），效果如图 4-1-167 所示。如位置不对，单击反向（Reverse）图标即可调整过来。

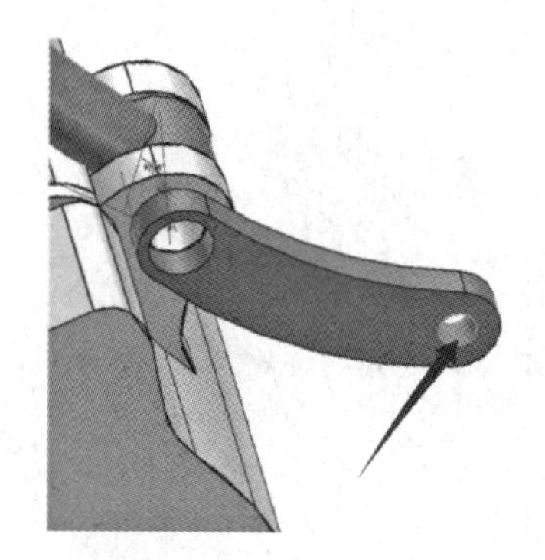

图 4-1-165 对齐运动对象

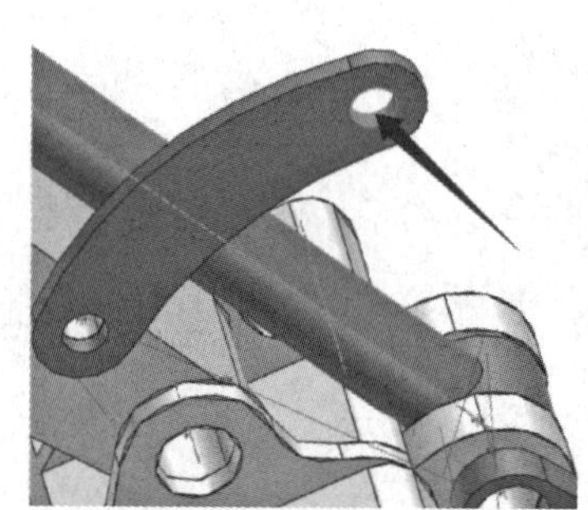

图 4-1-166 对齐静止效果

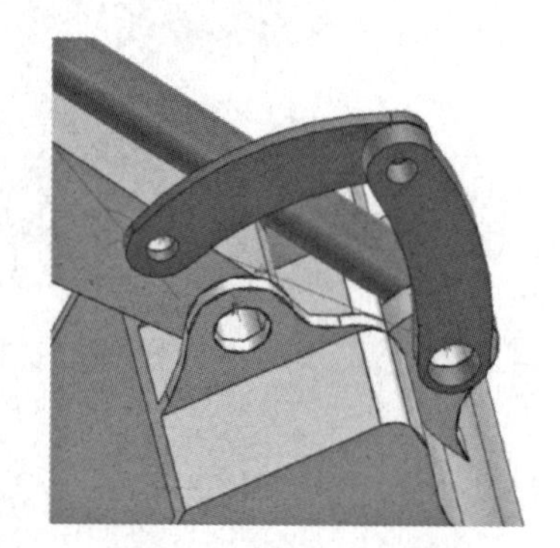

图 4-1-167 对齐效果

20. 镜像摇杆、斗连杆

单击菜单栏中【装配】（Assemblies），在对应命令面板上，单击【镜像装配】（Mirror Assembly）约束，或选择【菜单】（Menu）中【装配】（Assemblies）|【组件】（Component）|【镜像装配】（Mirror Assembly）命令，系统弹出镜像装配对话框。单击 下一步 > 按钮，【希望镜像哪些组件？】= 摇杆、斗连杆两个零件，如图 4-1-168 所指①和②，对话框显示如图 4-1-169 所示内容。单击 下一步 > 按钮，弹出如图 4-1-170 所示界面。单击创建基准平面图标，出现基准平面对话框，在第一栏选择自动判断，在选择栏中选项为 整个装配 ，【要定义的平面对象】=如图 4-1-171、图 4-1-172 箭头所示，铲斗上两个对应位置的面。单击 < 确定 > 按钮，完成中间基准面创建。效果如图 4-1-173 所示。单击 下一步 > 按钮，弹出如图 4-1-174 所示界面，该界面采用默认设置。再次单击 下一步 > 按钮，弹出如图 4-1-175 所示界面。如位置不对，可以单击界面下方的【循环重定位解算方案】图标。单击【关联镜像】图标，弹出如图 4-1-176 所示提示，单击 < 确定 > 按钮和 完成 按钮，完成镜像装配，效果如图 4-1-177 所示。

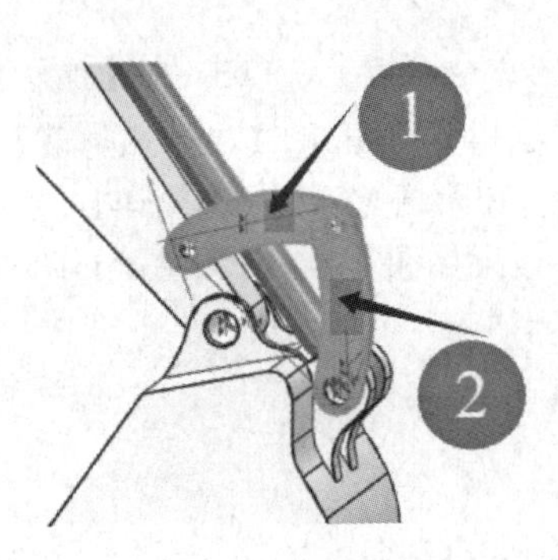

图 4-1-168　希望镜像对象

图 4-1-169　选定的组件

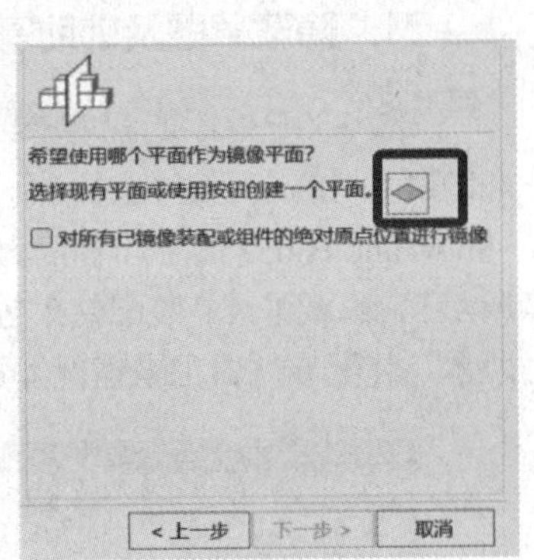

图 4-1-170　选择镜像平面

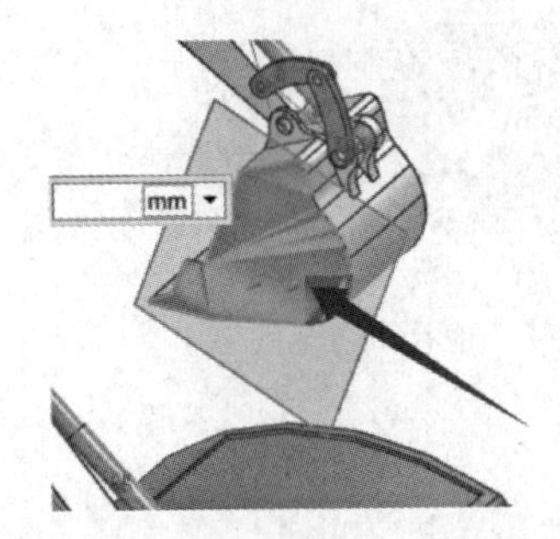

图 4-1-171　基准平面基准 1

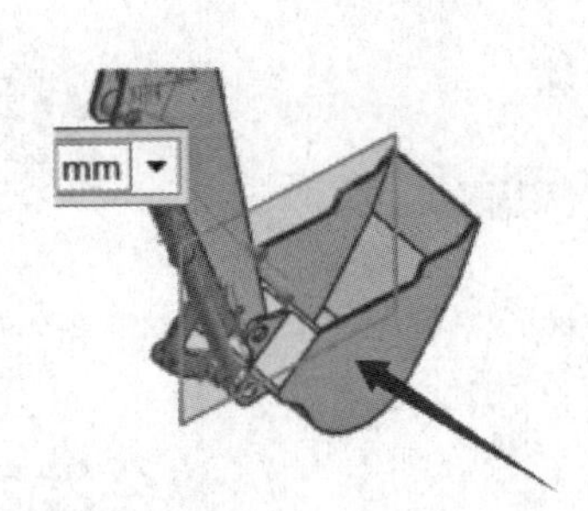

图 4-1-172　基准平面基准 2

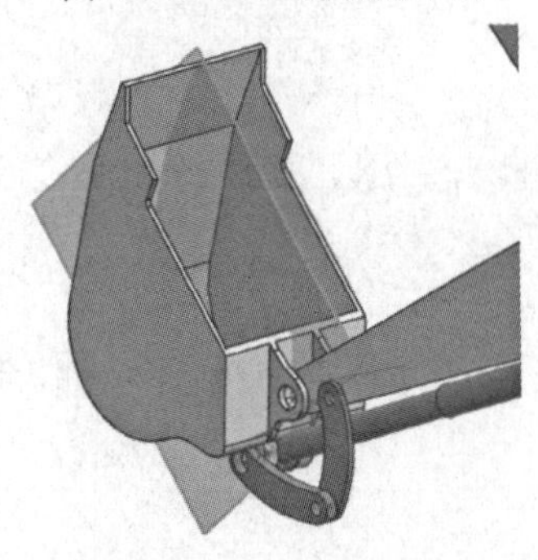

图 4-1-173　镜像平面效果

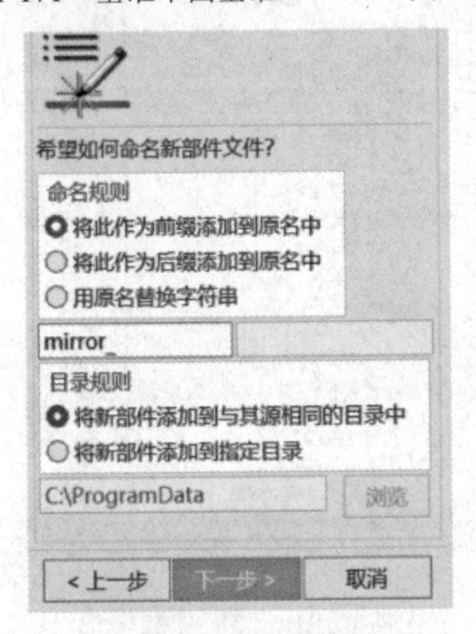

图 4-1-174　部件命名规则

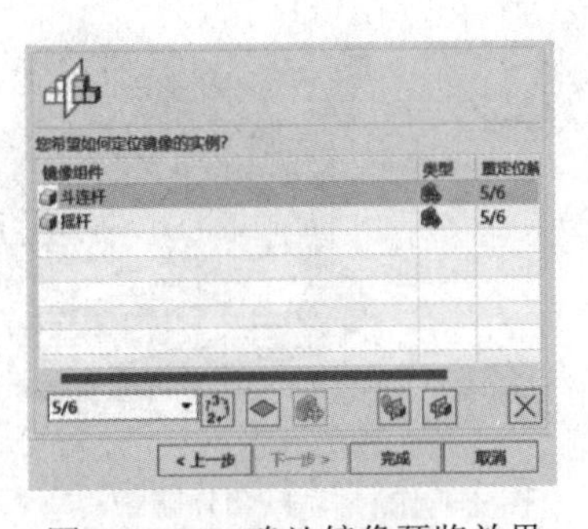

图 4-1-175　确认镜像预览效果

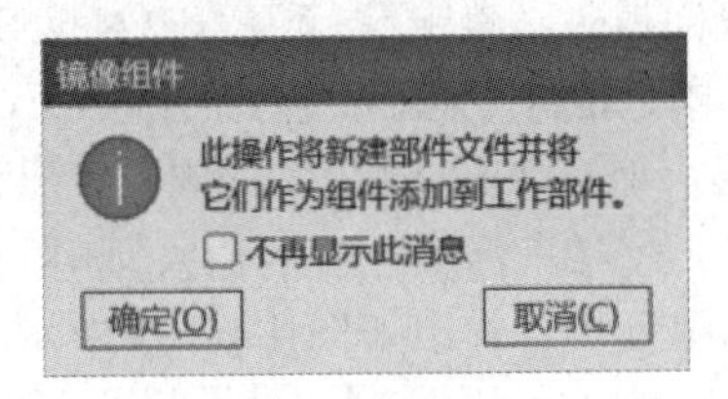

图 4-1-176　添加组件提示

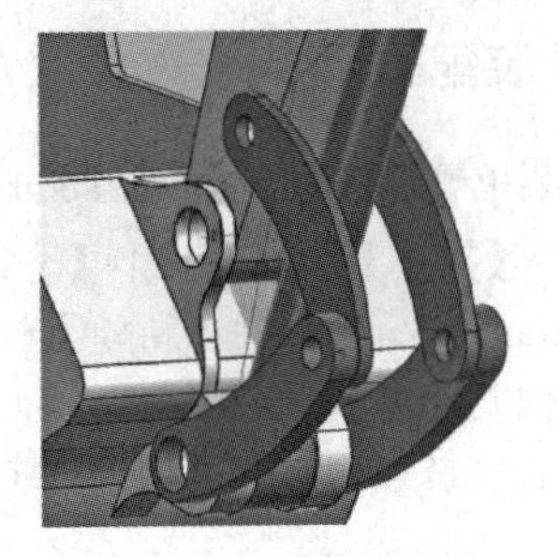

图 4-1-177　镜像组件效果

21. 隐藏草图及辅助基准

按住 Ctrl+W，或者单击菜单栏中【视图】(View)，在对应命令面板上，单击【显示和隐藏】(Show and Hide) 命令，或选择【菜单】(Menu) 中【编辑】(Edit) |【显示和隐藏】(Show and Hide) |【显示和隐藏】(Show and Hide) 命令，弹出显示和隐藏对话框（如图 4-1-178 所示）。隐藏基准、装配约束等（仅剩组件显示），关闭对话框。效果如图 4-1-179 和图 4-1-180 所示。装配导航器记录情况如图 4-1-181 所示。

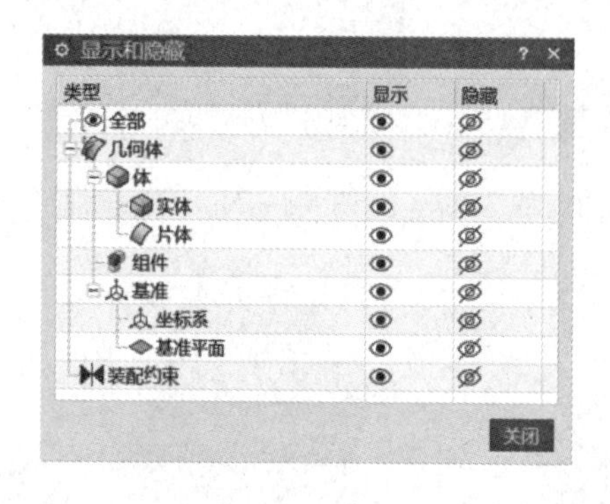

图 4-1-178 显示和隐藏对话框

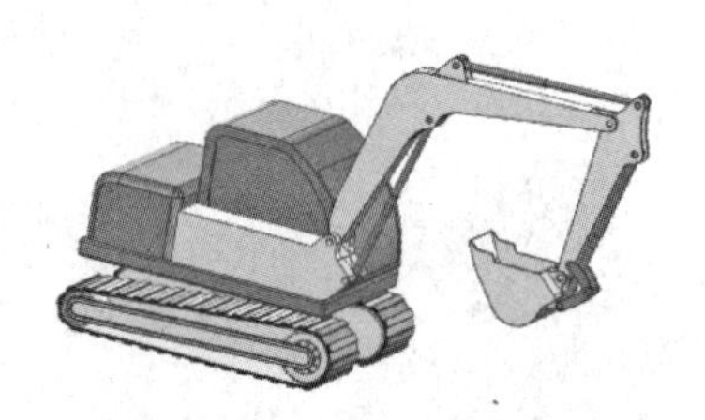

图 4-1-179 显示和隐藏效果 1

图 4-1-180 显示和隐藏效果 2

图 4-1-181 装配导航器记录

22. 装配干涉检查

单击菜单栏中【装配】(Assemblies)，在对应命令面板上，单击新建集 (New Set) 命令，或选择【菜单】(Menu) 中【分析】(Analysis) |【装配间隙】(Assembly Clearance) |【间隙集】(Clearance Set) |【新建】(New) 命令，系统弹出如图 4-1-182 所示的间隙集对话框。在【设置】栏，勾选【保存干涉几何体】选项，【图层】= 5，【干涉颜色】= 绿色，如图 4-1-183 所示；其他参数保持默认。单击< 确定 >按钮，进行间隙分析，弹出如图 4-1-184 所示间隙浏览器。

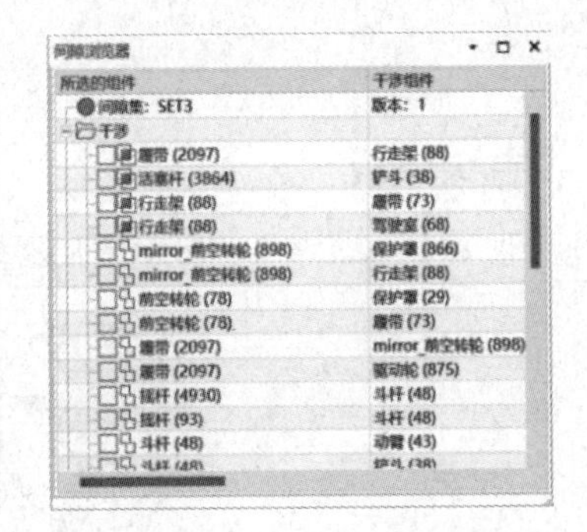

图 4-1-182 间隙集对话框

图 4-1-183 参数设置

图 4-1-184 间隙浏览器

23. 查看干涉结果

单击菜单栏中【视图】(View),在对应命令面板上,单击图层设置(Layer Settings)命令,或选择【菜单】(Menu)中【格式】(Format)|图层设置(Layer Settings)命令,系统弹出如图 4-1-185 所示的图层设置对话框。在【图层】中双击图层 5,将其设为工作图层,并将图层 1 和图层 61 前面的钩去掉,仅显示工作图层 5,如图 4-1-186 所示。效果如图 4-1-187 所示。根据干涉结果具体分析干涉原因,进行针对性的处理。

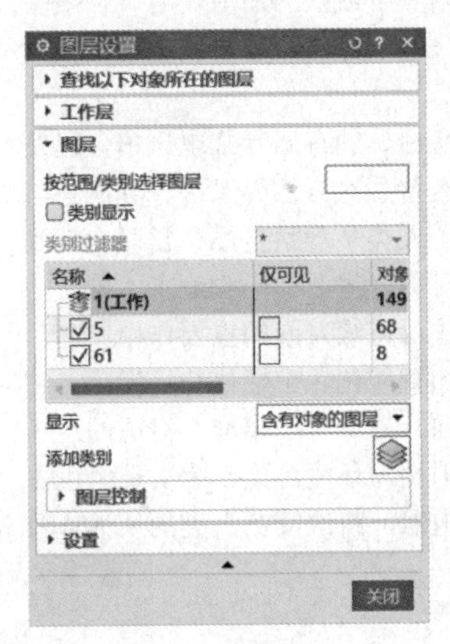

图 4-1-185 图层设置对话框

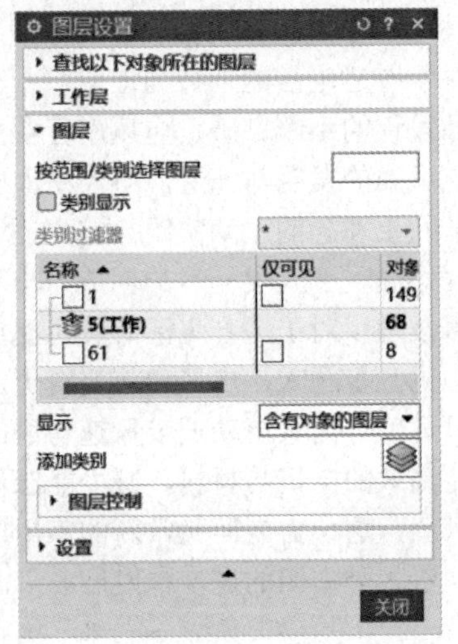

图 4-1-186 参数设置

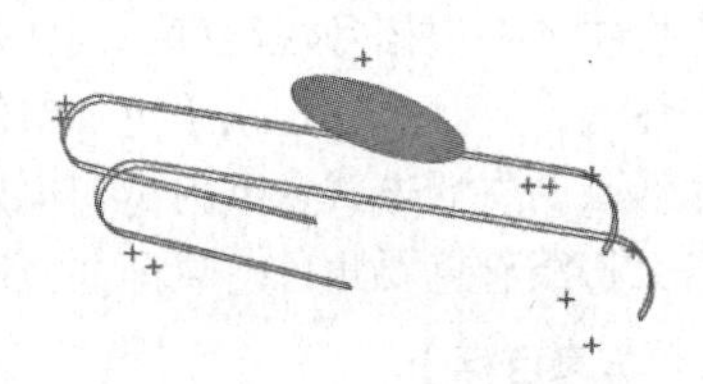

图 4-1-187 查看干涉结果

双击图层 1,将其恢复为工作图层,勾选图层 61,去掉图层前面的钩,恢复干涉检查前的状态。效果如图 4-1-180 所示。

24. 保存文件

单击软件界面左上角的【保存】(Save)按钮,保存文件。

实例二　落地扇装配

【学习任务】

根据如图 4-2-1 所示装配落地扇。

实例二　落地扇装配资源

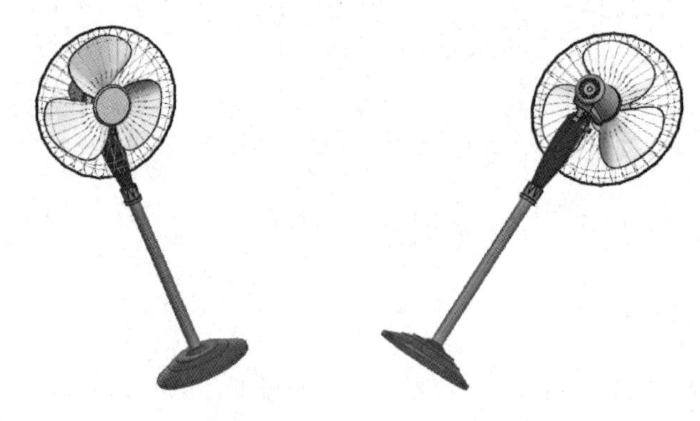

图 4-2-1　落地扇装配效果图

【课程思政】

电风扇，是一种融合了现代科技精髓与日常生活巧思的家用电器，通过电动机驱动扇叶的优雅旋转，实现了空气的高效流通，成了现代家庭与办公空间内不可或缺的清凉使者。在酷暑难耐的夏日，它不仅如同一位贴心的伴侣，有效驱散炎热，带来丝丝凉意，更以其卓越的实用性和便捷性，重新定义了人们对于舒适生活的期待与理解。

随着科技的日新月异与产品设计的不断突破，电风扇行业从经典的有扇叶式电风扇，已发展到新兴的无扇叶式电风扇。电风扇的发明与演进，不仅是人类智慧对自然界风的深刻洞察与精妙模仿，更是人类与自然和谐共生理念的生动实践。它见证了人类从观察自然、学习自然到利用自然、改造创新的伟大历程，展现了人类无尽的创造力与对美好生活的不懈追求。同时，电风扇的多样化发展也反映了科技进步对于提升生活品质、促进可持续发展的重要作用。

展望未来，随着智能科技的进一步融入，电风扇将变得更加智能化、个性化与环保化。它们将能够根据环境温度、人体舒适度等因素自动调节风速与风向，提供更加精准、舒适的送风体验；同时，通过采用更加节能高效的电机与材料，减少能源消耗与环境污染，为实现绿色、低碳的生活方式贡献力量。电风扇，这一古老而又常新的家用电器，将继续在人类的生活舞台上扮演着重要角色，见证并推动着人类文明的进步与发展。

【学习目标】

① 能够熟练使用爆炸（Explosions）、序列（Sequence）、重用库（Reuse Library）、WAVE 几何链接器（WAVE Geometry Linker）、距离（Distance）、【胶合】（Bond）、新建组件（New Component）、约束导航器（Constraints Navigator）、装配导航器（Assembly Navigator）等各类装配命令。

② 熟悉装配建模基本思想和方法。能灵活交叉运用各类装配的辅助命令提高装配效率和便利性。

③ 熟悉爆炸视图的创建和编辑，序列（装配动画）的设置与编辑。

【操作步骤】

1. 新建文件

选择菜单栏中的【文件】(File) | 【新建】(New) 命令，或同时按住 Ctrl+N（创建一个新的文件），系统出现新建对话框，在【模板】中选择装配，【单位】下拉框中选择“毫米”，【名称】栏中输入“落地扇”，单击< 确定 >按钮，创建一个文件名为“落地扇.prt”、单位为毫米的文件，并自动（默认）启动【装配】应用程序。

2. 添加组件

单击菜单栏中【装配】(Assemblies)，在对应命令面板上，单击添加组件（Add Component），或选择【菜单】(Menu) 中【装配】(Assemblies) |【组件】(Component) | 添加组件（Add Component）命令，系统弹出如图 4-2-2 所示的添加组件对话框，在【要放置的部件】栏单击图标，弹出如图 4-2-3 所示的部件名对话框，选择需要装配的一个或几个零部件（本案例一次性选中需装配的所有零部件），单击对话框上的< 确定 >按钮，【数量】= 1；【位置】|【组件锚点】= 绝对，【装配位置】= 对齐，单击 选择对象 (0) 图标；绘图区出现如图 4-2-4 所示基准坐标系，选择 *XOY* 平面（如还需移动零件，可以操作动态坐标系进行移动）。单击对话框上的< 确定 >按钮。完成需装配的部件添加。装配导航器记录如图 4-2-5 所示。

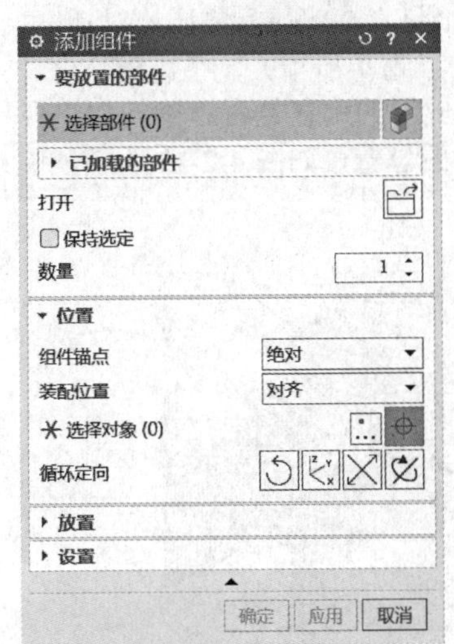

图 4-2-2　添加组件对话框

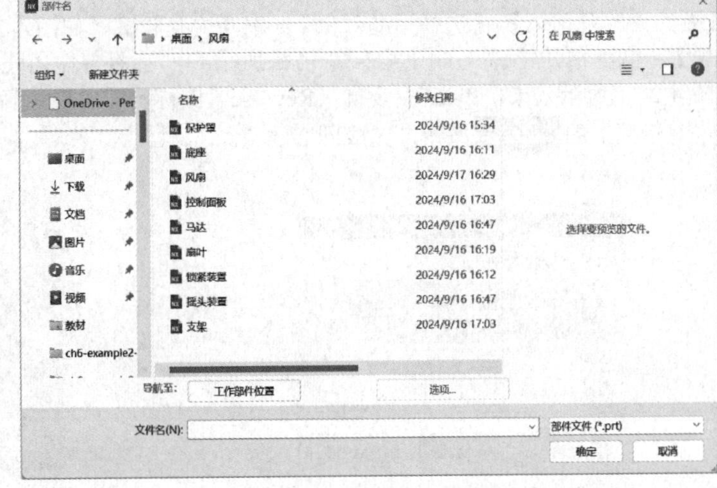

图 4-2-3　部件名对话框

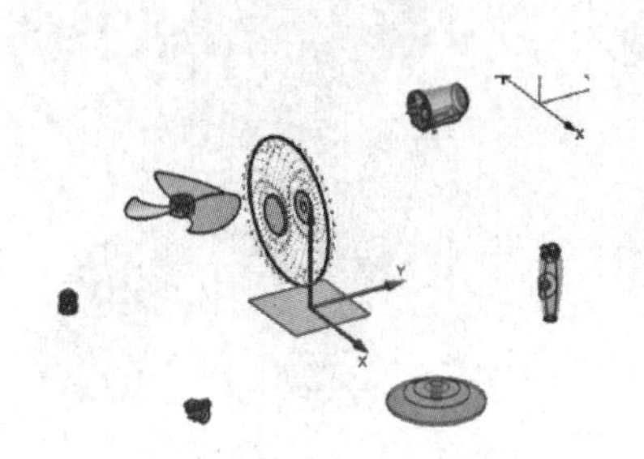

图 4-2-4　添加组件效果

图 4-2-5　装配导航器记录

3. 安装电机

给电机施加固定约束。单击菜单栏中【装配】(Assemblies)，在对应命令面板上，单击⏚【固定】(Fix)约束，或选择【菜单】(Menu)中【装配】(Assemblies)|【组件位置】(Component Position)|【约束】(Constraints)|⏚【固定】(Fix)约束命令，系统弹出如图4-2-6所示的固定对话框。【要约束的几何体】=电机。单击< 确定 >按钮，完成固定约束，效果如图4-2-7所示。

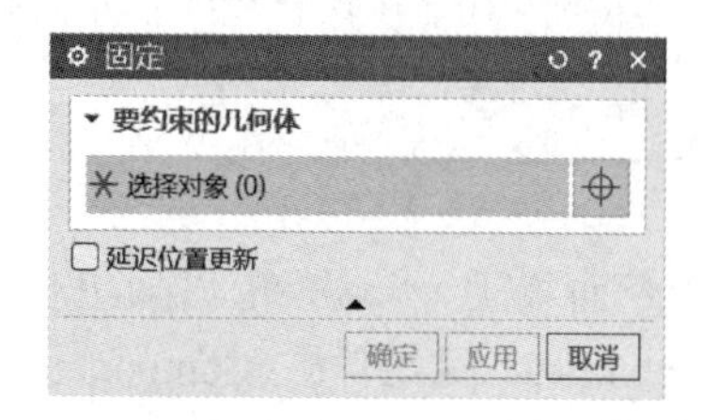

图4-2-6 固定对话框

图4-2-7 固定约束效果

4. 安装扇叶

单击菜单栏中【装配】(Assemblies)，在对应命令面板上，单击◎【同心】(Concentric)约束，或选择【菜单】(Menu)中【装配】(Assemblies)|【组件位置】(Component Position)|【约束】(Constraints)|◎【同心】(Concentric)约束，系统弹出如图4-2-8所示的同心对话框。【要约束的几何体】|【选择运动对象】=扇叶内孔轮廓（如图4-2-9箭头所指），【选择静止对象】=电机轴外轮廓（如图4-2-10箭头所指），看两零件之间放置的位置是否正确。如出现图4-2-11所示效果，单击☒反向（Reverse）图标，即出现正确的位置，如图4-2-12所示。单击对话框上的< 确定 >按钮，完成同心约束。

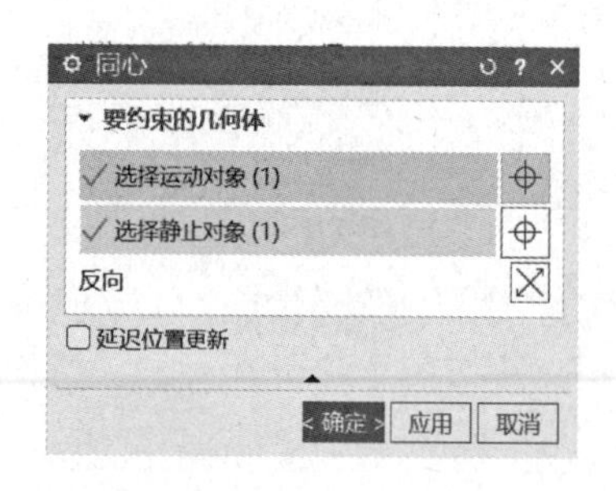

图4-2-8 同心对话框

图4-2-9 选择运动对象

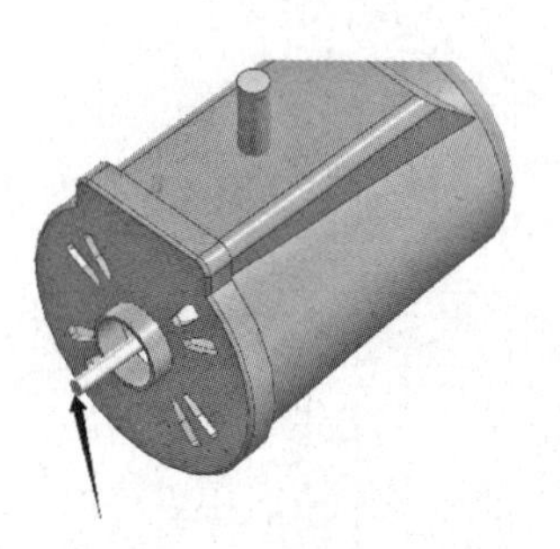

图4-2-10 选择静止对象

图4-2-11 同心约束效果

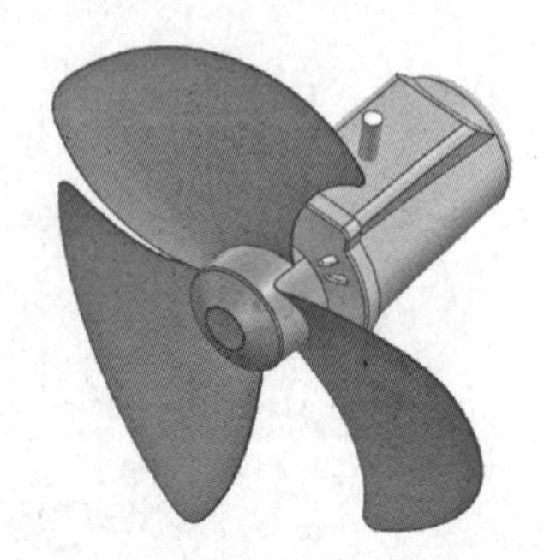

图4-2-12 同心约束反向效果

5. 安装保护罩

单击◎【同心】（Concentric）约束，系统弹出同心对话框。【要约束的几何体】|【选择运动对象】= 保护罩定位孔外侧轮廓（如图 4-2-13 箭头所指），【选择静止对象】= 电机根部轮廓（如图 4-2-14 箭头所指），单击对话框上的< 确定 >按钮，完成同心约束，效果如图 4-2-15 所示。

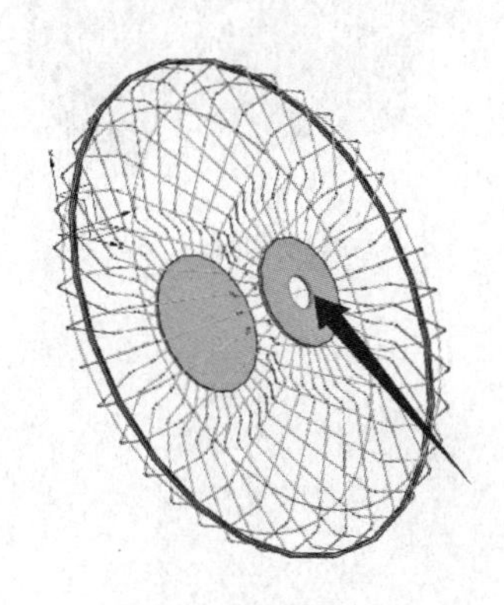

图 4-2-13　选择运动对象

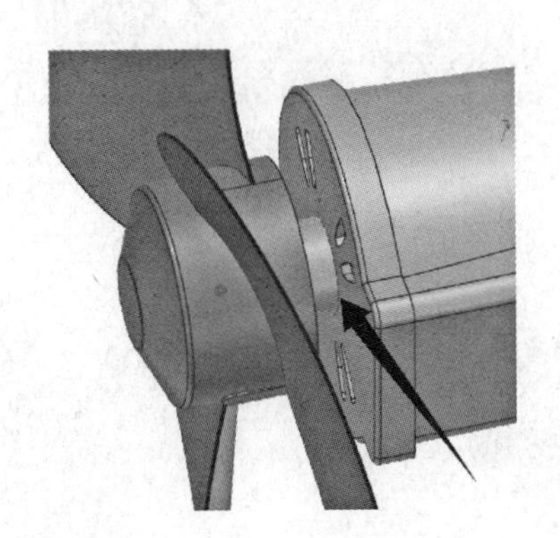

图 4-2-14　选择静止对象

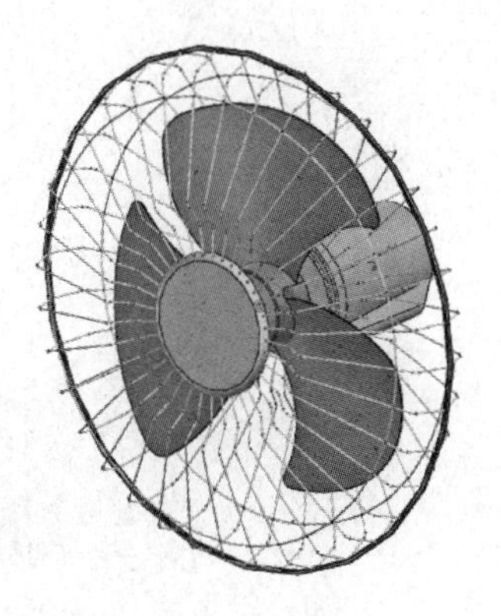

图 4-2-15　同心约束效果

6. 安装摇头装置

单击菜单栏中【装配】（Assemblies），在对应命令面板上，单击【接触】（Touch）约束，或选择【菜单】（Menu）中【装配】（Assemblies）|【组件位置】（Component Position）|【约束】（Constraints）|【接触】（Touch）命令，系统弹出如图 4-2-16 所示的接触对话框。【要约束的几何体】|【选择运动对象】= 摇头装置顶面（如图 4-2-17 箭头所指），【选择静止对象】= 电机底面（如图 4-2-18 箭头所指），效果如图 4-2-19 所示。

摇头装置与电机轴对齐。单击菜单栏中【装配】（Assemblies），在对应命令面板上，单击【对齐】（Align）约束，或选择【菜单】（Menu）中【装配】（Assemblies）|【组件位置】（Component Position）|【约束】（Constraints）|【对齐】（Align）命令，系统弹出如图 4-2-20 所示的对齐对话框。【要约束的几何体】|【选择运动对象】= 摇头装置圆柱面（如图 4-2-21 箭头所指），【选择静止对象】= 电机底部轴（如图 4-2-22 箭头所指），效果如图 4-2-23 所示。如方向不对，单击反向（Reverse）图标即调整到位。

图 4-2-16　接触对话框

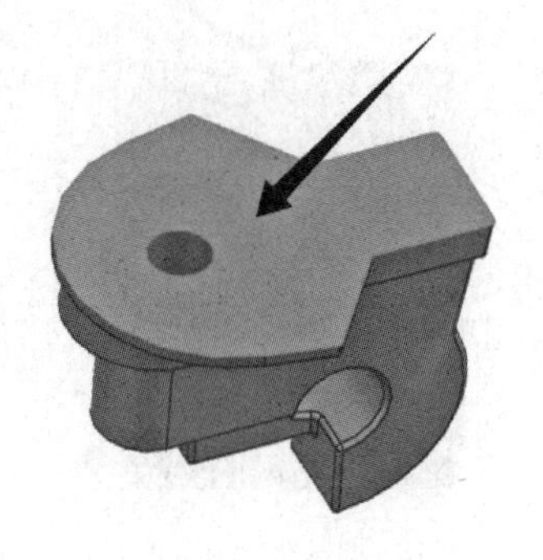

图 4-2-17　选择运动对象

图 4-2-18　选择静止对象

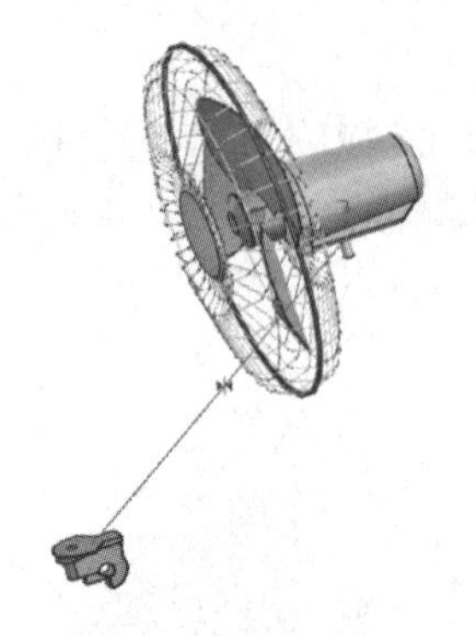

图 4-2-19 接触约束效果

图 4-2-20 对齐对话框

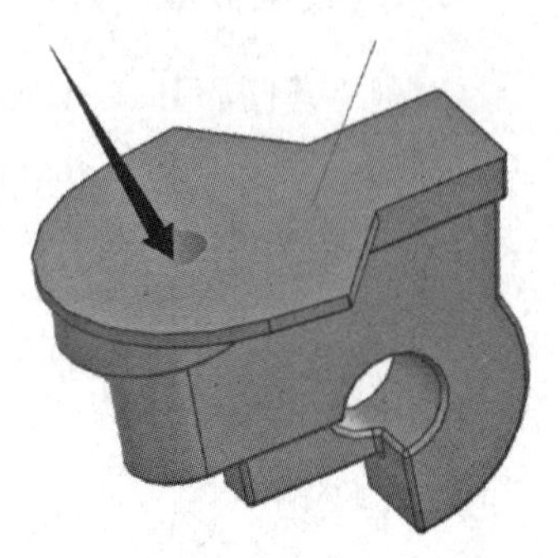

图 4-2-21 选择运动对象

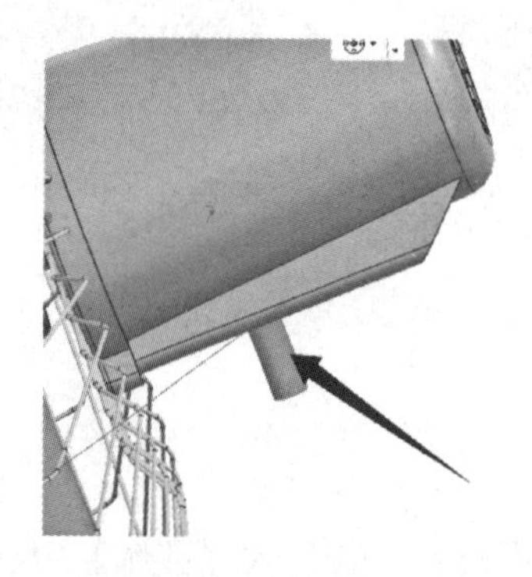

图 4-2-22 选择静止对象

图 4-2-23 对齐约束效果

7. 安装控制面板

单击菜单栏中【装配】(Assemblies)，在对应命令面板上，单击【居中】(Center) 约束，或选择【菜单】(Menu) 中【装配】(Assemblies) |【组件位置】(Component Position) |【约束】(Constraints) | 【居中】(Center) 约束命令，系统弹出如图 4-2-24 所示的居中对话框。在第一栏选择【2 对 2】，【要约束的几何体】|【第一组】选择如图 4-2-25 和图 4-2-26 所示控制面板的两个内侧面；【第二组】选择如图 4-2-27 和图 4-2-28 所示摇头装置的两个外侧面；单击 < 确定 > 按钮，完成居中约束，效果如图 4-2-29 所示。

图 4-2-24 居中对话框

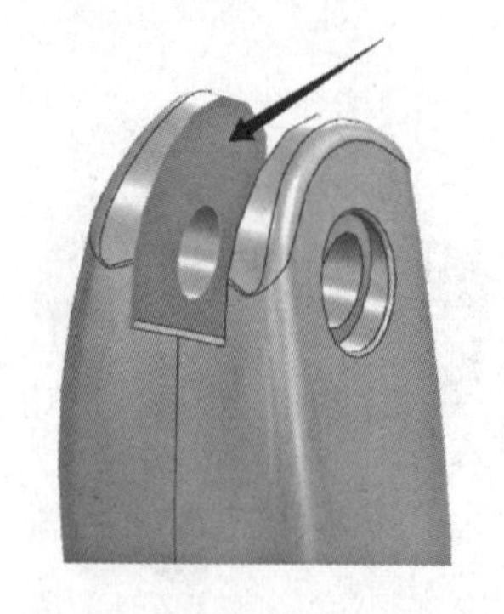

图 4-2-25 第一组第一对象

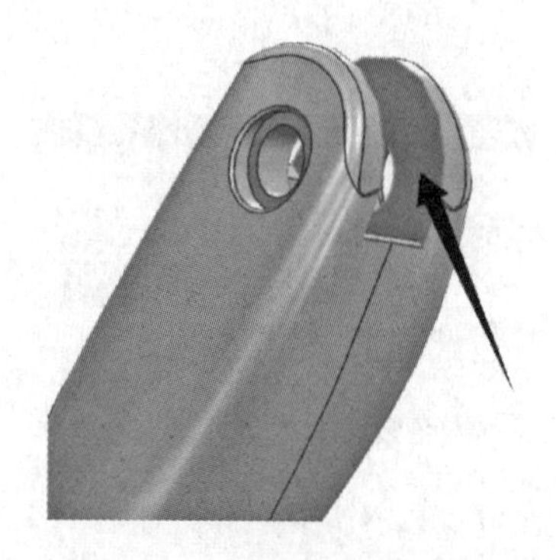

图 4-2-26 第一组第二对象

控制面板与摇头装置孔对齐。单击 【对齐】(Align)命令，系统弹出对齐对话框。【要约束的几何体】|【选择运动对象】= 控制面板孔（如图 4-2-30 箭头所指），【选择静止对象】= 摇头装置孔（如图 4-2-31 箭头所指），效果如图 4-2-32 所示。如方向不对，单击 反向（Reverse）图标即调整到位。

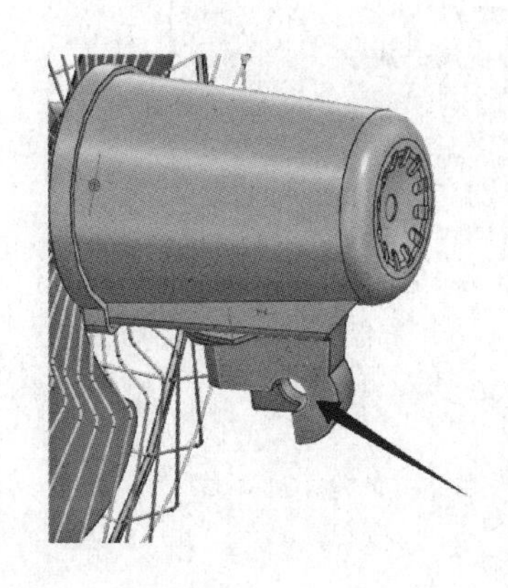

图 4-2-27 第二组第一对象

图 4-2-28 第二组第二对象

图 4-2-29 居中约束效果

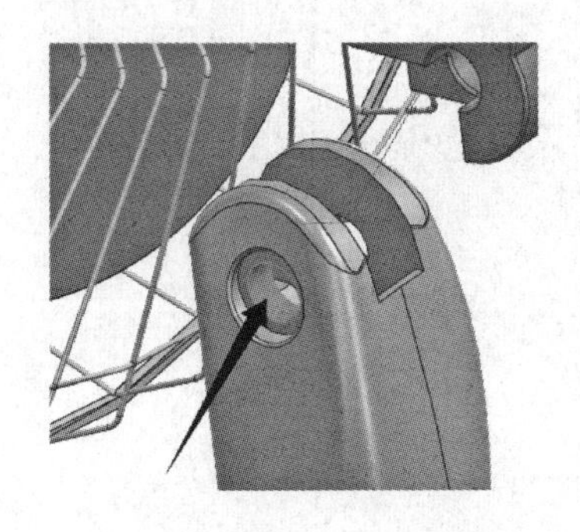

图 4-2-30 选择运动对象

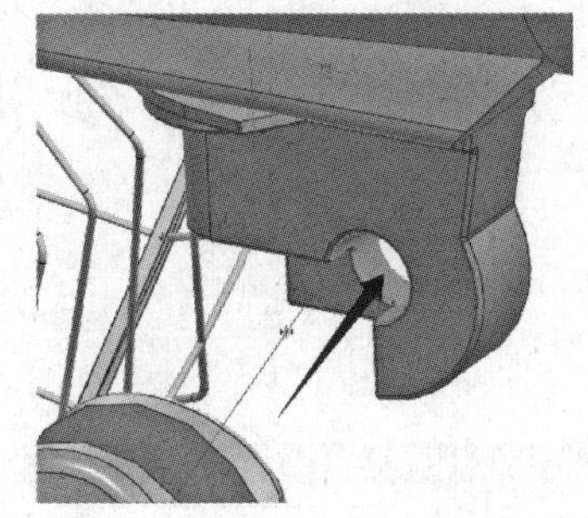

图 4-2-31 选择静止对象

图 4-2-32 对齐约束效果

8. 新建支架

单击菜单栏中【装配】（Assemblies），在对应命令面板上，单击 新建组件（New Component），或选择【菜单】(Menu) 中【装配】(Assemblies) |【组件】(Component) | 新建组件（New Component）命令，系统弹出如图 4-2-33 所示的新建组件对话框，参数设置保持默认。单击< 确定 >按钮，完成组件新建，效果如图 4-2-34 所示。单击软件界面左上角的【保存】(Save) 按钮，系统弹出命名部件对话框，【名称】= 支架，如图 4-2-35 所示。单击< 确定 >按钮，完成“支架.prt”文件的新建和保存。效果如图 4-2-36 所示。

双击装配导航器（如图 4-2-36 所示）中的“支架”文件，绘图区零件均为灰色，结果如图 4-2-37 所示。此时支架为当前工作部件。

几何链接复合曲线。单击菜单栏中【装配】（Assemblies），在对应命令面板上，单击 WAVE 几何链接器（WAVE Geometry Linker），或选择【菜单】(Menu) 中【插入】(Insert) |【关联复制】(Associative Copy) | WAVE 几何链接器（WAVE Geometry Linker）命令，系统

弹出如图4-2-38所示的WAVE几何链接器对话框。第一栏选择【复合曲线】，【曲线】=底座孔的底部轮廓（如图4-2-39箭头所指），效果如图4-2-40所示。

图4-2-33 新建组件对话框

图4-2-34 新建组件

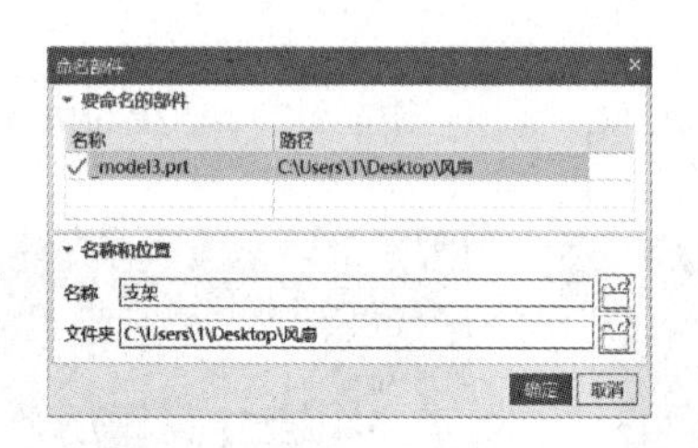

图4-2-35 命名部件对话框

图4-2-36 文件新建组件效果

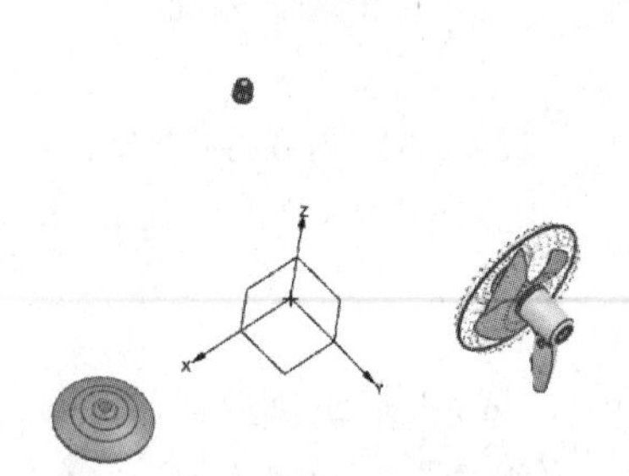

图4-2-37 装配导航器

图4-2-38 WAVE几何链接器对话框

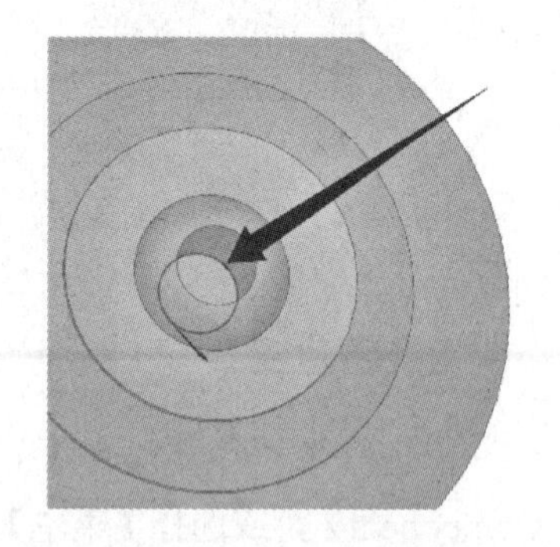

图4-2-39 复合曲线

拉伸链接过来的复合曲线。单击【拉伸】（Extrude）命令，系统弹出拉伸对话框。单击【截面】栏，选择如图4-2-40箭头所指的轮廓曲线；在【方向】栏中，选择默认方向；在【限制】栏中选择起始、结束模式和距离，起始、结束模式均选择【值】，起始距离输入0mm，结束距离输入590mm；【布尔】栏选择【无】，其他选项不修改，单击<确定>按钮，结果如图4-2-41所示。

胶合底座和支架。单击菜单栏中【装配】（Assemblies），在对应命令面板上，单击【胶合】（Bond）约束，或选择【菜单】（Menu）中【装配】（Assemblies）|【组件位置】（Component

Position）|【约束】（Constraints）| 【胶合】（Bond）约束命令，系统弹出如图 4-2-42 所示的胶合对话框。【要约束的几何体】= 底座和支架（如图 4-2-43 箭头所指①和②）。单击< 确定 >按钮，完成胶合约束。

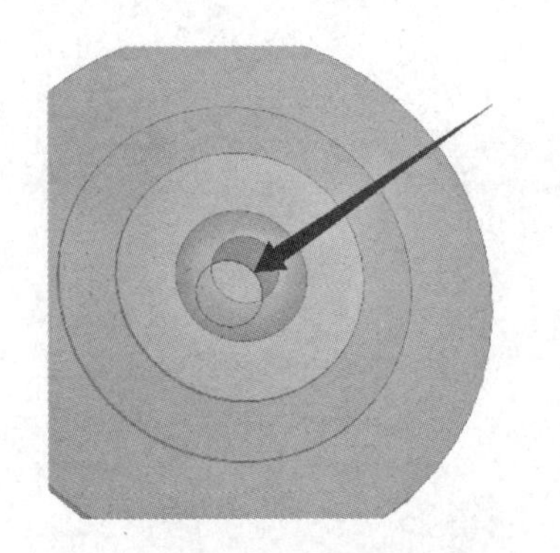

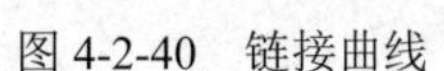

图 4-2-40 链接曲线

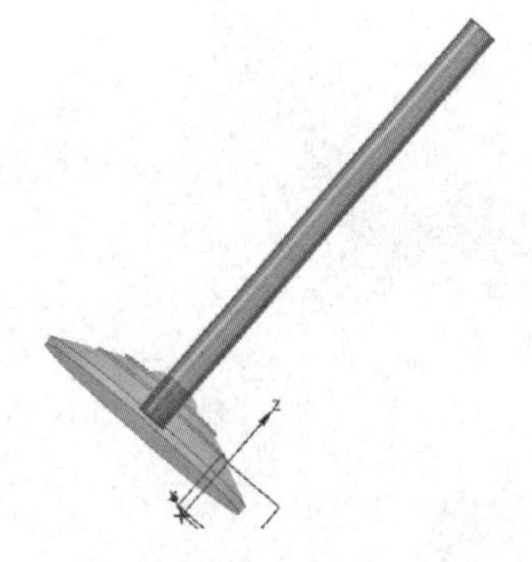

图 4-2-41 拉伸链接曲线

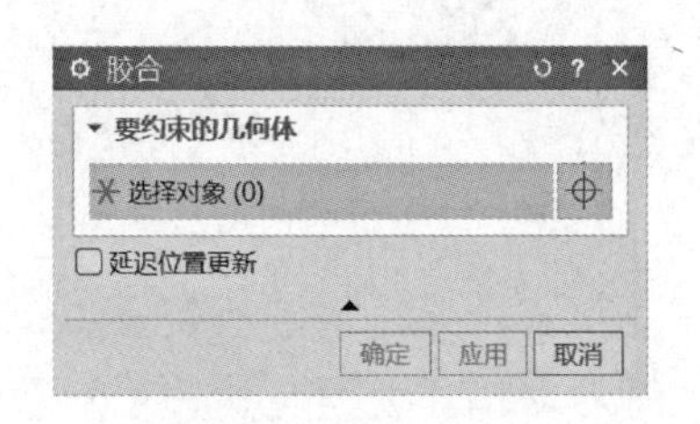

图 4-2-42 胶合对话框

技巧：① 如图 4-2-37 所示，所有零件均为灰色。当前工作部件为支架，而支架此时还没有实际的模型，故没有高亮度显示的零件。

② 当前界面已切换到建模状态，非装配状态。如需切换至装配状态，只需在装配导航器中双击落地扇文件装配文件，所有零件都呈现高亮度显示。但此时不能对某一个零件进行编辑，只能装配。

9. 安装锁紧装置

双击装配导航器（如图 4-2-44 所示）中的“落地扇”文件，绘图区所有零件变成高亮度，结果如图 4-2-45 所示。此时装配文件（落地扇）为当前工作部件。

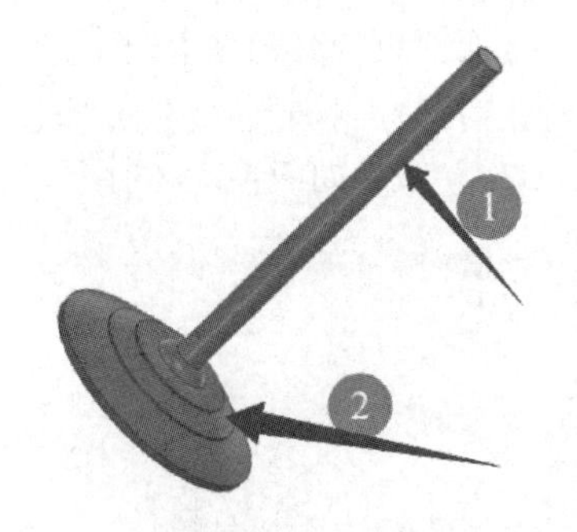

图 4-2-43 胶合约束对象

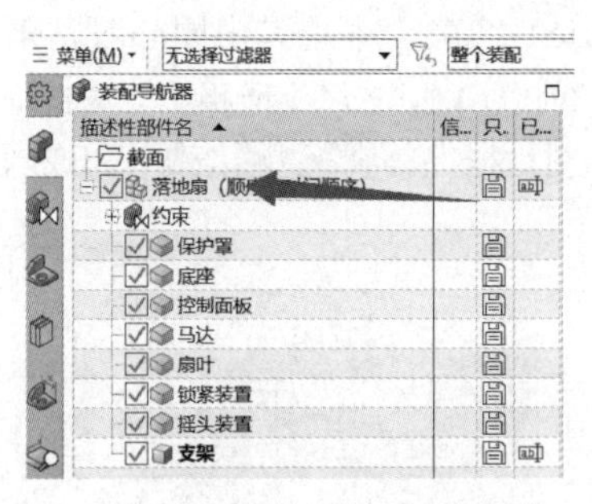

图 4-2-44 装配导航器记录

图 4-2-45 绘图区效果

支架与锁紧装置接触。单击【接触】（Touch）约束命令，系统弹出接触对话框。【要约束的几何体】|【选择运动对象】= 锁紧装置台阶面（如图 4-2-46 箭头所指），【选择静止对象】= 支架顶面（如图 4-2-47 箭头所指），效果如图 4-2-48 所示。

支架与锁紧装置对齐。单击【对齐】（Align）约束命令，系统弹出对齐对话框。【要约束的几何体】|【选择运动对象】= 锁紧装置根部圆柱面（如图 4-2-49 箭头所指），【选择静止对象】= 支架圆柱面（如图 4-2-50 箭头所指），效果如图 4-2-51 所示。如方向不对，单击反向（Reverse）图标即调整到位。

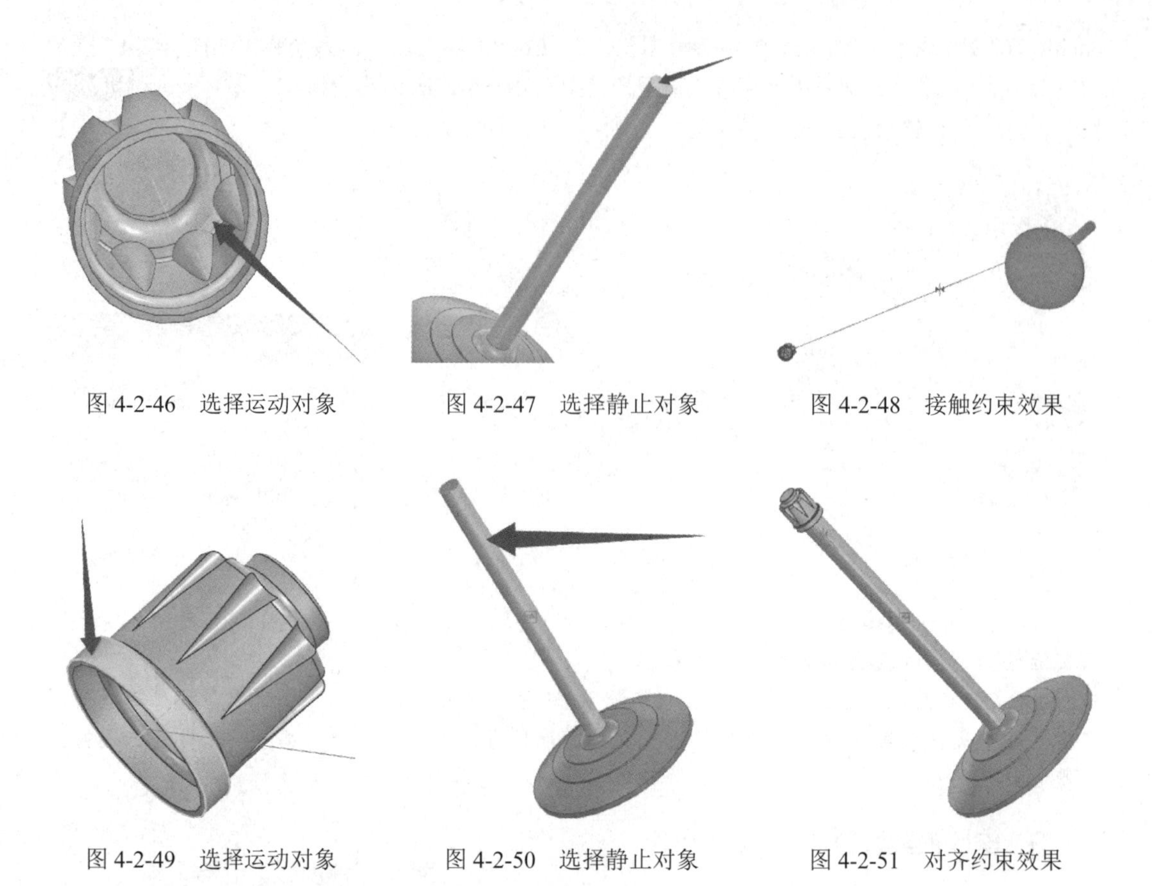

图 4-2-46 选择运动对象　图 4-2-47 选择静止对象　图 4-2-48 接触约束效果

图 4-2-49 选择运动对象　图 4-2-50 选择静止对象　图 4-2-51 对齐约束效果

10. 安装锁紧装置与控制面板

单击◎【同心】(Concentric) 约束，系统弹出同心对话框。【要约束的几何体】|【选择运动对象】= 锁紧装置顶部轮廓（如图 4-2-52 箭头所指），【选择静止对象】= 控制面板孔底部轮廓（如图 4-2-53 箭头所指），单击对话框上的 < 确定 > 按钮，完成同心约束，效果如图 4-2-54 所示。

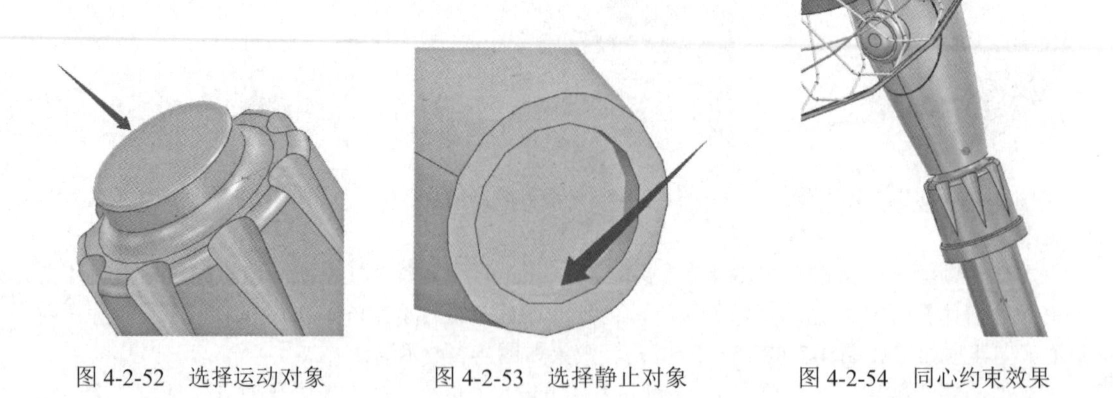

图 4-2-52 选择运动对象　图 4-2-53 选择静止对象　图 4-2-54 同心约束效果

11. 安装紧固件

安装螺栓。单击重用库（Reuse Library），如图 4-2-55 所示。选中螺栓（如图 4-2-56 所示），

并将其拖进控制面板的连接孔，如图 4-2-57 箭头所指。弹出如图 4-2-58 所示的添加可重用组件对话框。【主参数】|【长度】= 60mm，如图 4-2-59 所示；【放置】= 单击反向，如图 4-2-60 所示（此处如方向正确，不用单击反向）。单击对话框上的< 确定 >按钮，完成螺栓重用，结果如图 4-2-61 所示。

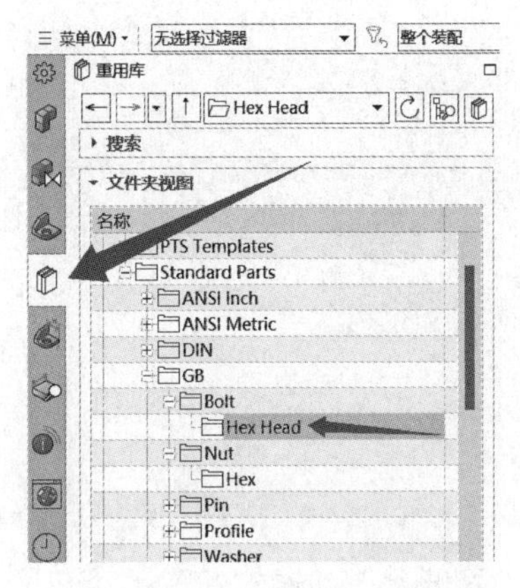

图 4-2-55　重用库及螺栓

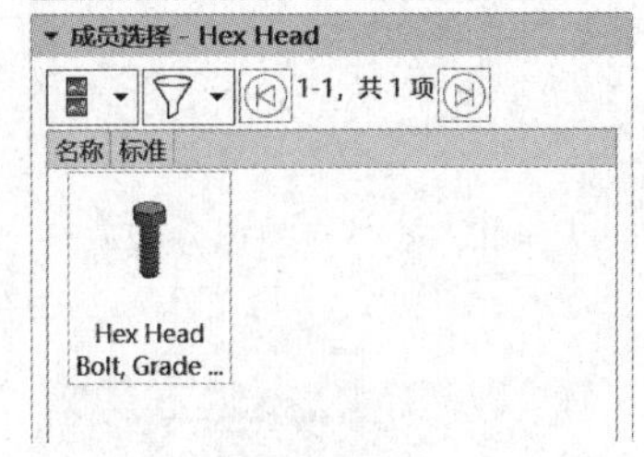

图 4-2-56　螺栓

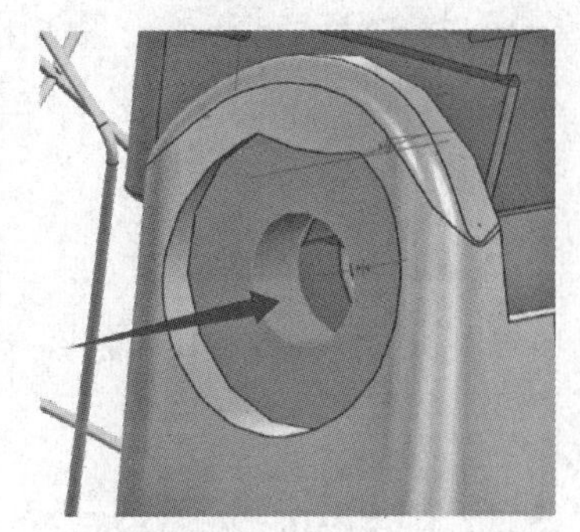

图 4-2-57　放置孔

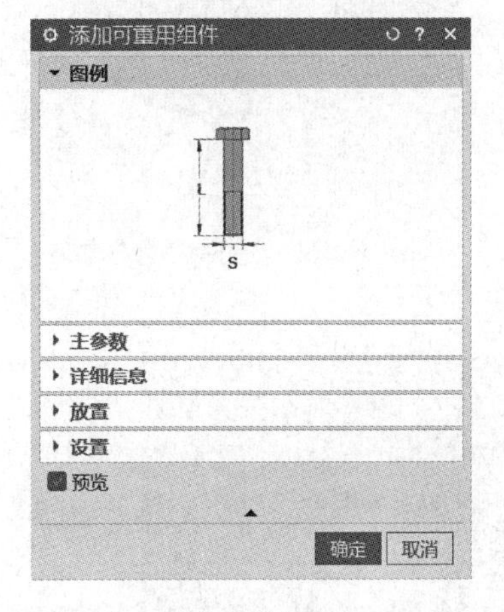

图 4-2-58　添加可重用组件对话框

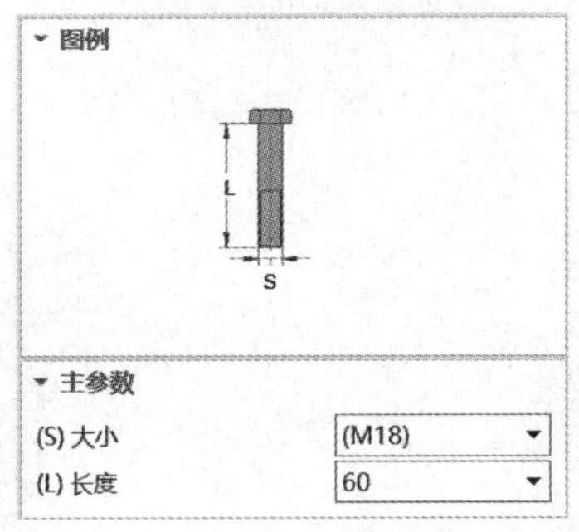

图 4-2-59　主参数

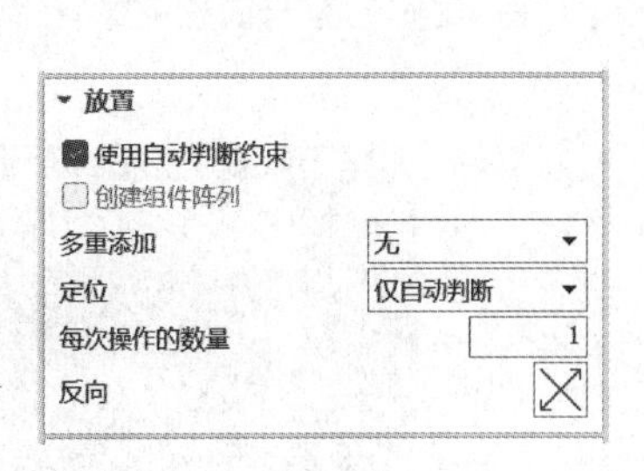

图 4-2-60　放置参数

安装螺母。单击重用库（Reuse Library），如图 4-2-62 所示。选中螺母（如图 4-2-63 所示），并将其拖至刚创建的螺栓上，如图 4-2-64 箭头所指。弹出添加可重用组件对话框。设置保持默认。单击对话框上的< 确定 >按钮，完成螺母重用。如图 4-2-65 所示。

约束螺母。单击【接触】（Touch）约束命令，系统弹出接触对话框。【要约束的几何体】|【选择运动对象】= 螺母侧面靠近控制面板一侧（如图 4-2-66 箭头所指），【选择静止对象】= 控制面板安装孔端面（如图 4-2-67 箭头所指），约束螺母效果如图 4-2-68 所示。

技巧：重用库中零件拖进放置面时，该功能可以根据接触位置的特征，智能选择重用库中的尺寸，如螺栓、螺母直径等。

所示。

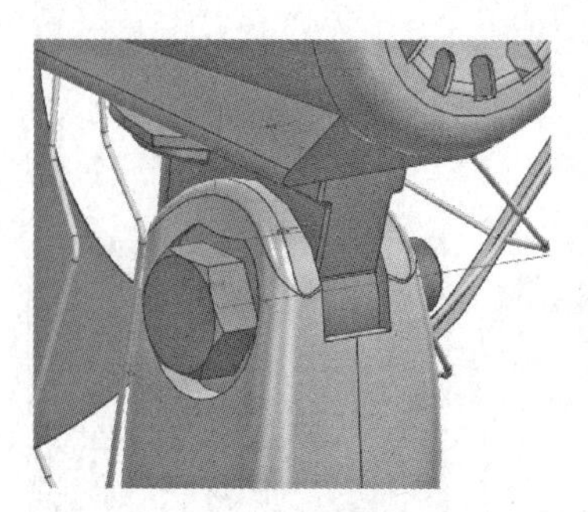

图 4-2-61 重用螺栓效果

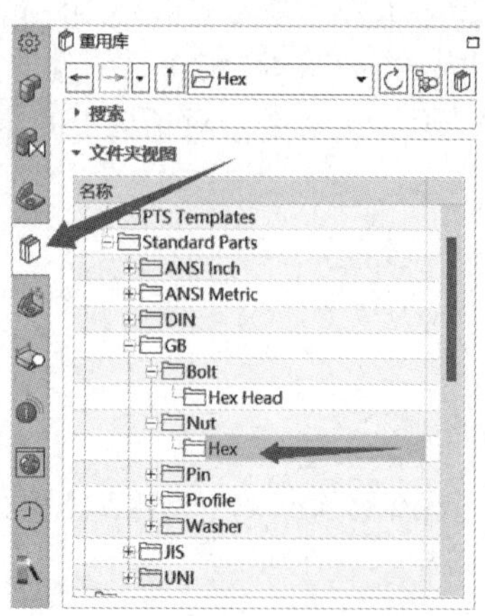

图 4-2-62 重用库及螺母

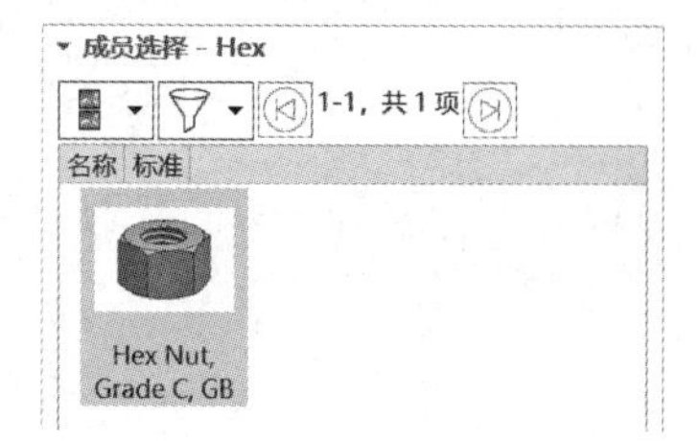

图 4-2-63 螺母

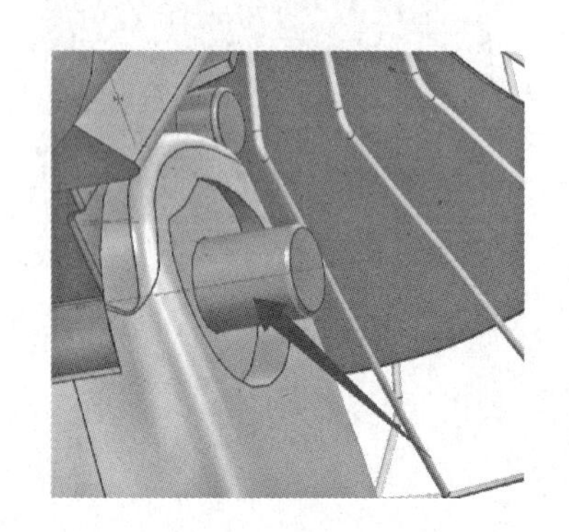

图 4-2-64 螺母放置位置

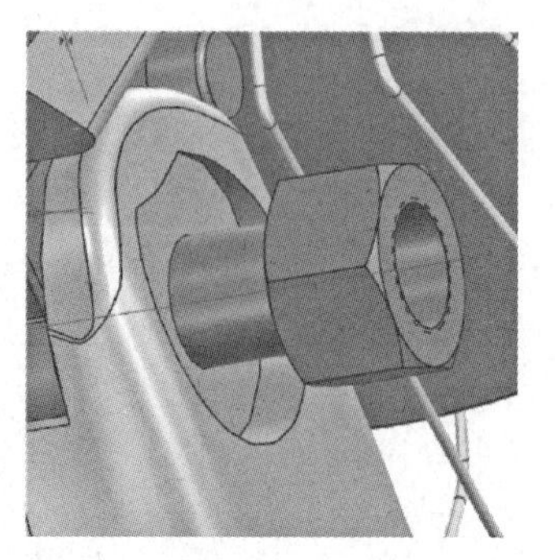

图 4-2-65 重用螺母效果

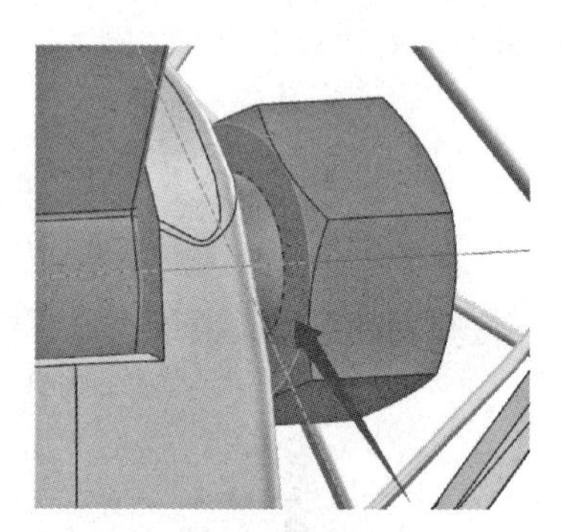

图 4-2-66 选择运动对象

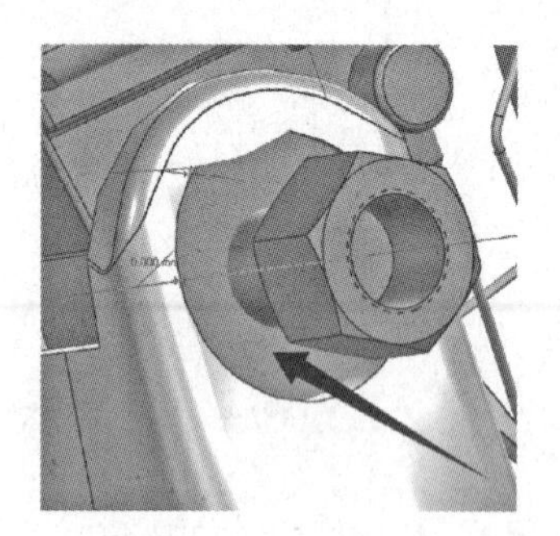

图 4-2-67 选择静止对象

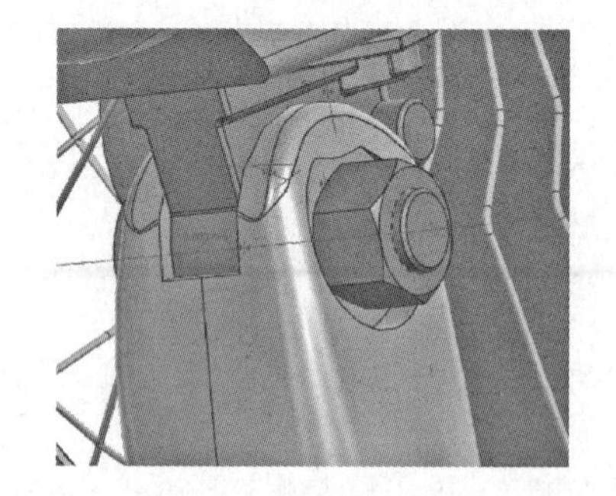

图 4-2-68 约束螺母效果

12. 保存装配文件

单击软件界面左上角的 【保存】（Save）按钮，保存文件。整体装配效果如图 4-2-69 所示。装配导航器的装配记录如图 4-2-70 所示。

13. 爆炸视图

单击菜单栏中【装配】（Assemblies），在对应命令面板上，单击 爆炸（Explosions）命

图 4-2-69　整体装配效果

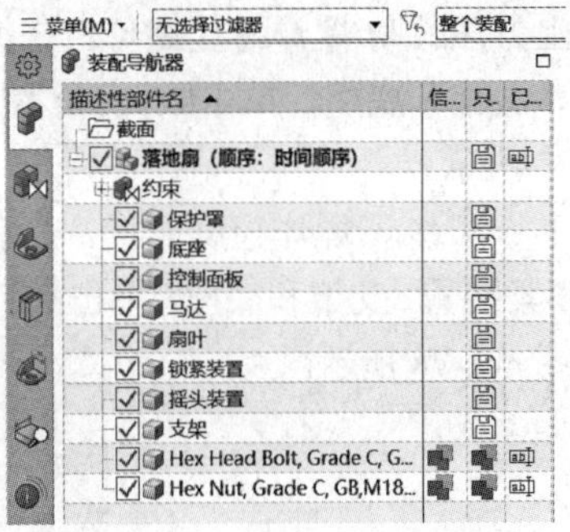

图 4-2-70　装配导航器记录

令，或选择【菜单】(Menu) 中【装配】(Assemblies) | 爆炸 (Explosions) 命令，系统弹出如图 4-2-71 所示的爆炸对话框。单击对话框的左下角新建爆炸 (New Explosion) 图标。弹出如图 4-2-72 所示的编辑爆炸对话框。【要爆炸的组件】= 底座；【移动组件】|【爆炸类型】= 手动，单击**指定方位**图标，绘图区显示出动态坐标系（如图 4-2-73 所示），移动坐标系即可实现爆炸效果。移动动态坐标系 *Z* 轴，距离 = −200mm。效果如图 4-2-74 所示。

图 4-2-71　爆炸对话框

图 4-2-72　编辑爆炸对话框

编辑爆炸。移动/爆炸支架。在编辑爆炸对话框中，【要爆炸的组件】= 底座和支架。单击**指定方位**图标，移动动态坐标系 *Z* 轴方向，距离 = −200mm。效果如图 4-2-75 所示。

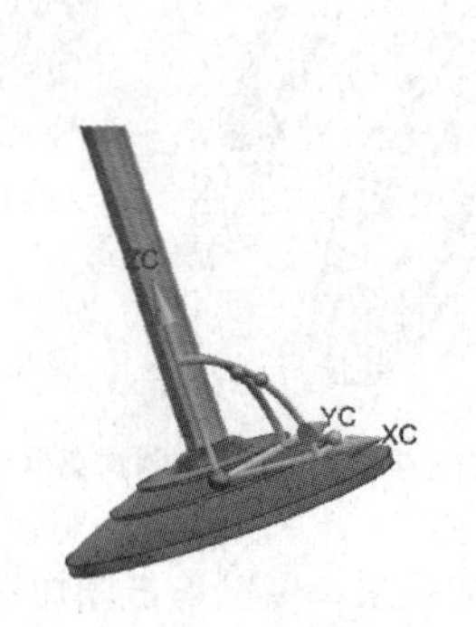

图 4-2-73　动态坐标系

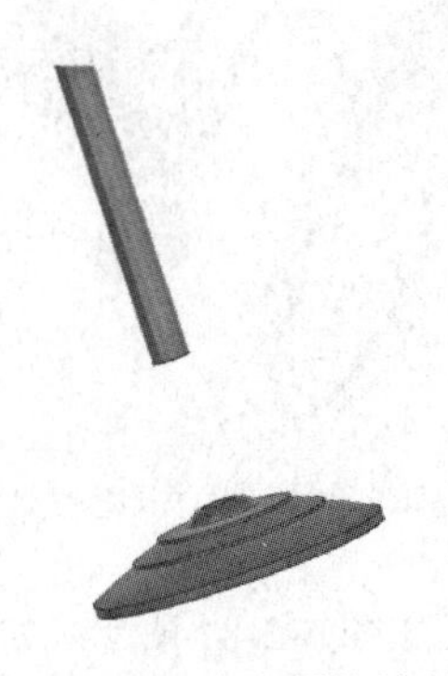

图 4-2-74　底座爆炸效果

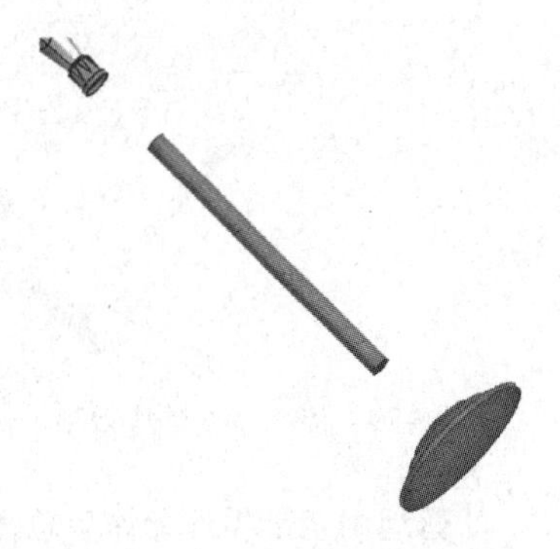

图 4-2-75　支架爆炸效果

同上方法移动/爆炸锁紧装置。在编辑爆炸对话框中，【要爆炸的组件】= 锁紧装置、支架和底座。单击**指定方位**图标，移动动态坐标系 Z 轴方向，距离 = −200mm。效果如图 4-2-76 所示。

同上方法移动/爆炸螺栓螺母。在编辑爆炸对话框中，【要爆炸的组件】= 螺栓、螺母、锁紧装置、支架和底座。单击**指定方位**图标，移动动态坐标系 Y 轴方向，距离 = 200mm。效果如图 4-2-77 所示。

同上方法移动/爆炸控制面板。在编辑爆炸对话框中，【要爆炸的组件】= 控制面板、螺栓、螺母、锁紧装置、支架和底座。单击**指定方位**图标，移动动态坐标系 Z 轴方向，距离 = −200mm。效果如图 4-2-78 所示。

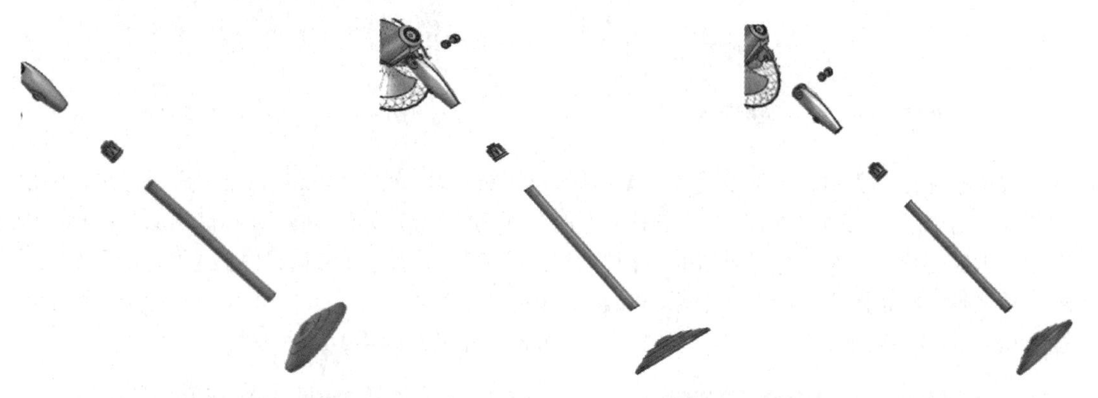

图 4-2-76　锁紧装置爆炸效果　　图 4-2-77　螺栓螺母爆炸效果　　图 4-2-78　控制面板爆炸效果

同上方法移动/爆炸摇头装置。在编辑爆炸对话框中，【要爆炸的组件】= 摇头装置、控制面板、螺栓、螺母、锁紧装置、支架和底座。单击**指定方位**图标，移动动态坐标系 Z 轴方向，距离 = −200mm。效果如图 4-2-79 所示。

同上方法移动/爆炸保护罩。在编辑爆炸对话框中，【要爆炸的组件】=保护罩。单击**指定方位**图标，移动动态坐标系 Y 轴方向，距离 = −200mm。效果如图 4-2-80 所示。

同上方法移动/爆炸扇叶罩。在编辑爆炸对话框中，【要爆炸的组件】= 保护罩。单击**指定方位**图标，移动动态坐标系 Y 轴方向，距离 = −200mm。效果如图 4-2-81 所示。

图 4-2-79　摇头装置爆炸效果　　图 4-2-80　保护罩爆炸效果　　图 4-2-81　扇叶爆炸效果

落地扇全部零件爆炸后总体效果如图 4-2-82 所示。如需回到装配效果，可以单击爆炸对话框下方的在可见视图中隐藏爆炸（Hide Explosion in Visible View）命令。如果需删除不需要的视图，选中爆炸对话框中的，需删除的爆炸视图，再单击删除爆炸（Delete Explosion）即可删除爆炸视图。

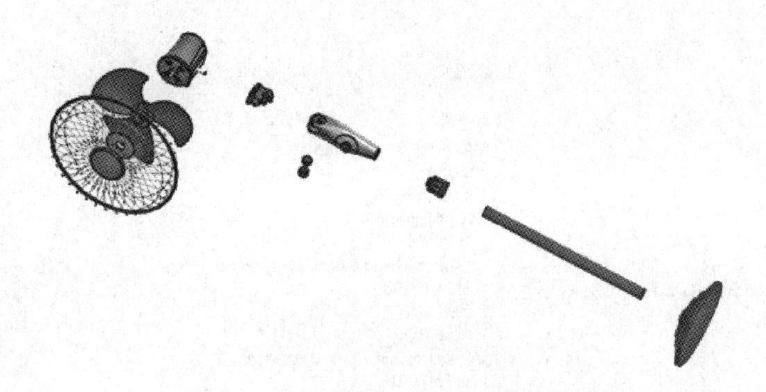

图 4-2-82　落地扇全部零件爆炸效果

14．装配动画——序列

单击菜单栏中【装配】（Assemblies），在对应命令面板上，单击 序列（Sequence）命令，或选择【菜单】（Menu）中【装配】（Assemblies）| 序列（Sequence）命令，系统进入序列导航器。

新建系列。单击菜单栏中【主页】（Home），在对应命令面板上，单击【新建】（New）命令，此时在该命令的右侧下拉列表框中显示新系列名称“序列_1”，在资源栏中单击“序列导航器”按钮，可打开序列导航器，如图 4-2-83 所示。序列导航器显示所有的装配序列，以及各个装配序列的拆装和动画等信息。

设置所有组件为未处理状态。在序列导航器中单击“已预装”文件夹左侧的+符号，展开该文件夹，结果如图 4-2-84 所示。选择该文件夹下的第一项，然后按住<Shift>键，并同时选择该文件夹的最后一项，则该文件夹内所有组件被选中。单击鼠标右键，在弹出的快捷菜单中选择“移除”命令（图 4-2-85），此时在序列导航器中增加“未处理的”文件夹，移除的组件都被移动到该文件夹中，如图 4-2-86 所示。在绘图区中的所有组件消失。

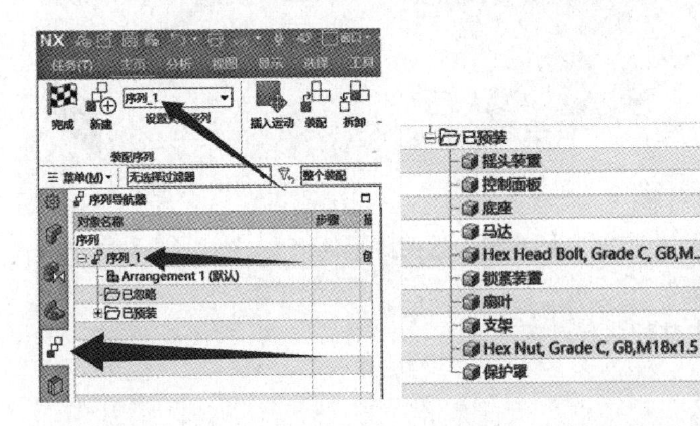

图 4-2-83　序列导航器　　图 4-2-84　已预装文件目录

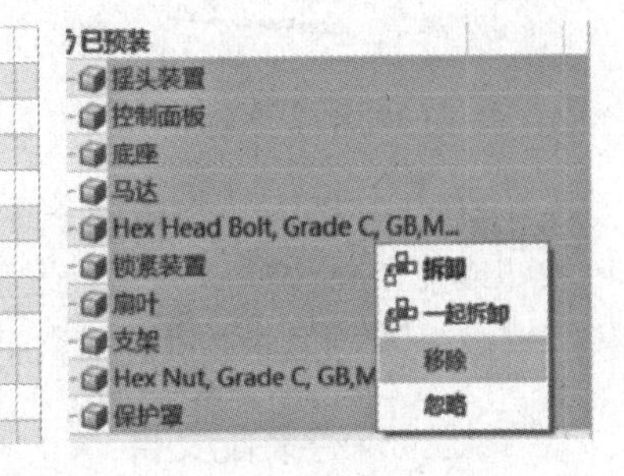

图 4-2-85　右键快捷菜单

创建装配次序。选择序列导航器中“未处理的”文件夹中组件“电机”，单击鼠标右键，在弹出的快捷菜单中选择“装配”命令，或单击菜单栏中【主页】（Home），在对应命令面板上，单击【装配】（Assemble）命令，在序列导航器中看到该组件已添加至“已预装”文件夹中，绘图区中出现电机组件。序列导航器中，步骤列与电机相交位置有一个数字 10。它表示该步时间为 10，默认 10 个单位。如图 4-2-87 所示。

同上操作，依次安装扇叶、保护罩、摇头装置、控制面板四个组件，如图 4-2-88 所示。

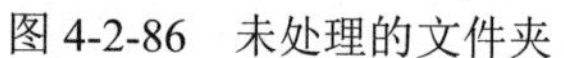
图 4-2-86 未处理的文件夹

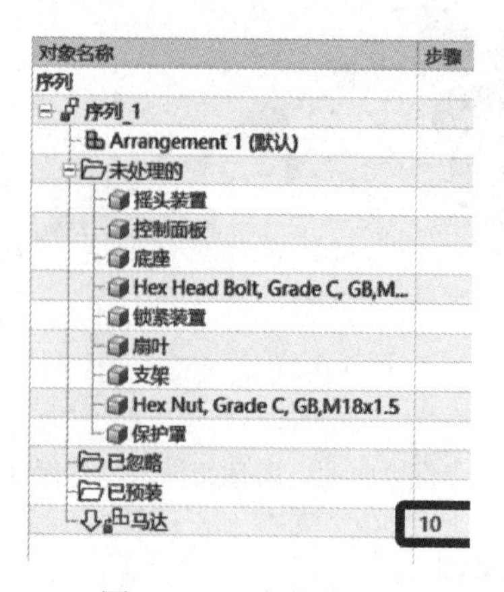

图 4-2-87 安装步骤

图 4-2-88 装配效果

添加成组安装部件。选择序列导航器中"未处理的"文件夹中组件"Hex Head Bolt"和"Hex Nut"，单击鼠标右键，在弹出的快捷菜单中选择"一起装配"命令，或单击菜单栏中【主页】（Home），在对应命令面板上，单击【一起装配】（Assemble）命令，在序列导航器中看到"序列组 1"组件（如图 4-2-89 所示）已添加至"已预装"文件夹中，在绘图区中出现螺栓和螺母组件，如图 4-2-90 所示。

安装其他组件。步骤和方法同创建装配次序。依次安装支架、锁紧装置、底座，效果如图 4-2-91 所示。

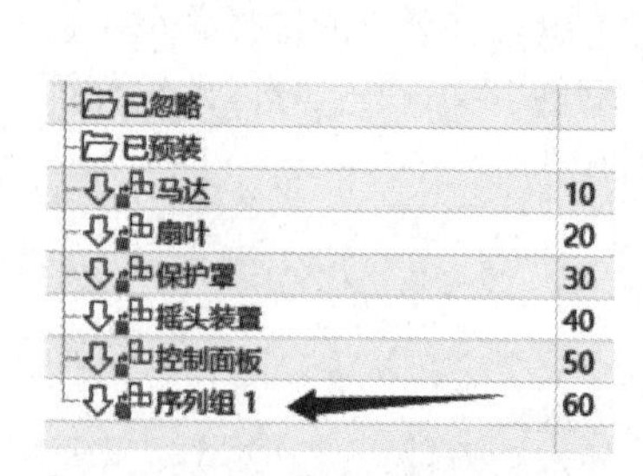

图 4-2-89 序列组

图 4-2-90 一起装配效果

图 4-2-91 装配效果

装配序列回放。单击命令面板上倒回到开始按钮，绘图区组件消失，单击向前播放按钮或按 Enter 键，实现装配过程的播放。

单击完成（Finish）图标，退出装配序列任务环境。

15. 保存装配文件

单击软件界面左上角的【保存】（Save）按钮，保存文件。

拓展练习题

1．根据如图 4-ex-1 所示爆炸图和素材文件，使用自底向上的装配方法，完成机床工作台的装配设计。

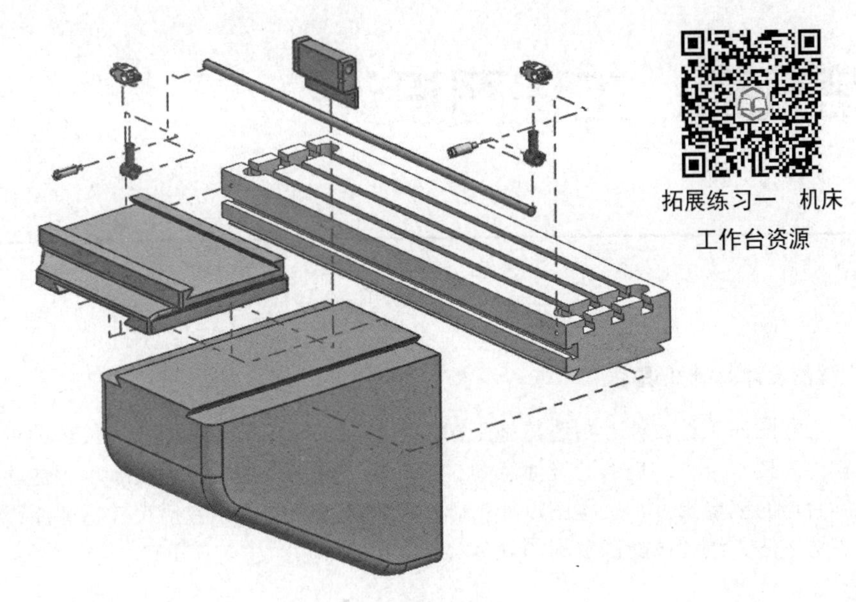

拓展练习一　机床工作台资源

图 4-ex-1　机床工作台爆炸图

2．根据如图 4-ex-2 所示爆炸图和素材文件，使用自底向上的装配方法，完成平口钳的装配设计。

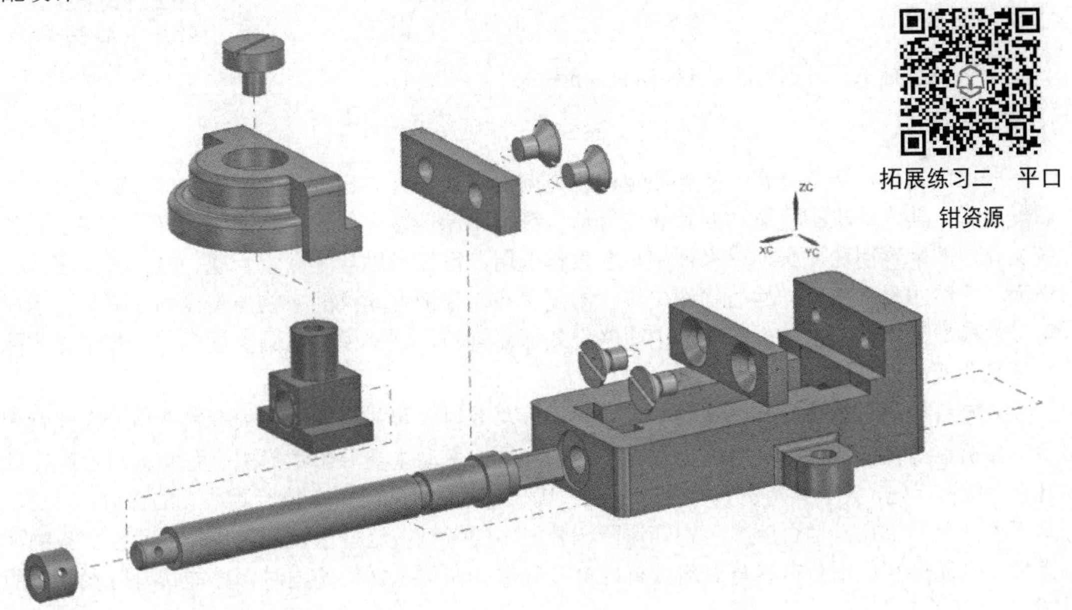

拓展练习二　平口钳资源

图 4-ex-2　平口钳爆炸图

第五章　工程图设计

【工程图设计基础知识】

工程图在工程设计、制造与施工、使用与维护等各个环节中发挥着至关重要的作用。它是工程界的技术语言，是沟通设计意图、指导施工过程、控制工程质量、评估项目经济性和实现国际合作的重要工具。工程图设计基础知识涉及多个方面，包括尺寸标注原则、投影基础、图形表达方法、绘图技能以及制图规范等。

实例一　A3 图样设计

实例一　A3 图样设计资源

【学习任务】

制作“国标 A3”图样文件 A3_yangtu.prt。

【课程思政】

张衡地动仪，是全球首台能够测定地震方向的仪器，巧妙运用了力学中的惯性原理。当地震发生时，其内置机制会驱动龙首吐出含珠，精准指示地震方位，这一发明无疑是中华优秀传统文化中的璀璨明珠，长期以来被中小学教材选用，旨在激励学生探索真理、投身科技事业。然而，遗憾的是，由于详尽的制作史料已不复存在，张衡地动仪的原物与图样均已丢失。当前可见的模型，均是依据《后汉书》中简略记载而复刻的，这些模型虽具象征意义，却未能实际发挥预测地震的功能。

随着科技的日新月异与公众科学素养的提升，教材内容的科学性要求愈发严格。在此背景下，张衡地动仪在某些教材中的呈现有所调整。这一变动主要源于学界围绕张衡地动仪存在的几点争议：首先，关于其历史真实性的质疑；其次，复原模型能否有效监测地震的探讨；以及，基于前两个争议点，是否应继续将其保留在教材中的考量。这些争议不仅反映了科学探索的严谨性，也促使我们不断审视与更新教育内容，确保其在传承文化的同时，亦能符合时代发展的需求。

【学习目标】

① 掌握制作图样文件的步骤。

② 能够使用【草图】和【编辑曲线】功能绘制图框和标题栏；熟练使用 A【注释】（Annotate）功能填写标题栏文字。

③ 学会将文件保存为图样文件供其他部件引用。

【操作步骤】

1. 新建文件

选择菜单栏中的【文件】(File) | 【新建】(New) 命令，或同时按住 Ctrl+N (创建一个新的文件)，系统出现新建对话框，在【名称】栏中输入“A3_yangtu”，在【单位】下拉框中选择“毫米”，单击< 确定 >按钮，创建一个文件名为“A3_yangtu.prt”、单位为毫米的文件，如图 5-1-1 所示，并自动（默认）启动【建模】应用程序。

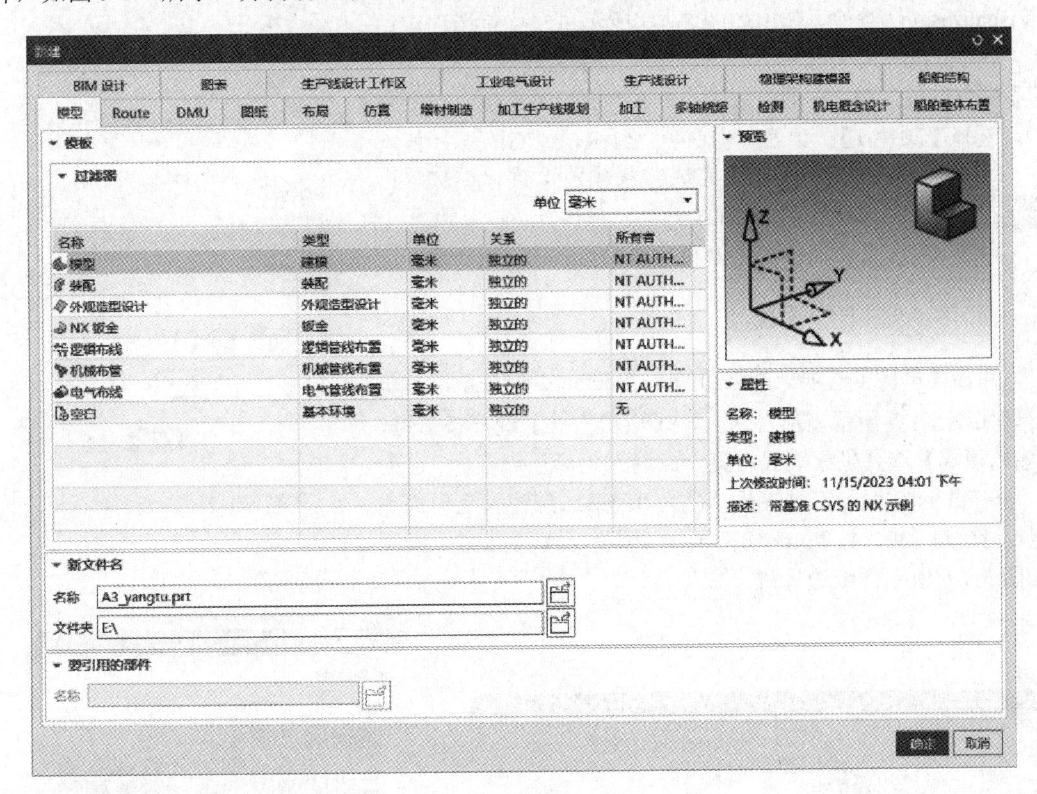

图 5-1-1　新建对话框

2. 隐藏基准坐标系

选择绘图区的基准坐标系，再单击右键，单击隐藏（Hide）按钮，将基准坐标系隐藏；单击工具【实用工具】中的更多库，将工作坐标系库里（显示 WCS）的按钮勾去除，将 WCS（工作坐标系）隐藏。或者用在绘画区输入 W 的快捷方式，即可隐藏与显示 WCS。

技巧：该步骤是将绘图区可见的基准坐标系和工作坐标系隐藏，如系统默认两者均不可见，则该步骤可省略。

3. 图纸页对话框

单击文件按钮，选择启动 制图 【制图】(Drawing) 模块，或者应用模块单击制图模块，也可以单击快捷键 Ctrl+Shift+D，都能启动制图模块。单击【新建图纸页】(New Drawing Page) 对话框，在图纸页对话框中的【大小】选项中，选中【标准尺寸】按钮，在【大小】选项下拉菜单中选择 A3-297×420，选中【单位】为“毫米”选项，选中【设置】|【投影法】|【第一

象限角投影】，取消选中【始终启动图纸视图命令】选项，其他选项取默认设置，如图 5-1-2 所示，单击< 确定 >按钮。

技巧：绘制图纸页可以采用 1∶1 的比例。

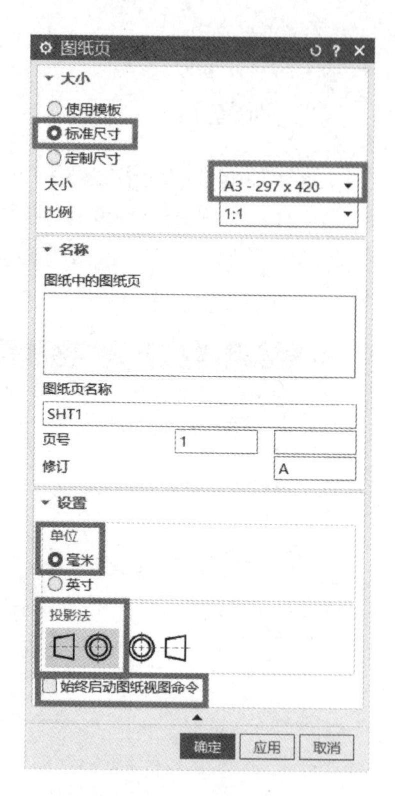

图 5-1-2 图纸页对话框

4. 可视化首选项

选择下拉菜单【首选项】（Preference）|【可视化】（Visualization）命令，弹出如图 5-1-3 所示可视化首选项对话框，在【图纸和布局颜色】选项卡中勾选单色显示，单击【背景】颜色设置选项，在弹出如图 5-1-4 所示的对象颜色对话框中，选择【颜色 1】（颜色 1 为白色：红 R，绿 G，蓝 B 值均为 255），单击< 确定 >按钮完成背景颜色设置。再次单击< 确定 >按钮完成首选项对话框。

技巧：可视化首选项也可以按快捷键 Ctrl+Shift+V 调出。

5. 绘制图纸边界线

单击【草图】选项上的□矩形（Rectangle）按钮，系统出现如图 5-1-5 所示矩形对话框，【矩形方法】选择按 2 点，【输入模式】选择坐标模式，第一点输入矩形顶点坐标 *XC* 为 0，按 Enter 切换至 *YC* 按钮，*YC* 为 0。第二点输入矩形顶点坐标 *XC* 为 420，按 Enter 切换至 *YC* 按钮，*YC* 为 297。绘制如图 5-1-6 所示图纸边界线。

图 5-1-3 可视化首选项对话框

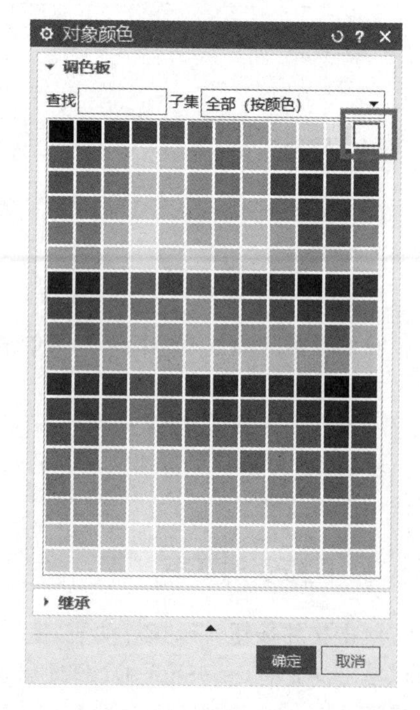

图 5-1-4 对象颜色对话框

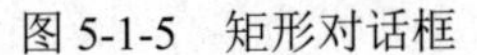
图 5-1-5　矩形对话框

图 5-1-6　绘制图纸边界线

6. 绘制图框线

单击【草图】选项上的□矩形（Rectangle）按钮，系统出现矩形对话框，矩形方法选择按 2 点，输入模式选择坐标模式，第一点输入矩形顶点坐标 *XC* 为 25，按 Enter 切换至 *YC* 按钮，*YC* 为 5。第二点输入矩形顶点坐标 *XC* 为 390，按 Enter 切换至 *YC* 按钮，*YC* 为 287。绘制如图 5-1-7 所示图框线。

图 5-1-7　绘制图框线

技巧：图框线除了可以采用矩形命令绘制之外，也可以采用直线命令，或者偏置命令进行绘制。

7. 创建偏置直线 1

单击【草图】选项上的偏置（Offset）按钮，系统出现如图 5-1-8 所示偏置曲线对话框；根据提示在图形中选取图 5-1-9 所示的要偏置的曲线，在【偏置】|【距离】文本框中输入 180mm，

图中出现偏置方向箭头，再单击 （反向）按钮使箭头指向左侧，如图 5-1-9 所示；最后单击 < 确定 > 按钮，完成偏置直线 1 创建，如图 5-1-10 所示。

图 5-1-8　偏置曲线对话框

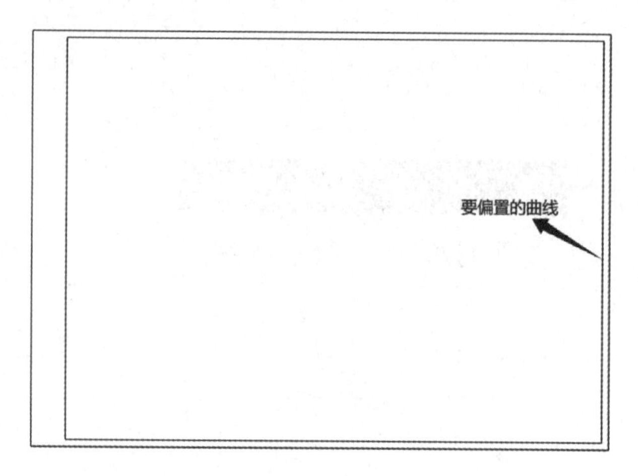

图 5-1-9　选取曲线

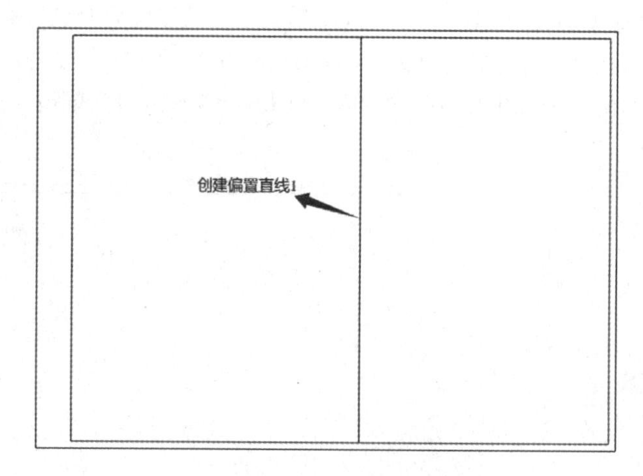

图 5-1-10　创建偏置直线 1

8. 创建偏置直线 2

按照上述方法继续创建偏置直线。单击【草图】选项上的 偏置（Offset）按钮，系统出现偏置曲线对话框，根据提示在图形中选取要偏置的曲线，在【偏置】|【距离】文本框中输入 56mm，图中出现偏置方向箭头，再单击 （反向）按钮使箭头指向左侧，最后单击 < 确定 > 按钮，完成偏置直线 2 创建，如图 5-1-11 所示。

技巧：直线 2 除了可以用偏置直线绘制，也可以用直线命令进行绘制。

9. 修剪边界线

单击【草图】选项上的 快速修剪（Trim）按钮，系统出现如图 5-1-12 所示修剪对话框，在图形中按图 5-1-13 所示选取要修剪的直线 1 和要修剪的直线 2，最后单击【关闭】按钮，完成边界线修剪，如图 5-1-14 所示。

技巧：快速修剪除了选择要修剪的直线 1 这种方法之外，也可以先选择边界曲线为要修剪的直线 2，要修剪的曲线选择要修剪的直线 1，就可以修剪掉直线 1 的上半部分。

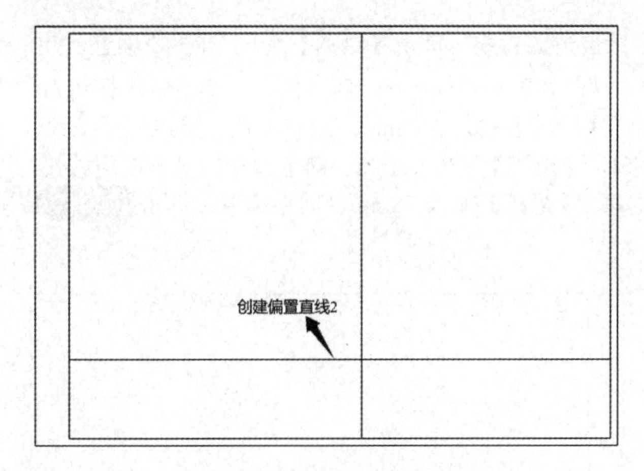

图 5-1-11　创建偏置直线 2

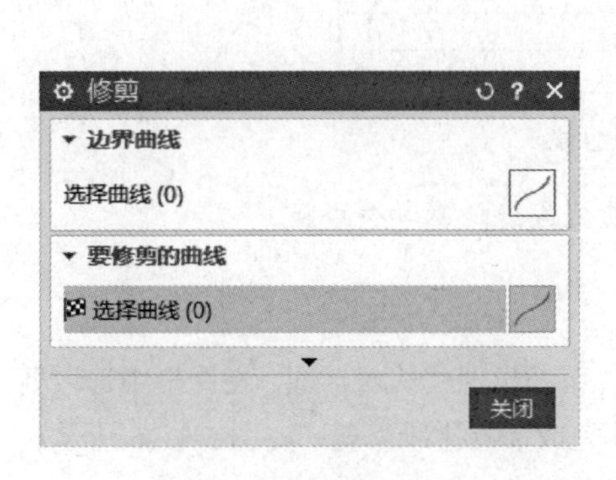

图 5-1-12　修剪对话框

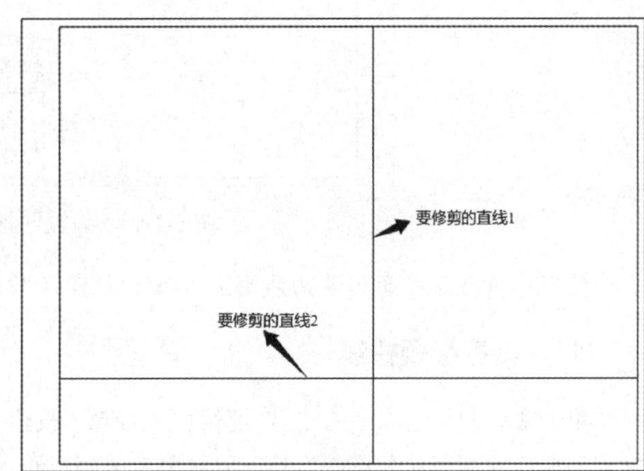

图 5-1-13　要修剪的直线

图 5-1-14　修剪的边界线

10. 偏置四条直线

按照上述方法继续创建偏置线。单击【草图】选项上的偏置（Offset）按钮，【要偏置的曲线】选择直线 1，【距离】输入 80mm，向右偏置，单击应用按钮，形成直线 2。【要偏置的曲线】选择直线 1，【距离】输入 130mm，向右偏置，单击应用按钮，形成直线 3。【要偏置的曲线】选择直线 4，【距离】输入 18mm，向下偏置，单击应用按钮，形成直线 5。【要偏置的曲线】选择直线 4，【距离】输入 38mm，向下偏置，单击< 确定 >按钮，形成直线 6。效果如图 5-1-15 所示。

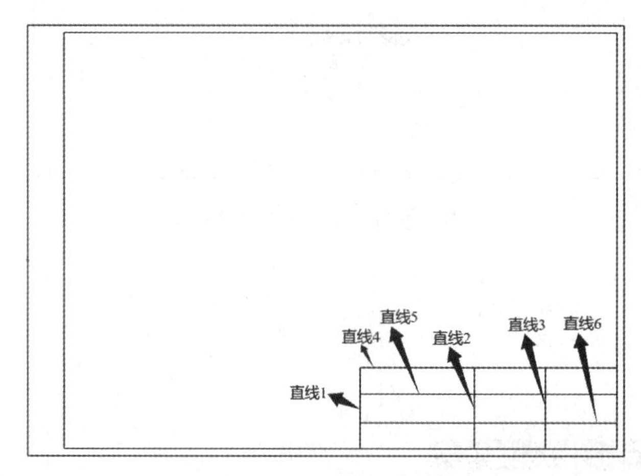

图 5-1-15　偏置四条直线

技巧：直线除了用偏置曲线形成直线，也可以用直线或者轮廓命令绘制。

11. 修剪标题栏线

单击【草图】选项上的快速修剪（Trim）按钮，系统出现修剪对话框，在图形中选取要修剪的直线 5 和要修剪的直线 6，最后单击关闭按钮，完成标题栏线修剪，如图 5-1-16 所示。

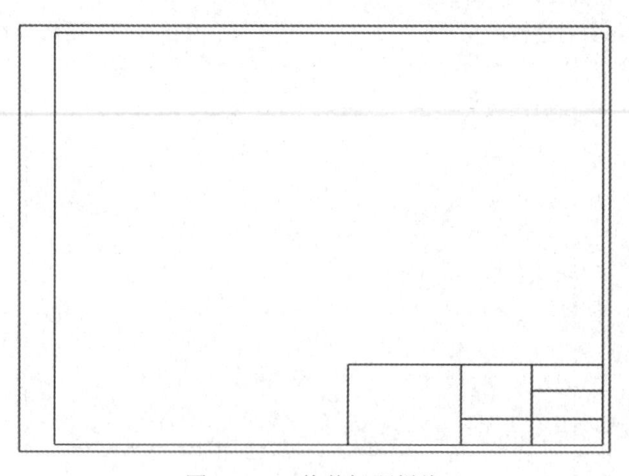

图 5-1-16　修剪标题栏线

12. 选取分割线边界

单击【草图】选项编辑曲线的分割曲线（Split Curve）按钮，系统出现如图 5-1-17 所示分割曲线对话框，在【类型】下拉列表框中选取【按边界对象】，在【边界对象】栏【对象】下拉列表框中选取现有曲线；再根据提示在图形中选取图 5-1-18 所示的要分割的线，然后在【边界对象】栏单击选择对象按钮，在图形中选取分割线为边界对象，最后单击应用按钮，完成分割线。效果如图 5-1-18 所示。

图 5-1-17　分割曲线对话框

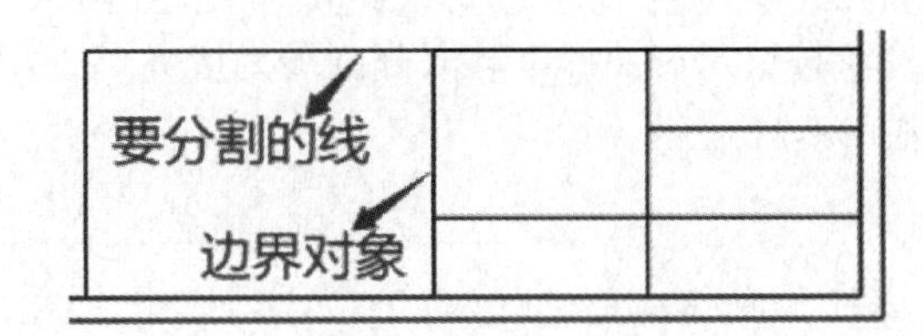

图 5-1-18　选取分割线边界

技巧：当【草图】选项编辑曲线的分割曲线找不到时，可以在空白处右击，选择定制按钮，搜索分割曲线，将该命令拉到编辑曲线下的位置。

13. 分割线效果

单击【草图】选项编辑曲线的分割曲线（Split Curve）按钮，系统出现分割对话框，在【类型】下拉列表框中选取【按边界对象】，在【边界对象】栏【对象】下拉列表框中选取现有曲线；再根据提示在图形中选取图 5-1-19 所示的要分割的线，然后在【边界对象】栏单击选择对象按钮，在图形中选取竖线为边界对象，最后单击< 确定 >按钮，完成分割线。效果如图 5-1-19 所示。

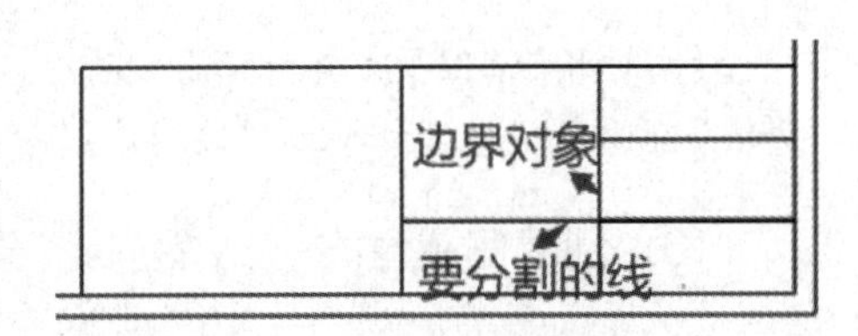

图 5-1-19　分割线效果

14. 创建偏置直线

单击【草图】选项上的偏置（Offset）按钮，【要偏置的曲线】选择直线 7，【距离】输入 7mm，【副本数】设置 7，向下偏置，单击应用按钮，形成下面 7 条直线。【要偏置的曲线】选择直线 8，【距离】输入 9mm，向下偏置，单击应用按钮，形成下面直线。【要偏置的曲线】选择直线 8，【距离】输入 10mm，向上偏置，单击< 确定 >按钮，形成上面直线。完成创建偏置直线。效果如图 5-1-20 所示。

15. 继续创建分割线

单击【草图】选项编辑曲线的分割曲线（Split Curve）按钮，系统出现分割对话框，在【类型】下拉列表框中选取【按边界对象】，在【边界对象】栏【对象】下拉列表框中选取现有

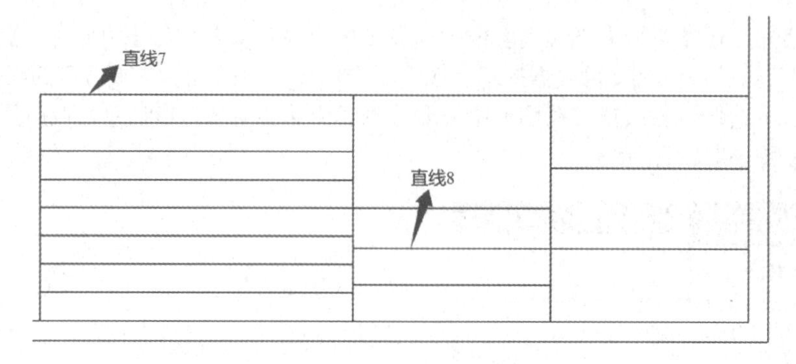

图 5-1-20 创建偏置直线

曲线；再根据提示在图形中选取图 5-1-21 所示的要分割的线，然后在【边界对象】栏单击选择对象按钮，在图形中选取分割线为边界对象，最后单击< 确定 >按钮，完成分割线。效果如图 5-1-21 所示。

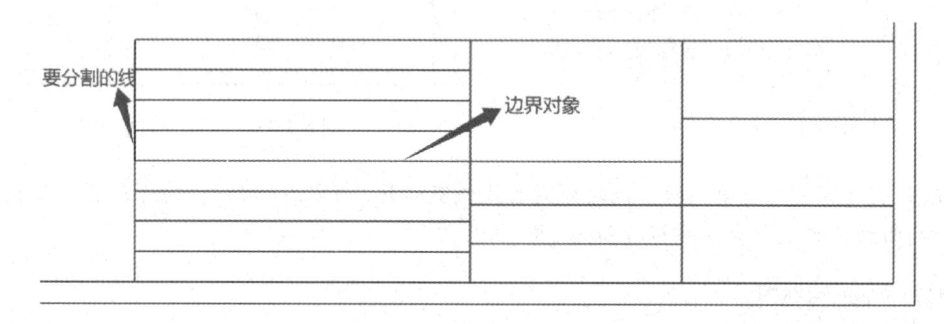

图 5-1-21 分割线和边界对象

技巧：当【草图】选项编辑曲线的分割曲线找不到时，可以在空白处右击，选择定制按钮，搜索分割曲线，将该命令拉到编辑曲线下的位置。

16. 创建偏置直线

继续创建偏置直线。单击【草图】选项上的偏置（Offset）按钮，【要偏置的曲线】选择直线 9，【距离】输入 10mm，【副本数】设置 2，向右偏置，单击应用按钮，形成右边 2 条竖线。【要偏置的曲线】选择直线 10，【距离】输入 16mm，【副本数】设置 2，向右偏置，单击应用按钮，形成右边 2 条竖线。【要偏置的曲线】选择直线 11，【距离】输入 12mm，【副本数】设置 1，向右偏置，单击应用按钮，形成右边 1 条竖线。【要偏置的曲线】选择直线 12，【距离】输入 16mm，【副本数】设置 2，向右偏置，单击应用按钮，形成右边 2 条竖线。【要偏置的曲线】选择直线 13，【距离】输入 10mm，【副本数】设置 2，向右偏置，单击应用按钮，形成下面 2 条竖线。【要偏置的曲线】选择直线 14，【距离】输入 12mm，【副本数】设置 2，向右偏置，单击应用按钮，形成右边 2 条竖线。【要偏置的曲线】选择直线 15，【距离】输入 12mm，【副本数】设置 2，单击反向，向左偏置，单击应用按钮，形成左边 2 条竖线。【要偏置的曲线】选择直线 16，【距离】输入 6.5mm，【副本数】设置 3，单击反向，向左偏置，单击< 确定 >按钮，形成左边 3 条直线。完成创建偏置直线，效果如图 5-1-22 所示。

技巧：由于偏置的直线多，在单击的时候要注意好方向、副本数和选择的直线。

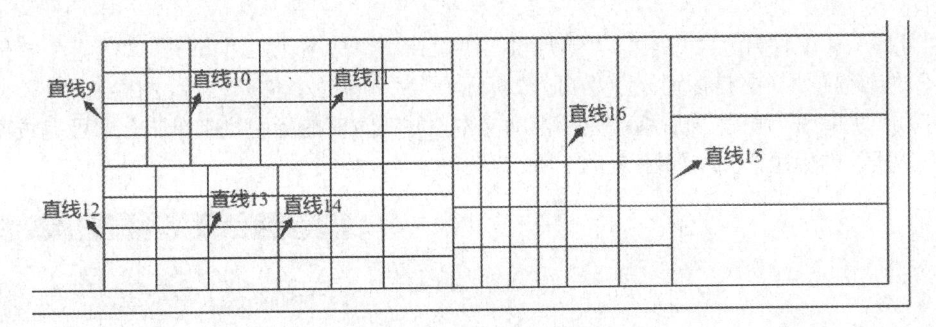

图 5-1-22　创建偏置直线

17. 修剪直线

单击【草图】选项上的 修剪 快速修剪（Trim）按钮，系统出现修剪对话框，在图形中选取要修剪的直线，最后单击【关闭】按钮，完成直线修剪，如图 5-1-23 所示。

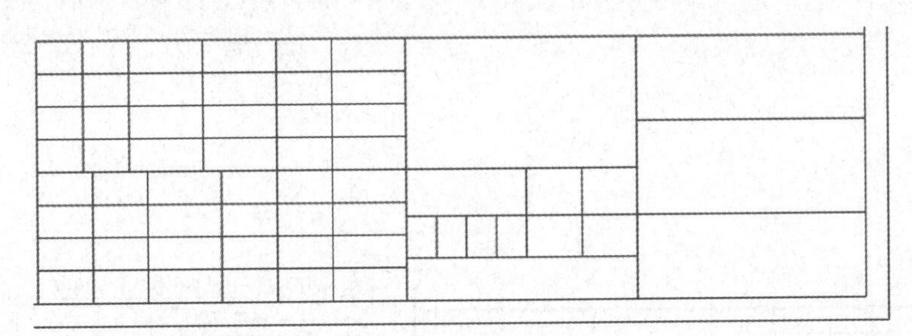

图 5-1-23　修剪直线结果

18. 更改线段宽度

选中标题栏框内部全部曲线，单击鼠标右键，选择【编辑显示】命令，出现编辑对象显示对话框，如图 5-1-24 所示。在【常规】选项卡【基本符号】栏中的【宽度】下拉列表中选择 0.35mm，单击【应用】按钮。外围线在【常规】选项卡【基本符号】栏中的【宽度】下拉列表中选择 0.7mm，单击 < 确定 > 按钮。结果如图 5-1-25 所示。

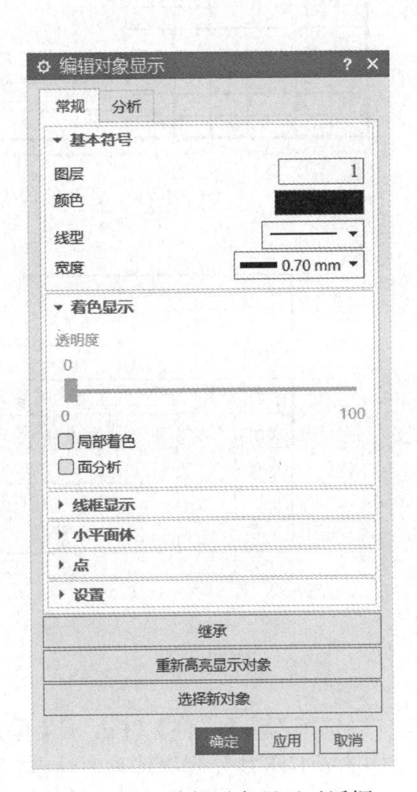

图 5-1-24　编辑对象显示对话框

19. 注释设置

选择菜单【插入】（Insert）|【注释】（Annotation）|【注释】（Note）命令，系统出现如图 5-1-26 所示注释对话框，单击更多，在【文本输入】栏单击【格式设置】，按如图 5-1-26 所示设置，单击关闭按钮完成文字样式设置。

20. 插入标题栏文本

依次在注释对话框中的【文本输入】栏输入相应的文本，输入“标记”后移动光标拖动文本，并在对应的标题栏上单击，即可完成添加文本操作。分别输入“标记”“处数”“分区”“文件号”“签名”“年月日”“设计”“标准化”“审核”“工艺”“批准”“重量”“比例”“（材料标记）”“（阶段标记）”“（单位名称）”“（图样名称）”“（图样代号）”“共 张 第 张”后移动光标拖动文本，并在对应的标题栏上单击，即可完成添加文本操作。插入的标题栏文本如图 5-1-27 所示。

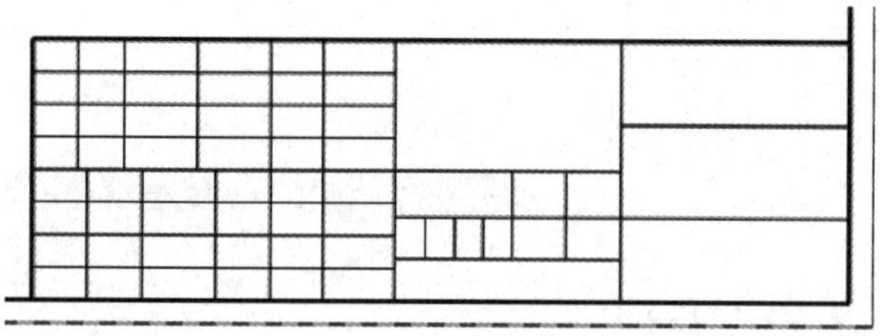

图 5-1-25　更改线段宽度

图 5-1-26　注释对话框

						（材料标记）			（单位名称）
标记	处数	分区	文件号	签名	年月日				（图样名称）
设计	签名	年月日	标准化	签名	年月日	（阶段标记）	重量	比例	
审核									（图样代号）
工艺			批准			共　张		第　张	

图 5-1-27　插入标题栏文本

21. 保存选项

选择菜单【文件】(File) |【保存】(Save) |【保存选项】(Save Options) 命令，系统出现如图 5-1-28 所示保存选项对话框。在该对话框中选择【仅图样数据】选项，单击< 确定 >按钮。

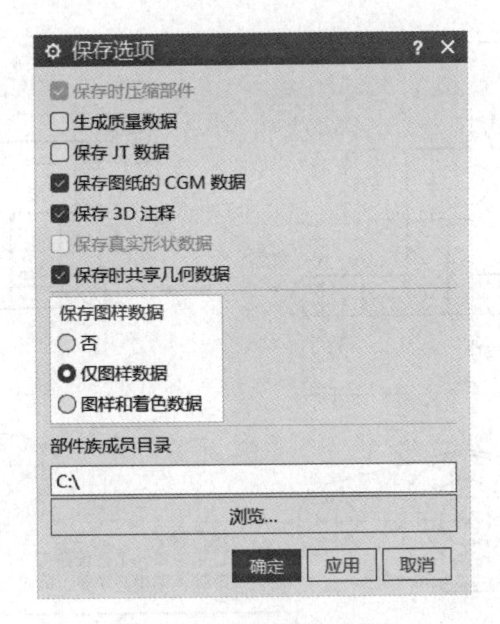

图 5-1-28 保存选项对话框

22. 保存文件

选择菜单【文件】(File) |【保存】(Save) 命令，当前文件就以图样方式存储。这样就创建了一个可供其他部件引用的模型图样文件。或者单击软件界面左上角的 【保存】(Save) 按钮。

技巧：除了用保存按钮来保存文件之外，也可以用【文件】|【另存为】保存文件。

实例二 法兰零件图设计

实例二 法兰零件图设计资源

【学习任务】

根据如图 5-2-1 所示图形绘制法兰的工程图。

【课程思政】

随着生活水平的提高，家用汽车已成为现代生活出行的必备交通工具。汽车标准版的功能也无法满足汽车玩家的所有需求，所以有不少汽车玩家会对汽车进行改装，其中加装法兰来拓宽轮距就是其中比较常见的做法。然而，这一行为背后隐藏着巨大的风险。因法兰质量良莠不齐，一旦遇到冲击或长期使用导致疲劳，就可能出现变形甚至断裂，带来不堪设想的后果。

2017 年发生的一起交通事故就是血的教训。一司机在正常行驶中遭遇打滑，紧急制动导致车辆失控，最终撞向绿化带。事故调查发现，轮毂上的法兰断裂是导致轮胎失灵的直接原因。幸运的是，事故发生在车流量较小的路段，避免了更大的悲剧。这一真实案例警示我们，加装法兰并非提升车辆性能的万全之策，反而可能带来致命风险。

因此，在追求速度与稳定性之间，我们应选择理智和安全的改装方案。加装法兰应谨慎对待，非必要时尽量避免。毕竟，安全才是第一位的。在决定改装前，车主应充分了解改装件的风险和必要性，确保改装既符合个人需求，又不影响行车安全。

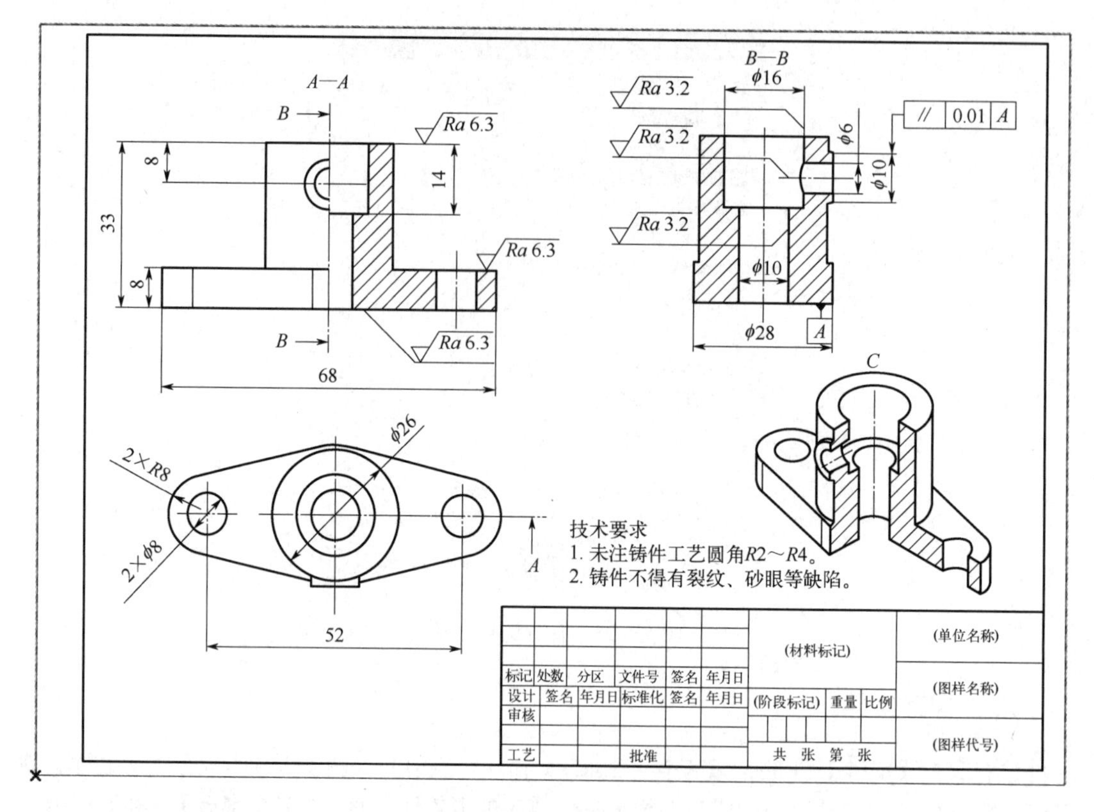

图 5-2-1　法兰工程图

【学习目标】

① 能够使用 NX 2312 制图模块创建基本视图（Base）、【剖视图】（Section View）、【半轴测剖】（Pictorial Half Setion View）。

② 能够使用 NX 2312 制图模块【快速尺寸】（Dimensioning）、【表面粗糙度符号】（Surface Roughness Symbol）、【基准特征符号】（Datum Feature Symbol）、【特征控制框】（Feature Control Box）、【注释】（Annotate）。

③ 掌握调用图框【图样】（Pattern）文件的方法。

【操作步骤】

1. 打开工程图模型

单击打开（Open）素材提供的部件文件（扫描二维码下载），如图 5-2-2 所示。

2. 进入【制图】应用模块

单击文件窗口标准工具栏中【启动】（Start）菜单，在下拉菜单中选择【制图】（Drafting）选项，进入制图应用模块。

3. 图纸的创建

进入制图模块后，在【图纸】工具条中单击【新建图纸页】按钮，系统弹出如图 5-2-3 所示图纸页对话框，自动新建一张图纸，并将图名默认为 Sheet 1。按照图 5-2-3 所示设置图纸参数，【大小】选择标准尺寸，【大小】设置为A3-297×420，【比例】为1∶1，【单位】为毫米，采用第一视角投影法，单击<确定>按钮完成图纸的创建，绘图区出现以矩形虚线框表示的图纸。

图 5-2-2 法兰部件

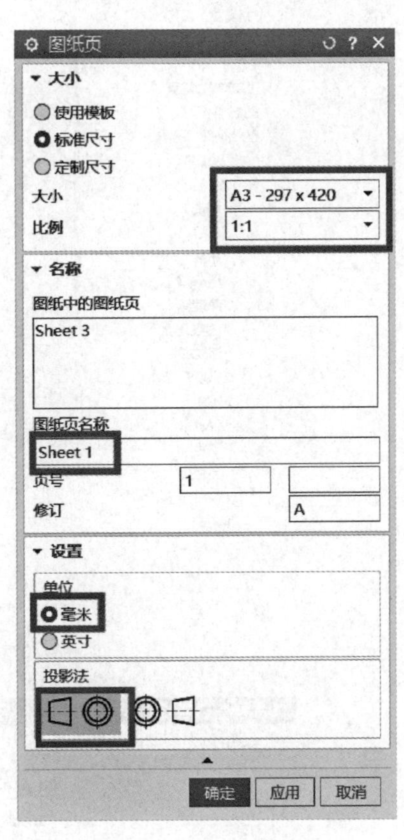

图 5-2-3 图纸页对话框

技巧：在新建图纸页后，如果要更改图纸页可以单击编辑图纸页。

4. 设置首选项

选择主菜单中的【制图首选项】（Preferences）|【制图】（Drawing）|【图纸视图】（Sheet View）下的【可见线】命令，颜色改成黑色，如图5-2-4所示。选择主菜单中的【制图首选项】（Preferences）|【制图】（Drawing）|【图纸视图】（Sheet View）下的【剖切线】命令，【显示】|【显示剖切线】= 有剖视图，【类型】= 箭头朝向直线，如图5-2-5所示。

5. 创建基本视图

选择主菜单中的【插入】（Insert）|【视图】（View）|【基本】（Base）命令，或在【图纸】工具条上单击（基本视图）按钮，弹出如图5-2-6所示的基本视图对话框，在【模型视图】|【要使用的模型视图】下拉选项中选取俯视图，【比例】设置为2∶1，拖动光标到合适位置单击鼠标左键，放置主视图，如图5-2-7所示。

技巧：除了用基本视图可以绘制俯视图，还可以考虑采用投影视图形成。

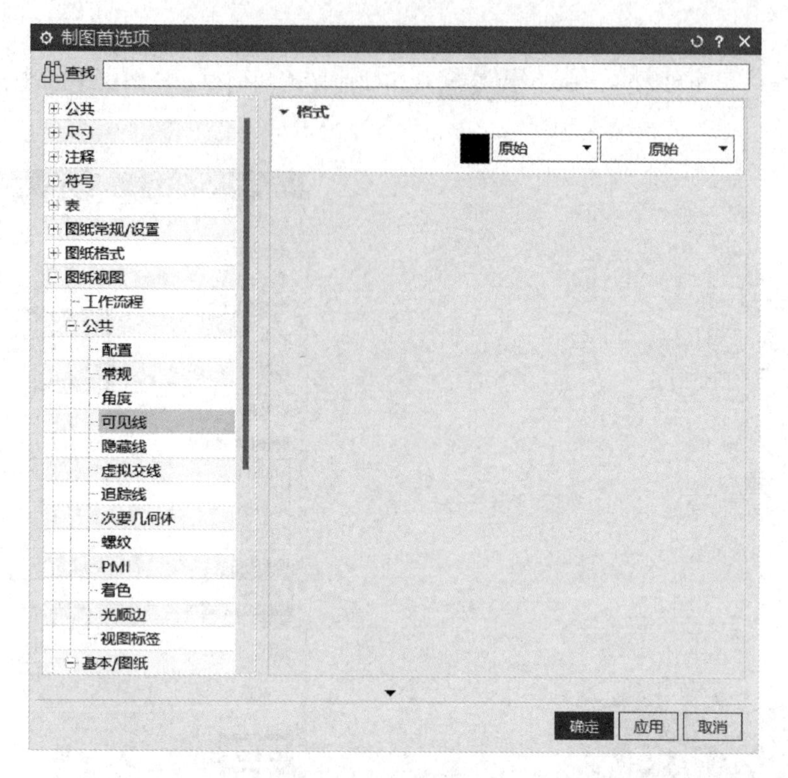

图 5-2-4　可见线设置

图 5-2-5　剖切线设置

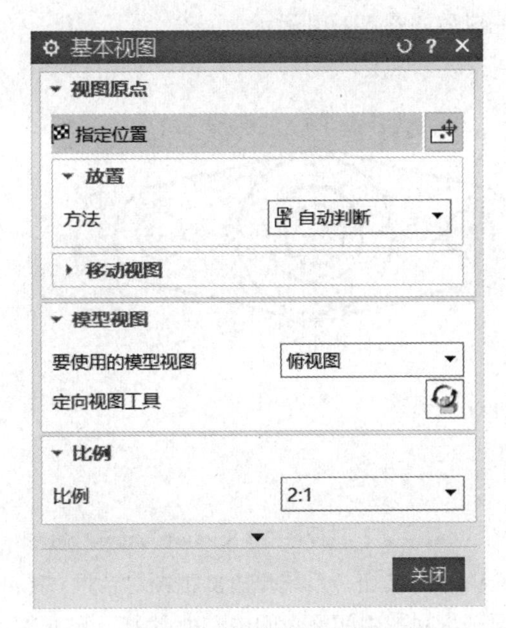

图 5-2-6　基本视图对话框

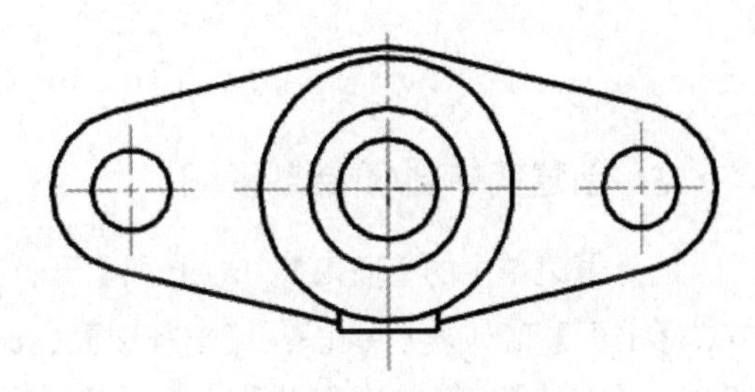

图 5-2-7　添加的基本视图

6. 创建半剖视图

选择主菜单中的【插入】(Insert) |【视图】(View) | 【剖视图】(Section View) 命令，或在【主页】工具条上单击 【剖视图】(Section View) 按钮，系统弹出如图 5-2-8 所示的剖视图对话框。【剖切线】|【方法】= 半剖，然后将鼠标移至基本视图中间最大圆中心处单击一下，然后移动鼠标，观察到剖切线至图 5-2-9 所示位置后，单击鼠标左键，然后将鼠标移至视

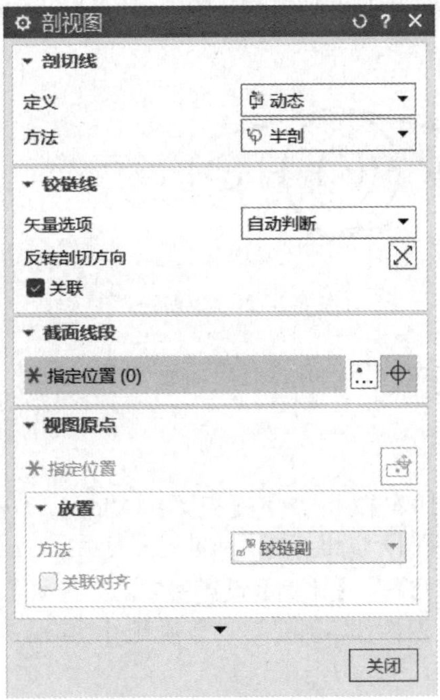

图 5-2-8　剖视图对话框

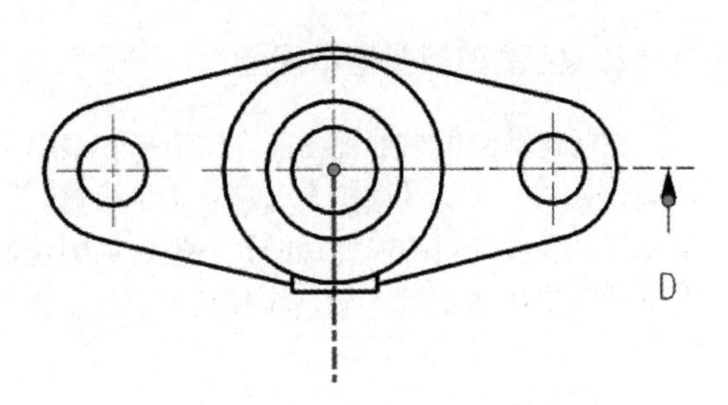

图 5-2-9　半剖视图创建位置选择

图上方合适位置放置半剖视图，单击鼠标左键，完成后如图 5-2-10 所示。

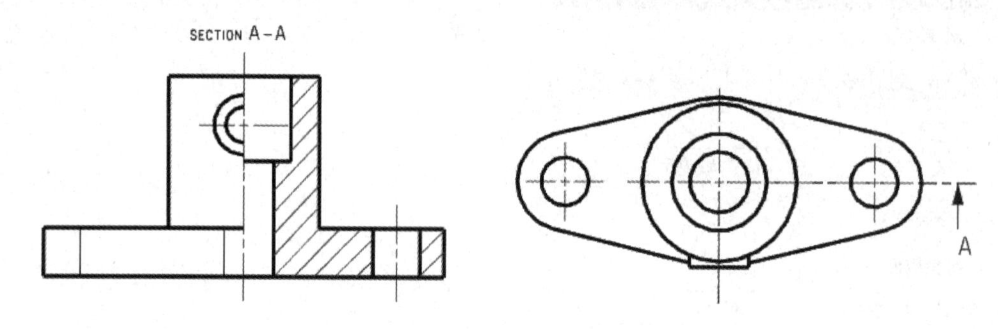

图 5-2-10　创建的半剖视图

7. 创建简单剖/阶梯剖视图

选择主菜单中的【插入】(Insert) |【视图】(View) | 【剖视图】(Section View) 命令，或在【主页】工具条上单击【剖视图】(Section View) 按钮，系统弹出剖视图对话框。【剖切线】|【方法】= 简单剖/阶梯剖，然后将鼠标移至基本视图中间最大圆中心处单击一下，然后向右移动鼠标，观察到剖切线至图 5-2-11 所示位置后，单击鼠标左键，然后将鼠标移至视图右方合适位置放置剖视图，单击鼠标左键，完成后如图 5-2-12 所示。

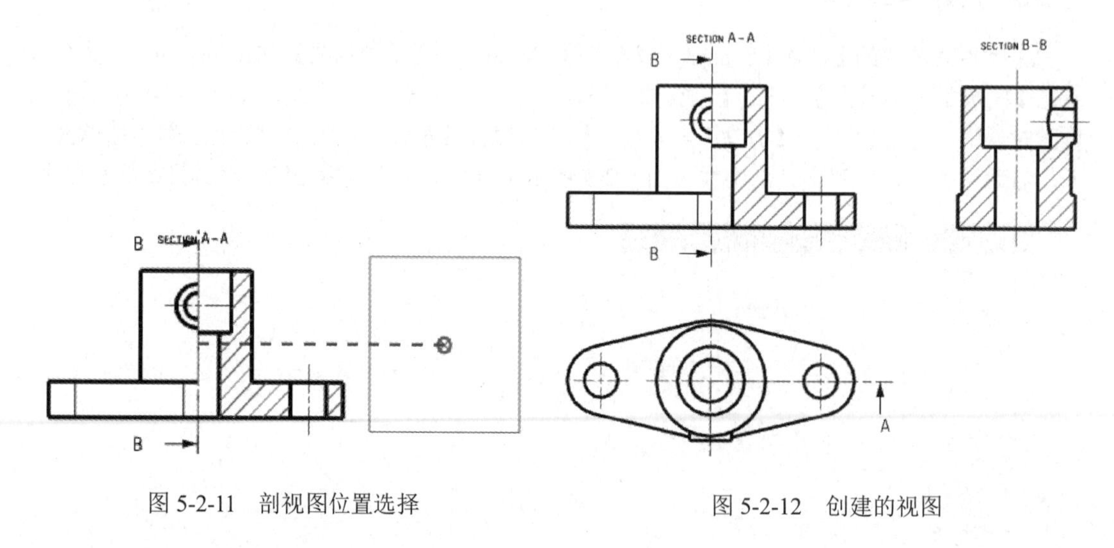

图 5-2-11　剖视图位置选择　　　　图 5-2-12　创建的视图

技巧：*B—B* 的剖视图要注意选择视图 *A—A* 为主要视图，再进行设置和选择。

8. 创建轴测图基本视图

在创建轴测图半剖视图前，先选择主菜单中的【插入】(Insert) |【视图】(View) |【基本】(Base) 命令，或在【图纸】工具条上单击 (基本视图) 按钮，弹出基本视图对话框，在【模型视图】|【要使用的模型视图】下拉选项中选取正等测图，【比例】设置为 2∶1，拖动光标到右下边位置单击鼠标左键，放置正等测图。再重复一遍操作，创建第二个轴测图，如图 5-2-13 所示。

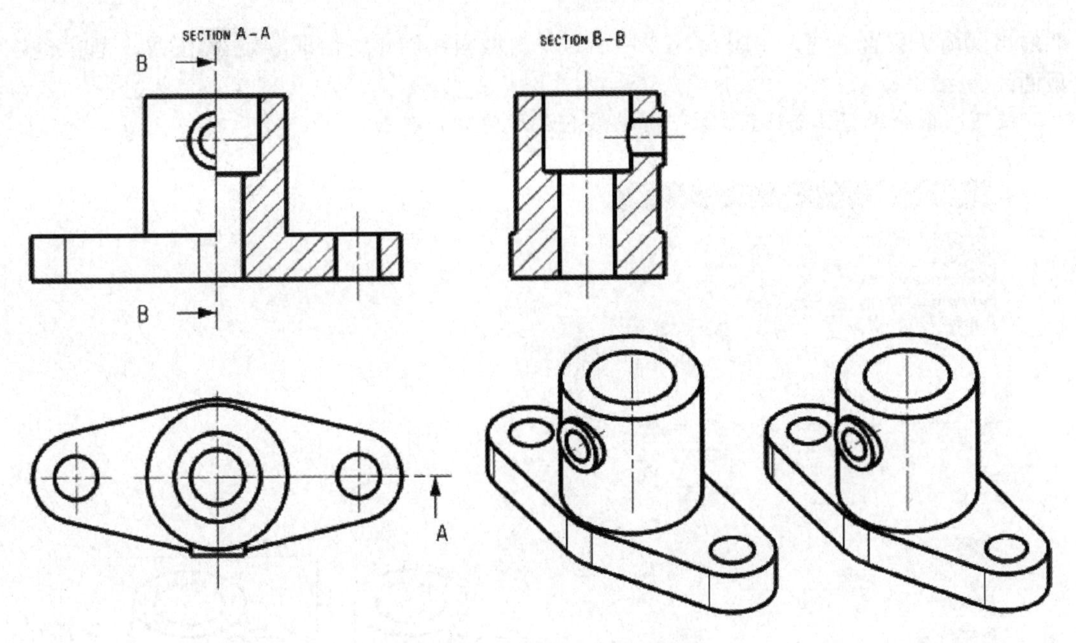

图 5-2-13　创建基本视图后效果

9. 轴测图中的半剖对话框

在选择主菜单中的【插入】(Insert) |【视图】(View) | 【半轴测剖】(Pictorial Half Setion View）命令，或在【主页】工具条上单击【半轴测剖】(Pictorial Half Setion View）按钮，系统弹出轴测图中的半剖对话框，如图 5-2-14 所示。

技巧： *如果主页没有半轴测剖的图标，可以到右下角单击更多，将半轴测剖视图前打钩，即可调出命令。*

10. 定义矢量方向

第一步选择右下角视图为俯视图，选择完成后界面会自动跳到第二步，定义箭头矢量方向，选择图 5-2-15 所示曲面，然后调整箭头方向如图所示。单击轴测图中的半剖对话框的应用按钮，完成定义矢量方向。

技巧： *此圆在左图和右图都可以选择。*

11. 定义剖切方向

第三步进入轴测图中的半剖对话框的定义剖切方向选项，定义剖切方向，如图 5-2-16 所示。选择图 5-2-17 所示面，然后出现剖切方向如图 5-2-18 所示。单击轴测图中的半剖对话框的应用按钮，完成定义剖切方向，结果如图 5-2-18 所示。

12. 创建截面线

第四步进入轴测图中的半剖对话框的【截面线创建】，定义折弯位置，截面线创建对话框如图 5-2-19 所示，选择如图 5-2-20 所示的圆心点，然后出现折弯位置直线，如图 5-2-21 所示。定义剖切位置，如图 5-2-22 所示，选择如图 5-2-21 所示的圆心点，然后出现剖切位置直线，如图 5-2-23 所示。定义箭头位置，如图 5-2-24 所示，选择如图 5-2-23 所示的点，然后出现箭头位置直线，如图5-2-23所示。单击截面线创建对话框< 确定 >按钮，完成定义截面线命令。

技巧：截面线有三个位置需要创建，要仔细设置好正确点。

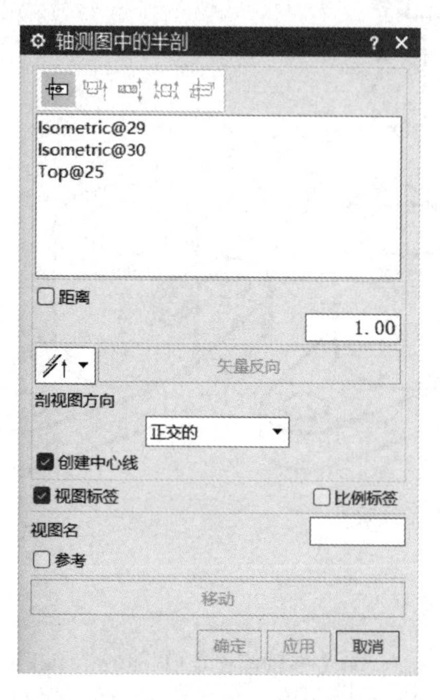

图5-2-14 轴测图中的半剖对话框

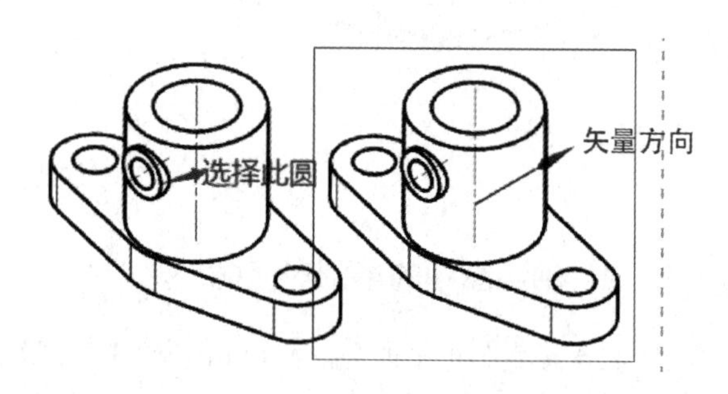

图5-2-15 定义矢量方向

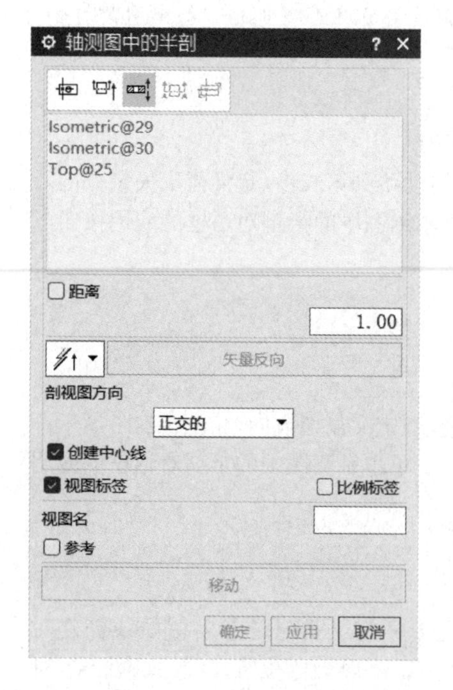

图5-2-16 定义剖切方向

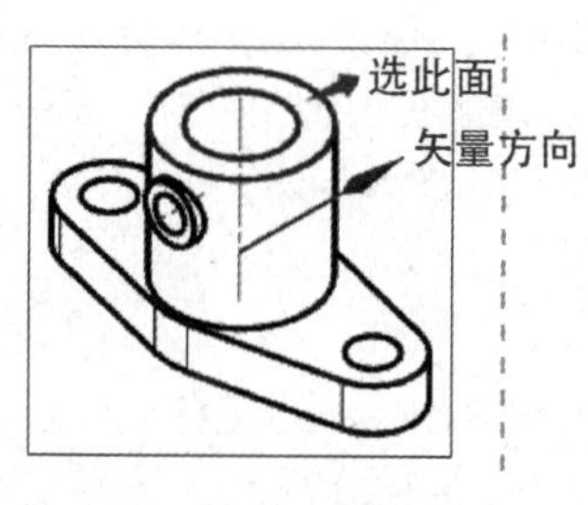

图5-2-17 选择面

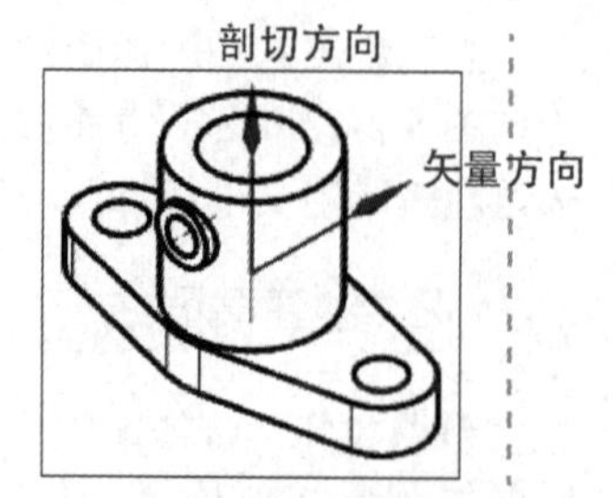

图5-2-18 定义剖切方向

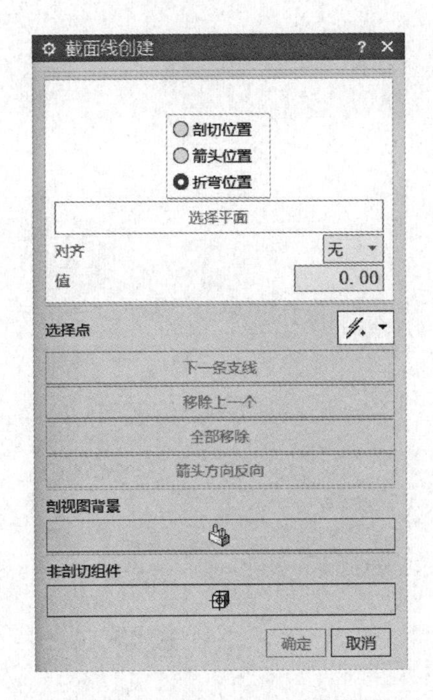

图 5-2-19　截面线创建对话框折弯位置

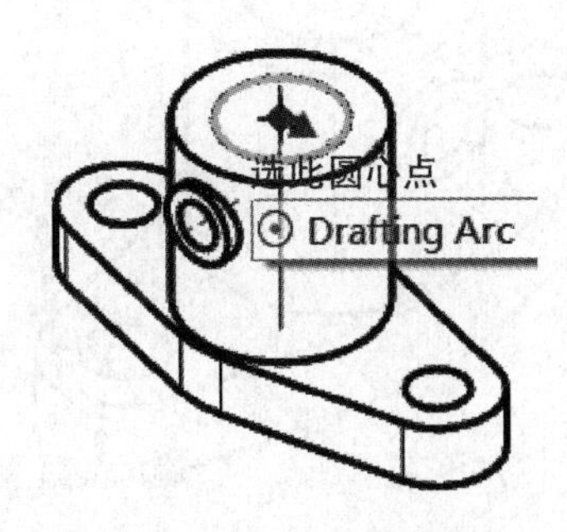

图 5-2-20　选择圆心点

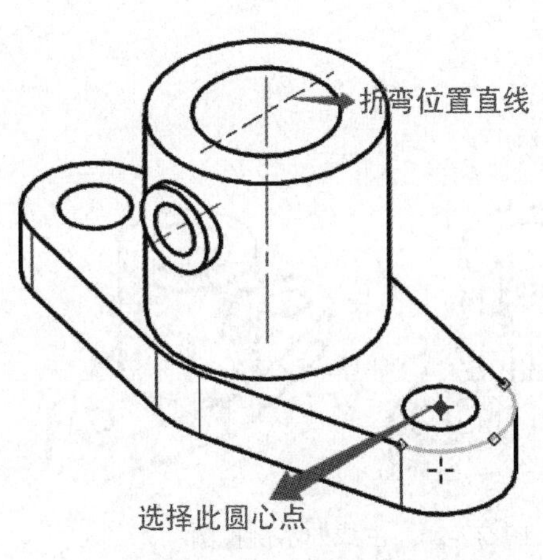

图 5-2-21　折弯位置直线与圆心点

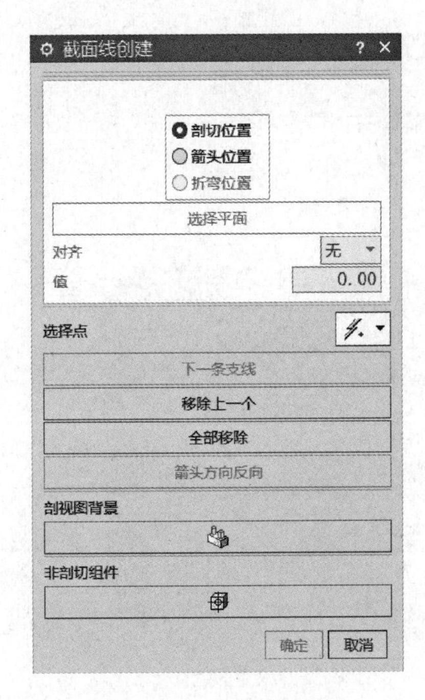

图 5-2-22　定义剖切位置

13. 放置视图

单击【剖视图方向】选项中的剖切现有视图，如图 5-2-25 所示，然后选择左边的轴测图，生成半剖视图如图 5-2-26 所示。

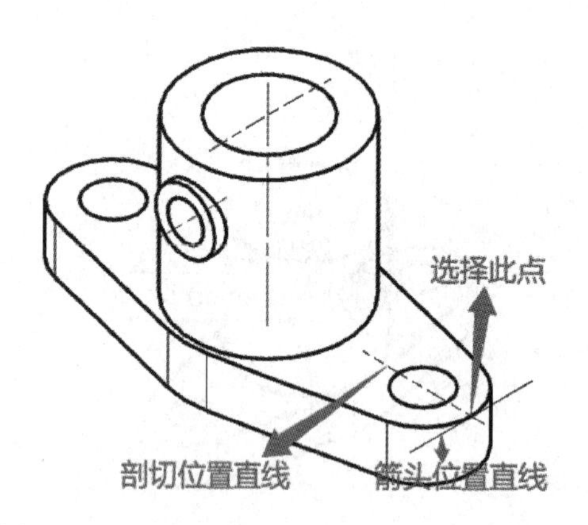

图 5-2-23 剖切位置直线选择点与箭头位置直线

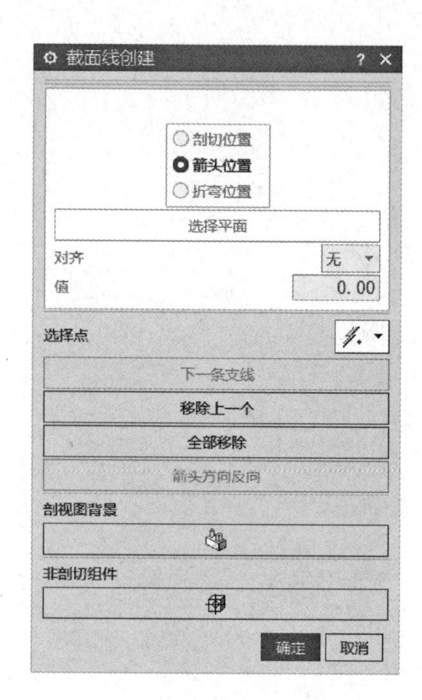

图 5-2-24 定义箭头位置

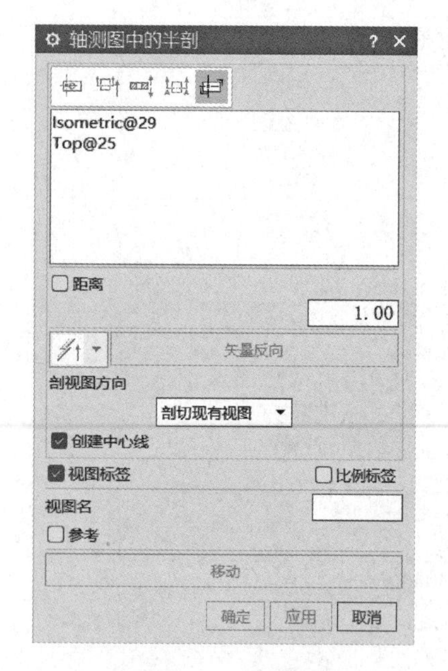

图 5-2-25 放置视图

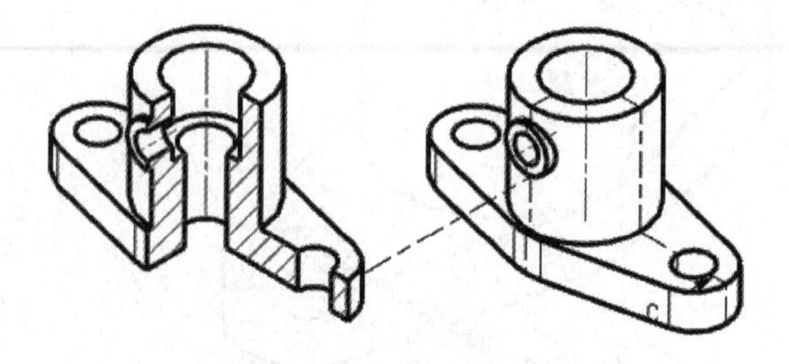

图 5-2-26 生成的半剖视图

14. 调整视图显示

将鼠标移动到右下角的视图，按鼠标右键选择视图边界，会弹出如图 5-2-27 所示视图边界对话框，在此选项选择“手工生成矩形”，在图形空白处选一矩形，这样右下角的视图就不会显示在图纸页上，效果如图 5-2-28 所示。

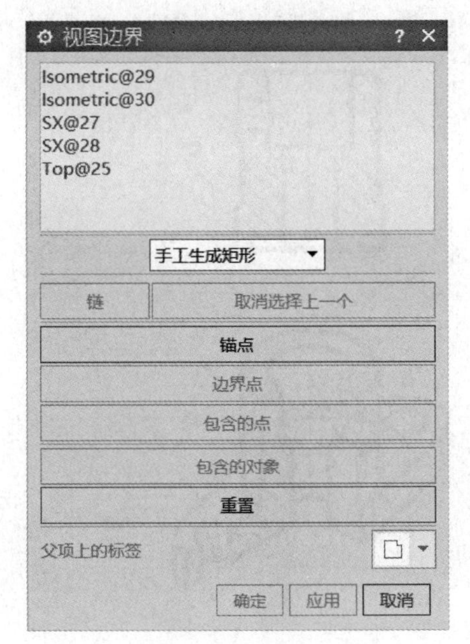

图 5-2-27　视图边界对话框

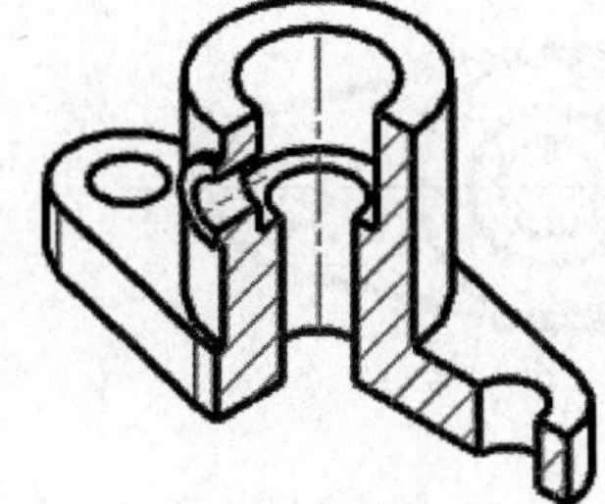

C

图 5-2-28　修改显示边界的图面效果

15. 隐藏线条

单击图 5-2-28 视图中的箭头和 C，右击单击隐藏。双击视图名称，出现如图 5-2-29 所示的设置对话框，在【设置】中的【标签】按钮下，将【视图标签类型】改为字母，【前缀】= VIEW，【字母格式】= A，单击设置对话框 < 确定 > 按钮，效果如图 5-2-30 所示。

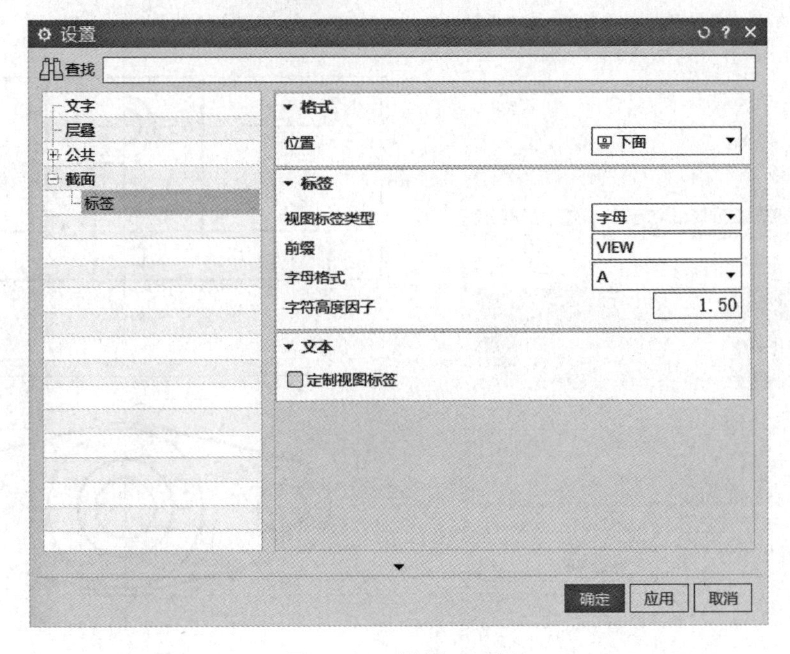

图 5-2-29　设置对话框

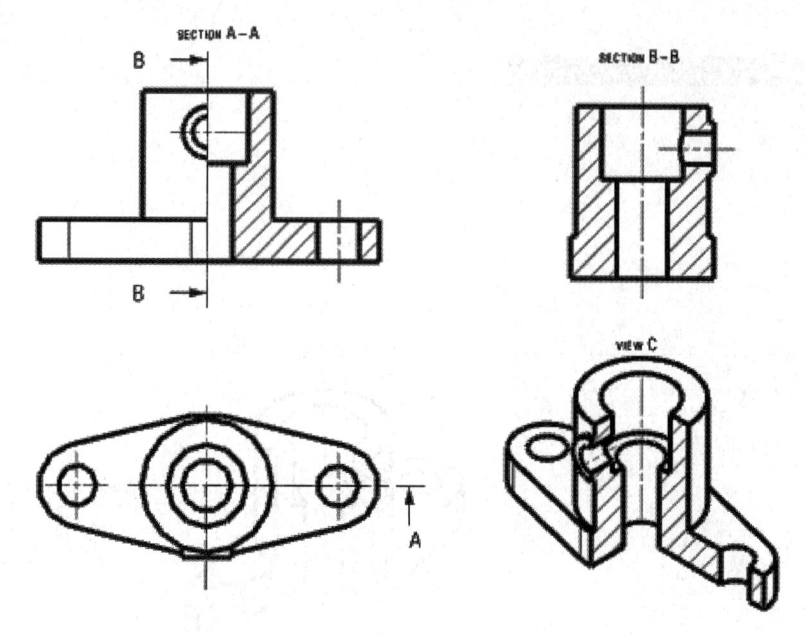

图 5-2-30　视图完成后效果

16. 标注线性尺寸

单击菜单栏中的【菜单】(Menu) 中的【插入】(Insert) |【尺寸】(Dimension) |【快速尺寸】(Dimensioning) 命令，或单击主页中的 快速尺寸【快速尺寸】(Dimensioning) 命令，弹出如图 5-2-31 所示快速尺寸对话框。标注线性尺寸 52mm、33mm、8mm、14mm、8mm、68mm，生成的线性尺寸效果如图 5-2-32 所示，单击关闭按钮。

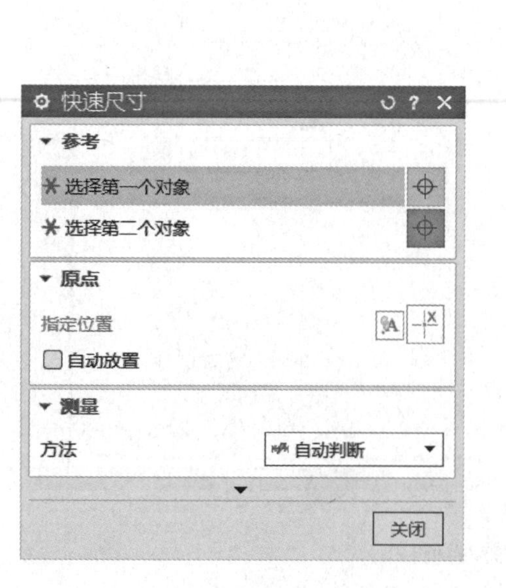

图 5-2-31　快速尺寸对话框

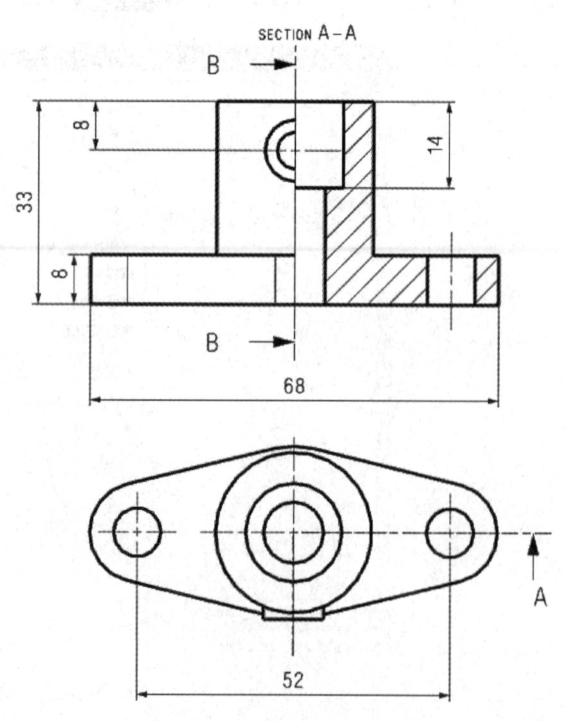

图 5-2-32　生成的线性尺寸效果

技巧：尺寸文本字体是系统自带的，字体比较小。可以单击【菜单】首选项里的【制图】按钮，单击【文本】里的【尺寸文本】，改【高度】为5mm，单击<确定>。

17. 标注线性圆柱尺寸

单击菜单栏中的【菜单】（Menu）中的【插入】（Insert）|【尺寸】（Dimension）|【快速尺寸】（Dimensioning）命令，或单击主页中的【快速尺寸】（Dimensioning）命令，弹出快速尺寸对话框，【测量】|【方式】改为圆柱式。标注线性圆柱尺寸ϕ16mm、ϕ10mm、ϕ28mm、ϕ6mm、ϕ10mm，生成的效果如图5-2-33所示，单击关闭按钮。

技巧：也可以考虑在别的视图标注。

18. 标注半径和直径尺寸

单击菜单栏中的【菜单】（Menu）中的【插入】（Insert）|【尺寸】（Dimension）|【快速尺寸】（Dimensioning）命令，或单击主页中的【快速尺寸】（Dimensioning）命令，弹出快速尺寸对话框，【测量】|【方式】改为半径和直径，或者直接选择径向尺寸。标注直径尺寸ϕ26mm，标注2×ϕ8mm和2×R8mm时，要在标注尺寸文本前加注“2×”。生成的尺寸效果如图5-2-34所示，单击关闭按钮。

技巧：尺寸文本前加注“2×”时，×有可能显示不出来，只需要更改字体即可。

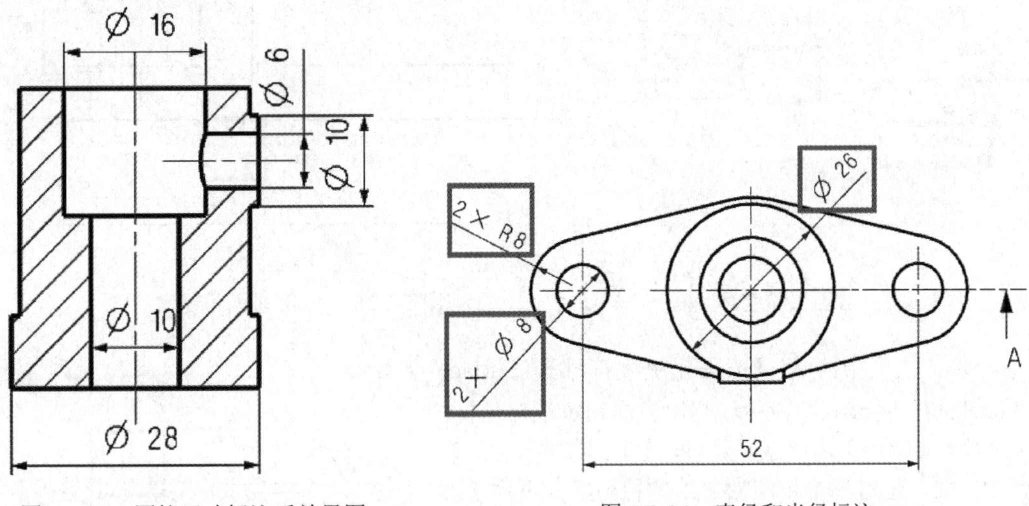

图5-2-33 圆柱尺寸标注后效果图

图5-2-34 直径和半径标注

19. 标注粗糙度

单击菜单栏中的【菜单】（Menu）中的【插入】（Insert）|【注释】（Annotate）| √【表面粗糙度符号】（Surface Roughness Symbol）命令，或单击主页中的√【表面粗糙度符号】（Surface Roughness Symbol）命令，弹出如图5-2-35所示的表面粗糙度对话框，【属性】|【除料】选择需要除料，【下部文本（a2）】输入6.3，生成两个正向为6.3的粗糙度。再将【设置】|【角度】改为180°，【反转文本】前面的小方框打钩，生成一个反向为6.3的粗糙度。生成的效果如图5-2-36所示。

技巧：字体如果不是黑色，可以单击设置粗糙度符号的颜色为黑色。

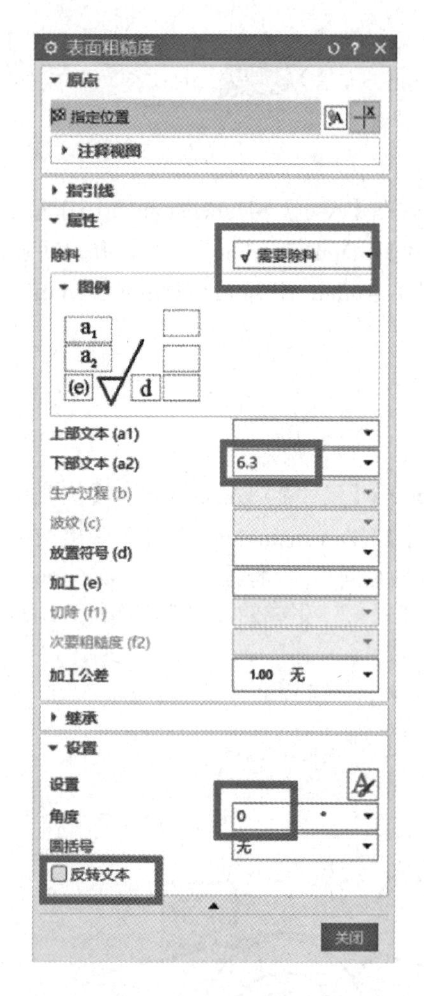

图 5-2-35　表面粗糙度对话框

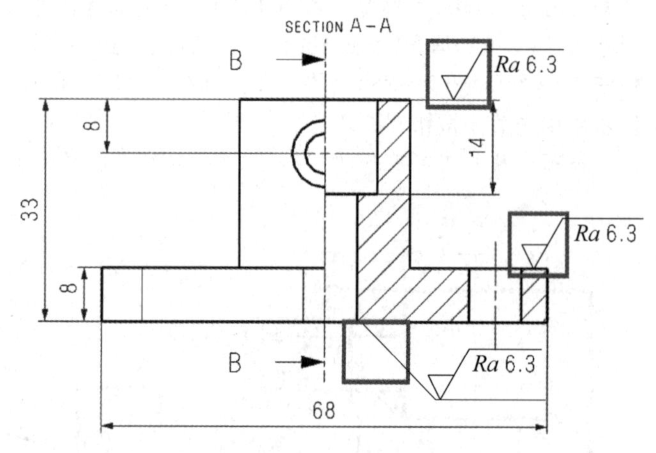

图 5-2-36　*A*—*A* 表面粗糙度效果

单击主页中的 【表面粗糙度符号】（Surface Roughness Symbol）命令，弹出表面粗糙度对话框，【属性】|【除料】选择需要除料，【下部文本（a2）】输入 3.2，生成一个正向为 3.2 的粗糙度。再将【设置】|【角度】改为 90°，生成两个 3.2 的粗糙度。生成的效果如图 5-2-37 所示。

技巧：字体如果很小，可以在设置中将字体改为 5mm 高度。字体如果不是黑色，可以单击设置粗糙度符号的颜色为黑色。

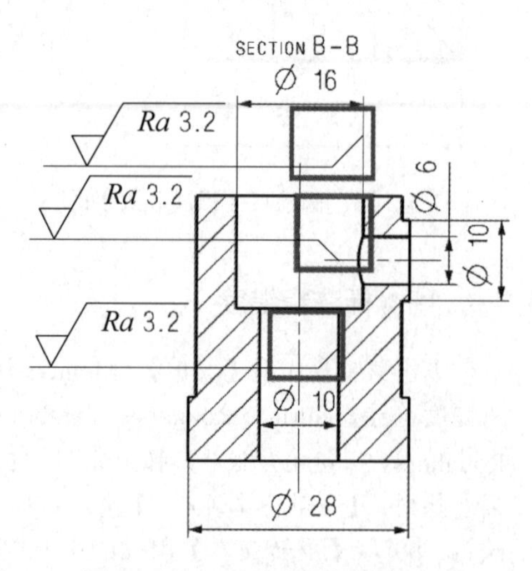

图 5-2-37　*B*—*B* 表面粗糙度效果

20. 标注形位公差的基准

单击菜单栏中的【菜单】（Menu）中的【插入】（Insert）|【注释】（Annotate）| 【基准特征符号】（Datum Feature Symbol）命令，或单击主页中的

【基准特征符号】(Datum Feature Symbol)命令，弹出如图 5-2-38 所示的基准特征符号对话框，【基准标识符】|【字母】选择 A，指引线单击最下面的直线。生成的效果如图 5-2-39 所示。

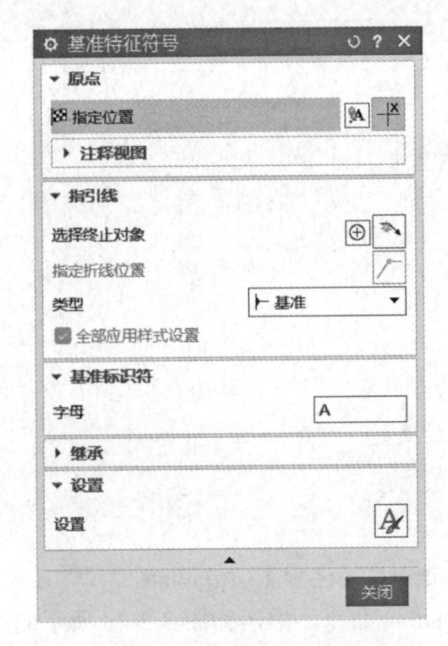

图 5-2-38　基准特征符号对话框

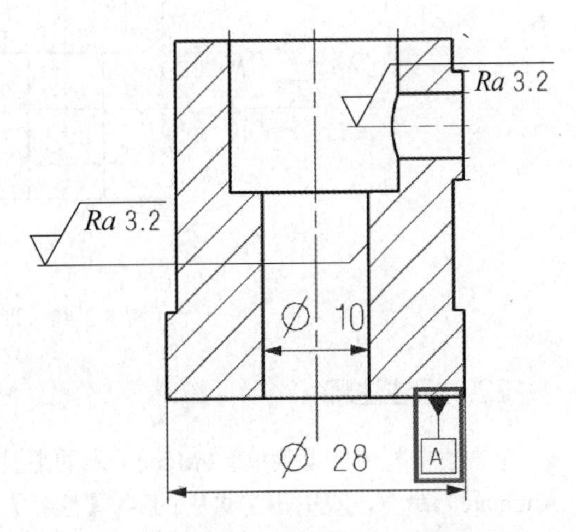

图 5-2-39　基准特征符号效果

技巧：字体大小如果很小，可以在设置中将字体改为 5mm 高度。字体如果不是黑色，可以单击形位公差的颜色改为黑色。

21. 标注形位公差

单击菜单栏中的【菜单】(Menu)中的【插入】(Insert)|【注释】(Annotate)| 【特征控制框】(Feature Control Box)命令，或单击主页中的 【特征控制框】(Feature Control Box)命令，弹出如图 5-2-40 所示的特征控制框对话框和图 5-2-41 的设置参数对话框，【特性】选择平行度，【公差】设置为 0.01，【基准参考】|【第一】选择 A，然后将鼠标移至需要标注处，对准尺寸标注线，单击鼠标左键，然后移动鼠标至合适位置再单击左键，完成标注。生成的效果如图 5-2-42 所示。

技巧：指引线选择终止位置时记得单击ϕ10mm 尺寸线。

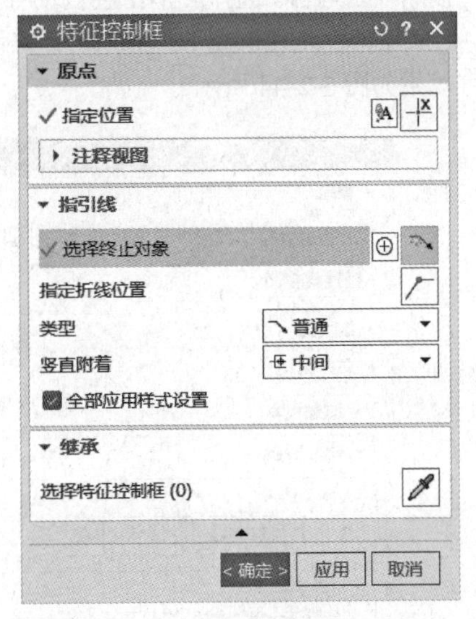

图 5-2-40　特征控制框对话框

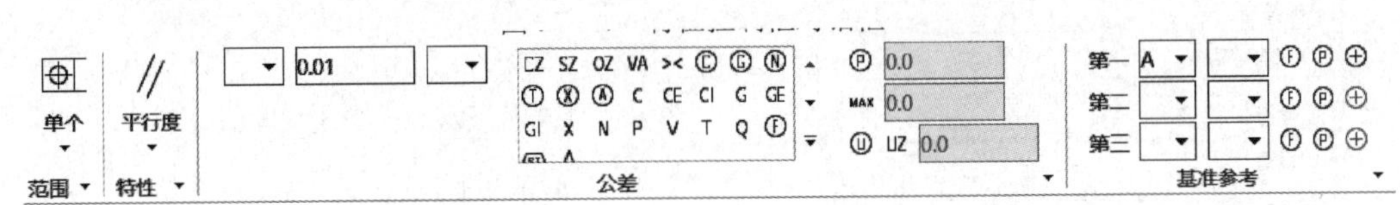

图 5-2-41　设置参数对话框

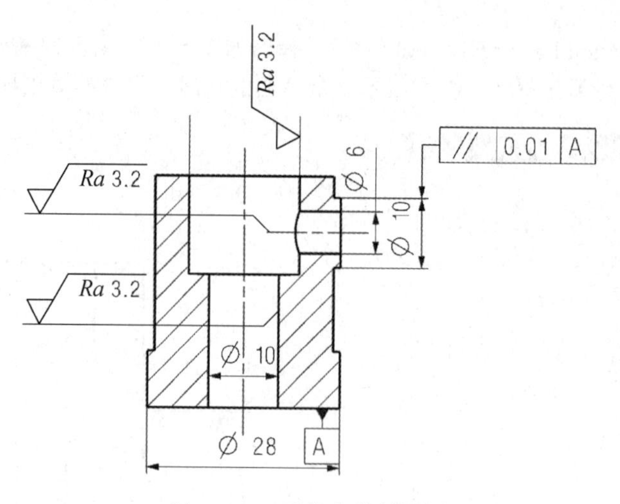

图 5-2-42 形位公差效果图

22. 标注注释

单击菜单栏中的【菜单】(Menu) 中的【插入】(Insert) |【注释】(Annotate) | A【注释】(Annotate) 命令，或单击主页中的 A【注释】(Annotate) 命令，弹出如图 5-2-43 所示的注释对话框，格式字体选择华文仿宋，文本框输入技术要求内容，也可以在技术要求库选择常用的技术要求内容，选择后单击会自动导入文本输入，输入后可以修改不合适的内容。文本内容为：1.未注铸件工艺圆角 $R2$～$R4$。2. 铸件不得有裂纹、砂眼等缺陷。完成注释，单击关闭。生成的效果如图 5-2-44 所示。

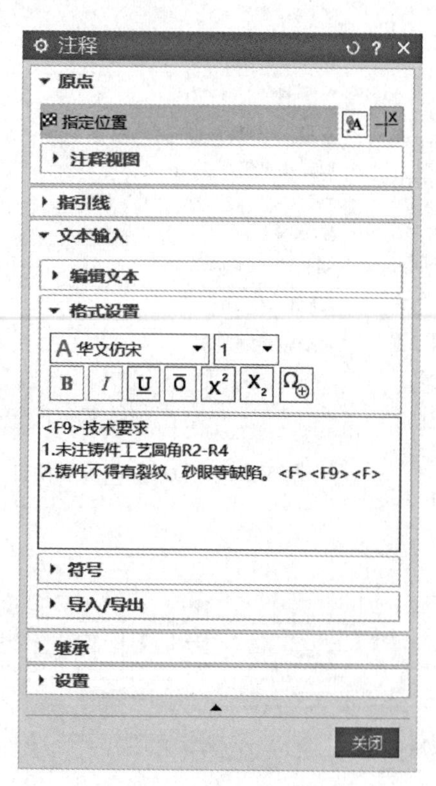

图 5-2-43 注释对话框

技术要求
1. 未注铸件工艺圆角 $R2$～$R4$。
2. 铸件不得有裂纹、砂眼等缺陷。

图 5-2-44 标注注释效果图

23. 插入图框

在空白处右击，选择定制，在搜索对话框搜索【图样】(Pattern) 命令，拉出命令至工具栏中。单击图样对话框，如图 5-2-45 所示。单击【调用图样】按钮，弹出调用图样对话框，如图 5-2-46 所示。接受系统默认设置，单击< 确定 >按钮。找出上一节在实例一创建的“A3_yangtu.prt”文件。

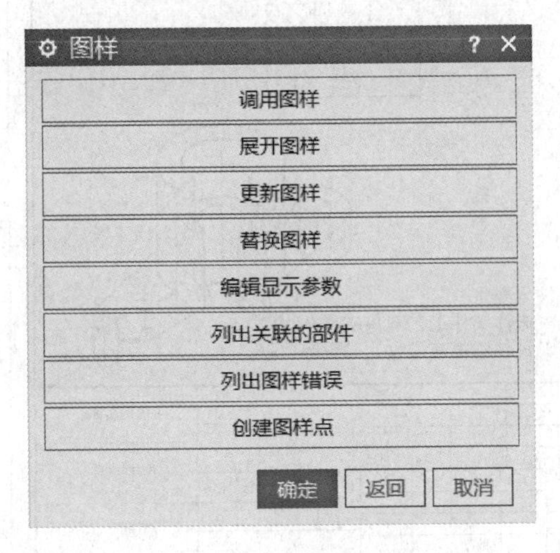

图 5-2-45　图样对话框

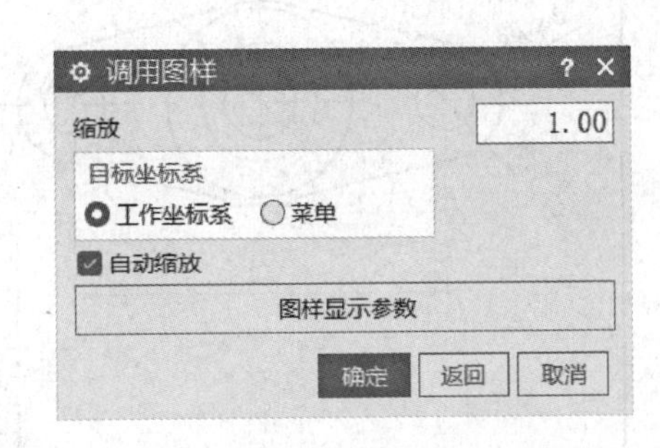

图 5-2-46　调用图样对话框

输入名称 A3_yangtu.prt 图样名，单击< 确定 >按钮，系统弹出点对话框，如图 5-2-47 所示，设定基点坐标为（0，0），单击< 确定 >按钮，A3 标准图框被插入工程图中，结果如图 5-2-48 所示。

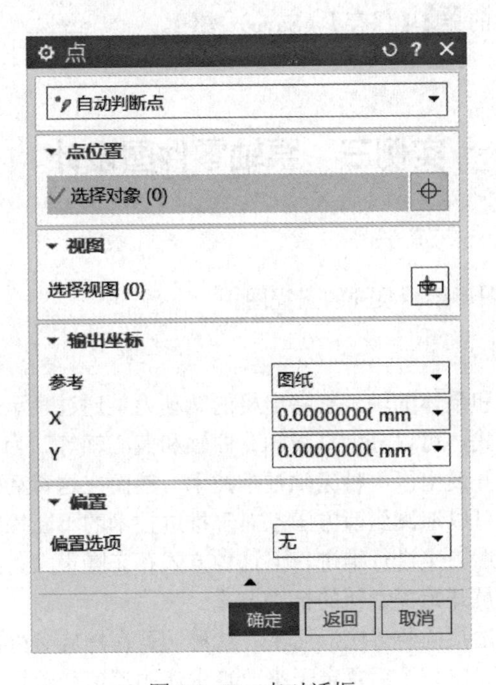

图 5-2-47　点对话框

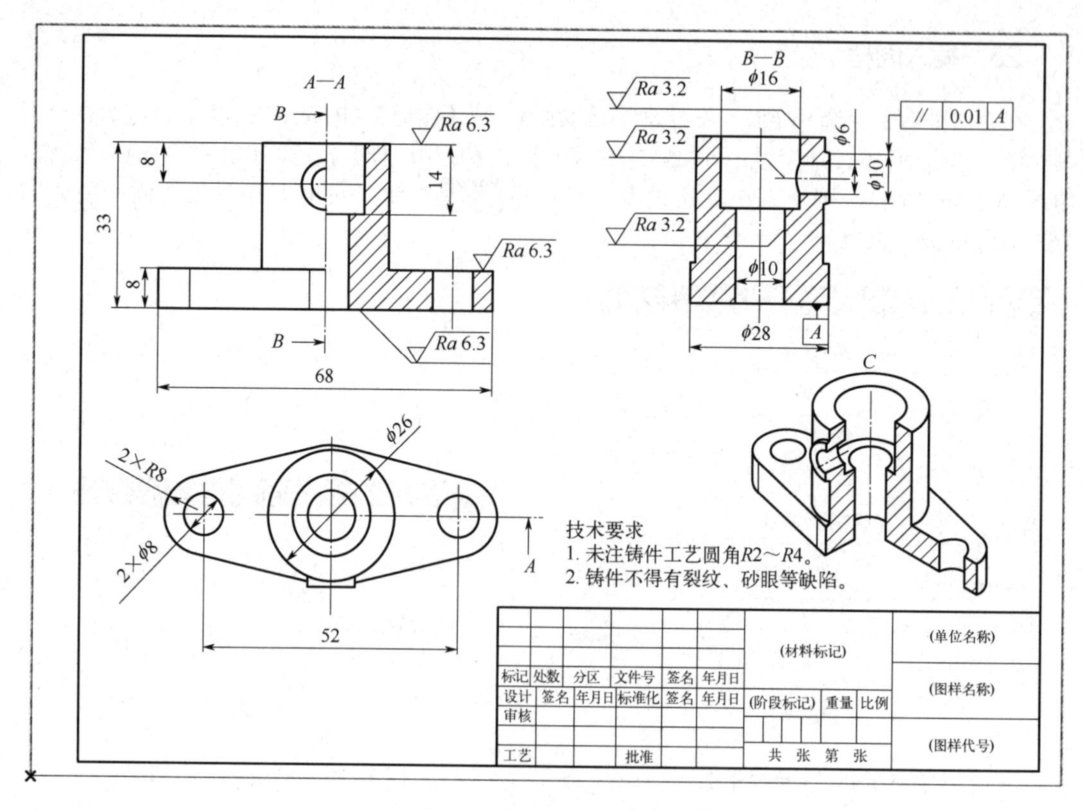

图 5-2-48 法兰零件工程图

24. 保存文件

单击软件界面左上角的 【保存】（Save）按钮。

实例三 泵轴零件图设计

实例三 泵轴零件图设计资源

【学习任务】

根据如图 5-3-1 所示图形绘制泵轴的工程图。

【课程思政】

泵轴通常指连接电机和泵体的轴，它将电机的转动力量通过轴承传递至泵体，产生压力或流量。根据泵轴的结构形式，可以分为直线轴、曲轴和偏心轴等。为了减少噪声满足更多的应用环境，在水下设备中，开发出了一种无轴泵推技术。然而在这背后却有着鲜为人知的历程。

无轴泵推技术的起源可以追溯到西方国家对于推进技术的不断探索与创新。最初，潜艇主要依赖传统的驱动轴带动螺旋桨进行推进，但这种方式存在噪声大、推进效率不高等问题。为了改进这些问题，科研人员开始探索新的推进方式。

随着技术的发展，有轴泵推装置应运而生。这种装置在螺旋桨外部加上一个环状导管（罩子），屏蔽了部分噪声，并安装了后置定子来改善水流的流速和流场条件，从而减少了噪声。然而，有轴泵推装置在本质上并没有完全解决噪声和推进效率的问题，因此科研人员继续寻求更先进的推进技术。

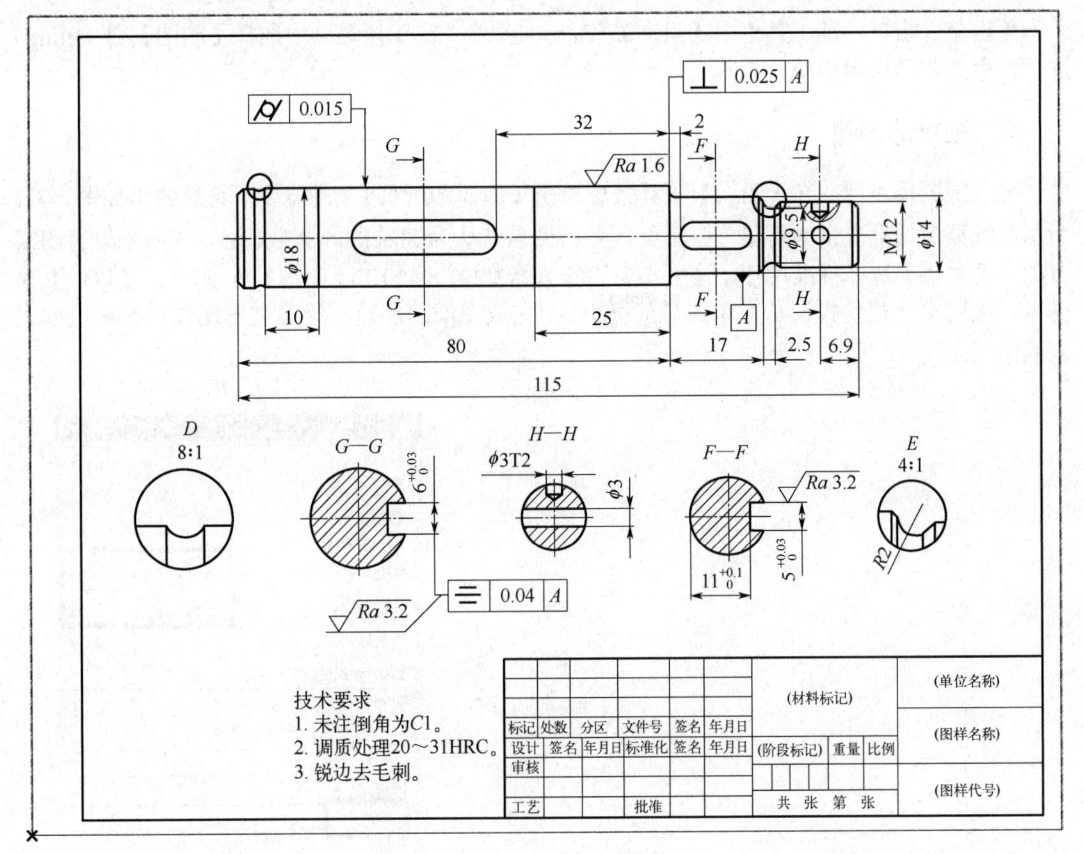

图 5-3-1　泵轴工程图

在这样的背景下，无轴泵推技术逐渐崭露头角。无轴泵推技术取消了传统的驱动轴，将螺旋桨叶片安装在环状导管内侧，并将动力装置集成在潜艇外部的环状导管内部。由电机带动整个环状导管内部桨叶一起旋转，从而从根本上杜绝了驱动轴这一最大潜艇噪声源。这种技术不仅显著降低了噪声水平，还提高了推进效率，显著提升了潜艇的隐蔽性和作战能力。

【学习目标】

① 能够使用 NX 2312 制图模块创建基本视图（Base）、【局部剖】（Local Dissection）、【剖视图】（Section View）、【局部放大图】（Partial Enlarged Image）。

② 能够使用 NX 2312 制图模块创建【艺术样条】(Art spline)、【投影曲线】(Project Curve）等草图、命令；能够使用 NX 2312 制图模块【中心标记】（Center Mark）、【快速尺寸】(Dimensioning)、【表面粗糙度符号】(Surface Roughness Symbol)、【基准特征符号】(Datum Feature Symbol)、【特征控制框】(Feature Control Box)、【注释】(Annotate)。

③ 掌握调用图框【图样】（Pattern）文件的方法。

【操作步骤】

1. 打开工程图模型

单击打开（Open）素材提供的部件文件（扫描二维码下载），如图 5-3-2 所示。

2. 进入制图应用模块

单击文件窗口标准工具栏中【启动】(Start) 菜单，在下拉菜单中选择【制图】(Drafting) 选项，进入制图应用模块。

3. 图纸的创建

进入制图模块后，在【图纸】工具条中单击【新建图纸页】按钮，系统弹出如图5-3-3所示图纸页对话框，自动新建一张图纸，并将图名默认为Sheet 1。按照图5-3-3所示设置图纸参数，【大小】选择标准尺寸，【大小】设置为A3-297×420，【比例】为1∶1，【单位】为毫米，采用第一视角投影法，单击< 确定 >按钮完成图纸的创建，绘图区出现以矩形虚线框表示的图纸。

图5-3-2 泵轴部件

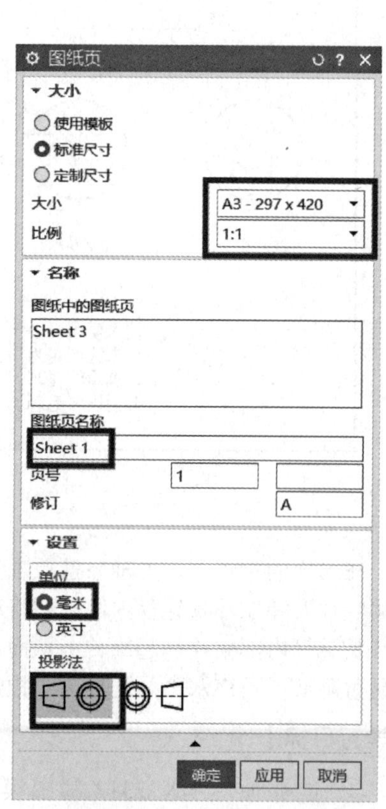

图5-3-3 图纸页对话框

技巧：在新建图纸页后，如果要更改图纸页可以单击编辑图纸页。

4. 设置首选项

选择主菜单中的【制图首选项】(Preferences) |【制图】(Drawing) |【图纸视图】(Sheet View) 下的【可见线】命令，颜色改成黑色，如图5-3-4所示。选择主菜单中的【制图首选项】(Preferences) |【制图】(Drawing) |【图纸视图】(Sheet View) 下的【剖切线】命令，【显示】|【显示剖切线】=有剖视图，【类型】= 箭头朝向直线，如图5-3-5所示。

图 5-3-4　可见线设置

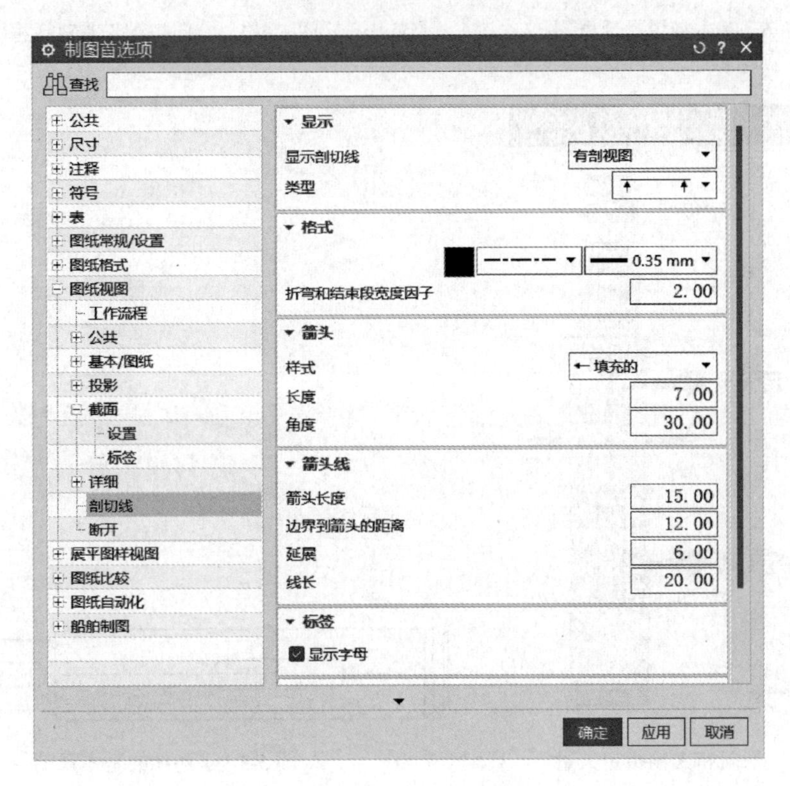

图 5-3-5　剖切线设置

5. 创建基本视图

选择主菜单中的【插入】(Insert) |【视图】(View) |【基本】(Base) 命令，或在【图纸】工具条上单击（基本视图）按钮，弹出如图 5-3-6 所示的基本视图对话框，在【要使用的模型视图】下拉选项中选取右视图，【比例】设置为 2∶1，单击【定向视图工具】，出现定向视图工具对话框，如图 5-3-7 所示。【法向】|【指定矢量】和【*X* 向】|【指定矢量】如图 5-3-8 所示，单击定向视图工具对话框 < 确定 > 按钮，拖动光标到合适位置单击鼠标左键，放置主视图，如图 5-3-9 所示。

图 5-3-6　基本视图对话框

图 5-3-7　定向视图工具对话框

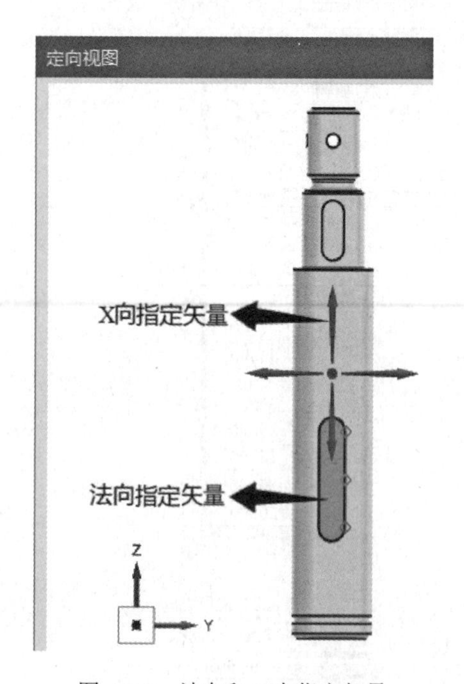

图 5-3-8　法向和 *X* 向指定矢量

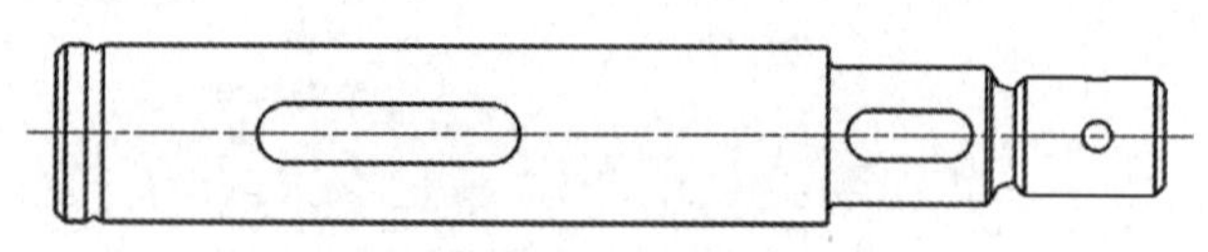

图 5-3-9　添加的基本视图

技巧： 除了用基本视图可以绘制右视图，也可以考虑采用投影视图形成。

6. 创建艺术样条

选中基本视图，按鼠标右键，选择【活动草图视图】。在草图环境下，单击【草图】工具条中【艺术样条】(Art Spline)，弹出对话框，如图 5-3-10 所示。【类型】|【通过点】，【点位置】选择需要局部剖切的位置的点，【参数设置】|【次数】= 3，勾选封闭，绘制曲线如图 5-3-11 所示，单击< 确定 >按钮，完成草图命令。

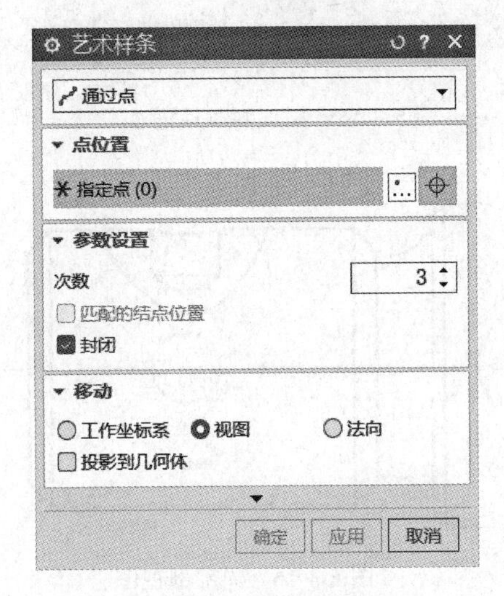

图 5-3-10 艺术样条对话框

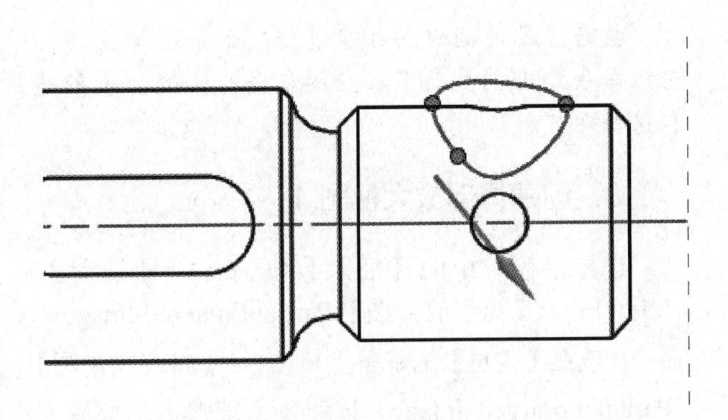

图 5-3-11 半剖视图创建位置选择

7. 创建局部剖视图

选择主菜单中的【插入】(Insert)|【视图】(View)|【局部剖】(Local Dissection)命令，或在【主页】工具条上单击【局部剖】(Local Dissection)按钮，系统弹出如图 5-3-12 所示的局部剖对话框。在局部剖对话框列表中选择图 5-3-9 添加的基本视图，或者直接在工作区域选择要进行剖切的视图，选择完成后会自动进入下一步，对话框会自动变化，如图 5-3-13 所示。

图 5-3-12 局部剖对话框 1

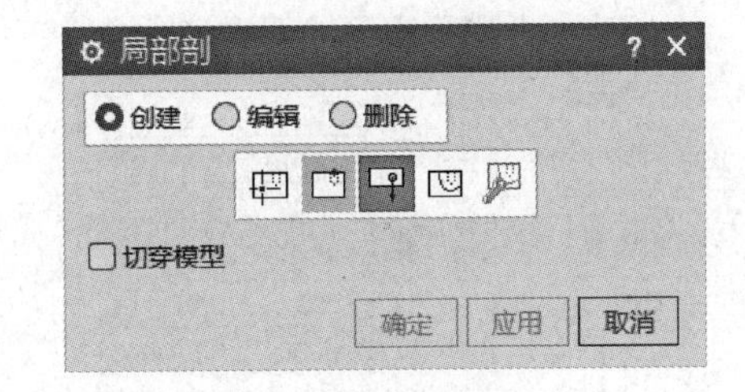

图 5-3-13 局部剖对话框 2

定义拉伸矢量方向，选择矢量点如图 5-3-14 所示，按系统默认的方向即可。单击选择曲线，选择如图 5-3-14 的样条曲线，出现的对话框如图 5-3-15 所示。然后单击“应用”，完成局部剖视图，如图 5-3-16 所示。

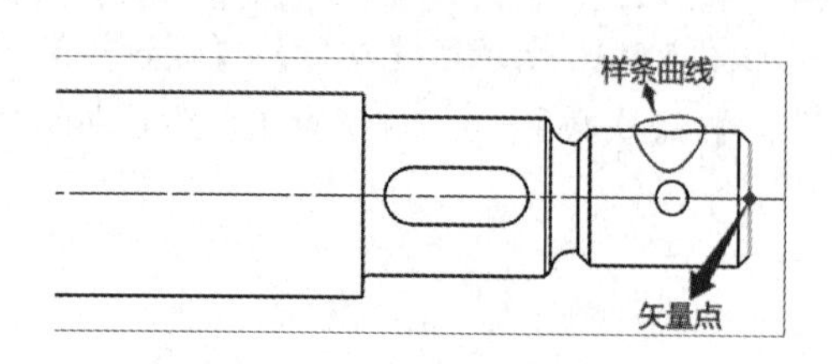

图 5-3-14　矢量点和样条曲线

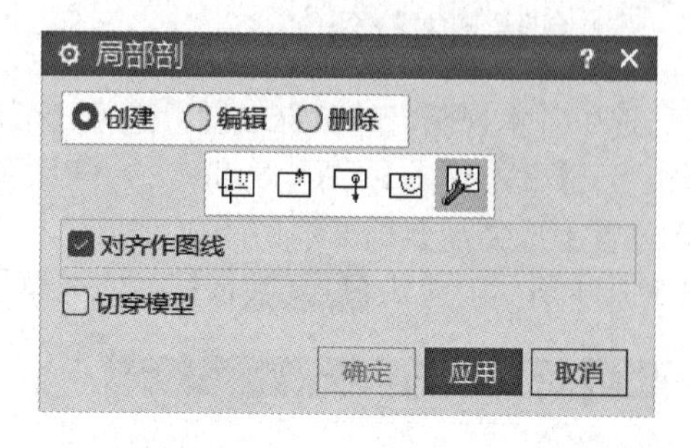

图 5-3-15　局部剖对话框 3

技巧：*局部剖视图创建过程中如果选择错误，可以单击局部剖截面下相应图标进行修改，重新进行选择即可。*

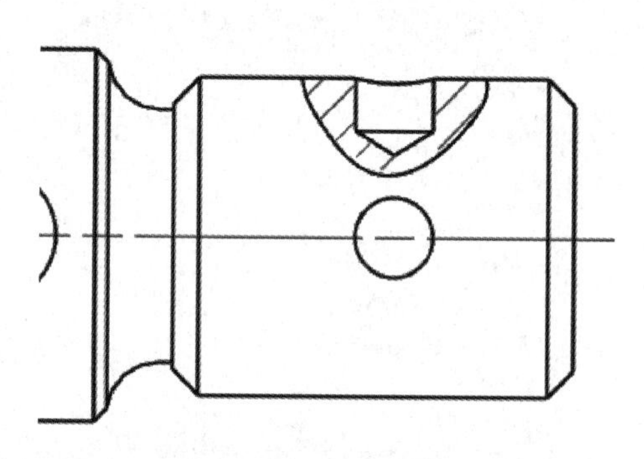

图 5-3-16　局部剖视图

8. 创建局部放大视图 1

选择主菜单中的【插入】(Insert) |【视图】(View)| 【局部放大图】(Partial Enlarged Image) 命令，或在【主页】工具条上单击 【局部放大图】(Partial Enlarged Image) 按钮，系统弹出局部放大图对话框，如图 5-3-17 所示。【类型】= 圆形，【标签】= 圆，在放大处单击鼠标左键，选择合适位置后单击鼠标左键，【比例】选择 8∶1，然后将鼠标移至视图下方合适位置放置剖视图，单击鼠标左键，完成后如图 5-3-18 所示。

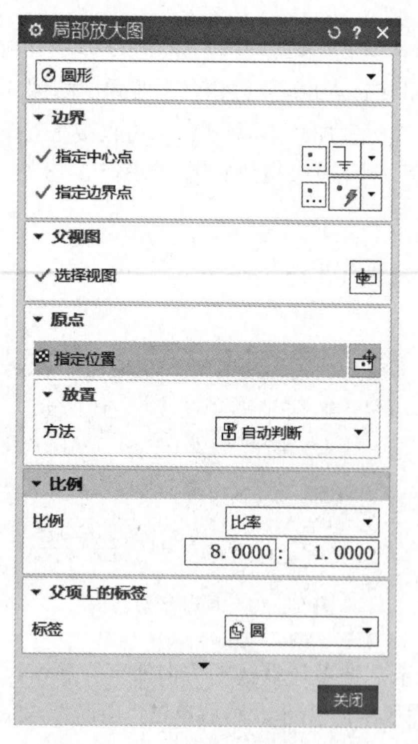

图 5-3-17　局部放大图对话框

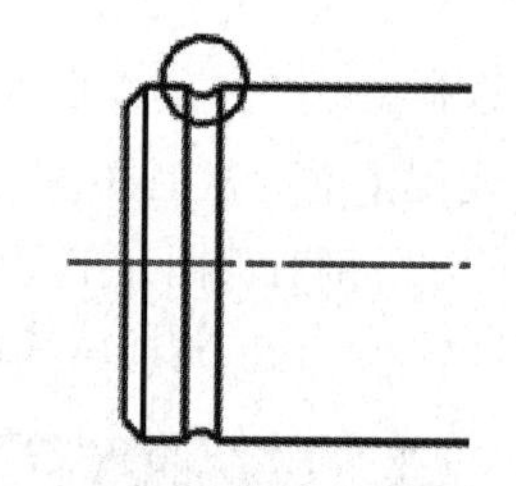

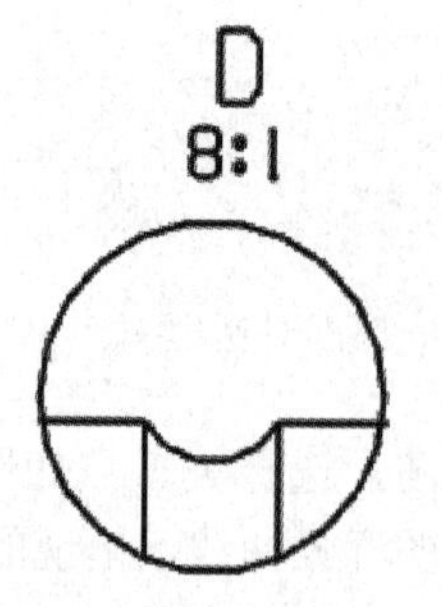

图 5-3-18　局部放大图 1

技巧：单击局部放大视图，点进设置，设置边界颜色黑色，线条直线。

9. 创建局部放大视图 2

选择主菜单中的【插入】(Insert) |【视图】(View) | 【局部放大图】(Partial Enlarged Image) 命令，或在【主页】工具条上单击 【局部放大图】(Partial Enlarged Image) 按钮，系统弹出局部放大图对话框。【类型】= 圆形，【标签】= 圆，在放大处单击鼠标左键，选择合适位置后单击鼠标左键，【比例】选择 4∶1，然后将鼠标移至视图下方合适位置放置剖视图，单击鼠标左键，完成后如图 5-3-19 所示。

技巧：单击局部放大视图，点进设置，设置边界颜色为黑色，线条为直线。

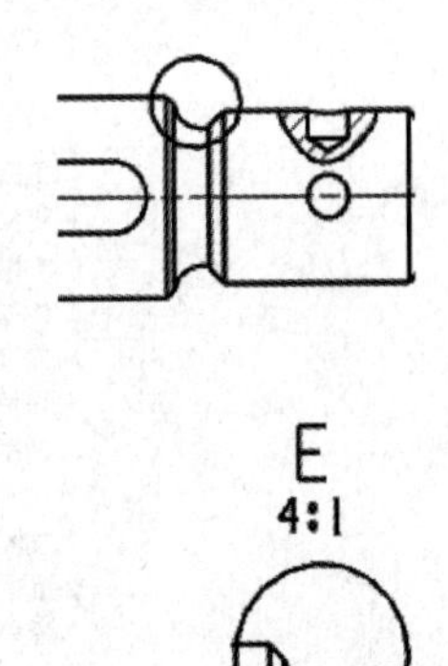

图 5-3-19　局部放大图 2

10. 创建剖视图 *F—F*

选择主菜单中的【插入】(Insert) |【视图】(View) | 【剖视图】(Section View) 命令，或在【主页】工具条上单击 【剖视图】(Section View) 按钮，系统弹出剖视图对话框，如图 5-3-20 所示。【剖切线】|【方法】= 简单剖/阶梯剖，然后将鼠标移至基本视图一点处单击一下，然后向右移动鼠标，观察到剖切线至图 5-3-21 所示位置后，单击鼠标左键，然后将鼠标移至视图下方合适位置放置剖视图，单击鼠标左键。单击剖视图右键，单击设置，找到截面里设置的格式，将显示背景前的钩去除，如图 5-3-22 所示，单击 < 确定 >。

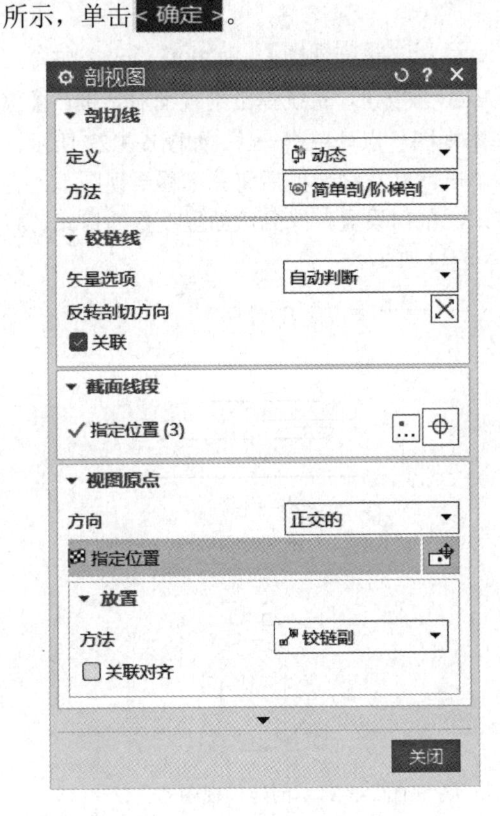

图 5-3-20　剖视图对话框

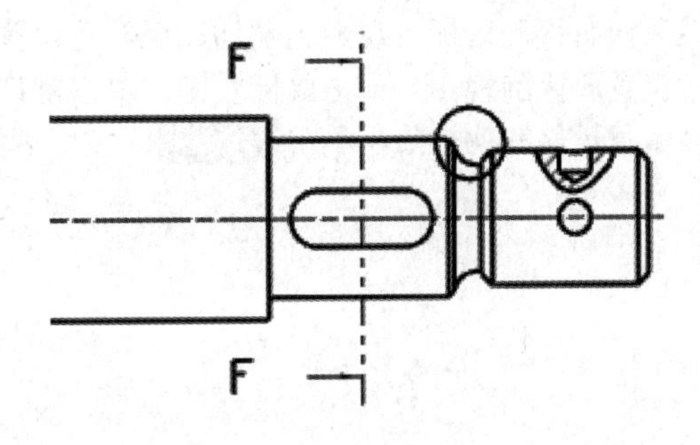

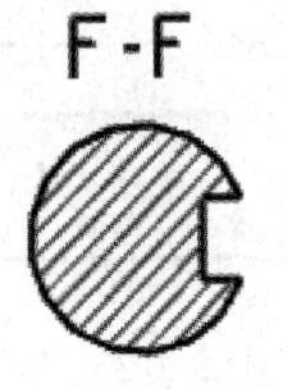

图 5-3-21　创建剖视图

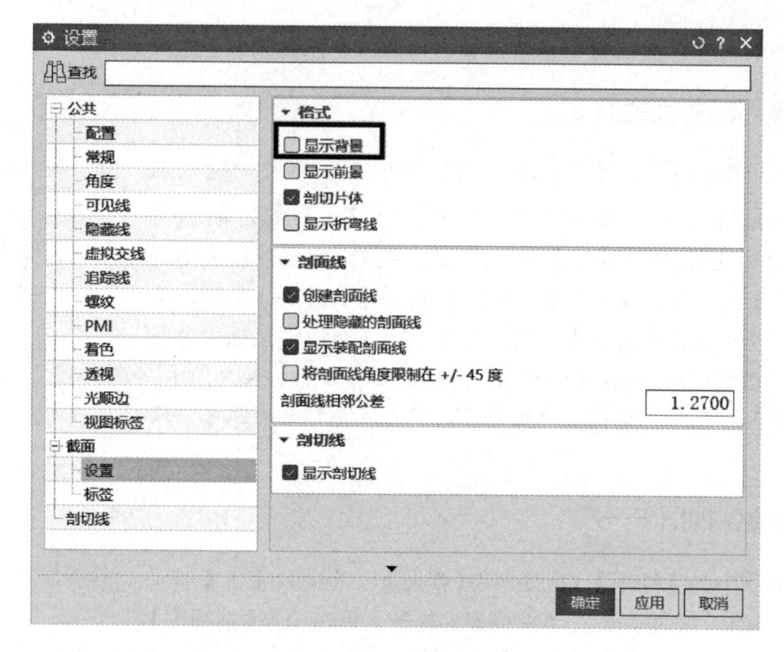

图 5-3-22 设置背景

技巧：*F—F* 的剖视图要注意选择基本视图为主要视图，再进行设置和选择。

11. 创建剖视图 *G—G*

选择主菜单中的【插入】(Insert) |【视图】(View) | 【剖视图】(Section View) 命令，或在【主页】工具条上单击【剖视图】(Section View) 按钮，系统弹出剖视图对话框。【剖切线】|【方法】= 简单剖/阶梯剖，然后将鼠标移至基本视图一点处单击一下，如图 5-3-23 所示，然后向右移动鼠标，观察到剖切线至右边位置后，单击鼠标左键，然后将鼠标移至视图下方合适位置放置剖视图，单击鼠标左键。单击剖视图右键，单击设置，找到截面里设置的格式，将显示背景前的钩去除，单击< 确定 >，完成后如图 5-3-24 所示。

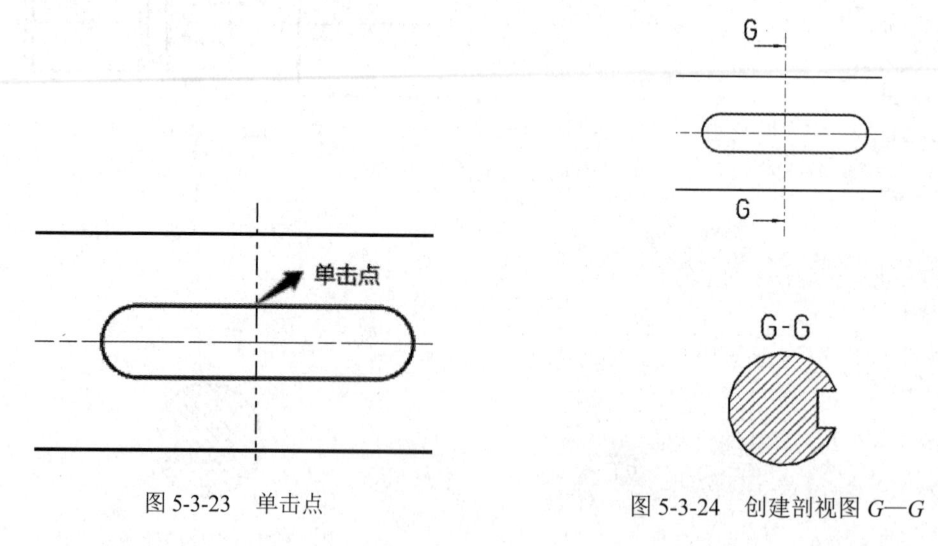

图 5-3-23 单击点

图 5-3-24 创建剖视图 *G—G*

技巧：*G—G* 的剖视图要注意选择基本视图为主要视图，再进行设置和选择。

12. 创建剖视图 *H—H*

选择主菜单中的【插入】(Insert)|【视图】(View)|【剖视图】(Section View)命令，或在【主页】工具条上单击【剖视图】(Section View)按钮，系统弹出剖视图对话框。【剖切线】|【方法】= 简单剖/阶梯剖，然后将鼠标移至基本视图一点处单击一下，如图 5-3-25 所示，然后向右移动鼠标，观察到剖切线至右边位置后，单击鼠标左键，然后将鼠标移至视图下方合适位置放置剖视图，单击鼠标左键，单击 确定 ，完成后如图 5-3-26 所示。

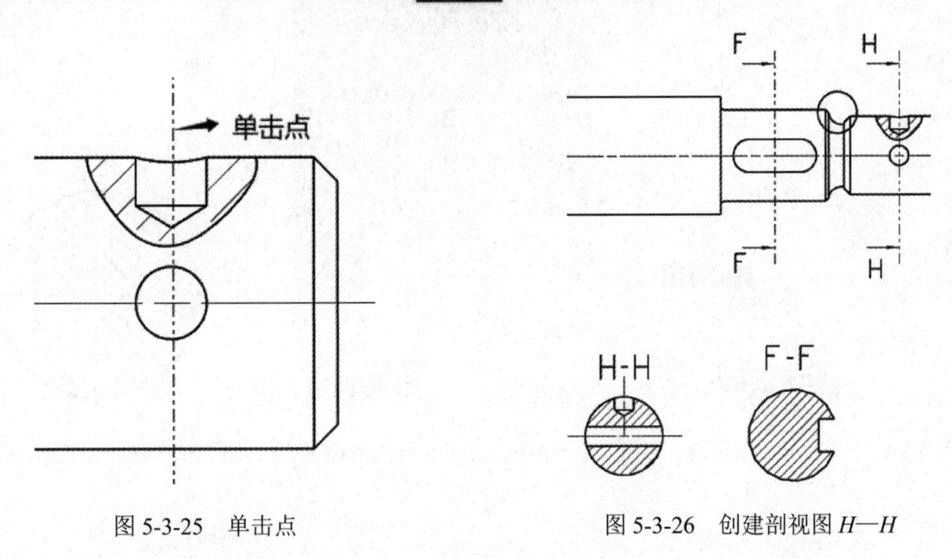

图 5-3-25 单击点

图 5-3-26 创建剖视图 *H—H*

技巧： *H—H* 的剖视图要注意选择基本视图为主要视图，再进行设置和选择。

13. 创建中心标记

选择【主页】工具条【中心标记】(Center Mark)按钮，系统弹出中心标记对话框，如图 5-3-27 所示。【尺寸】|【缝隙】= 1mm，【中心十字】= 1mm，【延伸】= 2mm，然后将鼠标单击剖视图 *G—G* 的外圆，单击【样式】|【颜色】，进入对象颜色对话框，如图 5-3-28 所示，选择黑色，单击 确定 ，在中心标记对话框单击应用按钮。完成后如图 5-3-29 所示。

单击剖视图 *F—F* 的外圆，单击【样式】|【颜色】，进入对象颜色对话框，选择黑色，单击 确定 ，在中心标记对话框单击 确定 按钮。完成后如图 5-3-30 所示。删除 *H—H* 原来的中心线，再次选择【主页】工具条【中心标记】(Center Mark)按钮，系统弹出中心标记对话框，【尺寸】|【缝隙】= 1mm，【中心十字】= 1mm，【延伸】= 2mm，然后将鼠标单击剖视图 *H—H* 的外圆，单击【样式】|【颜色】，进入对象颜色对话框，选择黑色，单击 确定 ，在中心标记对话框单击 确定 按钮。完成后如图 5-3-31 所示。

14. 创建两条直线

选中基本视图，按鼠标右键，选择激活草图。在草图环境下，单击【草图】工具条中【投影曲线】(Project Curve)，弹出对话框，如图 5-3-32 所示。【要投影的对象】选择直线 1 和直线 2，形成投影曲线。然后单击菜单里编辑的移动对象，对话框如图 5-3-33 所示，【选择对象】为左边直线，【距离】输入 10mm，【指定矢量】向右 *X* 轴，单击应用。【选择对象】为右边直线，【距离】输入 25mm，【指定矢量】向左 *X* 轴，单击 确定 。效果如图 5-3-34 所示。

图 5-3-27　中心标记对话框

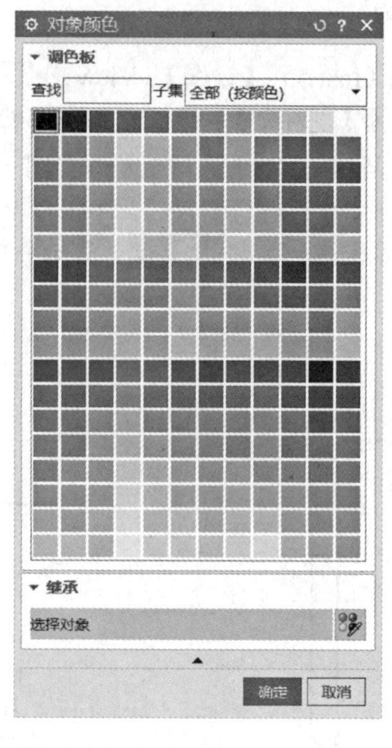

图 5-3-28　对象颜色对话框

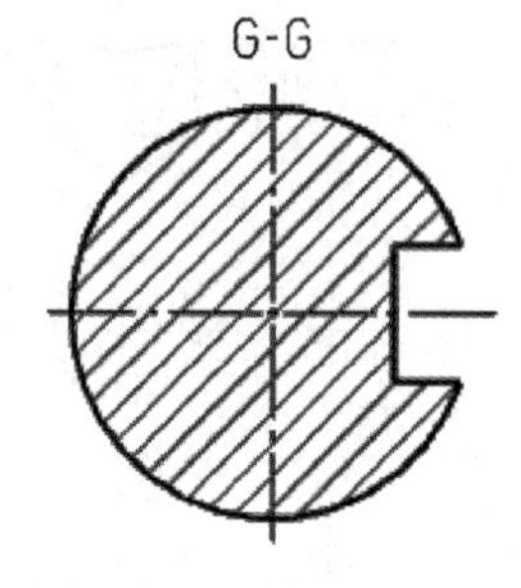

图 5-3-29　*G—G* 视图中心标记

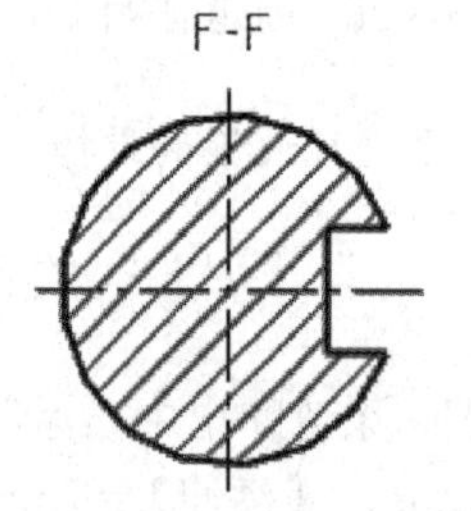

图 5-3-30　*F—F* 视图中心标记

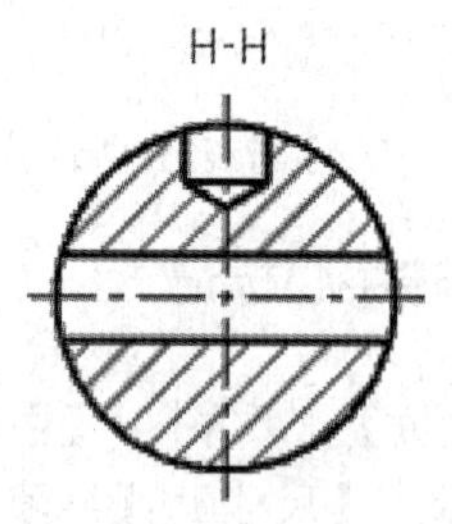

图 5-3-31　*H—H* 视图中心标记

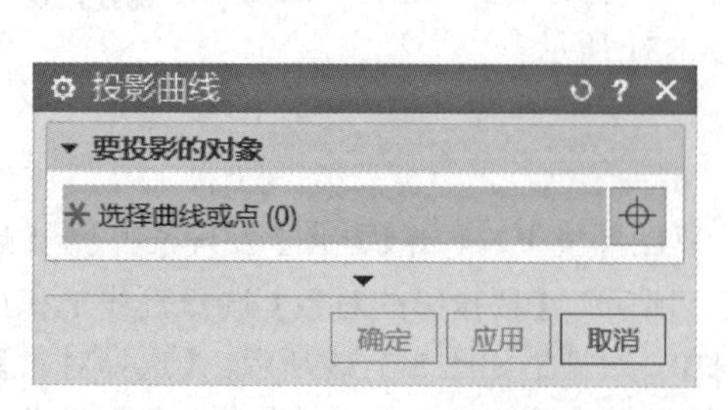

图 5-3-32　投影曲线对话框

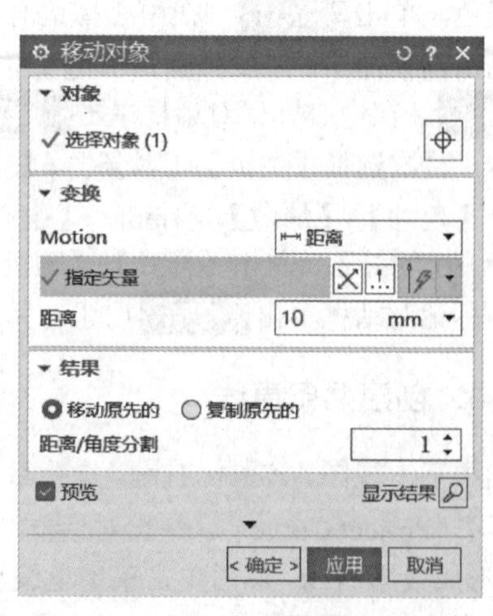

图 5-3-33　移动对象对话框

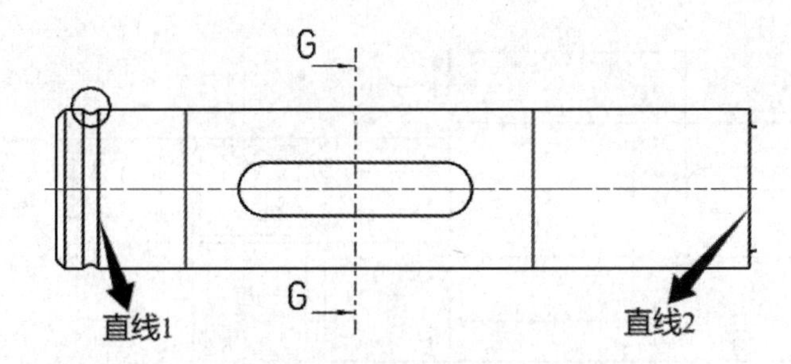

图 5-3-34　创建两条直线

15. 标注线性尺寸

单击菜单栏中的【菜单】(Menu) 中的【插入】(Insert) |【尺寸】(Dimension) |【快速尺寸】(Dimensioning) 命令，或单击主页中的【快速尺寸】(Dimensioning) 命令，弹出如图 5-3-35 所示快速尺寸对话框。标注线性尺寸 10mm、32mm、2mm、80mm、25mm、115mm、17mm、2.5mm 和 6.9mm。生成的尺寸效果如图 5-3-36 所示，单击关闭按钮。

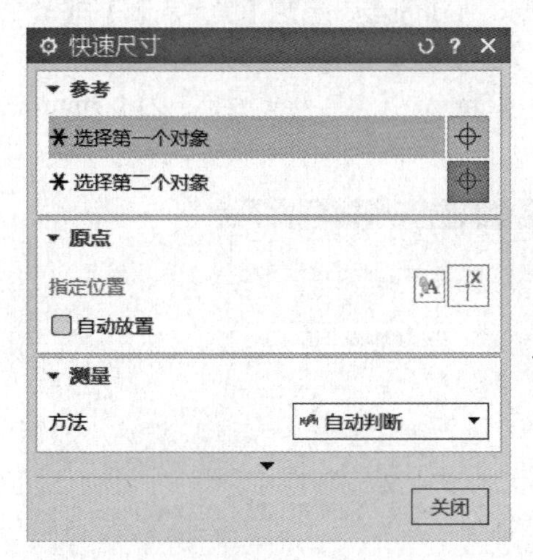

图 5-3-35　快速尺寸对话框

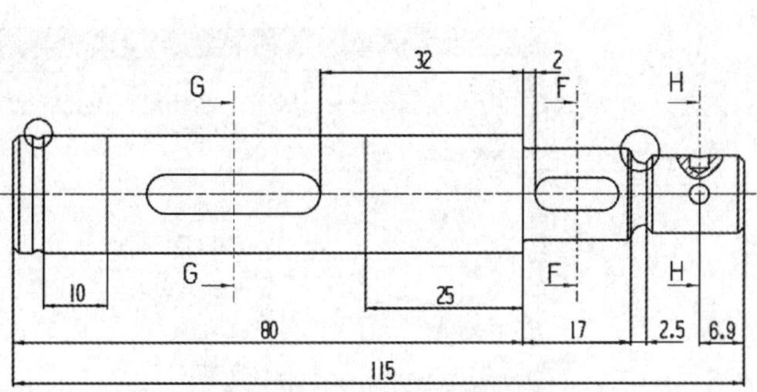

图 5-3-36　生成的线性尺寸效果

技巧：尺寸文本字体是系统自带的，字体比较小。可以单击【菜单首选项】里的【制图】按钮，单击【文本】里的【尺寸文本】，改【高度】为 5mm，单击< 确定 >。

16. 标注线性圆柱尺寸

单击菜单栏中的【菜单】(Menu) 中的【插入】(Insert) |【尺寸】(Dimension) |【快速尺寸】(Dimensioning) 命令，或单击主页中的【快速尺寸】(Dimensioning) 命令，弹出快速尺寸对话框，【测量】|【方式】改为圆柱式。标注线性圆柱尺寸 ϕ18mm、ϕ9.5mm、ϕ14mm、ϕ3mm、ϕ3mm，生成的效果如图 5-3-37 所示，单击关闭按钮。

技巧：也可以考虑在别的视图中标注。

17. 标注尺寸公差

单击【菜单】(Menu) 中的【插入】(Insert) |【尺寸】(Dimension) |【快速尺寸】(Dimensioning)

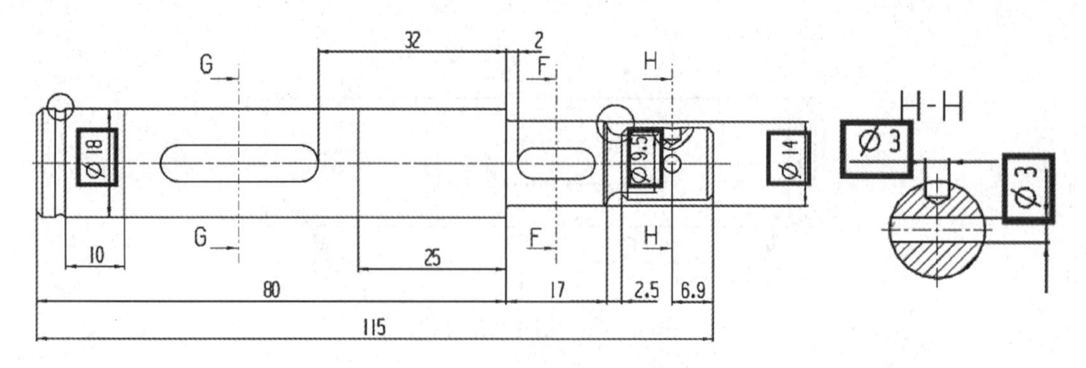

图 5-3-37　圆柱尺寸标注后效果图

命令，或单击主页中的【快速尺寸】(Dimensioning) 命令，弹出快速尺寸对话框。标注线性尺寸 12mm、6 mm、11mm、5mm。按鼠标右键选择设置，12 加上前缀 M。6mm 和 5mm【公差】|【类型和值】|【类型】= 单向正公差，【公差上限】为+0.03mm，如图 5-3-38 所示；在公差【文本】的【范围】选项中不要勾选应用于整个尺寸，【高度】值为 2.5mm，【行间隙因子】为 0.5mm，【文本间隙因子】为 0.3mm，如图 5-3-39 所示；11mm【公差】|【类型和值】|【类型】= 单向正公差，【公差上限】为+0.1mm，在公差【文本】的【范围】选项中不要勾选应用于整个尺寸，【高度】值为 2.5mm，【行间隙因子】为 0.5mm，【文本间隙因子】为 0.3mm，单击关闭按钮。标注尺寸公差效果如图 5-3-40 所示。

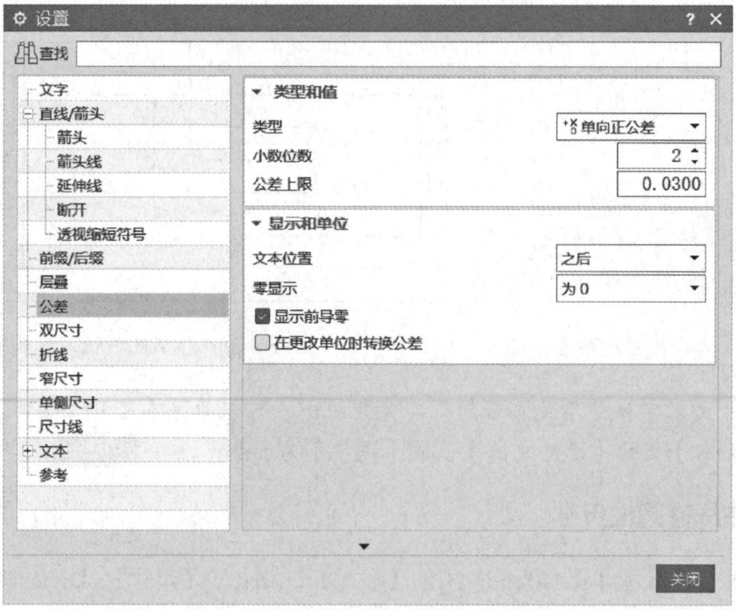

图 5-3-38　设置公差

技巧：也可以考虑在别的视图标注。

18. 标注半径和直径尺寸

单击菜单栏中的【菜单】(Menu) 中的【插入】(Insert) |【尺寸】(Dimension) |【快速尺寸】(Dimensioning) 命令，或单击主页中的【快速尺寸】(Dimensioning) 命令，弹出快速

尺寸对话框，【测量】|【方式】改为半径。标注半径尺寸 R2mm，标注ϕ3mm 时，要在标注尺寸文本后加注 T2。生成的尺寸效果如图 5-3-41 所示，单击关闭按钮。

技巧：在标注尺寸文本后加注 T2 时，字体大小不一样时，只需要更改字体即可。

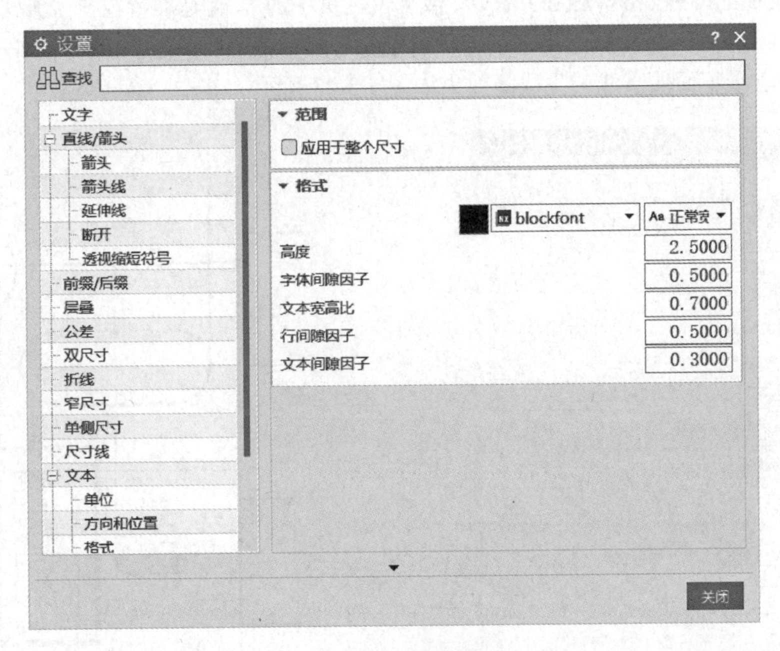

图 5-3-39　设置文本

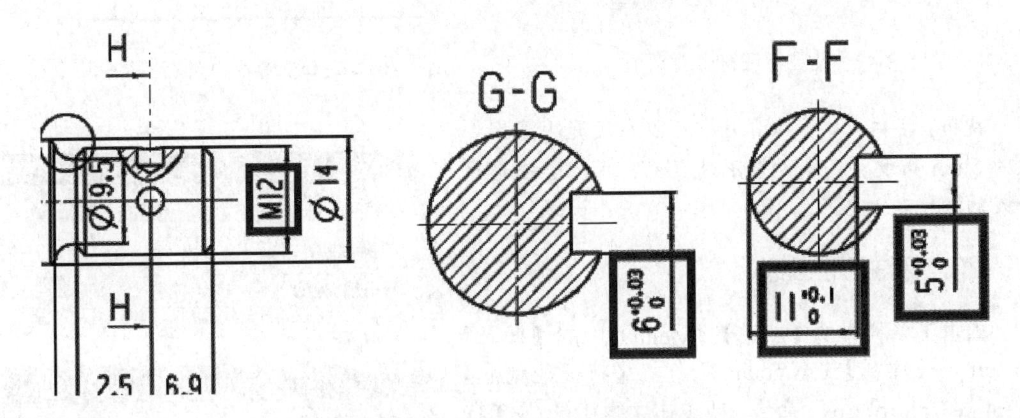

图 5-3-40　标注尺寸公差效果图

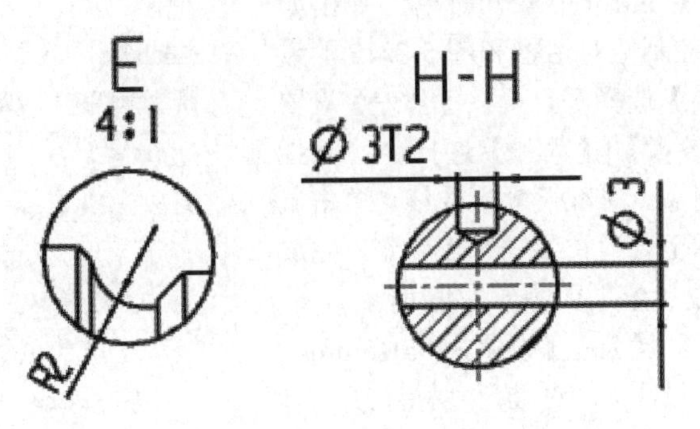

图 5-3-41　直径和半径标注

19. 标注形位公差的基准

单击菜单栏中的【菜单】(Menu) 中的【插入】(Insert) |【注释】(Annotate) | 【基准特征符号】(Datum Feature symbol) 命令，或单击主页中的 【基准特征符号】(Datum Feature symbol) 命令，弹出如图 5-3-42 所示的基准特征符号对话框，【基准标识符】|【字母】选择 A，【指引线】单击最下面的直线。生成的效果如图 5-3-43 所示。

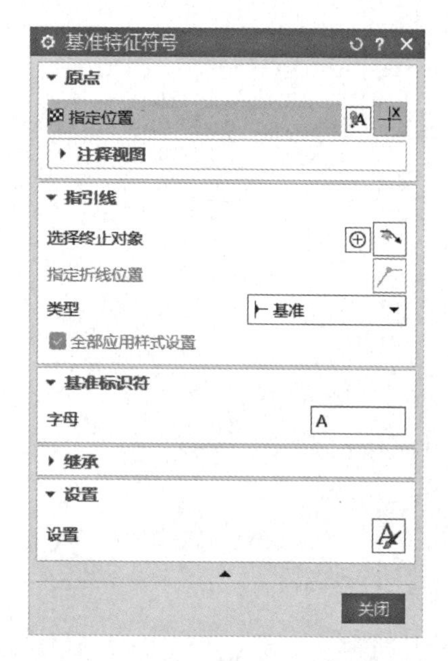

图 5-3-42 基准特征符号对话框

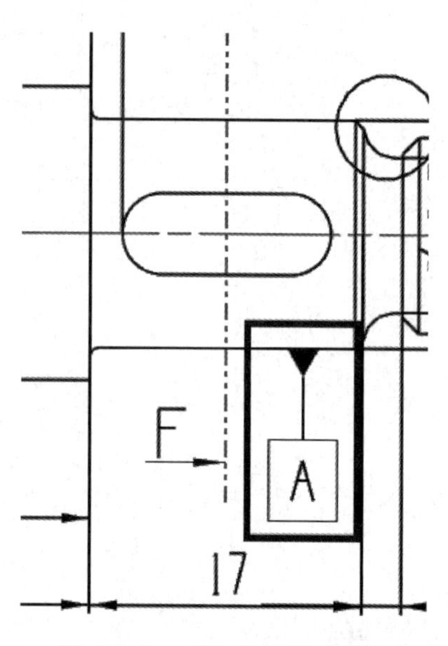

图 5-3-43 基准特征符号效果

技巧：字体大小如果很小，可以在设置中将字体改为 5mm 高度。字体如果不是黑色，可以单击形位公差的颜色改为黑色。

20. 标注形位公差

单击菜单栏中的【菜单】(Menu) 中的【插入】(Insert) |【注释】(Annotate) | 【特征控制框】(Feature Control Box) 命令，或单击主页中的【特征控制框】(Feature Control Box) 命令，弹出如图 5-3-44 所示的特征控制框对话框和图 5-3-45 的设置参数对话框，【特性】选择垂直度，【公差】设置为 0.025mm，【基准参考】|【第一】选择 A，【指引线】单击选择终止对象，对准尺寸标注线，单击鼠标左键，然后移动鼠标至合适位置再单击左键，完成标注，单击应用。生成的效果如图 5-3-46 所示。

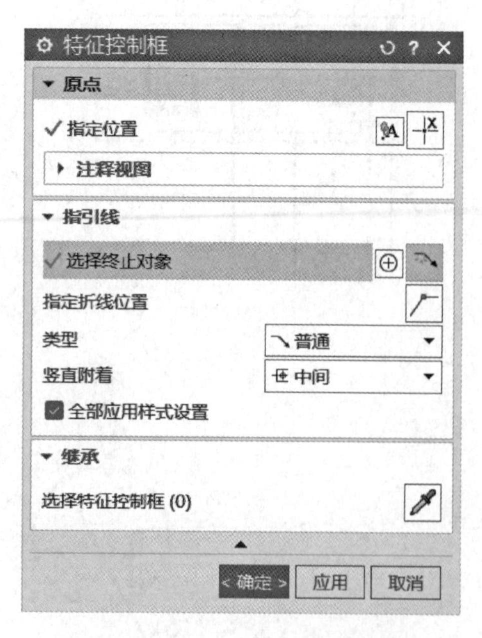

图 5-3-44 特征控制框对话框

【特性】选择圆柱度，【公差】设置为 0.015mm，【指引线】单击选择终止对象，对准尺寸标注线，单击鼠标左键，然后移动鼠标至合适位置再单击左键，

完成标注，单击应用。生成的效果如图 5-3-47 所示。【特性】选择对称度，【公差】设置为 0.04mm，【基准参考】|【第一】选择 A，【指引线】单击选择终止对象，对准尺寸标注线，单击鼠标左键，然后移动鼠标至合适位置再单击左键，完成标注，单击< 确定 >。生成的效果如图 5-3-48 所示。

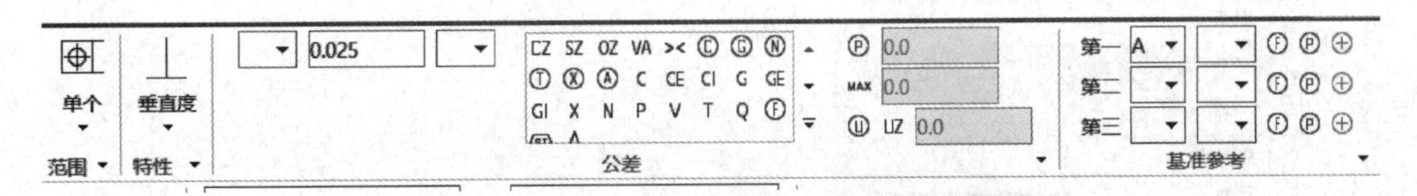

图 5-3-45　设置参数对话框

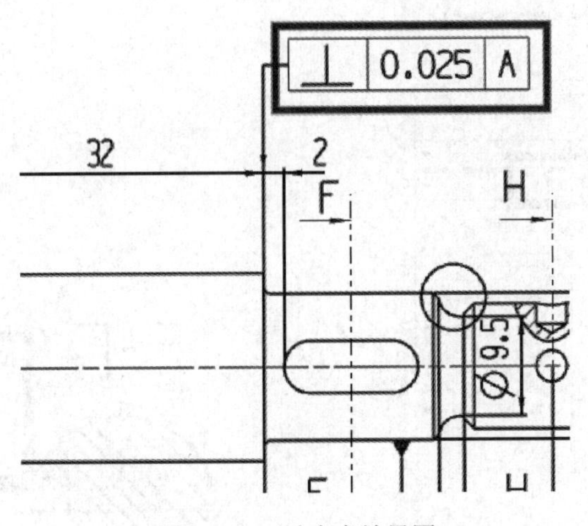

图 5-3-46　垂直度效果图

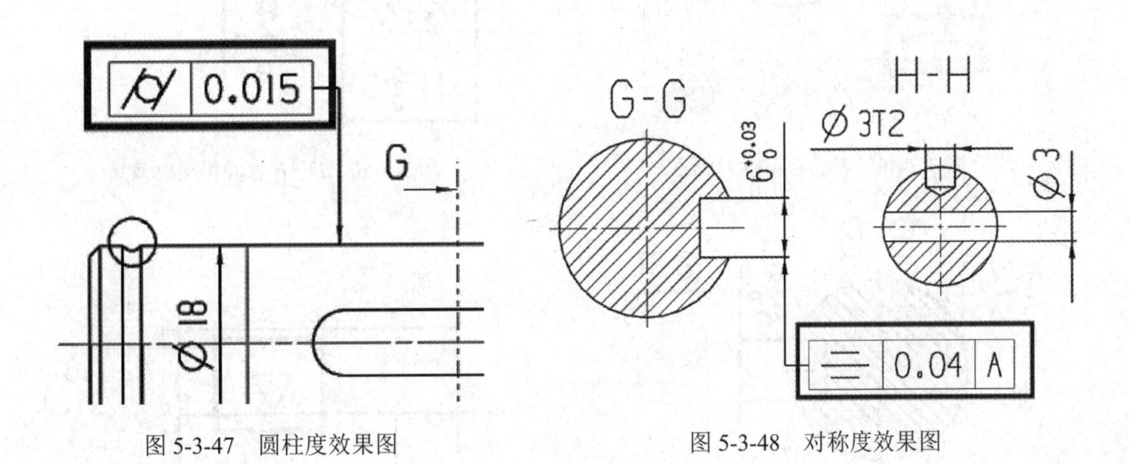

图 5-3-47　圆柱度效果图

图 5-3-48　对称度效果图

21．标注粗糙度

单击菜单栏中的【菜单】（Menu）中的【插入】（Insert）|【注释】（Annotate）| √【表面粗糙度符号】（Surface Roughness Symbol）命令，或单击主页中的√【表面粗糙度符号】（Surface Roughness Symbol）命令，弹出如图 5-3-49 所示的表面粗糙度对话框，【属性】|【除料】选择需要除料，【下部文本（a2）】输入 3.2，生成一个 3.2 的粗糙度，生成的效果如图 5-3-50 所示。

再将【设置】|【角度】改为180°，【反转文本】前面小方框打钩，生成一个反向为3.2的粗糙度，生成的效果如图5-3-51所示。【下部文本（a2）】输入1.6，生成一个1.6的粗糙度，生成的效果如图5-3-52所示。

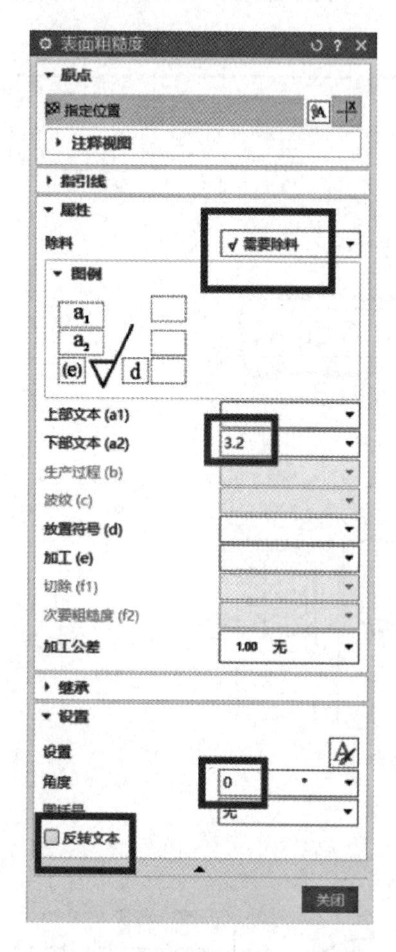

图5-3-49 表面粗糙度对话框

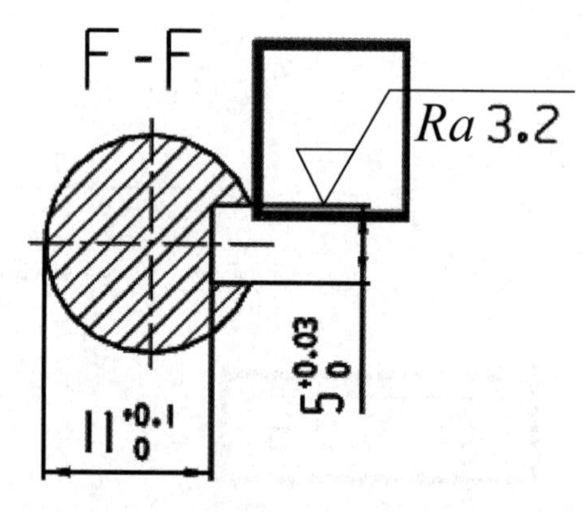

图5-3-50 *F*—*F* 表面粗糙度效果

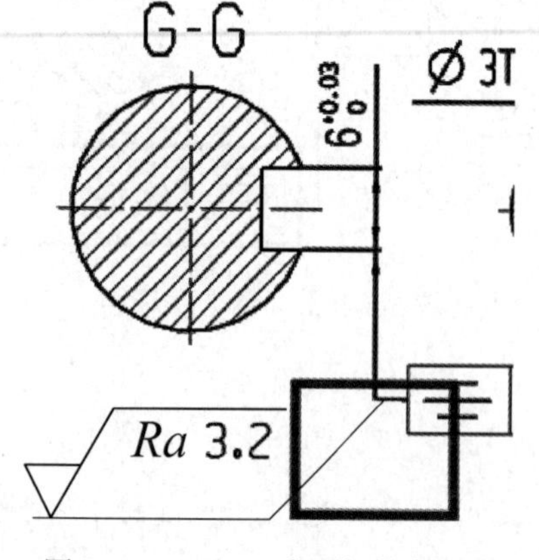

图5-3-51 *G*—*G* 表面粗糙度效果

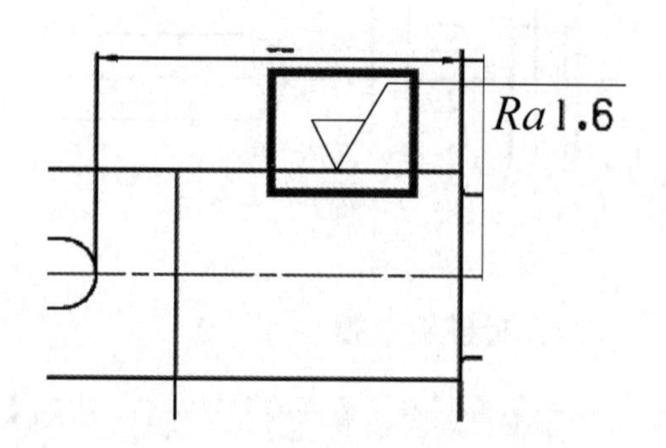

图5-3-52 主视图表面粗糙度效果

技巧：字体如果不是黑色，可以单击设置粗糙度符号的颜色为黑色。

22. 标注注释

单击菜单栏中的【菜单】(Menu)中的【插入】(Insert)|【注释】(Annotate)| A【注释】(Annotate)命令，或单击主页中的 A【注释】(Annotate)命令，弹出如图 5-3-53 所示的注释对话框，【格式设置】选择华文仿宋，文本框输入技术要求内容，也可以在技术要求库选择常用的技术要求内容，选择后单击会自动导入文本，输入后可以修改不合适的内容。文本内容为：1.未注倒角为 *C*1。2.调质处理 20～31HRC。3.锐边去毛刺。生成的效果如图 5-3-54 所示。

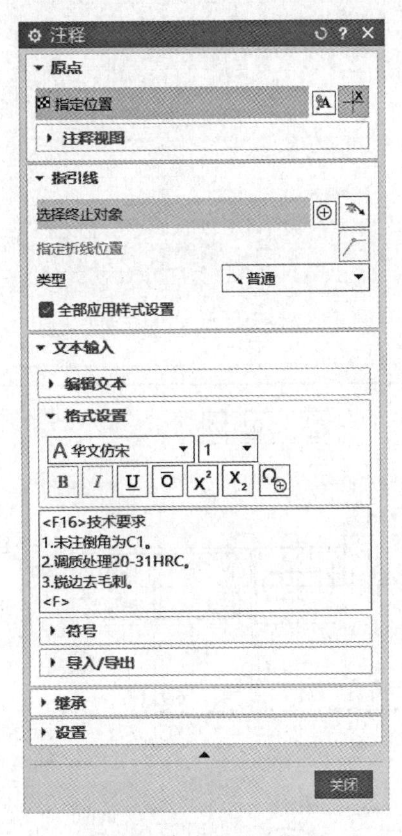

图 5-3-53 注释对话框

技术要求
1. 未注倒角为C1。
2. 调质处理20～31HRC。
3. 锐边去毛刺。

图 5-3-54 标注注释效果图

23. 插入图框

在空白处右击，选择定制，在搜索对话框搜索【图样】(Pattern)命令，拉出命令至工具栏中。单击图样对话框，如图 5-3-55 所示。单击【调用图样】按钮，弹出调用图样对话框，如图 5-3-56 所示。接受系统默认设置，单击 < 确定 > 按钮。找出实例一创建的“A3_yangtu.prt”文件。

输入 A3_yangtu.prt 图样名，单击 < 确定 > 按钮，系统弹出点对话框，如图 5-3-57 所示，设定基点坐标为(0，0)，单击 < 确定 > 按钮，A3 标准图框被插入工程图中，结果如图 5-3-58 所示。

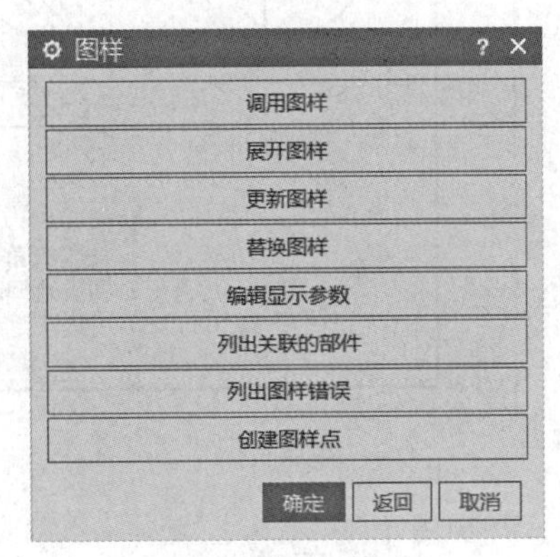

图 5-3-55 图样对话框

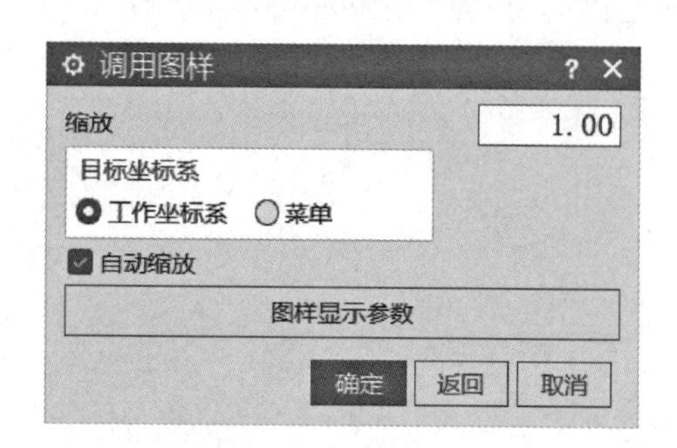

图 5-3-56 调用图样对话框

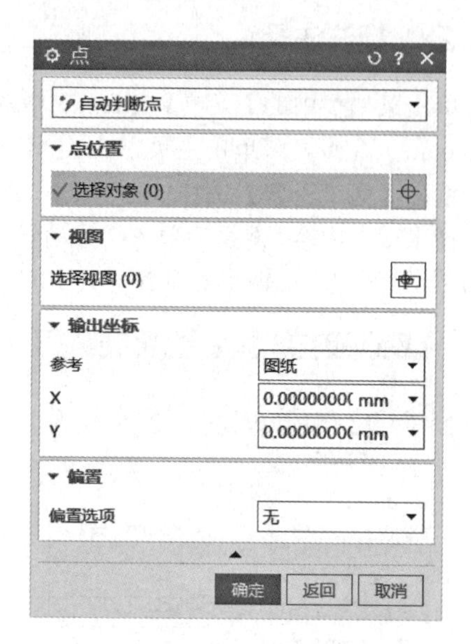

图 5-3-57 点对话框

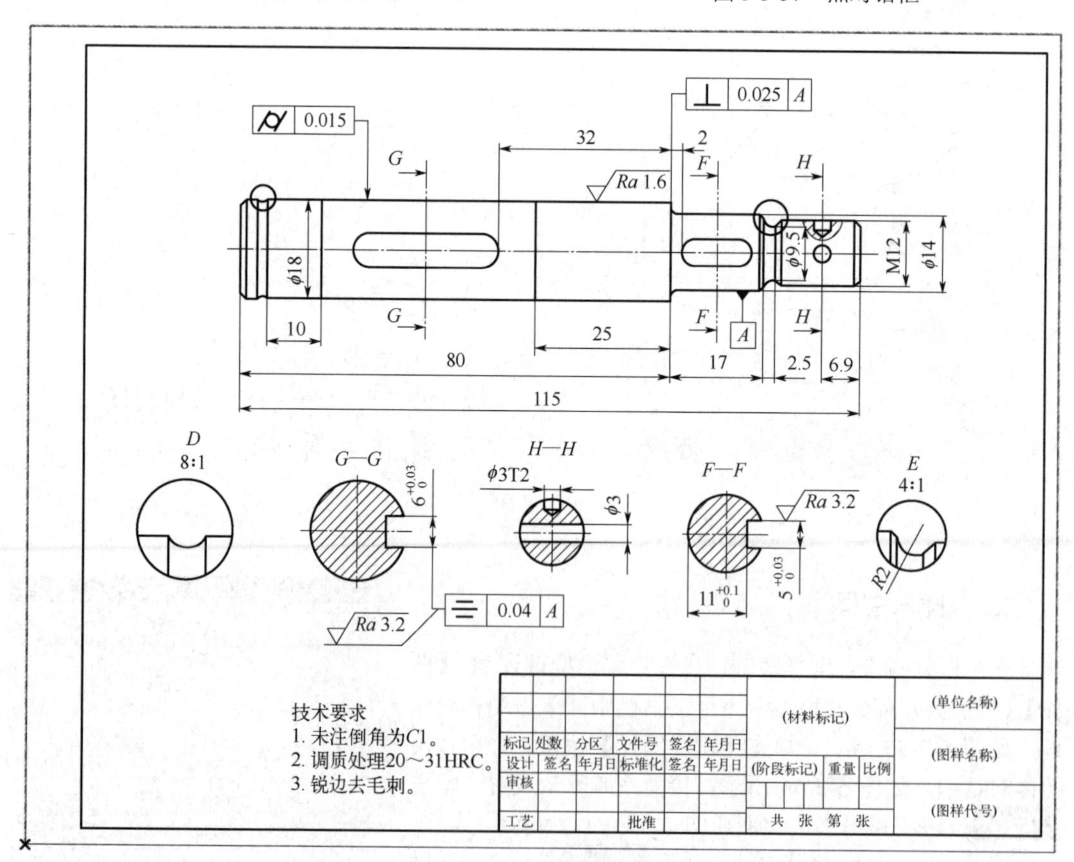

图 5-3-58 泵轴零件工程图

24. 保存文件

单击软件界面左上角的 【保存】(Save）按钮。

实例四 平口钳装配体设计

实例四 平口钳装配体设计资源

【学习任务】

根据如图 5-4-1 所示图形绘制平口钳装配体的工程图。

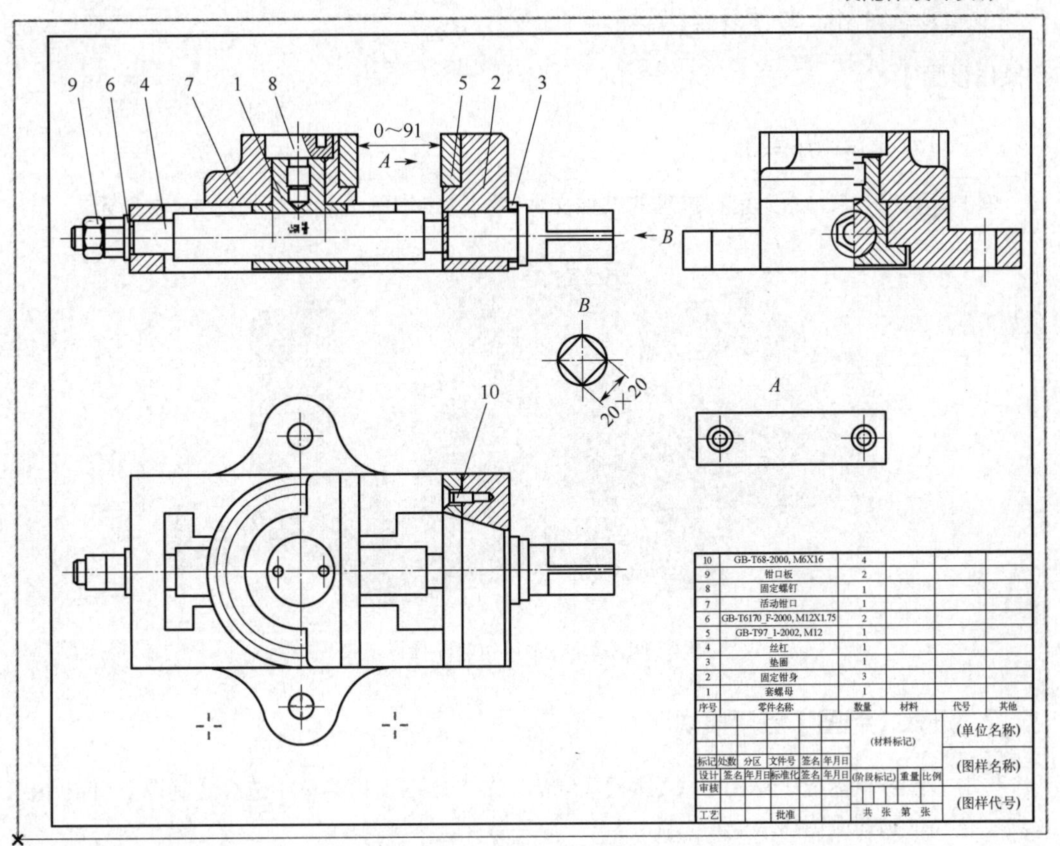

图 5-4-1 平口钳装配体工程图

【课程思政】

如果你是一滴水，你是否滋润了一寸土地？
如果你是一线阳光，你是否照亮了一分黑暗？
如果你是一颗粮食，你是否哺育了有用的生命？
如果你是一颗最小的螺丝钉，你是否永远坚守在你生活的岗位上？
如果你要告诉我们什么思想，你是否在日夜宣扬那最美丽的理想？
你既然活着，你又是否为未来的人类的生活付出你的劳动，使世界一天天变得更美丽？
我想问你，为未来带来了什么？

【学习目标】

① 能够使用 NX 2312 制图模块创建基本视图（Base）、【局部剖】（Local Dissection）、【剖视图】（Section View）、【投影视图】（Projection View）、【视

图中剖切】(Cut in View)。

② 能够使用NX 2312制图模块创建【艺术样条】(Art spline)、【轮廓】(Outline)等草图，命令；能够使用NX 2312制图模块【剖面线】(Section Line)、【方向箭头】(Direction Arrow)、【快速尺寸】(Dimensioning)、【公差配合优先级表】(Tolerance and Fit Priority Table)、【零件明细表】(Part List)、【符号标注】(Symbol)、【2D中心线】(2D Center Line)命令。

③ 掌握调用图框【图样】(Pattern)文件的方法。

【操作步骤】

1. 打开工程图模型

单击打开(Open)素材提供的部件文件(扫描二维码下载)，如图5-4-2所示。

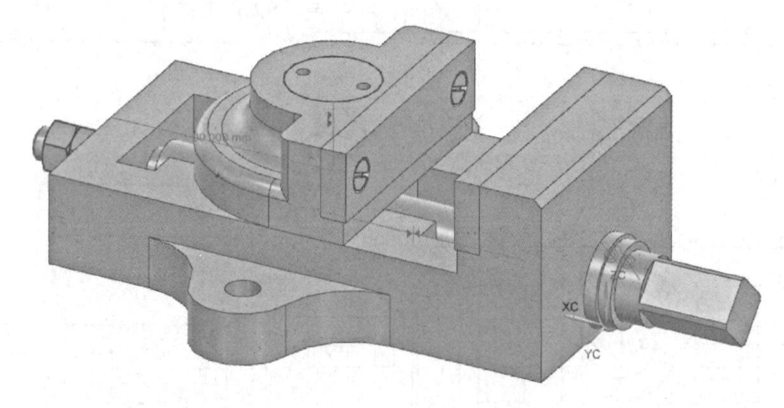

图5-4-2 平口钳装配体

2. 进入【制图】应用模块

单击文件窗口标准工具栏中【启动】(Start)菜单，在下拉菜单中选择【制图】(Drafting)选项，进入了制图应用模块。

3. 图纸的创建

进入制图模块后，在【图纸】工具条中单击【新建图纸页】按钮，系统弹出如图5-4-3所示图纸页对话框，自动新建一张图纸，并将图名默认为Sheet1。按照图5-4-3所示设置图纸参数，【大小】选择标准尺寸，【大小】设置为A2-420×594，【比例】为1∶1，【单位】为毫米，采用第一视角投影法，单击< 确定 >按钮完成图纸的创建，绘图区出现以矩形虚线框表示的图纸。

技巧：在新建图纸页后，如果要更改图纸页可以单击编辑图纸页。

4. 设置首选项

选择主菜单中的【制图首选项】(Preferences)|【图纸视图】(Sheet View)下的可见线命令，选择颜色改成黑色，如图5-4-4所示。选择主菜单中的【制图首选项】(Preferences)|【图纸视图】(Sheet View)下的【剖切线】命令，【显示】|【显示剖切线】=有剖视图，【类型】=箭头朝向直线，如图5-4-5所示。选择主菜单中的【制图首选项】(Preferences)|【图纸视图】

（Sheet View）下的工作流程，将【边界】显示前面的钩去除，如图 5-4-6 所示。

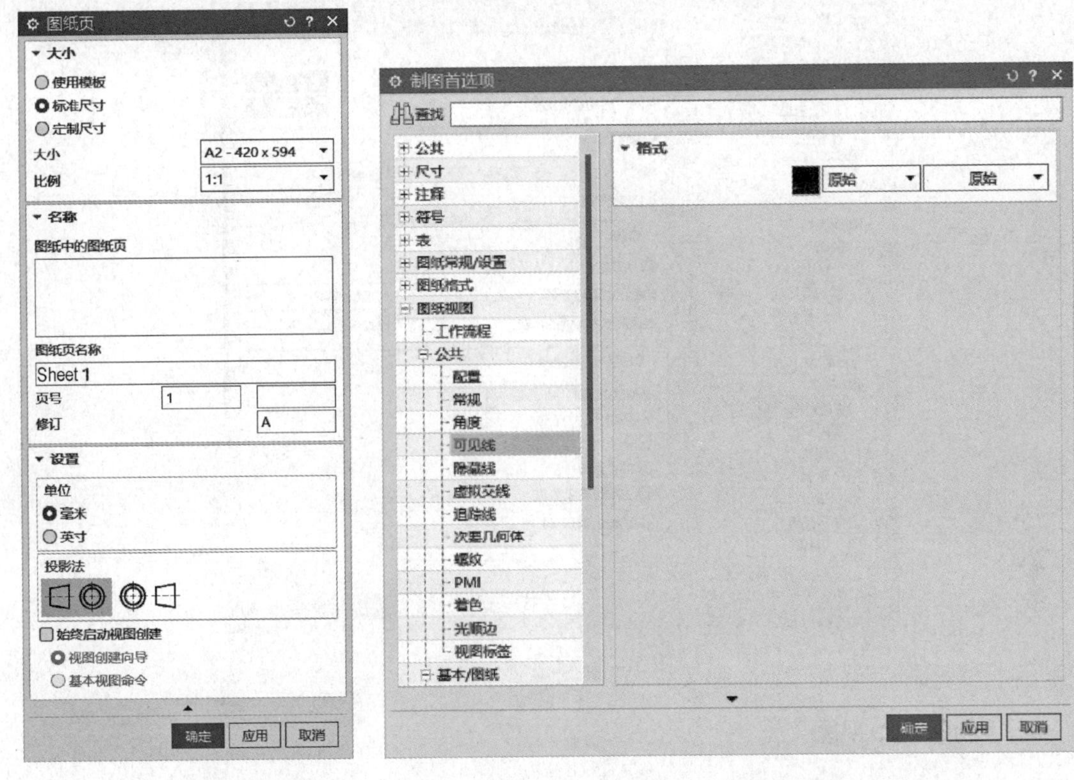

图 5-4-3　图纸页对话框　　　　图 5-4-4　可见线设置

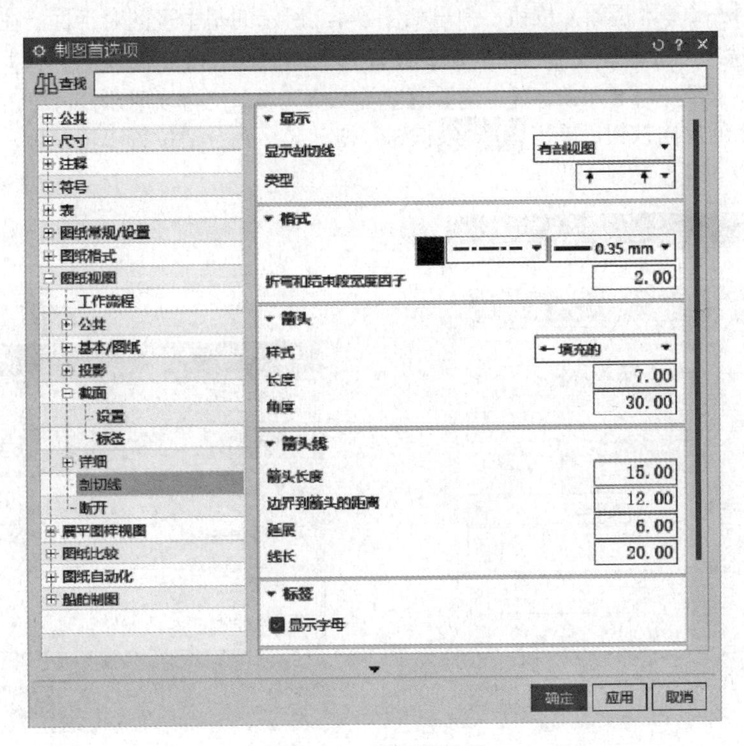

图 5-4-5　剖切线设置

图 5-4-6　工作流程设置

5. 创建基本视图

选择主菜单中的【插入】(Insert) |【视图】(View) |【基本】(Base) 命令，或在【图纸】工具条上单击 (基本视图) 按钮，弹出如图 5-4-7 所示的基本视图对话框，在【要使用的模型视图】下拉选项中选取俯视图，【比例】设置为 1∶1，单击【定向视图工具】，出现定向视图工具对话框，如图 5-4-8 所示。【*X* 向】|【指定矢量】如图 5-4-9 所示，再单击定向视图工具对话框【*X* 向】的反向按钮，单击< 确定 >按钮，拖动光标到合适位置单击鼠标左键，放置俯视图，如图 5-4-10 所示。

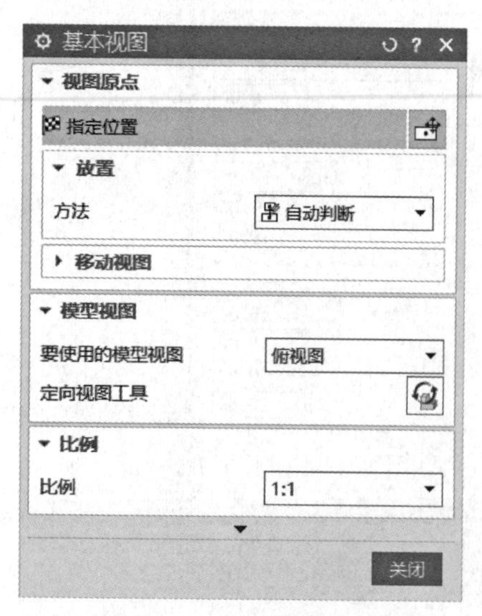

图 5-4-7　基本视图对话框

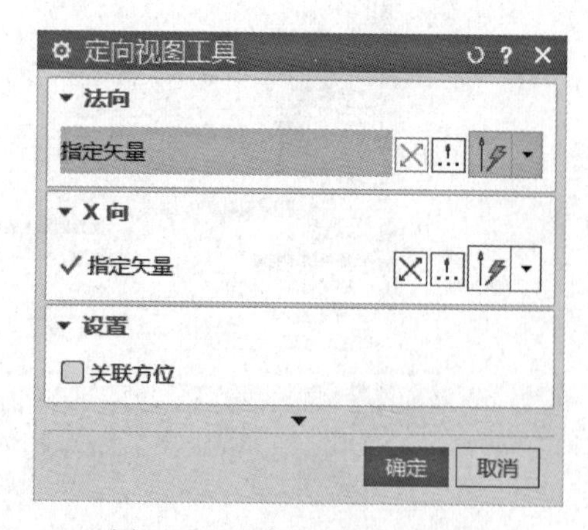

图 5-4-8　定向视图工具对话框

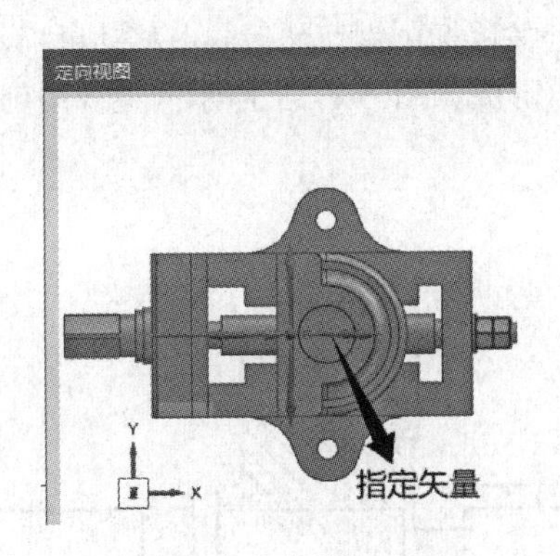

图 5-4-9　*X* 向指定矢量

图 5-4-10　添加的基本视图

技巧：除了可以用基本视图绘制俯视图，也可以考虑采用投影视图形成。

6. 创建剖视图

选择主菜单中的【插入】(Insert) |【视图】(View) | 【剖视图】(Section View) 命令，或在【主页】工具条上单击 【剖视图】(Section View) 按钮，系统弹出如图 5-4-11 所示的剖视图对话框。【剖切线】选项中【方法】选择简单剖/阶梯剖，然后将鼠标移至基本视图圆心处单击一下，如图 5-4-12 所示圆心，单击剖视图对话框下拉菜单，对【非剖切】选择对象进行

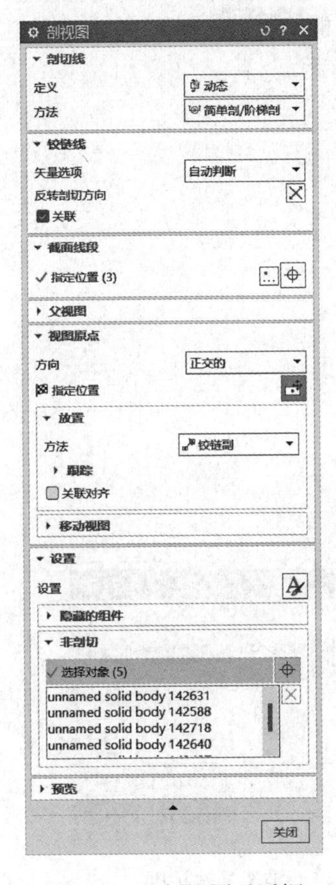

图 5-4-11　剖视图对话框

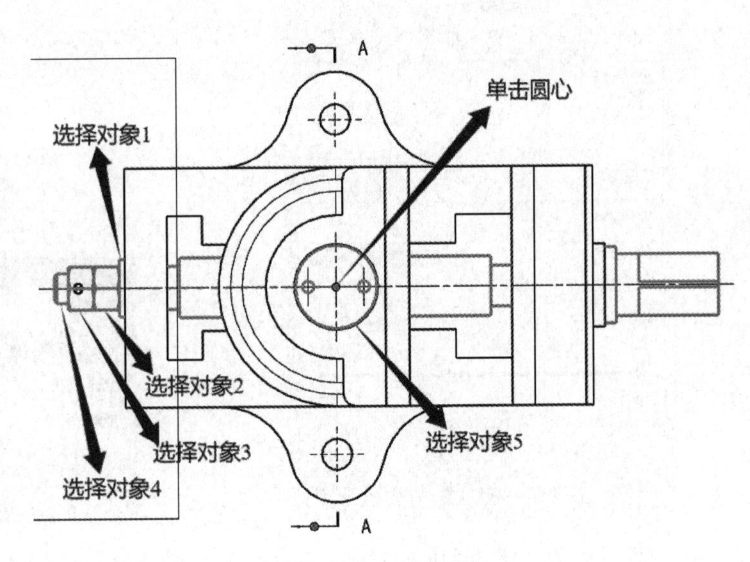

图 5-4-12　选择对象

单击，选择如图5-4-12所示的5个选择对象，在空白处按鼠标中键。然后向上移动鼠标，将鼠标移至视图上方合适位置放置剖视图，单击鼠标左键，形成如图5-4-13所示的主视图剖视图，单击剖视图的关闭按钮。

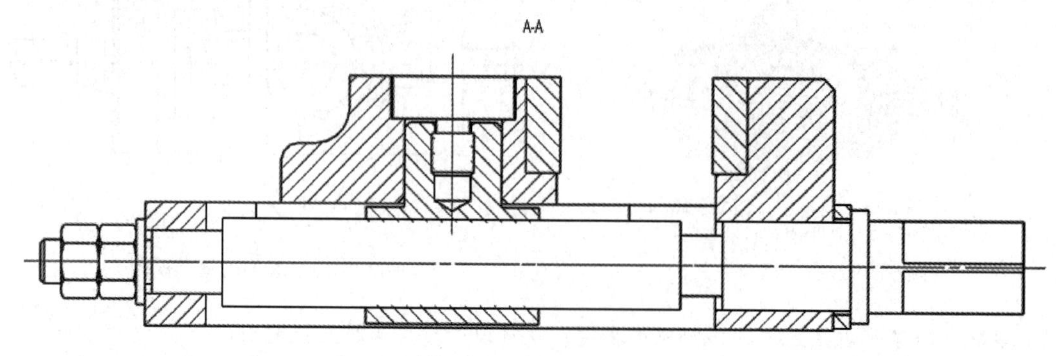

图5-4-13 创建剖视图

技巧：开始也可以选中基本视图，按鼠标右键，选择【剖视图】。

7. 删除剖面线

选中 *A*—*A* 剖视图，按鼠标右键，选择【视图相关编辑】，弹出视图相关编辑对话框，如图5-4-14所示，选择第一个擦除对象，弹出如图5-4-15所示的类选择对话框，选择对象单击 *A*—*A* 剖视图中的黄色剖面线，如图5-4-16所示。单击类选择对话框< 确定 >按钮，单击视图相关编辑对话框< 确定 >按钮，完成删除剖面线任务，如图5-4-17所示。

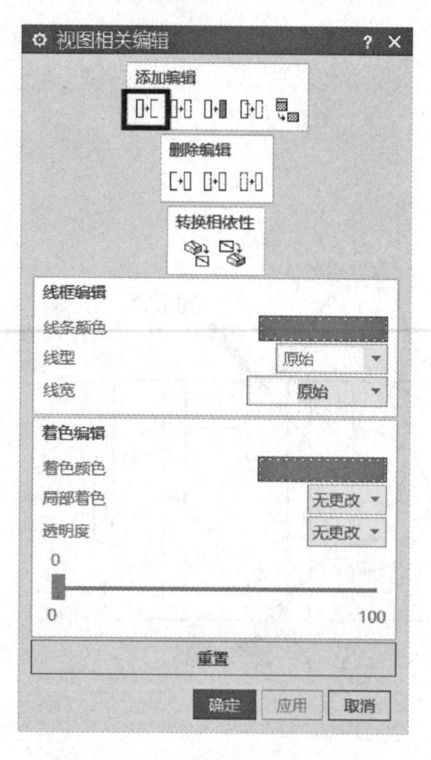

图5-4-14 视图相关编辑对话框

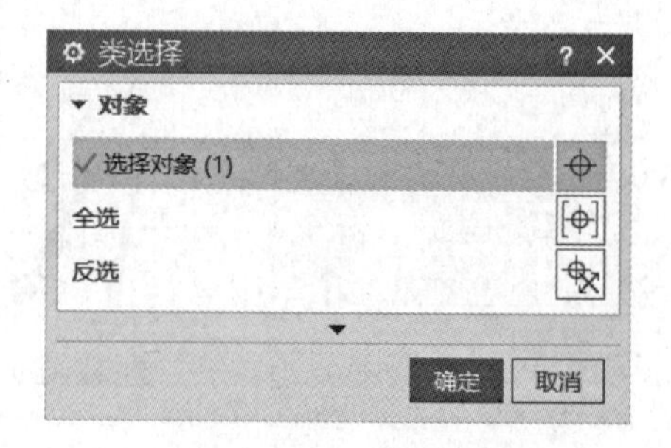

图5-4-15 类选择对话框

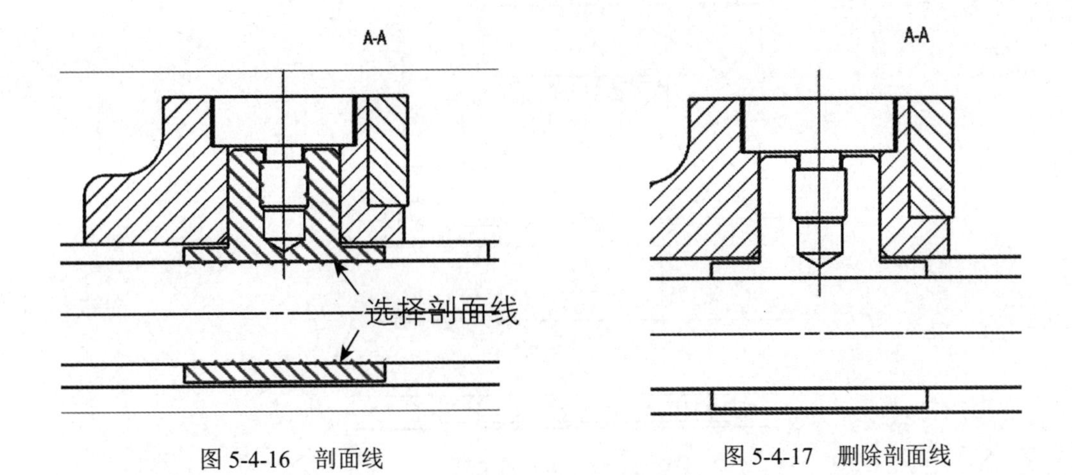

图 5-4-16　剖面线　　图 5-4-17　删除剖面线

8. 添加剖面线

单击菜单栏中的【菜单】(Menu) 中的【插入】(Insert) |【注释】(Annotate) | 【剖面线】(Section Line) 命令，或单击主页中的【剖面线】(Section Line) 命令，弹出如图 5-4-18 所示的剖面线对话框，【角度】设置为-45°，【指定内部位置】选择如图 5-4-19 所示的区域两点，单击剖面线对话框的< 确定 >按钮。生成的效果如图 5-4-20 所示。

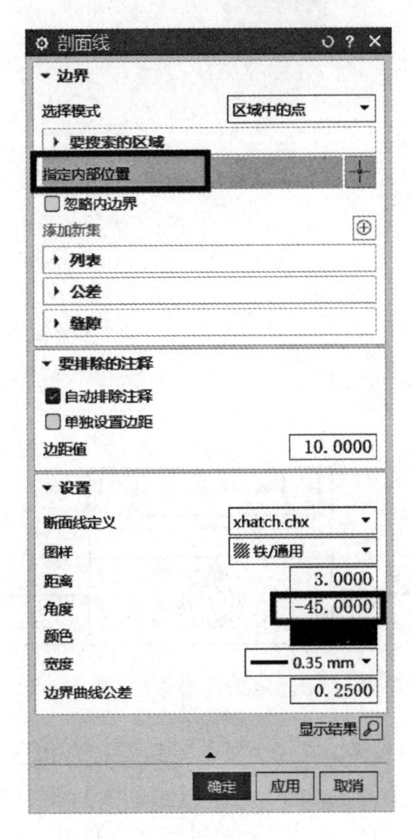

图 5-4-18　剖面线对话框

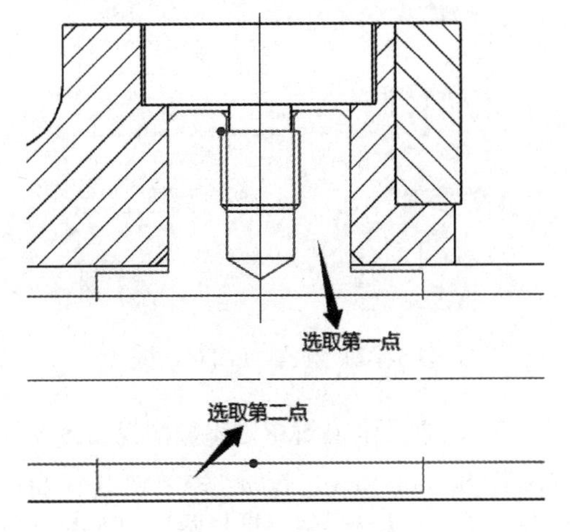

图 5-4-19　选取两点

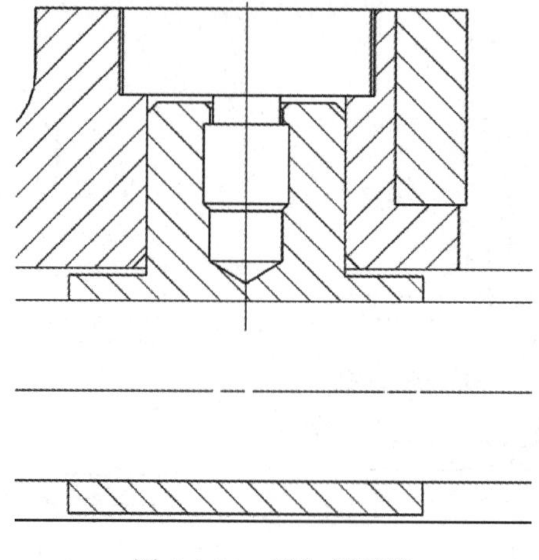

图 5-4-20 添加剖面线

9. 创建左视剖视图

选择主菜单中的【插入】(Insert) |【视图】(View) | 【投影视图】(Projection View) 命令，或单击 $A—A$ 剖视图，在【主页】工具条上单击【投影视图】(Projection View) 按钮，系统弹出投影视图对话框，如图 5-4-21 所示，向右拉至正交后任意单击一点，再关闭投影视图对话框，形成如图 5-4-22 所示图形。

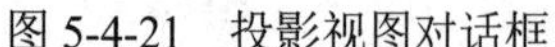

图 5-4-21 投影视图对话框

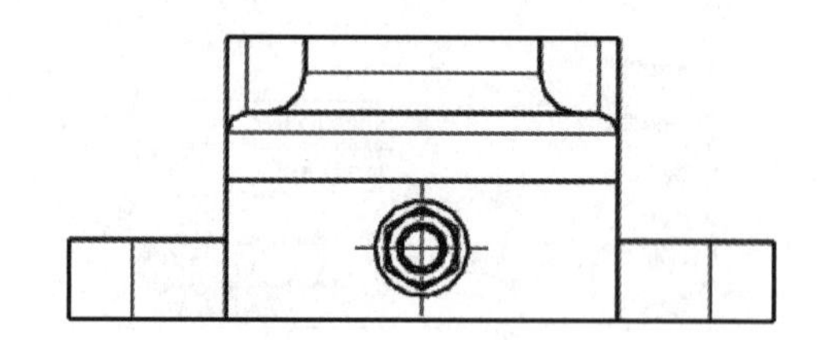

图 5-4-22 投影视图

选择俯视图，右键单击添加剖视图命令，或单击俯视图，在【主页】工具条上单击【剖视图】(Section View) 按钮，系统弹出剖视图对话框，如图 5-4-23 所示，【剖切线】|【定义】= 动态，【方法】= 半剖，选择两次图 5-4-24 的圆心作为旋转点，然后将鼠标移至右边，放置正交，按住鼠标右键，在弹出的菜单选择方向，单击剖切线现有的，单击图 5-4-22 的投影视图，

生成剖切的左视外形图。如图 5-4-25 所示。单击剖视图对话框关闭按钮。

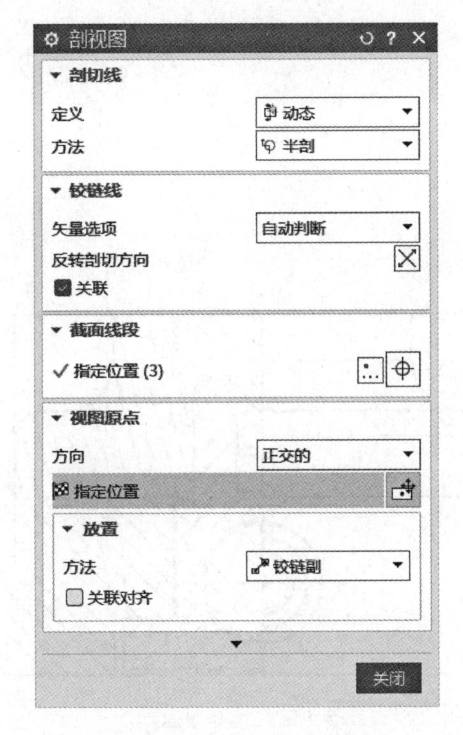

图 5-4-23　剖视图对话框

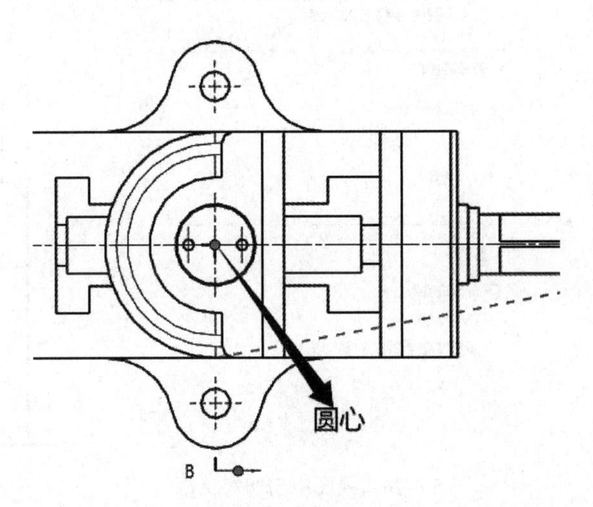

图 5-4-24　标记圆心

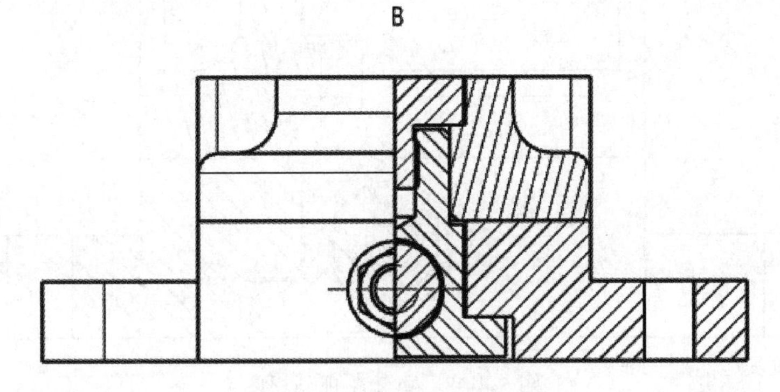

图 5-4-25　创建左视剖视图

技巧：选择图 5-4-24 中的两次圆心要注意，虽然是同一个圆心，但一次选择正中间圆心，另一次通过右边圆选择圆心。

10. 更新左视剖视图

在【主页】工具条上视图右下角单击，选择编辑视图下拉菜单，勾选【视图中剖切】（Cut in View）命令，在更新视图下单击【视图中剖切】按钮，系统弹出如图 5-4-26 所示的视图中剖切对话框。在视图中剖切对话框选择图 5-4-25 创建的左视剖视图，单击【体或组件】选择对象，选择对象为图 5-4-27 所示的线条，【操作】选择变成非剖切，单击< 确定 >按钮。单击【主页】工具条上的更新视图按钮，更新的视图如图 5-4-28 所示。

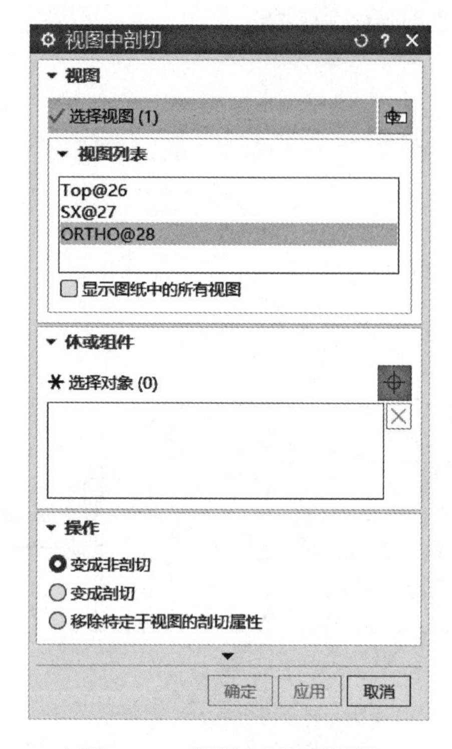

图 5-4-26 视图中剖切对话框

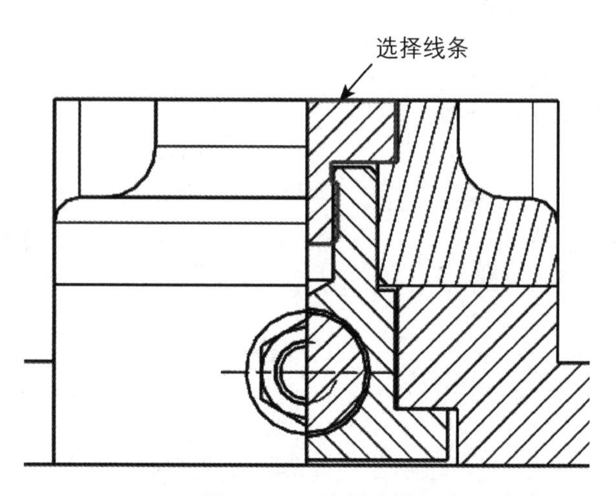

图 5-4-27 选择对象

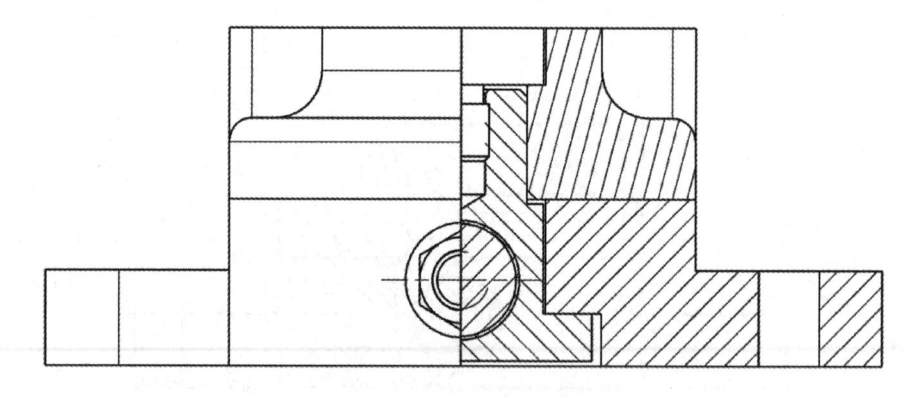

图 5-4-28 更新左视剖视图

技巧：【视图中剖切】命令也可以在工具栏空白处单击右键，单击定制，将该命令拉至工具栏中。

11. 删除多余线

选中左视剖视图，按鼠标右键，选择【视图相关编辑】，弹出视图相关编辑对话框，选择第一个擦除对象，弹出类选择对话框，选择对象单击视图中的直线，如图 5-4-29 所示。单击类选择对话框< 确定 >按钮，单击视图相关编辑对话框< 确定 >按钮，完成删除直线任务，如图 5-4-30 所示。

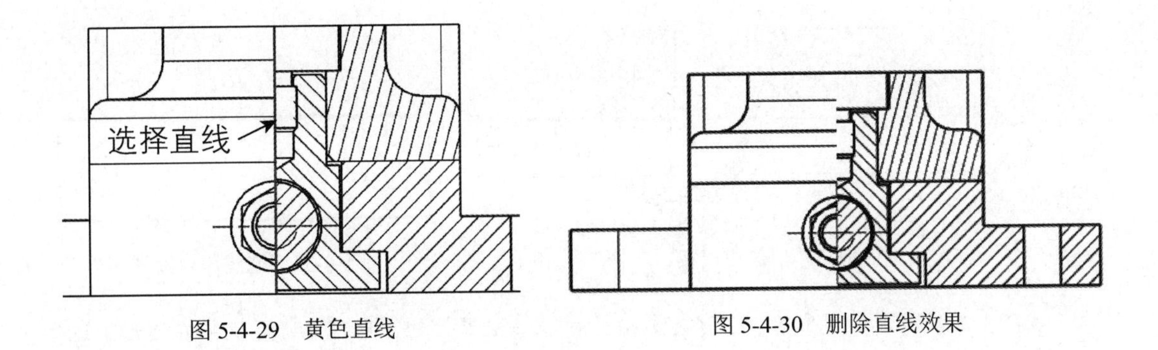

图 5-4-29　黄色直线　　　　图 5-4-30　删除直线效果

12. 创建钳口板视图

选择主菜单中的【插入】(Insert) |【视图】(View) | 【投影视图】(Projection View) 命令，或单击 *A—A* 剖视图，在【主页】工具条上单击【投影视图】(Projection View) 按钮，系统弹出投影视图对话框，如图 5-4-31 所示，单击下拉三角形，选择【设置】里的【隐藏的组件】，单击选择对象，打开装配导航器，如图 5-4-32 所示，按住 Ctrl 键，选中固定钳身、垫圈、丝杠、两螺栓、活动钳口、固定螺钉、钳口板、螺钉和套螺母，再单击如图 5-4-33 所示的左边钳口板，在绘图区单击中键。可以预览，放置正交，往右空白处单击一点，形成如图 5-4-34 所示钳口板视图，再关闭投影视图对话框。

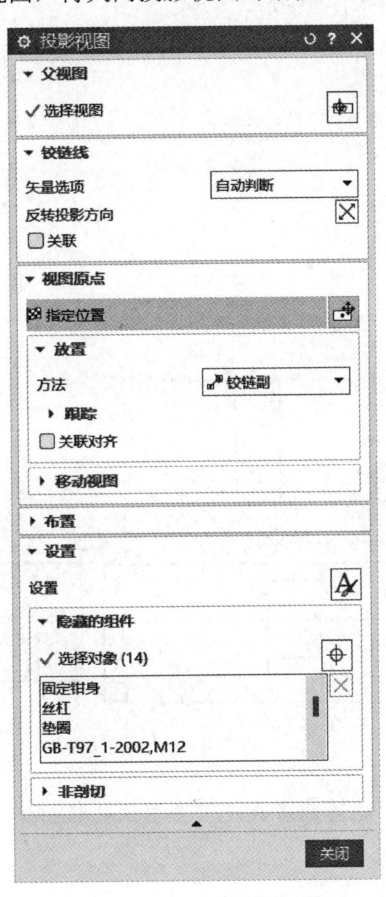

图 5-4-31　投影视图对话框

图 5-4-32　装配导航器

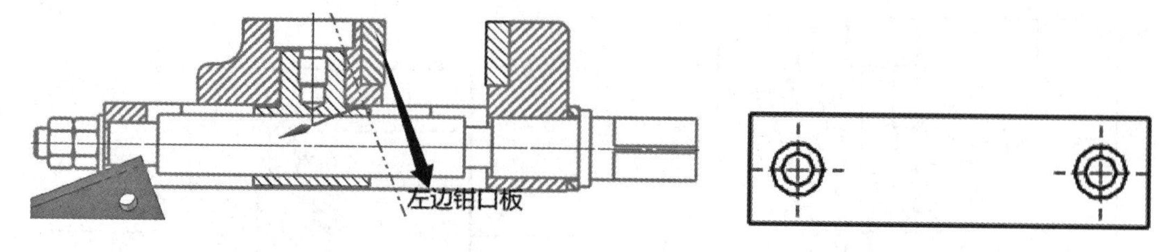

图 5-4-33　左边钳口板

图 5-4-34　创建钳口板视图

技巧： 选择隐藏的对象时，除了可以单击装配导航器按钮，也可以考虑直接在图形上选择合适零件。

13. 标记视图

选择主菜单中的【插入】(Insert) |【GC 工具箱】(GC Toolbox) |【注释】(Annotate) | 【方向箭头】(Direction Arrow) 命令，或在【GC 工具箱】工具条上单击【方向箭头】(Direction Arrow) 按钮，系统弹出如图 5-4-35 所示的方向箭头对话框。【位置】|【角度】选择 0°，【文本】选择 *A*，【箭头长度】选择 10mm，【箭头头部长度】选择 6mm，【箭头头部角度】选择 20°，【高度】选择 5mm，【起点】选择如图 5-4-36 所示的点，单击 < 确定 > 按钮，形成如图 5-4-36 的标记。双击字母 *A*，按下 Ctrl+C，再按下 Ctrl+V，出现如图 5-4-37 所示的粘贴对话框，在图 5-4-34 上方单击一点，形成如图 5-4-38 所示的图形。

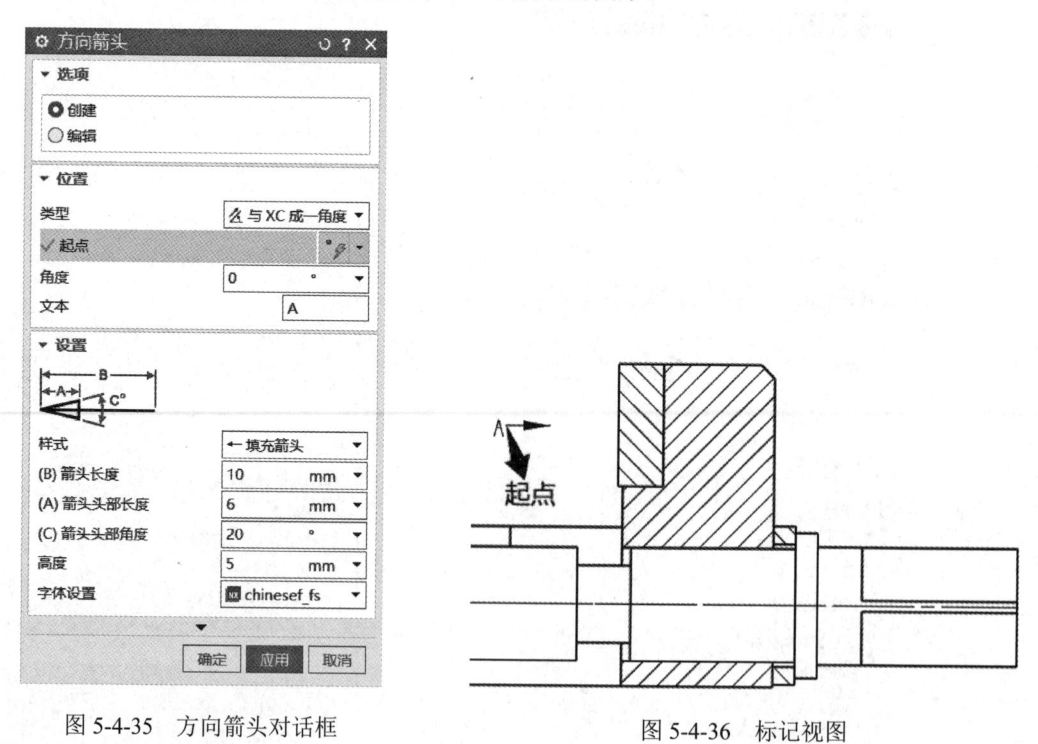

图 5-4-35　方向箭头对话框

图 5-4-36　标记视图

技巧： 字母 *A* 除了用复制粘贴的方式绘制外，也可以考虑使用主页注释按钮编辑一个新的 *A* 字母。

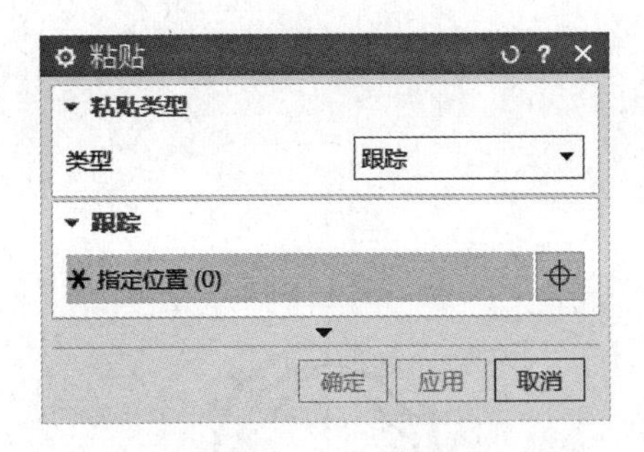

图 5-4-37　粘贴对话框

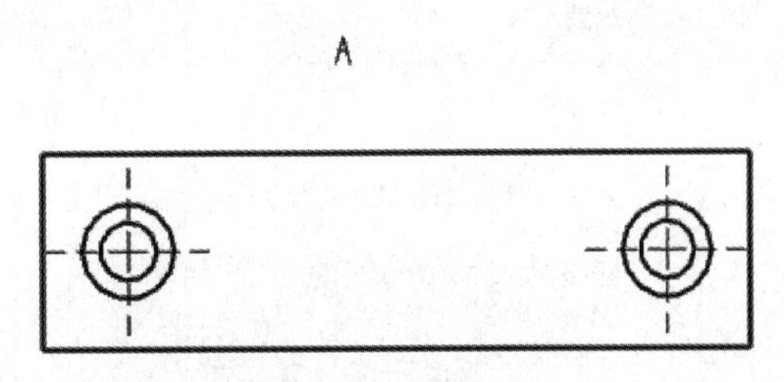

图 5-4-38　标记

14. 隐藏视图标记

双击如图 5-4-39、图 5-4-40、图 5-4-41 红色线圈出的剖切符号和剖切编辑，右键单击，选择隐藏。

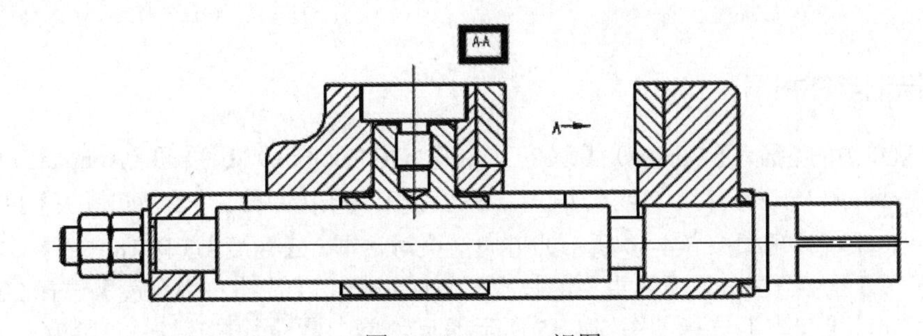

图 5-4-39　*A*—*A* 视图

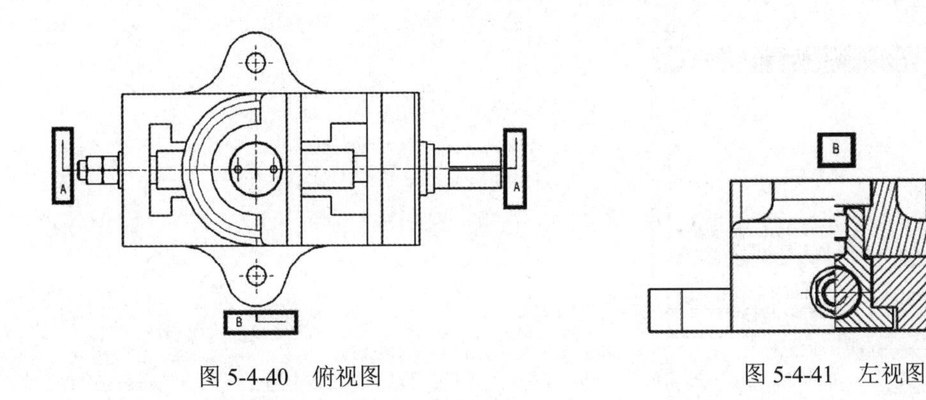

图 5-4-40　俯视图

图 5-4-41　左视图

15. 创建丝杠视图

选择主菜单中的【插入】(Insert) |【视图】(View) |【投影视图】(Projection View) 命令，或单击 *A*—*A* 剖视图，在【主页】工具条上单击【投影视图】(Projection View) 按钮，系统弹出投影视图对话框，单击下拉三角形，选择【设置】里的【隐藏的组件】，单击选择对象，打开装配导航器，如图 5-4-42 所示，按住 Ctrl 键，选中固定钳身、垫圈、丝杠、两螺栓、活动钳口、固定螺钉、钳口板、螺钉和套螺母，在绘图区单击中键。可以预览，放置正交，往左空白处单击一点，形成如图 5-4-43 所示丝杠视图，再关闭投影视图对话框。

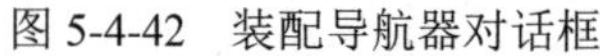
图 5-4-42　装配导航器对话框

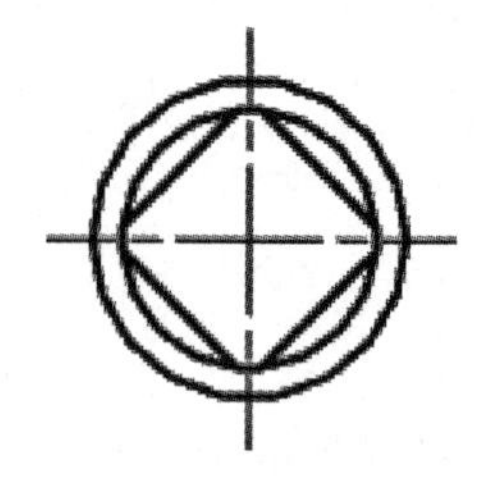

图 5-4-43　丝杠视图

技巧：选择隐藏的对象时，除了可以单击装配导航器按钮，也可以考虑直接在图形上选择合适零件。

16. 标记丝杠视图

选择主菜单中的【插入】(Insert) |【GC 工具箱】(GC Toolbox) |【注释】(Annotate) |【方向箭头】(Direction Arrow) 命令，或在【GC 工具箱】工具条上单击【方向箭头】(Direction Arrow) 按钮，系统弹出如图 5-4-44 所示的方向箭头对话框。【角度】选择 180°，【文本】选择 *B*，【箭头长度】选择 10mm，【箭头头部长度】选择 6mm，【箭头头部角度】选择 20°，【高度】选择 5mm，【起点】选择如图 5-4-45 所示的点，单击< 确定 >按钮，形成如图 5-4-45 的标记。双击字母 *B*，

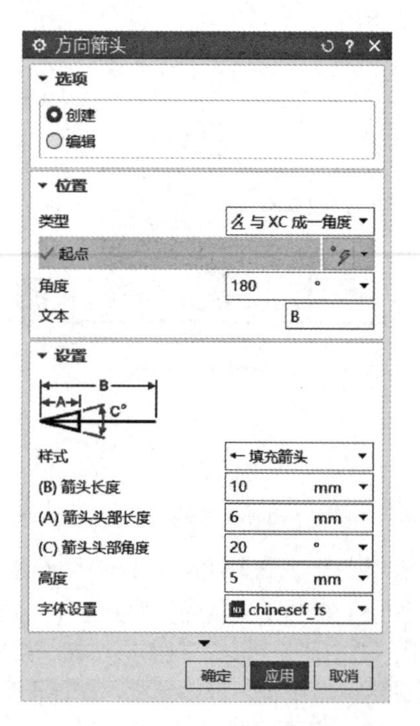

图 5-4-44　方向箭头对话框

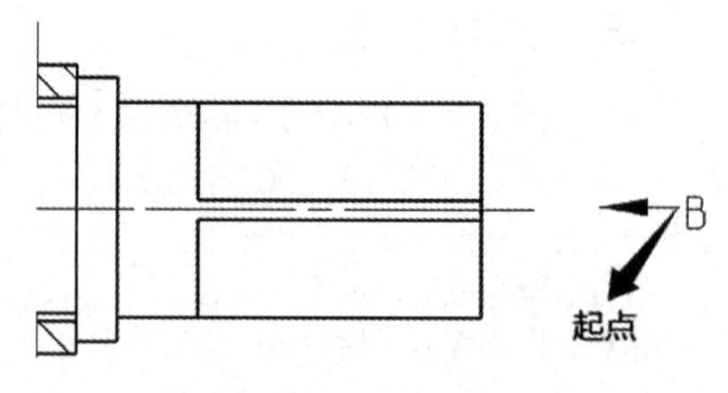

图 5-4-45　标记视图

按下 Ctrl+C，再按下 Ctrl+V，出现粘贴对话框，在图 5-4-43 上方单击一点，形成如图 5-4-46 所示的丝杠视图。

技巧：字母 *B* 除了用复制粘贴的方式绘制外，也可以考虑使用主页注释按钮编辑一个新的 *B* 字母。

17. 删除圆

选中丝杠视图，按鼠标右键，选择【视图相关编辑】，弹出视图相关编辑对话框，选择第一个擦除对象，弹出类选择对话框，选择对象单击视图中的外圆，如图 5-4-47 所示。单击类选择对话框< 确定 >按钮，单击视图相关编辑对话框< 确定 >按钮，完成删除圆任务，如图 5-4-48 所示。

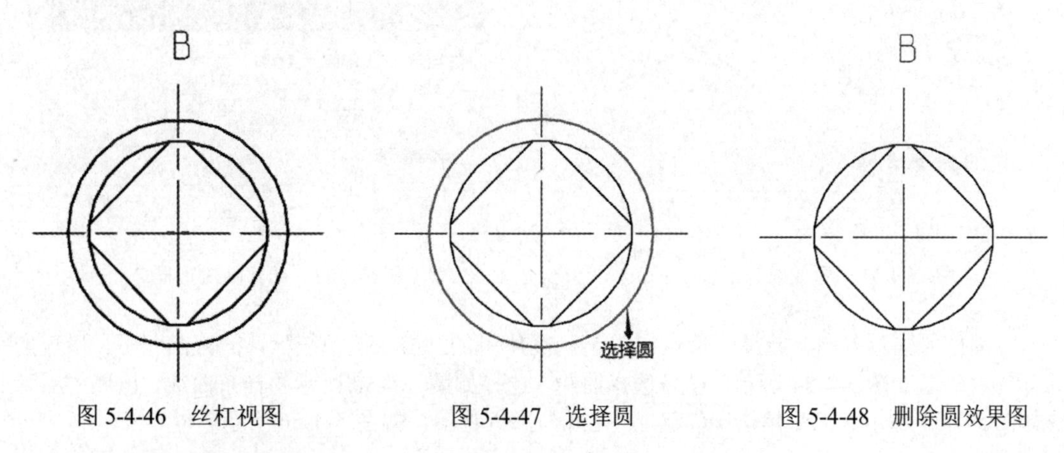

图 5-4-46　丝杠视图　　图 5-4-47　选择圆　　图 5-4-48　删除圆效果图

技巧：【视图相关编辑】也可以从定制中找出，拉至工具栏中。

18. 创建艺术样条

选中俯视图，按鼠标右键，选择“活动草图视图”。在草图环境下，单击【草图】工具条中【艺术样条】(Art Spline)，弹出对话框，如图 5-4-49 所示。【类型】选择通过点,【点位置】选择需要局部剖切的位置的点，【参数设置】|【次数】= 3，勾选封闭，绘制曲线如图 5-4-50 所示，单击< 确定 >按钮，单击是，单击完成草图命令。

图 5-4-49　艺术样条对话框

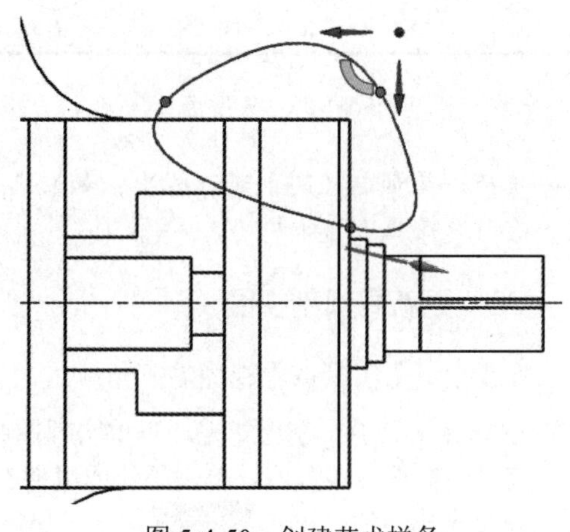

图 5-4-50　创建艺术样条

19. 创建局部剖视图

选择主菜单中的【插入】(Insert)|【视图】(View)|【局部剖】(Local Dissection)命令，或在【主页】工具条上单击【局部剖】(Local Dissection)按钮，系统弹出如图5-4-51所示的局部剖对话框。在局部剖对话框列表中选择Top@26视图，或者直接在工作区域选择要进行剖切的俯视图，选择完成后会自动进入下一步，对话框会自动变化如图5-4-52所示。

图5-4-51 局部剖对话框1

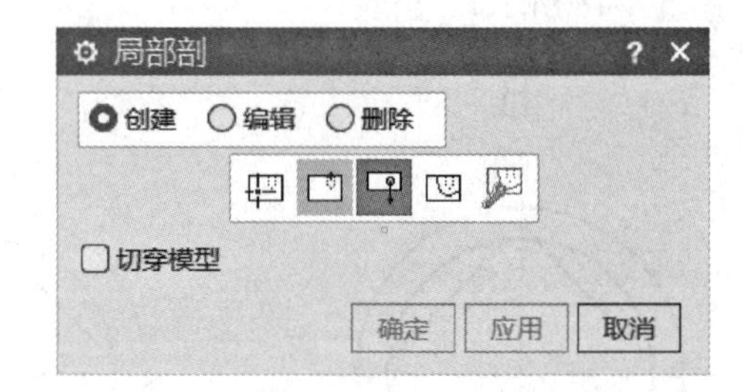

图5-4-52 局部剖对话框2

定义拉伸矢量方向，选择矢量点如图5-4-53所示的圆心，按系统默认的方向即可。出现的局部剖对话框如图5-4-54所示。单击选择曲线，选择如图5-4-50所示的样条曲线，出现的对话框如图5-4-55所示。然后单击 应用 ，完成局部剖视图，如图5-4-56所示。

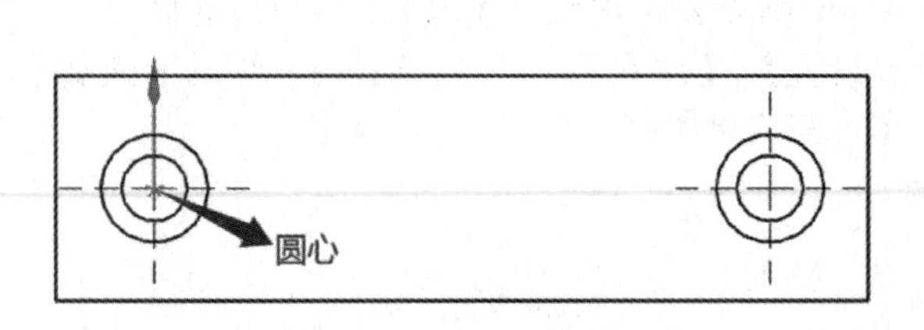

图5-4-53 矢量点

图5-4-54 局部剖对话框3

技巧： *局部剖视图创建过程中，如果选择错误，可以单击局部剖截面下相应图标进行修改，重新选择正确选择即可。*

20. 更新局部剖视图

在【主页】工具条上视图右下角单击，选择编辑视图下拉菜单，勾选【视图中剖切】(Cut in View)命令，在更新视图下单击视图中剖切按钮，系统弹出视图中剖切对话框。在视图中剖切对话框选择俯视图，单击【体或组件】选择对象，选择对象为图5-4-57所示的线条，操作选择变成非剖切，单击 < 确定 > 按钮。单击【主页】工具条上的更新视图按钮，更新的视图如图 5-4-58 所示。

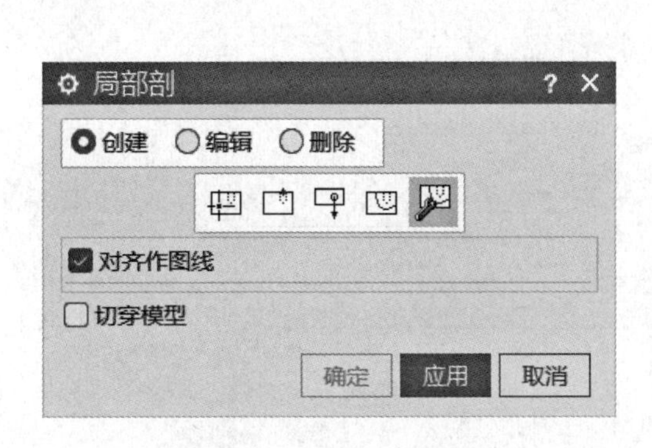

图 5-4-55　局部剖对话框 4

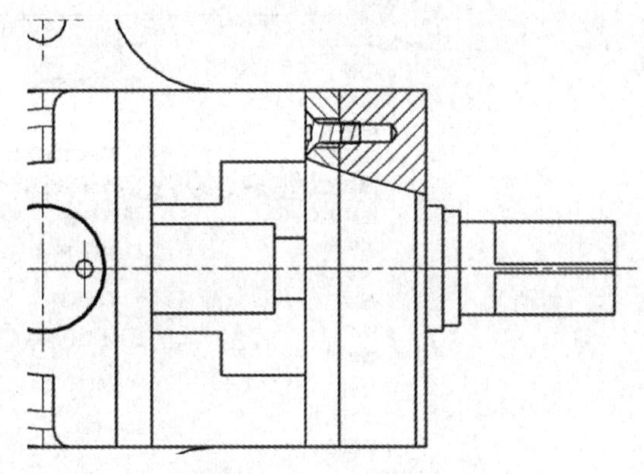

图 5-4-56　局部剖视图

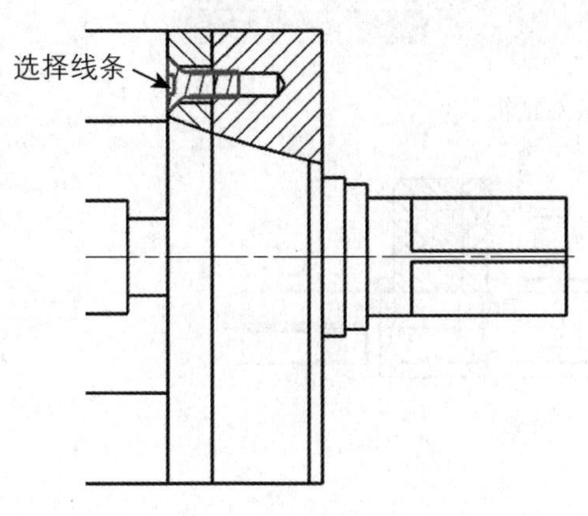

图 5-4-57　选择线条

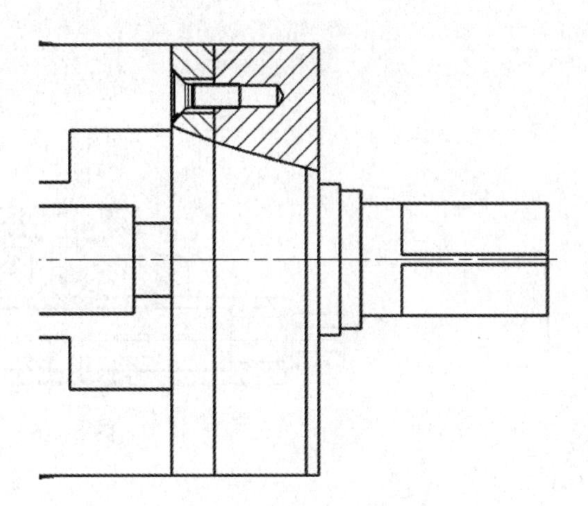

图 5-4-58　更新左视剖视图

技巧：【视图中剖切】命令也可以在工具栏空白处单击右键，单击定制，将该命令拉至工具栏中。

21．显示隐藏线

选择主视图，鼠标右键单击，选择设置，如图 5-4-59 所示。单击隐藏线，格式里线型选择虚线，单击< 确定 >按钮，形成虚线，如图 5-4-60 所示。

22．创建艺术样条

选中主视图，按鼠标右键，选择【活动草图视图】。在草图环境下，单击【草图】工具条中【轮廓】（Outline），弹出对话框，如图 5-4-61 所示。绘制螺钉的外形如图 5-4-62 所示的蓝色直线轮廓。单击【草图】工具条中【艺术样条】（Art spline），弹出对话框，【类型】= 通过点，【点位置】选择需要局部剖切的位置的点，【参数化】|【次数】= 3，绘制曲线如图 5-4-62 所示的艺术样条曲线，单击< 确定 >按钮，单击是，单击完成草图命令。

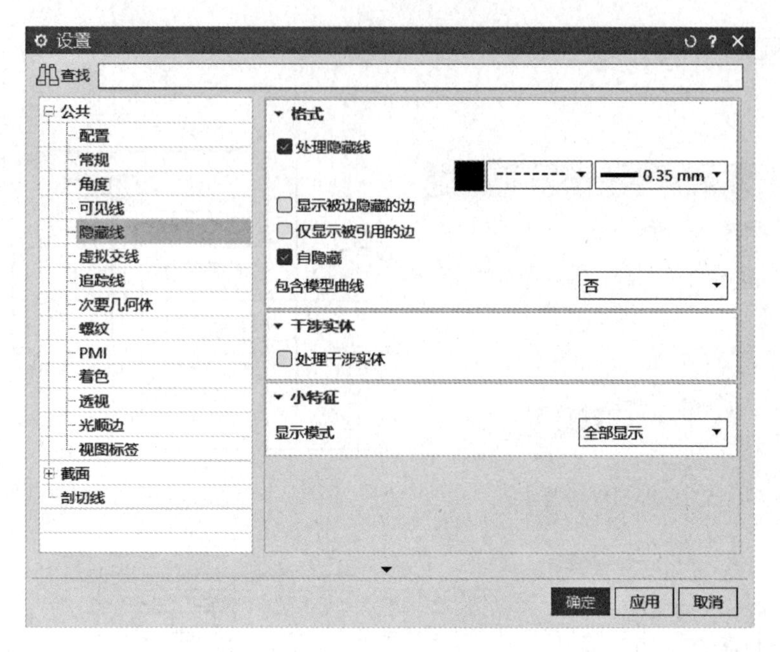

图 5-4-59　设置对话框

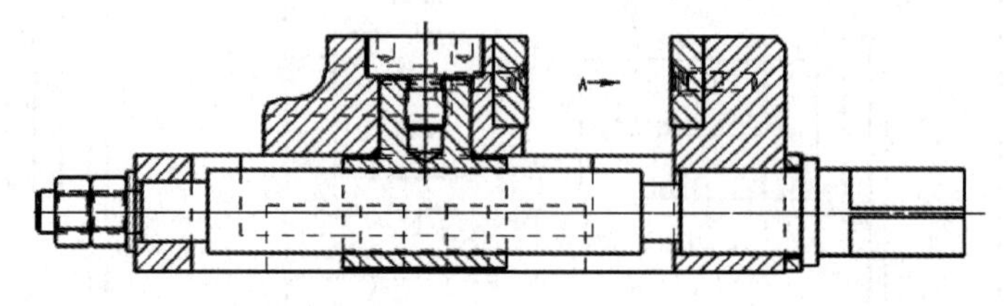

图 5-4-60　虚线视图

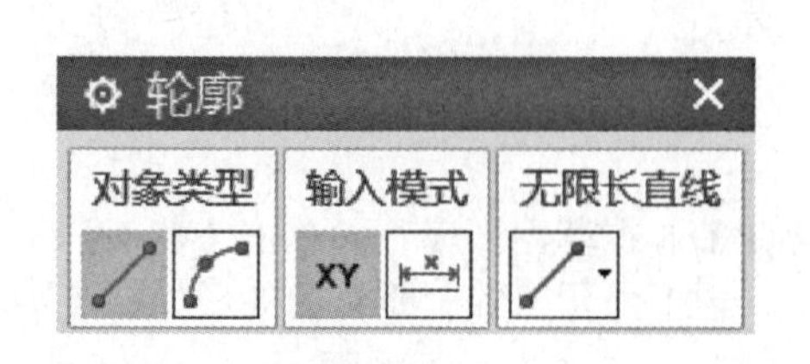

图 5-4-61　轮廓对话框

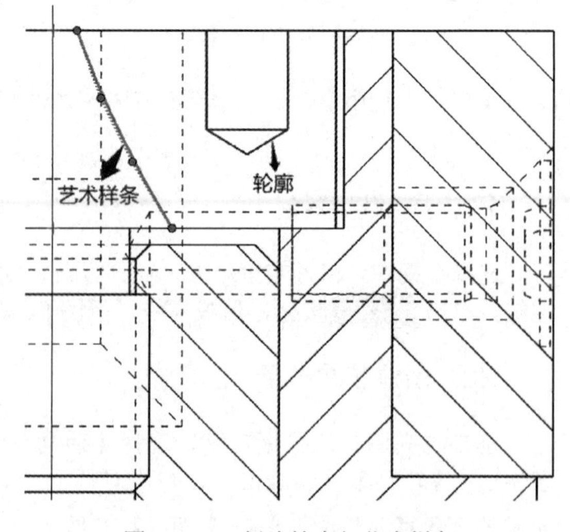

图 5-4-62　创建轮廓与艺术样条

23. 不可见隐藏线

选择主视图，鼠标右键单击，选择设置，单击隐藏线，格式里线型选择不可见，单击 < 确定 >

按钮，如图 5-4-63 所示。

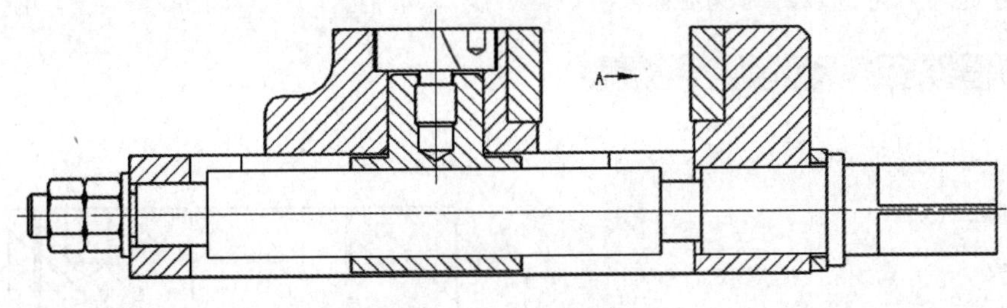

图 5-4-63　显示视图

24．添加剖面线

单击菜单栏中的【菜单】（Menu）中的【插入】（Insert）|【注释】（Annotate）| 【剖面线】（Section Line）命令，或单击主页中的【剖面线】（Section Line）命令，弹出剖面线对话框，【距离】设置为 2mm，【角度】设置为 45°，【指定内部位置】选择如图 5-4-64 所示的区域任意选取一点，单击剖面线对话框的< 确定 >按钮。生成的效果如图 5-4-65 所示。

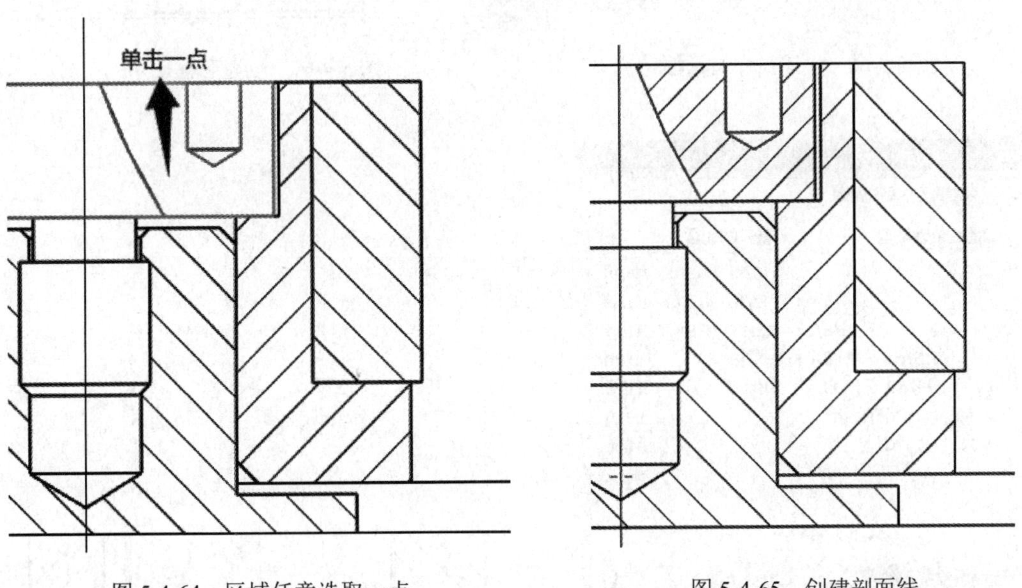

图 5-4-64　区域任意选取一点

图 5-4-65　创建剖面线

技巧：草图的直线和艺术样条是蓝色，可以双击线条设置，更改颜色为黑色。

25．标注线性圆柱尺寸

单击菜单栏中的【菜单】（Menu）中的【插入】（Insert）|【尺寸】（Dimension）|【快速尺寸】（Dimensioning）命令，或单击主页中的【快速尺寸】（Dimensioning）命令，弹出快速尺寸对话框，如图 5-4-66 所示。【测量】|【方式】改为圆柱式，标注线性圆柱尺寸ϕ28mm，如图 5-4-67 所示，单击关闭按钮。打开 GC 工具箱，选择【公差配合优先级表】（Tolerance and Fit Priority Table），弹出公差配合优先级表对话框，如图 5-4-68 所示。【公差配合表类型】选择基孔制配合，【公差符号】选择 H8/f8，【选择尺寸】单击图 5-4-67 所示的尺寸，单击< 确定 >

按钮，形成如图5-4-69所示的圆柱尺寸。

技巧：也可以考虑在别的视图标注。

快速尺寸

参考

选择第一个对象

选择第二个对象

原点

指定位置

自动放置

测量

方法 圆柱式

驱动

方法 自动判断

关闭

图5-4-66 快速尺寸对话框

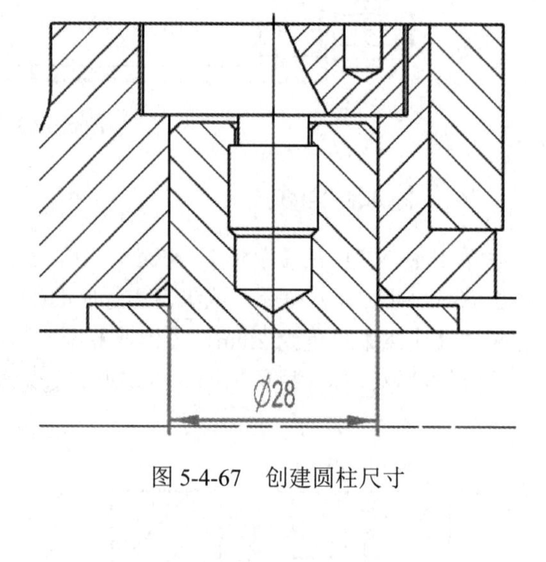

图5-4-67 创建圆柱尺寸

公差配合优先级表

公差配合优先级表

公差配合表类型 基孔制配合

			*H6/f5	*H6/g5	*H6/I
			*H7/f6	!H7/g6	!H7/I
		*H8/e7	!H8/f7	*H8/g7	!H8/I
	*H8/d8	*H8/e8	*H8/f8		*H8/I
'c9	!H9/d9	*H9/e9	*H9/f9		!H9/I
)/c10	*H10/d10				*H10,
/c11	*H11/d11				!H11/
					*H12,

选择尺寸 (1)

基本尺寸 28.0000

公差符号 H8/f8

上偏差 0.0860

下偏差 0.0200

查询

拟合公差样式 10H7

设置首选项

确定 应用 取消

图5-4-68 公差配合优先级表对话框

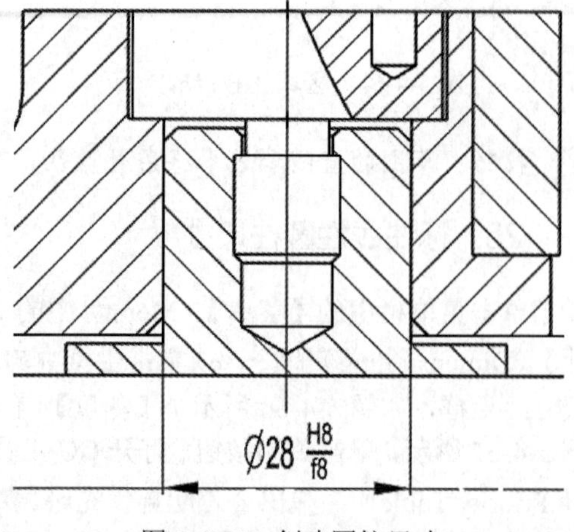

图5-4-69 创建圆柱尺寸

26. 标注线性尺寸 20×20

单击【菜单】(Menu)中的【插入】(Insert)|【尺寸】(Dimension)|【快速尺寸】(Dimensioning)命令，或单击主页中的快速尺寸【快速尺寸】(Dimensioning)命令，弹出快速尺寸对话框。【测量】|【方式】改为自动判断，标注线性尺寸 20mm，按鼠标右键选择设置，20 在后缀上加上×20。右击设置在【附加文本】中，【范围】选项中勾选应用于整个尺寸，如图 5-4-70 所示，单击关闭按钮。选择合适的位置放置尺寸 20×20，标注尺寸效果如图 5-4-71 所示。

技巧：也可以考虑在别的视图标注。

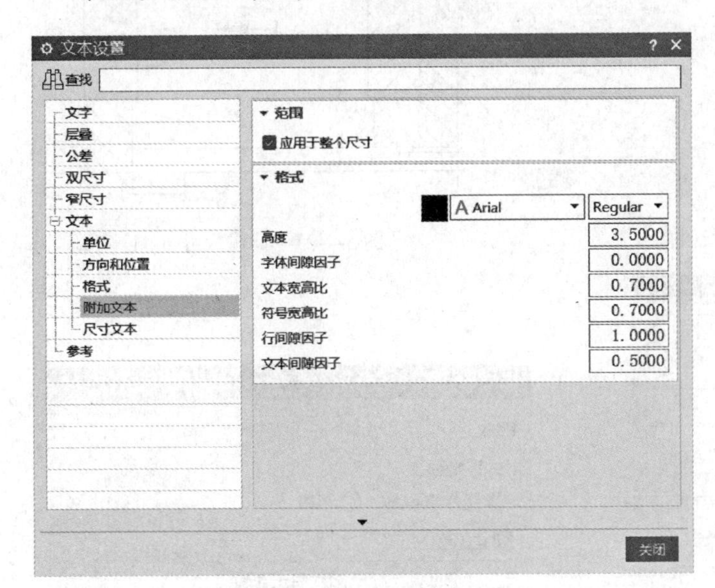

图 5-4-70　文本设置对话框

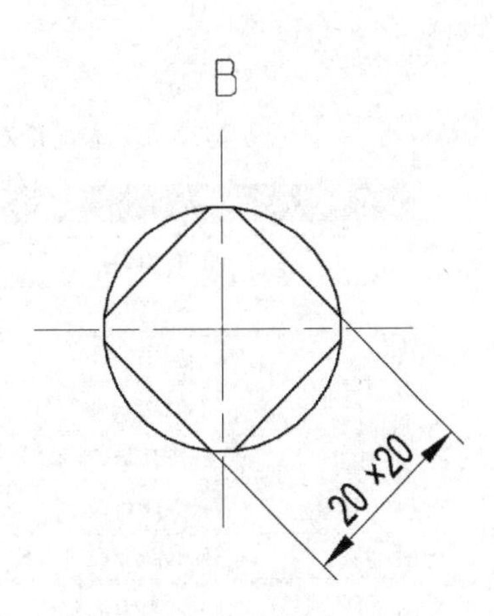

图 5-4-71　标注尺寸 20×20

27. 标注线性尺寸 0-91

单击【菜单】(Menu)中的【插入】(Insert)|【尺寸】(Dimension)|【快速尺寸】(Dimensioning)命令，或单击主页中的快速尺寸【快速尺寸】(Dimensioning)命令，弹出快速尺寸对话框。【测量】|【方式】改为自动判断，标注线性尺寸 44mm，弹出对话框，鼠标左击选择【文本设置】，单击【文本】里的【格式】，将替代尺寸文本前的小方框打钩，在下面对话框填写 0-91，如图 5-4-72 设置，单击关闭按钮。选择合适的位置放置尺寸 0-91，标注尺寸效果如图 5-4-73 所示。

技巧：也可以考虑在别的视图标注。

28. 插入图框

在空白处右击，选择定制，在搜索对话框搜索【图样】(Pattern)命令，拉出命令至工具栏中。单击图样对话框，如图 5-4-74 所示。单击【调用图样】按钮，弹出调用图样对话框，如图 5-4-75 所示。接受系统默认设置，单击< 确定 >按钮。找出创建的“A2_yangtu.prt”文件。

输入 A2_yangtu.prt 图样名，单击< 确定 >按钮，系统弹出点对话框，如图 5-4-76 所示，设定基点坐标为（0，0），单击< 确定 >按钮，A2 标准图框被插入工程图中，结果如图 5-4-77 所示。

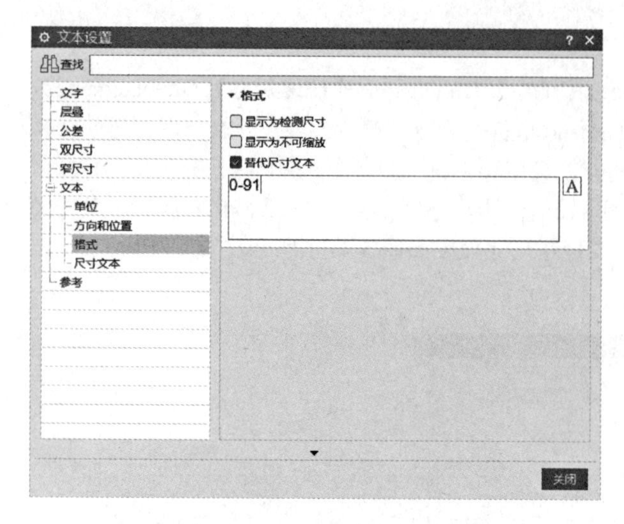

图 5-4-72 文本设置对话框

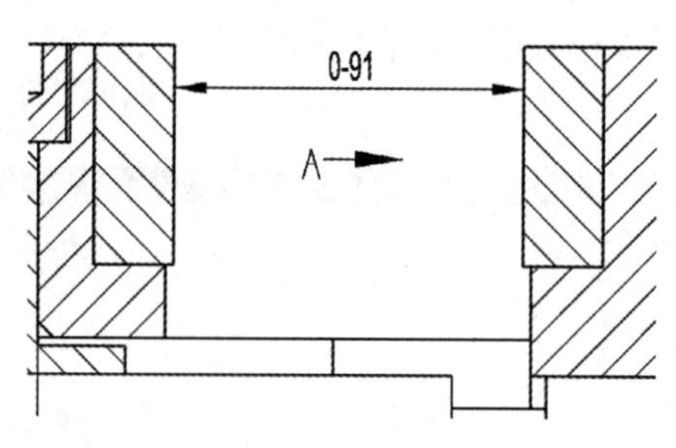

图 5-4-73 标注尺寸 0-91

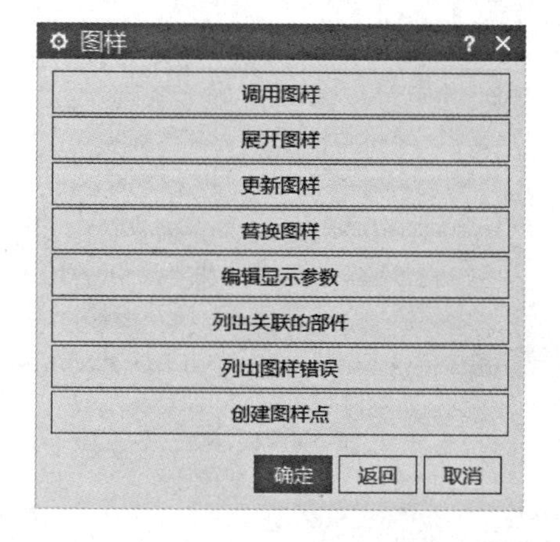

图 5-4-74 图样对话框

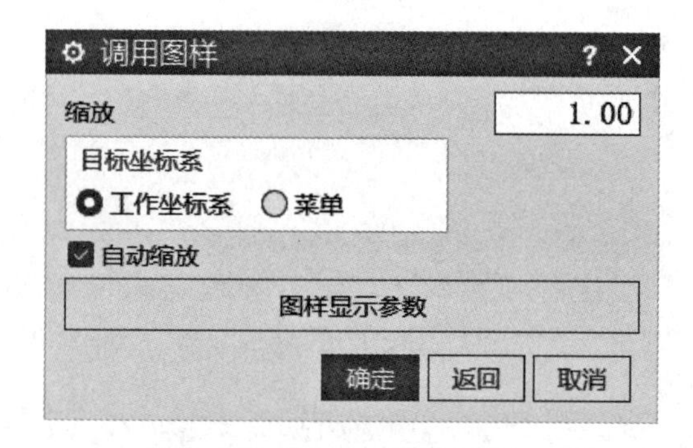

图 5-4-75 调用图样对话框

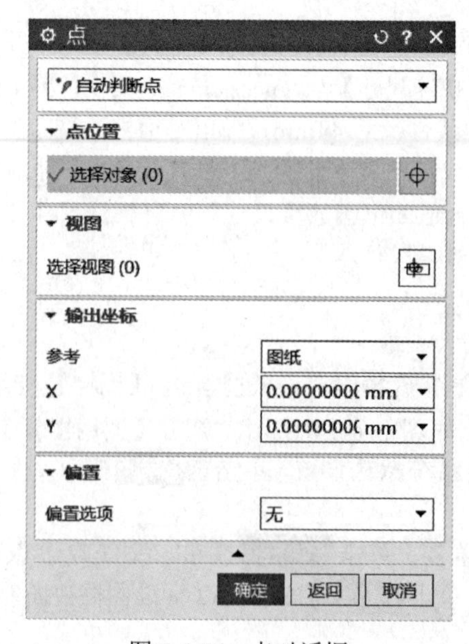

图 5-4-76 点对话框

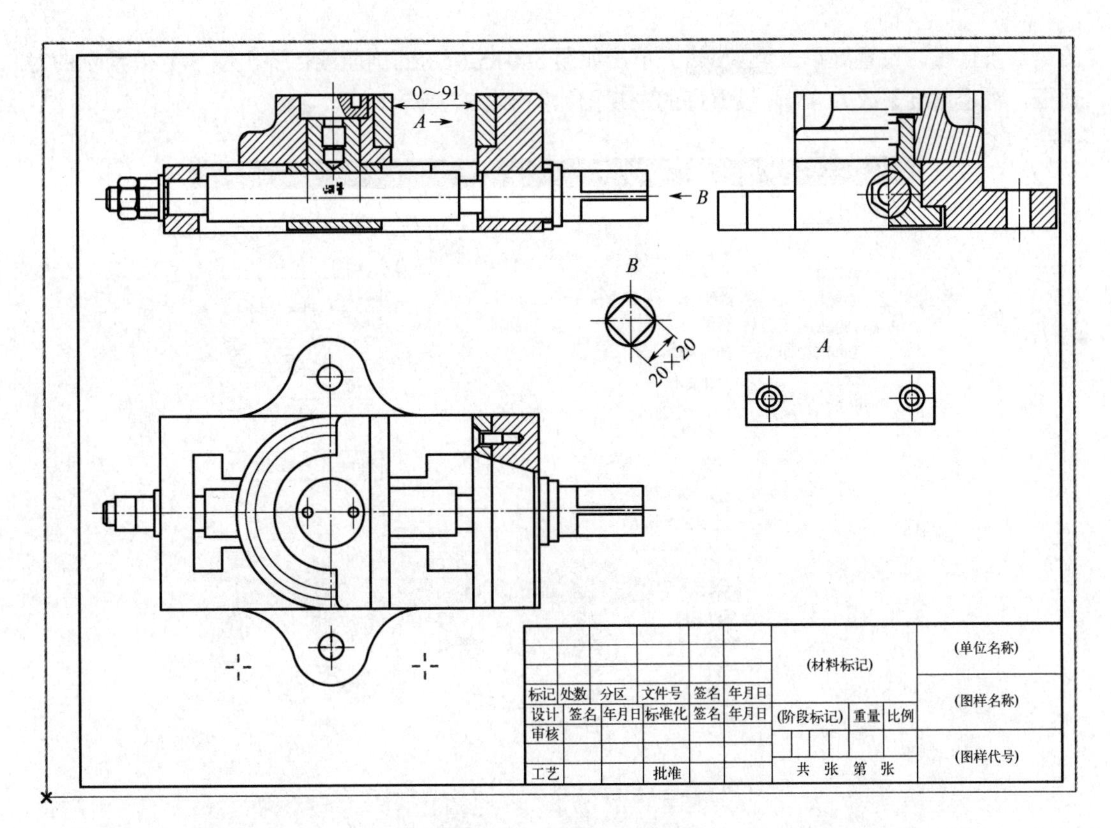

图 5-4-77　带图框工程图

29. 创建零件明细表

单击【菜单】(Menu) 中的【插入】(Insert) |【表】(Sheet) | 【零件明细表】(Part List) 命令，或单击主页中的【零件明细表】(Part List) 命令，弹出零件明细表对话框，在右下角单击一点，插入零件明细表。单击明细表左上方点，单击设置对话框，如图 5-4-78 所示，添加序号、零件名称、数量、材料、代号和其他 6 列，默认模型自带的文本。单击明细表左上方点，单击单元格设置对话框，如图 5-4-79 所示，将文字字体改为华文仿宋。生成的零件明细表效果如图 5-4-80 所示。

30. 创建符号标注

单击【菜单】(Menu) 中的【插入】(Insert) |【注释】(Annotate) | 【符号标注】(Symbol) 命令，或单击主页中的【符号标注】(Symbol) 命令，弹出符号标注对话框，如图 5-4-81 所示。【指引线】终端选择零件内一点，【文本】按照零件序号设置为 1～10，放置位置在上方单击一点，【设置】|【大小】= 5mm，设置好单击关闭。设置好符号的俯视图如图 5-4-82 所示，设置好符号的主视图如图 5-4-83 所示。

31. 更新左视图

单击【菜单】(Menu) 中的【插入】(Insert) |【注释】(Annotate) | 【2D 中心线】(2D Center Line) 命令，或单击主页中的【2D 中心线】(2D Center Line) 命令，弹出 2D 中心线对话框，如图 5-4-84 所示。【第 1 侧】选择图 5-4-85 的第一条直线，【第 2 侧】选择图 5-4-85

的第二条直线，设置好单击< 确定 >。单击如图 5-4-85 所示的剖面线，弹出图 5-4-86 所示的对话框，将【角度】改为 45°，设置好的左视图如图 5-4-87 所示。

图 5-4-78 设置对话框

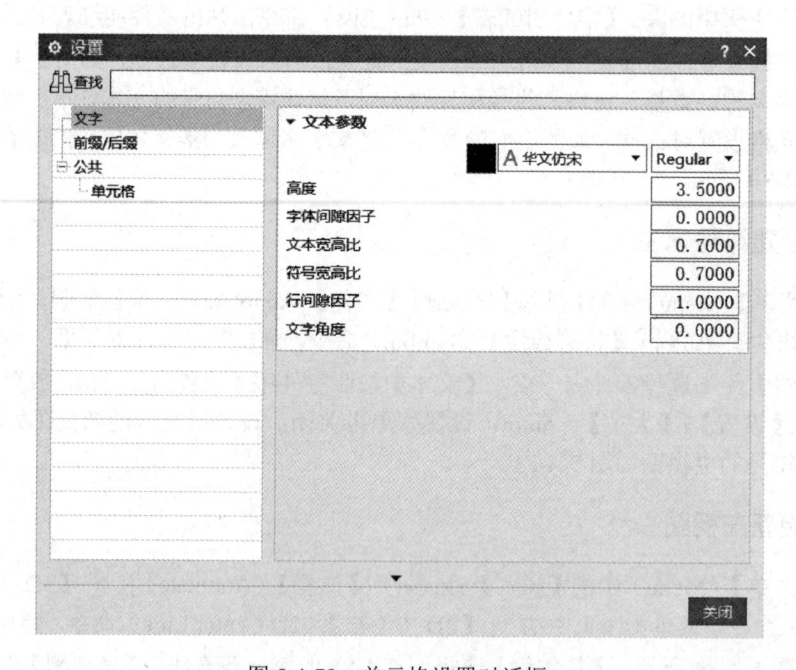

图 5-4-79 单元格设置对话框

10	GB-T68-2000,M6X16	4			
9	钳口板	2			
8	固定螺钉	1			
7	活动钳口	1			
6	GB-T6170_F-2000,M12X1.75	2			
5	GB-T97_1-2002,M12	1			
4	丝杠	1			
3	垫圈	1			
2	固定钳身	1			
1	套螺母	1			
序号	零件名称	数量	材料	代号	其他

图 5-4-80　零件明细表

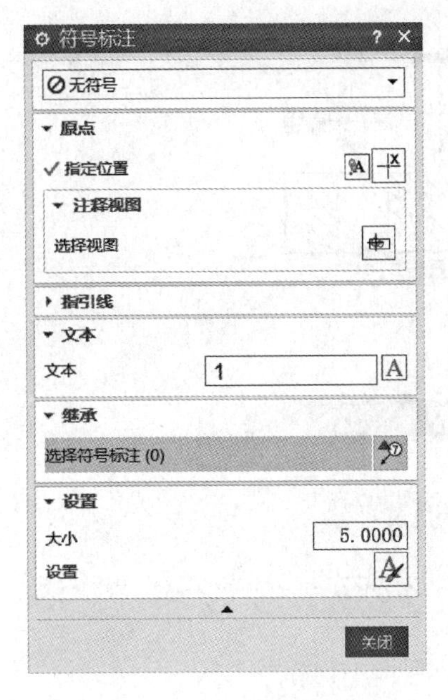

图 5-4-81　符号标注对话框

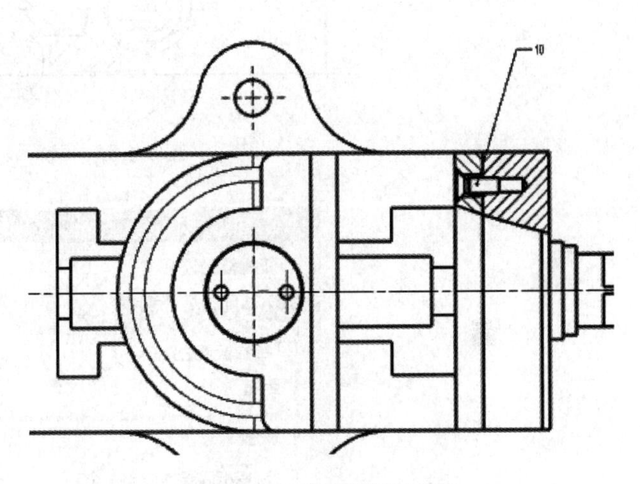

图 5-4-82　俯视图符号标注

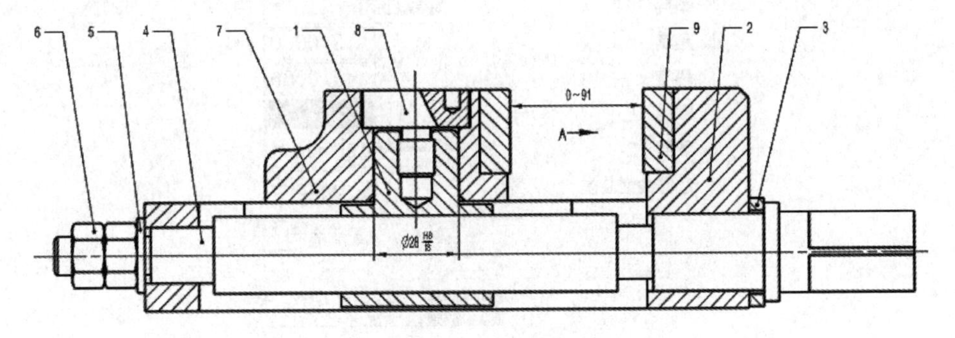

图 5-4-83　主视图符号标注

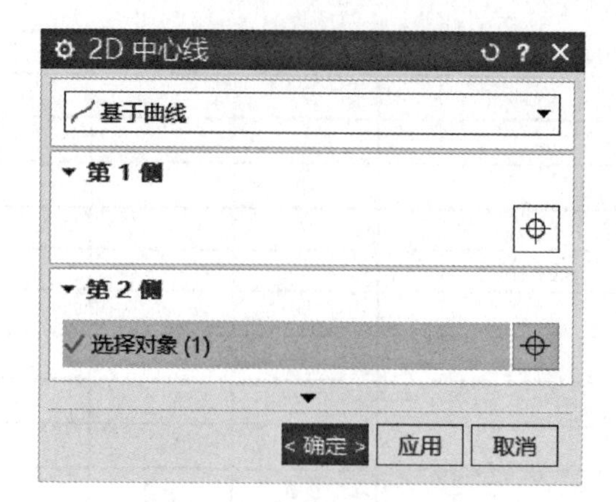

图 5-4-84　2D 中心线对话框

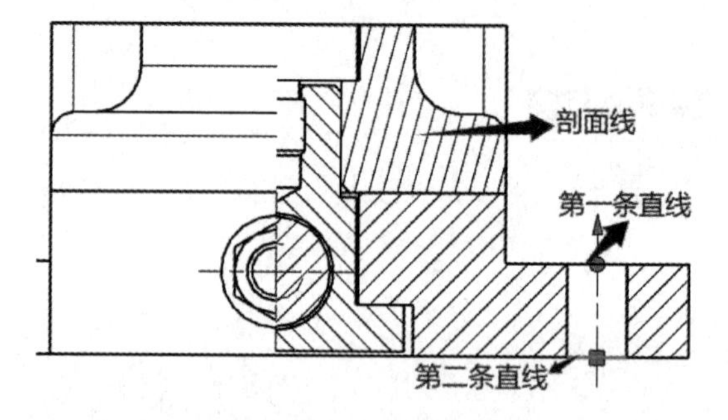

图 5-4-85　编辑线条

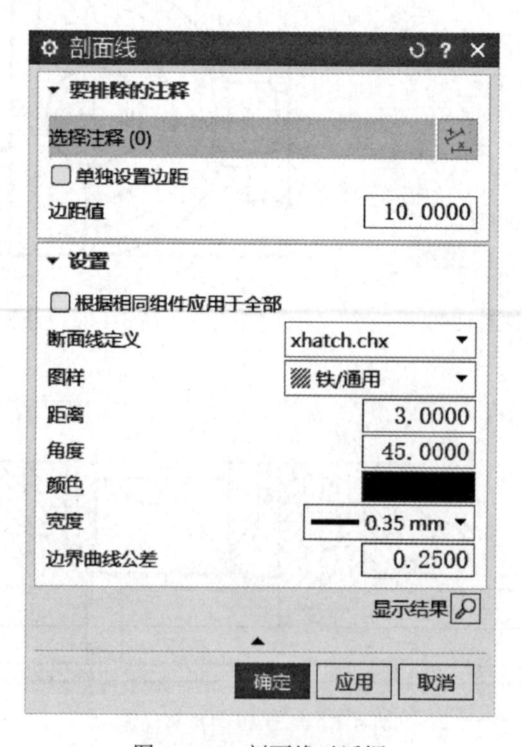

图 5-4-86　剖面线对话框

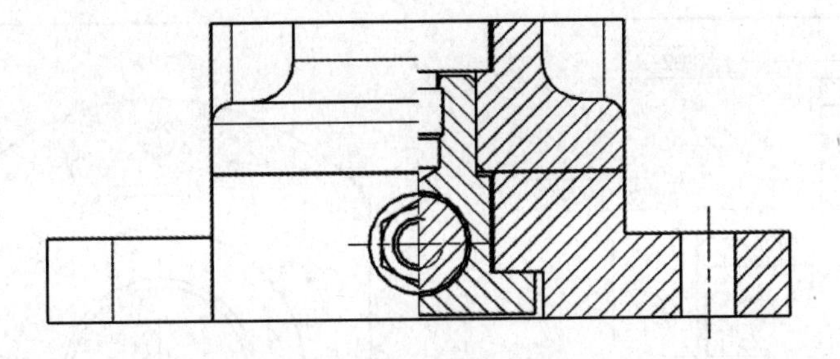

图 5-4-87　更新的左视图

32. 保存文件

单击软件界面左上角的【保存】(Save）按钮。最终的装配工程图如图 5-4-88 所示。

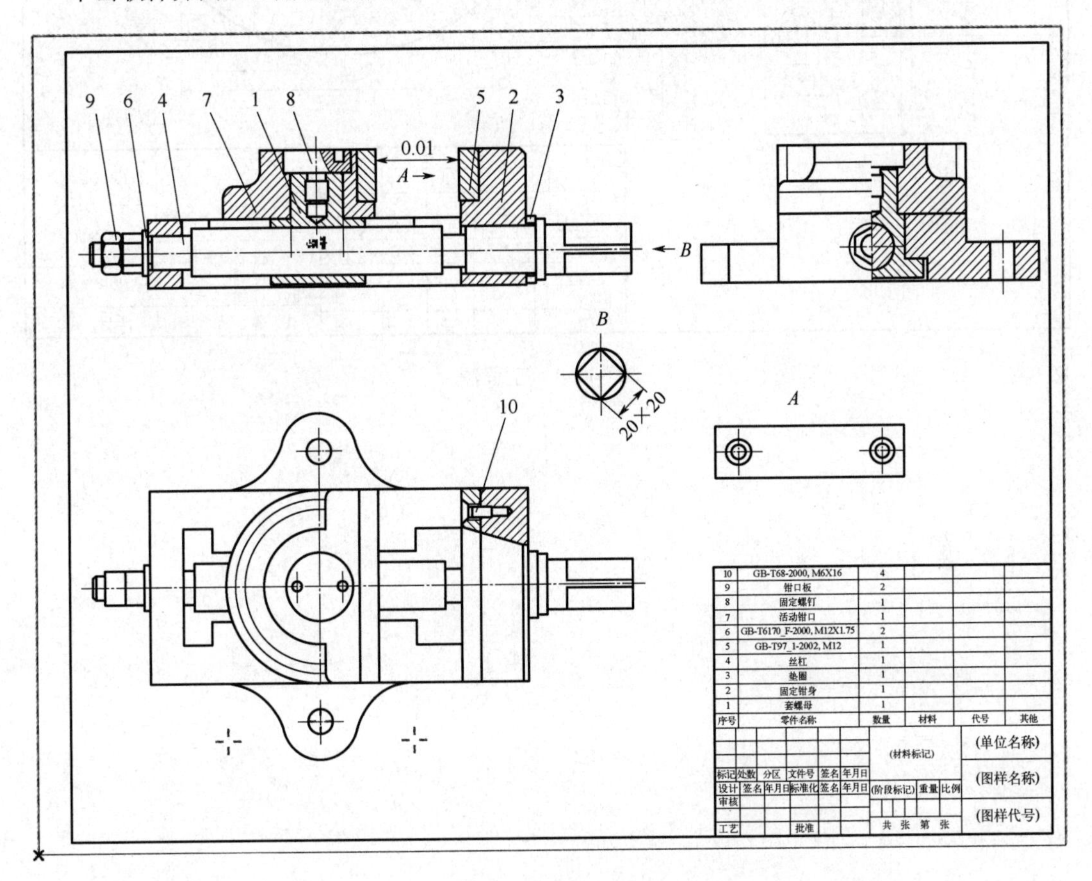

图 5-4-88　装配工程图

拓展练习题

1. 根据素材文件，绘制如图 5-ex-1 所示的工程图。

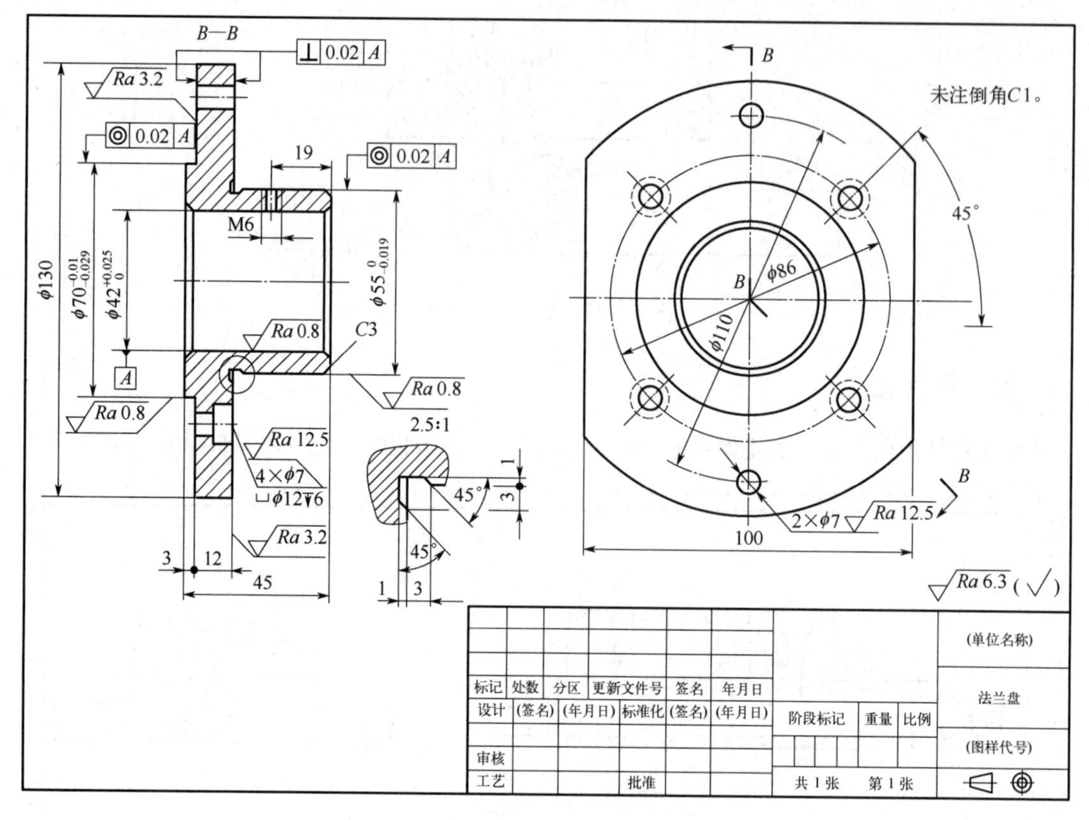
B—B
0.02 A
Ra 3.2
0.02 A
19
0.02 A
M6
φ130
φ70
φ42
φ55
A
Ra 0.8
C3
Ra 0.8
Ra 0.8
2.5:1
Ra 12.5
4×φ7
⌴φ12↧6
Ra 3.2
45°
45°
3
12
45
1
3
B
未注倒角C1。
45°
B
φ86
φ110
B
2×φ7
Ra 12.5
100
Ra 6.3 (√)
标记
处数
分区
更新文件号
签名
年月日
设计
(签名)
(年月日)
标准化
(签名)
(年月日)
阶段标记
重量
比例
审核
工艺
批准
共1张
第1张
(单位名称)
法兰盘
(图样代号)

图 5-ex-1　工程图

参考文献

[1] 周敏，杨秀丽，戚晓艳. UG NX 12 中文版入门、精通与实战中文版[M]. 北京：电子工业出版社，2020.

[2] 伍胜男，慕灿，张宗彩. UG 三维造型实践教程[M]. 北京：化学工业出版社，2016.

[3] 吴晨刚，慕灿，伍胜男. 三维造型实践练习图册[M]. 北京：化学工业出版社，2020.

[4] 麓山文化. UG NX 10 机械与产品造型设计实例精讲[M]. 北京：机械工业出版社，2016.

[5] 王保卫. 三维数字化设计与仿真——UG NX 12.0[M]. 北京：机械工业出版社，2023.

[6] 黄爱华，郭检平. UG NX 10.0 项目式教程[M]. 北京：清华大学出版社，2020.

[7] 谢丽华. UG 项目化实用教程[M]. 北京：北京邮电大学出版社，2018.

[8] 雷卫强. Pro/ENGINEER 产品造型设计技法与典型实例[M]. 北京：清华大学出版社，2007.

[9] 朱崇高，谢福俊.UG NX CAE 基础与实例应用[M]. 北京：清华大学出版社，2010.

[10] 展优迪. UG NX 12.0 机械设计教程[M]. 北京：机械工业出版社，2019.

[11] 裴承慧，刘志刚. UG NX 12.0 三维造型与工程制图[M]. 北京：机械工业出版社，2021.

[12] 展优迪. UG NX 10.0 机械设计教程[M]. 北京：机械工业出版社，2015.

[13] 藏艳红，管殿柱. UG NX 8.0 三维机械设计[M]. 北京：机械工业出版社，2014.